Springer-Verlag Berlin Heidelberg GmbH

Notker Rösch

Mathematik für Chemiker

Eine Einführung

Springer-Verlag Berlin Heidelberg GmbH

Prof. Dr. Notker Rösch
Theoretische Chemie
Technische Universität München
Lichtenbergstraße 4
85748 Garching

ISBN 978-3-540-56824-7 ISBN 978-3-642-58037-6 (eBook)
DOI 10.1007/978-3-642-58037-6

Ursprünglich erschienen bei Physica-Verlag Heidelberg New York 1993

Satz: Reprudoktionsfertige Vorlage des Autors
Gedruckt auf säurefreiem Papier SPIN11396970 52/3111 - 6

Vorwort

Dieses Lehrbuch wendet sich an Chemiestudenten im ersten Studienjahr, die eine Einführung in die mathematische Behandlung der Naturwissenschaften suchen. Seit mehreren Jahren halte ich die entsprechende Vorlesung an der Technischen Universität München. Auf Wunsch der Studenten verfaßte ich zunächst ein vorlesungsbegleitendes Skriptum, aus dem schließlich dieses Buch hervorging. Es wurde also über geraume Zeit hinweg von Studenten getestet und hat sich als Begleitung zur Vorlesung und zur Prüfungsvorbereitung bewährt. Daneben ist das Buch auch zum Selbststudium sowie zum Auffrischen der mathematischen Grundlagen geeignet.

Die Darstellung des Stoffes ist dem ursprünglichen Zweck dieses Textes gemäß straff: sie soll dem Anfänger helfen, sich zu orientieren. Zahlreiche Beispiele, die einen integralen Bestandteil bilden, erläutern und ergänzen den Stoff. Sie dienen auch dazu, eine Brücke zu Anwendungen der erlernten Techniken in anderen Vorlesungen der Chemie und Physik zu schlagen. Für einen Naturwissenschaftler ist das Studium mathematischer Beweise sicher kein Selbstzweck, es dient dem besseren Verständnis der mathematischen Grundlagen. Trotz der gebotenen Konzentration der Darstellung werden deshalb viele Sätze bewiesen, wenn auch oft in einer Form, die auf den genannten Zweck abgestellt ist. Der Leser hat anhand der beigegebenen Aufgaben Gelegenheit, erworbene Kenntnisse zu überprüfen und zu vertiefen. Diese Übungen unterstreichen auch das Ziel des Buches (und meiner Vorlesung): mathematische Methoden sollen sicher angewendet werden. Die Aufgaben sind von unterschiedlichem Schwierigkeitsgrad; neben solchen, die nur die Stoffbeherrschung abfragen, stehen andere, die den Leser zu einer vertieften Auseinandersetzung anregen sollen.

Auch an der Auswahl und Anordnung des Stoffes ist die Entstehungsgeschichte des Buches ablesbar. So umfassen die ersten sieben Kapitel den Stoff der Vorlesung im Wintersemester, die restlichen den des Sommersemesters. Zugunsten anderer Teilgebiete habe ich bewußt auf die Behandlung von Elementen der Wahrscheinlichkeitstheorie und Statistik verzichtet. Hier vertraue ich bei der Gestaltung meiner Vorlesung darauf, daß die Studenten das entsprechende Grundwissen im Gymnasium erworben haben. Natürlich reicht die Vorlesung im ersten Studienjahr nicht aus, um all die mathematischen Methoden zu vermitteln, die beim Studium der Chemie eventuell benötigt werden. Hier sei der interessierte Student auf weiterführende Lehrveranstaltungen bzw. Lehrbücher verwiesen.

Über die Jahre hinweg haben viele Kollegen und Mitarbeiter an der Technischen Universität München mit ihrer Hilfe und ihrem Rat zum Entstehen dieses Buches beigetragen. Insbesondere danke ich K. Allinger, Prof. A. Blumen, M. Eckert, A. Görling, P. Knappe, M. Kotzian und Prof. J. Manz. Mein spezieller Dank gilt R. Beer, der das Manuskript gelesen und durch seinen pädagogischen Rat an vielen Stellen verbessert hat. Zur vorliegenden Fassung des Textes haben A. Jockisch, S. Krüger, J. Lachmann, P. Reiter, I. Wilhelmy und C. Woywod tatkräftig beigetragen. M. Freymann fertigte mit großem Geschick die Abbildungen. Speziell erwähnen möchte ich T. Fox, der von den ersten Schreibversuchen mit dem Textsystem T^3 bis zur Erstellung des Sachverzeichnisses mit viel Engagement und Stilgefühl maßgeblich an der Gestaltung des Textes mitgewirkt hat. Nicht zuletzt möchte ich V. Torrence danken: mit ihrer Unterstützung, Ermunterung und Geduld hat sie dieses Buches ermöglicht.

München, im März 1993 *Notker Rösch*

Inhaltsverzeichnis

1 Grundlagen: Zahlen

Zahlen sind jedem, der Naturwissenschaften betreibt, als Meßergebnisse vertraut. Bei einer Messung charakterisiert man eine Größe, indem man sie mit einer festgewählten Größe der gleichen Art, mit der Maßeinheit, vergleicht. Als Resultat ergibt sich eine reine Zahl, die das Verhältnis der beiden betrachteten Größen ausdrückt.

Wir werden die Zahlen nicht konstruieren, sondern als etwas Gegebenes hinnehmen und die Rechenregeln für Addition, Subtraktion, Multiplikation und Division als bekannt voraussetzen. In diesem Kapitel wiederholen wir einige wichtige Eigenschaften der Zahlen, erinnern an das Rechnen mit Ungleichungen und Beträgen und diskutieren die vollständige Induktion und die binomische Formel.

1.1 Rationale Zahlen

Die Zahlen 1, 2, 3, ... heißen ***natürliche Zahlen***. Ihre Gesamtheit bezeichnet man als Menge $\mathbb{N}$ der natürlichen Zahlen. Nimmt man noch die Null und die negativen Zahlen -1, -2, ... hinzu, so erhält man die Menge $\mathbb{Z}$ der ***ganzen Zahlen***:

$$\mathbb{Z} := \{ 0, 1, -1, 2, -2, 3, -3, \dots \} .$$

Das Zeichen ":=" bedeutet, daß das links stehende Symbol gemäß Definition gleich der rechten Seite der Gleichung ist.

Als weitere Zahlen kennen wir die ***Brüche***, z.B. 1/2, -4/5, 9/6, ... Die Menge $\mathbb{Q}$ der Brüche umfaßt also alle Quotienten m/n aus ganzen Zahlen m und n, wobei n nicht gleich Null ist; oder formal:

$$\mathbb{Q} := \{ q \mid nq = m;\ m, n \in \mathbb{Z},\ n \neq 0 \} .$$

Die Elemente der Menge $\mathbb{Q}$ heißen ***rationale Zahlen***. Jede ganze Zahl m kann man als rationale Zahl auffassen, weil man sie etwa als Bruch $m/1$ deuten kann. Die Menge $\mathbb{Z}$ ist also eine Teilmenge der Menge $\mathbb{Q}$, d.h. $\mathbb{Z} \subset \mathbb{Q}$. Verschiedene Brüche können dieselbe rationale Zahl darstellen, z.B.

$$\frac{3}{2} = \frac{9}{6} = \frac{-6}{-4} = \frac{450}{300} = \ldots$$

Wir kommen jedoch zu einer eindeutigen Darstellung einer rationalen Zahl q, wenn wir den Bruch möglichst weitgehend kürzen und als Nenner nur natürliche Zahlen zulassen:

$$q = \frac{m}{n} \qquad \text{mit } m \in \mathbb{Z},\ n \in \mathbb{N};\ m, n \text{ teilerfremd.}$$

Die Summe und das Produkt zweier rationaler Zahlen p/q und m/n erhalten wir gemäß den Formeln:

$$\frac{p}{q} + \frac{m}{n} = \frac{p \cdot n + m \cdot q}{q \cdot n}$$

$$\frac{p}{q} \cdot \frac{m}{n} = \frac{p \cdot m}{q \cdot n}$$

wobei p, q, m, n ganze Zahlen und q und n nicht gleich Null sind. In der ersten Beziehung haben wir die beiden Brüche auf einen gemeinsamen Nenner gebracht. Die Umkehroperationen Subtraktion und Division sind in der Menge $\mathbb{Q}$ bzw. $\mathbb{Q}\backslash\{0\}$ (gelesen: $\mathbb{Q}$ ohne Null) stets ausführbar, d.h. die Gleichungen

$$u + x = v \quad \text{und} \quad r \cdot y = s\,.$$

haben für alle $u, v, r, s \in \mathbb{Q}$, $r \neq 0$ als Lösung stets rationale Zahlen:

$$x = v + (-u)\,, \quad y = s/r := s \cdot r^{-1}\,.$$

Dabei ist r^{-1} die ***Inverse*** zur rationalen Zahl $r = m/n \neq 0$ ($m, n \in \mathbb{Z}$; mit $m \neq 0$ und $n \neq 0$):

$$r^{-1} := \frac{1}{r} = \frac{n}{m}\,.$$

Die Division durch $r = 0$ ist nicht erklärt; denn die Gleichung $0 \cdot y = s$ hat entweder keine Lösung (falls $s \neq 0$) oder beliebig viele Lösungen (falls $s = 0$).

Wir veranschaulichen die rationalen Zahlen durch Punkte auf der sog. ***Zahlengeraden***. Dazu wählen wir auf einer orientierten Geraden zwei Punkte P(0) und P(1) aus, denen wir die Zahlen 0 und 1 zuordnen. Übli-

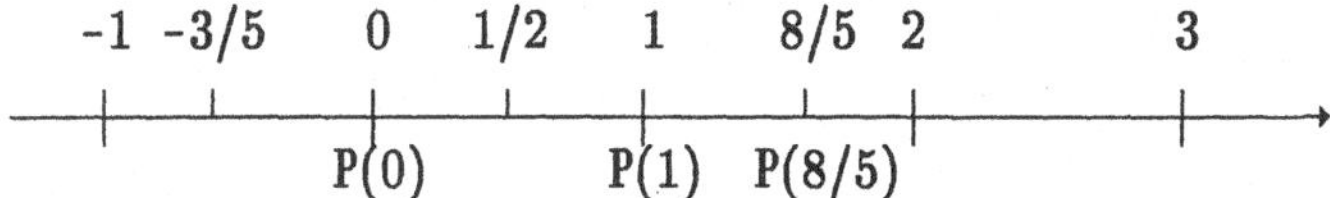

cherweise liegt P(1) rechts von P(0). Einer positiven rationalen Zahl $q = m/n$ mit $m, n \in \mathbb{N}$ wird derjenige Punkt P(q) der Geraden zugeordnet, der rechts vom ***Nullpunkt*** P(0) liegt, und zwar im Abstand q, wenn man die Länge der Strecke $\overline{P(0)P(1)}$ als Maßeinheit nimmt. Entsprechend verfahren wir, wenn q negativ ist, nur daß wir für P(q) den Punkt links vom Nullpunkt im Abstand $-q$ wählen. Diese geometrische Deutung der rationalen Zahlen basiert also auf einer Abstraktion des Meßprozesses für Längen. Viele Behauptungen über Zahlen werden durch ihre Übersetzung in geometrische Aussagen über die Zahlengerade unmittelbar einsichtig, beispielsweise die Behauptung: ***"Die Menge der rationalen Zahlen ist überall dicht."*** Damit ist gemeint, daß in jedem noch so kleinen Abschnitt der Zahlengeraden stets rationale Zahlen liegen.

Wir können jede Längenmessung mit beliebig gewünschter Genauigkeit durchführen, indem wir Bruchteile der Einheitsstrecke als Maßeinheit verwenden. Im Dezimalsystem verwendet man bekanntlich $1/10$, $1/100 = 1/10^2$, $1/1000 = 1/10^3, \ldots, 1/10^n, \ldots$ als Untereinheiten, die mit wachsendem n eine beliebig feine Unterteilung der Zahlengeraden in Vielfache der Form $m/10^n$ ($m \in \mathbb{Z}$, $n \in \mathbb{N}$) ergeben. Üblich ist die kompakte Schreibweise in Form eines Dezimalbruchs, z.B.

$$1{,}4142 := 1 + \frac{4}{10^1} + \frac{1}{10^2} + \frac{4}{10^3} + \frac{2}{10^4} = 1 + \frac{4142}{10000} = \frac{14142}{10000}\,.$$

Da Messungen in der Praxis nur mit endlicher Genauigkeit durchgeführt werden können, würde für den Experimentator das System der rationalen Zahlen, ja sogar das System der Dezimalbrüche genügen. Viele Naturgesetze werden mit Hilfe von Begriffen der Analysis (Differential- und Integralrechnung) formuliert. Diese Begriffe implizieren Grenzprozesse, die eine Erweiterung des Zahlensystems zu den reellen Zahlen notwendig machen.

1.2 Reelle Zahlen

Obwohl die Menge der rationalen Zahlen überall dicht ist, so hat sie doch "Lücken": Es gibt Punkte auf der Zahlengeraden, denen keine rationale Zahl zugeordnet ist. Die zugehörigen Strecken sind ***nicht kommensurabel*** mit der Einheitsstrecke. So entspricht etwa der Diagonalen eines Quadrates der Seitenlänge 1 keine rationale Zahl: ***Es gibt keine rationale Zahl r mit*** $r^2 = 2$.

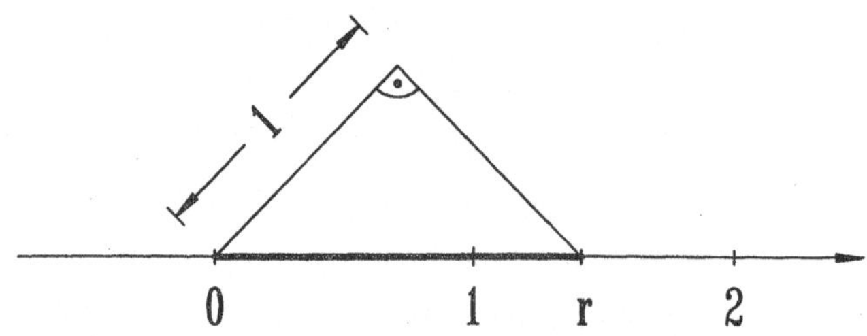

Den folgenden einfachen ***Widerspruchsbeweis*** für diese Aussage findet man schon bei Euklid. Wir beachten zunächst, daß wir jede ganze Zahl m entweder in der Form $m = 2k$ oder in der Form $m = 2k+1$ mit $k \in \mathbb{Z}$ schreiben können. Im ersten Fall nennen wir m ***gerade***, andernfalls ***ungerade***. Gerade Zahlen haben gerade Quadrate, ungerade Zahlen ungerade Quadrate:

$$\begin{aligned}(2k)^2 &= 4k^2 &&= 2(2k^2)\,,\\ (2k+1)^2 &= 4k^2+4k+1 &&= 2(2k^2+2k)+1\,.\end{aligned}$$

Diese Aussage ist umkehrbar: Wenn m^2 gerade ist, dann ist auch m gerade; wenn m^2 ungerade ist, dann ist m ungerade.

Nehmen wir nun das Gegenteil unserer Behauptung an; es möge eine rationale Zahl r geben, deren Quadrat 2 ist:

$$r^2 = \left(\frac{p}{q}\right)^2 = 2\,.$$

Dabei sollen die ganzen Zahlen p und q ***teilerfremd*** gewählt sein. Nun folgt:

$$p^2 = 2q^2\ .$$

p^2 ist also eine gerade Zahl. Folglich muß nach dem oben Gesagten auch p gerade sein: $p = 2k$ mit $k \in \mathbb{Z}$. Wir folgern weiter:

$$p^2 = 4k^2 = 2q^2 \quad \text{oder} \quad 2k^2 = q^2 .$$

Daher ist q^2 gerade und somit auch q. Folglich sind p und q gerade Zahlen, also beide durch 2 teilbar, im Widerspruch zur Voraussetzung, p und q seien teilerfremd. Daher muß unsere Annahme falsch gewesen sein: Es gibt ***keine*** rationale Zahl r mit $r^2 = 2$.

Die Länge der Diagonale eines Quadrats mit der Seitenlänge 1 wird üblicherweise mit $\sqrt{2}$ angegeben. Die Verwendung des Symbols $\sqrt{r}$ impliziert die Existenz einer Zahl, deren Quadrat r ist.

Wir postulieren nun, daß jedem Punkt der Zahlengeraden eine Zahl entspricht und umgekehrt. Diese Zahlen nennen wir ***reelle Zahlen***. Der obige Beweis zeigt also, daß die Menge $\mathbb{R}$ der rellen Zahlen neben den rationalen Zahlen auch andere Zahlen, die sog. ***irrationalen Zahlen*** umfaßt. In der Mengenrelation

$$\mathbb{N} \subset \mathbb{Z} \subset \mathbb{Q} \subset \mathbb{R}$$

enthält jede Menge mehr Elemente als die jeweils links von ihr stehende.

Unser Postulat der reellen Zahlen ist geometrisch formuliert. Um mit reellen Zahlen auch rechnen zu können, müssen wir eine arithmetische Fassung des Postulats finden. Wir erinnern uns dazu an die Dezimalbrüche. Nicht alle rationalen Zahlen können wir als (endliche) Dezimalbrüche darstellen. So schreiben wir etwa 1/3 als ***unendlichen Dezimalbruch*** $1/3 = 0{,}33333...$ und meinen damit, daß die Dezimalbrüche

$$q_n := \frac{3}{10^1} + \frac{3}{10^2} + \frac{3}{10^3} + \ldots + \frac{3}{10^n} \quad (n \in \mathbb{N})$$

die Zahl 1/3 beliebig genau approximieren. Geometrisch gesprochen schöpfen die Strecken $\overline{P(0)P(q_n)}$ die Strecke $\overline{P(0)P(1/3)}$ in der Art aus, daß der zu $q_n + 1/10^n$ gehörige Punkt rechts von $P(1/3)$ liegt. Der Fehler von q_n beträgt also höchstens $1/10^n$.

Durch Ausprobieren findet man Dezimalbrüche, die $\sqrt{2}$ in analoger Weise approximieren. Aus $1{,}4142^2 = 1{,}99996164$ und $1{,}4143^2 = 2{,}00024449$ folgt, daß $\sqrt{2}$ auf vier Stellen genau durch den Dezimalbruch 1,4142 angenähert wird.

Es liegt nun nahe, das System der unendlichen Dezimalbrüche mit dem System der reellen Zahlen zu identifizieren. Die endlichen Dezimalbrüche sind gerade die reellen Zahlen, bei denen ab einer bestimmten Stelle nach dem Komma nur Nullen auftreten. Ferner ***postulieren*** wir, daß wir mit den unendlichen Dezimalbrüchen wie üblich rechnen können. Man kann dies zwar streng begründen, doch wollen wir uns mit einem naiven Standpunkt gegenüber den reellen Zahlen begnügen, den man übrigens bis in die Mitte des 19. Jahrhunderts als selbstverständlich angesehen hat.

Die rationalen Zahlen sind genau diejenigen reellen Zahlen, die durch einen periodischen Dezimalbruch dargestellt werden: Jeder periodische Dezimalbruch stellt eine rationale Zahl dar und umgekehrt liefert jede rationale Zahl bei Dezimalbruchentwicklung einen periodischen Dezimalbruch. (Eventuell lautet die Periode $\overline{0}$, d.h. der Dezimalbruch ist endlich.) Die Aussage ergibt sich sofort aus dem Divisionsalgorithmus. Denn bei einer Division m/n $(m \in \mathbb{Z},\ n \in \mathbb{N})$ wiederholt sich spätestens nach $n-1$ Schritten ("nach dem Komma") der Divisionsrest und es beginnt eine Periode, die durch Überstreichen der entsprechenden Ziffern gekennzeichnet wird. Wir verzichten auf eine Ausführung der Beweise zur obigen Behauptung. Die Beweisgedanken werden aus den nachfolgenden Beispielen 1.1 und 1.2 deutlich.

Beispiel 1.1. Um die Dezimaldarstellung von $r = 425/198$ zu gewinnen, führen wir die Division aus:

$$425 : 198 = 2{,}1464\ldots = 2{,}1\overline{46}$$

```
425 : 198 = 2,1464... = 2,146
396
 290
 198
  920
  792
  1280
  1188
    920
     :
```

□

Beispiel 1.2. Die Zahl $x = 2{,}1\overline{46}$ soll als gewöhnlicher Bruch geschrieben werden. Wir formen x zunächst um gemäß

$$x = \frac{1}{10}\cdot 21{,}\overline{46} = \frac{1}{10}(21 + 0{,}\overline{46}) = \frac{1}{10}(21 + y)\ .$$

Dann wandeln wir $y := 0{,}\overline{46}$ in einen Bruch um. Da die Periode aus 2 Ziffern besteht, multiplizieren wir y mit 10^2:

$$100\,y = 46,\overline{46} = 46 + y$$
$$99\,y = 46$$
$$y = \frac{46}{99}\,.$$

Somit erhalten wir:

$$x = \frac{1}{10}\left(21 + \frac{46}{99}\right) = \frac{21 \cdot 99 + 46}{990} = \frac{2125}{990}\,.$$ □

Wir folgern, daß die Dezimalbruchentwicklung von $\sqrt{2}$ nicht periodisch ist. Auch $z = 0{,}2\;12\;112\;1112\;11112\;\ldots$ ist eine irrationale Zahl, da der Dezimalbruch nicht periodisch ist.

1.3 Ungleichungen

Unser Postulat, jedem Punkt der Zahlengeraden möge eine reelle Zahl entsprechen, führte uns auf die Dezimalbrüche und ihre arithmetischen Eigenschaften. In diesem Abschnitt formalisieren wir die Tatsache, daß die Punkte auf der Zahlengeraden angeordnet sind. Damit ist gemeint, daß von zwei verschiedenen Punkten x und y $(x \neq y)$ einer der beiden links vom anderen liegt. Liegt etwa x links von y, so schreiben wir die ***Ungleichung*** $x < y$ und sagen, x sei ***kleiner als*** y. Statt $x < y$ schreibt man auch $y > x$ (y ***größer als*** x). Wenn entweder $x < y$ oder $x = y$ ist, schreiben wir $x \leq y$. Die Ungleichungen $2 \leq 3$ und $3 \leq 3$ sind also beide richtig.

Die ***Ordnung der reellen Zahlen*** charakterisieren wir durch folgende fundamentale Aussagen. Für beliebige $x, y, z \in \mathbb{R}$ gilt:

UN1	Entweder ist $x < y$ oder $x = y$ oder $y < x$. Diese drei Alternativen schließen sich gegenseitig aus.
UN2	Aus $x < y$ und $y < z$ folgt $x < z$.
UN3	Aus $x < y$ folgt $x + z < y + z$.
UN4	Aus $x < y$ und $0 < z$ folgt $xz < yz$.

UN 1 — x y: $x < y$; y: $x = y$; y x: $y < x$

UN 2 — x y z: $x < y \wedge y < z \Rightarrow x < z$

UN 3 — x x+z y y+z: $z > 0$ $x+z < y+z$; x+z x y+z y: $z < 0$ $x+z < y+z$

UN 4 — x y: $x < y$; xz yz: $xz < yz$ $z > 0$

Die Gültigkeit der Regeln UN1 bis UN3 können wir unmittelbar aus den obigen Abbildungen der Zahlengeraden ablesen. Regel UN4 ist geometrisch schwieriger zu erfassen. Die Multiplikation aller Zahlen mit $z > 1$ führt, vom Nullpunkt aus betrachtet, zu einer Streckung der Zahlengeraden nach beiden Richtungen (bzw. zu einer Stauchung für $0 < z < 1$). Die relative Lage aller Punkte bleibt dabei jedoch erhalten.

Kurz gesagt: ***Ungleichungen bleiben erhalten***, wenn wir auf beiden Seiten die gleiche Zahl addieren oder subtrahieren (UN3) bzw. beide Seiten mit einer positiven Zahl multiplizieren (UN4).

Wir können die Aussagen UN1 bis UN4 als ***Axiome*** für die Ordnung in $\mathbb{R}$ auffassen und alle anderen Ungleichungen aus ihnen ohne Rückgriff auf die Anschauung herleiten. Wir demonstrieren das Vorgehen an einigen geometrisch evidenten Aussagen.

Satz 1.1. Für alle $x, y, z \in \mathbb{R}$ gilt:

(1) Aus $0 < x$ folgt $-x < 0$ und umgekehrt.

(2) Für $x \neq 0$ gilt $0 < x^2$.

(3) Aus $0 < x$ folgt $0 < 1/x$.

(4) Aus $0 < x < y$ folgt $0 < 1/y < 1/x$.

(5) Aus $x < y$ und $z < 0$ folgt $xz > yz$.

(6) Aus $0 < x < y$ folgt $0 < \sqrt{x} < \sqrt{y}$ und umgekehrt.

Beweis.

(1) Angenommen, $0 < x$. Gemäß UN3 addieren wir $-x$ zu dieser Ungleichung : $0 + (-x) < x + (-x)$ oder $-x < 0$. Ist andererseits $-x < 0$, so addieren wir x auf beiden Seiten der Ungleichung und erhalten wegen UN3: $-x + x < 0 + x$ oder $0 < x$.

(2) Nach Voraussetzung ist $x \neq 0$ und somit wegen UN1 entweder $0 < x$ oder $x < 0$. Ist $0 < x$, dann multiplizieren wir diese Ungleichung mit x und folgern wegen UN4 die Behauptung: $0 \cdot x < xx$ oder $0 < x^2$. Ist andererseits $x < 0$, dann gilt wegen (1): $0 < -x$ und somit $0 < (-x)^2 = x^2$.

(3) Wegen (2) ist $0 < (1/x)^2$. Mit der Voraussetzung $0 < x$ folgt wegen UN4: $0 = 0 \cdot (1/x)^2 < x(1/x)^2 = 1/x$.

(4) Die Ungleichung $0 < x < y$ bedeutet $0 < x$ und $x < y$. Wegen UN2 folgt: $0 < y$. Mit (3) schließen wir auf $0 < 1/x$ und $0 < 1/y$ und damit wegen UN4 auf $0 < z := (1/x)(1/y)$. Wir multiplizieren die Ungleichung $x < y$ mit z und erhalten wegen UN4 die Behauptung: $0 < 1/y = xz < yz = 1/x$.

(5) Wegen $z < 0$ ist $0 < (-z)$ und somit folgt mit UN4 aus $x < y : -xz < -yz$. Wir addieren $xz + yz$ zu dieser Ungleichung (UN3) und erhalten die Behauptung.

(6) Wegen UN4 folgt aus $\sqrt{x} < \sqrt{y}$ durch Multiplikation mit $\sqrt{x} > 0$: $x < \sqrt{x}\sqrt{y}$ und durch Multiplikation mit $0 < \sqrt{y}$ (UN2 !): $\sqrt{x}\sqrt{y} < y$, und daraus wegen UN2 und $0 < (\sqrt{x})^2 = x$ die Behauptung. Für den Beweis der Umkehrrichtung formen wir die Voraussetzung um: $0 < (\sqrt{y})^2 - (\sqrt{x})^2 = (\sqrt{y} + \sqrt{x}) \cdot (\sqrt{y} - \sqrt{x})$. Wegen $0 < \sqrt{y}$, $0 < \sqrt{x}$ gilt $0 < \sqrt{y} + \sqrt{x}$. Daher sind beide Faktoren des letzten Produkts positiv, also: $0 < \sqrt{y} - \sqrt{x}$. ∎

Satz 1.1(4) besagt, daß sich eine Ungleichung umkehrt, wenn wir auf beiden Seiten zum Reziproken übergehen. Aus $2 < 3$ folgt etwa $1/2 > 1/3$. Ferner kehrt sich eine Ungleichung gemäß Satz 1.1(5) um, wenn man sie mit einer negativen Zahl multipliziert. In der Tat folgt aus $1 < 2$ durch Multiplikation mit $-3 < 0$ die Ungleichung $-3 > -6$.

Beispiel 1.3. ***Alle natürlichen Zahlen sind positiv.*** Wir beweisen diese Behauptung folgendermaßen. Wegen Satz 1.1(2) und $1^2 = 1$ gilt: $0 < 1$, d.h. 1 ist positiv. Mit Hilfe von UN3 ergibt sich daraus $0 + 1 < 1 + 1$ oder $1 < 2$. Wegen UN2 folgt aus $0 < 1$ und $1 < 2$: $0 < 2$, d.h. 2 ist positiv. Wir schließen weiter: $1 = 0 + 1 < 2 + 1 = 3$ und erhalten (wieder wegen $0 < 1$): $0 < 3$, d.h. 3 ist positiv. Dieses Verfahren läßt sich offensichtlich beliebig fortsetzen. □

Beispiel 1.4. Welche Ungleichung gilt zwischen 17/20 und 45/53 ?

Wir beginnen mit der Annahme

$$\frac{17}{20} < \frac{45}{53}$$

und folgern:

$$\begin{aligned} \frac{17}{20} \cdot 20 &< \frac{45}{53} \cdot 20 && \text{(wegen } 0 < 20 \text{ und UN4)} \\ 17 &< \frac{45}{53} \cdot 20 && \\ 17 \cdot 53 &< 45 \cdot 20 && \text{(wegen } 0 < 53 \text{ und UN4)} \\ 901 &< 900 && \\ 1 &< 0 && \text{(Addition von -900 und UN3)} \end{aligned}$$

Dies ist ein Widerspruch (vgl. Beispiel 1.3)! Auf analoge Weise führt die Annahme $17/20 = 45/53$ zu einem Widerspruch. Wegen UN1 muß daher gelten:

$$\frac{17}{20} > \frac{45}{53}.$$

Natürlich können wir das Problem auch durch eine Dezimalbruchentwicklung entscheiden:

$$\frac{17}{20} = 0{,}85\overline{0} > 0{,}84905... = \frac{45}{53}.$$ □

Mit Hilfe von Ungleichungen können wir Abschnitte der Zahlengeraden bequem charakterisieren. Diese wichtigen Teilmengen von $\mathbb{R}$ heißen ***Intervalle***. Wir nennen ein Intervall ***abgeschlossen***, ***halboffen*** oder ***offen***, je nachdem, ob es zwei, genau einen oder keinen seiner Endpunkte enthält. Zwei reelle Zahlen a und b mit $a < b$ definieren vier verschiedene Intervalle $[\, a, b\,]$, $[\, a, b\, [$, $]\, a, b\,]$ und $]\, a, b\, [$:

$[\,a, b\,] := \{x \in \mathbb{R} \mid a \leq x \leq b\}$ abgeschlossen

$[\,a, b\,[:= \{x \in \mathbb{R} \mid a \leq x < b\}$ halb offen

$]\,a, b\,] := \{x \in \mathbb{R} \mid a < x \leq b\}$ halb offen

$]\,a, b\,[:= \{x \in \mathbb{R} \mid a < x < b\}$ offen

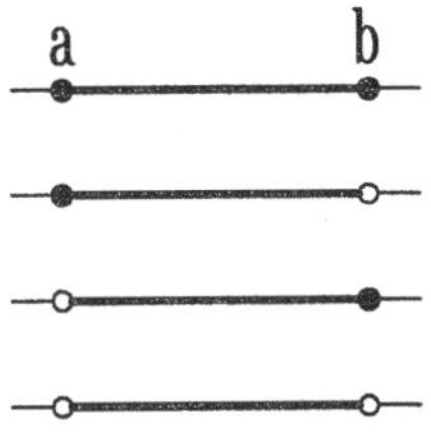

Das Intervall $[\,a, a\,]$ enthält nur die Zahl a.

Die Ungleichungen $a < x$, $a \leq x$, $x < a$ und $x \leq a$ definieren ***unendliche Intervalle***. Um sie ebenfalls in der oben definierten Form schreiben zu können, führen wir die Symbole ∞ (gelesen: unendlich) und $-\infty$ ein. ***Sie bezeichnen jedoch keine reellen Zahlen.*** Man schreibt dann beispielsweise

$]\,a, \infty\,[:= \{x \in \mathbb{R} \mid a < x\}$ offen

$]-\infty, b\,] := \{x \in \mathbb{R} \mid x \leq b\}$ halb offen.

Für einige Intervalle verwendet man spezielle Symbole:

$$\mathbb{R}^+ :=]\,0, \infty\,[\,,\ \mathbb{R}_0^+ := [\,0, \infty\,[\,,\ \mathbb{R} :=]-\infty, \infty\,[\,.$$

$\mathbb{R}^+$ ist also die Menge der positiven reellen Zahlen, $\mathbb{R}_0^+$ die Menge der nichtnegativen reellen Zahlen.

1.4 Der Betrag einer reellen Zahl

Auch die folgende Begriffsbildung geht von der Zahlengeraden aus. Wir wollen den Abstand zweier Zahlen diskutieren und definieren zunächst den (absoluten) *Betrag* $|x|$ einer reellen Zahl x als ihren ***Abstand vom Nullpunkt***. Gemäß der Konstruktion der Zahlengeraden gibt es beispielsweise genau zwei Punkte mit dem Abstand 3 vom Nullpunkt, die Zahlen 3 und -3. Demzufolge gilt: $|3| = |-3| = 3$. Wir formalisieren diesen Begriff folgendermaßen.

Definition 1.1. Unter dem ***absoluten Betrag*** $|x|$ einer reellen Zahl x versteht man die Zahl $|x| := \begin{cases} x, & \text{falls } x \geq 0\,. \\ -x, & \text{falls } x < 0\,. \end{cases}$

Beispielsweise folgt aus dieser Definition unmittelbar:

$$|4| = 4\,;\quad |-2| = -(-2) = 2\,.$$

Wir fassen wichtige Eigenschaften des absoluten Betrages im folgenden Satz zusammen:

Satz 1.2. Für alle $x, y \in \mathbb{R}$ gilt:

(1) $|x| = |-x| \geq 0$; $|x| = 0$ genau dann, wenn $x = 0$.

(2) $x \leq |x|$.

(3) $|x|^2 = x^2 = |x^2|$.

(4) $|xy| = |x|\,|y|$.

Mit der Vereinbarung, daß wir unter der Wurzel einer positiven reellen Zahl a ($a \in \mathbb{R}^+$), $\sqrt{a}$, stets die positive Lösung der Gleichung $x^2 = a$ verstehen wollen, können wir Satz 1.2(3) auch so formulieren:

$$|x| = \sqrt{x^2}$$

Beweis.

(1) Wir machen eine Fallunterscheidung und benutzen Satz 1.1(1):

$$x > 0 \Rightarrow -x < 0 \Rightarrow |-x| = -(-x) = x = |x| > 0$$
$$x = 0 \Rightarrow -x = 0 \Rightarrow |-x| = x = |x| = 0$$
$$x < 0 \Rightarrow -x > 0 \Rightarrow |-x| = -x = |x| > 0$$

(2) Angenommen, $x \geq 0$. Dann gilt definitionsgemäß $x = |x| \leq |x|$. Ist dagegen $x < 0$, dann folgern wir wegen Satz 1.1(1): $x < 0 < -x = |x|$. Die Behauptung ergibt sich wegen UN2.

(3) $|x|^2 = (\pm x)^2 = x^2 = |x^2|$. Die letzte Gleichung folgt aus Satz 1.1(2).

(4) Wir verwenden (1) und (3) und beachten die Bemerkung nach Satz 1.2:

$$|xy|^2 = (xy)^2 = x^2 y^2 = |x|^2 |y|^2 .$$ ■

Beispiel 1.5.

$$-3 \leq |-3| = 3 ;$$
$$|(-2)^2| = |4| = |-2|^2 ;$$
$$|-2| = \sqrt{(-2)^2} = \sqrt{4} = 2 ;$$
$$|-6| = |(-2) \cdot 3| = |-2| \cdot |3| = 2 \cdot 3 = 6 .$$ □

Für zwei reelle Zahlen x und y interpretieren wir

$$|x-y| = \sqrt{(x-y)^2}$$

als den ***Abstand*** zwischen x und y. Diese Festsetzung trifft den geometrischen Sachverhalt auf der Zahlengeraden, wie wir im Fall $x > y$ unmittelbar sehen:

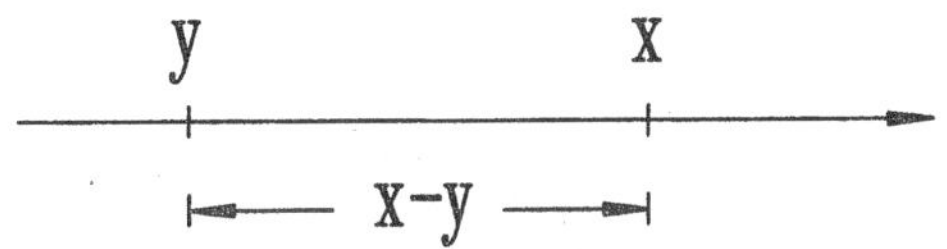

Ist andererseits $x < y$, so ergibt sich wegen $y - x = -(x-y) = |x-y|$ die gleiche Formel für den Abstand von x und y.

Wir üben den Umgang mit Ungleichungen, Beträgen und Intervallen an einigen typischen Beispielen.

Beispiel 1.6. Welche reellen Zahlen erfüllen die Ungleichung $|x\text{-}1| < 2$?

Wir unterscheiden die Fälle $x - 1 \geq 0$ und $x - 1 < 0$. Im ersten Fall lautet die Bedingung

$$0 \leq x-1 < 2 \text{ oder } 1 \leq x < 3 .$$

Im zweiten Fall erhalten wir

$$0 < -(x-1) < 2 \text{ oder } -1 < -x < 1 .$$

Wir multiplizieren die Ungleichung mit -1 und erhalten wegen Satz 1.1(5):

$$1 > x > -1 \text{ oder } -1 < x < 1 .$$

Beide Fälle zusammen führen auf $-1 < x < 3$. Die Ungleichung

$$|x-1| < 2$$

wird also genau von den Elementen des Intervalls $]-1, 3[$ erfüllt.

Lösen wir das gestellte Problem auch geometrisch! Gesucht sind diejenigen Zahlen x, deren Abstand von 1 kleiner als 2 ist. Das sind gerade die Zahlen x zwischen $1 - 2 = -1$ und $1 + 2 = 3$, also $x \in]-1, 3[$. □

-1 0 1 2 3

Beispiel 1.7. Welche Intervalle genügen der Ungleichung $|x+2| \geq 3$?

Wegen $x+2 = x-(-2)$ erfüllen genau die Zahlen $x \in \mathbb{R}$ die Ungleichung, deren Abstand von -2 größer oder gleich 3 ist. Das sind gerade diejenigen x, für die gilt:

$$x \geq -2+3 = 1 \quad \text{oder} \quad x \leq -2-3 = -5 .$$

Die Ungleichung $|x+2| \geq 3$ wird also genau von den Elementen der Intervalle $]-\infty,-5]$ und $[1, \infty[$ erfüllt, d.h. falls $x \in \,]-\infty,-5] \cup [1, \infty[$. □

Beispiel 1.8. Das Intervall [2, 7] ist mit Hilfe absoluter Beträge durch eine einzige Ungleichung zu beschreiben.

Der Mittelpunkt m des Intervalls [2, 7] ist $m = (2+7)/\,2$. x gehört zu [2, 7] genau dann, wenn sein Abstand von m nicht größer ist als der Abstand a zwischen 7 und m:

$$a = |7-9/2| = 5/2 .$$

Auch der Abstand zwischen 2 und m ist $|2-9/2| = |-5/2| = 5/2$. Damit ist $x \in [2, 7]$ genau dann, wenn $|x-9/2| \leq 5/2$. □

Die Überlegungen in Beispiel 1.6 können wir auf beliebige Ungleichungen der Form

$$|x-x_0| < \epsilon \quad (x_0 \in \mathbb{R},\ \epsilon \in \mathbb{R}^+)$$

verallgemeinern. Diese Ungleichung wird genau von den $x \in \mathbb{R}$ erfüllt, deren Abstand von x_0 kleiner ist als ϵ, d.h. für

$$x \in \,]\,x_0-\epsilon, x_0+\epsilon\,[\quad \text{oder für} \quad x_0-\epsilon < x < x_0+\epsilon .$$

Die folgende Ungleichung wird in der Analysis des öfteren benutzt:

Satz 1.3 (Dreiecksungleichung). Für beliebige $x, y \in \mathbb{R}$ gilt:

$$|x+y| \leq |x| + |y| .$$

Beweis. Wegen Satz 1.2(2) und Satz 1.2(4) gilt:

$$xy \leq |xy| = |x|\,|y| .$$

Wir multiplizieren diese Ungleichung mit 2,

$$2xy \le 2\ |x|\ |y|,$$

addieren $x^2 + y^2 = |x|^2 + |y|^2$ auf beiden Seiten,

$$x^2 + 2xy + y^2 \le |x|^2 + 2\ |x|\ |y| + |y|^2,$$

und fassen zusammen:

$$(x + y)^2 \le (|x| + |y|)^2 .$$

Wegen der Umkehrung von Satz 1.1(6) können wir die Wurzel auf beiden Seiten der Ungleichung ziehen. Mit Satz 1.2(3) folgt die Behauptung:

$$|x + y| \le \Big|\ |x|+|y|\ \Big| = |x| + |y| . \qquad \blacksquare$$

Aus dem Beweis können wir auch entnehmen, wann die Dreiecksungleichung in ihrer strengen Form gilt, nämlich wenn $xy < |xy|$ ist. Letzteres ist genau dann der Fall, wenn x und y das entgegengesetzte Vorzeichen haben. Damit gilt

$$|x + y| < |x| + |y|$$

genau dann, wenn $x < 0$ und $y > 0$ oder wenn $x > 0$ und $y < 0$ ist. Beispielsweise gilt:

$$2 = |-5 + 3| < |-5| + |3| = 8 .$$

1.5 Das Prinzip der vollständigen Induktion

Eine konstituierende Eigenschaft der natürlichen Zahlen 1, 2, 3, ... ist die Tatsache, daß es zu jeder natürlichen Zahl k eine nachfolgende Zahl $k+1$ gibt. Von 1 ausgehend können wir also stets in endlich vielen Schritten $k \to k+1$ zu jeder beliebigen natürlichen Zahl m gelangen.

Diese Beobachtung über die Menge $\mathbb{N}$ liefert die wesentliche Idee zum Beweis einer Behauptung der Form:

"Für alle natürlichen Zahlen n gilt $A(n)$."

Dabei ist $A(x)$ eine Aussageform mit der Variablen x als Platzhalter für natürliche Zahlen. Um eine derartige Behauptung zu beweisen, genügt es nicht, dies für 5, 10 oder 100 Werte zu tun. Vielmehr kann dies nur mit einer Methode geschehen, die es für ***jede beliebige*** natürliche Zahl m gestattet, einen Beweis der Aussage "$A(m)$ gilt" (oder kurz "$A(m)$")

anzugeben. Entsprechend der Struktur der natürlichen Zahlen führt man einen solchen Beweis schrittweise durch, indem man zunächst die Gültigkeit der Behauptung "wenn $\mathcal{A}(k)$, dann $\mathcal{A}(k+1)$" für beliebige $k \in \mathbb{N}$ nachweist. Dann zeigt man "$\mathcal{A}(1)$" und schließt wie folgt:

aus "$\mathcal{A}(1)$" und "wenn $\mathcal{A}(1)$, dann $\mathcal{A}(2)$" folgt "$\mathcal{A}(2)$" ;
aus "$\mathcal{A}(2)$" und "wenn $\mathcal{A}(2)$, dann $\mathcal{A}(3)$" folgt "$\mathcal{A}(3)$" ; usw.

Auf diese Weise kann man die Aussage "$\mathcal{A}(m)$" für jedes gewünschte $m \in \mathbb{N}$ in endlich vielen Schritten beweisen.

Wir formulieren dieses Verfahren als ***Prinzip der vollständigen Induktion***:

1. Man zeigt, daß $\mathcal{A}(1)$ richtig ist (***Induktionsanfang***).
2. a) Man macht die ***Induktionsannahme***, daß $\mathcal{A}(k)$ für ein $k \in \mathbb{N}$ richtig ist.
   b) Man folgert im ***Induktionsschritt*** aus dieser Annahme die Richtigkeit von $\mathcal{A}(k+1)$.

Wir akzeptieren das Prinzip der vollständigen Induktion als teilweise Formalisierung unseres Vorverständnisses der natürlichen Zahlen. Das Prinzip wird oft angewendet, ohne daß es besonders erwähnt wird. Man findet höchstens eine Andeutung in Form eines "usw.". Auch wir haben im "Beweis" zu Beispiel 1.3 eine solche Nachlässigkeit begangen. Wir wiederholen den Beweis unter Beachtung des Induktionsprinzips.

Beispiel 1.9. Zu beweisen ist die Behauptung: "Für alle natürlichen Zahlen n gilt: $0 < n$."

Beweis. Die Aussageform $\mathcal{A}(n)$ lautet hier: $0 < n$.

1. ***Induktionsanfang:*** Wir setzen $n = 1$ in $\mathcal{A}(n)$ und erhalten die Aussage $0 < 1$, die wegen Satz 1.1(2) und $1^2 = 1$ richtig ist.
2. a) ***Induktionsannahme:*** Für eine natürliche Zahl k gelte: $0 < k$.
   b) ***Induktionsschritt:*** Wir zeigen, daß aus der Induktionsannahme die Richtigkeit von $\mathcal{A}(k+1)$ folgt, daß also $0 < k+1$ gilt. Dies geschieht so: Wegen UN3 folgt aus $0 < k$ die Ungleichung $0 + 1 < k+1$ und daraus zusammen mit $0 < 1$ wegen UN2 $0 < k+1$.

Gemäß dem Prinzip der vollständigen Induktion haben wir damit gezeigt, daß $0 < n$ ist für alle $n \in \mathbb{N}$. Eine Besonderheit dieses Beweises ist die Verwendung des Induktionsanfangs "$0 < 1$" im Induktionsschritt. Das ist jedoch zulässig, da wir diese Annahme vorher bewiesen haben. □

Beispiel 1.10. Für alle natürlichen Zahlen n gilt:

$$1 + 2 + \dots + n = \frac{n(n+1)}{2}.$$

Beweis.

1. ***Induktionsanfang.*** Die Behauptung gilt für $n = 1$: $1 = \frac{1 \cdot 2}{2}$.

2. a) ***Induktionsannahme:*** Für eine natürliche Zahl k gelte

$$1 + 2 + \dots + k = \frac{k(k+1)}{2}.$$

b) ***Induktionsschritt:*** $(k \to k+1)$. Wegen a) gilt:

$$\begin{aligned} 1 + 2 + \dots + k + (k+1) &= \frac{k(k+1)}{2} + (k+1) &&= \frac{k(k+1) + 2(k+1)}{2} = \\ &= \frac{(k+1) \cdot (k+2)}{2} &&= \frac{(k+1)[(k+1) + 1]}{2}. \end{aligned}$$

Das ist die Behauptung für k+1. Der Induktionsbeweis ist damit erbracht. □

Beispiel 1.11. Für $q \in \mathbb{R}$ und $n \in \mathbb{N}$ sei die (endliche) ***geometrische Reihe*** definiert durch $s_n(q) := 1 + q + q^2 + \dots + q^n$. Dann gilt für $q \neq 1$:

$$\boxed{s_n(q) = \frac{1 - q^{n+1}}{1 - q}}$$

Beweis durch vollständige Induktion.

1. ***Induktionsanfang*** $(n = 1)$: Wegen $1 - q \neq 0$ gilt :

$$s_1(q) = 1 + q = \frac{(1+q)(1-q)}{1 - q} = \frac{1 - q^2}{1 - q}.$$

2. a) ***Induktionsannahme:*** Für ein $k \in \mathbb{N}$ gelte $s_k(q) = \frac{1 - q^{k+1}}{1 - q}$.

b) ***Induktionsschritt*** $(k \to k+1)$:

$$\begin{aligned} s_{k+1}(q) &= s_k(q) + q^{k+1} = \frac{1 - q^{k+1}}{1 - q} + q^{k+1} = \\ &= \frac{1 - q^{k+1} + q^{k+1}(1 - q)}{1 - q} = \frac{1 - q^{k+1+1}}{1 - q}. \end{aligned}$$

□

Um Aussagen, wie sie in den Beispielen 1.10 und 1.11 vorkommen, bequem und eindeutig formulieren zu können, verwendet man üblicherweise das ***Summenzeichen*** Σ, den großen griechischen Buchstaben Sigma (für Summe). Sind n Zahlen $a_1, a_2, \ldots a_n$ gegeben, dann schreiben wir für ihre Summe

$$a_1 + a_2 + \ldots + a_n = \sum_{i=1}^{n} a_i$$

(lies: "Summe der a_i für i von 1 bis n"). So lautet beispielsweise die Behauptung in Beispiel 1.10 für den Fall $n = 5$

$$1 + 2 + 3 + 4 + 5 = \sum_{i=1}^{5} i = \frac{5 \cdot 6}{2},$$

und allgemein

$$\sum_{i=1}^{n} i = \frac{n(n+1)}{2}.$$

Der ***Summationsindex*** i hat nichts mit der Zahl zu tun, die durch $\sum_{i=1}^{n} i$ bezeichnet wird, und kann daher durch ein anderes Symbol ersetzt werden (natürlich nicht durch eine Summationsgrenze !):

$$\sum_{k=1}^{n} k = \frac{n(n+1)}{2}, \quad \sum_{n=1}^{s} n = \frac{s(s+1)}{2} \quad \text{usw.}$$

Als ***Summationsgrenzen*** können alle ganzen Zahlen m, n mit $m \leq n$ vorkommen:

$$\sum_{i=m}^{n} a_i, \quad \sum_{k=3}^{5} k^2 = 3^2 + 4^2 + 5^2 = 50, \quad \text{usw.}$$

Wir führen noch einige wichtige Rechenregeln für den Umgang mit dem Summenzeichen auf:

(1) $$\sum_{i=m}^{n} (a_i + b_i) = \sum_{i=m}^{n} a_i + \sum_{i=m}^{n} b_i.$$

(2) $$\sum_{i=m}^{n} c\, a_i = c \sum_{i=m}^{n} a_i.$$

(3) Für $m \leq n < r$ gilt:

$$\sum_{i=m}^{r} a_i = \sum_{i=m}^{n} a_i + \sum_{i=n+1}^{r} a_i .$$

(4) $$\sum_{j=m}^{n} a_{j+q} = \sum_{i=m+q}^{n+q} a_i .$$

Diese Regeln sind Verallgemeinerungen elementarer Rechenregeln für alle Zahlen. Regel 3 besagt beispielsweise, daß $a_m + a_{m+1} + \ldots + a_r = (a_m + \ldots + a_n) + (a_{n+1} + \ldots + a_r)$ ist, was eine Verallgemeinerung des ***Assoziativgesetzes*** $(a_1 + a_2) + a_3 = a_1 + (a_2 + a_3)$ darstellt. Regel 1 verallgemeinert das ***Kommutativgesetz*** $a_1 + a_2 = a_2 + a_1$ und Regel 2 das ***Distributivgesetz*** $ca_1 + ca_2 = c(a_1 + a_2)$. Von besonderer Bedeutung ist die Regel 4, die die Substitution $i = j + q$ beschreibt, etwa

$$\sum_{k=3}^{5} k^2 = \sum_{i=1}^{3} (i+2)^2 , \quad (k = i + 2) .$$

Beispiel 1.12. Wir geben einige Beispiele für das Rechnen mit Summenzeichen.

(1) $$\sum_{i=1}^{n} (i-1) = \sum_{i=1}^{n} i - \sum_{i=1}^{n} 1 = \frac{n(n+1)}{2} - n = \frac{n(n-1)}{2} .$$

Ein anderer Weg führt über die Substitution $i - 1 = j$:

$$\sum_{i=1}^{n} (i-1) = \sum_{j=0}^{n-1} j = \sum_{j=1}^{n-1} j = \frac{(n-1)(n-1+1)}{2} = \frac{n(n-1)}{2} .$$

(2) Es sei $q \neq 1$. Wir benutzen im folgenden die Substitution $i = k + n$ und das Ergebnis von Beispiel 1.11:

$$\sum_{k=-n}^{n} q^k = q^{-n} \sum_{k=-n}^{n} q^{k+n} = q^{-n} \sum_{i=0}^{2n} q^i = q^{-n} \frac{1 - q^{2n+1}}{1 - q} =$$

$$= \frac{q^{n+1} - q^{-n}}{q - 1} .$$

□

1.6 Binomialkoeffizienten, binomischer Satz

Eng verwandt mit dem Prinzip der vollständigen Induktion sind ***rekursive Definitionen***. Zum Beispiel ist die Zahl $n!$ (gelesen: *n-Fakultät*) definiert als das Produkt aller natürlichen Zahlen, die kleiner oder gleich n sind:

$$n! := 1 \cdot 2 \cdot 3 \cdots (n-1) \cdot n$$

Hier stehen Punkte "$\cdots$" für ein offensichtlich verständliches, aber mathematisch nicht exaktes "usw.". Wir geben eine exakte Definition in rekursiver Form, die auch beim Rechnen vorteilhaft verwendet werden kann.

Definition 1.2. Es sei $0! := 1$ und für alle $n \in \mathbb{N}$: $n! := n \cdot (n-1)!$.

Beispiel 1.13. Wir folgern aus der Definition:

$$1! = 1 \cdot 0! = 1 ,$$
$$2! = 2 \cdot 1! = 2 \cdot 1 = 2 ,$$
$$3! = 3 \cdot 2! = 3 \cdot 2 \cdot 1 = 6 ,$$
$$4! = 4 \cdot 3! = 4 \cdot 3 \cdot 2 \cdot 1 = 24 ,$$
$$5! = 5 \cdot 4! = 5 \cdot 24 = 120 \qquad \text{usw.}$$

□

Definition 1.3. Für ganze Zahlen n und k mit $0 \leq k \leq n$ lautet der ***Binomialkoeffizient*** $\binom{n}{k}$ (gelesen: n über k) : $\binom{n}{k} := \frac{n!}{k!(n-k)!}$.

Beispiel 1.14.

$$\binom{n}{0} = \frac{n!}{0!\,n!} = 1 , \qquad \binom{n}{n} = \frac{n!}{n!\,0!} = 1 ,$$

$$\binom{n}{1} = \frac{n!}{1!(n-1)!} = \frac{n \cdot (n-1)!}{(n-1)!} = n , \qquad \binom{n}{n-1} = \frac{n!}{(n-1)!1!} = n .$$

$$\binom{5}{0} = \binom{5}{5} = 1 , \qquad \binom{5}{1} = \binom{5}{4} = 5 ,$$

$$\binom{5}{2} = \frac{5!}{2! \cdot 3!} = \frac{5 \cdot 4 \cdot 3 \cdot 2 \cdot 1}{2 \cdot 1 \cdot 3 \cdot 2 \cdot 1} = 10 , \qquad \binom{5}{3} = \frac{5!}{3! \cdot 2!} = 10 .$$

□

Die Binomialkoeffizienten haben folgende wichtige Eigenschaften:

Satz 1.4. Für nichtnegative ganze Zahlen n und k mit $k \leq n$ gilt:

(1) $\binom{n}{k} = \binom{n}{n-k}$.

(2) $\binom{n}{k} = \dfrac{n(n-1)\cdots(n-k+1)}{k!}$, falls $1 \leq k$.

(3) $\binom{n}{k-1} + \binom{n}{k} = \binom{n+1}{k}$, falls $1 \leq k$.

Beweis.

(1) $\binom{n}{n-k} = \dfrac{n!}{(n-k)!\,(n-(n-k))!} = \dfrac{n!}{(n-k)!\,k!} = \binom{n}{k}$.

(2) Streng genommen müßten wir die Behauptung rekursiv formulieren und beweisen. Wir zeigen sie in der ursprünglichen Form durch wiederholte Anwendung von Definition 1.2:

$$n! = n(n-1)! = n(n-1)(n-2)! = \ldots$$
$$= n(n-1)\cdots(n-k+1)(n-k)!,$$

falls $1 \leq k$. Damit folgt die Behauptung unmittelbar aus Definition 1.3.

(3) $\binom{n}{k-1} + \binom{n}{k} = \dfrac{n!}{(k-1)!(n-k+1)!} + \dfrac{n!}{k!(n-k)!}$

$$= \frac{n!}{k!(n+1-k)!}\left[\frac{k!}{(k-1)!} + \frac{(n+1-k)!}{(n-k)!}\right]$$

$$= \frac{n!}{k!(n+1-k)!}\,[k + (n+1-k)] = \frac{(n+1)!}{k!(n+1-k)!} = \binom{n+1}{k}. \blacksquare$$

Die wichtige Rekursionsformel in Satz 1.4(3) führt zu einer bequemen Berechnung der Binomialkoeffizienten in der Anordnung, die als ***Pascalsches Dreieck*** bezeichnet wird.

Der Binomialkoeffizient $\binom{n}{k}$ steht in der $(n+1)$-ten Zeile an der $(k+1)$-ten Stelle. Wegen der Rekursionsformel ergibt die Summe zweier benachbarter Zahlen die unter ihnen stehende Zahl, z.B.

$$\binom{4}{1} + \binom{4}{2} \qquad \text{oder} \qquad 4 + 6$$
$$= \binom{5}{2} \qquad\qquad = 10$$

$n = 0$						1		$k = 1$				
$n = 1$					1		1		$k = 2$			
$n = 2$				1		2		1		usw.		
$n = 3$			1		3		3		1			
$n = 4$		1		4		6		4		1		
$n = 5$	1		5		10		10		5		1	

....

Außerdem zeigt ein Blick auf das Pascalsche Dreieck, daß die Binomialkoeffizienten stets natürliche Zahlen sind, was aus Definition 1.3 nicht unmittelbar abzulesen ist. Für Puristen: dieser "Blick" führt wegen Beispiel 1.13 und der Rekursionsformel zu einem Induktionsbeweis.

Die Binomialkoeffizienten verdanken ihren Namen ihrem Auftreten in der ***binomischen Formel***, die eine Summenformel für das allgemeine Binom $(a + b)^n$ darstellt.

Satz 1.5 (Binomische Formel). Es seien $a, b \in \mathbb{R}$. Dann gilt für alle $n \in \mathbb{N}$:

$$(a + b)^n = \sum_{k=0}^{n} \binom{n}{k} a^{n-k} b^k = a^n + \binom{n}{1} a^{n-1}b^1 + \ldots + \binom{n}{n-1} a^1 b^{n-1} + b^n .$$

Zur Entwicklung des Binoms $(a + b)^n$ benötigt man also alle Binomialkoeffizienten aus der $(n + 1)$-ten Zeile des Pascalschen Dreiecks.

Beispiel 1.15. Für $n = 2$ entnehmen wir dem Pascalschen Dreieck die bekannte Formel

$$(a + b)^2 = a^2 + 2ab + b^2 ,$$

und für $n = 5$ erhalten wir:

$$(a + b)^5 = a^5 + 5a^4b + 10a^3b^2 + 10a^2b^3 + 5ab^4 + b^5 .$$

Eine Anwendung:

$$1{,}1^5 = (1 + \tfrac{1}{10})^5 = 1 + \frac{5}{10} + \frac{10}{10^2} + \frac{10}{10^3} + \frac{5}{10^4} + \frac{1}{10^5} = 1{,}61051 . \qquad \square$$

Beweis der binomischen Formel.

Wir skizzieren nur den Induktionsschritt $i \to i+1$:

$$(a+b)^i(a+b) =$$

$$\left[\binom{i}{0}a^i b^0 + \binom{i}{1}a^{i-1}b^1 + \ldots + \binom{i}{i-1}a^1 b^{i-1} + \binom{i}{i}a^0 b^i\right](a+b) =$$

$$1 \cdot a^{i+1} + \binom{i}{1}a^i b^1 + \ldots + \binom{i}{i-1}a^2 b^{i-1} + \binom{i}{i}a^1 b^i +$$

$$+ \binom{i}{0}a^i b^1 + \ldots + \binom{i}{i-2}a^2 b^{i-1} + \binom{i}{i-1}a^1 b^i + 1 \cdot b^{i+1} =$$

$$\binom{i+1}{0}a^{i+1} + \binom{i+1}{1}a^i b^1 + \ldots + \binom{i+1}{i-1}a^2 b^{i-1} + \binom{i+1}{i}a^1 b^i + \binom{i+1}{i+1}b^{i+1} .$$

Die letzte Umformung gelingt mit Hilfe von Satz 1.4(3). ■

1.7 Elemente der Kombinatorik

Die im vorigen Abschnitt definierten Größen treten unter anderem bei der Lösung von kombinatorischen Fragestellungen auf. Solche Probleme findet man etwa in der Wahrscheinlichkeitsrechnung oder beim Abzählen von Isomeren.

Gegeben seien n paarweise verschiedene Objekte. Eine ***Anordnung*** von m Objekten aus dieser Menge heißt ***Permutation zur Klasse*** m (oder auch ***Variation***). Für die Anzahl der Permutationen gilt:

a) falls Wiederholungen ausgeschlossen sind: $\;{}_nP_m = \dfrac{n!}{(n-m)!}$.

b) mit Wiederholungen: $\;{}_n\overline{P}_m = n^m$.

Denn ohne Wiederholungsmöglichkeit stehen für den ersten Platz n Objekte, für den zweiten Platz n-1, usw., für den m-ten Platz n-m+1 Objekte zur Verfügung. Es gibt also insgesamt

$${}_nP_m = n(n-1)\cdots(n-m+1) = \frac{n!}{(n-m)!}$$

Permutationen zur Klasse m ohne Wiederholung. Sind andererseits Wiederholungen zugelassen, so stehen für jeden der m Plätze n Möglichkeiten offen; also ist ${}_n\overline{P}_m = n^m$.

Beispiel 1.16. Wieviele verschiedene Worte mit zwei Buchstaben können bei einem Alphabet $\{a,b,c,d\}$ von 4 Buchstaben gebildet werden, wenn Wiederholungen der Buchstaben a) ausgeschlossen bzw. b) zugelassen sind ?

Die Anzahl der Worte ist a) ${}_4P_2 = \frac{4!}{2!} = 12$, b) ${}_4\overline{P}_2 = 4^2 = 16$.

Die Worte ohne Buchstabenwiederholung lauten:

$a\,b$ $b\,a$ $c\,a$ $d\,a$

$a\,c$ $b\,c$ $c\,b$ $d\,b$

$a\,d$ $b\,d$ $c\,d$ $d\,c$.

Sind Wiederholungen zugelassen, dann gibt es noch zusätzlich die Worte:

$a\,a$ $b\,b$ $c\,c$ $d\,d$. □

Beispiel 1.17. An einem runden Tisch, um den 6 Stühle stehen, sollen 6 Personen Platz nehmen. Die Anzahl der verschiedenen Sitzanordnungen ist

$${}_6P_6 = \frac{6!}{0!} = 720 .$$

Kommt es jedoch nur auf die Nachbarschaftsbeziehungen an (wer sitzt neben wem ?), so ist es bei einem runden Tisch belanglos, wo die erste Person sitzt. Die Anzahl der verschiedenen Sitzanordnungen ist dann

$${}_6P_6/6 = 5! = 120 .$$ □

Beispiel 1.18. Wie groß ist die Wahrscheinlichkeit, bei viermaligem Würfeln a) nur Einsen, b) keine Eins zu erhalten?

Im ersten Fall gibt es eine Zahlenfolge, im zweiten ${}_5\overline{P}_4$ unter insgesamt ${}_6\overline{P}_4$ möglichen Zahlenreihenfolgen. Also lauten die Wahrscheinlichkeiten:

a) $p_a = 1/6^4$, a) $p_b = (5/6)^4$. □

Besonders häufig interessiert die Zahl der Permutationen von n Objekten zur Klasse n ***ohne Wiederholung***. Die Anzahl dieser Anordnungen (schlechthin *Permutationen* genannt) ist ${}_nP_n = n!$.

Angenommen, r der n Objekte sind ***ununterscheidbar*** (untereinander gleich), dann können diese r Objekte bei gegebener Anordnung auf $r!$ Weisen vertauscht werden, ohne daß die Anordnung aller n Objekte verändert wird. Die Anzahl der Permutationen dieser n Objekte reduziert sich also auf $n!/r!$. Sind andererseits unter den n Objekten jeweils r_i untereinander gleich, so ist die Anzahl der Permutationen ${}_n\tilde{P}_{r_1, r_2, \ldots}$ gegeben durch

$${}_n\tilde{P}_{r_1, r_2, \ldots} = \frac{n!}{r_1! \cdot r_2! \cdot r_3! \cdots}, \quad \text{wobei } r_1 + r_2 + r_3 + \ldots = n \text{ ist.}$$

Beispiel 1.19. Je zwei blaue, rote und gelbe Kugeln können auf

$${}_6\tilde{P}_{2,2,2} = \frac{(2+2+2)!}{2!\ 2!\ 2!} = \frac{720}{8} = 90$$

verschiedene Weisen in einer Reihe angeordnet werden. □

Unter einer ***Kombination zur Klasse m*** von n paarweise verschiedenen Objekten versteht man eine ***Auswahl*** von m Elementen. Im Gegensatz zur Permutation kommt es bei der Kombination ***nicht*** auf die Anordnung an. Die Anzahl der Kombinationen ist

a) ohne Wiederholung: $\quad {}_nC_m = \binom{n}{m}$.

b) mit Wiederholung: $\quad {}_n\overline{C}_m = \binom{n+m-1}{m}$.

Die Anzahl ${}_nP_m$ der Permutationen zur Klasse m (ohne Wiederholung) erhält man aus der Zahl ${}_nC_m$ der Kombinationen, wenn man berücksichtigt, daß man m ausgewählte Elemente auf $m!$ Weisen anordnen kann. Es muß also gelten:

$$m!\ {}_nC_m = {}_nP_m = \frac{n!}{(n-m)!} \quad \text{oder} \quad {}_nC_m = \frac{n!}{m!(n-m)!} = \binom{n}{m}.$$

${}_nC_m$ ist die Zahl der Teilmengen mit m Elementen aus einer Menge von n Elementen.

Beispiel 1.20. Wie groß ist die Wahrscheinlichkeit, beim Lotto aus 49 Zahlen 6 richtige auszuwählen?

Die Anzahl der möglichen Zahlenkombinationen beträgt

$${}_{49}C_6 = \binom{49}{6} = \frac{49 \cdot 48 \cdot 47 \cdot 46 \cdot 45 \cdot 44}{1 \cdot 2 \cdot 3 \cdot 4 \cdot 5 \cdot 6} = 13\,983\,816\,.$$

Eine davon ist die Kombination der 6 richtigen Zahlen. Also ist die Wahrscheinlichkeit für 6 richtige $p = 1/13983816 \approx 7 \cdot 10^{-8}$. □

Beispiel 1.21. Jedes der beiden p-Elektronen des Kohlenstoff-Atoms kann genau eines von 6 verschiedenen Spinorbitalen besetzen (p_x, p_y, p_z, jeweils mit 2 Spineinstellungen). Es gibt also ${}_6C_2 = \binom{6}{2} = \frac{6\cdot 5}{1\cdot 2} = 15$ verschiedene Möglichkeiten, die beiden Elektronen auf diese Orbitale zu verteilen. Demzufolge entsprechen der p^2-Konfiguration des C-Atoms 15 Zustände. □

Beispiel 1.22. Wieviele verschiedene Muster (!) ergeben sich bei einem Wurf von 4 ***ununterscheidbaren*** Würfeln?

Jeder Wurf stellt eine Auswahl von 4 Objekten ("Augenzahl") aus einer Menge von 6 Elementen dar, wobei Wiederholungen erlaubt sind; also:

$${}_6\overline{C}_4 = \binom{6+4-1}{4} = \binom{9}{4} = 126 \,.$$

Das sind nur etwa 10% der Anzahl von Mustern bei 4 ***unterscheidbaren*** Würfeln: ${}_6\overline{P}_4 = 6^4 = 1296$. □

Zum Beweis der Formel für ${}_n\overline{C}_m$ betrachten wir zunächst den Spezialfall $n = m = 3$, wobei wir die Objekte durch die Ziffern 1, 2, 3 darstellen. Es gibt gerade $\binom{3+3-1}{3} = \binom{5}{3} = 10$ Möglichkeiten, aus der Menge {1,2,3} 3 Objekte auszuwählen, wenn Wiederholungen zugelassen sind. In der folgenden Liste führen wir alle erlaubten Zahlenkombinationen auf und symbolisieren das Auftreten einer jeden Ziffer durch einen Haken V. Wir erhalten:

Zahl	Objekt: 1	2	3	
111	V V V			V V V I I
112	V V	V		V V I V I
113	V V		V	V V I I V
122	V	V V		V I V V I
123	V	V	V	V I V I V
133	V		V V	V I I V V
222		V V V		I V V V I
223		V V	V	I V V I V
233		V	V V	I V I V V
333			V V V	I I V V V

Die letzte Spalte haben wir durch "Zusammenschieben" der drei vorhergehenden erhalten. Dort finden wir alle Anordnungen von 3 ununterscheidbaren Objekten V und 2 "Fächergrenzen" |. Im allgemeinen Fall ergeben sich alle Anordnungen von m ununterscheidbaren Objekten V und n-1 Fächergrenzen | :

$$ {}_{m+n-1}\tilde{P}_{m,n-1} = \frac{(m+n-1)!}{m!(n-1)!} = \binom{n+m-1}{m} = {}_{n}\overline{C}_{m} \, . $$

Nun formulieren wir die verschiedenen Aufgaben der Kombinatorik als Urnenprobleme. Aus einer Urne, die n numerierte Kugeln enthält, sollen m Kugeln gezogen werden. Je nachdem, ob die Kugeln vor der nachfolgenden Ziehung wieder in die Urne zurückgelegt werden oder nicht und ob die Reihenfolge bei der Ziehung berücksichtigt wird oder nicht, erhalten wir:

	Zurücklegen	Reihenfolge		
(a)	nein	ja	Permutation ***ohne*** Wiederholung:	${}_nP_m$
(b)	ja	ja	Permutation ***mit*** Wiederholung:	${}_n\overline{P}_m$
(c)	nein	nein	Kombination ***ohne*** Wiederholung:	${}_nC_m$
(d)	ja	nein	Kombination ***mit*** Wiederholung:	${}_n\overline{C}_m$

Beispiel 1.23. In einer Urne befinden sich 4 Kugeln, die mit den Zahlen 1 bis 4 numeriert sind. Es werden 2 Ziehungen vorgenommen ($n = 4$, $m = 2$). Dann lauten die möglichen Resultate obiger Versuche:

(a) ${}_4P_2 = 4\cdot 3 = 12$		(1,2)	(1,3)	(1,4)
	(2,1)		(2,3)	(2,4)
	(3,1)	(3,2)		(3,4)
	(4,1)	(4,2)	(4,3)	
(b) ${}_4\overline{P}_2 = 4^2 = 16$	(1,1)	(1,2)	(1,3)	(1,4)
	(2,1)	(2,2)	(2,3)	(2,4)
	(3,1)	(3,2)	(3,3)	(3,4)
	(4,1)	(4,2)	(4,3)	(4,4)

(c) ${}_4C_2 = \binom{4}{2} = 6$	(1,2) (1,3) (1,4) (2,3) (2,4) (3,4)
(d) ${}_4\overline{C}_2 = \binom{5}{2} = 10$	(1,1) (1,2) (1,3) (1,4) (2,2) (2,3) (2,4) (3,3) (3,4) (4,4)

□

1.8 Aufgaben

1.1. a) Schreiben Sie 2/11 als Dezimalbruch.

b) Schreiben Sie die rationale Zahl 1,41424242... als Bruch.

1.2. a) Welche Ungleichung besteht zwischen $-x$ und $-y$, falls $x < y$ ist?

b) Zeigen Sie nun, daß aus $x < y$ und $z < 0$ die Beziehung $xz > yz$ folgt (Hinweis: $-z > 0$).

c) Verifizieren Sie die Aussage b), indem Sie die Ungleichung $-8 < -6$ durch -2 teilen.

1.3. a) Für welche $x \in \mathbb{R}$ gilt $|x+1| \leq 2$? Deuten Sie die Lösung geometrisch.

b) Welche $x \in \mathbb{R}$ erfüllen die Ungleichungen $|x+1| \leq 2$ und $|x-1| < 1$ gleichzeitig?

1.4. Für welche $x \in \mathbb{R}$ gilt: $(x-1)\cdot(x-2) \leq 0$?

1.5. Untersuchen Sie durch Fallunterscheidungen, welche $x \in \mathbb{R}$ die Gleichung $|2 - |x|| = 3$ erfüllen.

1.6. Welche $y \in \mathbb{R}$ erfüllen die Beziehungen:

a) $|y+1| \leq 1$ ***und*** $|y-1| < 1$; b) $|y+1| \leq 1$ ***oder*** $|y-1| < 1$.

1.7. Zeigen Sie durch vollständige Induktion, daß für $n \in \mathbb{N}$ gilt:

a) $1 + 3 + 5 + \ldots + (2n-1) = n^2$.

b) $1^2 + 2^2 + 3^2 + \ldots + n^2 = \frac{1}{6}n(n+1)(2n+1)$.

c) $1\cdot 2 + 2\cdot 3 + 3\cdot 4 + \ldots + n\cdot(n+1) = \frac{1}{3}n(n+1)(n+2)$.

d) $\frac{1}{1\cdot 3} + \frac{1}{3\cdot 5} + \frac{1}{5\cdot 7} + \ldots + \frac{1}{(2n-1)\cdot(2n+1)} = \frac{n}{2n+1}$.

1.9. Berechnen Sie folgende Summen:

a) $\sum_{k=1}^{5} (3k-9)$, b) $\sum_{k=1}^{n} (a_k - a_{k-1})$.

1.10. Berechnen Sie mit Hilfe der binomischen Formel $(0{,}99)^3$, indem Sie nur Potenzen von 1 und 0,01 verwenden.

1.11. Vier verschiedene Substituenten sollen an vier verschiedenartige Molekülgerüstplätze angelagert werden. Wie viele verschiedene Moleküle lassen sich so bilden?

1.12. Jedes der drei d-Elektronen des Vanadium-Atoms kann genau eines von zehn verschiedenen Spinorbitalen der 3d-Schale besetzen. Wie viele verschiedene Möglichkeiten gibt es, die drei Elektronen auf diese Orbitale zu verteilen?

1.13. Ein Chemiker will im Rahmen seiner Doktorarbeit sämtliche heteronuklearen dreiatomigen Verbindungen der 90 natürlichen Elemente untersuchen. Wie viele Fälle muß er betrachten? Falls er für jede Synthese einer Verbindung einen Tag rechnet, wann sollte er die Doktorfeier ansetzen?

1.14. Auf wie viele Arten kann man 13 Kugeln auf 17 verschiedene Körbe verteilen, wenn

a) die Kugeln ununterscheidbar sind und sich in jedem Korb nur eine Kugel befinden kann,

b) die Kugeln ununterscheidbar sind und sich in jedem Korb beliebig viele Kugeln befinden können?

1.15. Wie groß ist die Wahrscheinlichkeit, bei n Würfen mit einem Würfel folgende Resultate zu erzielen:

a) überhaupt keine Sechs; b) jedesmal eine Sechs;

c) genau einmal eine Sechs; d) genau zweimal eine Sechs;

e) höchstens zweimal eine Sechs; f) mindestens zweimal eine Sechs;

g) genau einmal eine Sechs und gleichzeitig genau einmal eine Eins.

1.16. Wieviele unterscheidbare Anordnungen lassen sich aus den Buchstaben des Wortes "Mississippi" bilden ?

2 Funktionen einer Veränderlichen

Der Naturwissenschaftler stellt bei seiner Arbeit immer wieder fest, daß sich viele beobachtete Größen ändern. Um zwangsläufige Zusammenhänge zwischen veränderlichen Größen zu erfassen, gibt der Experimentator den Wert einer Größe vor (z.B. die Temperatur) und mißt dann eine andere interessierende Größe (etwa die Länge eines Metallstabes). Durch eine solche experimentell festgelegte Vorschrift wird jedem Wert einer "unabhängigen Veränderlichen" der Wert einer "abhängigen Veränderlichen" zugewiesen: Die Länge des Stabes wird als Funktion der Temperatur erfaßt.

Wir stoßen hier zum ersten Mal auf den fundamentalen mathematischen Begriff der Funktion, der in diesem Kapitel diskutiert werden soll. Wir erörtern ferner die graphische Darstellung und einige algebraische Eigenschaften von Funktionen.

2.1 Zum Funktionsbegriff

Beispiel 2.1. Ein ideales Gas sei bei konstanter Temperatur T in einem Gefäß eingeschlossen. Nach dem Gesetz von Boyle-Mariotte ist dann das Produkt aus Druck P und Volumen V konstant:

$$PV = C = \text{const.}$$

Bei gegebener Temperatur T ist der Druck P "abhängig von V":

$$P = C/V \quad \text{oder} \quad P = f(V) \quad \text{mit} \quad f(V) = C/V\,.$$

Der ***Druck*** P ist also eine ***Funktion von*** V. Für ein reales Gas gilt dieser funktionale Zusammenhang nur in einem bestimmten Volumenbereich $[V_1, V_2]$, d.h. für $V_1 \leq V \leq V_2$. Natürlich kann man auch das Volumen als Funktion des Druckes auffassen:

$$V = g(P) \quad \text{mit} \quad g(P) = C/P. \qquad \square$$

Definition 2.1. Eine ***reelle Funktion*** f ist eine Vorschrift, durch die jedem Element x einer Teilmenge $\mathcal{D}(f) \subset \mathbb{R}$ in eindeutiger Weise eine reelle Zahl $f(x)$ zugeordnet wird.

Die Menge $\mathcal{D}(f)$ heißt ***Definitionsbereich*** von f, die Menge

$$\mathcal{W}(f) := \{\, y \in \mathbb{R} \mid y = f(x) \ \text{mit} \ x \in \mathcal{D}(f) \,\}$$

heißt ***Wertebereich*** von f. Die Funktion f ist zu unterscheiden von einem ihrer Werte, $f(x)$, dem "Funktionswert an der Stelle x". Um dies hervorzuheben, schreiben wir beispielsweise die Funktion g, die jeder reellen Zahl ihr Quadrat zuordnet, so:

$$g : x \to x^2 \qquad \text{für } x \in \mathbb{R} \ (\text{also ist } g(x) = x^2),$$

oder allgemein:

$$f : x \to f(x) \qquad \text{für } x \in \mathcal{D}(f) \subset \mathbb{R}.$$

Natürlich können wir die Funktion g auch wie folgt schreiben:

$$g : y \to y^2 \qquad \text{für } y \in \mathbb{R}.$$

Für die Funktion g gilt: $g(2) = 4$, $g(\sqrt{2}\,) = 2$.

Anmerkung zu Beispiel 2.1. Experimente zeigen, daß die Konstante C proportional zur absoluten Temperatur ist: $C = cT$. Die Funktion $f(V)$ hängt also vom Parameter T ab:

$$P = f_T(V) \quad \text{mit} \ f_T(V) = cT/V,$$

oder anders ausgedrückt: der Druck P ist eine ***Funktion der beiden unabhängigen Variablen V und T***:

$$P = F(V,T) \ \text{ mit } \ F(V,T) = cT/V,$$

wobei $V_1 \leq V \leq V_2$ und $0 < T$ gilt.

Der Begriff ***Abbildung*** ist synonym mit dem Begriff Funktion. Gilt $y = f(x)$, so nennt man y auch das ***Bild*** von x bzw. x das ***Urbild*** von y unter der Abbildung f. Für die oben definierte Funktion g ist beispielsweise 2 das Bild von $\sqrt{2}$; zum Funktionswert 4 gehören die beiden Urbilder 2 und -2.

Beispiel 2.2.

Funktion				Definitionsbereich	Wertebereich
$f:$	$x \to$	$x+1$	$= f(x)$	$\mathcal{D}(f) = \mathbb{R}$	$\mathcal{W}(f) = \mathbb{R}$
$g:$	$x \to$	x^2	$= g(x)$	$\mathcal{D}(g) = \mathbb{R}$	$\mathcal{W}(g) = \mathbb{R}_0^+$
$h:$	$t \to$	$\sqrt{t}$	$= h(t)$	$\mathcal{D}(h) = \mathbb{R}_0^+$	$\mathcal{W}(h) = \mathbb{R}_0^+$
$H:$	$y \to$	$\frac{y^2-1}{y-1}$	$= H(y)$	$\mathcal{D}(H) = \mathbb{R}\backslash\{1\}$	$\mathcal{W}(H) = \mathbb{R}\backslash\{2\}$

Durch Einsetzen und Nachrechnen überzeugt man sich von der Gültigkeit folgender Beziehungen:

$$g(x+1) = g(x) + 2f(x) - 1,$$
$$h(g(t)) = |t|,$$
$$H(y) = \frac{(y-1)(y+1)}{y-1} = y + 1 = f(y) \text{ für } y \neq 1.$$

Obwohl für $y \in \mathcal{D}(H)$ $f(y) = H(y)$ gilt, sind die Funktionen f und H nicht gleich. Denn $f(1) = 2$, aber $1 \notin \mathcal{D}(H)$; also ist $\mathcal{D}(H) \neq \mathcal{D}(f)$. □

Beispiel 2.3. Funktionen können auch durch mehrere "Teilvorschriften" definiert sein, z.B. lautet die ***Vorzeichenfunktion***:

$$\text{sgn}: x \to \begin{cases} -1 & x < 0 \\ 0\,, \text{ für} & x = 0\,. \\ 1 & x > 0 \end{cases}$$

Offensichtlich gilt: $\mathcal{D}(\text{sgn}) = \mathbb{R}$ und $\mathcal{W}(\text{sgn}) = \{-1, 0, 1\}$. Auch die nachfolgend definierte Funktion G kann nicht durch einen algebraischen Term charakterisiert werden:

$$G: x \to \begin{cases} 1 \\ 0\,, \end{cases} \text{ falls } \begin{matrix} x \in \mathbb{Q} \\ x \in \mathbb{R}\backslash\{\mathbb{Q}\} \end{matrix}.$$

G ist für alle $x \in \mathbb{R}$ definiert, z.B. $G(2) = G(-2/3) = 1$, aber $G(\sqrt{2}) = 0$. □

In der Praxis wird der Definitionsbereich einer Funktion oft nicht explizit angegeben. Vereinbarungsgemäß soll dann der ***maximale Definitionsbereich*** gelten, für den die betrachtete Funktion sinnvoll definiert werden kann. Die in den Beispielen 2.2 und 2.3 gewählten Definitionsbereiche sind jeweils maximal.

Ferner kommt es oft vor, daß verkürzend (aber ungenau) etwa von der "Funktion $g(x) = x^2$ " gesprochen wird. Gemeint ist natürlich die Funktion g, die für $x \in \mathbb{R}$ den Wert $g(x) = x^2$ hat. Diese Kurzbezeichnung kann jedoch zu Mißverständnissen führen, z.B. bei der "Funktion $x^2 + h$ ". Hier ist zu unterscheiden, welche der beiden Funktionen F_h und G_x gemeint ist:

$$F_h: \quad x \to x^2 + h\,,\ x \in \mathbb{R}\,.$$

$$G_x: \quad h \to x^2 + h\,,\ h \in \mathbb{R}\,.$$

2.2 Graphen

Um eine Funktion graphisch darstellen zu können, benötigen wir zwei Zahlengeraden, je eine für die "unabhängige" und die "abhängige" Variable. Wir wählen die Anordnung eines ***kartesischen Koordinatensystems*** in der Ebene: zwei Zahlengeraden, die sich im gemeinsamen Nullpunkt rechtwinkelig schneiden. Jedem geordneten Paar (x,y) von reellen Zahlen $x, y \in \mathbb{R}$ ist eindeutig ein Punkt in der von den Geraden aufgespannten Ebene zugeordnet und umgekehrt.

Diese ein-eindeutige Zuordnung zwischen Punkten der (zweidimensionalen) Ebene und den Paaren reeller Zahlen mit Hilfe eines Koordinatensystems ist eine Verallgemeinerung der umkehrbar-eindeutigen Zuordnung zwischen den Punkten der Zahlengeraden und den Elementen von $\mathbb{R}$. Man bezeichnet die Menge der geordneten reellen Zahlenpaare mit $\mathbb{R}^2$:

$$\mathbb{R}^2 := \{\ (x_1,x_2)\ |\ x_1, x_2 \in \mathbb{R}\ \}\,.$$

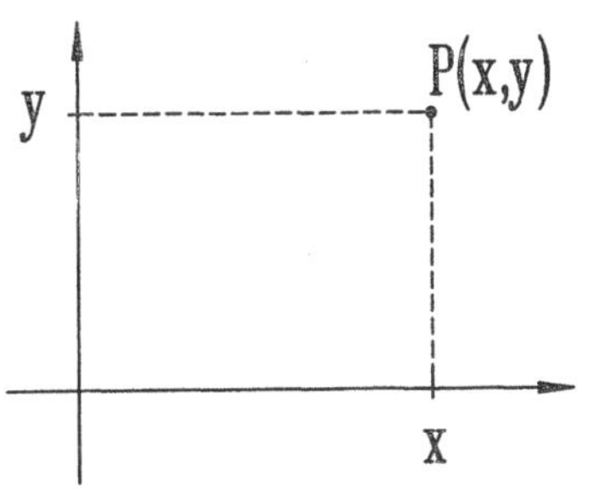

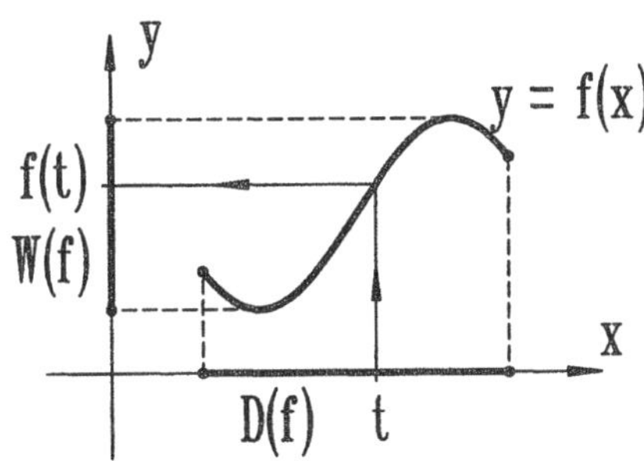

Der ***Graph*** $\mathcal{G}(f)$ ***einer Funktion*** f (ihr Schaubild) ist die Menge aller Punkte $P(x,y)$ mit $x \in \mathcal{D}(f)$ und $y = f(x)$. Eine Wertetabelle, die für geeignete Werte x die zugehörigen Funktionswerte $f(x)$ sammelt, erleichtert das Zeichnen des Graphen einer Funktion f. Dabei geht man häufig davon aus, daß die Punkte aus der Wertetabelle mit einer durchlaufenden (glatten) Linie verbunden werden können (vgl. unten die Beispiele 2.4 bis 2.7). Mit Hilfe eines Graphen erhält man oft einen guten Überblick über die Eigenschaften einer Funktion, doch ist es nicht immer möglich, einen Graphen zu zeichnen (vgl. Funktion G in Beispiel 2.3).

Beispiel 2.4. Wir erstellen eine Wertetabelle für die Funktion g mit $g(x) = x^2$ aus Beispiel 2.2. Es gilt: $g(-x) = (-x)^2 = x^2 = g(x)$. Der Graph von g besitzt Spiegelsymmetrie bezüglich der y-Achse. Eine Funktion f mit dieser Eigenschaft, $f(-x) = f(x)$, heißt ***gerade***. Aus der Zeichnung entnimmt man $\mathcal{W}(g) = \mathbb{R}_0^+$.

x	$g(x) = x^2$
-3	9
-2	4
-1	1
0	0
1	1
2	4
3	9

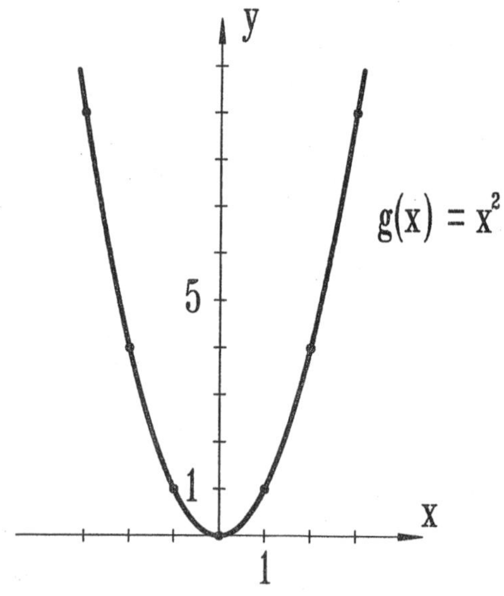

□

Beispiel 2.5. Funktion $b: x \to b(x) = |x|$. Es gilt: $\mathcal{D}(b) = \mathbb{R}$, $\mathcal{W}(b) = \mathbb{R}_0^+$.

x	$b(x) = \|x\|$
-3	3
-2	2
-1	1
0	0
1	1
2	2
3	3

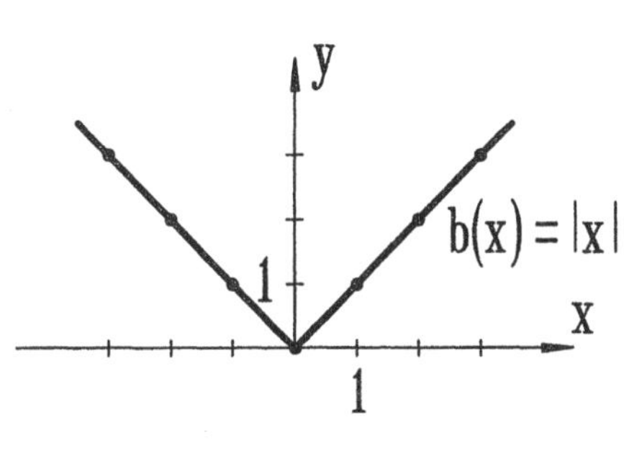

Die Betragsfunktion ist gerade: $b(-x) = |-x| = |x| = b(x)$ (vgl. Satz 1.2(1)). Ihr Graph besitzt bei $x = 0$ eine Spitze; denn er setzt sich wegen Definition 1.1 aus zwei Halbgeraden zusammen:

$$b(x) = x \text{ für } x \geq 0; \quad b(x) = -x \text{ für } x < 0.$$ □

Beispiel 2.6. Funktion sgn aus Beispiel 2.3.

Wegen Satz 1.1(1) gilt: $\text{sgn}(-x) = -\text{sgn}(x)$. Der Graph von sgn ist demzufolge punktsymmetrisch bezüglich des Koordinatenursprungs. Eine Funktion f mit dieser Eigenschaft, $f(-x) = -f(x)$, heißt ***ungerade***.

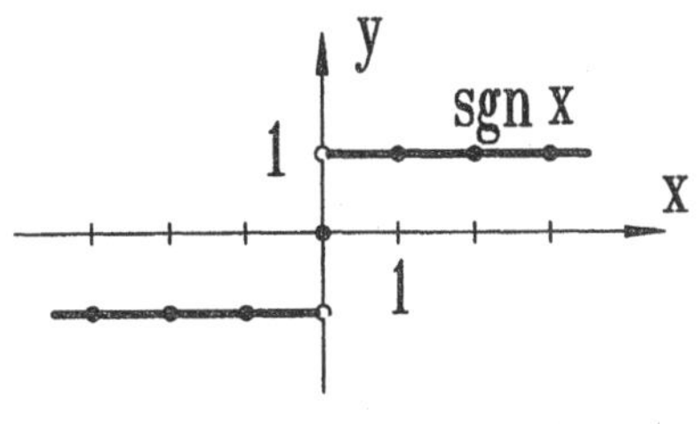

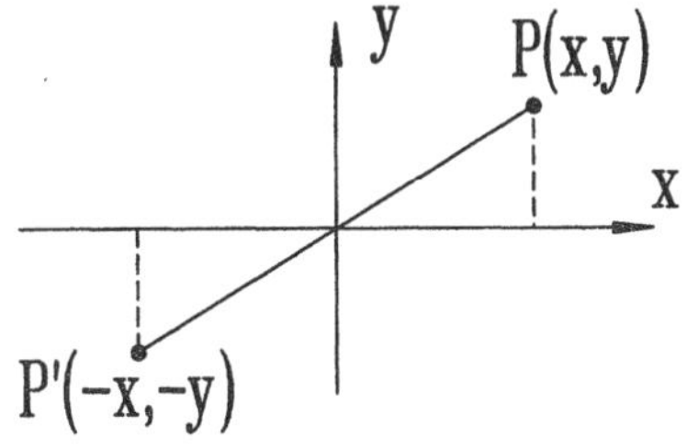

□

Beispiel 2.7. Funktion k mit $k(x) = 1/x$.

x	$k(x) = 1/x$
$\frac{1}{3}$	3
$\frac{1}{2}$	2
1	1
2	$\frac{1}{2}$
3	$\frac{1}{3}$

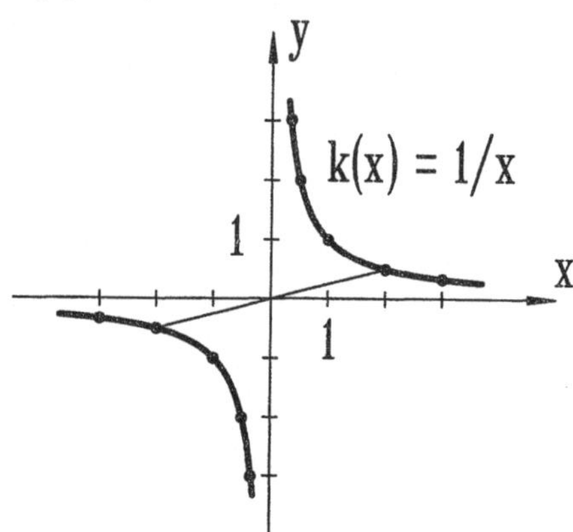

Es gilt: $\mathcal{D}(k) = \mathcal{W}(k) = \mathbb{R}\backslash\{0\}$. Wegen $k(-x) = 1/(-x) = -(1/x) = -k(x)$ ist die Funktion k ungerade. Der Graph von k ist eine Hyperbel. Einen ihrer Äste konstruieren wir mit Hilfe der Wertetabelle, den zweiten auf Grund der Symmetrieeigenschaft von k. □

Anmerkungen.

(1) Die Elemente von $\mathbb{R}^2$ werden als ***geordnete Zahlenpaare*** bezeichnet, weil die Anordnung der Zahlen von Bedeutung ist. Beispielsweise gilt: $(1,0) \neq (0,1)$.

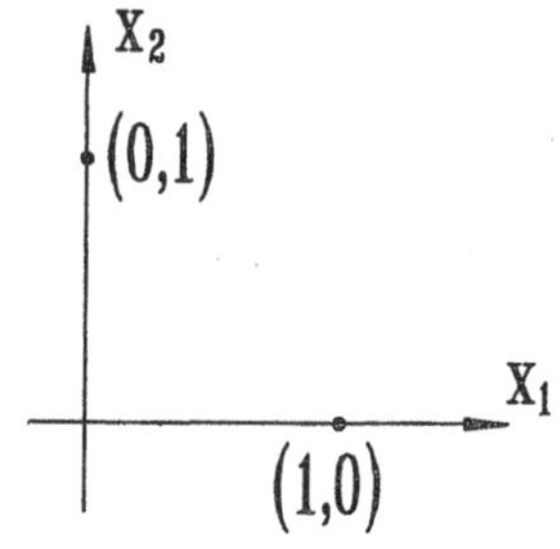

(2) Die beiden Funktionen

$$\tilde{f}: \quad x \to x+1, \qquad x \in \,]1, \infty[$$
$$\tilde{H}: y \to \frac{y^2-1}{y-1}, \qquad y \in \,]1, \infty[$$

haben den gleichen Definitionsbereich und stimmen in ihren Werten überein:

$$\tilde{f}(t) = \tilde{H}(t) = t+1 \qquad \text{für alle } t \in \,]1, \infty[\,.$$

Sind die beiden Funktionen $\tilde{f}$ und $\tilde{H}$ gleich oder handelt es sich um zwei verschiedene Zuordnungsvorschriften im Sinn von Definition 2.1? Hier liegt eine Schwäche unserer Definition. Um die gestellte Frage zu entscheiden, gehen wir davon aus, daß eine Funktion f dann festliegt, wenn wir eine vollständige "Wertetabelle" von f kennen. Die Wertetabelle besteht aus allen Zahlenpaaren $(x, f(x))$, wobei $x \in \mathcal{D}(f) \subset \mathbb{R}$ ist. In der Mathematik identifiziert man eine Funktion f mit ihrer vollständigen Wertetabelle, d.h. f ist eine Teilmenge von $\mathbb{R}^2$:

$$f := \{ (x,y) \in \mathbb{R}^2 \mid x \in \mathcal{D}(f) \subset \mathbb{R} \quad \text{und} \quad y = f(x) \}.$$

In diesem Sinn bestehen die beiden Funktionen $\tilde{f}$ und $\tilde{H}$ aus denselben Elementen von $\mathbb{R}^2$, ***sie sind also gleich.***

Nicht jede Teilmenge von $\mathbb{R}^2$ ist eine Funktion (vgl. Abschnitt 2.3). Wir können $g \subset \mathbb{R}^2$ dann als Funktion auffassen, wenn jedem $x \in \mathcal{D}(g)$ in eindeutiger Weise ein Funktionswert $y = g(x)$ zugeordnet ist. In g, also in der Wertetabelle von g, dürfen keine Zahlenpaare als Elemente vorkommen, die zwar in der ersten Komponente ("x") übereinstimmen, nicht aber in der zweiten ("y"). Aus $(x,y_1) \in g$ und $(x,y_2) \in g$ muß also folgen: $y_1 = y_2 = g(x)$.

(3) Analog zu $\mathbb{R}^2$ definiert man die Menge $\mathbb{R}^n$ als Zusammenfassung aller ***geordneten n-Tupel reeller Zahlen:***

$$\mathbb{R}^n := \{ (x_1,x_2, \dots ,x_n) \mid x_i \in \mathbb{R} \, , \, i = 1, 2, \dots , n \}.$$

Mit Hilfe eines räumlichen Koordinatensystems aus drei im Nullpunkt wechselseitig aufeinander senkrecht stehenden Zahlengeraden kann man die Punkte des dreidimensionalen Raumes durch Zahlentripel (d.h. Elemente aus $\mathbb{R}^3$) eineindeutig charakterisieren.

Eine Funktion F von zwei Variablen kann man dann als Vorschrift auffassen, die Elementen von $\mathbb{R}^2$ einen "Wert" aus $\mathbb{R}$ zuordnet:

$$F: \ \mathbb{R}^2 \to \mathbb{R} \ \text{ mit } \ (x,y) \to F(x,y) \in \mathbb{R}.$$

In der Anmerkung zu Beispiel 2.1 hatten wir $\mathcal{D}(F) \subset \mathbb{R}^2$ und $(V, T) \to P = cT/V = F(V, T)$. Eine reellwertige Funktion von zwei Variablen ist entsprechend der Anmerkung (2) als Teilmenge des $\mathbb{R}^3$ aufzufassen:

$$F := \{ (x,y,z) \in \mathbb{R}^3 \mid (x,y) \in \mathcal{D}(F) \ \text{ und } \ z = F(x,y) \}.$$

Die Elemente der "Wertetabelle" von F sind also Zahlentripel der Form $(x,y, F(x,y))$.

2.3 Gleichungen und Kurven

Es sei $F(x,y)$ ein Ausdruck in den beiden Variablen x und y sowie c eine Zahl. Wir betrachten die Gleichung

$$F(x,y) = c.$$

Die Menge aller Punkte (a,b) der Ebene, die diese Gleichung erfüllen, nennen wir den ***Graph*** oder die ***Kurve*** dieser Gleichung. Beispielsweise gehört zur Gleichung

$$x + y = 1$$

die Gerade $y = -x + 1$. Wenn f eine Funktion ist, dann liefert der Ausdruck $F(x,y) := y - f(x) = c$ für $c = 0$ die Gleichung

$$y - f(x) = 0,$$

deren Graph identisch ist mit demjenigen der Funktion f. $F(x,y) = 0$ definiert ***implizit*** die Funktion f mit $y = f(x)$. Es gibt jedoch Gleichungen $F(x,y) = c$, die nicht auf Funktionen reduziert werden können.

Beispiel 2.8. Die Gleichung

$$F(x,y) = x^2 - y^2 = 0$$

besitzt für jedes $x \neq 0$ zwei Lösungen:

$$y = x \quad \text{und} \quad y = -x.$$

Der zugehörige Graph besteht also aus den beiden Winkelhalbierenden der Quadranten des Koordinatensystems. Die Paare (x,x) und $(x,-x)$ gehören beide zum Graphen der Gleichung; er kann also nicht der Graph einer Funktion sein (vgl. Anmerkung (2) in Abschnitt 2.2). □

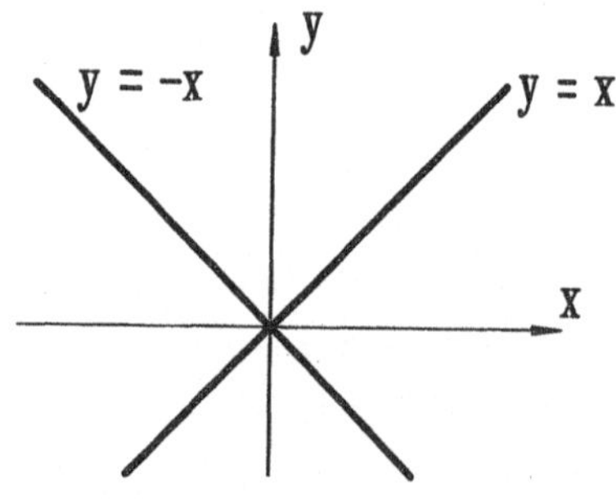

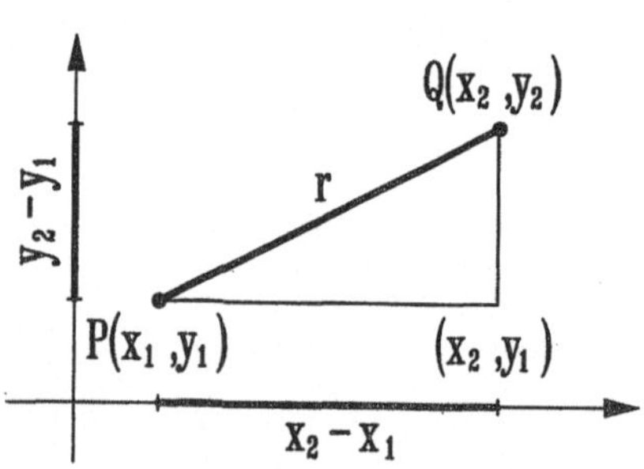

Es seien $P(x_1,y_1)$ und $Q(x_2,y_2)$ zwei Punkte der Ebene. Um ihren Abstand r zu berechnen, wenden wir den ***Satz des Pythagoras*** auf das rechtwinklige Dreieck an, dessen Spitze S bei (x_2,y_1) liegt:

$$r^2 = (x_1 - x_2)^2 + (y_1 - y_2)^2$$

oder

$$r = \sqrt{(x_1 - x_2)^2 + (y_1 - y_2)^2}.$$

Falls die beiden Punkte auf einer Parallelen zur x-Achse liegen ($y_1 = y_2$), reduziert sich diese Formel auf den in Abschnitt 1.3 abgeleiteten Ausdruck. Halten wir $(x_1,y_1) = (a,b)$ fest und fragen wir nach der Menge aller Punkte $(x_2,y_2) = (x,y)$, die von (a,b) den Abstand r haben, so erhalten wir die Gleichung eines ***Kreises***:

$$(x - a)^2 + (y - b)^2 = r^2$$

Beispiel 2.9. Ein Kreis um den Ursprung $(a,b) = (0,0)$ mit dem Radius $r = 1$ wird durch die Gleichung

$$K(x,y) := x^2 + y^2 = 1$$

beschrieben. Die Gleichung $x^2 + y^2 - 1 = 0$ kann jedoch nicht auf die Form $y - f(x) = 0$ gebracht werden. Für $-1 \leq x \leq 1$ können wir nach y auflösen und erhalten:

$$y = \sqrt{1 - x^2} \quad \text{und} \quad y = -\sqrt{1 - x^2}\,.$$

Für $|x| < 1$ gibt es also zwei Lösungen von K, die auf einer Parallelen zur y-Achse liegen. Darum wird durch K keine Funktion von x definiert. Der Graph der Funktion f mit $f(x) = \sqrt{1 - x^2}$, $\mathcal{D}(f) = [-1, 1]$ ist nur der obere Halbkreis. Entsprechend liefert die Funktion g mit $g(x) = -\sqrt{1 - x^2}$ den unteren Halbkreis. □

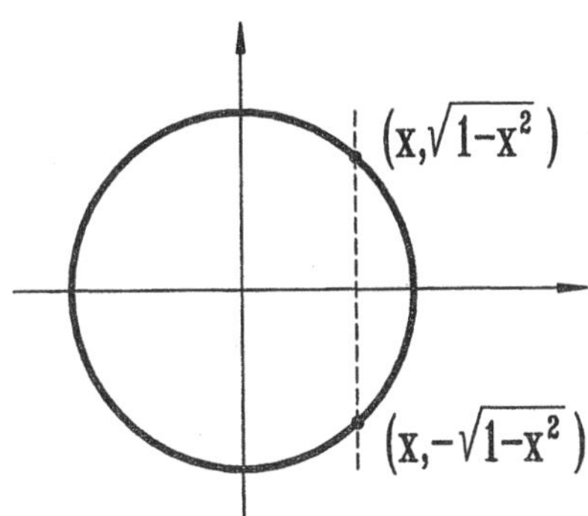

2.4 Verknüpfung von Funktionen

Neue Funktionen gewinnt man unter anderem durch Verknüpfung bereits bekannter Funktionen. Ein Typ dieser Verknüpfungen überträgt das Rechnen mit reellen Zahlen auf Funktionen.

Die ***Summe*** $f+g$ zweier Funktionen f und g ist definiert durch die Gleichung

$$(f+g)(x) = f(x) + g(x).$$

Der Funktionswert der Summenfunktion $f+g$ ist also die Summe der Funktionswerte von f und g. Diese Definition ist sinnvoll für alle x, für die sowohl $f(x)$ als auch $g(x)$ definiert ist, also gilt $\mathcal{D}(f+g) = \mathcal{D}(f) \cap \mathcal{D}(g)$.

Entsprechend definiert man das ***Produkt*** $f \cdot g$ und den ***Quotienten*** f/g :

$$(f \cdot g)(x) = f(x)\, g(x),$$
$$(f/g)(x) = f(x) \,/\, g(x).$$

Für eine reelle Zahl c können wir $c \cdot g$ definieren durch

$$(cg)(x) = c\, g(x).$$

Dies ist ein Spezialfall des Produktes, wenn wir eine ***konstante Funktion*** f mit $f(x) = c$ durch ihren Funktionswert c repräsentieren. Für die Definitionsbereiche gilt:

$$\begin{aligned} \mathcal{D}(fg) &= \mathcal{D}(f) \cap \mathcal{D}(g), \\ \mathcal{D}(f/g) &= \mathcal{D}(f) \cap [\, \mathcal{D}(g) \setminus \{x \mid g(x) = 0\}\,], \\ \mathcal{D}(c\,g) &= \mathcal{D}(g). \end{aligned}$$

Mit Hilfe der ***Nullfunktion*** $o : x \to 0$ können wir die Gleichheit zweier Funktionen auch so formulieren:

$$f = g \quad \Leftrightarrow \quad f - g = o \quad \text{und} \quad \mathcal{D}(f) = \mathcal{D}(g).$$

Falls $\mathcal{D}(f) = \mathcal{D}(g) = X \neq \mathbb{R}$ ist, müßten wir streng genommen schreiben: $f - g = o_X$, wobei wir mit o_X die Einschränkung der Nullfunktion auf den Definitionsbereich $\mathcal{D}(o_X) = X$ bezeichnen.

Beispiel 2.10. Es seien f, g und h Funktionen mit $f(x) = x$, $g(x) = x - 2$ und $h(x) = x - 1$. Dann gilt: $f + g = 2\,h$. Für die Funktion $1/(f \cdot h)$ haben wir:

$$\left(\frac{1}{f \cdot h}\right)(x) = \frac{1}{x(x-1)} = \frac{1}{x-1} - \frac{1}{x}.$$

Dabei ist $\mathcal{D}(1/(f \cdot h)) = \mathbb{R} \setminus \{x : (f \cdot h)(x) = 0\} = \mathbb{R} \setminus \{0,1\}$. Man kann also schreiben:

$$\frac{1}{f \cdot h} = \frac{1}{h} - \frac{1}{f},$$

wenn man stillschweigend akzeptiert, daß für die Funktionen $1/h$ und $1/f$ die Einschränkung auf $\mathcal{D}(1/(f \cdot h))$ zu nehmen ist. □

Auf Grund der obigen Definitionen gelten für Funktionen Rechenregeln, die denen für reelle Zahlen entsprechen, z.B. das ***Kommutativgesetz der Addition***:

$$f + g = g + f.$$

Zum Beweis wenden wir die Definition der Summenfunktion getrennt auf beide Seiten der Gleichung an:

$$(f+g)(x) = f(x) + g(x),$$
$$(g+f)(x) = g(x) + f(x).$$

Für reelle Zahlen gilt das Kommutativgesetz: $f(x) + g(x) = g(x) + f(x)$. Damit stimmen die Funktionen $f + g$ und $g + f$ in ihren Werten überein. Für die Definitionsbereiche gilt dies auch:

$$\mathcal{D}(f+g) = \mathcal{D}(f) \cap \mathcal{D}(g) = \mathcal{D}(g) \cap \mathcal{D}(f) = \mathcal{D}(g+f).$$

Auf entsprechende Weise zeigt man:

$(f+g)+h$	$= f+(g+h)$	Assoziativgesetz der Addition
$f\,g$	$= g\,f$	Kommutativgesetz der Multiplikation
$(f\,g)\,h$	$= f\,(g\,h)$	Assoziativgesetz der Multiplikation
$(f+g)\,h$	$= f\,h + g\,h$	Distributivgesetz.

Eine andere wichtige Verknüpfung zwischen Funktionen, die kein Analogon bei Zahlen hat, ist die ***Verkettung*** (Komposition) $f \circ g$, definiert durch

$$(f \circ g)(x) = f(\,g(x)\,).$$

g wird in f "eingesetzt". Angenommen, es gilt:

$$g: \ x \longrightarrow y = g(x),$$
$$f: \ y \longrightarrow z = f(y),$$

dann folgt:

$$f \circ g: \ x \xrightarrow{g} y = g(x) \xrightarrow{f} z = f(y) = f(\,g(x)\,).$$

Die Verkettung $f \circ g$ bedeutet: ***erst wirkt die Abbildung g, dann die Abbildung f.*** Man beachte die Reihenfolge ! Der Definitionsbereich von $f \circ g$ ist durch die Bedingung $g(x) \in \mathcal{D}(f)$ eingeschränkt; er besteht also aus den Urbildern von $\mathcal{W}(g) \cap \mathcal{D}(f)$ bezüglich der Funktion g.

Beispiel 2.11. Es sei $f(x) = \sqrt{x}$ und $g(x) = 1 - x^2$. Dann gilt $\mathcal{D}(f) = \mathbb{R}_0^+$, $\mathcal{D}(g) = \mathbb{R}$. Für die Verkettung $f \circ g$ folgt:

$$(f \circ g)(x) = f(g(x)) = f(1 - x^2) = \sqrt{1 - x^2} \;.$$

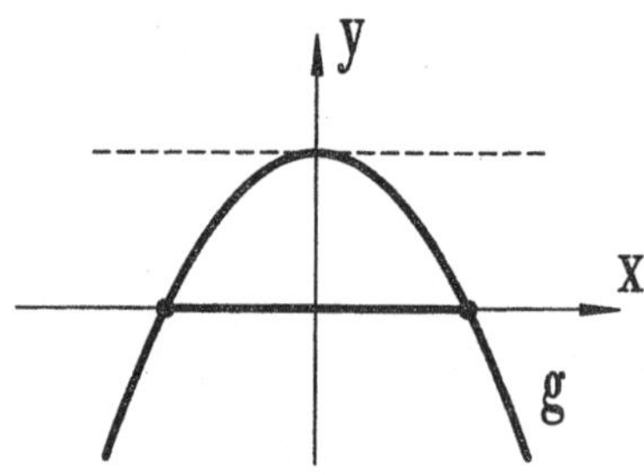

Offensichtlich ist $\mathcal{D}(f \circ g) = [-1, 1\,]$. Das ist diejenige Teilmenge von $\mathcal{W}(g)$, auf deren Elemente die Funktion f "sinnvoll" angewendet werden kann. Wegen $\mathcal{W}(g) = \,]-\infty, 1]$ gilt:

$$\mathcal{W}(g) \cap \mathcal{D}(f) = \,]-\infty, 1] \cap [\,0, \infty\,[\; = [\,0, 1\,].$$

Die Urbilder von $[\,0, 1\,]$ bezüglich der Abbildung g liegen also im Intervall $[-1, 1\,]$. Andererseits finden wir für die Verkettung $g \circ f$:

$$(g \circ f)(x) = g(\sqrt{x}) = 1 - (\sqrt{x})^2 = 1 - x \;.$$

Da aber $f(x)$ nur für $x \geq 0$ erklärt ist, gilt $\mathcal{D}(g \circ f) = \mathbb{R}_0^+$. □

Aus Beispiel 2.11 erkennen wir, daß bei der Verkettung die ***Reihenfolge wesentlich*** ist: $f \circ g \neq g \circ f$. Das Kommutativgesetz gilt nicht. Dagegen gilt das ***Assoziativgesetz***:

$$(f \circ g) \circ h = f \circ (g \circ h) \;.$$

Denn entsprechend der nachfolgenden Abbildung gilt:

$$f(\,(g \circ h)(x)\,) = f(\,g(h(x))\,) = (f \circ g)(\,h(x)\,).$$

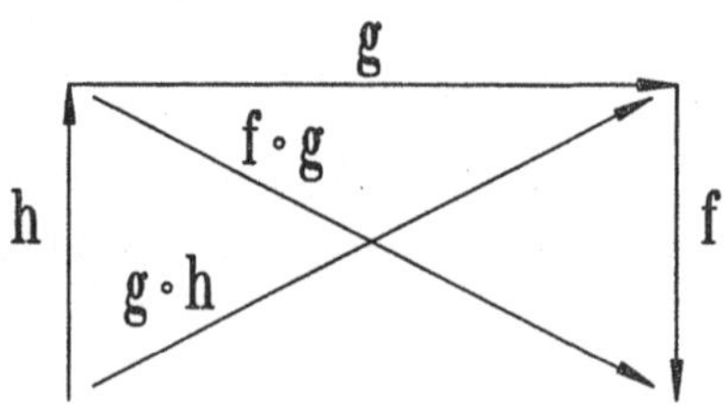

2.5 Umkehrfunktion, monotone Funktionen

Angenommen, wir beobachten bei einer chemischen Reaktion die Menge M eines Produkts zu verschiedenen Zeiten t. Den experimentell gefundenen Zusammenhang beschreiben wir durch eine geeignete Funktion f:

$$M = f(t).$$

Andererseits können wir uns dafür interessieren, zu welcher Zeit t jeweils eine vorgegebene Menge M produziert ist. Diese Information erhalten wir durch eine andere Funktion:

$$t = g(M).$$

Die Funktion g ist insofern invers zu f, als die Rollen der "unabhängigen" und der "abhängigen" Variablen von f, t bzw. M vertauscht sind. Anders ausgedrückt: eine Wertetabelle von f wird durch Uminterpretation zu einer solchen für g. Ein in ihr enthaltenes Zahlenpaar (x,y) mit $y = f(x)$ entspricht dem Zahlenpaar (y,x) mit $x = g(y)$ für die Funktion g. Eine derartige Umkehrung aller Zahlenpaare führt jedoch nicht für jede Funktion f wieder zu einer Funktion.

Beispiel 2.12. Zur Funktion $f(t) = t^2$ gehören die Zahlenpaare (2,4) und (-2,4). Die Umkehrung führt auf die Zahlenpaare (4,2) und (4,-2), die zu keiner Funktion g gehören können, da der Zahl 4 dann ***nicht eindeutig*** ein Funktionswert $g(4)$ zugeordnet wird. Die Funktion $f(t) = t^2$ ist also nicht umkehrbar, weil für $c > 0$ zwei ***verschiedene Urbilder*** $a = \sqrt{c}$ und $b = -\sqrt{c}$ ***dasselbe Bild haben***: $f(a) = f(b) = c$. □

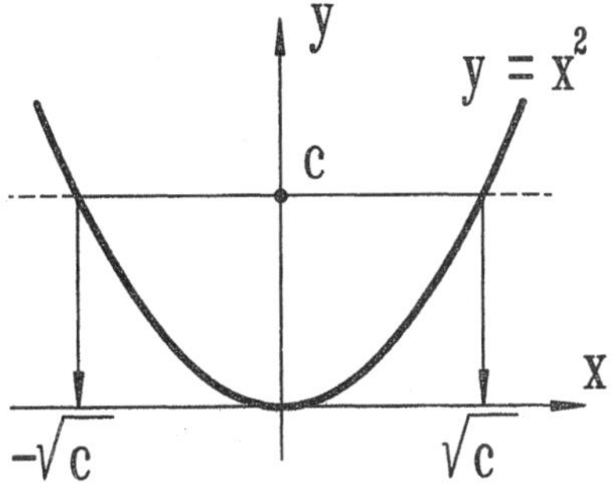

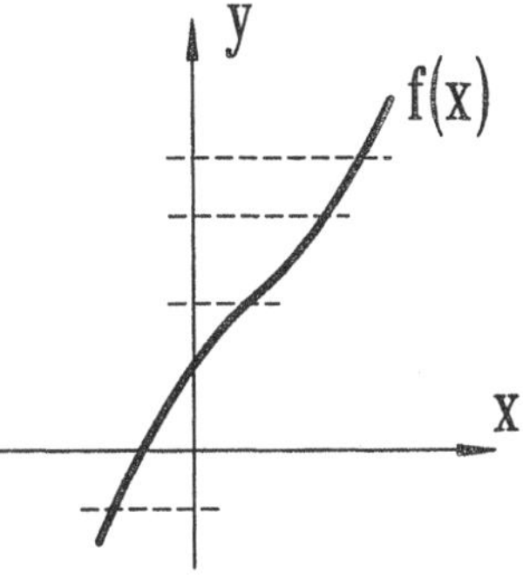

Funktionen, bei denen der in Beispiel 2.12 beschriebene Fall nicht auftritt, sind so wichtig, daß wir sie speziell benennen wollen.

Definition 2.2. Eine Funktion f heißt ***ein-eindeutig***, wenn es zu jedem $y \in \mathcal{W}(f)$ nur ein Urbild $x \in \mathcal{D}(f)$ gibt mit $y = f(x)$.

Jede Parallele zur x-Achse schneidet den Graph einer ein-eindeutigen Funktion höchstens einmal. Die Funktion $f(x) = x^2$ ist also nicht ein-eindeutig. Zum Nachweis der Eineindeutigkeit einer Funktion überprüft man, ob für $a \neq b$ auch $f(a) \neq f(b)$ ist bzw. ob aus $f(a) = f(b)$ folgt, daß $x = y$ ist.

Beispiel 2.13. Die Funktion $h(x) = x^2$, $\mathcal{D}(h) = \mathbb{R}_0^+$ ist eineindeutig. Denn für $a, b \in \mathcal{D}(h)$ mit $a \neq b$ gilt: $b - a \neq 0$ und $0 < b + a$. Also folgt:

$$h(b) - h(a) = b^2 - a^2 = (b - a)(b + a) \neq 0. \qquad \square$$

Unmittelbar aus Definition 2.2 folgt:

Satz 2.1. Eine ein-eindeutige Funktion f ist umkehrbar, d.h. es existiert eine ***Umkehrfunktion*** g, die jedem Bild $y \in \mathcal{W}(f)$ eindeutig das Urbild x bezüglich f zuordnet:

$$g : y \to x = g(y), \quad \text{wobei } y = f(x).$$

Ferner gilt: (1) $\mathcal{D}(g) = \mathcal{W}(f) \qquad \mathcal{W}(g) = \mathcal{D}(f)$,

(2) $g(f(x)) = x \qquad$ für $x \in \mathcal{D}(f)$,

(3) $f(g(y)) = y \qquad$ für $y \in \mathcal{W}(f)$.

Wir werden die Umkehrfunktion zu f mit f^{-1} bezeichnen (**Achtung**: nicht verwechseln mit $1/f$!). Aus Satz 2.1(2) bzw. 2.1(3) folgt, daß die Umkehrung der Umkehrfunktion zur ursprünglichen Funktion zurückführt:

$$(f^{-1})^{-1} = f.$$

Mit Hilfe der ***Identitätsfunktion*** I, I: $x \to I(x) = x$, können wir die Aussagen von Satz 2.1(2) und 2.1(3) auch als Verkettung formulieren:

$$f^{-1} \circ f = I, \qquad f \circ f^{-1} = I.$$

Wie bei der Nullfunktion o (vgl. Abschnitt 2.4) machen wir keinen Unterschied zwischen Identitätsfunktionen mit verschieden eingeschränkten Definitionsbereichen.

Die Graphen für f und f^{-1} hängen geometrisch eng zusammen. Ist $P(a,b)$ ein Punkt des Schaubildes von f, d.h. $b = f(a)$, dann gehört der Punkt $Q(b,a)$ mit $a = f^{-1}(b)$ zum Graph von f^{-1}. Die Punkte P und Q – und damit die Graphen für f und f^{-1} – liegen spiegelbildlich bezüglich der Winkelhalbierenden $y = x$ des ersten und dritten Quadranten des kartesischen Koordinatensystems.

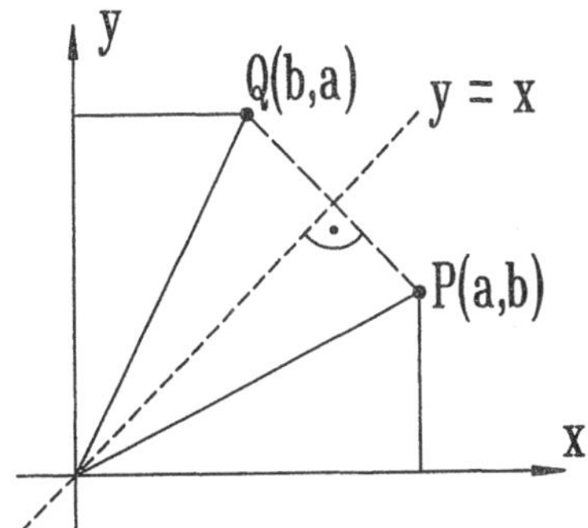

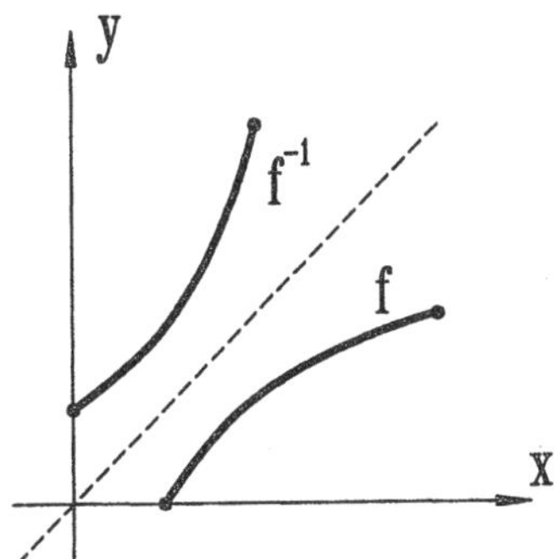

Zur **Bestimmung der Umkehrfunktion** f^{-1} versucht man die Gleichung $y = f(x)$ nach x aufzulösen: $x = f^{-1}(y)$. Anschließend vertauscht man noch die Variablennamen x und y.

Beispiel 2.14. Um die Umkehrfunktion f^{-1} zu $f(x) = 2x - 1$ zu bestimmen, lösen wir die Gleichung $y = 2x - 1$ nach x auf: $x = (y + 1)/2$. Damit gilt: $f^{-1}(y) = \frac{1}{2}y + \frac{1}{2}$ bzw. nach Umbenennen der Variablen:

$$f^{-1}(x) = \frac{1}{2}x + \frac{1}{2} \qquad \square$$

Ehe man dieses Verfahren anwendet, muß man sich davon überzeugen, daß die untersuchte Funktion f ein-eindeutig ist. Wir geben im folgenden die vorläufige Fassung eines Kriteriums, das für differenzierbare Funktionen besonders einfach anzuwenden ist (vgl. Satz 5.12). Nicht immer kann eine als ein-eindeutig erkannte Funktion explizit umgekehrt werden. Dies ist ein besonders wichtiger Fall zur Gewinnung neuer Funktionen in der Analysis. Beispiele lernen wir in Kapitel 3 kennen.

Zunächst einige neue Begriffe:

Definition 2.3. Eine Funktion heißt ***monoton wachsend*** (bzw. ***fallend***) auf einem Intervall $\mathcal{I} \subset \mathcal{D}(f)$, wenn für beliebige $x, y \in \mathcal{I}$ mit $x < y$ gilt:

$$f(x) \leq f(y) \quad (\text{bzw. } f(x) \geq f(y)\ ).$$

Eine Funktion heißt ***streng monoton***, falls gilt:

$$f(x) < f(y) \quad (\text{bzw. } f(x) > f(y)\ ).$$

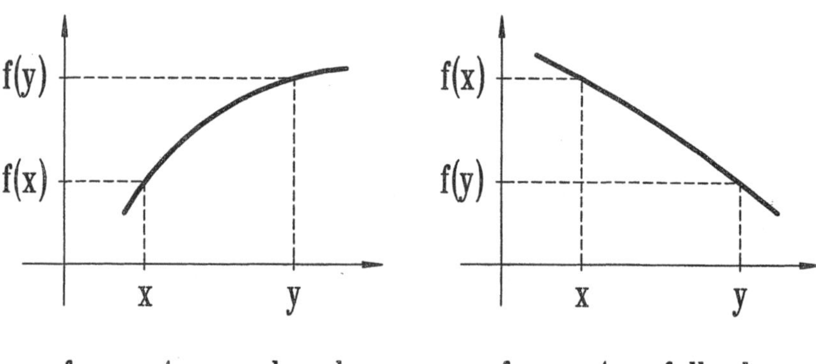

Beispiel 2.15. Die Funktion f mit $f(x) = \sqrt{x}$ ist streng monoton wachsend auf $\mathbb{R}_0^+$. Dies ist die Aussage von Satz 1.1(6). Die Funktion g mit $g(x) = 1/x$ ist streng monoton fallend auf $\mathbb{R}^+$ (vgl. Satz 1.1(4)). □

Beispiel 2.16. Die Funktion h mit

$$h(x) = \begin{cases} x & x < 0 \\ 0 \quad , \text{für} & 0 \leq x \leq 1 \\ x-1 & 1 < x \end{cases}$$

ist monoton wachsend auf $\mathbb{R}$, aber streng monoton wachsend auf dem Intervall [1, 2]. □

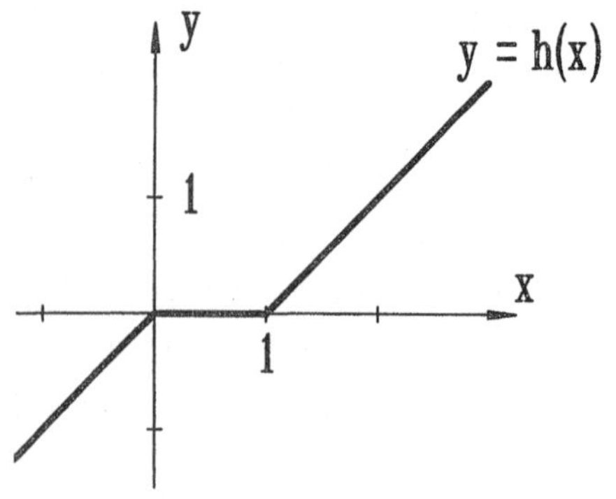

Satz 2.2. Jede streng monotone Funktion ist umkehrbar.

Beweis. Die Funktion f sei streng monoton auf $\mathcal{D}(f)$, d.h. für $x, y \in \mathcal{D}(f)$ mit $x < y$ gelte $f(x) < f(y)$ oder $f(x) > f(y)$. Also folgt in jedem Fall aus $x \neq y$ die Beziehung $f(x) \neq f(y)$; daher ist f eineindeutig und somit nach Satz 2.1 umkehrbar. ∎

Beispiel 2.17. Die Funktion f mit $f(x) = \sqrt{x}$ ist gemäß Beispiel 2.15 streng monoton auf $\mathcal{D}(f) = \mathbb{R}_0^+$ und somit umkehrbar. Wegen $y = \sqrt{x}$ bzw. $y^2 = x$, gilt: $f^{-1}(x) = x^2$. Bei der Umkehrfunktion f^{-1} handelt es sich um eine Einschränkung der Quadratfunktion $g(x) = x^2$ auf den Definitionsbereich $x \geq 0$, denn es gilt: $\mathcal{D}(f^{-1}) = \mathcal{W}(f) = \mathbb{R}_0^+$ (vgl. Beispiel 2.13). Die Funktion $g(x) = x^2$, $x \in \mathbb{R}_0^-$ hat die Umkehrfunktion $g^{-1}(x) = -\sqrt{x}$. □

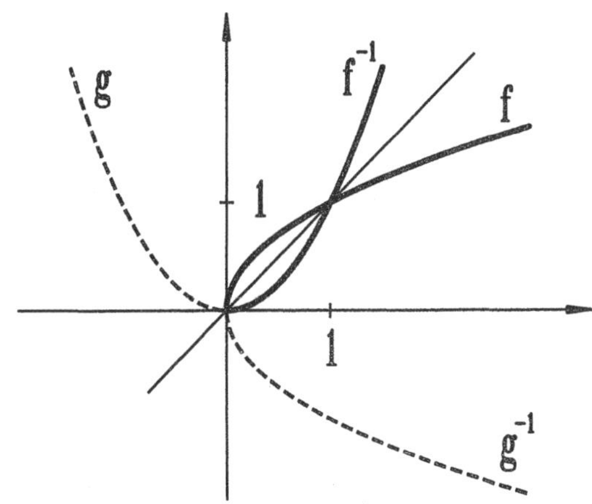

Unmittelbar einsichtig aus dem Vorhergehenden ist:

Satz 2.3. Ist die Funktion f streng monoton wachsend (fallend), dann ist auch die Umkehrfunktion f^{-1} streng monoton wachsend (bzw. fallend).

Beweis. Angenommen, f ist streng monoton wachsend. Dann gilt:

$$\text{Aus } \left\{ \begin{array}{l} x < y \Rightarrow f(x) < f(y) \\ y \leq x \Rightarrow f(y) \leq f(x) \end{array} \right\} \text{ folgt: } x < y \Leftrightarrow f(x) < f(y).$$

Es sei $a = f(x)$ und $b = f(y)$ bzw. $f^{-1}(a) = x$ und $f^{-1}(b) = y$. Dann lautet obige Äquivalenzbeziehung:

$$f^{-1}(a) < f^{-1}(b) \Leftrightarrow a < b.$$

Also ist auch f^{-1} streng monoton wachsend. ■

Anmerkung. Zum Beweis einer Äquivalenz $A \Leftrightarrow B$, also der Behauptung

$$A \Rightarrow B \quad \textit{und} \quad B \Rightarrow A,$$

ist es oft bequem, die logische Gleichwertigkeit der beiden Aussagen

$$B \Rightarrow A \quad \text{und} \quad \neg A \Rightarrow \neg B$$

zu beachten. Dabei bedeutet $\neg B$ die Negation von B ("*nicht*" B). Man kann also von

$$A \Rightarrow B \quad \textit{und} \quad \neg A \Rightarrow \neg B$$

auf $A \Leftrightarrow B$ schließen.

2.6 Aufgaben

2.1. a) Zeichnen Sie den Graphen der reellen Funktion f, die gegeben ist durch $f(x) := |x + 1|$.

b) Bestimmen Sie mit Hilfe dieses Graphen die Lösungsmenge der Ungleichung $|x + 1| \leq 2$.

2.2. a) Zeichnen Sie den Graphen der reellen Funktion g mit $g(x) := |x - 1|$.

b) Bestimmen Sie graphisch die Menge der $x \in \mathbb{R}$, für die gilt: $g(x) < 1$.

c) Welche $x \in \mathbb{R}$ erfüllen sowohl $|x - 1| < 1$ als auch $|x + 1| \leq 2$?

2.3. a) Zeigen Sie, daß für eine beliebige reelle Funktion f durch $g(x) := (f(x) + f(-x))/2$ eine gerade Funktion g und durch $h(x) := (f(x) - f(-x))/2$ eine ungerade Funktion h definiert ist, für die $f = g + h$ gilt.

b) Berechnen Sie für die durch $f(x) := x + |x|$ gegebene Funktion f die Funktionen g und h und zeichnen Sie die Graphen von f, g und h.

2.4. Klassifizieren Sie die folgenden Funktionen gemäß ihrer Symmetrie, d.h. geben Sie an, welche Funktionen f_i gerade bzw. ungerade sind: $f_1(x) = (x-1)^2$, $f_2(x) = x^2 - 1$, $f_3(x) = \sqrt{x}$, $f_4(x) = x^2 \cdot |x|$. Skizzieren Sie die Graphen von f_i für $x \in [-2, 2]$.

2.5. Lösen Sie die Gleichung $F(x,y) = 1$ mit $F(x,y) = (x-1)^2/25 + (y+2)^2/4$ nach y auf und zeichnen Sie den Graphen der durch diese Gleichung gegebenen Kurve. Beachten Sie dabei die Mehrdeutigkeit der Lösung.

2.6. Durch $f(x) := |x-1| \cdot \mathrm{sgn}(x)$ und $g(x) := x^2$ seien zwei reelle Funktionen definiert.

a) Bestimmen Sie den maximalen Definitions- und Wertebereich der Verkettung $h := g \circ f$ und zeichnen Sie den Graphen von h.

b) Untersuchen Sie h auf Monotonie und Umkehrbarkeit.

2.7. Betrachten Sie die reelle Funktion f mit $f(x) = x^2 \cdot \mathrm{sgn}(x)$, $x \in \mathbb{R}$.

a) Weisen Sie nach, daß die Funktion f ungerade und für $x > 0$ positiv ist. Skizzieren Sie den Graphen von f. Zeigen Sie nun, daß $f(x)$ für $x \geq 0$ streng monoton ist.

b) Folgern Sie daraus, daß $f(x)$ in $\mathbb{R}$ streng monoton und somit ein-eindeutig ist.

c) Bestimmen sie die Umkehrfunktion f^{-1} mit $\mathcal{D}(f^{-1}) = \mathbb{R}$. Beachten Sie, daß die Wurzelfunktion nur auf $\mathbb{R}_0^+$ definiert ist.

2.8. Gegeben sei die reelle lineare Funktion f mit $f(x) := m\,x + b$, $m \neq 0$. Bestimmen Sie die zuhörige Umkehrfunktion. Welche linearen Funktionen sind identisch mit ihrer Umkehrfunktionen (Skizze !) ?

3 Elementare Funktionen

Ziel dieses Kapitels ist die Darstellung elementarer Funktionen, um unseren Vorrat an Funktionen für spätere Untersuchungen zu erweitern. Dabei werden wir auf eine systematische Diskussion wichtiger Eigenschaften verzichten müssen, weil wir die aussagekräftigen Hilfsmittel der Analysis erst in späteren Kapiteln behandeln werden. Hier sollen diejenigen Eigenschaften im Vordergrund stehen, die mit algebraischen Mitteln zugänglich sind. Eventuelle Lücken werden wir in späteren Kapiteln schließen.

3.1 Polynome

Definition 3.1. Ein ***Polynom*** P vom Grad $n \in \mathbb{N}_0$ ist eine Funktion mit $P(x) = \sum_{k=0}^{n} a_k x^k = a_0 + a_1 x + a_2 x^2 + \dots + a_n x^n$, $x \in \mathbb{R}$, wobei $a_n \neq 0$ ist.

Die Zahlen $a_k \in \mathbb{R}$ heißen ***Koeffizienten*** des Polynoms.

Polynome zählen zu den einfachsten Funktionen. Sie entstehen aus der Identitätsfunktion I durch eine endliche Anzahl von Additionen und Multiplikationen:

$$P = a_0 + a_1 I + a_2 I \cdot I + \dots + a_n I^n.$$

Gelegentlich zählt man auch die Nullfunktion o mit $o(x) = 0$ zu den Polynomen; das Nullpolynom hat keinen Grad. Ein Polynom vom Grad 0 ist eine konstante Funktion:

$$P_0(x) = a_0 \quad \text{mit} \quad a_0 \neq 0.$$

Von außerordentlicher theoretischer und praktischer Bedeutung sind die Polynome vom Grad 1:

$$P_1(x) = a_0 + a_1 x \quad \text{mit} \quad a_1 \neq 0.$$

Lineare Funktionen

Funktionen vom Typ $f(x) = mx + b$ nennt man ***lineare*** (oder ***affine***) ***Funktionen***. Dies sind also Polynome mit einem Grad kleiner oder gleich 1. Wir betrachten zunächst den Fall $b = 0$, der auftritt, wenn zwei Variable x und y ***proportional*** zueinander sind: $y = mx$. Der zugehörige Graph ist eine ***Gerade*** durch den Nullpunkt 0 des Koordinatensystems.

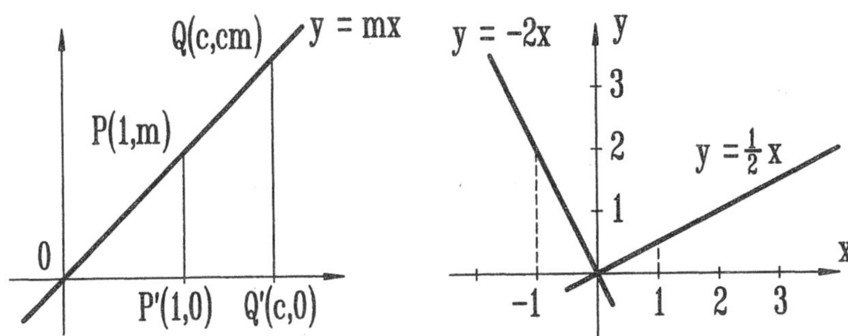

Nehmen wir zu einem Punkt $Q(c,cm)$ des Graphen noch den Fußpunkt des Lotes auf die x-Achse $Q'(c,0)$, so sehen wir, daß alle Dreiecke $0Q'Q$ durch Ähnlichkeitstransformation aus dem Dreieck $0P'P$ hervorgehen. Dabei ist $P = (1,m)$ und $P' = (1,0)$.

Die Funktion $g(x) = mx$ ist streng monoton wachsend für $m > 0$ bzw. streng monoton fallend für $m < 0$. m heißt ***Steigung*** der Geraden. Die Funktionswerte $f(x) = mx + b$ unterscheiden sich von denen der Funktion g um die Konstante b. Der Graph von f ist also eine Gerade mit gleicher Steigung m und dem ***Achsenabschnitt*** b auf der y-Achse.

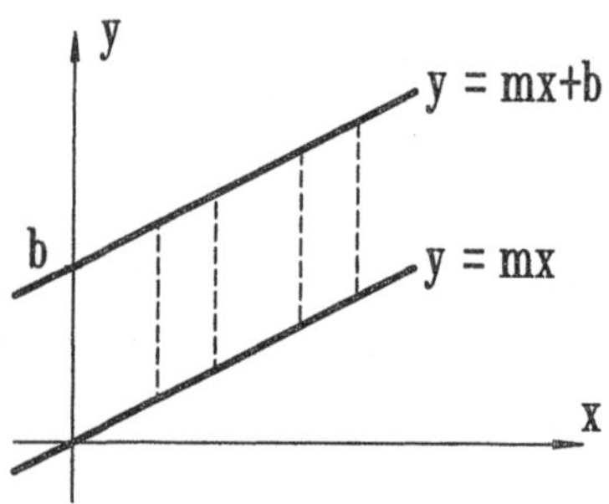

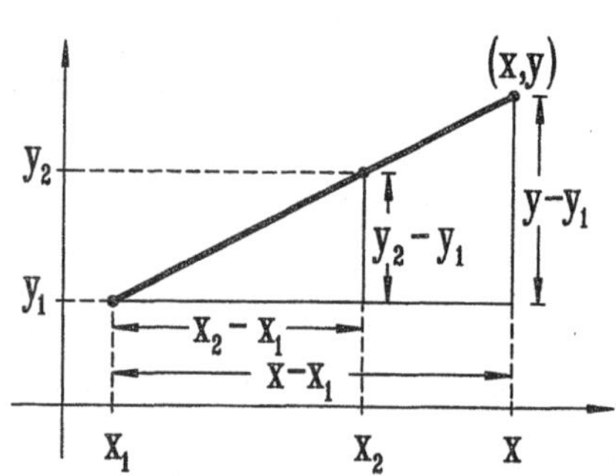

Es sei $x_1 \neq x_2$. Dann errechnet sich die Steigung m aus $y_1 = mx_1 + b$, $y_2 = mx_2 + b$ durch Subtraktion, $y_2 - y_1 = mx_2 - mx_1$ oder

$$\boxed{m = \frac{y_2 - y_1}{x_2 - x_1}}$$

Damit ein Punkt (x,y) mit $x \neq x_1$ auf der Geraden durch den Punkt (x_1,y_1) mit der Steigung m liegt, muß gelten:

$$\frac{y - y_1}{x - x_1} = m.$$

Allgemein lautet dann die Gleichung einer Geraden durch die beiden Punkte (x_1,y_1) und (x_2,y_2) mit $x_1 \neq x_2$:

$$y - y_1 = \frac{y_2 - y_1}{x_2 - x_1}(x - x_1)\,.$$

Wir erwähnen noch, daß Geraden parallel zur y-Achse in der Geradenschar $y = mx + b$ nicht auftreten. Geht eine solche Gerade durch den Punkt $(c,0)$, dann lautet die zugehörige Gleichung $x = c$.

Jede nicht-konstante lineare Funktion $f(x) = mx + b$, $m \neq 0$, ist umkehrbar mit: $f^{-1}(x) = \frac{1}{m}(x - b)$.

Berechnung von Polynomwerten

Gegeben sei ein Polynom vom Grad n,

(1) $f(x) = a_n x^n + a_{n-1}x^{n-1} + \ldots + a_1 x + a_0\,.$

Um den Wert $f(x_0)$ des Polynoms an der Stelle x_0 in effektiver Weise zu berechnen, gehen wir von folgender Darstellung für f aus:

(2) $f(x) = f(x_0) + (x - x_0)\, g(x)$.

Dabei ist g ein Polynom vom Grad $n - 1$ mit

(3) $g(x) = b_{n-1}x^{n-1} + b_{n-2}x^{n-2} + \ldots + b_1 x + b_0$,

für dessen Koeffizienten b_k folgende Beziehungen gelten:

(4) $b_{n-1} = a_n, \quad b_{k-1} = a_k + x_0 b_k, \quad k = n-1, n-2, \ldots, 2, 1.$

(5) $f(x_0) = a_0 + x_0 b_0$.

Zum Beweis von (4) und (5) verwenden wir in (2) den Ansatz (3) mit unbekannten Koeffizienten b_k und berechnen:

$$(x - x_0)\, g(x) = (x - x_0) \sum_{k=0}^{n-1} b_k x^k = \sum_{k=0}^{n-1} b_k x^{k+1} - \sum_{k=0}^{n-1} b_k x_0 x^k =$$

$$= b_{n-1}x^n + \sum_{k=1}^{n-1} (b_{k-1} - b_k x_0)\, x^k - b_0 x_0\,.$$

Durch Koeffizientenvergleich mit (1) gewinnen wir (4):

$$(x - x_0)\, g(x) = a_n x^n + \sum_{k=1}^{n-1} a_k x^k - b_0 x_0 = f(x) - (a_0 + b_0 x_0).$$

Setzen wir in obiger Gleichung $x = x_0$, so erhalten wir auf der linken Seite Null und damit (5). Die Beziehungen (4) und (5) benutzen wir zur Berechnung von $f(x_0)$ an Hand des ***Horner-Schemas***:

	a_n	a_{n-1}	a_{n-2}	...	a_1	a_0
		+	+		+	+
x_0		$b_{n-1}x_0$	$b_{n-2}x_0$	...	b_1x_0	b_0x_0
	b_{n-1}	b_{n-2}	b_{n-3}	...	b_0	$f(x_0)$

In der ersten Zeile des Horner-Schemas stehen nach fallenden Potenzen geordnet die Koeffizienten $a_n, a_{n-1}, \ldots, a_1, a_0$ (einschließlich eventueller Nullen). Die zweite Zeile bleibt zunächst leer, und an den ersten Platz der dritten Zeile schreiben wir $b_{n-1} = a_n$. Diesen Wert multiplizieren wir mit x_0, schreiben das Produkt $b_{n-1}x_0$ unter a_{n-1} und addieren: $a_{n-1} + b_{n-1}x_0 = b_{n-2}$. Dieser Wert wird dann wieder mit x_0 multipliziert usw. Zum Schluß erhalten wir den gesuchten Polynomwert $f(x_0)$.

Beim Horner-Schema benötigt man nur je n Additionen und Multiplikationen (mit dem konstanten Faktor x_0) zur Berechnung des Funktionswertes eines Polynoms vom Grad n. Dieses Verfahren eignet sich auch gut für Taschenrechner mit einem Konstantenspeicher (für den Wert x_0).

Beispiel 3.1. Der Wert des Polynoms $P_4(x) = 1 + 5x - x^3 + 2x^4$ soll an den Stellen $x = -2$ und $x = -1$ mit Hilfe des Horner-Schemas berechnet werden:

	2	-1	0	5	1
-2		-4	10	-20	30
	2	-5	10	-15	31

	2	-1	0	5	1
-1		-2	3	-3	-2
	2	-3	3	2	-1

Wir erhalten also: $P_4(-2) = 31$, $P_4(-1) = -1$. Wegen $P_4(0) = 1$ haben wir jeweils einen Vorzeichenwechsel von $P_4(x)$ in den Intervallen $]-2,-1[$ und $]-1,0[$. Wir erwarten daher in jedem der beiden Intervalle eine Nullstelle $\tilde{x}$ mit $P_4(\tilde{x}) = 0$. Implizit benutzen wir dabei jedoch, daß Polynome stetige Funktionen sind (vgl. Kapitel 4). □

Nullstellen eines Polynoms

Von besonderer Bedeutung sind die ***Nullstellen*** eines Polynoms f. Das sind diejenigen Werte x_0, für die $f(x_0) = 0$ ist. Für eine Nullstelle x_0 lautet die obige Gleichung (2):

$$f(x) = (x - x_0)\, g(x).$$

In diesem Fall ist das Polynom f das Produkt aus einem Polynom g vom Grad $n - 1$ und einem ***Linearfaktor*** $(x - x_0)$. Ist x_0 auch eine Nullstelle von g, so gibt es ein Polynom h vom Grad $n - 2$ mit $g(x) = (x - x_0)\, h(x)$ oder

$$f(x) = (x - x_0)^2\, h(x).$$

x_0 ist dann (mindestens) eine doppelte Nullstelle von f.

Beispiel 3.2.

	Nullstellen	
$f_1(x) = x^2 - 3x + 2 = (x-2)(x-1)$	2, 1	(einfach)
$f_2(x) = (x-1)^2$	1	(doppelt)
$f_3(x) = x^3$	0	(dreifach) □

Definition 3.2. Es sei f ein Polynom vom Grad n. Die Stelle $x_0 \in \mathbb{R}$ ist genau dann eine ***k-fache Nullstelle*** von f, wenn ein Polynom g vom Grad $n - k$ existiert mit: $f(x) = (x - x_0)^k g(x)$ und $g(x_0) \neq 0$. Eine k-fache Nullstelle heißt auch Nullstelle der ***Ordnung k***.

Satz 3.1. Ein Polynom vom Grad n hat höchstens n ***reelle*** Nullstellen.

Beweis durch Induktion:

(1) Ein Polynom vom Grad 1, also eine Funktion der Form $f(x) = a_0 + a_1 x$ mit $a_1 \neq 0$ hat genau eine reelle Nullstelle $x_0 = -a_0/a_1$.

(2) Angenommen, die Behauptung sei richtig für eine natürliche Zahl $k < n$. Es sei f ein Polynom vom Grad $k + 1$. Hat f keine Nullstelle, so sind wir fertig. Hat f eine Nullstelle x_0, so gilt wegen (4):

$$f(x) = (x - x_0)\, g(x),$$

wobei g ein Polynom vom Grad k ist. Nach Induktionsvoraussetzung hat g höchstens k reelle Nullstellen. Daraus folgt, daß f höchstens $k + 1$ reelle Nullstellen haben kann. ■

Beispiel 3.3. Ein Polynom vom Grad 2 kann zwei, eine oder keine Nullstelle besitzen:

$f_1(x) = x^2 - 1 = (x - 1)(x + 1)$	zwei einfache Nullstellen: $x_1 = 1$, $x_2 = -1$.
$f_2(x) = x^2 - 2x + 1 = (x - 1)^2$	eine doppelte Nullstelle: $x_1 = 1$.
$f_3(x) = x^2 + 1$	keine reelle Nullstelle, da $f(x) \geq 1 > 0$ für alle $x \in \mathbb{R}$. □

Satz 3.2. Wenn zwei Polynome f und g, deren Grad höchstens n ist, an $n + 1$ paarweise verschiedenen Stellen $x_0, x_1, \ldots, x_n$ übereinstimmen, $f(x_i) = g(x_i)$, $(i = 0, 1, \ldots, n)$, dann sind sie gleich: $f = g$, d.h. sie stimmen in allen Koeffizienten überein.

Beweis. Das Polynom $h = f - g$ ist höchstens vom Grad n. Außerdem hat es $n + 1$ Nullstellen $x_0, x_1, ..., x_n$. Aus Satz 3.1 folgt, daß h das Nullpolynom sein muß. ■

Die Bestimmung der Nullstelle eines Polynoms vom Grad 1 erfolgte im Beweis zu Satz 3.1. Für Polynome vom Grad 2 geben wir entsprechende Formeln im folgenden Satz. Für Polynome vom Grad 3 und 4 kennt man zwar Formeln zur Bestimmung ihrer Nullstellen aus den Koeffizienten, doch sind sie sehr unhandlich. Man kann zeigen, daß für Polynome vom Grad $n \geq 5$ keine allgemeingültigen Formeln für die Nullstellen existieren.

Satz 3.3. Es sei $f(x) = ax^2 + bx + c$ ein Polynom vom Grad 2, also $a \neq 0$, und $D := b^2 - 4ac$.
(1) Im Fall $D < 0$ hat f keine reellen Nullstellen.
(2) Im Fall $D = 0$ hat f eine doppelte Nullstelle bei $x_0 = -b/2a$.
(3) Im Fall $D > 0$ hat f zwei einfache Nullstellen:

$$x_{1,2} = -\frac{b}{2a} \pm \frac{\sqrt{b^2 - 4ac}}{2a}$$

Beweis. Durch quadratische Ergänzung erhalten wir (wegen $a \neq 0$):

$$f(x) = ax^2 + bx + c = a\left[\left(x + \frac{b}{2a}\right)^2 - \frac{b^2 - 4ac}{4a^2}\right] = a\left[\left(x + \frac{b}{2a}\right)^2 - \frac{D}{4a^2}\right].$$

(1) Im Fall $D < 0$ ist der Ausdruck in den eckigen Klammern positiv; f hat keine Nullstellen.

(2) Im Fall $D = 0$ gilt: $f(x) = a(x - x_0)^2$ mit $x_0 = -\frac{b}{2a}$.

(3) Im Fall $D > 0$ können wir schreiben:

$$f(x) = a\left(x + \frac{b + \sqrt{D}}{2a}\right)\left(x + \frac{b - \sqrt{D}}{2a}\right).$$

Aus dieser Darstellung liest man die beiden Nullstellen ab. ■

Die drei möglichen Fälle aus Satz 3.3 sind für $a > 0$ in der folgenden Abbildung dargestellt. Der Scheitel der Parabel liegt jedesmal im Punkt $S(-b/2a, -D/4a)$, denn es gilt $(a > 0)$:

$$f(-\frac{b}{2a}) = -\frac{D}{4a} = -a\frac{D}{4a^2} \leq a\left[(x+\frac{b}{2a})^2 - \frac{D}{4a^2}\right] = f(x)\ .$$

Für $a < 0$ sind die Parabeln nach unten geöffnet.

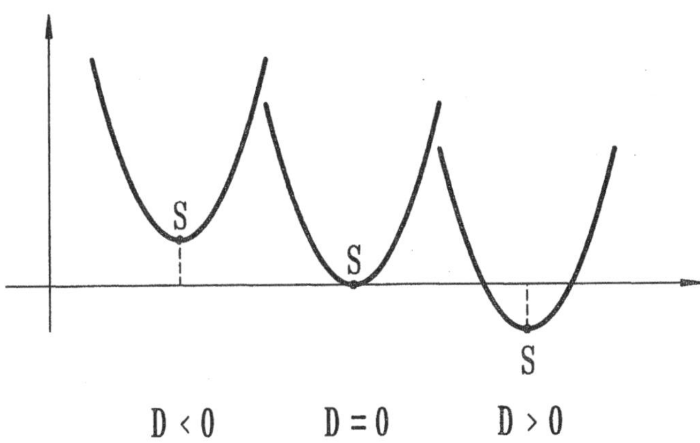

Eine ***rationale Funktion*** R ist der Quotient zweier Polynome P und Q:

$$R(x) = \frac{P(x)}{Q(x)} = \sum_{i=0}^{n} a_i x^i \Big/ \sum_{k=0}^{m} b_k x^k\ ,$$

mit $m, n \in \mathbb{N}_0$ und $a_n \neq 0$, $b_m \neq 0$. R ist für alle $x \in \mathbb{R}$ definiert mit Ausnahme der (höchstens m) Nullstellen x_k von Q. Beispiele für rationale Funktionen sind $R_1(x) = 1/x$ (vgl. Beispiel 2.7), $R_2(x) = (x^2 - 1)/(x - 1)$ (vgl. Beispiel 2.2) und $R_3(x) = 1/(1 + 4x^2)$ (Lorentz-Kurve).

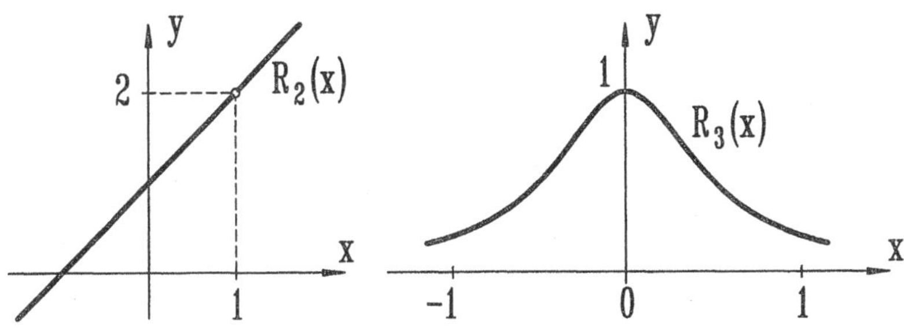

Noch umfassender ist die Klasse der ***algebraischen Funktionen***. Bei einer algebraischen Funktion f erfüllt der Funktionswert $y = f(x)$ eine Gleichung der Form $P(x,y) = 0$, wobei P ein Polynom in x und y ist. Beispielsweise genügt die Funktion $f(x) = \sqrt{x^2 + 1} - x$ der Relation $P(x,y) = y^2 + 2xy - 1 = 0$. Alle bisher behandelten Funktionen waren algebraisch, mit Ausnahme der in Beispiel 2.3 erwähnten. In den folgenden Abschnitten dieses Kapitels diskutieren wir nicht-algebraische, sog. ***transzendente Funktionen***.

3.2 Trigonometrische Funktionen

Die trigonometrischen Funktionen sind unentbehrliche Hilfsmittel bei der zahlenmäßigen Erfassung geometrischer Sachverhalte und bei der Beschreibung zeitlich und/oder räumlich periodischer Vorgänge (z.B. Wellen). Wir führen die Funktionen Cosinus und Sinus mit Hilfe der geometrischen Anschauung ein. Eine Definition ausschließlich mit Mitteln der Analysis ist jedoch möglich (vgl. Kap. 7, Taylor-Reihen).

Wir gehen aus vom ***Einheitskreis***: einem Kreis mit Radius 1 um den Ursprung eines kartesischen Koordinatensystems der Ebene. Ein Punkt $P(x,y)$ dieses Kreises genügt der Gleichung (vgl. Beispiel 2.9)

$$x^2 + y^2 = 1 .$$

Der Umfang des Einheitskreises ist 2π, wobei $\pi = 3{,}141592...$ eine irrationale Zahl ist.

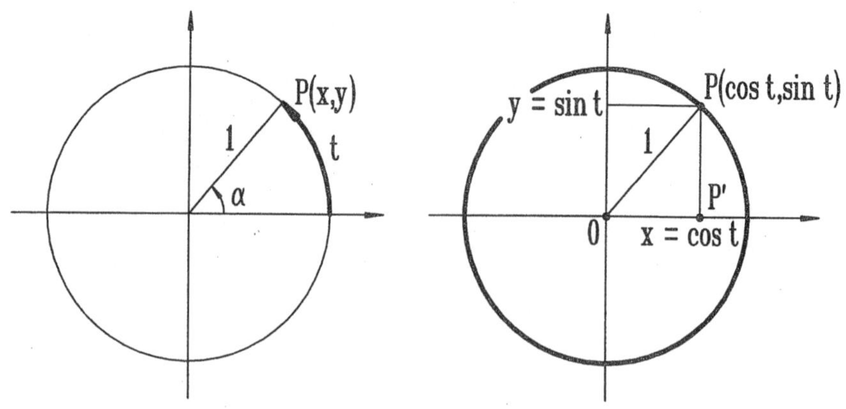

Tragen wir im Nullpunkt von der x-Achse aus einen Winkel α ab, so definieren wir dadurch auf dem Einheitskreis einen Bogen der Länge t. Wenn wir α in Grad messen, dann gilt: $\alpha/360 = t/2\pi$. Der Winkel wird also auch durch die Angabe des sog. ***Bogenmaßes*** t eindeutig beschrieben; t wird positiv genommen, wenn der Winkel eine Drehung gegen den Uhrzeigersinn erzeugt, andernfalls negativ. Der Winkel 1 im Bogenmaß entspricht etwa 57,3°. Die Umrechnung vom Gradmaß α in das Bogenmaß t besorgen wir mit der Funktion $g: \alpha \to t = 2\pi\alpha / 360$.

Definition 3.3. Jedem Winkel t (im Bogenmaß) entspricht eindeutig ein Punkt $P(x,y)$ auf dem Einheitskreis, dessen Koordinaten x und y Funktionen von t sind: $t \to (x(t), y(t))$. Diese Funktionen heißen ***Cosinus*** (cos) und ***Sinus*** (sin): $\cos: t \to x(t)$, $\sin: t \to y(t)$.

Aus dieser geometrischen Definition ergeben sich einige grundlegende Eigenschaften der trigonometrischen Funktionen cos und sin:

Satz 3.4. Für $t \in \mathbb{R}$ und $k \in \mathbb{Z}$ gilt:
(1) $\cos^2 t + \sin^2 t = 1$.
(2) $|\cos t| \leq 1$; $|\sin t| \leq 1$.
(3) $\cos t = \cos(t + 2\pi)$; $\sin t = \sin(t + 2\pi) = \sin(t + 2k\pi)$.

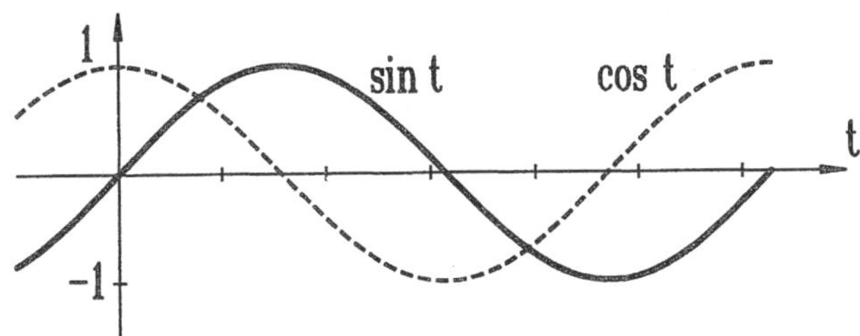

Beweis.
(1) Satz des Pythagoras für das Dreieck $OP'P$ (siehe vorhergehende Seite).
(2) $\cos^2 t = 1 - \sin^2 t \leq 1 \Rightarrow |\cos t| = \sqrt{\cos^2 t} \leq 1$.

(3) Die beiden Winkel t und $t + 2\pi$ bezeichnen den gleichen Punkt auf dem Einheitskreis. ■

Satz 3.4(2) besagt, daß die Funktionen sin und cos auf $\mathbb{R}$ beschränkt sind. Satz 3.4(3) bedeutet, daß diese Funktionen periodisch mit der Periode 2π sind.

Allgemein heißt eine Funktion f ***beschränkt*** (mit der Schranke M) auf dem Intervall $I \subset D(f)$, wenn für alle $x \in I$ gilt: $|f(x)| \leq M$. Eine Funktion f heißt ***periodisch*** mit der ***Periode*** T, wenn für alle $x \in \mathbb{R}$ $f(x + T) = f(x)$ ist. In der Regel versteht man unter der Periode T einer Funktion f die kleinste Zahl $T > 0$, die diese Relation erfüllt.

Aus elementargeometrischen Überlegungen ergibt sich folgende Wertetabelle:

α	0°	30°	45°	60°	90°	120°	135°	150°	180°
t	0	$\pi/6$	$\pi/4$	$\pi/3$	$\pi/2$	$2\pi/3$	$3\pi/4$	$5\pi/6$	π
sin t	0	1/2	$\sqrt{2}/2$	$\sqrt{3}/2$	1	$\sqrt{3}/2$	$\sqrt{2}/2$	1/2	0
cos t	1	$\sqrt{3}/2$	$\sqrt{2}/2$	1/2	0	-1/2	$-\sqrt{2}/2$	$-\sqrt{3}/2$	-1

Beispiel 3.4. Wenn wir den Winkel in Grad messen, dann erhalten wir in Analogie zu Definition 3.3 zwei andere (!) trigonometrische Funktionen, die wir zur deutlichen Unterscheidung mit cos* und sin* bezeichnen. Wegen

$$\cos^*\alpha = \cos t = \cos(\frac{2\pi}{360}\,\alpha) = (\cos \circ g)(\alpha)$$

erhalten wir mit der vorstehend definierten Funktion g:

$$\cos^* = \cos \circ g \qquad \text{und} \qquad \sin^* = \sin \circ g\,.$$

Daß es sich bei cos* und sin* um verschiedene Zuordnungsvorschriften handelt, verdeutlicht ein Vergleich ihrer Funktionswerte; z.B.

$$\sin(\tfrac{\pi}{2}) = 1 \;\;,\;\; \sin^*(\tfrac{\pi}{2}) = \sin^*(1{,}57...) = 0{,}0274... \,.$$ □

Die Aussagen über die algebraischen Eigenschaften der Funktionen sin und cos, so wie sie in diesem Kapitel dargestellt werden, können (gegebenenfalls mit geringfügigen Modifikationen) auch für die Funktionen sin* und cos* formuliert werden. Die Differentiations- und Integrationsregeln sind jedoch wesentlich einfacher für die Funktionen sin und cos. Darum messen wir Winkel in der Regel im Bogenmaß und verwenden die Funktionen sin und cos.

Beispiel 3.5. Punkte der Ebene kann man statt durch kartesische Koordinaten auch durch ***Polarkoordinaten*** (r,φ) charakterisieren. Dazu zeichnet man einen Punkt 0 als Pol und einen davon ausgehenden Strahl als Polarachse aus. Ein beliebiger Punkt ist dann eindeutig festgelegt durch seinen Abstand $r = \overline{0P}$ vom Pol und den Polarwinkel φ des Strahls $\overrightarrow{0P}$ gegen die Polarachse. Um die Vieldeutigkeit des Polarwinkels zu vermeiden, wählt man üblicherweise φ so, daß $-\pi < \varphi \leq \pi$ gilt. Für den Pol 0 ist $r = 0$ (φ ist unbestimmt), sonst stets $r > 0$.

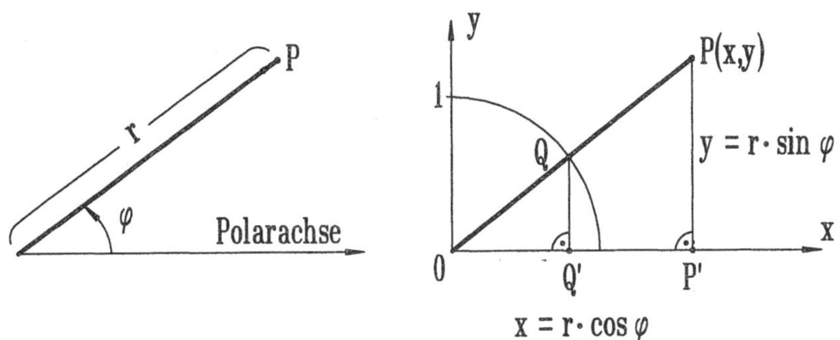

Um Polarkoordinaten in kartesische Koordinaten umzurechnen, wählt man den Pol als Ursprung und die Polarachse als x-Achse. Es sei Q der Schnittpunkt des Strahls $\overrightarrow{0P}$ mit dem Einheitskreis. P′ und Q′ seien die zugehörigen Fußpunkte des Lotes von P bzw. Q auf die x-Achse. Dann folgt aus der Ähnlichkeit der Dreiecke 0QQ′ und 0PP′:

$$\overline{0P'} : \overline{0P} = \overline{0Q'} : \overline{0Q} \qquad \text{oder} \qquad x \,/\, r = \cos\varphi \,/\, 1 .$$

Insgesamt erhalten wir für die kartesischen Koordinaten (x,y) von P:

$$x = r\cos\varphi \;, \quad y = r\sin\varphi$$

und $\quad r = \sqrt{x^2 + y^2}$.

Beispielsweise hat der Punkt P(1,1) die Polarkoordinaten $r = \sqrt{2}$, $\varphi = \pi/4$, und $(r,\varphi) = (2,\pi)$ sind die Polarkoordinaten des Punktes R(-2,0). □

Am Einheitskreis überlegt man sich auch Beweise zu

Satz 3.5. Für $t \in \mathbb{R}$ gilt:

(1) $\sin(-t) = -\sin t$; $\cos(-t) = \cos t$.

(2) $\sin(t + \frac{\pi}{2}) = \cos t$; $\cos(t + \frac{\pi}{2}) = -\sin t$.

(3) $\sin(t + \pi) = -\sin t$; $\cos(t + \pi) = -\cos t$.

Zu (1) und (3): Zu (2):

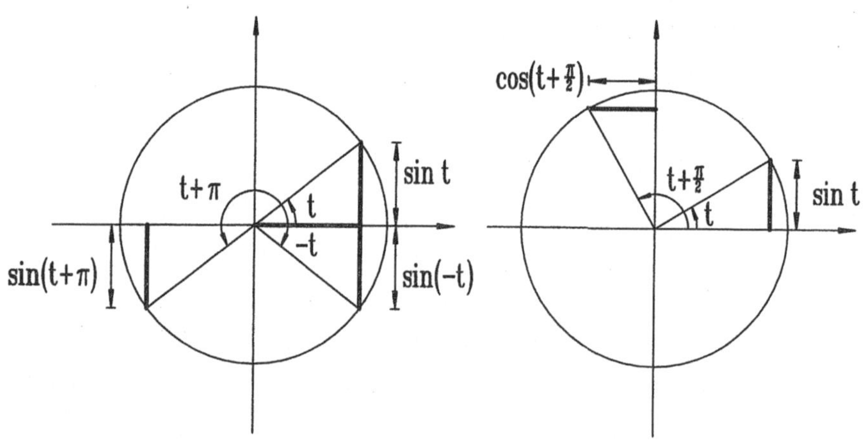

Satz 3.5(1) besagt, daß cos eine gerade, sin eine ungerade Funktion ist. Die Aussagen von Satz 3.5 gestatten es, Funktionstabellen auf das Intervall $[0, \pi/4]$ zu beschränken.

Satz 3.6. Für $x, y \in \mathbb{R}$ gelten die ***Additionstheoreme***:

(1) $\sin(x+y) = \sin x \cos y + \cos x \sin y$,

(2) $\cos(x+y) = \cos x \cos y - \sin x \sin y$.

Beweis. (2) Wir betrachten die Winkel x, y und ihre Summe $x + y$ und zwei Punkte P und Q auf dem Einheitskreis. Im Koordinatensystem gemäß der linken Abbildung gilt:

$$P = (1,0)\ ,\quad Q = (\cos(x + y), \sin(x + y))\ .$$

Das Quadrat des Abstandes zwischen P und Q ist dann (vgl. Abschnitt 2.3):

$$[\,d(P,Q)\,]^2 = [1 - \cos(x+y)]^2 + [-\sin(x+y)]^2 = 2 - 2\cos(x+y)\ .$$

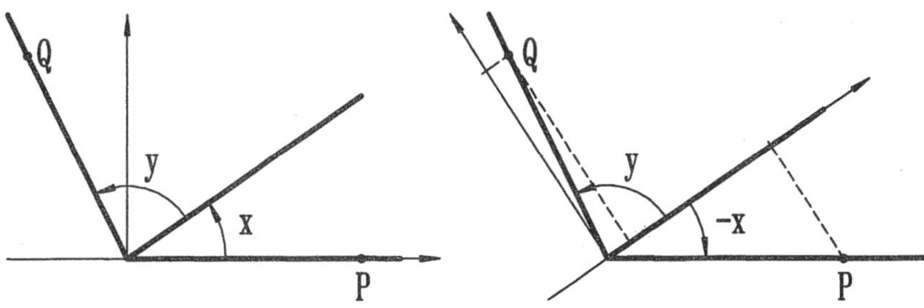

Als nächstes wählen wir das Koordinatensystem gemäß der rechten Abbildung. Dann gilt für die Koordinaten von P und Q:

$$P = (\cos(-x)\ , \sin(-x))\ ,\quad Q = (\cos y, \sin y)\ .$$

Mit Satz 3.5(1) folgt:

$$\begin{aligned}[\,d(P,Q)\,]^2 &= (\cos x - \cos y)^2 + (-\sin x - \sin y)^2 \\ &= 2 + 2\sin x\ \sin y - 2\cos x\ \cos y\ .\end{aligned}$$

Durch Vergleich der beiden Formeln für den Abstand d folgt die Behauptung.

(1) Wir verwenden Satz 3.5(2) und (2):

$$\sin(x + y) = -\cos(x + y + \tfrac{\pi}{2}) = -\cos x\ \underbrace{\cos(y + \tfrac{\pi}{2})}_{-\sin y} + \sin x\ \underbrace{\sin(y + \tfrac{\pi}{2})}_{\cos y}.$$

Beispiel 3.6. Setzt man in den Additionstheoremen $x = y$, so erhält man:

$$\sin(2x) = 2\sin x\cos x\ ,\quad \cos(2x) = \cos^2 x - \sin^2 x\ . \qquad \square$$

Beispiel 3.7. Viele Vorgänge in der Natur tragen den Charakter von Schwingungen, die durch eine Funktion der Form

$$f(t) = A\cos(\omega t - \delta) = A\cos(\omega t + \varphi)$$

dargestellt werden können. Dabei beschreibt t häufig die Zeit. Die ***Amplitude*** A gibt an, um wieviel die Funktionswerte gegenüber der Funktion cos vergrößert ($|A| \geq 1$) bzw. verkleinert ($|A| < 1$) sind. Der Graph der Funktion $f(t)$ wird um die ***Phasenverschiebung*** δ gegenüber demjenigen von $g(t) = \cos(\omega t)$ "verschoben", und zwar nach "rechts" oder "links", je nachdem, ob δ positiv oder negativ ist. Eine negative ***Anfangsphase*** $\varphi := -\delta$ bedeutet also, daß die Funktionswerte in positiver Richtung verschoben sind. Die ***Kreisfrequenz*** ω gibt die Anzahl der Schwingungen in 2π Zeiteinheiten an. Für die ***Schwingungsdauer*** T (das ist die Periode von f) gilt:

$$T = 2\pi/\omega,$$

und für die ***Frequenz*** ν:

$$\nu = 1/T \doteq \omega/2\pi.$$

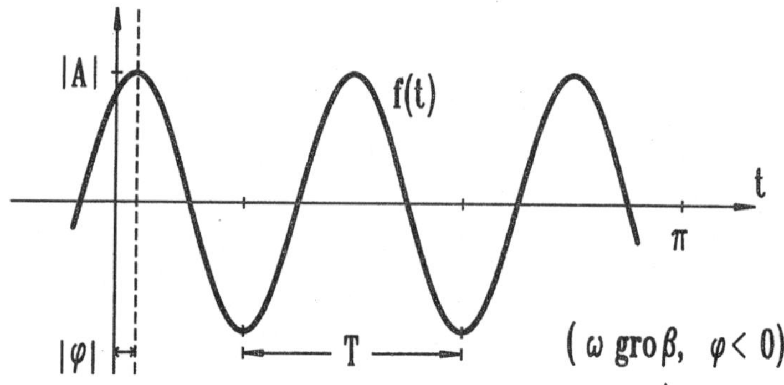

Es ist eine Frage der Zweckmäßigkeit, durch welche der beiden Funktionen, cos oder sin, man periodische Vorgänge beschreibt. Wegen Satz 3.5(2) bedeutet dies nur eine unterschiedliche Phasenverschiebung:

$$f(t) = A\sin(\omega t - \gamma) \quad \text{mit} \quad \gamma = \delta - \pi/2.$$

Mit Hilfe der Additionstheoreme können wir f auch als Überlagerung einer sin- und einer cos-Schwingung der Frequenz ω, aber ohne Phasenverschiebung schreiben:

$$f(t) = A\cos\delta\,\cos(\omega t) + A\sin\delta\,\sin(\omega t). \qquad \square$$

Weitere trigonometrische Funktionen:

Definition 3.4.

Tangens: $t \to \tan t := \frac{\sin t}{\cos t}$; $\quad t \neq \pm\frac{\pi}{2}, \pm\frac{3\pi}{2}, \pm\frac{5\pi}{2}, \ldots$

Cotangens: $t \to \cot t := \frac{\cos t}{\sin t}$; $\quad t \neq 0, \pm\pi, \pm 2\pi, \ldots$

Wegen Satz 3.5(3) gilt:

$$\tan(t+\pi) = \frac{\sin(t+\pi)}{\cos(t+\pi)} = \frac{-\sin t}{-\cos t} = \tan t .$$

Die Funktionen tan und cot sind also periodisch mit der Periode π. Zur geometrischen Interpretation von tan und cot betrachten wir den Einheitskreis. Es gilt: $\sin t = \overline{PP'}$, $\cos t = \overline{0P'}$. Mit Hilfe des Strahlensatzes erhalten wir wegen $\overline{0Q'} = \overline{0R'} = 1$:

$$\tan t = \frac{\sin t}{\cos t} = \frac{\overline{P'P}}{\overline{0P'}} = \frac{\overline{Q'Q}}{\overline{0Q'}} = \overline{Q'Q} ,$$

$$\cot t = \frac{\cos t}{\sin t} = \frac{\overline{0P'}}{\overline{P'P}} = \frac{\overline{R'R}}{\overline{0R'}} = \overline{R'R} = \frac{\overline{0Q'}}{\overline{Q'Q}} = \frac{1}{\tan t} .$$

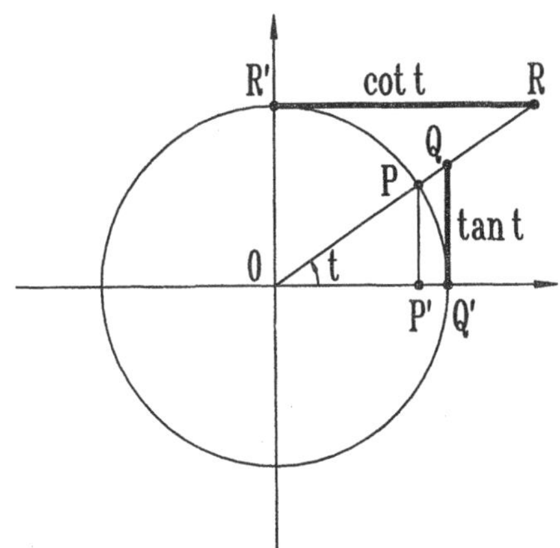

Aus diesen geometrischen Überlegungen entnehmen wir auch, daß die Funktionswerte von tan immer größer werden, wenn sich t dem Wert von $\pi/2$ "von links" ($t < \pi/2$) nähert. Strebt dagegen t "von rechts" gegen $\pi/2$, dann wird $\tan t$ immer stärker negativ.

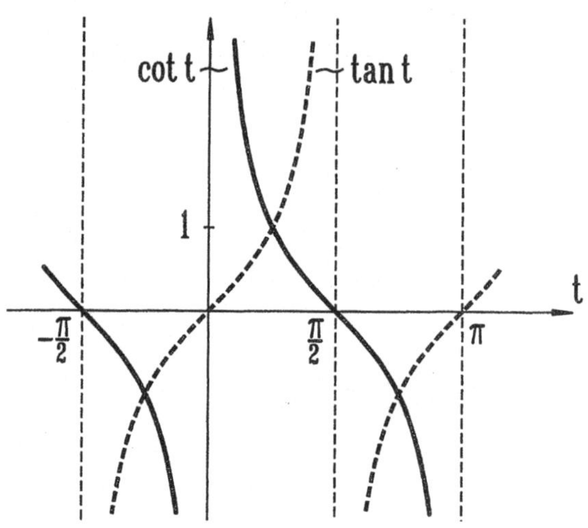

3.3 Zyklometrische Funktionen

Den jeweiligen Graphen entnehmen wir, daß die Funktionen sin und tan im Intervall $[-\pi/2, \pi/2]$ bzw. $]-\pi/2, \pi/2[$ streng monoton wachsend sind; cos und cot sind streng monoton fallend auf $[0, \pi]$ bzw. $]0, \pi[$. Ferner erkennen wir, daß diese Funktionen auf den angegebenen Intervallen sämtliche möglichen Funktionswerte annehmen. Bei Einschränkung auf diese Intervalle sind die trigonometrischen Funktionen gemäß Satz 2.2 umkehrbar. Die Umkehrfunktionen heißen ***zyklometrische*** Funktionen (oder ***Arcusfunktionen***).

Die oben aufgestellten Behauptungen lassen sich mit Hilfe der Differentialrechnung einfach beweisen. Wir überzeugen uns hier nur von der strengen Monotonie der Sinus-Funktion. Dazu benutzen wir die trigonometrische Identität:

$$\sin y - \sin x = 2 \cos \frac{y+x}{2} \sin \frac{y-x}{2}.$$

Es sei zuerst $x, y \in [-\pi/2, \pi/2]$ und $x < y$. Dann gilt:

$$-\frac{\pi}{2} < \frac{y+x}{2} < \frac{\pi}{2}; \quad 0 < \frac{y-x}{2} < \frac{\pi}{2}.$$

Folglich ist: $\cos \frac{y+x}{2} > 0$, $\sin \frac{y-x}{2} > 0$, und somit: $0 < \sin y - \sin x$ oder $\sin x < \sin y$.

Definition 3.5. Die Umkehrfunktionen der trigonometrischen Funktionen sind wie folgt definiert:

$y = \sin x\,, \quad -\frac{\pi}{2} \le x \le \frac{\pi}{2} \quad :\Leftrightarrow: \quad x = \arcsin y\,, \quad -1 \le y \le 1\,.$

$y = \cos x\,, \quad 0 \le x \le \pi \quad :\Leftrightarrow: \quad x = \arccos y\,, \quad -1 \le y \le 1\,.$

$y = \tan x\,, \quad -\frac{\pi}{2} < x < \frac{\pi}{2} \quad :\Leftrightarrow: \quad x = \arctan y\,, \quad -\infty < y < \infty\,.$

$y = \cot x\,, \quad 0 < x < \pi \quad :\Leftrightarrow: \quad x = \operatorname{arccot} y\,, \quad -\infty < y < \infty\,.$

$y = \arcsin x$ (!) bedeutet: y ist der Winkel im Bogenmaß, dessen Sinus den Wert x besitzt.

Die Funktionen arcsin und arctan sind ungerade und streng monoton steigend, die Funktionen arccos und arccot sind streng monoton fallend (entsprechend den Eigenschaften der ursprünglichen Funktionen sin, tan; vgl. Satz 2.3).

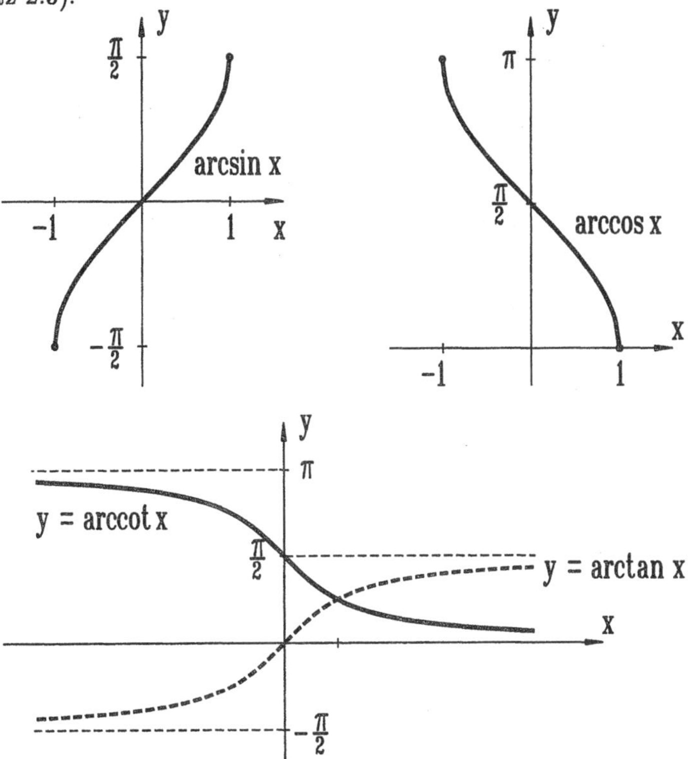

Beispiel 3.8. $\arcsin 0 = 0$;
$\arccos(-1/3) = 1{,}9106... = 109{,}47°$ (Tetraeder-Winkel) ;
$\arctan 1 = \pi/4$;
$\operatorname{arccot}(1/\sqrt{3}) = \pi/3$. □

3.4 Exponentialfunktionen

Wir wiederholen zunächst einige Regeln für das Rechnen mit Potenzen, die den Umgang mit Produkten aus gleichlautenden Faktoren beschreiben. Es sei $n \in \mathbb{N}$ und $a \in \mathbb{R}$. Dann ist die ***Potenz*** a^n das Produkt aus n Faktoren a; oder ausführlich definiert:

$$a^1 := a \; ; \qquad a^{n+1} := a^n\, a \qquad \text{für } n \in \mathbb{N} .$$

a heißt ***Basis***, n ***Exponent*** der Potenz a^n. Unmittelbar aus der Definition einer Potenz ergeben sich die Rechenregeln (für $m, n \in \mathbb{N}$ und $a, b \in \mathbb{R}$):

(1) $a^m a^n = a^{m+n}$,

(2) $(a^m)^n = a^{m \cdot n}$,

(3) $a^n b^n = (a\, b)^n$.

Als nächstes nehmen wir $n \in \mathbb{N}$ und $a \in \mathbb{R}^+$. Wir definieren $a^{1/n}$ als die eindeutig gegebene Lösung $b \in \mathbb{R}^+$ der Gleichung $b^n = a$. Daß genau eine derartige Zahl b existiert, müssen wir als eine unbewiesene Grundeigenschaft der reellen Zahlen akzeptieren (vgl. Abschnitt 1.2). b heißt auch ***n-te Wurzel*** von a:

$$b = a^{1/n} = \sqrt[n]{a} \, .$$

Für $a = 0$ soll gelten: $a^{1/n} := 0$. Diese Festlegungen "passen" zu den Rechenregeln (1) bis (3) (***Permanenzprinzip***). Beispielsweise gilt bei formaler Anwendung von (1) für $n = 3$:

$$a = b^3 = a^{1/3}\, a^{1/3}\, a^{1/3} = a^{(1/3)+(1/3)+(1/3)} = a^1.$$

Ferner gilt für alle $a, b \in \mathbb{R}_0^+$ und $n \in \mathbb{N}$:

(3′) $a^{1/n}\, b^{1/n} = (a\, b)^{1/n}$.

Zum Beweis dieser Beziehung setzen wir $x := a^{1/n}$, $y := b^{1/n}$ und $z =: xy$. Mit (3) schließen wir:

$$z^n = (xy)^n = x^n y^n = ab \quad \Rightarrow \quad (ab)^{1/n} = z = xy = a^{1/n}\, b^{1/n} .$$

Im nächsten Schritt erweitern wir den Bereich möglicher Exponenten auf positive rationale Zahlen $r := m/n$ $(m, n \in \mathbb{N})$ durch die Definition:

$$a^{m/n} := (a^{1/n})^m, \quad a \in \mathbb{R}_0^+ .$$

Dabei stellen wir fest, daß mit dieser Definition die Regeln (1) bis (3) formal erhalten bleiben. Sie lauten jetzt für $r, s \in \mathbb{Q}^+$, $a \in \mathbb{R}_0^+$:

(1a) $\quad a^r a^s = a^{r+s}$.

(2a) $\quad (a^r)^s = a^{r \cdot s}$.

(3a) $\quad a^r b^r = (a\,b)^r$.

Als Beispiel beweisen wir Regel (1a). Es sei $r = m/n$, $s = p/q$ mit m, n, p, $q \in \mathbb{N}$ und $a \in \mathbb{R}_0^+$. Dann gilt definitionsgemäß bzw. wegen (1):

$$\begin{aligned} a^r a^s &= a^{mq/nq} a^{pn/qn} = (a^{1/nq})^{mq} (a^{1/nq})^{np} = (a^{1/nq})^{mq+np} \\ &= a^{(mq+np)/nq} = a^{r+s}. \end{aligned}$$

Regel (2a) beweist man entsprechend. Regel (3a) erhalten wir unter Verwendung von (3) und (3′):

$$a^r b^r = (a^{1/n})^m (b^{1/n})^m = [a^{1/n} b^{1/n}]^m = [(ab)^{1/n}]^m = (ab)^r.$$

Wir wollen schließlich auch Potenzen von $a \in \mathbb{R}^+$ mit Exponenten $r \in \mathbb{Q}_0^-$ definieren. Dies soll so geschehen, daß die algebraischen Regeln (1a) bis (3a) formal gültig bleiben. Für $r = 0$ ergibt sich aus dieser Forderung:

$$\boxed{a^0 := 1}$$

Denn beispielsweise gilt $2^3 = 2^{3+0} = 2^3\, 2^0$ nur, falls $2^0 = 1$ ist. Analog schließt man im Fall $a^r = a^{r+0} = a^r a^0$. Für $r \in \mathbb{Q}^+$ definieren wir:

$$\boxed{a^{-r} := 1/a^r}$$

Mit diesen Definitionen gelten die Rechenregeln für Potenzen (1a) bis (3a) uneingeschränkt für $r, s \in \mathbb{Q}$ und $a \in \mathbb{R}^+$. Wir übergehen die etwas umständlichen Beweise. Wir erinnern jedoch daran, daß für Exponenten $m, n \in \mathbb{N}$ mit $m \geq n$ wegen

$$a^m/a^n = a^{m-n} = a^m a^{-n}$$

die Definition $a^{-n} = 1/a^n$ naheliegt (vgl. $m = 0$!).

Beispiel 3.9. $2^{-3} = \frac{1}{2^3} = \frac{1}{8}$; $\quad a^r a^{-r} = a^{r-r} = a^0 = 1$.

$$4^{-2/3}\, 2^{5/3} = (2^2)^{-2/3}\, 2^{5/3} = 2^{-(4/3)+5/3} = 2^{1/3} = \sqrt[3]{2} . \qquad \square$$

Die Erweiterung des Bereichs möglicher Exponenten auf irrationale Zahlen, und somit die Definition einer Exponentialfunktion a^x für alle $x \in \mathbb{R}$, ist komplizierter. Denn es ist beispielsweise nicht mehr möglich, $2^{\sqrt{2}}$ durch direkte Rückführung auf ein Produkt zu definieren, wie etwa $2^{1,5} = \sqrt{2} \cdot \sqrt{2} \cdot \sqrt{2}$. Wir stoßen hier einmal mehr auf Schwierigkeiten, weil wir die reellen Zahlen nur anschaulich eingeführt haben. Letztlich haben wir reelle Zahlen als unendliche Dezimalbrüche mit einer Folge immer besserer Approximationen durch entsprechende endliche Dezimalbrüche, also durch geeignete rationale Zahlen assoziiert (vgl. Abschnitt 1.2). Dieses Verfahren kann man auch auf Potenzen übertragen, etwa für $\sqrt{2} = 1{,}4142...$:

$$
\begin{aligned}
2^1 &= 2 \\
2^{14/10} &= 2{,}639... \\
2^{141/100} &= 2{,}657... \\
2^{1414/1000} &= 2{,}6647... \\
2^{14142/10000} &= 2{,}6651... \\
&\;\;\cdots \\
2^{\sqrt{2}} &= 2{,}665144...
\end{aligned}
$$

Wir gehen im folgenden davon aus, daß a^x für alle $x \in \mathbb{R}$ definiert ist. Das hier skizzierte Vorgehen gestattet es auch, die Rechenregeln (1a) bis (3a) auf beliebige $x \in \mathbb{R}$ zu übertragen. Wir halten das Ergebnis als Satz fest:

Satz 3.7. Für alle $a, b \in \mathbb{R}^+$ und $x, y \in \mathbb{R}$ gilt:

(1) $a^x a^y = a^{x+y}$.

(2) $(a^x)^y = a^{x \cdot y}$.

(3) $a^x b^x = (ab)^x$.

Definition 3.6. Es sei $a \in \mathbb{R}^+$. Dann heißt die Funktion $x \to a^x$ für $x \in \mathbb{R}$ ***Exponentialfunktion*** zur Basis a.

Wichtige Basen sind 2 und 10. Die Funktion e^x mit der irrationalen Zahl

$$e = 2{,}718\,281\,828\,452...$$

als Basis zeichnet sich gegenüber anderen Exponentialfunktionen durch besonders einfache funktionale Relationen in der Differential- und Integralrechnung aus (vgl. Kapitel 5 und 6). Falls nicht ausdrücklich eine Basis angegeben ist, versteht man daher unter der Exponentialfunktion die Funktion e^x und schreibt dafür $\exp x$.

Satz 3.8. Die Exponentialfunktion $x \to a^x$ ist für $a > 1$ streng monoton wachsend auf $\mathbb{R}$ (bzw. streng monoton fallend für $0 < a < 1$) und es gilt: $a^x > 0$ für $x \in \mathbb{R}$.

Beweis. Wir zeigen zuerst, daß eine Exponentialfunktion nur positive Funktionswerte hat. Wegen $a^x = (a^{x/2})^2 \geq 0$ hat die Exponentialfunktion keine negativen Funktionswerte (vgl. Satz 1.1(2)). Andererseits hat sie auch keine Nullstelle; denn aus $a^x a^{-x} = a^0 = 1$ (vgl. Satz 3.7) folgt $a^x \neq 0$. Also gilt $a^x > 0$ für alle $x \in \mathbb{R}$. Im Fall $a > 1$ haben wir nun zu zeigen, daß gilt:

$$x < y \quad \Rightarrow \quad a^x < a^y .$$

Dies ist äquivalent zur Aussage:

$$0 < y - x \quad \Rightarrow \quad 0 < a^y - a^x = a^x \cdot (a^{y-x} - 1) .$$

Wegen $a^x > 0$ genügt es zu zeigen, daß gilt:

$$0 < z \quad \Rightarrow \quad 1 < a^z .$$

Wir müssen uns auf $z \in \mathbb{Q}$ beschränken. Es sei also $z = m/n$ mit $m, n \in \mathbb{N}$. Zunächst gilt für $n \in \mathbb{N}$:

$$1 < x \quad \Leftrightarrow \quad 1 < x^n \qquad (*)$$

Denn durch Induktion zeigt man die beiden Teilaussagen

$$1 < x \quad \Rightarrow \quad 1 < x^n \qquad \text{und} \qquad 0 < x < 1 \quad \Rightarrow \quad 0 < x^n < 1.$$

Setzt man $x = a^{1/n}$, dann liefert die Rückrichtung von (*):

$$1 < a \quad \Rightarrow \quad 1 < a^{1/n} .$$

Die Vorwärtsrichtung von (*) ergibt dann mit $x = a^{1/n}$ und $n \to m$ die gesuchte Aussage für $z = m/n$.

Im Fall $0 < a < 1$ können wir wegen $1 < 1/a =: b$ das bisherige Ergebnis benutzen:

$$x < y \quad \Rightarrow \quad b^x < b^y \quad \Rightarrow \quad 1/b^y < 1/b^x .$$

Wegen $1/b^y = b^{-y} = (a^{-1})^{-y} = a^y$ ist die Exponentialfunktion in diesem Fall streng monoton fallend. ■

Beispiel 3.10. Wir skizzieren die Funktionen $f(x) = 2^x$ und $g(x) = f(-x) = 2^{-x} = (1/2)^x$.

x	-3	-2	-1	0	1	2	3
2^x	1/8	1/4	1/2	1	2	4	8

Wertetabelle und Schaubild legen die Vermutung nahe, daß eine Exponentialfunktion f alle Werte $y > 0$ annimmt: $\mathbb{W}(f) = \mathbb{R}^+$. □

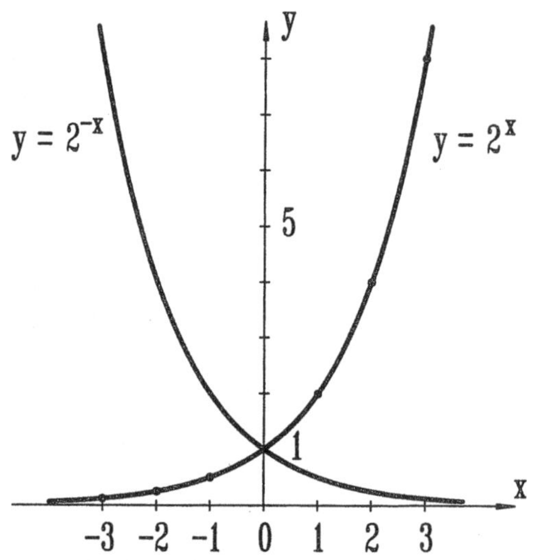

Beispiel 3.11. Viele Abklingvorgänge in der Natur werden durch eine Exponentialfunktion a^{-t} mit $a > 1$ beschrieben.

Untersuchen wir den Zerfall einer radioaktiven Substanz, so stellen wir fest, daß die Anzahl $N(t)$ der zur Zeit $t > 0$ noch vorhandenen Atome durch eine Exponentialfunktion beschrieben werden kann:

$$N(t) = N_0 2^{-t/\tau}, \quad \tau > 0.$$

Dabei ist $N_0 = N(0)$ die Zahl der ursprünglich vorhandenen Atome und τ die sog. ***Halbwertszeit***. $N(t)$ nimmt jeweils nach Verstreichen eines

Zeitintervalls der Länge τ auf die Hälfte des Ausgangswertes ab:

$$N(t+\tau) = N(t)/2 .$$

Beispielsweise gilt: $N(\tau) = N_0/2$, $N(2\tau) = N(\tau)/2 = N_0/4$ usw. □

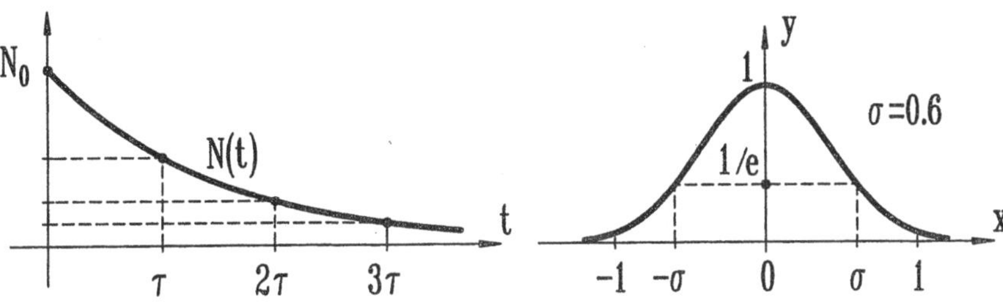

Die sog. ***Gauß-Funktion***, h_σ : $x \to \exp(-x^2/\sigma^2)$ mit $\sigma > 0$, ist eine gerade, beschränkte Funktion. Je größer σ ist, desto langsamer fällt h_σ mit wachsendem $|x|$ ab. Es gilt:

$$h_\sigma(\pm\sigma) = 1/e = 0{,}3678...$$

Gauß-Funktionen treten beispielsweise in der Wahrscheinlichkeitsrechnung und bei der Beschreibung elektronischer Wellenfunktionen auf.

3.5 Logarithmen

Wegen Satz 3.8 und Satz 2.2 ist jede Exponentialfunktion a^x ein-eindeutig, falls $a \neq 1$ ist. Demzufolge hat die Gleichung

$$y = a^x$$

für alle $y \in \mathbb{R}^+$ genau eine Lösung. Beispielsweise ist $x = 3$ die eindeutige Lösung von $2^x = 8 = 2^3$. Aufgrund der genannten Sätze existieren Umkehrfunktionen.

Definition 3.7 Die Umkehrfunktion zur Exponentialfunktion $x \to a^x$ ($a \in \mathbb{R}^+$, $a \neq 1$) heißt ***Logarithmusfunktion*** zur Basis a:

$$x \to \log_a x \, , \; x \in \mathbb{R}^+ .$$

Da der Wertebereich einer Exponentialfunktion a^x $(a \neq 1)$ $\mathbb{R}^+$ ist, gilt:

$$y = a^x, \quad x \in \mathbb{R} \Leftrightarrow x = \log_a y, \quad y \in \mathbb{R}^+$$

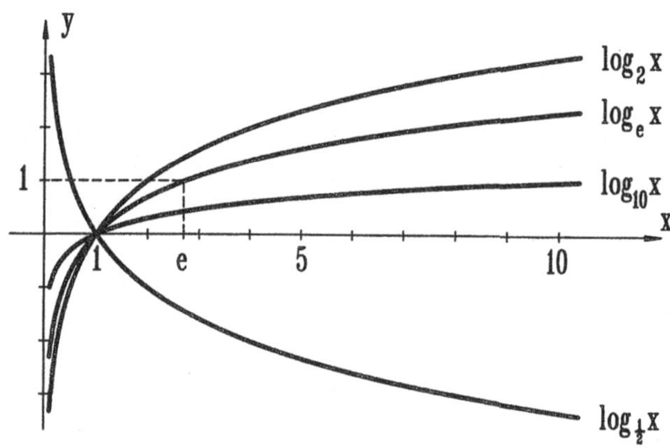

Der ***Logarithmus*** einer Zahl $y \in \mathbb{R}^+$ zur Basis a ist derjenige ***Exponent*** x, mit dem man a potenzieren muß, um y zu erhalten:

$$a^x = a^{\log_a y} = y .$$

Durch ***Logarithmieren***, $\log_a y = x$, kann man die Gleichung $y = a^x$ nach dem Exponenten x auflösen. Als weitere Umkehroperation führt das ***Radizieren***, also das Potenzieren mit dem Exponenten $1/x$ $(x \neq 0)$, zur Basis:

$$y = a^x \quad \Rightarrow \quad y^{1/x} = (a^x)^{1/x} = a .$$

Die beiden wichtigsten Basen sind $a = 10$ und $a = e$. Im Fall $a = 10$ erhält man den dekadischen Logarithmus und schreibt $\log_{10} x = \lg x$. Dekadische Logarithmen waren vor der Einführung elektronischer Rechner ein wichtiges Hilfsmittel bei numerischen Rechnungen. Für $a = e$ spricht man von ***natürlichen Logarithmen*** und schreibt: $\log_e x = \ln x$.

Beispiel 3.12.

$$x = \log_{10} 100 \quad \Leftrightarrow \quad 10^x = 100, \qquad \text{also } x = 2.$$

$$x = \log_{10} 0{,}01 \quad \Leftrightarrow \quad 10^x = 0{,}01 = 10^{-2}, \qquad \text{also } x = -2.$$

$$x = \log_2 2^{2/3} \quad \Leftrightarrow \quad 2^x = 2^{2/3}, \qquad \text{also } x = 2/3.$$

$$x = \log_4 2^{2/3} \quad \Leftrightarrow \quad 4^x = 2^{2/3} = 4^{1/3}, \quad \text{also } x = 1/3.$$
$$x = \log_{1/2} 2^{2/3} \quad \Leftrightarrow \quad (\tfrac{1}{2})^x = 2^{-x} = 2^{2/3}, \quad \text{also } x = -2/3. \ \square$$

Beispiel 3.13. Bezeichnet man die Konzentration von Hydronium-Ionen einer wäßrigen Lösung in mol/l mit $[H_3O^+]$, dann versteht man unter dem pH-Wert dieser Lösung die Zahl

$$pH := -\lg [H_3O^+], \text{ d.h. } [H_3O^+] = 10^{-pH}.$$

Das Ionenprodukt von reinem Wasser ist 10^{-14}. Wegen der Ladungsneutralität gilt in diesem Fall $[OH^-] = [H_3O^+]$ und damit folgt:

$$10^{-14} = [OH^-]\,[H_3O^+] = [H_3O^+]^2 \quad \Rightarrow \quad [H_3O^+] = 10^{-7}.$$

Für reines Wasser gilt also $pH = 7$. Bei 0,1 molarer HCl-Lösung ist $[H_3O^+] = 0{,}1$ und somit $pH = 1$. Für eine Lösung mit $pH = 3{,}5$ gilt:

$$[H_3O^+] = 10^{-3,5} = 10^{1/2}\, 10^{-4} \approx 3{,}16 \cdot 10^{-4}. \qquad \square$$

Einige grundlegende Eigenschaften von Logarithmusfunktionen folgen unmittelbar aus der Definition 3.7.

Satz 3.9. Es sei $a \in \mathbb{R}^+$, $a \neq 1$. Dann gilt:

(1) $\log_a a^x = x$; $a^{\log_a y} = y$ für $y \in \mathbb{R}^+$.

(2) $\log_a 1 = 0$; $\log_a a = 1$.

(3) Die Funktion $\log_a x$ ist streng monoton wachsend für $a > 1$ (bzw. streng monoton fallend für $a < 1$).

Beweis. Nach Definition 3.7 gilt: $x = \log_a y \Rightarrow y = a^x$. Durch geeignetes Ersetzen erhalten wir (1). (2) folgt aus $\log_a a^x = x$ für $x = 0$ bzw. $x = 1$. (3) ergibt sich unter Beachtung von Satz 3.8 und Satz 2.3. ■

Durch Uminterpretation von Satz 3.7 erhalten wir

Satz 3.10. Für $x, y, a \in \mathbb{R}^+$, $z \in \mathbb{R}$, $n \in \mathbb{N}$ gilt:

(1) $\log_a(xy) = \log_a x + \log_a y$, $\log_a(x/y) = \log_a x - \log_a y$.

(2) $\log_a x^z = z \log_a x$; $\log_a \sqrt[n]{x} = \frac{1}{n} \log_a x$.

Beweis. Aus Definition 3.7 folgt:

$$\log_a x = c \Leftrightarrow x = a^c \;, \quad \log_a y = d \Leftrightarrow y = a^d \,.$$

(1) Wir folgern wegen Satz 3.7(1):

$$xy = a^c a^d = a^{c+d} \Leftrightarrow \log_a(x\,y) = c + d = \log_a x + \log_a y \,.$$

$$x/y = a^c a^{-d} = a^{c-d} \Leftrightarrow \log_a(x/y) = c - d = \log_a x - \log_a y \,.$$

(2) $x^z = (a^c)^z = a^{c \cdot z} \Leftrightarrow \log_a x^z = c\,z = z \log_a x$. ■

Beispiel 3.14. Es gilt: $\lg 2 \approx 0{,}30103$ und $\lg 3 \approx 0{,}47712$. Wegen Satz 3.10 folgt:

$$\lg 4 = \lg 2^2 = 2 \lg 2 \approx 0{,}60206 \,,$$

$$\lg\sqrt{3} = \lg 3^{1/2} = 1/2 \lg 3 \approx 0{,}23856 \,,$$

$$\lg 6 = \lg 2 + \lg 3 \approx 0{,}77815 \,,$$

$$\lg 20 = \lg 10 + \lg 2 \approx 1{,}30103 \quad \text{(vgl. Satz 3.9(2))},$$

$$\lg 0{,}02 = \lg 0{,}01 + \lg 2 \approx -2 + 0{,}30103 = -1{,}69897 \,.$$ □

Satz 3.10 ermöglicht es, die Multiplikation zweier Zahlen auf die Addition ihrer Logarithmen, die Division auf die Subtraktion, das Potenzieren auf die Multiplikation und das Radizieren auf die Division zurückzuführen; etwa:

$$\begin{array}{ccccc} x & & y & & x \cdot y \\ \downarrow & & \downarrow & & \uparrow \\ \lg x & + & \lg y & = & \lg(x \cdot y) \end{array}$$

Früher benutzte man zum Logarithmieren (↓) und Delogarithmieren (↑) Tafelwerke.

Beispiel 3.15. Um die Größe

$$M = \sum_{k=0}^{63} 2^k = \frac{2^{64} - 1}{2 - 1} \approx 2^{64}$$

abzuschätzen, berechnen wir:

$$\lg M = 64 \cdot \lg 2 \approx 64 \cdot 0{,}3 \approx 19{,}2.$$

Also gilt: $M \approx 10^{19}$. □

Umrechnen von Logarithmen

Häufig sind Logarithmen auf eine andere Basis umzurechnen. Dazu gehen wir von der Identität (Satz 3.9(1))

$$x = a^{\log_a x}$$

aus und logarithmieren beide Seiten bezüglich der Basis b. Wegen Satz 3.10(2) folgt:

$$\log_b x = \log_b a \cdot \log_a x \,.$$

Logarithmen zu verschiedenen Basen sind also zueinander proportional. Setzen wir $x = b$, so erhalten wir: $\log_b a = 1/\log_a b$. Die Umrechnungsformel lautet schließlich:

$$\boxed{\log_b x = \log_a x \,/\, \log_a b}$$

Beispielsweise ergibt sich für $a = 10$ und $b = e$:

$$\ln x = M \lg x \quad \text{mit} \quad M = 1/\lg e = \ln 10 \approx 2{,}303 \,.$$

Umrechnen von Exponentialfunktionen

In den Naturwissenschaften ist es üblich, nur die Exponentialfunktion zur Basis e zu verwenden. Die Umrechnung erfolgt mit der Identität $a = \exp(\ln a)$ (vgl. Satz 3.9(1)). Wegen Satz 3.7(2) gilt dann $a^x = (e^{\ln a})^x$ oder

$$\boxed{a^x = e^{x \cdot \ln a}}$$

Jede Exponentialfunktion $f(x) = a^x$ ist in der Form $f(x) = e^{kx}$ darstellbar.

Beispiel 3.16. Um das Zerfallsgesetz (vgl. Beispiel 3.11)

$$N(t) = N_0\, 2^{-t/\tau}$$

umzuschreiben, substituieren wir $2 = \exp(\ln 2)$:

$$N(t) = N_0(e^{\ln 2})^{-t/\tau} = N_0 e^{-t(\ln 2)/\tau} = N_0 e^{-kt} \,.$$

Die sog. ***Zerfallskonstante*** k berechnet man aus der Halbwertszeit τ gemäß:

$$k = (\ln 2)/\tau \approx 0{,}693/\tau \,.$$ □

Logarithmische Skalen

Bei einer Meßreihe möge eine Wertetabelle (x_i, y_i), $i = 1, 2, ..., n$, ermittelt worden sein. Aus theoretischen Erwägungen erwartet man, daß die Größe y gemäß einem Exponentialgesetz von x abhängt:

$$y = A\, e^{kx} .$$

Es soll nun mit einem graphischen Verfahren überprüft werden, ob die gefundenen Werte für die Größe y ein exponentielles Verhalten zeigen. Gegebenenfalls sollen die Konstanten A und k ermittelt werden. Wir logarithmieren die Funktionsgleichung

$$\lg y = \lg A + kx \lg e ,$$

und führen neue Variable (ξ, η) ein:

$$\xi := x , \quad \eta := \lg y .$$

Dann erhalten wir einen linearen Zusammenhang:

$$\eta = m\xi + b$$

mit $\quad m := k \cdot \lg e \approx k \cdot 0{,}434$ und $\quad b := \lg A$.

Tragen wir in ein Schaubild η gegen ξ auf, so können wir leicht entscheiden, ob ein linearer Zusammenhang vorliegt. Die Werte für m und b ergeben sich aus der Steigung und dem Achsenabschnitt der Geraden auf der η-Achse. Die gesuchten Parameter A und k erhalten wir gemäß:

$$k = \frac{m}{\lg e} \approx 2{,}303\, m \quad , \quad A = 10^b .$$

Wir haben hier dekadische Logarithmen verwendet, weil sie üblicherweise auf der ***logarithmischen Skala*** eines einfach-logarithmischen Papiers verwendet werden.

Beispiel 3.17. Bei einer Reaktion erster Ordnung $A \to B + C$ nimmt die Konzentration $[A]$ des Reaktanden exponentiell ab in der Zeit t:

$$[A] = [A_0]\, e^{-kt} \quad , \quad k > 0 .$$

Um zu entscheiden, ob die Reaktion $2\ N_2O_5 \to 4\ NO_2 + O_2$ einem Zerfallsgesetz erster Ordnung genügt, wurde bei konstanter Temperatur T = 318,2 K der Partialdruck $P_{N_2O_5}$ zu verschiedenen Zeiten ermittelt. Der Partialdruck ist proportional zur Konzentration der Reaktanden. Es ergab sich folgende Wertetabelle:

Zeit t [s]	Partialdruck $P_{N_2O_5}$ [mm Hg]	lg(P/mm Hg)
0	348	2,542
600	247	2,393
1200	185	2,267
1800	140	2,146
2400	105	2,021
3000	78	1,892
3600	58	1,763
4200	44	1,643
4800	33	1,519

Die Meßwerte liegen bei Verwendung einer einfach-logarithmischen Darstellung näherungsweise auf einer Geraden. Es liegt also eine Reaktion erster Ordnung vor. Wir ermitteln graphisch eine Ausgleichsgerade. Für ihre Steigung erhalten wir:

$$m = \frac{1,42 - 2,54}{5000 - 0}\ \mathrm{s}^{-1} = -2,24 \cdot 10^{-4}\ \mathrm{s}^{-1}.$$

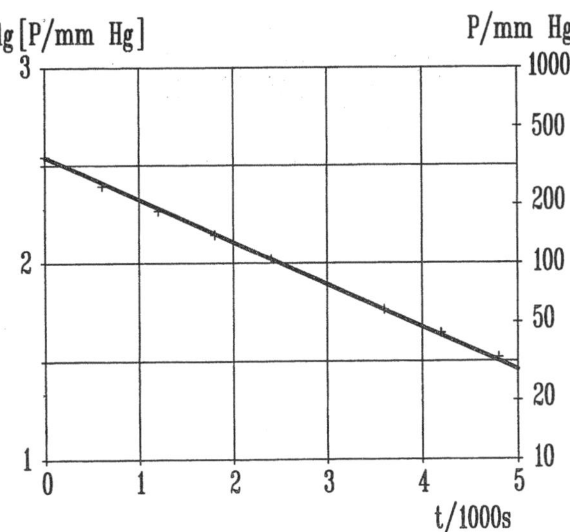

Damit erhalten wir die Zerfallskonstante zu $k = 5,16 \cdot 10^{-4}\ \mathrm{s}^{-1}$ und die Halbwertszeit zu $\tau = 22,4$ min. Ermittelt man die Steigung der Geraden durch eine Ausgleichsrechnung (vgl. Abschnitt 11.6), so ergibt sich $\tau = 23,8$ min. □

Das vorgestellte Verfahren kann mit geeigneten Modifikationen auch bei anderen funktionalen Zusammenhängen angewendet werden. Im Fall von

$$y = A\, e^{k/x}$$

erhalten wir in den Variablen $\xi := 1/x$, $\eta := \ln y$ eine lineare Beziehung:

$$\eta = \ln A + k\xi \,.$$

Bei einem Potenzgesetz,

$$y = a\, x^b \,,$$

benutzt man eine ***doppelt-logarithmische*** Darstellung mit den Variablen $\xi := \lg x$, $\eta := \lg y$ und erhält:

$$\eta = \lg a + b\xi \,.$$

3.6 Hyperbelfunktionen

In Anwendungen trifft man auf bestimmte Kombinationen der Funktionen e^x und e^{-x}, die als ***Hyperbelfunktionen*** bezeichnet werden. Sie stehen zu einer Hyperbel in ähnlicher Beziehung wie die trigonometrischen Funktionen zum Kreis.

Definition 3.8. Für alle $x \in \mathbb{R}$ definiert man :

Sinus hyperbolicus: $x \to \sinh x := \frac{1}{2}(e^x - e^{-x})$.

Cosinus hyperbolicus: $x \to \cosh x := \frac{1}{2}(e^x + e^{-x})$.

Tangens hyperbolicus: $x \to \tanh x := \sinh x / \cosh x = (e^x - e^{-x})/(e^x + e^{-x})$.

Cotangens hyperbolicus: $x \to \coth x := 1 / \tanh \,, x \neq 0$.

Die Funktionen sinh, tanh, coth sind ungerade, cosh ist gerade; tanh ist beschränkt. Es gilt die Identität:

$$\cosh^2 x - \sinh^2 x = 1 \,.$$

Ein weiterer Zusammenhang mit den trigonometrischen Funktionen wird in Abschnitt 3.7 ersichtlich.

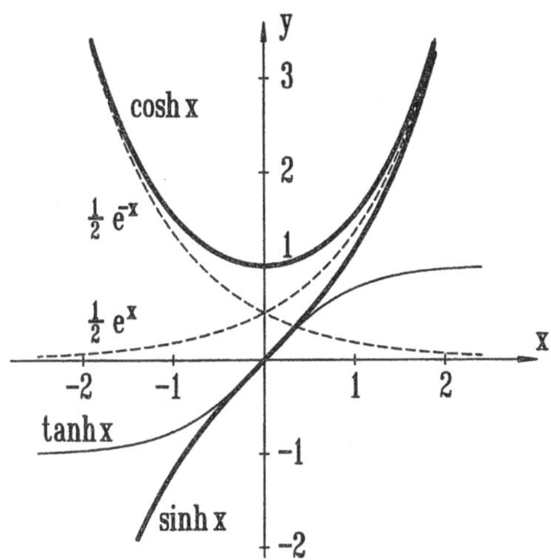

3.7 Anhang: Komplexe Zahlen

Zur Beschreibung von Schwingungsproblemen und beim Lösen der Schrödingergleichung ist es nützlich bzw. notwendig, statt der reellen Zahlen einen noch umfassenderen Zahlenbereich zur Verfügung zu haben: die ***komplexen Zahlen***. Historisch gesehen liegt der Ursprung der komplexen Zahlen in dem Wunsch, Nullstellen von Polynomen zweiten Grades für beliebige Koeffizienten berechnen zu können (vgl. Abschnitt 3.1). Die quadratische Gleichung

$$az^2 + bz + c = 0 \qquad (a, b, c \in \mathbb{R}, a \neq 0)$$

hat gemäß Satz 3.3 die Lösungen

$$z_{1,2} = -\frac{b}{2a} \pm \frac{\sqrt{D}}{2a}, \qquad \text{falls } D := b^2 - 4ac \geq 0 .$$

Für $D < 0$ gibt es keine reellen Lösungen. Man führt nun i als Symbol für eine Lösung der Gleichung $z^2 + 1 = 0$ ein, so daß $i^2 = -1$ gilt (oder formal: $i = \sqrt{-1}$). Dann können wir - ebenfalls formal - auch aus einer negativen reellen Zahl die Wurzel ziehen, z.B. $\sqrt{-3} = \sqrt{(-1)\,3} = \sqrt{-1}\sqrt{3} = i\sqrt{3}$. Der obigen quadratischen Gleichung können wir dann auch im Fall $D < 0$ zwei Lösungen zuordnen:

$$z_1 = x + iy \quad , \quad z_2 = x - iy \quad (x, y \in \mathbb{R})$$

mit $x = -b/(2a)$, $y = \sqrt{-D}/(2a)$. Die mathematischen Eigenschaften einer komplexen Zahl sind offensichtlich durch ein Paar reeller Zahlen bestimmt.

Definition 3.9. Eine ***komplexe Zahl*** ist ein geordnetes Paar reeller Zahlen. Die Menge $\mathbb{C}$ aller komplexen Zahlen ist also gegeben durch

$$\mathbb{C} := \{(a,b) \mid a, b \in \mathbb{R}\}.$$

Für $z = (a,b) \in \mathbb{C}$ heißt a ***Realteil***, b ***Imaginärteil*** von z:

$$a = \mathrm{Re}\, z, \quad b = \mathrm{Im}\, z.$$

Definition 3.10. Für zwei komplexe Zahlen (a,b) und (c,d) definieren wir ihre ***Summe*** gemäß: $(a,b) + (c,d) := (a + c,\ b + d)$,
und ihr ***Produkt*** gemäß: $(a,b)\,(c,d) := (ac - bd,\ ad + bc)$.

Als wir die komplexen Zahlen als Lösungen quadratischer Gleichungen motivierten, gingen wir davon aus, daß reelle Zahlen spezielle komplexe Zahlen sind. Nach Definition 3.9 ist dies jedoch nicht richtig: eine reelle Zahl ist kein Paar reeller Zahlen. Diese Unannehmlichkeit ist leicht zu beheben, denn:

$$(a,0) + (c,0) = (a + c,\ 0),$$
$$(a,0)\,(c,0) = (ac,\ 0).$$

Komplexe Zahlen der Form (a,0) verhalten sich bei Addition und Multiplikation wie reelle Zahlen bezüglich ihrer eigenen Addition bzw. Multiplikation. Aus diesem Grund identifizieren wir eine komplexe Zahl der Form (a,0) mit der reellen Zahl a. Die bequeme Bezeichnung $a + ib$ für eine komplexe Zahl können wir dann mit der folgenden Definition der ***imaginären Einheit*** i exakt herleiten.

Definition 3.11. $i := (0,1)$.

Es gilt: $i^2 = (0,\ 1)\cdot(0,\ 1) = (-1,\ 0) = -1$. Die letzte Gleichung gilt gemäß obiger Vereinbarung über reelle Zahlen. Ferner:

$$(a,b) = (a,0) + (0,b) = (a,0) + (b,0)\,(0,1) = a + bi\ .$$

Man kann zeigen, daß für die so eingeführten Zahlen alle arithmetischen Gesetze von $\mathbb{R}$ auf $\mathbb{C}$ übertragen werden. Die Addition und die Multiplikation komplexer Zahlen sind assoziativ und kommutativ, und es gilt das Distributivgesetz; etwa $z(u + v) = zu + zv$ für z, u, $v \in \mathbb{C}$. Man kann also mit komplexen Zahlen formal rechnen wie mit reellen Zahlen.

Es seien $z_1 = a + ib$ und $z_2 = c + id$ komplexe Zahlen. Dann wird die Gleichung

$$z_1 + x = 0$$

eindeutig gelöst durch die komplexe Zahl $x = -z_1 := (-a, -b)$ und die Gleichung $z_1 + x = z_2$ durch die ***Differenz*** $x = z_2 - z_1 := z_2 + (-z_1)$. Um den Quotient z_2/z_1 zu finden, betrachten wir zunächst die Gleichung

$$z_1\, x = 1\ .$$

Durch Anwendung von Definition 3.10 überzeugt man sich, daß unter der Voraussetzung $z_1 \neq 0$ bzw. $a^2 + b^2 \neq 0$ gilt:

$$(a,b)\left(\frac{a}{a^2 + b^2}, \frac{-b}{a^2 + b^2}\right) = (1,0)\ .$$

Zur Lösung $x = z_1^{-1} := (a/(a^2 + b^2), -b/(a^2 + b^2))$ kommt man durch folgenden Trick: Angenommen, $1/(a + ib)$ ist eine "sinnvolle" Zahl, dann muß gelten:

$$\frac{1}{a + ib} = \frac{1}{a + ib} \cdot \frac{a - ib}{a - ib} = \frac{a - ib}{a^2 + b^2}\ .$$

Die Gleichung $z_1\, x = z_2$ wird für $z_1 \neq 0$ durch den ***Quotienten*** gelöst:

$$x = \frac{z_2}{z_1} := z_2\, z_1^{-1} = \frac{ac + bd}{a^2 + b^2} + i\,\frac{ad - bc}{a^2 + b^2}$$

Beispiel 3.18. Es sei $z_1 = 2 + i$, $z_2 = 1 + 2i$. Dann gilt:

$$z_1 + z_2 = (2 + i) + (1 + 2i) = 3 + 3i\ .$$

$$z_1 - z_2 = (2 + i) - (1 + 2i) = 1 - i\ .$$

$$z_1\, z_2 = (2 + i)\,(1 + 2i) = 5i\ .$$

$$z_1^{-1} = \frac{2}{5} - \frac{1}{5}i\ , \quad z_2^{-1} = \frac{1}{5} - \frac{2}{5}i\ .$$

$$z_2 / z_1 = \frac{4}{5} + \frac{3}{5}i\ , \quad z_1/z_2 = \frac{4}{5} - \frac{3}{5}i\ .$$

Ferner gilt: $\operatorname{Re} z_1 = \operatorname{Im} z_2 = 2$, $\operatorname{Im} z_1 = \operatorname{Re} z_2 = 1$. □

Die ursprüngliche Definition 3.9 einer komplexen Zahl $z = x + i\,y = (x,y)$ als geordnetes Paar reeller Zahlen führt uns auch zur anschaulichen Darstellung komplexer Zahlen als Punkte in der ***komplexen*** (Gaußschen) ***Zahlenebene***. Die horizontale Koordinatenachse, die alle Zahlen der Form $(x,0)$ mit $x \in \mathbb{R}$ umfaßt, heißt ***reelle Achse***, die vertikale Koordinatenachse mit den ***rein-imaginären*** Zahlen $(0,y)$, $y \in \mathbb{R}$ heißt ***imaginäre Achse***.

Die Addition zweier komplexer Zahlen ist geometrisch äquivalent mit der aus der Vektorrechnung bekannten Parallelogrammkonstruktion: es werden jeweils die Komponenten, d.h. die Real- bzw. die Imaginärteile, addiert.

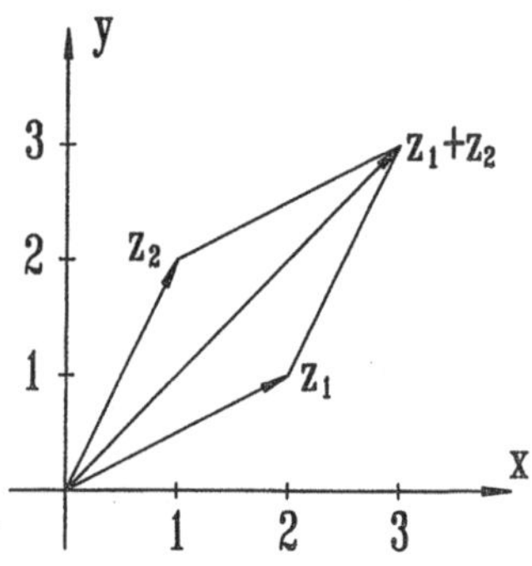

Beispiel 3.19. $z_1 := 2 + i\,, \quad z_2 := 1 + 2i\,, \quad z_1 + z_2 = 3 + 3i\,.$
Siehe Beispiel 3.18. □

Die beiden folgenden Definitionen werden durch die geometrische Darstellung komplexer Zahlen nahegelegt.

Definition 3.12. Es sei $z = x + i\,y \in \mathbb{C}$ mit $x, y \in \mathbb{R}$. Dann ist die zu z ***konjugiert komplexe*** Zahl $\bar{z}$ definiert durch $\bar{z} := x - i\,y$. Der ***Betrag*** $|z|$ ist definiert durch $|z| := \sqrt{x^2 + y^2}$.

$\bar{z}$ liegt spiegelsymmetrisch zu z bezüglich der reellen Achse, während $|z|$ gleich dem Abstand des Punktes (x,y) vom Ursprung $(0,0)$ ist (vgl. Abschnitt 2.3). Der ***Abstand*** zwischen zwei komplexen Zahlen z und w ist gerade $|z - w|$.

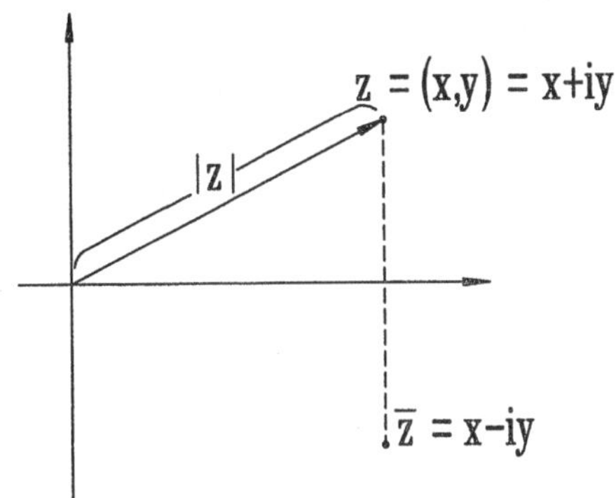

Im folgenden Satz sind wichtige Aussagen über konjugiert komplexe Zahlen und Beträge zusammengefaßt.

Satz 3.11. Für $z = x + i\,y \in \mathbb{C}$ und $w \in \mathbb{C}$ und $x, y \in \mathbb{R}$ gilt:

(1) $\bar{\bar{z}} = z$.

(2) $z + \bar{z} = 2 \operatorname{Re} z = 2x$; $\quad z - \bar{z} = 2\,i \operatorname{Im} z = 2iy$.

(3) $z = \bar{z}$ genau dann, wenn z reell ist, d.h. für $z = x + i0$.

(4) $\overline{z + w} = \bar{z} + \bar{w}$; $\quad \overline{z\,w} = \bar{z}\,\bar{w}$.

(5) $\overline{-z} = -\bar{z}$; $\quad \overline{z^{-1}} = (\,\bar{z}\,)^{-1}$, falls $z \neq 0$.

(6) $|z|^2 = z\,\bar{z}$.

(7) $|z\,w| = |z|\,|w|$.

(8) $|z + w| \leq |z| + |w|$ (***Dreiecksungleichung***).

Beweis. (1) bis (3) ergeben sich unmittelbar aus Definition 3.12, (4) durch einfaches Nachrechnen. Um (5) zu zeigen, benutzen wir (3) und (4):

$$0 = \bar{0} = \overline{z + (-z)} = \bar{z} + \overline{(-z)} \quad \Rightarrow \quad \overline{-z} = -\,\bar{z}\,.$$

$$1 = \bar{1} = \overline{z\,z^{-1}} = \bar{z}\,\overline{z^{-1}} \quad \Rightarrow \quad \overline{z^{-1}} = (\,\bar{z}\,)^{-1}\,.$$

Auch (6) und (7) beweist man durch Nachrechnen, etwa

$$z\,\bar{z} = (x + i\,y)(x - i\,y) = x^2 + y^2 = |z|^2\,.$$

Der Beweis für (8) ist etwas langwierig, die Aussage geometrisch jedoch evident: die Diagonale eines Parallelogramms ist nicht länger als die Summe der beiden Seiten. ■

Durch Induktion folgt aus Satz 3.11(4) und 3.11(5), daß man das Konjugiert-Komplexe eines algebraischen Ausdrucks bildet, indem man bei allen auftretenden komplexen Zahlen einzeln zum Konjugiert-Komplexen übergeht.

Beispiel 3.20. Es sei $x \in \mathbb{R}$ und $P(x) = x^3 + ix^2 + x + i$. Dann gilt wegen $\bar{x} = x$ und $\bar{i} = -i$:

$$\overline{P(x)} = \bar{x}^3 + \bar{i}\bar{x}^2 + \bar{x} + \bar{i} = x^3 - i\,x^2 + x - i\,. \qquad \square$$

Statt durch Real- und Imaginärteil können wir eine komplexe Zahl $z = x + iy$ auch durch Polarkoordinaten (r,φ) des zugehörigen Punktes der komplexen Ebene kennzeichnen (vgl. Beispiel 3.5). Wegen $x = r\cos\varphi$, $y = r\sin\varphi$ gilt:

$$\boxed{z = x + iy = r(\cos\varphi + i\sin\varphi)}$$

Offensichtlich ist $r = |z|$; φ (im Bogenmaß) heißt ***Argument*** von z: $\varphi = \arg z$. Das Argument einer komplexen Zahl ist nur bis auf Vielfache von 2π festgelegt. Wählt man $\varphi = \arg z$ so, daß $-\pi < \varphi \leq \pi$ gilt, so spricht man vom (eindeutigen) ***Hauptwert*** des Arguments.

Beispiel 3.21.

(1) Für $z_1 = 2 + i$ (vgl. Beispiel 3.19) berechnen wir:

$$|z_1| = \sqrt{2^2 + 1^2} = \sqrt{5}\,;$$

$$\tan\varphi_1 = \frac{\operatorname{Im} z_1}{\operatorname{Re} z_1} = \frac{1}{2} \Rightarrow \quad \varphi_1 = \arctan\frac{1}{2} = 0{,}4636.. \approx 26{,}6^\circ.$$

Für $z_3 = -z_1 = -2 - i$ folgt:

$$|z_3| = \sqrt{5} = |z_1|\,;\ \tan\varphi_3 = \frac{-1}{-2} \Rightarrow \quad \varphi_3 = \varphi_1 + \pi\,,$$

weil $\operatorname{Re} z_3 = -2 < 0$ ist.

(2) $i = \cos\frac{\pi}{2} + i\sin\frac{\pi}{2}$; $\quad |i| = 1$; $\quad \arg i = \frac{\pi}{2} + 2\pi k \quad (k \in \mathbb{Z})$.

$|1 + i| = \sqrt{2}$; $\quad \arg(1 + i) = \frac{\pi}{4}$; $\quad 1 + i = \sqrt{2}\,(\cos\frac{\pi}{4} + i\sin\frac{\pi}{4})$. $\square$

Wir kommen nun zur geometrischen Interpretation der Multiplikation zweier komplexer Zahlen. Wir berechnen zuerst das Produkt zweier Zahlen z, w des Einheitskreises:

$$z := \cos\alpha + i\sin\alpha \ , \quad w := \cos\beta + i\sin\beta \, ; \qquad \alpha, \beta \in \mathbb{R}.$$

In der Tat ist $|z|^2 = z \cdot \bar{z} = \cos^2\alpha + \sin^2\alpha = 1$. Mit Satz 3.6 erhalten wir:

$$\begin{aligned} z\,w &= (\cos\alpha + i\sin\alpha)(\cos\beta + i\sin\beta) \\ &= (\cos\alpha\cos\beta - \sin\alpha\sin\beta) + i\,(\sin\alpha\cos\beta + \cos\alpha\sin\beta) \\ &= \cos(\alpha+\beta) + i\sin(\alpha+\beta) \ . \end{aligned}$$

Das Produkt ist wieder eine Zahl des Einheitskreises, in Übereinstimmung mit Satz 3.11(7), sein Argument die Summe der Argumente der Faktoren. Hier liegt ein Zusammenhang zur Exponentialfunktion nahe, den wir hier jedoch nicht beweisen können (vgl. Abschnitt 7.4). Wir müssen uns daher auf Erläuterungen beschränken.

Den gesuchten Zusammenhang liefert die ***Eulersche Formel***:

$$\boxed{e^{ix} = \cos x + i\sin x}$$

Wir haben oben gezeigt, daß die Funktionaleigenschaft der Exponentialfunktion auch für imaginäre Argumente gilt. Denn für $z = e^{i\alpha}$, $w = e^{i\beta}$ folgt:

$$z\,w = e^{i\alpha}\,e^{i\beta} = e^{i(\alpha+\beta)} \ .$$

Setzen wir $\alpha = x$ und $\beta = -x$, so erhalten wir:

$$e^{ix}\,e^{-ix} = e^{i0} = \cos 0 + i\sin 0 = 1 \ , \text{ oder}$$

$$\boxed{1/e^{ix} = e^{-ix}}$$

in völliger Analogie zu reellen Argumenten. Andererseits ist wegen Satz 3.5(1):

$$e^{-ix} = \cos x - i\sin x = \overline{(e^{ix})} = e^{\overline{ix}} \ .$$

Beispiel 3.22. Man beachte folgende Spezialfälle der Eulerschen Formel:

$$e^{i0} = 1 \ .$$

$$e^{i\pi/2} = \cos\frac{\pi}{2} + i\sin\frac{\pi}{2} = i \ .$$

$$e^{3i\pi/2} = e^{-i\pi/2} = -i\,.$$
$$e^{2i\pi} = 1\,.$$

$$\boxed{e^{i\pi} + 1 = 0}$$

□

Als weitere Folgerungen aus der Eulerschen Formel erhalten wir:

$$\cos x = \operatorname{Re} e^{ix} = \frac{1}{2}\,(e^{ix} + e^{-ix})$$
$$\sin x = \frac{1}{i}\operatorname{Im} e^{ix} = \frac{1}{2\,i}\,(e^{ix} - e^{-ix})\,.$$

In diesen Formeln ist die Symmetrie der trigonometrischen Funktionen offensichtlich (vgl. Satz 3.5(1)).

Beispiel 3.23. Die Eulersche Formel liefert die angekündigte Relation zwischen trigonometrischen und hyperbolischen Funktionen (vgl. Abschnitt 3.6). Es gilt:

$$\cosh(ix) = \frac{1}{2}\,(e^{ix} + e^{-ix}) = \cos x\,.$$
$$\sinh(ix) = \frac{1}{2}\,(e^{ix} - e^{-ix}) = i\sin x\,.$$

□

Für das Produkt zweier komplexer Zahlen

$$z = |z|\; e^{i\alpha}\,,\; w = |w|\; e^{i\beta}\;\; (a,\, b \in \mathbb{R})$$

gilt: $$z\,w = |z|\;|w|\;e^{i(\alpha+\beta)}\,.$$

Bei der Produktbildung multiplizieren sich die Beträge, während sich die Argumente addieren:

$$|z\,w| = |z|\;|w|\,,$$
$$\arg(z\,w) = \arg z + \arg w\,.$$

Satz 3.12 (Formel von Moivre). Es sei $z = |z|\; e^{i\alpha}$, $\alpha \in \mathbb{R}$. Dann gilt:

$$z^n = |z|^n\, e^{in\alpha} = |z|^n\,(\cos n\alpha + i\sin n\alpha)\,.$$

Der Beweis erfolgt durch vollständige Induktion.

Beispiel 3.24. Nach Beispiel 3.21(2) gilt: $z := 1 + i = \sqrt{2}\, e^{i\pi/4}$. Mit der Formel von Moivre folgt:

$$z^4 = (1+i)^4 = (\sqrt{2})^4\, e^{i\pi} = -4\,.$$

Wir können auch die binomische Formel (Satz 1.5) anwenden:

$$(1+i)^4 = 1 + 4i + 6i^2 + 4i^3 + i^4 = -4\,.$$ □

> **Satz 3.13.** Jede komplexe Zahl $z \neq 0$ hat genau n verschiedene **n-te komplexe Wurzeln**, d.h. für $n \in \mathbb{N}$, $z \in \mathbb{C}$, $z \neq 0$ hat die Gleichung $w^n = z$ genau n verschiedene Lösungen w.

Beweis. Es sei $z = r\, e^{i\alpha}$, $w = s\, e^{i\beta}$ mit $r = |z| > 0$, $s = |w|$ und α, $\beta \in \mathbb{R}$. Nach Satz 3.12 folgt aus $w^n = z$:

$$s^n\, e^{in\beta} = r\, e^{i\alpha}\,.$$

Diese Gleichung gilt genau dann, wenn $s^n = r$ und $e^{in\beta} = e^{i\alpha}$. Aus der ersten Gleichung folgt: $s = \sqrt[n]{r}$. Die zweite Gleichung liefert:

$$n\beta = \alpha + 2\pi k\,, \qquad k \in \mathbb{Z}\,.$$

oder

$$\beta = \beta_k = \frac{\alpha}{n} + \frac{2\pi}{n}k\,, \qquad k \in \mathbb{Z}\,.$$

Wählen wir also $s = \sqrt[n]{r}$ und $\beta = \beta_k$ für ein $k \in \mathbb{Z}$, dann ist $w = s\, e^{i\beta}$ eine Lösung von $w^n = z$. Es gibt genau n verschiedene derartige Lösungen, nämlich

$$w = \sqrt[n]{r}\, e^{i\beta_k}\,, \qquad k = 0, 1, \ldots, n-1\,.$$

Denn alle diese Zahlen sind verschieden, weil sich ihre Argumente um weniger als 2π unterscheiden. In allen anderen Fällen können wir k als Vielfaches von n plus einem Divisionsrest k′ schreiben:

$$k = nq + k' \quad \text{mit} \quad q, k' \in \mathbb{Z} \quad \text{und} \quad 0 \leq k' \leq n-1\,.$$

Wegen

$$e^{i\beta_k} = \exp\left(\frac{\alpha}{n} i + 2\pi i \frac{k}{n}\right) = \exp\left(\frac{\alpha}{n} i + 2\pi i \frac{nq + k'}{n}\right)$$
$$= \exp(2\pi i q)\, \exp\left(\frac{\alpha}{n} i + 2\pi i \frac{k'}{n}\right) = e^{i\beta_{k'}}\,.$$

erhalten wir keine neue Lösung (vgl. Beispiel 3.22). ■

Beispiel 3.25. Die n verschiedenen Lösungen ϵ_k der Gleichung $\epsilon^n = 1$ heißen ***n-te Einheitswurzeln***. Wegen $1 = 1 \cdot e^{i0}$ bzw. $r = 1$, $\alpha = 0$ lauten sie:

$$\epsilon_k = \exp(2\pi ik/n) = \cos(\frac{2\pi k}{n}) + i \sin(\frac{2\pi k}{n}) \ , \ k = 0, 1, \dots, n-1 \ .$$

Sie liegen in gleichmäßigen Abständen auf dem Einheitskreis. Denn angenommen, $\gamma = 2\pi/n$ bzw. $\epsilon_1 = \cos\gamma + i \sin\gamma$. Dann gilt:

$$\epsilon_k = e^{ik\gamma} = (\epsilon_1)^k = \cos(k\gamma) + i \sin(k\gamma) \ .$$

Für $n = 3$ erhalten wir:

$$\epsilon_0 = 1 \ ,$$

$$\epsilon_1 = \cos(\frac{2\pi}{3}) + i \sin(\frac{2\pi}{3}) = \frac{1}{2}(-1 + i\sqrt{3}) \ ,$$

$$\epsilon_2 = \cos(\frac{4\pi}{3}) + i \sin(\frac{4\pi}{3}) = \frac{1}{2}(-1 - i\sqrt{3}) = \overline{\epsilon_1} \ .$$ □

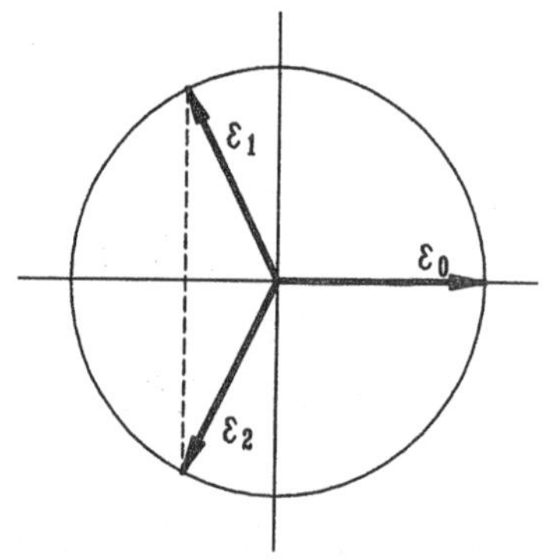

Polynome und komplexe Zahlen

Die Tragweite der komplexen Zahlen erkennt man durch das Studium der Polynome. Wir formulieren ein wichtiges Resultat ohne Beweis im folgenden ***Fundamentalsatz der Algebra*** (nach Gauß).

Satz 3.14. Es sei $P(z)$ ein Polynom vom Grad $n \in \mathbb{N}$ mit komplexen Koeffizienten $a_k \in \mathbb{C}$:

$$P(z) = a_n z^n + a_{n-1} z^{n-1} + \dots + a_1 z + a_0 \ , \ a_n \neq 0 \ .$$

Dann kann man $P(z)$ eindeutig als Produkt von n Linearfaktoren darstellen:

$$P(z) = a_n(z - z_1)^{l_1} \dots (z - z_k)^{l_k} .$$

Dabei sind $z_i \in \mathbb{C}$ $(i = 1,\dots,k)$ die k paarweise verschiedenen Nullstellen von $P(z)$ für deren Vielfachheiten l_i gilt:

$$l_1 + l_2 + \dots + l_k = n .$$

Jede Gleichung n-ten Grades $P(z) = 0$ hat also n (nicht notwendig verschiedene) komplexe Lösungen. Dies ist eine Verallgemeinerung von Satz 3.1. Im Erweiterungsprozeß der Zahlenbereiche

$$\mathbb{N} \subset \mathbb{Z} \subset \mathbb{Q} \subset \mathbb{R} \subset \mathbb{C}$$

bildet $\mathbb{C}$ einen formalen Abschluß. Man beachte aber, daß die in $\mathbb{R}$ gültige Ordnung nicht auf $\mathbb{C}$ ausgedehnt werden kann. Denn aus den Grundaussagen UN1 bis UN4 folgt gemäß Satz 1.1(2): $0 < x^2$ für $x \neq 0$, was für $x = i$ zu einem Widerspruch führt.

Wir ziehen eine wichtige Folgerung aus Satz 3.14.

Satz 3.15. Bei einem Polynom P mit ***reellen*** Koeffizienten ist mit z auch $\overline{z}$ eine Nullstelle: aus $P(z) = 0$ folgt $P(\overline{z}) = 0$. Jedes reelle Polynom, dessen Grad eine ungerade Zahl ist, hat also mindestens eine reelle Nullstelle.

Beweis. Es sei z eine Nullstelle von $P(x) = \sum_{k=0}^{\infty} a_k x^k$ und $a_k = \overline{a_k} \in \mathbb{R}$. Dann folgt mit Satz 3.11(4):

$$0 = \overline{0} = \overline{P(z)} = \overline{\sum_{k=0}^{n} a_k z^k} = \sum_{k=0}^{n} \overline{a_k}\,\overline{z}^k = \sum_{k=0}^{n} a_k \overline{z}^k = P(\overline{z}) .$$

Komplexe Nullstellen mit $z \neq \overline{z}$, also $z \in \mathbb{C}\backslash\mathbb{R}$, treten als konjugiert komplexe Paare auf. Wenn der Grad von P ungerade ist, gibt es also mindestens eine "ungepaarte" Nullstelle mit $z = \overline{z}$. Diese ist wegen Satz 3.11(3) reell. ■

Beispiel 3.26.

(1) $P(z) := z^2 + 1$ hat die Nullstellen $z_1 = i$ und $z_2 = -i = \overline{z_1}$.

(2) Von dem Polynom $Q(z) := z^3 - z^2 - 4z - 6$ sei eine Nullstelle bekannt:

$z_1 = -1 + i$. Damit ist mit Satz 3.15 $\overline{z_1} = z_2 = -1 - i$ eine weitere Nullstelle. Wegen $Q(z) = (z - z_1)(z - z_2)(z - z_3) = (z + 1 - i)(z + 1 + i)(z - z_3) = (z^2 + 2z + 2)(z - z_3)$ können wir die Nullstelle z_3 durch Polynomdivision ermitteln:

$$
\begin{array}{l}
(z^3 - z^2 - 4z - 6) : (z^2 + 2z + 2) = z - 3 \ . \\
\underline{z^3 + 2z^2 + 2z} \\
\quad -3z^2 - 6z - 6 \\
\quad \underline{-3z^2 - 6z - 6} \\
\qquad\qquad -
\end{array}
$$

Es folgt: $z_3 = 3$. Wie nach Satz 3.15 zu erwarten, ist z_3 reell.

Wir können die Polynomdivision auch durch zweimalige Anwendung des Horner-Schemas ausführen:

	1	-1	-4	-6
$-1+i$	–	$-1+i$	$1-3i$	6
	1	$-2+i$	$-3-3i$	0
$-1-i$	–	$-1-i$	$3+3i$	
	1	-3	0	

Damit lautet der dritte Linearfaktor $(z - 3)$; also ist $z_3 = 3$. □

3.8 Aufgaben

3.1. Gegeben ist ein Polynom P durch $P(x) = x^4 - 4x^3 + 6x^2 - 8x + 8$.

a) Zeigen Sie mit Hilfe des Hornerschen Verfahrens, daß $x_1 = 2$ eine Nullstelle von P ist.

b) Geben Sie das Polynom Q an, für das gilt: $P(x) = (x - x_1)\,Q(x)$.

c) Untersuchen Sie, ob x_1 auch eine Nullstelle von Q und damit eine mehrfache Nullstelle von P ist.

d) Wie viele reelle Nullstellen hat P?

3.2. Gegeben sei das Polynom $f(x) = 2x^4 - 20x^2 + 18$.

a) Berechnen Sie mit dem Horner-Schema die Werte $f(1)$ und $f(-2)$.

b) Zerlegen Sie das Polynom in Linearfaktoren.

3.3. a) Welchen Grad und wie viele reelle Nullstellen hat das Polynom $P(x) := (x+h)^3 - x^3$, $x \in \mathbb{R}$ für reelles $h \neq 0$?

b) Das Ergebnis aus a) lehrt, daß $P(x)$ für alle $x \in \mathbb{R}$ dasselbe Vorzeichen hat wie $P(0)$. Zeigen Sie damit, daß für $h > 0$ immer $P(x) > 0$ ist.

c) Schließen Sie daraus, daß die Funktion f mit $f(x) = x^3$ mit $x \in \mathbb{R}$ streng monoton und somit ein-eindeutig ist.

d) Bestimmen Sie die Umkehrfunktion f^{-1} mit Definitionsbereich $\mathbb{R}$. Beachten Sie, daß das Radizieren (Wurzelziehen) nur auf $\mathbb{R}_0^+$ definiert ist.

3.4. Gegeben sei das Polynom $P(x) = 2x^4 + 2x^3 - 22x^2 + 2x - 24$, das eine Nullstelle bei $x = i$ besitzt.

a) Geben Sie eine zweite rein imaginäre Nullstelle von $P(x)$ an.

b) Bestimmen Sie die restlichen Nullstellen durch Division mit dem Hornerschema.

c) Schreiben Sie $P(x)$ als Produkt von Linearfaktoren.

3.5. Die Punkte $P_1(\sqrt{3}, 1)$ und $P_2(-\sqrt{3}, -1)$ sind durch ihre kartesischen Koordinaten (x,y) definiert. Skizzieren Sie die Punkte und geben Sie die Polarkoordinaten (r,φ) dieser Punkte an.

3.6. Im Molekül H_2O ist der Bindungswinkel H-O-H 104°27' und der O-H-Abstand 0,957 Å. Für H_2S ist der Bindungswinkel H-S-H 92°16' und der S-H-Abstand 1,328 Å. Berechnen Sie jeweils den Abstand zwischen den Wasserstoffatomen.

3.6. Im Ozon-Molekül sind zwei O-O-Abstände gleich 1,278 Å und der dritte O-O-Abstand betägt 2,177 Å. Geben Sie den stumpfen Winkel zwischen den Sauerstoffbindungen sowohl in Grad als auch im Bogenmaß an.

3.7. Zeigen Sie, daß die durch $f(x) = \sin(2x+1)$ definierte reelle Funktion f periodisch ist und geben Sie die Periode an.

3.8. Gegeben sei die reelle Funktion f mit

$$f(x) = \cosh(-2x) + \sinh(-2x) + 1.$$

a) Wie lautet der Wertebereich von f?

b) Skizzieren Sie den Graphen von f.

c) Untersuchen Sie die Funktion f auf Monotonie.

d) Besitzt f eine Umkehrfunktion? Wenn ja, wie lautet sie, welches sind ihr Definitions- und Wertebereich?

3.9. Berechnen Sie unter Verwendung geeigneter Rechenregeln für die trigonometrischen Funktionen die Erfüllungsmenge derjenigen $x \in \mathbb{R}$, für die Gleichung $\cos(4x) = \cos(2x)$ gilt. Skizze!

3.10. Eine Funktion $f : \mathbb{R} \to \mathbb{R}$ sei gegeben durch $f(t) = 3\cos(\omega t) + 4\sin(\omega t)$. Stellen Sie $f(t)$ mit Hilfe der Additionstheoreme für trigonometrische Funktionen in der Form $f(t) = A\cos(\omega t - \delta)$ dar. Geben Sie die Amplitude A und die Phasenverschiebung δ explizit an.

3.11. a) Geben Sie eine Einschränkung der reellen Funktion f mit $f(x) = \sin(3x)$ auf ein symmetrisch zum Ursprung gelegenes Intervall an, so daß eine Umkehrfunktion existiert.

b) Wie lautet die Umkehrfunktion und was ist ihr Definitions- und Wertebereich?

3.12. Zeigen Sie mit Hilfe der Identität

$$\tan\alpha - \tan\beta = \sin(\alpha - \beta)/(\cos\alpha \cos\beta),$$

daß die Funktion tan im Intervall $]-\pi/2, \pi/2[$ streng monoton wachsend ist.

3.13. Ordnen Sie folgende Zahlen der Größe nach (Hinweis: Logarithmieren!)

a) $(e^e)^{(e^e)}$; b) $e^{(e^{(e^e)})}$; c) $e^{(e^e)^e}$; d) $((e^e)^e)^e$; e) $(e^{(e^e)})^e$.

3.14. N_2O_5 zerfällt unimolekular gemäß $N(t) = N_0 \cdot \exp(-k\,t)$, wobei $N(t)$ die Konzentration von N_2O_5 zur Zeit t ist. Wie lange muß man warten, bis die Konzentration auf 1% der Ausgangskonzentration abgesunken ist? Die Zerfallskonstante sei gegeben durch: $k = 8{,}05 \cdot 10^{-5}\ \mathrm{sec}^{-1}$.

3.15. Die Geschwindigkeitskonstante k des unimolekularen Zerfalls von N_2O_5 folgt bezüglich der Temperatur T dem Arrheniusschen Gesetz: $k = f(T) = A\exp(-E/RT)$. Dabei ist $R = 8{,}31\ \mathrm{J\,mol^{-1}\,K^{-1}}$ die Gaskonstante. Man findet für $T_1 = 298$ K, $k_1 = 3{,}07 \cdot 10^{-5}\ \mathrm{m^3\,mol^{-1}\,sec^{-1}}$ und für $T_2 = 323$ K, $k_2 = 7{,}71 \cdot 10^{-4}\ \mathrm{m^3\,mol^{-1}\,sec^{-1}}$.

a) Führen Sie eine geeignete logarithmische Skalentransformation durch, so daß der exponentielle Zusammenhang in einen linearen übergeht.

b) Geben Sie Achsenabschnitt b und Steigung m der resultierenden Geraden mit $\eta = m\,\xi + b$ an. Skizzieren Sie diese Gerade.

c) Berechnen Sie die Geschwindigkeitskonstante für die Temperatur $T_3 = 313$ K unter Verwendung dieser Geraden.

3.16. Die reelle Funktion f mit $f(x) = \sinh(x)$ ist streng monoton wachsend.

a) Bestimmen Sie die Umkehrfunktion von f unter Verwendung der Substitution $z = e^x$.

b) Zeigen Sie unter Benutzung des resultierenden Funktionsterms explizit, daß die Umkehrfunktion ungerade ist.

3.17. Gegeben seien die komplexen Zahlen $z_1 = 1 + i$, $z_2 = \sqrt{3} - i$ und $z_3 = 1 + i\sqrt{3}$.

a) Berechnen Sie folgende Zahlen, sowie jeweils Betrag und Argument: $z_1 \cdot z_2$, $z_1 \cdot \bar{z}_2$, z_1/z_2.

b) Berechnen Sie $z_2{}^4$ und $z_3{}^4$ und vergleichen Sie die Ergebnisse.

3.18. Veranschaulichen Sie für $z = (-1 + i)/\sqrt{2}$ die Lage der folgenden Punkte in der komplexen Zahlenebene: z, iz, i^2z, i^3z, z^2. Diskutieren Sie das Ergebnis.

3.19. Skizzieren Sie in der komplexen Zahlenebene die Mengen

a) $\mathcal{M}_1 := \{z \in \mathbb{C} \mid |z - 2| < 2\}$

b) $\mathcal{M}_2 := \{z \in \mathbb{C} \mid z \neq 1, \left|\frac{z+1}{z-1}\right| < 1\}$

3.20. Bestimmen Sie den Realteil, den Imaginärteil und den Betrag von $z = e^{i(1+i)x}$ für $x \in \mathbb{R}_0^+$. Skizzieren Sie diese drei reellwertigen Funktionen. Geben Sie $\bar{z}$ an.

3.21. Berechnen Sie alle komplexen Lösungen z der Gleichung $z^3 = -1$. Skizzieren Sie die Lösungen

3.22. Berechnen Sie alle komplexen Lösungen der Gleichung $z^2 = 3 + 2i$. Skizzieren Sie die Lösungen in der komplexen Zahlenebene.

4 Grenzwerte, stetige Funktionen

Wir führen in diesem Kapitel den zentralen Begriff der Analysis ein, den des Grenzwertes einer Funktion. Die Ableitung und das Integral einer Funktion werden wir später als Grenzwerte definieren. Wir behandeln Regeln zur Berechnung von Grenzwerten und diskutieren die stetigen Funktionen, die ein besonders einfaches Verhalten bei der Bildung von Grenzwerten zeigen.

4.1 Der Begriff des Grenzwertes

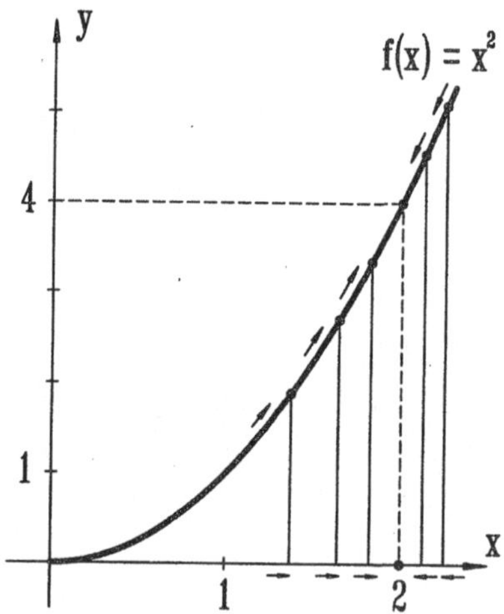

Betrachten wir beispielsweise die Funktion $f(x) = x^2$, so entnehmen wir dem Graphen, daß sich die Funktionswerte beliebig gut dem Wert 4 nähern, falls x nahe genug bei 2 liegt. Wir sagen, f hat bei $x = 2$ den

Grenzwert 4. Der Begriff des Grenzwertes ist hier intuitiv klar. Wir fassen ihn zunächst wie folgt:

> **Definition 4.1** (vorläufige Fassung). Die Funktion f hat bei a den ***Grenzwert*** g, wenn $f(x)$ beliebig nahe bei g liegt, falls x nahe genug bei a liegt, aber verschieden von a ist.

Beispiel 4.1. Von den nachfolgend skizzierten sechs Funktionen haben nur die ersten drei bei a den Grenzwert g. f_6 hat einen Grenzwert bei a, der aber von g verschieden ist. f_4 und f_5 haben keinen Grenzwert bei a; denn in jeder noch so kleinen Umgebung von a gibt es Funktionswerte von $f(x)$, die sich um einen endlichen Betrag von g unterscheiden, die also nicht beliebig nahe bei g liegen. f_4 hat eine Sprungstelle bei a, $f_5(x)$ wird für x gegen a mit $x < a$ beliebig groß. Beachtenswert ist, daß f_2 für $x = a$ nicht definiert und $f_3(x)$ "falsch" definiert ist. Trotzdem haben f_2 und f_3 bei a den Grenzwert g. Denn in Definition 4.1 ist die Stelle $x = a$ explizit ausgenommen. Wir untersuchen nur, ob $f(x)$ sich dem Wert g nähert, falls x hinreichend nahe bei a, aber ungleich a ist. □

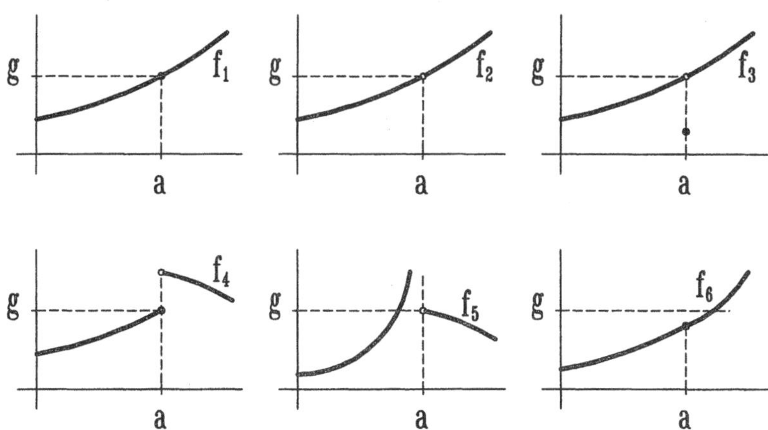

Hat f bei a den Grenzwert g, dann schreibt man:

$$g = \lim_{x \to a} f(x) = \lim_{y \to a} f(y) = \lim_{h \to 0} f(a + h) .$$

(gelesen: Limes $f(x)$ für x gegen a). Offensichtlich ist der Name der unabhängigen Variablen unerheblich für den Grenzwert. In der letztgenannten Form ist er gelegentlich einfacher zu berechnen.

Beispiel 4.2. Wir untersuchen den Grenzwert von $f(x) = (x^3 - 8)/(x - 2)$ für x gegen 2. Dazu substituieren wir $x = 2 + h$ und betrachten $f(2 + h)$ für h gegen 0, aber $h \neq 0$. Der binomische Satz 1.5 liefert:

$$f(2 + h) = \frac{(2 + h)^3 - 8}{(2 + h) - 2} = \frac{1}{h}(8 + 12h + 6h^2 + h^3 - 8) = 12 + 6h + h^2.$$

Die Umformung gelingt wegen $h \neq 0$! Es folgt:

$$\lim_{x \to 2} f(x) = \lim_{h \to 0}(12 + 6h + h^2) = 12 .$$ □

Beispiel 4.3. Wir diskutieren die reelle Funktion $f(x) = \sin(1/x)$, $x \neq 0$. Um den Graph von f zu skizzieren, betrachten wir die Stellen $x \in \mathbb{R}^+$, für die f die Werte 0, 1 bzw. -1 annimmt:

$$\begin{aligned} f(x) &= 0 && \text{für } x = 1/\pi,\ 1/2\pi,\ 1/3\pi, \dots \\ f(x) &= 1 && \text{für } x = 2/\pi,\ 2/5\pi,\ 2/9\pi, \dots \\ f(x) &= -1 && \text{für } x = 2/3\pi,\ 2/7\pi,\ 2/11\pi, \dots \end{aligned}$$

f ist eine ungerade Funktion:

$$f(-x) = \sin(\ 1/(-x)\ ) = \sin(-1/x) = -\sin(1/x) = -f(x) .$$

f oszilliert im Intervall $[-1/\pi, 1/\pi]$ unendlich oft zwischen 1 und -1. Jede Abbildung kann demzufolge nur Teile des Graphen von f zeigen.

f hat bei $x = 0$ keinen Grenzwert. Denn wie nahe wir auch an 0 herangehen, wir finden immer die Funktionswerte -1, 0 und 1. Keine Zahl g kann gleichzeitig beliebig nahe bei jeder dieser Zahlen liegen. □

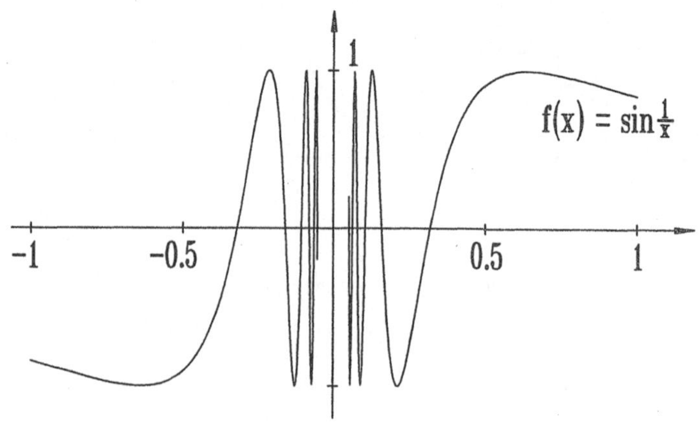

Aus den Beispielen 4.1 bis 4.3 entnehmen wir, daß Definition 4.1 unseren intuitiven Grenzbegriff offensichtlich richtig erfaßt. Für exakte Beweise benötigt man jedoch eine präzisere Formulierung. Obwohl wir Nachweise von Grenzwerten selten in strenger Form führen werden, wollen wir Definition 4.1 in der mathematisch üblichen Form angeben und diskutieren.

Als erstes fassen wir den Abstand von $f(x)$ zum Grenzwert g durch den Betrag $|f(x) - g|$ (vgl. Abschnitt 1.3). Also: Die Funktion f hat bei a genau dann den Grenzwert g, wenn wir $|f(x) - g|$ beliebig klein machen können, falls nur $|x - a|$ hinreichend klein, aber größer 0 ist ($x \neq a$!).

Schwieriger und entscheidend ist die Präzisierung der Formulierung "beliebig klein" und "hinreichend klein". Wir denken uns dazu zwei Personen $\mathcal{A}$ und $\mathcal{B}$ im Disput über den Grenzwert von f. $\mathcal{A}$ möge behaupten, daß f bei $x = a$ den Grenzwert g hat. $\mathcal{B}$ bezweifelt dies und fordert von $\mathcal{A}$ den Nachweis dafür, daß die Abweichung $|f(x) - g|$ unter einer von $\mathcal{B}$ genannten Toleranz, etwa $1/10$, bleibt. $\mathcal{A}$ muß nun eine Umgebung $\mathcal{U}$ von a angeben, so daß für alle $x \in \mathcal{U}$ gilt: $|f(x) - g| < 1/10$. $\mathcal{A}$ charakterisiert $\mathcal{U}$ durch ein $\delta_1 > 0$ als maximale Entfernung der x von a:

$$\mathcal{U} = \{ x \mid 0 < |x - a| < \delta_1 \} .$$

Achtung: $a \notin \mathcal{U}$! Falls $\mathcal{A}$ Erfolg hat, reduziert $\mathcal{B}$ die Toleranz, etwa auf ein $1/100$. $\mathcal{A}$ nennt nun ein (vermutlich kleineres) $\delta_2 > 0$, so daß für $0 < |x - a| < \delta_2$ gilt: $|f(x) - g| < 1/100$. Wann gewinnt $\mathcal{A}$ den Disput gegen $\mathcal{B}$? Genau dann, wenn es $\mathcal{A}$ gelingt, für jede von $\mathcal{B}$ vorgelegte Toleranz $\epsilon > 0$ ein $\delta > 0$ zu nennen, so daß gilt:

für alle x mit $0 < |x - a| < \delta$ gilt: $|f(x) - g| < \epsilon$.

Definition 4.1. Die Funktion f hat genau dann bei a den ***Grenzwert*** g, wenn es für jedes $\epsilon > 0$ ein $\delta > 0$ gibt, so daß gilt:

für alle x mit $0 < |x - a| < \delta$ folgt $|f(x) - g| < \epsilon$.

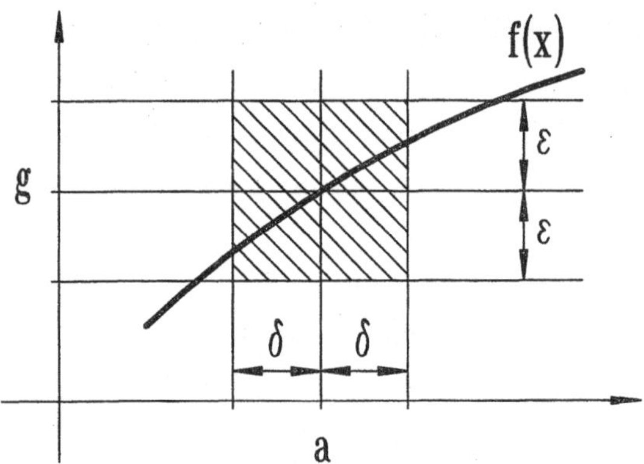

Beispiel 4.4. Für eine lineare Funktion $f(x) = mx + b$ vermuten wir auf Grund des Graphen bei a den Grenzwert $g = ma + b = f(a)$. Wir müssen also zeigen: für jedes $\epsilon > 0$ existiert ein geeignetes $\delta > 0$, so daß für alle x mit $0 < |x - a| < \delta$ gilt:

$$|f(x) - g| = |(mx + b) - (ma + b)| = |m|\ |x - a| < \epsilon .$$

Für $m = 0$ ist f eine konstante Funktion und wir kommen mit jedem δ zum Ziel. Nehmen wir $\delta = 1$, dann gilt sicher:

$$|f(x) - g| = 0 < \epsilon .$$

Im Fall $m \neq 0$ wählen wir $\delta = \epsilon / |m|$. Dann folgt für $0 < |x - a| < \delta$:

$$|f(x) - g| = |m|\ |x - a| < |m| \cdot \delta = \epsilon .$$

Es gilt also für $a \in \mathbb{R}$:

$$\lim_{x \to a} f(x) = \lim_{x \to a} (mx + b) = ma + b = f(a) .$$ □

Wir formulieren noch explizit, wann f bei a nicht den Grenzwert g hat. Dies ist dann der Fall, wenn $\mathcal{B}$ ein ϵ findet, für das $\mathcal{A}$ keine geeignete δ - Umgebung angeben kann, also wenn ***mindestens ein*** $\epsilon > 0$ existiert, so daß ***für jedes*** $\delta > 0$ gilt:

für mindestens ein x mit $0 < |x - a| < \delta \Rightarrow |f(x) - g| \geq \epsilon$ (!) .

4.2 Berechnung von Grenzwerten

Häufig gelingt die Berechnung von Grenzwerten, indem man die zu untersuchende Funktion auf einfachere Funktionen und deren Grenzwerte zurückführt. Dabei benutzt man den folgenden Satz.

Satz 4.1. Für Funktionen f und g gelte $\lim_{x \to a} f(x) = F$ und $\lim_{x \to a} g(x) = G$. Dann folgt:

(1) $\lim_{x \to a} (f+g)(x) = F + G$,

(2) $\lim_{x \to a} (f \cdot g)(x) = F \cdot G$,

(3) $\lim_{x \to a} (f / g)(x) = F / G$, falls $G \neq 0$.

Beweis. Als Demonstration für die Verwendung von Definition 4.1 beweisen wir die Aussage (1). Nach Voraussetzung gibt es für jedes $\epsilon > 0$ Zahlen δ_1, $\delta_2 > 0$, so daß für alle x gilt:

$$0 < |x - a| < \delta_1 \quad \Rightarrow \quad |f(x) - F| < \epsilon/2,$$

$$\text{und} \quad 0 < |x - a| < \delta_2 \quad \Rightarrow \quad |g(x) - G| < \epsilon/2.$$

(Schließlich ist $\epsilon/2$ ebenfalls eine positive Zahl). Wir wählen δ als den kleineren der beiden Werte δ_1 und δ_2, also $\delta = \min(\delta_1, \delta_2)$. Wenn $0 < |x - a| < \delta$ ist, dann gilt sowohl $0 < |x - a| < \delta_1$ wie $0 < |x - a| < \delta_2$ und somit

$$|f(x) - F| < \epsilon/2 \qquad \textit{und} \qquad |g(x) - G| < \epsilon/2.$$

Dann folgt mit Hilfe der Dreiecksungleichung (Satz 1.3):

$$|(f+g)(x) - (F+G)| = |f(x) + g(x) - F - G|$$

$$= |(f(x) - F) + (g(x) - G)| \leq |f(x) - F| + |g(x) - G| < \frac{\epsilon}{2} + \frac{\epsilon}{2} = \epsilon. \quad ■$$

Satz 4.1 besagt, daß der Grenzwert der Summenfunktion gleich der Summe der Grenzwerte, der Grenzwert des Produktes und des Quotienten gleich dem Produkt bzw. Quotienten der Grenzwerte ist.

In den folgenden Beispielen benutzen wir die elementaren Grenzwerte:

$$\lim_{x \to a} c = c; \qquad \lim_{x \to a} x = a.$$

Beides sind Spezialfälle von Beispiel 4.4 : $m = 0$ und $b = c$ liefert die konstante Funktion $f(x) = c$ (für alle x), $m = 1$ und $b = 0$ die Funktion $f(x) = x$.

Beispiel 4.5.

(1) Es sei $f(x) = 3x + 5$. Dann liegt wegen Satz 4.1(1) und 4.1(2) folgendes Vorgehen nahe:

$$\lim_{x \to 1} f(x) = \lim_{x \to 1} 3x + \lim_{x \to 1} 5 = \lim_{x \to 1} 3 \cdot \lim_{x \to 1} x + \lim_{x \to 1} 5 = 3 \cdot 1 + 5 = 8.$$

Die hier dargestellte "Berechnung" des Grenzwertes verschleiert aber die zugrundeliegende Argumentation. Bei einer korrekten Anwendung von Satz 4.1 hat man zuerst die Existenz der Einzelgrenzwerte zu prüfen, bevor man den Grenzwert der verknüpften Funktion berechnet. Also:

$$\left.\begin{array}{l} \left.\begin{array}{l} \lim\limits_{x \to 1} 3 = 3 \\ \lim\limits_{x \to 1} x = 1 \end{array}\right\} \Rightarrow \lim\limits_{x \to 1} 3x = 3 \cdot 1 \\ \qquad\qquad\qquad\quad \lim\limits_{x \to 1} 5 \;\; = 5 \end{array}\right\} \Rightarrow \lim_{x \to 1} (3x + 5) = 3 + 5 .$$

(2) Es sei $f(x) = (x^3 - 8)/(x - 2) = x^2 + 2x + 4$ für $x \neq 2$ (vgl. Beispiel 4.2). Wegen $\lim\limits_{x \to 2} x = 2$ gilt:

$$\lim_{x \to 2} 2x = 4 , \qquad \lim_{x \to 2} x^2 = (\lim_{x \to 2} x)^2 = 4 ,$$

und somit

$$\lim_{x \to 2} f(x) = \lim_{x \to 2} x^2 + \lim_{x \to 2} 2x + \lim_{x \to 2} 4 = 12 .$$

(3) Wir untersuchen im Fall $|x| \neq 2$ den Grenzwert von $g(y)$ mit

$$g(y) := (3yx + 1)/(x^2 - 2y) \quad \text{für} \quad y \to 2 .$$

Für den Zähler gilt:

$$\lim_{y \to 2} (3yx + 1) = 3x \cdot 2 + 1 = 6x + 1 ,$$

und für den Nenner:

$$\lim_{y \to 2} (x^2 - 2y) = x^2 - 4 \neq 0 , \quad \text{für} \quad |x| \neq 2 .$$

Damit lautet der Grenzwert von $g(y)$ für $|x| \neq 2$:

$$\lim_{y \to 2} g(y) = (6x + 1)/(x^2 - 4) .$$

□

4.3 Einseitige und uneigentliche Grenzwerte

Die Vorzeichenfunktion sgn hat bei $x = 0$ eine Sprungstelle und somit keinen Grenzwert. Nähern wir uns der Stelle $x = 0$ ausschließlich von rechts,

$$x \to 0 \quad \textit{und} \quad x > 0\,,$$

dann sind die Funktionswerte konstant, $\operatorname{sgn}(x) = 1$, und haben somit den Grenzwert 1. Man spricht in diesem Fall vom ***rechtsseitigen Grenzwert*** der Funktion sgn und symbolisiert dies durch

$$\lim_{x \to 0^+} \operatorname{sgn}(x) = 1\,.$$

Hier steht $x \to 0^+$ für $x \to 0$ ***und*** $x > 0$. Analog können wir auch den ***linksseitigen Grenzwert*** berechnen:

$$\lim_{x \to 0^-} \operatorname{sgn}(x) = -1\,.$$

Die Funktion sgn hat zwar keinen Grenzwert bei 0, wohl aber existieren die beiden einseitigen Grenzwerte. Diese müssen notwendig verschieden sein. Denn es gilt:

$$\lim_{x \to a} f(x) = g \Leftrightarrow \lim_{x \to a^+} f(x) = g^+ \ \textit{und} \ \lim_{x \to a^-} f(x) = g^- \ \textit{und} \ g^+ = g^- = g\,.$$

Ist dagegen $g^+ \neq g^-$, so hat f eine Sprungstelle bei a.

In einem Randpunkt des Definitionsbereichs müssen wir uns ebenfalls auf die Untersuchung eines einseitigen Grenzwertes beschränken. Betrachten wir die Funktion $f(x) = \sqrt{x}$ bei $x = 0$. Es gibt kein $\delta > 0$, so daß $f(x)$ für alle x mit $0 < |x| < \delta$ definiert ist; denn darunter fallen ja auch die Elemente des Intervalls $]-\delta, 0[$. Dagegen hat f bei 0 einen rechtsseitigen Grenzwert:

$$\lim_{x \to 0^+} \sqrt{x} = 0\,.$$

Eine andere nützliche Modifikation des Grenzwertbegriffes betrifft das Verhalten von $f(x)$, falls " x sich ∞ nähert ", d.h. wenn x über alle Grenzen wächst. Der ***uneigentliche Grenzwert*** " bei ∞ ",

$$\lim_{x \to \infty} f(x) = g\,,$$

wird in der nachfolgenden Abbildung illustriert. Formal bedeutet

$\lim\limits_{x \to \infty} f(x) = g$, daß es zu jedem $\epsilon > 0$ eine Zahl N gibt, so daß gilt:

$$\text{für alle } x > N \text{ folgt } |f(x) - g| < \epsilon .$$

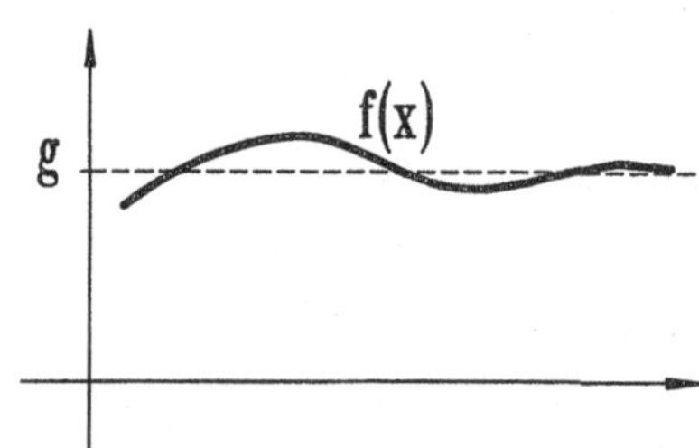

Beispiel 4.6. Die Funktion $f(x) = 1/x$ hat für $x \to \infty$ den Grenzwert 0. Dies ist anschaulich klar. Doch auch der Nachweis gemäß obiger Definition ist einfach. Für $\epsilon > 0$ wählen wir $N = 1/\epsilon$. Dann gilt für alle $x > N > 0$:

$$|f(x) - 0| = \left|\frac{1}{x}\right| = \frac{1}{x} < \frac{1}{N} = \epsilon . \qquad \square$$

Beispiel 4.7. Um das Verhalten von $Q(x) = \dfrac{x^3 - x + 1}{2x^3 + 2x^2 - 1}$ für $x \to \infty$ zu untersuchen, klammern wir in Zähler und Nenner die höchste auftretende Potenz x^3 aus:

$$\lim_{x \to \infty} Q(x) = \lim_{x \to \infty} \frac{1 - 1/x^2 + 1/x^3}{2 + 2/x - 1/x^3} = \frac{1}{2} .$$

Dabei haben wir die zu Satz 4.1 analogen Regeln verwendet. Entsprechend folgt:

$$\lim_{x \to -\infty} Q(x) = \frac{1}{2} . \qquad \square$$

Beispiel 4.8. Wir betrachten das Polynom $P(x) = x^3 - x + 2$ für $x \to \infty$. Dazu formen wir $P(x)$ um:

$$P(x) = x^3 (1 - 1/x^2 + 2/x^3) .$$

Wegen

$$\lim_{x \to \infty} \left(1 - \frac{1}{x^2} + \frac{2}{x^3}\right) = 1$$

gilt für $\epsilon > 0$ und für alle hinreichend großen x:

$$1 - \epsilon < 1 - \frac{1}{x^2} + \frac{2}{x^3} < 1 + \epsilon .$$

Für ein solches x erfüllt $P(x)$ die Ungleichung

$$x^3 (1 - \epsilon) < P(x) < x^3 (1 + \epsilon) .$$

Für genügend große x verhält sich $P(x)$ nahezu wie x^3. Diese Betrachtung können wir auf ein beliebiges Polynom vom Grad n verallgemeinern: Für hinreichend große x verhält es sich näherungsweise wie x^n . □

Von einem ***uneigentlichen Grenzwert*** bei a spricht man auch, wenn $f(x)$ "beliebig groß" wird, falls x nur hinreichend nahe bei a liegt:

$$\lim_{x \to a} f(x) = \infty .$$

Wir weisen nochmals darauf hin, daß "∞" nur den Sachverhalt "beliebig groß" symbolisiert, aber keine Zahl darstellt.

Beispiel 4.9. Die Funktion $f(x) = 1/x^2$ strebt für $x \to 0$ gegen unendlich :

$$\lim_{x \to 0} 1/x^2 = \infty .$$

Dagegen hat die Funktion $g(x) = 1/x$ bei $x = 0$ keinen uneigentlichen Grenzwert. Wir können jedoch folgende einseitige uneigentliche Grenzwerte formulieren ($y = 1/x$):

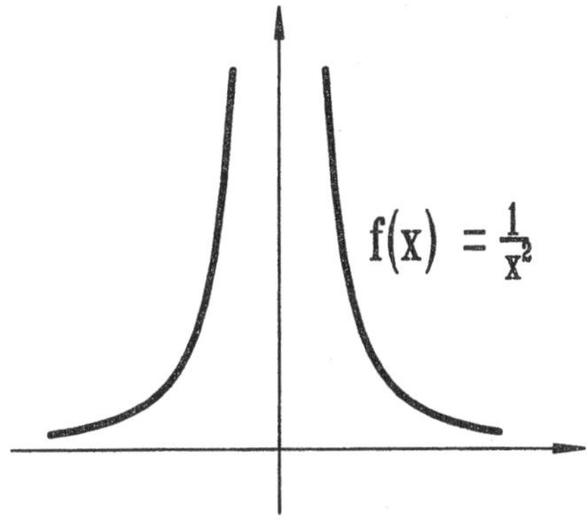

$$\lim_{x \to 0^+} \frac{1}{x} = \lim_{y \to \infty} y = \infty;$$

$$\lim_{x \to 0^-} \frac{1}{x} = -\infty .$$ (vgl. Beispiel 2.7). □

4.4 Stetige Funktionen

Betrachten wir nochmals die Funktionen aus Beispiel 4.1 . Den skizzierten Graphen entnehmen wir, daß sich nur die Funktionen f_1 und f_6 bei a "normal" verhalten. Denn für sie gilt:

$$\lim_{x \to a} f_i(x) = f_i(a)\,, \qquad i = 1, 6\,.$$

In den anderen Fällen ist f_i bei a nicht definiert (f_2), hat bei a keinen Grenzwert (f_4, f_5) oder der Grenzwert existiert, ist aber von $f_i(a)$ verschieden (f_3). Wir heben ein derartiges "normales" Verhalten einer Funktion durch eine spezielle Bezeichnung hervor.

Definition 4.2. Die Funktion f ist ***stetig*** bei $a \in \mathcal{D}(f)$, wenn gilt:
$$\lim_{x \to a} f(x) = f(a)\,.$$

Im Gegensatz zur Grenzwertuntersuchung einer Funktion f ist es bei einer Untersuchung von f auf Stetigkeit an der Stelle a erforderlich, daß f bei a definiert ist. Ist f bei $a \in \mathcal{D}(f)$ nicht stetig, so heißt f dort ***unstetig***. In den Abschnitten 4.1 bis 4.3 haben wir viele Beispiele für stetige und unstetige Funktionen kennengelernt.

Eine Funktion f heißt ***stetig auf einem Intervall*** $]\,a, b\,[$, wenn f für alle $x \in\,]\,a, b\,[$ stetig ist. f ist ***stetig auf dem abgeschlossenen Intervall*** $[\,a, b\,]$, wenn gilt:

(1) f ist stetig auf $]\,a, b\,[$,

(2) $\lim_{x \to a^+} f(x) = f(a)$ und $\lim_{x \to b^-} f(x) = f(b)$.

Anschaulich bedeutet die Stetigkeit einer Funktion auf einem Intervall, daß (von pathologischen, in der Praxis unwichtigen Ausnahmen abgesehen) der Graph von f als ununterbrochene Linie gezeichnet werden kann. In der Tat haben wir die Stetigkeit einer Funktion immer dann vorausgesetzt, wenn wir den Graph durch "stetige" Verbindung von endlich vielen seiner Punkte skizziert haben (vgl. Beispiele 2.4 bis 2.7).

Alle in Kapitel 3 vorgestellten elementaren Funktionen (Polynome, rationale Funktionen, Wurzelfunktionen, trigonometrische und zyklometrische Funktionen, Exponential- und Logarithmusfunktionen) sind in ihrem jeweiligen Definitionsbereich stetig. Für Polynome und rationale Funktionen ergibt sich dies aus dem nachfolgendem Satz, der eine geeignete Interpretation von Satz 4.1 darstellt.

Satz 4.2.

(1) Wenn die Funktionen f und g stetig bei a sind, dann sind auch die Funktionen $f+g$, $f \cdot g$ und (für $g(a) \neq 0$) f/g stetig bei a.

(2) Ist g stetig bei a und f stetig bei $g(a)$ (!) , dann ist $f \circ g$ stetig bei a.

Es gibt Funktionen, die für alle $x \in \mathbb{R}$ definiert, aber nirgends stetig sind, z.B. die Funktion G in Beispiel 2.3 . Der Naturwissenschaftler geht in der Regel davon aus, daß funktionale Zusammenhänge zwischen Meßgrößen durch stetige Funktionen beschrieben werden ("Natura non facit saltus"). Ein sprunghaftes Verhalten von Meßgrößen beobachtet man jedoch etwa bei Phasenübergängen (Schmelzen, supraleitender Phasenübergang usw.). So ändert sich die Dichte von Wasser bei Abkühlung unter $0°C$ sprunghaft.

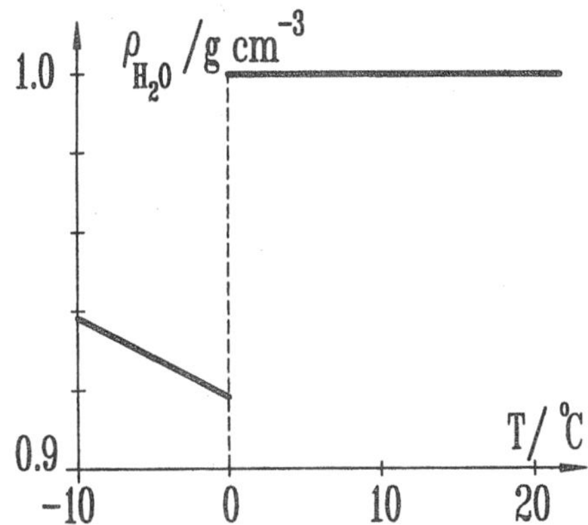

Die Funktion f_2 in Beispiel 4.1 ist "fast stetig", d.h. f_2 kann durch eine geeignete Festsetzung des Wertes $f_2(a)$ zu einer ***stetigen Ersatzfunktion*** $\tilde{f}_2$ erweitert (fortgesetzt) werden:

$$\tilde{f}_2(x) = \begin{cases} f_2(x) , & \text{falls } x \neq a . \\ \lim\limits_{x \to a} f_2(x) , & \text{falls } x = a . \end{cases}$$

Beispiel 4.10. Die Funktion $f(x) = (\sin x)/x$ ist für $x \neq 0$ stetig wegen Satz 4.1(3). Ein Blick auf den Graph von f führt zu der Vermutung

$$\lim_{x\to 0} \frac{\sin x}{x} = 1 .$$

Mit der ergänzenden Festsetzung $f(0) := 1$ wird f zu einer auf $\mathbb{R}$ stetigen Funktion erweitert.

Um den oben genannten Grenzwert zu berechnen, nehmen wir zunächst $x > 0$ an und betrachten am Einheitskreis einen Sektor OCB mit dem Winkel x. Seinen Flächeninhalt vergleichen wir mit dem der Dreiecke OAB und OCD. Offensichtlich gilt die Ungleichung:

$$F_{OAB} < F_{OCB} < F_{OCD} .$$

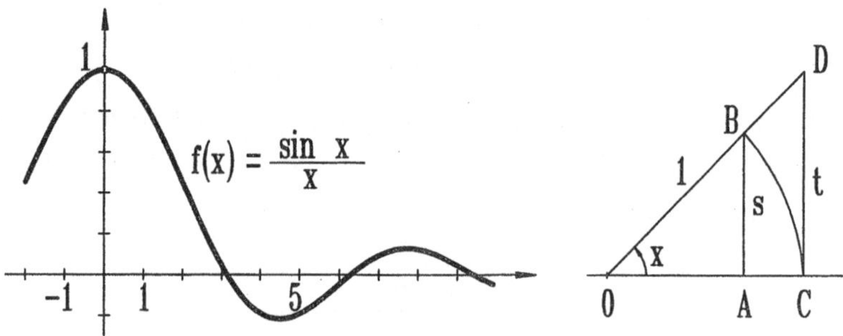

Wir berechnen die Dreiecksflächen unter Beachtung von

$$\overline{OA} = \cos x , \quad \overline{AB} = \sin x , \quad \overline{OC} = 1 , \quad \overline{CD} = \tan x$$

(vgl. Abschnitt 3.2) und erhalten:

$$F_{OAB} = \frac{1}{2} \cos x \cdot \sin x , \qquad F_{OCD} = \frac{1}{2} 1 \cdot \tan x .$$

Die Fläche des Kreissektors OCB ist der Bruchteil $x/2\pi$ der Fläche des Einheitskreises:

$$F_{OCB} = \frac{x}{2\pi} \cdot \pi \cdot 1^2 = \frac{1}{2} x .$$

Damit lautet obige Ungleichung:

$$\frac{1}{2} \cos x \ \sin x < \frac{1}{2} x < \frac{1}{2} \tan x .$$

Wir multiplizieren die Ungleichung mit 2 und erhalten

$$\cos x \ \sin x < x < \sin x/\cos x .$$

Wir behandeln die beiden Ungleichungen einzeln. Die linke lautet

$$\cos x \sin x < x .$$

Wir teilen durch $x > 0$ und durch $\cos x$, das in der Nähe von $x = 0$ ebenfalls positiv ist. Es ergibt sich:

$$\frac{\sin x}{x} < \frac{1}{\cos x} .$$

Die zweite Ungleichung,

$$x < \frac{\sin x}{\cos x} ,$$

multiplizieren wir mit $\cos x > 0$ und mit $1/x > 0$ und erhalten:

$$\cos x < \frac{\sin x}{x} .$$

Zusammen liefern die resultierenden Ungleichungen für $0 < x < \pi/2$:

$$\cos x < \frac{\sin x}{x} < \frac{1}{\cos x} .$$

Bilden wir nun den rechtsseitigen Grenzwert $x \to 0^+$, so sehen wir, daß $(\sin x)/x$ zwischen zwei Größen liegt, die sich beide dem Wert 1 nähern. Denn cos ist stetig bei $x = 0$ und $\cos 0 = 1$. Es folgt:

$$\lim_{x \to 0^+} \frac{\sin x}{x} = 1 = \lim_{x \to 0^-} \frac{\sin x}{x} .$$

Die zweite Gleichung ergibt sich, weil $f(x) = (\sin x)/x$ eine gerade Funktion ist. Da die beiden einseitigen Grenzwerte existieren und übereinstimmen, hat f den behaupteten Grenzwert. □

Beispiel 4.11. Als Anwendung des Grenzwertes aus Beispiel 4.10 berechnen wir noch folgende Grenzwerte:

$$\lim_{x \to 0} \frac{\sin(2x)}{x} = \lim_{x \to 0} 2 \frac{\sin(2x)}{2x} = 2 \lim_{z \to 0} \frac{\sin z}{z} = 2 \cdot 1 = 2 .$$

$$\lim_{x \to 0} \frac{x^2}{\sin x} = \lim x \lim \frac{x}{\sin x} = [\lim_{x \to 0} x] [\lim_{x \to 0} \frac{\sin x}{x}]^{-1} = 0 \cdot 1 = 0 .$$

□

4.5 Eigenschaften stetiger Funktionen

Wenn eine Funktion f auf einem abgeschlossenen Intervall $[a, b]$ stetig ist, können wir sehr weitgehende Aussagen über die zugehörigen Funktionswerte machen. Zunächst einige Definitionen.

Definition 4.3. Die Funktion f hat an einer Stelle $c \in \mathcal{D}(f)$ ein ***absolutes Maximum***, wenn gilt:

$$f(c) \geq f(x) \quad \text{für alle } x \in \mathcal{D}(f).$$

f hat an einer Stelle d ein ***lokales Maximum***, wenn es ein $\delta > 0$ gibt, so daß gilt:

$$f(d) \geq f(x) \quad \text{für alle } x \in]\, d - \delta, d + \delta\, [\; \subset \mathcal{D}(f).$$

Analog definiert man die Begriffe ***absolutes*** und ***lokales Minimum***.

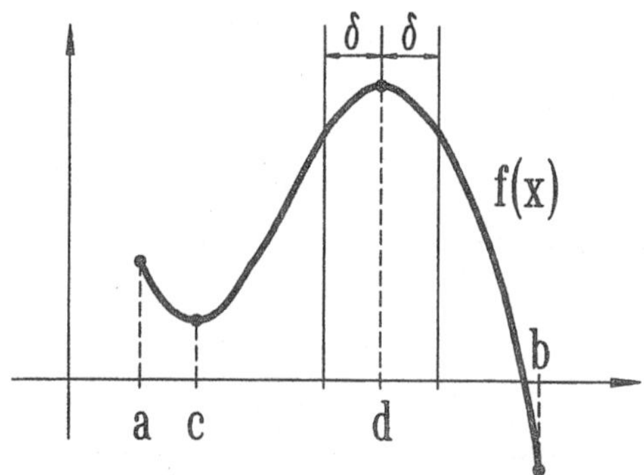

Die oben skizzierte Funktion f mit $\mathcal{D}(f) = [\, a, b\,]$ hat an der Stelle d ein lokales und absolutes Maximum. Bei c liegt ein lokales Minimum vor. f nimmt das absolute Minimum bei b an. Lokale Extremstellen können nicht in Randpunkten von Definitionsintervallen auftreten.

Beispiel 4.12.

(1) Es sei $g(x) = \sin x$. Dann hat g bei $\pi/2$ ein absolutes Maximum, weil $g(\pi/2) = 1$ und $g(x) \leq 1$ für alle $x \in \mathbb{R}$. Dabei handelt es sich auch um ein lokales Maximum (z.B. $\delta = \pi/2$). Bei $-3\pi/2$ liegt ebenfalls ein absolutes Maximum von g.

(2) Die Funktion h mit $h(x) = x/2$ und $\mathcal{D}(h) = [\, 0, 2\,]$ (!) hat ihr absolutes Maximum bei 2 und ihr absolutes Minimum bei 0, weil für $0 \leq x \leq 2$ gilt:

$$0 \leq \frac{x}{2} \leq 1 \quad \text{oder} \quad f(0) \leq f(x) \leq f(2).$$

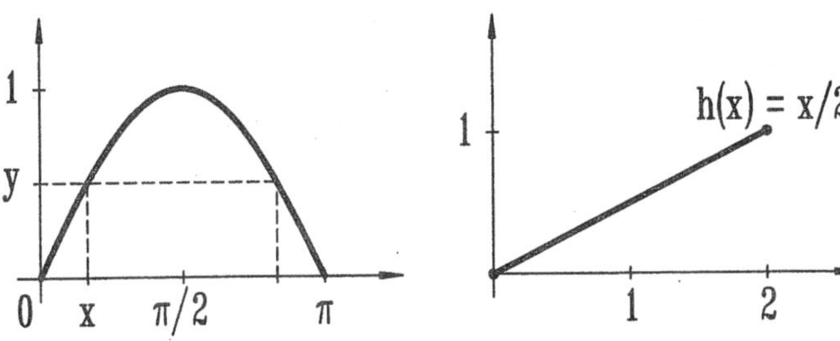

Der Graph von h legt die Vermutung nahe, daß h keine lokalen Extremstellen hat.

(3) Die Funktion $f(x) = 1/x^2$ (vgl. Beispiel 4.9) hat weder Maxima noch Minima. □

Satz 4.3. Die Funktion f sei stetig auf dem abgeschlossenen Intervall $[a, b]$. Dann gilt:

(1) f hat an wenigstens einer Stelle $c \in [a, b]$ ein ***absolutes Minimum*** und an wenigstens einer Stelle $d \in [a, b]$ ein ***absolutes Maximum***.

(2) Es sei y eine Zahl mit $f(c) \leq y \leq f(d)$. Dann gibt es ein $x \in [a, b]$ mit $f(x) = y$ (***Zwischenwertsatz***).

Wir übergehen den Beweis von Satz 4.3 und illustrieren stattdessen die Aussagen an einigen Beispielen. Die Funktionen g und h aus Beispiel 4.12 erfüllen in den Intervallen $[0, \pi]$ bzw. $[0, 2]$ die Voraussetzungen des Satzes. Die auf $[0, \pi]$ eingeschränkte Funktion $\tilde{g}$ hat in diesem Intervall ein absolutes Minimum $\tilde{g}(0) = \tilde{g}(\pi) = 0$, und ein absolutes Maximum $\tilde{g}(\pi/2) = 1$; $\tilde{g}$ nimmt jeden Wert $y \in [0, 1]$ an mindestens einer Stelle $x \in [0, \pi]$ an, nämlich bei $x = \arcsin y$ (aber auch bei $\pi - x$!). Die auf $[0, 2]$ eingeschränkte Funktion $\tilde{h}$ nimmt einen Wert y zwischen dem absoluten Minimum $\tilde{h}(0) = 0$ und dem absoluten Maximum $\tilde{h}(2) = 1$ an der Stelle $x = 2y$ an.

Satz 4.3 gilt nicht bei offenen Intervallen und für unstetige Funktionen. Die Funktion h hat im offenen Intervall $]\,0, 2\,[$ weder Maximum noch Minimum. Die bei $x = 0$ unstetige Funktion $\tilde{f}$ mit

$$\tilde{f}(x) = \begin{cases} 1/x^2 & \text{für } x \neq 0 \\ 0 & x = 0 \end{cases}.$$

hat im Intervall $I = [\,-1, 1\,]$ zwar ein absolutes Minimum bei 0, aber kein absolutes Maximum. Der zu I gehörige Wertebereich von $\tilde{f}$, $\{0\} \cup [\,1, \infty\,[$, weist zwischen 0 und 1 eine "Lücke" auf.

Beispiel 4.13. Für eine stetige Funktion f kann man mit Hilfe von Satz 4.3 aus einem Vorzeichenwechsel an den Rändern eines Intervalls auf eine Nullstelle im Innern des Intervalls schließen. Als Beispiel betrachten wir die Funktion $f(x) = x + \lg x$, für die gilt:

$$f(0{,}1) = 0{,}1 + \lg 0{,}1 = 0{,}1 - 1 = -0{,}9 < 0$$

und $$f(1) = 1 + \lg 1 = 1 > 0\,.$$

f ist stetig auf $[\,0{,}1\,,\,1\,]$. Daher wissen wir auf Grund des Zwischenwertsatzes, daß f in diesem Intervall eine Nullstelle hat. Sie liegt in der Nähe von $x = 0{,}39901$. Da $f_1(x) = x$ und $f_2(x) = \lg x$ streng monoton wachsend sind für $x \in \mathbb{R}^+$, gilt dies auch für $f = f_1 + f_2$. Daher hat f genau eine Nullstelle (vgl. Abschnitt 2.5). □

4.6 Aufgaben

4.1. a) Berechnen Sie $\lim\limits_{x\to 1} (x^2+x-2)$.

b) Berechnen Sie für die reelle Funktion f mit $f(x) := \dfrac{x^2+x-2}{x^2-1}$ den Grenzwert $\lim\limits_{x\to 1} f(x)$ auf zwei Arten, und zwar (i) durch Berechnung von $f(1+h)$ für $h \neq 0$ und (ii), indem Sie die Polynome im Zähler, $x^2 + x - 2$, und im Nenner, $x^2 - 1$, durch den Linearfaktor $(x - 1)$ teilen (Hornerschema!).

4.2. Bestimmen Sie die folgenden (evtl. einseitigen) Grenzwerte:

a) $\dfrac{x^5 + 4x^3}{x^4 + 7x^2}$ $(x \to 1$ und $x \to 0)$ b) $\dfrac{x^4 + 2x^2 + 1}{x}$ $(x \to 0^+)$

c) $x \cdot \cot(ax)$ $(x \to 0)$ d) $\dfrac{\cos x - 1}{x}$ $(x \to 0)$

e) $\sqrt{x+1} - \sqrt{x}$ $(x \to \infty)$

Hinweis zu d) und e) : Verwenden Sie die Identität $a^2 - b^2 = (a+b)(a-b)$.

4.3. Bestimmen Sie die folgenden (evtl. einseitigen) Grenzwerte

a) $x - \tan x$ $(x \to 0)$ b) $\sqrt{4-x^2}$ $(x \to 2)$

c) $\dfrac{x^3 + 2x - 1}{x^4 + 1}$ $(x \to \pm\infty)$ d) $1/\sin x$ $(x \to 0)$.

4.4. Untersuchen Sie die Grenzwerte der reellen Funktion f mit

$$f(x) = \frac{5x^2 - 10x}{(x-2)(2x-5)} \quad \text{für } x \to 1 \text{ und } x \to 2 .$$

4.5. Gegeben sei die Funktion h: $\mathbb{R} \longmapsto \mathbb{R}$ durch

$$h(x) = \begin{cases} x \cdot \sqrt{1 + 1/x^2} & \text{für } x \neq 0 \\ 0 & x = 0 \end{cases}$$

a) Berechnen Sie die Grenzwerte $\lim h(x)$ für $x \to 0^+$, $x \to 0^-$ und $x \to \pm\infty$.

b) Berechnen Sie die Grenzwerte $\lim(h(x) - x)$ für $x \to \pm\infty$.

c) Untersuchen Sie h auf Symmetrie und Stetigkeit und skizzieren Sie den Graphen der Funktion.

4.6. Gegeben sei die reelle Funktion f mit

$$f(x) = \frac{x^4 - 1}{x^2 - 1} \; .$$

a) Bestimmen Sie den Definitionsbeeich $\mathcal{D}(f)$ und untersuchen Sie die Grenzwerte von f an den Rändern von $\mathcal{D}(f)$.

b) Kann f zu einer auf ganz $\mathbb{R}$ stetigen Funktion $\tilde{f}$ erweitert werden ?

5 Differentialrechnung für Funktionen einer Veränderlichen

Den Zusammenhang zwischen zwei Meßgrößen x und y beschreiben wir durch eine geeignete Funktion f mit $y=f(x)$. Bei vielen Anwendungen benötigen wir jedoch neben den Funktionswerten $f(x)$ auch ein Maß für die Geschwindigkeit, mit der sich diese Werte ändern. So interessiert bei der Beschreibung einer chemischen Reaktion nicht nur die Endkonzentration, sondern auch die Reaktionsrate. Bei einer linearen Funktion ("Gerade") ist die Steigung ein natürliches Maß für die Änderung der Funktionswerte. Die "Steigung" einer beliebigen Funktion an einer Stelle wird durch ihre Ableitung geliefert. Wir lernen in diesem Kapitel Regeln zur Bildung dieser Ableitung kennen, berechnen die Ableitung für elementare Funktionen und diskutieren die geometrische Bedeutung dieser Ableitung.

5.1 Die Ableitung einer Funktion

Newton kam zum Begriff der Ableitung, als er die Frage untersuchte, wie man die Bewegung eines Körpers in jedem Augenblick durch eine Geschwindigkeit charakterisieren kann. Wir betrachten die Bewegung eines Massepunktes P auf einer Geraden. Der Abstand s des Punktes P zum Ursprung 0 zur Zeit t werde durch die Funktion $t \to s = f(t)$ beschrieben. Wenn die Bewegung "gleichförmig" verläuft, dann gilt für die Geschwindigkeit v des Massepunktes ("Weg durch Zeit"):

$$v = \frac{s_1 - s_0}{t_1 - t_0} = \frac{f(t_1) - f(t_0)}{t_1 - t_0}.$$

Verläuft die Bewegung dagegen nicht gleichförmig, dann beschreibt obiger ***Differenzenquotient*** die mittlere Geschwindigkeit des Punktes P im

Zeitintervall $[\,t_0,\, t_1\,]$. Je kürzer dieses Intervall, d.h. je kleiner $\tau = t_1 - t_0$ ist, desto eher werden wir die resultierende Geschwindigkeit dem Zeitpunkt t_0 zuordnen können:

$$v(t_0) = \lim_{t_1 \to t_0} \frac{f(t_1) - (t_0)}{t_1 - t_0} = \lim_{\tau \to 0} \frac{f(t_0 + \tau) - f(t_0)}{\tau} \,.$$

Einen derartigen Grenzwert, vorausgesetzt er existiert, nennen wir die ***Ableitung*** von f an der Stelle t_0. Die Geschwindigkeit ist also die Ableitung des Weges nach der Zeit.

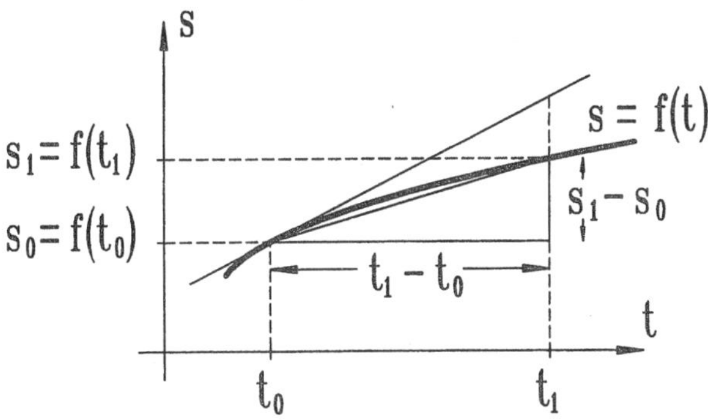

Dem Graph von $s = f(t)$ entnehmen wir, daß die mittlere Geschwindigkeit im Intervall $[\,t_0,\, t_1\,]$ gerade die Steigung der Sekante durch die Punkte (t_0, s_0) und (t_1, s_1) ist. Im Grenzübergang $\tau \to 0$ geht die Sekante über in die Tangente an den Graphen von f an der Stelle t_0. Die Ableitung liefert also die Steigung der Tangente an den Graph einer Funktion. Leibniz wählte diesen Weg zur Lösung des Tangentenproblems im Fall einer beliebigen Kurve.

Definition 5.1. Eine Funktion f heißt ***differenzierbar*** bei $a \in \mathcal{D}(f)$, wenn der ***Differenzenquotient*** $m_a : x \to \frac{f(x) - f(a)}{x - a}$, $\mathcal{D}(m_a) = \mathcal{D}(f) \setminus \{a\}$, bei a einen endlichen Grenzwert besitzt. Man schreibt dann: $f'(a) := \lim\limits_{x \to a} \frac{f(x) - f(a)}{x - a} = \lim\limits_{h \to 0} \frac{f(a + h) - f(a)}{h}$.

$f'(a)$ heißt ***Ableitung von f an der Stelle a.***

f heißt ***differenzierbar auf einem Intervall*** $\mathcal{I} \subset \mathcal{D}(f)$, wenn f für alle $x \in \mathcal{I}$ differenzierbar ist. Man nennt die Funktion

$$f' : a \to f'(a) \ , \quad a \in \mathcal{I}$$

die Ableitung(sfunktion) von f in $\mathcal{I}$. In Randpunkten von $\mathcal{I}$ kann der Grenzübergang nur einseitig geführt werden. Man spricht dann von einer ***einseitigen Ableitung*** (vgl. Beispiel 5.3).

Beispiel 5.1. Wir berechnen die Ableitung einer linearen Funktion $f(x) = mx + b$ bei a :

$$f'(a) = \lim_{x \to a} \frac{(mx + b) - (ma + b)}{x - a} = \lim_{x \to a} m = m \ .$$

Die Ableitung $f'(a)$ einer linearen Funktion ist gleich der Steigung m. Die zugehörige Ableitungsfunktion f' ist eine konstante Funktion auf $\mathbb{R}$ mit $f'(x) = m$. Die Ableitung einer konstanten Funktion $f(x) = b$ verschwindet überall: $f'(x) = 0$. □

Beispiel 5.2. Wir differenzieren die Funktion $g(x) = x^2$ bei a. Wegen

$$\frac{g(a + h) - g(a)}{h} = \frac{(a + h)^2 - a^2}{h} = 2a + h \to 2a \quad \text{für } h \to 0$$

erhalten wir $g'(a) = 2a$. g ist also überall differenzierbar, die Ableitung g' ist eine lineare Funktion: $g'(x) = 2x$. □

Beispiel 5.3. Die Funktion $f(x) = |x|$ ist an der Stelle $x = 0$ nicht differenzierbar. Die rechtsseitige und die linksseitige Ableitung existieren zwar, sind aber verschieden (vgl. Abschnitt 4.3):

$$\lim_{x \to 0^+} \frac{f(x) - f(0)}{x - 0} = \lim_{x \to 0^+} \frac{|x|}{x} = 1 \ ,$$

$$\lim_{x \to 0^-} \frac{f(x) - f(0)}{x - 0} = \lim_{x \to 0^-} \frac{-x}{x} = -1 \ .$$

Auf $\mathbb{R}^+$ und $\mathbb{R}^-$ stimmt f mit den linearen Funktionen $g_+(x) = x$ bzw. $g_-(x) = -x$ überein, deren Ableitungen gemäß Beispiel 5.1 konstant sind: $g_+'(x) = 1$, $g_-'(x) = -1$. f ist also für $x \neq 0$ differenzierbar und es gilt:

$$f'(x) = \operatorname{sgn} x \ , \qquad \mathcal{D}(f') = \mathbb{R} \setminus \{0\} \ .$$

Der Graph von f hat bei $x = 0$ zwei verschiedene einseitige Tangenten (vgl. Beispiel 2.5). □

Beispiel 5.4. Wir untersuchen die Umkehrfunktion h der Funktion $f(x) = x^3$:

$$h(x) = \sqrt[3]{|x|}\ \mathrm{sgn}\ x\,,$$

an der Stelle $x = 0$ auf Differenzierbarkeit. Wegen $h(0) = 0$ gilt für den Differenzenquotienten $m_0(x) := (h(x) - h(0))/(x - 0)$:

$$x > 0:\ m_0(x) = \sqrt[3]{x}\,/x \ = \ x^{-2/3} \ = |x|^{-2/3}\,,$$
$$x < 0:\ m_0(x) = -\sqrt[3]{|x|}\ /\ x = \sqrt[3]{|x|}\ /\ |x| \ = |x|^{-2/3}\,.$$

Es folgt:

$$\lim_{x\to 0} m_0(x) = \lim_{x\to 0} 1\ /\ \sqrt[3]{x^2} = \infty\,.$$

Die Funktion h ist bei $x = 0$ nicht differenzierbar. □

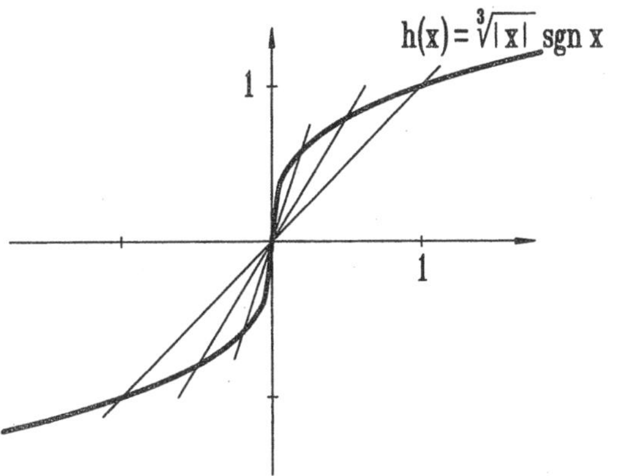

Satz 5.1. Ist eine Funktion f differenzierbar an der Stelle a, so ist sie dort auch stetig.

Beweis. Der Differenzenquotient $[f(a + h) - f(a)]/h$ hat für $h \to 0$ den Grenzwert $f'(a)$. Daher gilt (vgl. Satz 4.1(2)):

$$\lim_{h\to 0}[f(a + h) - f(a)] = \lim_{h\to 0} h\,\frac{f(a + h) - f(a)}{h} = \left(\lim_{h\to 0} h\right) f'(a) = 0,$$

oder anders ausgedrückt:

$$\lim_{h\to 0} f(a + h) = f(a)\,.$$ ■

Die Umkehrung von Satz 5.1 gilt nicht, wie die Beispiele 5.3 und 5.4 zeigen. Die Funktionen $f(x) = |x|$ und $h(x) = \sqrt[3]{|x|}\ \mathrm{sgn}\ x$ sind bei $x = 0$ stetig, aber nicht differenzierbar.

Wenn eine Funktion f bei a differenzierbar ist, dann existiert im Kurvenpunkt $(\mathrm{a}, f(\mathrm{a}))$ eine Tangente an den Graph von f. Ihre Gleichung lautet:

$$t(x) = f(\mathrm{a}) + (x - \mathrm{a})\, f'(\mathrm{a})\,.$$

Für die Funktion $g(x) = x^2$ gilt nach Beispiel 5.2 $g'(-2) = -4$. Wir erhalten für die Gleichung der Tangente im Punkt $(-2, g(-2))$:

$$t(x) = 4 - 4(x + 2) = -4x - 4\,.$$

Für x nahe bei a ist auch $f(x)$ nahe bei $t(x)$ (vgl. Abschnitt 5.5). Der Graph einer differenzierbaren Funktion verläuft glatt, ohne Knicke und Spitzen. Erfaßt man einen funktionalen Zusammenhang im Experiment über eine Wertetabelle, so skizziert man den zugehörigen Graphen in der Regel unter der Annahme, daß die zugrundeliegende Funktion differenzierbar ist. Man verbindet die einzelnen Meßpunkte nicht durch Geradenstücke ("Fieberkurve"), sondern interpoliert einen glatten Funktionsverlauf.

Andere gebräuchliche Schreibweisen für die Ableitung einer Funktion f sind

$$f'(x) = \dot{f} = \frac{\mathrm{d}f}{\mathrm{d}x} = \frac{\mathrm{d}}{\mathrm{d}x} f = \mathrm{D}\, f\,.$$

Auf Newton geht die Schreibweise mit dem Punkt zurück. Sie wird vor allem in der Physik bei Ableitungen nach der Zeit verwendet. Von Leibniz stammt das Symbol des ***"Differentialquotienten"*** $\mathrm{d}f/\mathrm{d}x$ für die Ableitung. Es verwendet den redundanten Variablennamen x, was zu mehrdeutigen bzw. unhandlichen Symbolen führen kann, wenn man den Wert der Ableitung an einer Stelle bezeichnen möchte:

$$f'(x) = \frac{\mathrm{d}f(x)}{\mathrm{d}x}\,, \quad f'(\mathrm{a}) = \frac{\mathrm{d}f}{\mathrm{d}x}(\mathrm{a}) = \left.\frac{\mathrm{d}f}{\mathrm{d}x}\right|_{x = \mathrm{a}}, \quad \text{nicht: } \frac{\mathrm{d}f}{\mathrm{d}\mathrm{a}}\,!$$

Die sogenannte Operatorschreibweise mit Hilfe der Symbole $\mathrm{D} = \frac{\mathrm{d}}{\mathrm{d}x}$ betont, daß die Ableitung eine Vorschrift darstellt, die der Funktion f die Funktion f' zuordnet:

$$\mathrm{D} : f \to f'$$

Wir können den ***Operator*** D auffassen als eine Abbildung, deren Definitions- und Wertebereich Mengen von Funktionen sind.

Ist die Ableitungsfunktion f' differenzierbar, so kann man ihre Ableitung berechnen und gelangt so zur ***zweiten Ableitung*** von f:

$$f'' := (f')' .$$

Andere Schreibweisen lauten:

$$f'' = D^2 f = \frac{d}{dx}\left(\frac{df}{dx}\right) = \frac{d^2 f}{dx^2} .$$

Mit der üblichen Bezeichnung $f^{(0)} := f$ definiert man höhere Ableitungen rekursiv:

$$f^{(n)} := (f^{(n-1)})' , \quad n \in \mathbb{N} .$$

Beispiel 5.5. Wir berechnen die höheren Ableitungen von $f(x) = x^2$. Nach Beispiel 5.2 gilt:

$$f'(x) = 2x .$$

Die zweite Ableitung von f berechnen wir mit Hilfe von Beispiel 5.1:

$$f''(x) = [f'(x)]' = [2x]' = 2 .$$

Die dritte Ableitung von f ist die Ableitung der konstanten Funktion $f''(x) = 2$:

$$f'''(x) = 0 .$$

Alle höheren Ableitungen $f^{(n)}$ mit $n \geq 3$ sind identisch Null. □

5.2 Ableitungsregeln

Die Berechnung der Ableitung einer Funktion f an der Stelle a gemäß Definition 5.1 ist ein komplizierter Prozeß. Wir können das Differenzieren jedoch kalkülmäßig ausführen, wenn wir die Ableitungsregeln für zusammengesetzte Funktionen (vgl. Abschnitt 2.4) und die Ableitungen einiger einfacher Funktionen beachten.

Satz 5.2. Wenn die Funktionen f und g in einem Intervall $\mathcal{I}$ differenzierbar sind, dann sind auch ihre Summe, ihr Produkt und ihr Quotient in $\mathcal{I}$ differenzierbar und es gilt:

(1) $(f+g)' = f' + g'$,

(2) $(fg)' = f'g + fg'$,

(3) $(f/g)' = (f'g - fg')/g^2$, für alle $x \in \mathcal{I}$ mit $g(x) \neq 0$.

Beweis. Es sei $a \in \mathcal{I}$. Falls a ein Randpunkt von $\mathcal{I}$ ist, sind im Folgenden die geeigneten einseitigen Grenzwerte bzw. Ableitungen zu nehmen.

(1) Wir formen den Differenzenquotienten der Funktion $f+g$ an der Stelle a um:

$$\frac{(f+g)(x)-(f+g)(a)}{x-a} = \frac{f(x)+g(x)-f(a)-g(a)}{x-a} =$$

$$= \frac{f(x)-f(a)}{x-a} + \frac{g(x)-g(a)}{x-a} \longrightarrow f'(a) + g'(a) \quad \text{für } x \to a.$$

Die Differenzenquotienten für f und g nähern sich für $x \to a$ den Ableitungen $f'(a)$ bzw. $g'(a)$. Wegen Satz 4.1(1) ist der Grenzwert der Summe gleich der Summe der Grenzwerte. Für alle $a \in \mathcal{I}$ gilt:

$$(f+g)'(a) = f'(a) + g'(a) = (f' + g')(a),$$

also folgt die Behauptung.

(2) Zum Beweis der ***Produktregel*** beachten wir die Identität

$$(fg)(x) - (fg)(a) = (f(x) - f(a))\, g(x) + f(a)\, (g(x) - g(a))$$

und benutzen die Stetigkeit von g (vgl. Satz 5.1):

$$(fg)'(a) = \lim_{x \to a} \frac{f(x)-f(a)}{x-a} \lim_{x \to a} g(x) + f(a) \lim_{x \to a} \frac{g(x)-g(a)}{x-a} =$$

$$= f'(a)\, g(a) + f(a)\, g'(a) = (f'g + fg')(a).$$

(3) Wir differenzieren zunächst die Funktion $1/g$. Der zugehörige Differenzenquotient

$$\frac{1}{x-a}\left(\frac{1}{g(x)} - \frac{1}{g(a)}\right) = -\frac{g(x)-g(a)}{x-a}\, \frac{1}{g(x)\, g(a)}$$

strebt für $x \to a$ gegen den Wert $-g'(a)/g(a)^2$. Dabei haben wir benutzt, daß nach Satz 5.1 gilt: $g(x) \to g(a)$ für $x \to a$. Nun verwenden wir die Produktregel und erhalten schließlich die ***Quotientenregel***:

$$(f/g)' = [\,f(1/g)\,]' = f'\,(1/g) + f(1/g)' = f'/g - f\,g'/g^2 .$$ ■

Wir erwähnen noch die Regel

$$(c\,g)' = c\,g' \,, \quad c \in \mathbb{R} .$$

Dies ist ein Spezialfall der Produktregel für eine konstante Funktion $f(x) = c$ bzw. $f'(x) = 0$.

Beispiel 5.6. Es sei $n \in \mathbb{N}$ und $f(x) = x^n$. Dann gilt die ***Potenzregel***:

$$f'(x) = n\,x^{n-1} \,, \ x \in \mathbb{R} .$$

Beweis durch vollständige Induktion:

(1) Induktionsanfang: Für $n = 1$ ist $f(x) = x$. Die Ableitung dieser linearen Funktion ist nach Beispiel 5.1: $f'(x) = 1 = 1 \cdot x^{1-1}$.

(2) Für $k \in \mathbb{N}$ gelte $(x^k)' = k\,x^{k-1}$. Dann folgt mit der Produktregel (Satz 5.2(2)):

$$(x^{k+1})' = (x^k \cdot x)' = k\,x^{k-1}\,x + x^k \cdot 1 = (k+1)\,x^k .$$ □

Wir können somit beliebige Polynome differenzieren, z.B.

$$(x^8 - 2x^2)' = (x^8)' - 2(x^2)' = 8x^7 - 2 \cdot 2x^1 .$$

Jedes Polynom P vom Grad n mit

$$P(x) = a_0 + a_1 x + a_2 x^2 + \ldots + a_n x^n$$

ist auf $\mathbb{R}$ differenzierbar. Durch mehrfache Anwendung der Summen-, Produkt- und Potenzregel folgt:

$$P'(x) = a_1 + 2a_2 x + 3a_3 x^2 + \ldots + n a_n x^{n-1} .$$

Die Ableitung P' ist ein Polynom vom Grad $n - 1$. Eine rationale Funktion $R = P/Q$ mit den Polynomen P und Q ist differenzierbar für alle x mit $Q(x) \neq 0$, d.h. auf $\mathcal{D}(R)$. Mit der Quotientenregel (Satz 5.2(3)) ergibt sich:

$$R' = (P'\,Q - P\,Q')/Q^2 .$$

Die Ableitung R' einer rationalen Funktion R ist also wieder eine rationale Funktion und es gilt $\mathcal{D}(R') = \mathcal{D}(R)$.

Beispiel 5.7. Es sei $f(x) = x/(x^2 + 1)$. Dann ist f für alle $x \in \mathbb{R}$ differenzierbar und es gilt:

$$f'(x) = (1 \cdot (x^2 + 1) - x \cdot 2x)/(x^2 + 1)^2 = (1 - x^2)/(1 + x^2)^2 .$$ □

Die Potenzregel aus Beispiel 5.6 kann formal auch für negative ganze Exponenten $n = -m$, $m \in \mathbb{N}$ angewendet werden. Denn mit Hilfe der Quotientenregel folgt:

$$(x^n)' = (1/x^m)' = -m\, x^{m-1}/x^{2m} = -m\, x^{-m-1} = n\, x^{n-1}.$$

Die Ableitung der Funktion $f(x) = 1/x^2$ ist also gegeben durch $f'(x) = -2x^{-3}$.

Als nächstes berechnen wir die Ableitung für die Verkettung $f \circ g$ zweier Funktionen f und g. Wir betrachten zunächst zwei Spezialfälle. Angenommen es ist $y = g(x)$ und $f(y) = y^2$, dann lautet die Verkettung:

$$(f \circ g)(x) = f(\, g(x)\,) = [\, g(x)\,]^2.$$

Die Ableitung erhalten wir, indem wir die Produktregel auf $g \cdot g$ anwenden:

$$(f \circ g)'(x) = 2\, g(x)\, g'(x) = f'(\, g(x)\,)\, g'(x).$$

Dabei haben wir $f'(y) = 2y$ benutzt. Auf eine analoge Formel kommen wir für die Funktion $f(y) = 1/y$. Die Verkettung lautet

$$(f \circ g)(x) = f(\, g(x)\,) = 1/g(x).$$

Wir interpretieren die Ableitung von $1/g$ wegen $f'(y) = -1/y^2$ folgendermaßen:

$$(f \circ g)'(x) = -g'(x)/g^2(x) = f'(\, g(x)\,)\, g'(x).$$

Satz 5.3 (*Kettenregel*). Die Funktionen $f(y)$ und $y = g(x)$ seien differenzierbar in Intervallen und es gelte $\mathcal{W}(g) \subset \mathcal{D}(f)$. Dann ist die Verkettung $F = f \circ g$ differenzierbar in $\mathcal{D}(f)$ mit der Ableitung $F = (f' \circ g)\, g'$, d.h.

$$F'(x) = (f \circ g)'(x) = f'(y)\, g'(x) = f'(g\,(x)\,)\, g'(x).$$

Setzen wir $z = f(y)$ und $y = g(x)$, dann lautet die Kettenregel in der Schreibweise mit Differentialquotienten

$$\frac{dz}{dx} = \frac{df\,(y)}{dx} = \frac{df(\,g(x)\,)}{dx} = \frac{df\,(y)}{dy}\frac{dy}{dx} = \frac{dz}{dy}\frac{dy}{dx}.$$

Die Differentialquotienten verhalten sich so, als ob man formal mit dem "Differential" dy erweitert hätte (vgl. Abschnitt 5.5).

Beispiel 5.8. Es sei $h(x) = (x^2 + 1)^3$. Wir wählen $f(y) = y^3$ und $y = g(x) = x^2 + 1$. Dann ist $f'(y) = 3y^2$ und $g'(x) = 2x$. Daher:

$$h'(x) = \frac{df}{dy}\frac{dy}{dx} = 3y^2\, 2x = 3\,(x^2+1)^2\, 2x\,.$$

Benutzen wir die Produktregel zur Differentiation von $h(x)$, so erhalten wir das gleiche Ergebnis:

$$\begin{aligned} h'(x) &= (x^2+1)'(x^2+1)^2 + (x^2+1)(x^2+1)'(x^2+1) + (x^2+1)^2(x^2+1)' \\ &= 3\,(x^2+1)^2\, 2x\,. \end{aligned}$$

□

Beispiel 5.9. Setzen wir die Ableitungsregeln

$$\frac{d(\sin x)}{dx} = \cos x \quad \text{und} \quad \frac{d(e^x)}{dx} = e^x$$

voraus (vgl. die Abschnitte 5.3 und 5.4), dann erhalten wir mit der Kettenregel:

$$\frac{d}{dx}(\sin x)^3 = 3\,(\sin x)^2 \cos x\,.$$

Hier ist $f(y) = y^3$, $y = g(x) = \sin x$ bzw. $f'(y) = 3y^2$ und $g'(x) = \cos x$. Ferner:

$$\begin{aligned} \frac{d}{dx} e^{\sin(2x)} &= e^{\sin(2x)}\,(\,\sin(2x)\,)' = e^{\sin(2x)} \cos(2x)\,(2x)' \\ &= 2e^{\sin(2x)} \cos(2x)\,. \end{aligned}$$

□

Beweis der Kettenregel (Satz 5.3). Um die Ableitung von $F = f \circ g$ an der Stelle $a \in \mathcal{D}(f)$ zu bestimmen, gehen wir vom Differenzenquotienten $m_{f,b}$ von f an der Stelle $b = g(a)$ aus:

$$m_{f,b}(y) := \begin{cases} \dfrac{f(y) - f(b)}{y - b} & \text{für } y \neq b\,, \\[2ex] f'(b) & \text{für } y = b\,. \end{cases}$$

Die Differenzierbarkeit von f impliziert die Stetigkeit von $m_{f,b}$ bei $y = b$ und es gilt für alle $y \in \mathcal{D}(f)$:

$$f(y) - f(b) = (y - b)\, m_{f,b}(y)\,.$$

Wir beachten $y = g(x)$ und formen nun den Differenzenquotienten von $F = f \circ g$ an der Stelle $x = a$ folgendermaßen um:

$$\frac{F(x) - F(a)}{x - a} = \frac{f(\,g(x)\,) - f(\,g(a)\,)}{x - a} = \frac{f(y) - f(b)}{x - a} = \frac{y - b}{x - a}\, m_{f,b}(y)$$

$$= \frac{g(x) - g(a)}{x - a} \, m_{f,b}(\, g(x)\,) \,.$$

Nach Voraussetzung ist g an der Stelle $x = a$ differenzierbar, somit auch stetig (Satz 5.1). Daher liefert der Grenzübergang $x \to a$:

$$F'(a) = g'(a)\, f'(b) = g'(a)\, f'(\, g(a)\,) \,. \qquad \blacksquare$$

Wir diskutieren noch die Differentiation der Umkehrfunktion.

Satz 5.4. Die Funktion $y = f(x)$ sei in einem Intervall $\mathcal{I} = \mathcal{D}(f)$ umkehrbar und differenzierbar mit $f'(x) \neq 0$ für alle $x \in \mathcal{I}$. Dann ist die Umkehrfunktion $x = f^{-1}(y)$ differenzierbar auf $\mathcal{D}(f^{-1}) = \mathcal{W}(f)$ mit der Ableitung $(f^{-1})' = 1/(f' \circ f^{-1})$ oder:

$$(f^{-1})'(y) = \frac{1}{f'(x)} = 1/f'(f^{-1}(y)) \,.$$

Auch hier führt die Verwendung von Differentialquotienten zu einer suggestiven Schreibweise der Ableitung. Mit $x = g(y)$ und $y = f(x)$ erhalten wir:

$$\frac{dx}{dy} = \frac{1}{dy/dx} \,.$$

Der Beweisgedanke für Satz 5.4 beruht auf folgender Uminterpretation des Differenzenquotienten für die Umkehrfunktion g . Es sei $b = f(a)$ bzw. $a = g(b)$. Dann gilt für y hinreichend nahe bei b, aber $y \neq b$:

$$\frac{g(y) - g(b)}{y - b} = \frac{x - a}{f(x) - f(a)} = \left(\frac{f(x) - f(a)}{x - a} \right)^{-1} .$$

Wir verzichten auf eine Durchführung des Beweises.

Beispiel 5.10. Es sei $n \in \mathbb{N}$. Dann ist die Funktion $y = f(x) = x^n$ streng monoton steigend auf $\mathbb{R}^+$ und für die Ableitung gilt: $f'(x) = n\, x^{n-1} \neq 0$ für $x > 0$ (vgl. Beispiel 5.6). f ist also auf $\mathbb{R}^+$ umkehrbar und die Umkehrfunktion g mit

$$x = g(y) = y^{1/n}$$

ist für $y \in \mathbb{R}^+$ gemäß Satz 5.4 differenzierbar. Wir berechnen die Ableitung:

$$g'(y) = \frac{1}{f'(x)} = \frac{1}{n x^{n-1}} = \frac{1}{n}\, x^{1-n} = \frac{1}{n}\, (y^{1/n})^{1-n} = \frac{1}{n}\, y^{1/n-1} \,.$$

Die "Wurzelfunktion" $g(x) = \sqrt[n]{x}$ ist also auf $\mathbb{R}^+$ differenzierbar und es gilt:

$$(x^{1/n})' = \frac{1}{n} x^{1/n-1}.$$

Diese Ableitungsregel hat formal die gleiche Struktur wie diejenige für Exponenten aus dem Bereich der natürlichen Zahlen (vgl. Beispiel 5.6).

Wir können die ***Potenzregel*** sogar auf beliebige rationale Exponenten ausdehnen:

$$\boxed{(x^q)' = q\, x^{q-1}, \quad q \in \mathbb{Q}}$$

Zum Beweis betrachten wir $q = m/n$ ($m \in \mathbb{Z}$, $n \in \mathbb{N}$) und schreiben

$$x^q = (x^{1/n})^m .$$

Mit der Kettenregel und der Potenzregel für ganze Zahlen m erhalten wir gemäß Beispiel 5.10:

$$(x^q)' = m(x^{1/n})^{m-1} \frac{1}{n} x^{1/n - 1} = \frac{m}{n} x^{m/n - 1} = q\, x^{q-1} .$$ □

Beispiel 5.11. Es sei $h(x) = \sqrt{1 - x^2}$. Mit $f(y) = \sqrt{y}$ und $y = g(x) = 1 - x^2$ bzw. den Ableitungen $f'(y) = 1/(2\sqrt{y})$ und $g'(x) = -2x$ liefert die Kettenregel:

$$\frac{d}{dx}\sqrt{1 - x^2} = \frac{1}{2\sqrt{1 - x^2}}(-2x) = \frac{-x}{\sqrt{1 - x^2}}, \quad |x| < 1 .$$ □

5.3 Die Ableitungen der trigonometrischen Funktionen

Wir benötigen die Grenzwerte (vgl. Beispiel 4.10):

$$\lim_{h \to 0} \frac{\sin h}{h} = 1 , \qquad \lim_{h \to 0} \frac{\cos h - 1}{h} = 0 .$$

Um den letzteren Grenzwert zu berechnen, beweisen wir zunächst

$$\lim_{h \to 0} \frac{\cos h - 1}{h^2} = -\frac{1}{2} .$$

Dieser Grenzwert ergibt sich wegen $\cos h + 1 \to 2$ für $h \to 0$ (Stetigkeit von cos) gemäß:

$$\frac{\cos h - 1}{h^2} \cdot \frac{\cos h + 1}{\cos h + 1} = -\left(\frac{\sin h}{h}\right)^2 \frac{1}{\cos h + 1} \longrightarrow -1^2 \cdot \frac{1}{2} .$$

Damit folgt:

$$\lim_{h\to 0} \frac{\cos h - 1}{h} = \lim_{h\to 0} \left(h \frac{\cos h - 1}{h^2}\right) = 0 \cdot \left(-\tfrac{1}{2}\right) = 0 .$$

Satz 5.5. Die Funktionen sin, cos, tan und cot sind auf ihrem jeweiligen Definitionsbereich differenzierbar und es gilt:

(1) $(\sin x)' = \cos x$,

(2) $(\cos x)' = -\sin x$,

(3) $(\tan x)' = \dfrac{1}{\cos^2 x} = 1 + \tan^2 x$,

(4) $(\cot x)' = -\dfrac{1}{\sin^2 x} = -1 - \cot^2 x$.

Beweis. (1) Wir betrachten den Differenzenquotienten von sin bei x ($h \neq 0$) und erhalten gemäß Satz 3.6(1):

$$\frac{1}{h}[\sin(x+h) - \sin x] = \frac{1}{h}[\sin x \cdot \cos h + \cos x \cdot \sin h - \sin x]$$

$$= \sin x \frac{\cos h - 1}{h} + \cos x \frac{\sin h}{h} \to \sin x \cdot 0 + \cos x \cdot 1 \quad \text{für } h \to 0.$$

(2) Wegen Satz 3.5(2) folgt mit der Kettenregel (Satz 5.3):

$$(\cos x)' = [\sin(x + \pi/2)]' = \cos(x + \pi/2) \cdot 1 = -\sin x .$$

(3) Mit der Quotientenregel (Satz 5.2(3)) folgt aus (1) und (2):

$$(\tan x)' = \left[\frac{\sin x}{\cos x}\right]' = \frac{\cos x \cos x - \sin x (-\sin x)}{\cos^2 x} = 1 + \tan^2 x .$$

Der Beweis von (4) verläuft analog. ∎

Beispiel 5.12. Wir betrachten einen Massenpunkt der Masse m, der eine harmonische Schwingung mit der Frequenz ω um den Nullpunkt ausführt. Für seinen Ort s gelte zur Zeit t (vgl. Beispiel 3.7):

$$s = s(t) = A \cos(\omega t - \delta) .$$

Dann ist die Geschwindigkeit v und die Beschleunigung b des Massenpunktes gegeben durch:

$$v = v(t) = s'(t) = -\omega A \sin(\omega t - \delta) ,$$

$$b = b(t) = v'(t) = -\omega^2 A \cos(\omega t - \delta) .$$

Gemäß dem zweiten Newtonschen Gesetz lautet die zugehörige Kraft:

$$F = m b = m s''(t) = -m \omega^2 A \cos(\omega t - \delta) = -m\omega^2 s(t) .$$

Die Rückstellkraft ist also proportional zur Auslenkung s mit der Proportionalitätskonstante $k = m\omega^2$ (***Hookesches Gesetz***). Die Funktion $s(t)$ erfüllt die ***Differentialgleichung***:

$$\boxed{s''(t) + \omega^2 s(t) = 0}$$

□

Wir berechnen noch die Ableitung einiger Arcusfunktionen. Die Funktion $y = \arcsin x$ hat die Umkehrfunktion $x = \sin y$. Daher folgt für $|y| < \pi/2$ bzw. $|x| < 1$ aus Satz 5.4 und Satz 5.5(1):

$$(\arcsin x)' = \frac{1}{(\sin y)'} = \frac{1}{\cos y} = \frac{1}{\sqrt{1 - \sin^2 y}} = \frac{1}{\sqrt{1 - x^2}} .$$

Für $y = \arctan x$ bzw. $x = \tan y$ folgt aus Satz 5.5(3):

$$(\arctan x)' = \frac{1}{(\tan y)'} = \frac{1}{1 + \tan^2 y} = \frac{1}{1 + x^2} .$$

Die Funktion arcsin hat eine algebraische Funktion als Ableitung, arctan hat sogar eine rationale Ableitung. Die Ableitungen der beiden ungeraden Funktionen sind gerade Funktionen. Allgemein gilt, daß die Ableitung einer symmetrischen Funktion (gerade / ungerade) vom jeweils anderen Symmetrietyp ist (vgl. Potenzregel für ganze Exponenten).

5.4 Die Ableitungen von Exponential- und Logarithmusfunktionen

Der Differenzenquotient der Exponentialfunktion $f(x) = a^x$ lautet

$$\frac{f(x+h) - f(x)}{h} = \frac{a^{x+h} - a^x}{h} = a^x \frac{a^h - 1}{h} .$$

Für $h \to 0$ bleibt a^x konstant, aber das Grenzwertverhalten von $(a^h - 1)/h$ ist zunächst unklar. Die Situation ist ähnlich derjenigen bei der Differentiation von $\sin x$ (vgl. Beispiel 4.10 und Satz 5.1(1)). In der Tat existiert der Grenzwert

$$g(a) := \lim_{h \to 0} (a^h - 1)/h .$$

Er ist gleich der Steigung der Tangente an den Graph von f im Punkt $x = 0$ und hängt von der Basis a ab. Setzen wir speziell $h = 1/n$ mit $n \in \mathbb{N}$, dann können wir den Grenzübergang umformen zu

$$g(a) = \lim_{n \to \infty} (\sqrt[n]{a} - 1)\, n .$$

Um eine Vorstellung für das Grenzwertverhalten zu bekommen, berechnen wir die resultierende Zahlenfolge exemplarisch für $a = 2$ und $a = 3$ und für $n = 2^k$, mit $k = 3, \dots, 9$.

n	8	16	32	64	128	256	512
$a = 2$	0,7241	0,7084	0,7007	0,6969	0,6950	0,6940	0,6936
$a = 3$	0,1776	1,1372	1,1177	1,1081	1,1033	1,1011	1,0998

Auf Grund der Tabelle vermuten wir $g(2) < 1$ und $g(3) > 1$. In der Tat gilt $g(2) = 0{,}6931..$ und $g(3) = 1{,}0986..$. Setzt man die Stetigkeit von $g(a)$ voraus, dann gibt es eine Zahl e mit $2 < e < 3$ (siehe Abschnitt 6.9), für die gilt:

$$g(e) = \lim_{h \to 0} \frac{e^h - 1}{h} = 1 \,.$$

Für den Differenzenquotient von e^x folgt damit:

$$\frac{e^{x+h} - e^x}{h} = e^x \frac{e^h - 1}{h} \to e^x \,, \qquad \text{falls } h \to 0 \,,$$

und es gilt:

$$\boxed{(e^x)' = e^x} \qquad \text{bzw.} \quad \exp' = \exp \,.$$

Satz 5.6.

(1) Für $x \in \mathbb{R}$ gilt: $(e^x)' = e^x$.

(2) Für $x \in \mathbb{R}^+$ gilt: $(\ln x)' = 1/x$.

Beweis. Die Vorüberlegungen zu (1) sind kein mathematischer Beweis. Sie lassen nur vermuten, daß es eine Funktion f gibt, die für alle $x \in \mathbb{R}$ differenzierbar ist und der ***Differentialgleichung*** $f' = f$ bzw.

$$f'(x) = f(x)$$

genügt. Es gibt verschiedene Methoden, die Existenz einer solchen Funktion zu beweisen. Mit den hier zur Verfügung stehenden Mitteln ist dies jedoch nicht möglich. Für uns führt der einfachste Weg über die Umkehrfunktion, d.h. über den natürlichen Logarithmus. Wir verschieben diese Überlegungen, bis wir die dazu notwendigen Voraussetzungen entwickelt haben (vgl. Abschnitt 6.9).

(2) Wir setzen die Gültigkeit von (1) voraus. Dann folgt gemäß Satz 5.4 für die Ableitung der Umkehrfunktion $x = \ln y$ von $y = e^x$:

$$\frac{d}{dy}\ln y = 1/(\frac{d}{dx}e^x) = 1/e^x = 1/y .$$ ■

Wir berechnen die Ableitungen der allgemeinen Exponentialfunktion

$$a^x = e^{x \ln a}$$

und der allgemeinen Logarithmusfunktion

$$\log_a x = \ln x \,/\, \ln a ,$$

(vgl. Abschnitt 3.5) mit Hilfe der Kettenregel:

$$(a^x)' = e^{x \ln a} \ln a = a^x \ln a ,$$

$$(\log_a x)' = \frac{1}{x \ln a} = \frac{\log_a e}{x} .$$

Die Exponential- und die Logarithmusfunktion zur Basis $a = e$ sind die "natürlichen", weil sie wegen $\ln e = 1$ die einfachsten Ableitungen besitzen.

Satz 5.7. Für beliebige $a \in \mathbb{R}$ gilt die ***allgemeine Potenzregel***:

$$(x^a)' = a\, x^{a-1} , \quad x \in \mathbb{R}^+ .$$

Beweis. Wir schreiben $x^a = e^{a \ln x}$ und wenden die Sätze 5.3 und 5.6 an:

$$(x^a)' = e^{a \ln x}\,(a \ln x)' = x^a\, a/x = a\, x^{a-1} .$$

Man vergleiche die Beispiele 5.6 und 5.10. ■

Bei der Differentiation komplizierter Potenz- bzw. Exponentialausdrücke ist gelegentlich das "logarithmische Differenzieren" von Nutzen. Diese Ableitungsregel lautet

$$f'(x) = f(x)\,(\ln f(x))' \qquad \text{falls } f(x) > 0 \text{ ist.}$$

Zur Herleitung dieser Regel differenzieren wir die Funktion

$$g(x) := \ln [\, f(x) \,]$$

mit der Kettenregel:

$$g'(x) = \frac{1}{f(x)}\, f'(x) .$$

Beispiel 5.14. (1) Für $f(x) = x^x$, $x \in \mathbb{R}^+$ erhalten wir mit $g(x) = \ln f(x) = x \ln x$:

$$g'(x) = 1 \cdot \ln x + x \cdot \frac{1}{x} = \ln x + 1,$$

und somit:

$$(x^x)' = x^x (\ln x + 1).$$

(2) Es sei $f(x) = e^{x^x}$. Wegen (1) ergibt sich für $g(x) = \ln f(x) = x^x$:

$$f'(x) = e^{x^x} x^x (\ln x + 1).$$

□

Wir sind jetzt in der Lage, einige Grenzwerte zu berechnen, indem wir sie als Differenzenquotienten von Funktionen interpretieren, deren Ableitung wir kennen.

(1) $$g(a) = \lim_{n \to \infty} (\sqrt[n]{a} - 1)\, n = \boxed{\lim_{h \to 0} \frac{a^h - 1}{h} = \ln a} \qquad a \in \mathbb{R}^+.$$

Hier handelt es sich um den eingangs dieses Abschnitts diskutierten Differenzenquotienten der Funktion $f(x) = a^x$ bei $x = 0$. Die Behauptung folgt aus $(a^x)' = a^x \ln a$.

Für den Differenzenquotienten von $g(x) = \ln x$ bei $x = 1$ folgt gemäß Satz 5.6(2):

$$\lim_{h \to 0} \frac{\ln(1 + h) - \ln 1}{h} = \ln'(1).$$

Wegen $\ln'(x) = 1/x$ und $\ln 1 = 0$ erhalten wir:

(2) $$\boxed{\lim_{h \to 0} \frac{\ln(1 + h)}{h} = 1}$$

Die folgende Umformung führt zu einem weiteren wichtigen Grenzwert:

$$\exp\left(\frac{\ln(1 + h)}{h}\right) = [e^{\ln(1+h)}]^{1/h} = (1 + h)^{1/h}.$$

Da die Exponentialfunktion stetig ist, können wir Grenzübergang und Potenzieren vertauschen:

$$\lim_{h \to 0} \exp(\, m(h)\,) = \exp(\, \lim_{h \to 0} m(h)\,)$$

mit $m(h) = \ln(1 + h)/h$. Wir erhalten:

$$\lim_{h \to 0} (1 + h)^{1/h} = e.$$

Die Substitution $h := x/q$ führt wegen

$$(1 + \frac{x}{q})^q = [(1 + \frac{x}{q})^{q/x}]^q = [(1 + h)^{1/h}]^x$$

für $q \to \infty$ bzw. $h \to 0$ auf

(3) $$\lim_{q \to \infty} (1 + \frac{x}{q})^q = e^x$$

Speziell erhalten wir für $q = n \in \mathbb{N}$ und $x = 1$:

(4) $$\lim_{n \to \infty} (1 + \frac{1}{n})^n = e$$

Beispiel 5.15. Wenn monochromatisches Licht in parallelen Strahlen eine homogene Substanz durchdringt, dann absorbieren gleich dicke Schichten gleiche Bruchteile der Strahlung. Dieser Bruchteil ist für hinreichend dünne Schichten der Dicke d, d.h. für $d \to 0$, proportional zu d. Es sei $I(x)$ die Intensität der Strahlung (Energie pro Zeit und Fläche) an der Stelle x innerhalb der Schicht. Dann gilt für die Intensitätsänderung durch die darauffolgende dünne Schicht der Dicke d:

$$\frac{\Delta I}{I} = \frac{I(x+d) - I(x)}{I(x)} \simeq -kd \quad \text{mit } k > 0 \,,$$

oder

$$I(x+d) \simeq I(x)\,(1 - kd) \,.$$

Um die Intensität nach Durchdringung einer Schicht der endlichen Dicke D zu ermitteln, unterteilen wir diese in n gleich dicke Teilschichten der Dicke $d = D/n$. Bezeichnen wir die bei $x = 0$ in die Schicht anfänglich einfallende Intensität mit $I(0) = I_0$, dann gilt:

$$\begin{aligned} I(d) &\simeq I_0\,(1 - kd) \\ I(2d) &\simeq I(d)(1 - kd) = I_0\,(1 - kd)^2 \\ &\dots \\ I(nd) &\simeq I_0\,(1 - kd)^n \end{aligned}$$

Die Intensität $I(D)$ erhalten wir, wenn wir den Grenzwert $n \to \infty$ bilden, d.h. die endliche Schicht immer feiner unterteilen:

$$I(D) = \lim_{n \to \infty} I_0\,(1 - \frac{k\,D}{n})^n = I_0 \exp(-kD) \,.$$

Dabei haben wir den Grenzwert (3) mit $x = -kD$ und $q = n$ benutzt. Aus der Ableitung der obigen Formel ist unmittelbar einsichtig, daß die Intensität innerhalb (!) der Schicht ebenfalls exponentiell abnimmt:

$$\boxed{I(x) = I_0 \cdot e^{-kx}, \quad 0 \leq x \leq D}$$

□

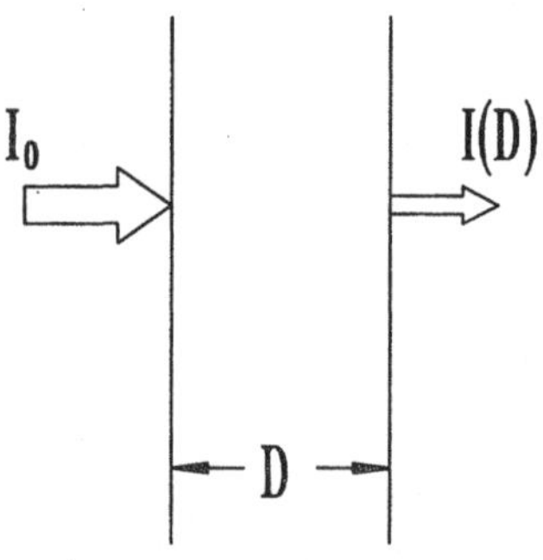

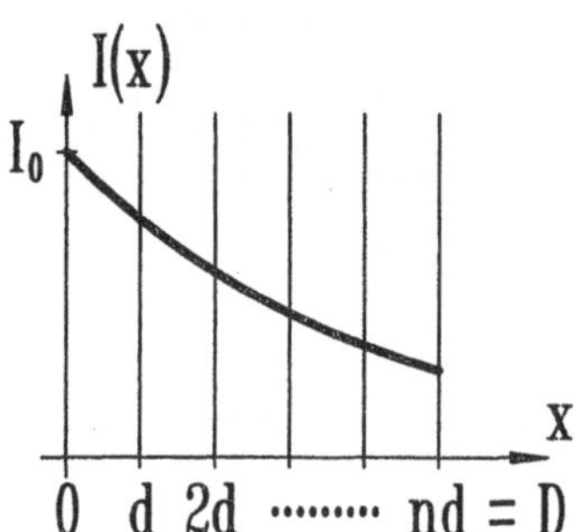

5.5 Das Differential einer Funktion

Um Funktionswerte $f(x)$ einer differenzierbaren Funktion f in der Umgebung einer Stelle a näherungsweise zu berechnen, bietet es sich an, die Funktion f durch eine lineare Funktion $\hat{f}$ zu ersetzen, die bei a den gleichen Funktionswert und die gleiche Ableitung wie f besitzt. Dieses Verfahren nennt man die ***lineare Approximation*** der Funktion f an der Stelle a. Der Graph von $\hat{f}$ ist gerade die Tangente an den Graph von f im Punkt P(a, f(a)) . In der Tat lautet die Tangentengleichung im Punkt P:

$$y - f(a) = f'(a)(x - a) .$$

Es gilt also:

$$\hat{f} : x \to \hat{f}(x) = f(a) + f'(a)(x - a) .$$

Die Differenz der Funktionswerte $f(a+h)$ und $f(a)$ nennt man den ***Zuwachs*** Δf der Funktion f an der Stelle a und schreibt:

$$\Delta y := \Delta f := f(a+h) - f(a) .$$

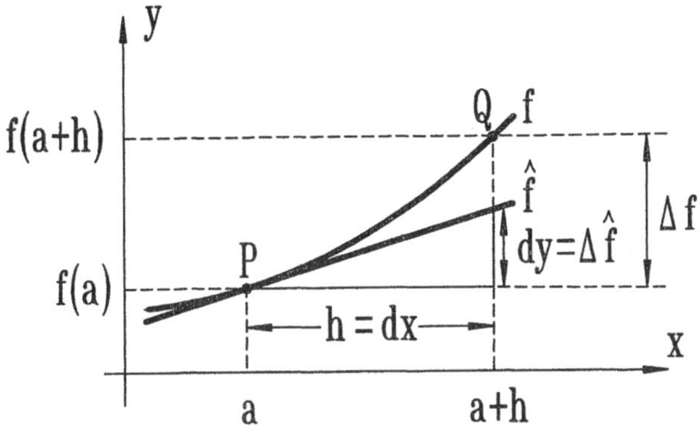

Den Zuwachs der zugehörigen linearen Approximation $\hat{f}$,

$$\Delta\hat{f} = \hat{f}(a+h) - \hat{f}(a) = f'(a)\cdot h\,,\quad h \neq 0$$

bezeichnet man als das ***Differential von f*** an der Stelle a und schreibt:

$$\boxed{dy := df(a) = f'(a)\cdot h} \qquad h \neq 0\,.$$

Das Differential als Zuwachs der "Tangente" hängt von zwei Größen ab, von der Stelle a, an der f linear approximiert wird, und vom Zuwachs $h = (a + h) - a$ der unabhängigen Variablen.

Beispiel 5.16.

(1) $f(x) = x^2$; $f'(x) = 2x$. Also: $df(x) = d(x^2) = 2xh$.

(2) $g(x) = \sin x$; $g'(x) = \cos x$. Also: $dg(x) = d(\sin x) = h \cos x$.

(3) $F(x) = e^x$; $F'(x) = e^x$. Also: $dF(x) = d(e^x) = h\, e^x$.

Speziell erhält man im Fall (1) für $x = 3/2$ und $h = 1$:

$$dy = 2\cdot(3/2)\cdot 1 = 3\,.$$

Das Differential df ist also keineswegs "unendlich klein".

□

Für die Identitätsfunktion I mit $I(x) = x$ erhalten wir wegen $I'(x) = 1$:

$$dI(x) = dx = 1\cdot h\,.$$

Wir können also den Zuwachs h der unabhängigen Variablen als Differential der Identitätsfunktion auffassen. Man schreibt daher üblicherweise:

$$\boxed{dy = df(x) = f'(x)\,dx}$$

Wegen $dx = h \neq 0$ können wir den Quotienten der Differentiale dy und dx bilden:

$$\frac{dy}{dx} = \frac{df(x)}{dx} = f'(x)\,.$$

Damit ist die Bezeichnung Differentialquotient für die Ableitung nachträglich gerechtfertigt. Aus den Ableitungsregeln ergeben sich analoge Regeln für die Differentiale:

$$\begin{aligned} d(f+g) &= df + dg\,, \\ d(fg) &= df\,g + f\,dg\,, \\ d(f/g) &= (df\,g - f\,dg)/g^2\,, \\ df(g(x)) &= f'(g(x))\,dg\,. \end{aligned}$$

Man erzeugt sie formal durch "Erweitern" der Differentialquotienten mit dx, z.B.

$$\frac{d(f\,g)}{dx} = \frac{df}{dx}g + f\frac{dg}{dx} \rightarrow d(fg) = df\,g + f\,dg\,.$$

Natürlich ist dies kein Beweis, zeigt aber deutlich die Vorteile der Differentialschreibweise. Der entsprechende Beweis stützt sich auf die Definition:

$$d(fg) = (fg)'\,dx = f'g\,dx + fg'\,dx = df\,g + f\,dg\,.$$

Wenn der Zuwachs dx hinreichend klein ist, dann unterscheidet sich der Zuwachs dy der Tangentenfunktion $\hat{f}$ an der Stelle a nur wenig vom Zuwachs Δy der Funktion f. Ersetzen wir f durch $\hat{f}$, dann begehen wir den Fehler

$$\begin{aligned} \epsilon(h) &:= f(a+h) - \hat{f}(a+h) \\ &= [f(a+h) - f(a)] - [\hat{f}(a+h) - \hat{f}(a)] = \Delta y - dy\,. \end{aligned}$$

Dieser Fehler $\epsilon(h)$ geht gegen Null für $h \rightarrow 0$ (wegen $f(a) = \hat{f}(a)$); mehr noch, wegen

$$\frac{\Delta y - dy}{h} = \frac{f(a+h) - f(a)}{h} - f'(a) \rightarrow 0 \qquad \text{für } h \rightarrow 0$$

ist der Fehler $\epsilon(h)$ klein verglichen mit h:

$$\lim_{h \to 0} \epsilon(h)/h = 0\,.$$

Wir können also schreiben $\epsilon(h) = h^2\psi(h)$ mit $\psi(h) \rightarrow c$ für $h \rightarrow 0$ bzw.

$\Delta y = \Delta f(x,h) = f'(x)h + \psi(x,h)\,h^2$. Bis auf quadratische (und höhere) Terme in h gilt also: $\Delta y \simeq dy = f'(a)\cdot h$ oder allgemein:

$$\boxed{\Delta y \simeq f'(x)\,dx}$$

Setzen wir $h = dx = x - a$, so erhalten wir die lineare Approximation von f an der Stelle a:

$$\boxed{f(x) \simeq f(a) + f'(a)(x-a)}$$

Beispiel 5.17. Wir geben die lineare Approximation für einige wichtige Funktionen bei $a = 0$:

$$f(x) \simeq f(0) + f'(0)\,x\,.$$

Für $|cx| << 1$ und $c \in \mathbb{R}$ berechnen wir:

$$\begin{aligned}
[(1+x)^c]' &= c\,(1+x)^{c-1} &&\Rightarrow (1+x)^c &&\simeq 1 + cx\\
(e^{cx})' &= c\,e^{cx} &&\Rightarrow e^{cx} &&\simeq 1 + cx\\
[\ln(1+cx)]' &= c/(1+cx) &&\Rightarrow \ln(1+cx) &&\simeq cx\\
[\sin(cx)]' &= c\cos(cx) &&\Rightarrow \sin(cx) &&\simeq cx
\end{aligned}$$

Spezialfälle der ersten Formel sind:

$$c = -1 \qquad \frac{1}{1+x} \simeq 1 - x\,.$$

$$c = \frac{1}{2} \qquad \sqrt{1+x} \simeq 1 + \frac{1}{2}x\,.$$

$$c = -\frac{1}{2} \qquad \frac{1}{\sqrt{1+x}} \simeq 1 - \frac{1}{2}x\,.$$

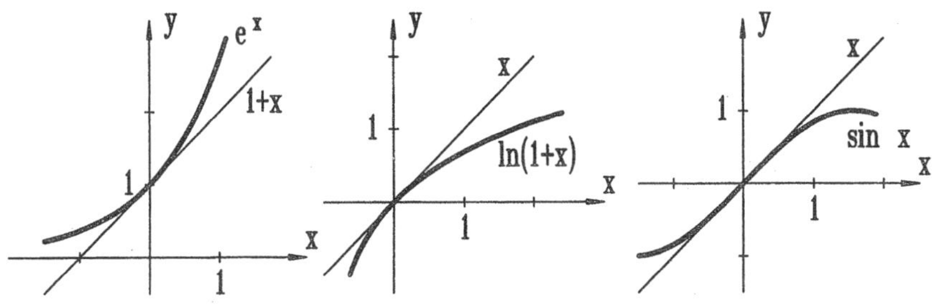

Als numerisches Beispiel untersuchen wir die lineare Approximation von $f(x) = e^x$ bei $x = 0$. Es gilt: $\hat{f}(x) = 1 + x$. So ist z.B. :

$$f(0{,}1) = 1{,}105..., \qquad \hat{f}(0{,}1) = 1{,}1 ,$$
$$f(0{,}01) = 1{,}01005..., \qquad \hat{f}(0{,}01) = 1{,}01 ,$$
$$f(0{,}001) = 1{,}0010005..., \qquad \hat{f}(0{,}001) = 1{,}001 .$$

□

Beispiel 5.18. Betrachten wir nochmals die lineare Approximation der Funktion $f(x) = x^2$. Wegen $dy = d f(x) = 2xh$ gilt:

$$\epsilon(h) = \Delta y - dy = [\,(x+h)^2 - x^2\,] - 2xh = h^2 .$$

Offensichtlich ist

$$\lim_{h \to 0} \frac{\epsilon(h)}{h} = 0 .$$

Das Differential ändert sich proportional zu h gemäß Definition, der Fehler $\epsilon(h)$ ändert sich mit h^2 . Für kleine Werte h ist er also vernachlässigbar.

Interpretieren wir $f(x) = x^2$ als den Flächeninhalt eines Quadrates der Seitenlänge x, dann ist das Differential 2x dx gegeben durch den Flächeninhalt der beiden schraffierten Rechtecke. Der Fehler der linearen Näherung ist $\epsilon = (dx)^2$.

Eine analoge geometrische Interpretation des Differentials erhalten wir für die Fläche eines Kreises vom Radius r :

$$F(r) = \pi r^2 \qquad dF(r) = 2r\pi \, dr .$$

Das Differential dF ist näherungsweise gleich dem Flächenzuwachs ΔF bei einer kleinen Änderung dr des Radius und entspricht der Fläche eines Rechtecks, dessen Seiten die Länge dr und $2r\pi$ haben. Letzteres ist gerade der Umfang des Kreises. Für hinreichend kleine dr können wir uns dieses Rechteck durch "Abrollen" des schraffierten Kreisringes entstanden denken.

□

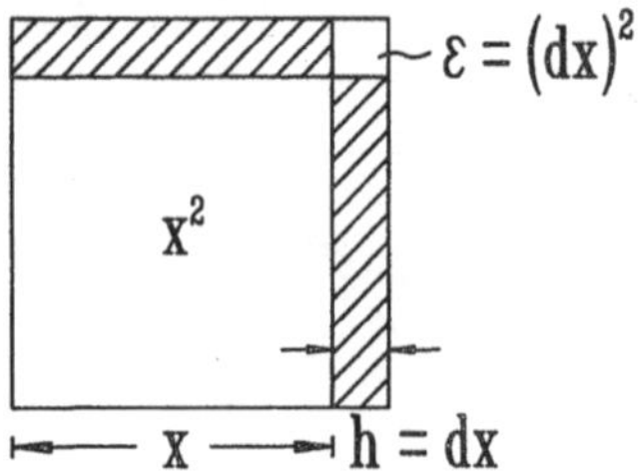

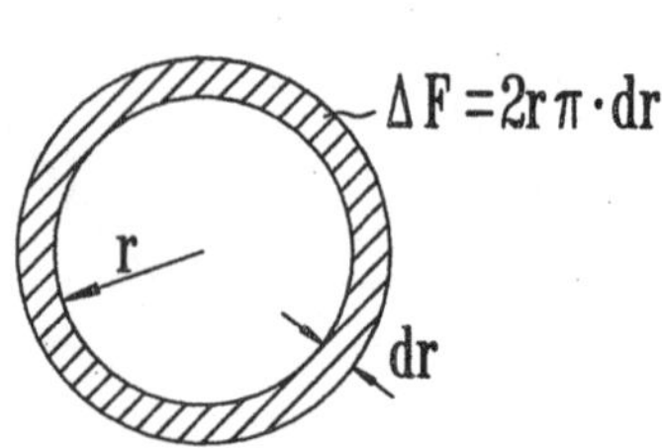

Beispiel 5.19. In der Fehlerrechnung untersucht man, wie sich ein Fehler bei der Messung einer Größe x auf eine von x abhängige Größe $y = f(x)$ auswirkt (***Fehlerfortpflanzung***). Angenommen, x sei ein mit einem Meßfehler behafteter Näherungswert der Größe $\bar{x}$. Dann ist $y = f(x)$ ein Näherungwert für $\bar{y} = f(\bar{x})$. Gesucht wird eine Abschätzung für den ***absoluten Fehler***

$$|\Delta y| = |y - \bar{y}| = |f(x) - f(\bar{x})|$$

durch den Fehler $\Delta x := x - \bar{x}$. Mit Hilfe der linearen Näherung erhalten wir:

$$|\Delta y| \simeq |f'(\bar{x})| \; |\Delta x| .$$

Betrachten wir als Beispiel ein Mol eines idealen Gases mit der Zustandsgleichung $P = RT/V$. Ist der Meßwert V für das Volumen mit einem Fehler ΔV behaftet, dann resultiert daraus bei konstanter Temperatur T ein Fehler ΔP des Druckes P. Es gilt:

$$|\Delta P| \simeq \left|\frac{\mathrm{d}P}{\mathrm{d}V}\right| \; |\Delta V| = \left|-\frac{RT}{V^2}\right| \; |\Delta V| .$$

Für den ***relativen Fehler*** $|\Delta P/P|$ des Drucks folgt:

$$\left|\frac{\Delta P}{P}\right| = \left|\frac{\Delta V}{V}\right| .$$

Ein relativer Fehler von beispielsweise 0,01 oder 1% bei der Volumenmessung führt also zu einem gleich großen relativen Fehler bei der Berechnung des Druckes. □

Die lineare Näherung liegt auch dem ***Newton-Verfahren*** zur näherungsweisen Bestimmung einer Nullstelle x für eine differenzierbare Funktion f zugrunde. Hat man sich etwa mit Hilfe einer Wertetabelle einen Näherungswert x_0 für x verschafft, dann bestimmt man die Nullstelle x_1 der zugehörigen linearen Funktion $\hat{f}$:

$$0 = \hat{f}(x_1) = f(x_0) + f'(x_0)\,(x_1 - x_0)$$

oder

$$x_1 = x_0 - f(x_0)/f'(x_0) .$$

Mit dem hoffentlich besseren Näherungswert x_1 verfährt man genauso und kommt so zu einem ***Iterationsverfahren***:

$$x_n = x_{n-1} - f(x_{n-1})/f'(x_{n-1}), \quad n \in \mathbb{N}.$$

Man bricht die Iteration ab, wenn die Näherungswerte in der gewünschten Zahl von Stellen stabil sind. Für einen hinreichend guten Startwert konvergiert das Newton-Verfahren sehr rasch. Gilt

$$|f(x)\, f''(x)/[f'(x)]^2| < 1$$

in einem Intervall, das die Nullstelle enthält, dann ist die Konvergenz des Newton-Verfahrens für Startwerte aus diesem Intervall gesichert (ohne Beweis).

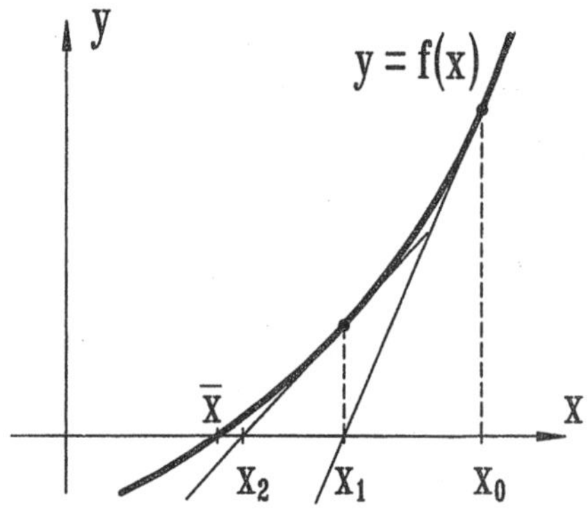

Beispiel 5.20. Ein besonders effizientes Verfahren zum näherungsweisen Wurzelziehen erhält man wie folgt. Um $\sqrt{a}$ für ein $a \in \mathbb{R}^+$ zu bestimmen, bildet man

$$f(x) = x^2 - a, \quad f'(x) = 2x,$$

und wendet das Newton-Verfahren auf f an:

$$x_{n-1} = x_n - f(x_n)/f'(x_n) = \frac{1}{2}\left(x_n + \frac{a}{x_n}\right).$$

Das Verfahren konvergiert für alle Startwerte $x_0 > 0$; üblicherweise wählt man $x_0 = a$. Für $a = 2$ erhalten wir die Folge:

$$x_0 = 2, \; x_1 = 3/2, \; x_2 = 17/12, \; x_3 = 577/408 = 1{,}414215\ldots \; .$$

Der exakte Wert lautet: $\sqrt{2} = 1{,}414213\ldots$. Bereits nach drei Iterationsschritten ist also der Fehler kleiner 10^{-5}.

Dieses Verfahren, auch als ***babylonisches Wurzelziehen*** bezeichnet, war bereits im Altertum bekannt. Es wird in Taschenrechnern zur Berechnung der Quadratwurzel benutzt (zur Konvergenz des Verfahrens vgl. Beispiel 7.29). □

5.6 Die geometrische Bedeutung der Ableitung

Ziel dieses Abschnittes ist es, vorliegende Informationen über die Ableitung f' in Information über die Funktion f selbst umzusetzen. Oder geometrisch formuliert: Was können wir aus einer Kenntnis der Tangentensteigung über die Funktionswerte aussagen? Beispielsweise erwarten wir, daß eine Funktion in einem Intervall streng monoton steigend ist, falls die Tangentensteigung dort stets positiv ist. Die zentrale Aussage dieses Abschnittes ist der Mittelwertsatz der Differentialrechnung.

Die Aussagen aller Sätze dieses Abschnittes sind in ihrer geometrischen Interpretation einfach einzusehen. Die zugehörigen Beweise sind unkompliziert, doch können sie übergangen werden.

Satz 5.8. Die Funktion f sei in einem offenen Intervall $]\,a, b\,[$ differenzierbar. Wenn f für $c \in\,]\,a, b\,[$ eine lokale Extremstelle hat, dann gilt: $f'(c) = 0$.

Beweis. Wir führen den Beweis für den Fall eines lokalen Maximums bei $c \in\,]\,a, b\,[$. Für hinreichend kleine Werte von h liegt $c + h$ in dem Intervall und es gilt:

$$f(c+h) \leq f(c) \qquad \text{oder} \qquad f(c+h) - f(c) \leq 0\,.$$

Für $h > 0$ erhalten wir:

$$\frac{f(c+h) - f(c)}{h} \leq 0\,, \qquad \text{also: } \lim_{h \to 0^+} \frac{f(c+h) - f(c)}{h} \leq 0\,.$$

Entsprechend folgern wir für $h < 0$:

$$\frac{f(c+h) - f(c)}{h} \geq 0\,, \qquad \text{also: } \lim_{h \to 0^-} \frac{f(c+h) - f(c)}{h} \geq 0\,.$$

Da f bei c differenzierbar ist, sind diese beiden einseitigen Grenzwerte gleich der Ableitung $f'(c)$. Dies bedeutet:

$$f'(c) \leq 0 \qquad \text{und} \qquad f'(c) \geq 0\,,$$

woraus die Behauptung $f'(c) = 0$ folgt. ∎

Satz 5.8 besagt also, daß die Tangente an den Graph einer differenzierbaren Funktion bei einer Extremstelle horizontal verläuft. Diese Aussage

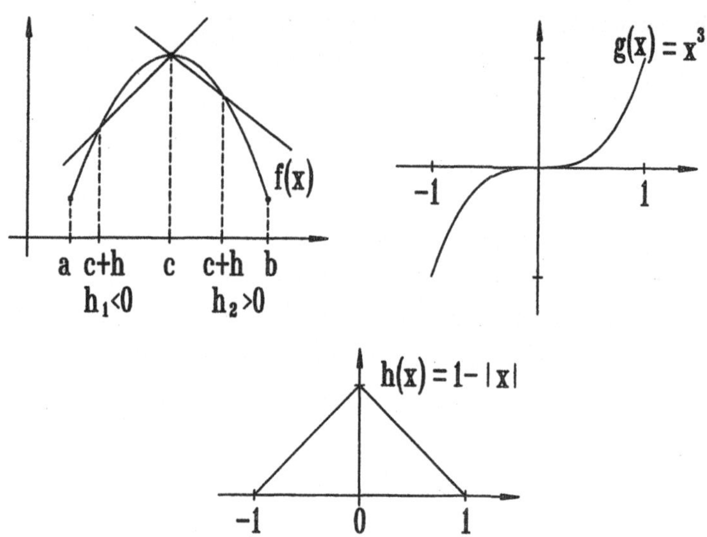

ist nicht umkehrbar. Die Funktion $g(x) = x^3$ mit $g'(x) = 3\,x^2$ hat bei $x = 0$ eine horizontale Tangente, jedoch kein lokales Extremum. Vielmehr liegt ein sog. ***Sattelpunkt*** (oder Terrassenpunkt) vor. Die Bedingung $f'(x) = 0$ ist also notwendig für das Vorliegen eines lokalen Extremums, aber nicht hinreichend.

Lokale Extremstellen können auch an Stellen auftreten, an denen die Funktion nicht differenzierbar ist. Dort existiert dann keine Tangente an den Graph. Beispielsweise hat die Funktion $h(x) = 1 - |x|$ bei $x = 0$ ein lokales Maximum, besitzt dort aber keine Ableitung (vgl. Beispiel 5.3).

Satz 5.9 (Rolle). Die Funktion f sei stetig in $[\,a, b\,]$ und differenzierbar in $]\,a, b\,[$, und es gelte $f(a) = f(b) = 0$. Dann gibt es ein $c \in\,]\,a, b\,[$ mit $f'(c) = 0$.

Beweis. Nach Satz 4.3 hat f auf $[\,a, b\,]$ ein absolutes Maximum und ein absolutes Minimum. Liegen beide Extrema an den Endpunkten des Intervalls, so bedeutet dies, daß $f(x) = 0$ ist für alle $x \in [\,a, b\,]$ und somit $f'(c) = 0$ für jedes $c \in\,]\,a, b\,[$. Liegt dagegen wenigstens eine Extremstelle c nicht an einem Intervallende, so folgt nach Satz 5.8 $f'(c) = 0$. ■

Der Satz von Rolle besagt, daß zwischen zwei Nullstellen einer differenzierbaren Funktion mindestens eine Nullstelle der Ableitung liegt.

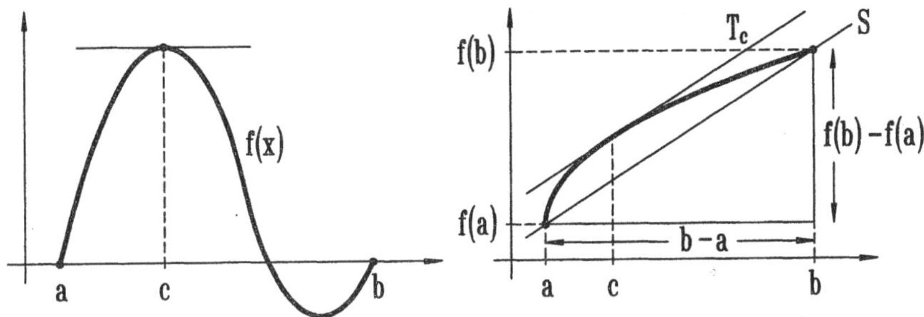

Satz 5.10 (*Mittelwertsatz*). Die Funktion f sei stetig in $[a, b]$ und differenzierbar in $]a, b[$. Dann gibt es ein $c \in]a, b[$ mit

(MW) $f'(c) = \dfrac{f(b) - f(a)}{b - a}$.

Der Mittelwertsatz gestattet folgende geometrische Interpretation. Der Ausdruck $(f(b) - f(a))/(b - a)$ ist die Steigung der Geraden S durch die Punkte $(a, f(a))$ und $(b, f(b))$. $f'(c)$ ist die Steigung einer Tangente T_c an den Graph in einem Punkt c mit $a < c < b$. Es gibt also einen Punkt im Intervall $]a, b[$, in dem die Tangente T_c an den Graph parallel zur "Sekante" S ist.

Beweis. Auf Grund der Zeichnung kann man vermuten, daß an den gesuchten Punkten die Differenz zwischen den Funktionswerten $f(x)$ und der Sekante

$$g(x) := f(a) + \frac{f(b) - f(a)}{b - a}(x - a)$$

extremal wird. Wir untersuchen daher die Funktion

$$h(x) := f(x) - g(x) .$$

Es gilt: $h(a) = f(a) - f(a) = 0$.

$$h(b) = f(b) - f(a) - \frac{f(b) - f(a)}{b - a}(b - a) = 0 .$$

Die Funktionen f und g sind stetig auf $[a, b]$ und differenzierbar auf

$]a, b[$. Gemäß Satz 4.2 und Satz 5.2 gilt diese Aussage auch für die Funktion h. Damit erfüllt h die Voraussetzungen des Satzes von Rolle. Es gibt also ein $c \in]a, b[$ mit

$$0 = h'(c) = f'(c) - g'(c) = f'(c) - \frac{f(b) - f(a)}{b - a} .$$ ■

Der Mittelwertsatz garantiert zwar die Existenz eines Punktes, in dem die Tangente an den Graph parallel zur Sekante des betrachteten Intervalls ist, macht jedoch keine nähere Angabe über die Lage des Punktes.

Manchmal sind alternative Formulierungen des Mittelwertsatzes von Nutzen. Zunächst können wir auch $a > b$ zulassen. Denn die Sekantensteigung ist nicht von der Reihenfolge der Punkte abhängig. c muß nur zwischen a und b liegen, d.h.

$$c = a + \vartheta(b - a) \qquad \text{mit } 0 < \vartheta < 1 .$$

Ferner erhalten wir

(MW1) $f(b) = f(a) + f'(c)(b - a)$ mit c zwischen a und b, $a \neq b$;

(MW2) $f(b) = f(a) + (b - a)f'(a + \vartheta(b - a))$ mit $0 < \vartheta < 1$.

Setzen wir $a = x$, $b = x + h$, dann folgt:

(MW3) $\boxed{f(x + h) = f(x) + h f'(x + \vartheta h)}$ mit $0 < \vartheta < 1$.

Schließlich:

(MW4) $\Delta f = h f'(x + \vartheta h)$.

Satz 5.11.

(1) Eine in einem Intervall I differenzierbare Funktion f ist genau dann konstant, wenn für alle $x \in I$ gilt: $f'(x) = 0$.

(2) Die Funktionen f und g seien in einem Intervall I differenzierbar, und es gelte $f' = g'$. Dann gibt es eine Konstante C mit $f(x) = g(x) + C$ für alle $x \in I$.

Beweis. (1) Anschaulich ist klar, daß eine konstante Funktion überall eine horizontale Tangente hat. Aus Beispiel 5.2 wissen wir, daß $f'(x) = 0$ ist, falls f konstant ist. Es sei andererseits $f'(c) = 0$ für alle $c \in I$. Für zwei verschiedene Punkte a, $b \in I$ mit $a \neq b$ gilt dann wegen (MW1):

$$f(b) = f(a) + f'(c)(b-a) = f(a)\,.$$

Da a und b beliebige Punkte aus I sind, hat f überall in I denselben Wert.

(2) Für die Differenz $h := f - g$ gilt nach Voraussetzung

$$h'(x) = f'(x) - g'(x) = 0 \quad \text{für alle } x \in I\,.$$

Also ist h nach (1) konstant: $h(x) = f(x) - g(x) = C$. ■

Beispiel 5.21. Gesucht ist die Funktion f mit $f'(x) = 3$ für $x \in \mathbb{R}$ und $f(1) = 0$. Wir wissen, daß die Funktion $g(x) = 3x$ die Ableitung $g'(x) = 3$ für alle $x \in \mathbb{R}$ hat. Gemäß Satz 5.11(2) gilt demzufolge:

$$f(x) = g(x) + C = 3x + C\,.$$

Die Konstante C wird so bestimmt, daß die zusätzliche Bedingung

$$0 = f(1) = 3 \cdot 1 + C$$

erfüllt ist. Mit $C = -3$ erhalten wir: $f(x) = 3x - 3$, $x \in \mathbb{R}$. □

Beispiel 5.22. Genügt die Funktion f der Differentialgleichung $f'(x) = kf(x)$, dann gibt es eine Konstante C, so daß für alle $x \in \mathbb{R}$ gilt:

$$f(x) = C\,e^{kx}\,.$$

Zum Beweis dieser Aussage zeigen wir, daß der Quotient $h(x) := f(x)/e^{kx}$ konstant ist. Wir berechnen die Ableitung h':

$$h'(x) = (f(x)\,e^{-kx})' = f'(x)\,e^{-kx} - kf(x)\,e^{-kx} = 0 \quad \text{für } x \in \mathbb{R}$$

und wenden Satz 5.11(1) an. Speziell gilt:

$$\boxed{f'(x) = kf(x) \;\textbf{\textit{und}}\; f(0) = 1 \Rightarrow f(x) = e^{kx}}$$

Wir können nun ein Analogieargument für die Gültigkeit der Eulerschen Formel geben (vgl. Abschnitt 3.7). Wir betrachten die Funktion

$$g(x) := \cos x + i \sin x$$

und differenzieren formal gemäß Satz 5.5(1):

$$\begin{aligned} g'(x) &= (\cos x)' + i(\sin x)' = -\sin x + i\cos x \\ &= i(\cos x + i\sin x) = ig(x)\,. \end{aligned}$$

Ferner gilt:

$$g(0) = \cos 0 + i \sin 0 = 1\,.$$

Damit genügt g den oben genannten Bedingungen für die Funktion f mit $k = i$. Das ist gerade die Eulersche Formel:

$$g(x) = e^{ix} = \cos x + i \sin x . \qquad \square$$

> **Satz 5.12 (Monotonie-Kriterium).** Die Funktion f sei auf $[a, b]$ stetig und auf $]a, b[$ differenzierbar. Gilt $f'(x) > 0$ (bzw. $f'(x) < 0$) für alle $x \in]a, b[$, dann ist f auf $[a, b]$ ***streng monoton wachsend*** (bzw. ***fallend***).

Beweis. Angenommen, es ist $f'(x) > 0$ für $a < x < b$. Wir haben zu zeigen, daß aus $a \leq x < x + h \leq b$ folgt: $f(x) < f(x + h)$. Dabei ist $h > 0$. Die Funktion f erfüllt im Intervall $[x, x + h]$ die Voraussetzungen des Mittelwertsatzes. Wegen $f'(x + \vartheta h) > 0$ für alle $0 < \vartheta < 1$ liefert MW3 die Behauptung:

$$f(x) < f(x) + h\, f'(x + \vartheta h) = f(x + h) .$$

Analog geht man im Fall $f'(x) < 0$ vor. ∎

Satz 5.12 liefert für differenzierbare Funktionen ein bequemes Kriterium dafür, ob eine Funktion f auf einem vorgelegten Intervall umkehrbar ist (vgl. Satz 2.2). Wegen Satz 5.4,

$$f'(x)\,[f^{-1}(y)]' = 1 ,$$

haben die Ableitungen einer Funktion f und ihrer Umkehrfunktion f^{-1} bei x bzw. $y = f(x)$ stets das gleiche Vorzeichen und somit das gleiche Monotonieverhalten (vgl. Satz 2.3).

Beispiel 5.23. (1) Für $f(x) = x^2$ ist $f'(x) = 2x > 0$ für $x > 0$. Gemäß Satz 5.12 ist f streng monoton wachsend für $x \geq 0$ (!) und damit auf $\mathbb{R}_0^+$ umkehrbar. Die Umkehrfunktion $f^{-1}(x) = \sqrt{x}$ ist ebenfalls streng monoton wachsend; für $x > 0$ gilt:

$$[f^{-1}(x)]' = \frac{1}{2\sqrt{x}} > 0 .$$

(2) Die Exponentialfunktion exp ist wegen $\exp' = \exp$ und $\exp(x) > 0$ für $x \in \mathbb{R}$ auf $\mathbb{R}$ streng monoton wachsend (vgl. Satz 3.8).

(3) Die Funktion cos ist im Intervall $[0, \pi]$ umkehrbar; denn sie ist dort streng monoton fallend wegen:

$$(\cos x)' = -\sin x < 0 \qquad \text{für } 0 < x < \pi . \qquad \square$$

Beispiel 5.24. Für das Polynom $P(x) := x^7 + x^5 - 1$ gilt:

$$P'(x) = 7x^6 + 5x^4 > 0 \qquad \text{für } x \neq 0 .$$

Gemäß Satz 5.12 ist P für $x \leq 0$ sowie für $x \geq 0$ streng monoton wachsend, also auf $\mathbb{R}$ streng monoton wachsend und somit auf $\mathbb{R}$ umkehrbar. Für die Umkehrfunktion können wir keinen einfachen algebraischen Term angeben.

Aus der Umkehrbarkeit von P folgt, daß P höchstens eine (reelle) Nullstelle hat. Da P stetig ist und $P(0) = -1 < 0$ und $P(1) = 1 > 0$ ist, liegt die Nullstelle gemäß dem Zwischenwertsatz (Satz 4.3(2)) im Intervall $]0, 1[$. □

Beispiel 5.25. (1) Für $x \geq 0$ gilt: $\sin x \leq x$. Zum Beweis setzen wir $f(x) = x - \sin x$; dann gilt für alle $x \in \mathbb{R}$:

$$f'(x) = 1 - \cos x \geq 0 .$$

Folglich ist f monoton wachsend auf $\mathbb{R}_0^+$, also: $f(x) \geq f(0) = 0$ bzw. $x \geq \sin x$.

(2) Für $x > 0$ gilt: $1 + x < e^x$. Zum Beweis dieser Aussagen setzen wir $g(x) = e^x - (x + 1)$. Dann ist $g'(x) = e^x - 1$. Wegen $e^x > e^0 = 1$ für $x > 0$ (vgl. Beispiel 5.23(2)) folgern wir:

$$g'(x) > 0 \qquad \text{für } x > 0 .$$

Daher ist g streng monoton wachsend für $x \geq 0$, also $g(x) > g(0) = 0$ für $x > 0$ bzw. $e^x - (1 + x) > 0$.

Wegen der Ungleichung und $\lim\limits_{x \to \infty} (1 + x) = \infty$ folgern wir $\lim\limits_{x \to \infty} e^x = \infty$ und weiter

$$\lim_{x \to -\infty} e^x = \lim_{y \to \infty} e^{-y} = \lim_{y \to \infty} \frac{1}{e^y} = 0 .$$

Da die Exponentialfunktion exp auf $\mathbb{R}$ stetig und streng monoton wachsend ist, haben wir gezeigt, daß unsere frühere Vermutung $\mathcal{W}(\exp) = \mathbb{R}^+$ richtig ist (vgl. Beispiel 3.10). □

5.7 Die Regeln von de l'Hospital

Grenzwerte konnten wir bisher immer dann relativ einfach berechnen, wenn Satz 4.1 anwendbar war. Dieser Satz versagt bei Grenzwerten wie

$$\frac{\sin x}{x}, \quad \frac{e^x - 1}{x}, \quad \frac{\ln(1+x)}{x} \qquad \text{für } x \to 0 .$$

Sie sind von der Form

$$\lim_{x \to a} \frac{f(x)}{g(x)},$$

wobei außerdem gilt:

$$\lim_{x \to a} f(x) = \lim_{x \to a} g(x) = 0 .$$

Man spricht auch kurz von Grenzwerten des Typs "Null durch Null". Ableitungen sind ein Spezialfall dieses Grenzwerttyps und ihre Berechnung ist oft schwierig. Sind jedoch die Ableitungen von f und g bekannt, dann können wir viele derartige Grenzwerte gemäß der Regel von de l'Hospital einfach berechnen.

Satz 5.13 (Regel von de l'Hospital). Die Funktionen f und g seien in einer Umgebung von a differenzierbar und es gelte:

$$f(a) = g(a) = 0 .$$

Existiert der Grenzwert von $f'(x)/g'(x)$ für x gegen a, dann gilt:

$$\lim_{x \to a} \frac{f(x)}{g(x)} = \lim_{x \to a} \frac{f'(x)}{g'(x)} .$$

Beweis. Die Funktionen f und g sind in einer Umgebung $\mathcal{U}$ von a differenzierbar und daher nach Satz 5.1 dort auch stetig. Wir wenden den Mittelwertsatz MW1 auf f und g getrennt an. Falls $x = b$ hinreichend nahe bei a liegt (d.h. für $x \in \mathcal{U}$, aber $x \neq a$), dann gilt:

$$f(x) = f(a) + f'(c_x)(x-a) = f'(c_x)(x-a) ,$$

und $\quad g(x) = g'(d_x)(x-a) .$

Dabei liegen c_x und d_x zwischen x und a. Wir erhalten:

$$\frac{f(x)}{g(x)} = \frac{f'(c_x)}{g'(d_x)} .$$

Im Grenzübergang $x \to a$ gilt $c_x \to a$ und $d_x \to a$. Damit folgt die Behauptung. ∎

Beipiel 5.26.

(1) $\lim_{x\to 0} \frac{\sin x}{x} = \lim_{x\to 0} \frac{\cos x}{1} = 1$.

(2) $\lim_{x\to 0} \frac{e^x - 1}{x} = \lim_{x\to 0} \frac{e^x}{1} = 1$.

(3) $\lim_{x\to 0} \frac{\cosh x - 1}{x^2} = \lim_{x\to 0} \frac{\sinh x}{2x} = \lim_{x\to 0} \frac{\cosh x}{2} = \frac{1}{2}$.

Dieses Beispiel zeigt, daß die Regel von de l'Hospital auch mehrmals hintereinander angewendet werden kann. □

Analoge Regeln gelten für einseitige Grenzwerte, für Grenzwerte bei $x \to \infty$ und für unbestimmte Ausdrücke der Form "∞/∞". Wir fassen diese verallgemeinerten ***Regeln von de l'Hospital*** zusammen:

Falls $\lim_{x\to (\ )} f(x) = \lim_{x\to (\ )} g(x) = \{\}$ und $\lim_{x\to (\ )} f'(x)/g'(x) = [\ ]$,

dann gilt:

$$\lim_{x\to (\ )} f(x)/g(x) = [\ ].$$

Dabei steht ( ) für a, a^+, a^-, ∞ oder $-\infty$, {} für $0, \infty$ oder $-\infty$ und [ ] für $g \in \mathbb{R}, \infty$ oder $-\infty$.

Die Funktionen f und g brauchen bei ( ) nicht definiert zu sein; wichtig ist nur, daß f und g bei ( ) den gleichen Grenzwert { } haben.

Beispiel 5.27.

(1) $\lim_{x\to 0^+} x \cdot \ln x = \lim_{x\to 0^+} -\frac{(-\ln x)}{1/x} = \lim_{x\to 0^+} \frac{+1/x}{-1/x^2} = \lim_{x\to 0^+} (-x) = 0$.

(2) $\lim_{x\to 0} (\frac{1}{x} - \frac{1}{\sin x}) = \lim_{x\to 0} \frac{-x + \sin x}{x \sin x} = \lim_{x\to 0} \frac{-1 + \cos x}{\sin x + x \cos x}$

$= \lim_{x\to 0} \frac{-\sin x}{2 \cos x - x \sin x} = 0$.

(3) $\lim_{x\to \infty} x^{1/x} = \lim_{x\to \infty} \exp(\frac{1}{x} \ln x) = \exp(\lim_{x\to \infty} \frac{1}{x} \ln x) = \exp(\lim_{x\to \infty} \frac{1/x}{1})$

$= e^0 = 1$.

Speziell gilt für $x = n \in \mathbb{N}$: $\lim_{n\to \infty} \sqrt[n]{n} = \lim_{n\to \infty} n^{1/n} = 1$.

In diesen Beispielen ergaben sich Grenzwerte des Typs "0/0" oder "∞/∞" erst nach Umformungen. In (3) wurde zusätzlich die Stetigkeit der Exponentialfunktion benutzt. □

Satz 5.14. Für $n \in \mathbb{N}$ gilt:

(1) $\lim\limits_{x \to \infty} \frac{e^x}{x^n} = \infty$; (2) $\lim\limits_{x \to \infty} x^n e^{-x} = 0$;

(3) $\lim\limits_{x \to \infty} \frac{\sqrt[n]{x}}{\ln x} = \infty$; (4) $\lim\limits_{x \to 0^+} \sqrt[n]{x} \ln x = 0$.

Anmerkung. (1) besagt, daß die Exponentialfunktion e^x für $x \to \infty$ schneller wächst als jede Potenz x^n . Aus (2) schließen wir wegen

$$\lim_{y \to -\infty} \frac{e^y}{1/y^{-n}} = \lim_{x \to \infty} (-1)^n x^n e^{-x} = 0 ,$$

daß die Exponentialfunktion für $y \to -\infty$ schneller verschwindet als jede Potenz y^{-n}. Analog interpretieren wir (3) und (4): die Logarithmusfunktion divergiert für $x \to \infty$ und $x \to 0^+$ schwächer als jede Wurzelfunktion $x^{1/n}$ bzw. $x^{-1/n}$.

Beweis. (1) Wir wenden die Regel von de l'Hospital n-mal an:

$$\lim_{x \to \infty} \frac{e^x}{x^n} = \lim_{x \to \infty} \frac{e^x}{nx^{n-1}} = \lim_{x \to \infty} \frac{e^x}{n(n-1)x^{n-2}} = \dots = \lim_{x \to \infty} \frac{e^x}{n!} = \infty .$$

(2) $$\lim_{x \to \infty} x^n e^{-x} = \lim_{x \to \infty} \frac{1}{e^x/x^n} = 0 \quad \text{wegen (1).}$$

(3) $$\lim_{x \to \infty} \frac{x^{1/n}}{\ln x} = \lim_{x \to \infty} \frac{1}{n} \frac{x^{1/n-1}}{1/x} = \lim_{x \to \infty} \frac{1}{n} \sqrt[n]{x} = \infty .$$

(4) Wir substituieren $x = 1/y$ und erhalten:

$$\lim_{x \to 0^+} \sqrt[n]{x} \ln x = \lim_{y \to \infty} \sqrt[n]{1/y} \ln 1/y = \lim_{y \to \infty} \frac{-\ln y}{\sqrt[n]{y}}$$
$$= \lim_{y \to \infty} \frac{-1}{\sqrt[n]{y}/\ln y} = 0 .$$

■

5.8 Extremstellen differenzierbarer Funktionen, Kurvendiskussion

Mit Hilfe des Monotoniekriteriums in Satz 5.12 können wir entscheiden, ob an einer sog. ***kritischen Stelle*** c mit $f'(c) = 0$ ein Maximum, ein Minimum oder ein Terrassenpunkt vorliegt. Wir betrachten zunächst zwei Beispiele.

Beispiel 5.28. Wir untersuchen die Funktion

$$f(x) = \frac{1}{3}x^3 - x = \frac{1}{3}x(x - \sqrt{3})(x + \sqrt{3}).$$

Die Funktion f ist ungerade und hat drei Nullstellen, bei $-\sqrt{3}$, 0 und $\sqrt{3}$ Es gilt:

$$f'(x) = x^2 - 1 = (x - 1)(x + 1).$$

Kritische Stellen liegen demzufolge bei -1 und 1 . Für $|x| > 1$ ist $f'(x) > 0$, für $|x| < 1$ ist $f'(x) < 0$. Daher ist f in den Intervallen $]-\infty, -1]$ und $[1, \infty[$ streng monoton wachsend, in $[-1, 1]$ streng monoton fallend. An den kritischen Stellen -1 und 1 wechselt f' jeweils das Vorzeichen, d.h. f ändert das Monotonieverhalten von wachsend nach fallend bzw. umgekehrt. Daher liegt bei $x = -1$ ein lokales Maximum mit $f(-1) = 2/3$ vor und bei $x = 1$ ein lokales Minimum mit $f(1) = -2/3$. Mit diesen Informationen können wir den Graph von f skizzieren. Zum Vergleich ist auch der Graph von f' aufgetragen. □

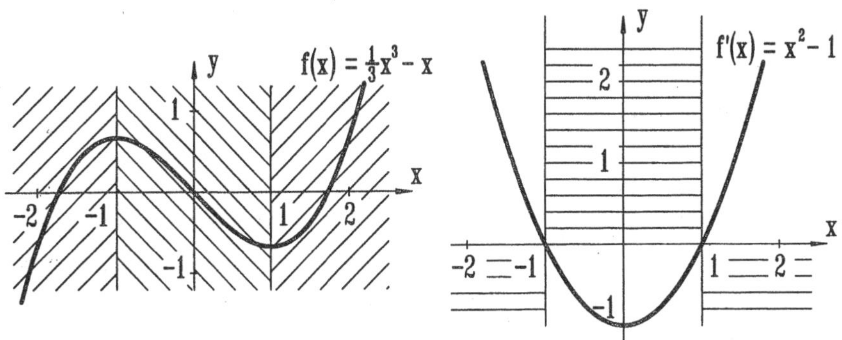

Beispiel 5.29. Die Funktion $g(x) = x^3$ hat zwar bei $x = 0$ eine Nullstelle der Ableitung $g'(x) = 3x^2$, doch liegt dort keine Extremstelle vor. Denn für $x \neq 0$ ist $g'(x) > 0$. g ist also sowohl auf $\mathbb{R}_0^-$ wie auch auf $\mathbb{R}_0^+$, also auf $\mathbb{R}$ streng monoton steigend und kann daher keinen lokalen Extremwert haben. In der Nähe einer solchen Stelle müßte g das Monotonieverhalten bzw. g' das Vorzeichen wechseln. Dies ist jedoch in der Umgebung der kritischen Stelle $x = 0$ nicht der Fall. □

Satz 5.15. Die Funktion f sei in $]\,a, b\,[$ differenzierbar. An der Stelle $c \in\,]\,a, b\,[$ gelte: $f'(c) = 0$.

(1) f hat bei c ein ***lokales Maximum (Minimum)***, wenn $f'(x)$ bei c das Vorzeichen von + nach - (bzw. von - nach +) wechselt.

(2) f hat bei c einen ***Terrassenpunkt***, wenn f' bei c keinen Vorzeichenwechsel hat.

Statt eines Beweises verweisen wir auf die vorstehenden Beispiele und die folgende Skizze.

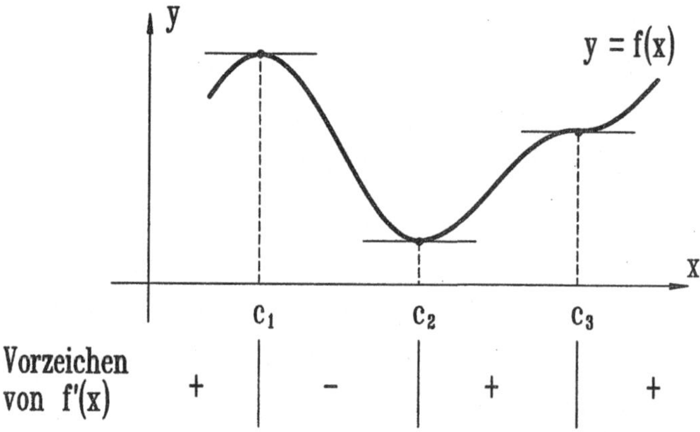

Für eine zweimal differenzierbare Funktion f bedeutet der Vorzeichenwechsel von $f'(x)$ von + nach - bei c, daß f' in der Umgebung von c monoton abnimmt und daß somit $f''(c) < 0$ ist. Ist daher $f'(c) = 0$ und $f''(c) < 0$, so liegt bei c ein lokales Maximum vor (bzw. ein lokales Minimum für $f''(c) > 0$). Außer bei Funktionen mit einer einfach zu berechnenden Ableitung ist das Kriterium aus Satz 5.15 dem Test der zweiten Ableitung vorzuziehen. Außerdem versagt dieser Test, falls auch $f''(c) = 0$ ist. Beispielsweise gilt für $h(x) = x^4$:

$$h'(x) = 4x^3\,; \quad h'(x) = 0 \;\Rightarrow\; x = 0$$
$$h''(x) = 12x^2\,; \quad h''(0) = 0\,.$$

Andererseits liefert Satz 5.15 eine eindeutige Aussage. Die Ableitung $h'(x)$ wechselt bei $x = 0$ das Vorzeichen von - nach +; es liegt also ein lokales Minimum vor.

Lokale Extrema können natürlich auch an den Stellen auftreten, an denen eine Funktion nicht differenzierbar ist. So hat etwa die Funktion

$$f(x) = \sqrt[3]{x^2} = |x|^{2/3}$$

wegen $f(0) = 0$ und $f(x) > 0$ für $x \neq 0$ bei $x = 0$ ein lokales Minimum. f ist bei $x = 0$ nicht differenzierbar. Für $x \neq 0$ gilt:

$$f'(x) = \frac{1}{3}(x^2)^{-2/3}\, 2x = \frac{2}{3}\frac{x}{|x|}\frac{1}{\sqrt[3]{|x|}} = \frac{2}{3}|x|^{-1/3} \operatorname{sgn} x.$$

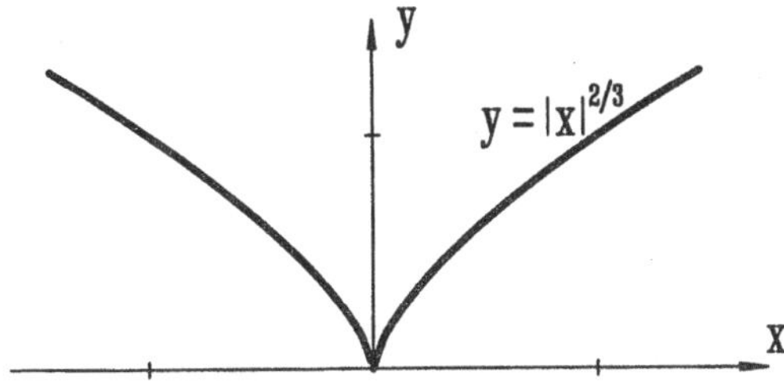

Sucht man das absolute Maximum und Minimum einer Funktion auf einem abgeschlossenen Intervall $[a, b]$, so hat man neben eventuellen lokalen Extremwerten noch die Funktionswerte $f(a)$ und $f(b)$ an den Randpunkten des Intervalls zu beachten (vgl. die Diskussion zu Satz 4.3).

Beispiel 5.30. Wir untersuchen die Funktion $f(x) = x^3/3 - x$ im Intervall $[-2, 3]$ auf Extremwerte. Nach Beispiel 5.28 hat f bei $x = -1$ ein lokales Maximum und bei $x = 1$ ein lokales Minimum. Das absolute Maximum auf $[-2, 3]$ liegt jedoch bei $x = 3$, das absolute Minimum wird bei $x = -2$ und bei $x = 1$ angenommen. Denn für die Funktionswerte an diesen Stellen gilt:

$$f(-2) = -2/3\,,\ f(-1) = 2/3\,,\ f(1) = -2/3\,,\ f(3) = 6\,. \qquad \square$$

Gelegentlich untersucht man noch die lokalen Extremstellen der Ableitung f' (d.h. Stellen, an denen $f''(x) = 0$ gilt). Das sind die sogenannten ***Wendepunkte***, an denen die Tangente an den Graph von f ihren "Drehsinn" ändert (siehe z.B. die Tangente bei $x = 0$ für die Funktion f in Beispiel 5.28). Terrassenpunkte sind Wendepunkte mit horizontaler Tangente.

Beispiel 5.31. Die Zustandsgleichung für ein Mol eines van-der-Waals-Gases lautet bei der Temperatur T, dem Druck P und dem Volumen V:

$$(P + \frac{a}{V^2})(V - b) = RT .$$

a und b sind positive Konstanten. Es ist die sogenannte ***kritische Isotherme*** zu bestimmen, d.h. diejenige Temperatur T_k, für die $P = f(V)$ bei fester Temperatur einen Terassenpunkt hat. Wir untersuchen die Bedingungen:

$$f'(V_k) = f''(V_k) = 0 .$$

Es gilt:

$$(1) \qquad P = f(V) = \frac{RT}{V - b} - \frac{a}{V^2} ,$$

$$(2) \qquad 0 = \frac{dP}{dV} = f'(V) = -\frac{RT}{(V - b)^2} + \frac{2a}{V^3} ,$$

$$(3) \qquad 0 = \frac{d^2P}{dV^2} = f''(V) = \frac{2RT}{(V - b)^3} - \frac{6a}{V^4} .$$

Wir formen (2) und (3) um und dividieren die Gleichungen durcheinander:

$$\left.\begin{array}{ll} (2') & \dfrac{R\,T_k}{(V - b)^2} = \dfrac{2a}{V_k^3} \\[2ex] (3') & \dfrac{2\,RT_k}{(V - b)^3} = \dfrac{6a}{V_k^4} \end{array}\right\} \Rightarrow \frac{V_k - b}{2} = \frac{V_k}{3} \Rightarrow V_k = 3b .$$

Es folgt:

$$RT_k = \frac{8}{27}\frac{a}{b} \qquad \text{und} \qquad P_k = \frac{1}{27}\frac{a}{b^2} .$$

Um zu bestätigen, daß tatsächlich ein Extremwert von f' (!) vorliegt, berechnen wir die zweite Ableitung von f', also:

$$f'''(V_k) = -\frac{6RT_k}{(V_k - b)^4} + \frac{24a}{V_k^5} = -\frac{1}{81}\frac{a}{b^5} \neq 0$$ □

Wir stellen abschließend eine Liste von Punkten zusammmen, die bei der Diskussion einer Funktion f (bei einer ***Kurvendiskussion***) zu erörtern sind:

Checkliste für eine Kurvendiskussionen

(1) maximaler Definitionsbereich, falls $\mathcal{D}(f)$ nicht vorgegeben ist.
(2) Symmetrie (gerade - ungerade), Periode.
(3) Nullstellen von $f(x)$.
(4) Stetigkeit, Unstetigkeit.
(5) Monotonieverhalten.
(6) Lage und Art der Extremstellen.
(7) Lage der Wendepunkte.
(8) Verhalten von $f(x)$ an den Rändern des Definitionsbereiches; speziell für $x \to \infty$ bzw. $x \to -\infty$, sofern $\mathcal{D}(f)$ diese Betrachtung zuläßt. Falls vorhanden, sind in letzterem Fall die Asymptoten zu bestimmen.
(9) Wertebereich $\mathcal{W}(f)$.
(10) Skizze des Graphen $\mathcal{G}(f)$ mit Hilfe dieser Informationen.

Anmerkung zu (8). Zwei Funktionen f und g heißen ***asymptotisch gleich*** für $x \to \infty$, wenn gilt:

$$\lim_{x\to\infty} [f(x) - g(x)] = 0 .$$

Entsprechendes gilt für $x \to -\infty$. Ist g eine lineare Funktion mit $g(x) = ax + b$, so nennt man die Gerade $y = ax + b$ eine ***Asymptote*** von $\mathcal{G}(f)$.

Man bestimmt die Konstanten a und b etwa für $x \to \infty$ folgendermaßen (vorausgesetzt, die entsprechenden Grenzwerte existieren):

$$0 = \lim_{x\to\infty} x\,\frac{f(x) - g(x)}{x}$$

$$\Rightarrow \quad 0 = \lim_{x\to\infty} \frac{f(x) - g(x)}{x} = \lim_{x\to\infty} \left(\frac{f(x)}{x} - a - \frac{b}{x} \right)$$

Also nach de l'Hospital:

$$a = \lim_{x\to\infty} \frac{f(x)}{x} = \lim_{x\to\infty} f'(x)$$

Anschließend berechnet man b durch Einsetzen von a:

$$b = \lim_{x \to \infty} (f(x) - ax)$$

Beispiel 5.32. Wir diskutieren die Funktion $f(x) = x\, e^{-1/x}$ gemäß vorstehender Checkliste.

(1) $\mathcal{D}(f) = \mathbb{R}\setminus\{0\}$.

(2) Keine Symmetrie, keine Periode.

(3) Für $x \in \mathcal{D}(f)$ ist $x \neq 0$ und $e^{-1/x} > 0$, also $f(x) \neq 0$; f hat keine Nullstelle.

(4) f ist als Verknüpfung stetiger Funktionen in $\mathcal{D}(f)$ stetig.

(5) $$f'(x) = e^{-1/x} + x\left(\frac{1}{x^2}\right) e^{-1/x} = \left(1 + \frac{1}{x}\right) e^{-1/x} = \frac{1}{x}(x+1)\, e^{-1/x}.$$

Wegen $e^{-1/x} > 0$ ist $f'(x) > 0$ für $x > 0$ und für $x < -1$. Für $-1 < x < 0$ ist $f'(x) < 0$. Daher ist f auf $]-\infty, -1]$ monoton wachsend, auf $[-1, 0[$ monoton fallend und auf $]0, \infty[$ monoton wachsend.

(6) $f'(x) = 0 \Rightarrow x = -1$; wegen (5) handelt es sich um ein Maximum mit $f(-1) = -e$.

(7) $f''(x) = \left[-\frac{1}{x^2} + \left(1 + \frac{1}{x}\right)\frac{1}{x^2}\right] e^{-1/x} = \frac{1}{x^3}\, e^{-1/x} \neq 0$ für $x \in \mathcal{D}(f)$. f hat keinen Wendepunkt.

(8) Wir setzen $y = 1/x$ bzw. $z = -1/x$ und beachten Satz 5.14.

$$\lim_{x \to 0^+} f(x) = \lim_{y \to \infty} \frac{1}{y}\, e^{-y} = 0.$$

$$\lim_{x \to 0^-} f(x) = \lim_{z \to \infty} \left(-\frac{1}{z}\right) e^{z} = -\infty.$$

f hat die Asymptote $g(x) = x - 1$. Denn wegen (5) gilt:

$$a = \lim_{x \to \infty} f'(x) = \lim_{y \to 0^+} (1 + y)\, e^{-y} = 1.$$

$$b = \lim_{x \to \infty} (f(x) - 1 \cdot x) = \lim_{x \to \infty} x\left(e^{-1/x} - 1\right) = \lim_{z \to 0^-} \frac{e^z - 1}{-z} = -1.$$

Für $x \to -\infty$ ergeben sich die gleichen Grenzwerte. f hat eine gemeinsame Asymptote für $x \to +\infty$ und $x \to -\infty$.

(9) Aus (5), (6) und (8) folgt für $x < 0$: $-\infty < f(x) \leq -e$; für $x > 0$ erhalten wir: $0 < f(x) < \infty$. Damit gilt: $\mathcal{W}(f) = \mathbb{R}\setminus\,]-e, 0]$.

(10) Wir skizzieren abschließend den Graphen von f. □

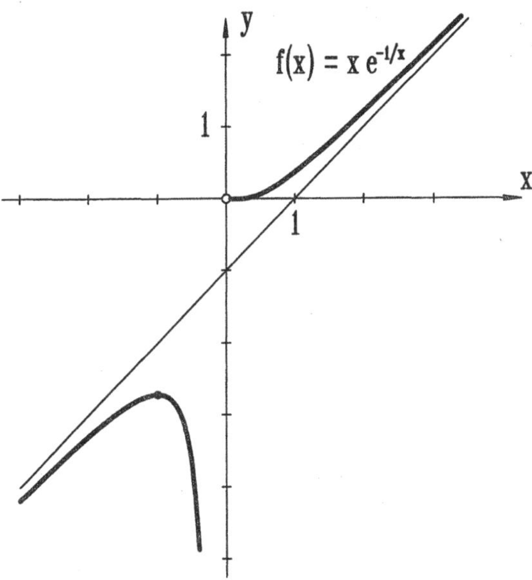

5.9 Aufgaben

5.1. a) Bestimmen Sie für a, x ∈ $\mathbb{R}^+$ den Grenzwert $\lim\limits_{x\to a} \frac{\sqrt{x} - \sqrt{a}}{x - a}$.

b) Interpretieren Sie den Grenzwert als Ableitung! Welche Ableitungsregel ergibt sich daraus?

5.2. Gegeben sei die reelle Funktion f durch $f(x) := |x - 1| \cdot \mathrm{sgn}(x)$.

a) Berechnen Sie $\lim\limits_{x\to 0^-} f(x)$ und $\lim\limits_{x\to 0^+} f(x)$. Ist f stetig für $x = 0$?

b) Zeigen Sie, daß f im Punkt $x = 1$ stetig ist.

c) Zeigen Sie durch Berechnung des Differenzenquotienten von f im Punkt $x = 1$, daß f dort nicht differenzierbar ist.

d) Diskutieren Sie obige Ergebnisse an Hand des Graphen von f. Geben Sie insbesondere die Ableitung von f dort an, wo f differenzierbar ist.

5.3. Berechnen Sie die erste und zweite Ableitung der reellen Funktion f mit $f(x) = |0{,}5 \cdot x - 3|$. Skizzieren Sie die Graphen der Funktion und ihrer Ableitungen.

5.4. Wie lautet die Gleichung einer Tangente an den Graph der reellen Funktion f mit $f(x) = x^2 + 1$ bei $x_0 = -1$? Skizzieren Sie die Graphen der Funktion und ihrer Ableitungen.

5.5. Differenzieren Sie die folgenden reellen Funktionen f mit $f(x) =$

a) $5x^6 + 3x^4 - x$ b) $(x^2 - 1)(x + 3)$ c) $x + 1/x$

d) $x^4 - 5x^3 + 10x^{-2} + 2$ e) $(1 - x)/(1 + x)$ f) $x^3/(1 - 2x)$

5.6. Differenzieren Sie die folgenden reellen Funktionen f mit $f(x) =$

a) $\frac{4}{(1-2x)^2}$ b) $\sqrt[4]{x^3}$ c) $\sqrt{x} \cdot \sqrt[3]{x} \cdot \sqrt[4]{x^3}$ d) $\sqrt{1+2x}$ e) $\frac{1}{\sqrt{1+2x}}$

f) $\sin^2(ax)$ g) $\cos[(ax)^2]$ h) $(\frac{1}{x} + \cos x)^2$ i) $\frac{1}{1 + \tan x}$ k) $\tan(\frac{a}{x})$

5.7. Bestimmen Sie die Ableitung der folgenden reellen Funktionen nach der jeweils angegebenen Variablen:

a) $f(y) = y^{3y}$ b) $V(r) = D[1 - e^{-a(r-r_0)}]^2$ c) $g(t) = \log_t x$

d) $h(s) = e^{3s^2}$ e) $F(x) = \ln[1/(1+\cos x)]$ f) $G(u) = \log_{10} u$

5.8. a) Bilden Sie die erste und zweite Ableitung der reellen Funktion f mit $f(x) = |x| \cdot x$.

b) Skizzieren Sie den Graphen der Funktion und den ihrer Ableitungen.

c) Wie lautet die dritte Ableitung von f (Diskussion!).

5.9. Zeigen Sie durch vollständige Induktion, daß für die Polynome $P_n(x) = \sum_{k=0}^{n} \frac{x^k}{k!}$ $(n \in \mathbb{N}_0)$ gilt: $P_n'(x) = P_{n-1}(x)$.

5.10. Geben Sie eine allgemeine Formel für die n-te Ableitung $(n \in \mathbb{N})$ der Funktion $f(x) = \ln(1-x)$ an. Beweisen Sie diese durch vollständige Induktion.

5.11. Bestimmen Sie das Differential für die reellen Funktionen $f_1(x) = \tan x$ und $f_2(x) = \cosh x$. Wie groß ist der lineare Zuwachs bei $x = 0$?

5.12. Bestimmen Sie das Differential des Kugelvolumens V bezüglich des Radius R und geben Sie eine geometrische Interpretation.

5.13. Wasser fließt in einen trichterförmigen Tank. Der Tank sei $H =$ 18 m hoch und der Radius der Oberseite sei $R =$ 24 m. Die konstante Einfüllrate sei 2 m³/min. Berechnen Sie die Füllhöhe $h(t)$ als Funktion der Zeit. Wie schnell steigt der Wasserspiegel im Tank (Momentangeschwindigkeit), wenn das Wasser $h = 6$ m tief ist?

5.14. Der Dampfdruck P über einer Flüssigkeit hängt von der Temperatur T wie folgt ab: $P(T) = C \exp(-L/RT)$. L ist die Verdampfungswärme, C und R sind Konstanten.

a) Wie ändert sich der Dampfdruck, wenn sich die Temperatur von T_0 auf $T_0 + \Delta T$ ändert?

b) Bestimmen Sie die Änderung von $\ln P$ bei einer kleinen Änderung ΔT der Temperatur T.

c) P wird gelegentlich als Funktion der unabhängigen Variablen $\beta = 1/T$ aufgefaßt. Bestimmen Sie das Differential der Funktion $g(\beta) = \ln P(T)$. Verwenden Sie in dieser Aufgabe die lineare Näherung, d.h. Differenzen sind durch Differentiale anzunähern.

5.15. Mit der Wheatstoneschen Brücke werden elektrische Widerstände über Längenmessungen bestimmt; dabei verhalten sich Meßwiderstand R_x und Standardwiderstand R_s wie die Teile x und $L - x$ eines Drahtes der Länge L: $R_x = R_s x/(L - x)$. Wie wirkt sich ein Längenmessungsfehler Δx auf die Bestimmung von R_x aus?

5.16. Berechnen Sie $\sqrt[5]{2}$ mit Hilfe des Newton-Verfahrens. Betrachten Sie dazu das Polynom $P(x) = x^5 - 2$.

5.17. Bei der Bestimmung des Maximums des Emissionsvermögens eines schwarzen Körpers als Funktion der Wellenlänge der Strahlung tritt folgende Funktion auf: $f(x) = 5\exp(-x) + x - 5$ mit $x \in \mathbb{R}^+$. Die Nullstelle dieser Funktion bestimmt die Lage des Emissionsmaximums. Berechnen Sie mit Hilfe des Newton-Verfahrens die Nullstelle der Funktion $f(x)$ auf 4 Dezimalstellen. Bestimmen Sie dazu graphisch die der Nullstelle nächstgelegene ganze Zahl und verwenden Sie diesen Wert als Startwert.

5.18. In welchem Bereich ist die Funktion f mit $f(x) = \tan x$ umkehrbar? Benutzen Sie zur Begründung das Monotoniekriterium.

5.19. Zeigen Sie, daß für $x \in \,]0, \pi/2[$ gilt: $x < \tan x$. Diskutieren Sie dazu das Monotonieverhalten der Funktion $h(x) := \tan x - x$.

5.20. Berechnen Sie folgende Grenzwerte:

a) $\lim\limits_{x\to 0} \dfrac{\sin x}{\ln(1+x)}$ b) $\lim\limits_{x\to 0} \dfrac{\ln(\cos(3x))}{\ln(\cos(2x))}$

c) $\lim\limits_{x\to\infty} \dfrac{e^{-x} - 1 + x}{x^2}$ d) $\lim\limits_{x\to\infty} \dfrac{e^{-1/x}}{x}$

e) $\lim\limits_{x\to 1^-} \arcsin(x-1)\cdot\cot(x-1)$ f) $\lim\limits_{x\to 0} \left(\dfrac{1}{x} - \cot x\right)$

5.21. Diskutieren Sie folgende reelle Funktionen anhand der Checkliste:

a) $f(x) = x^2\exp(-x)$ b) $g(x) = \arcsin\left(\sqrt{1 - x^2}\right)$

6 Integralrechnung für Funktionen einer Veränderlichen

Ausgangspunkt für die Integralrechnung ist das Problem, Flächen mit möglichst beliebigen Begrenzungen einen Inhalt zuzuordnen. Zur Lösung dieses Problems benutzen wir eine Idee von Archimedes. Wir reduzieren die Messung einer beliebigen Fläche auf den Vergleich mit Flächen, die in Rechtecke zerlegbar sind und somit elementar berechnet werden können. Die Berechnung der Fläche unter dem Graph einer Funktion ist eng verknüpft mit der Umkehrung der Differentiation. Dabei sucht man zu einer gegebenen Funktion f eine andere Funktion F, deren Ableitung f ist: $F' = f$.

Die Integralrechnung bietet insofern besondere Schwierigkeiten, als zwar das Grundproblem leicht formulierbar ist, jedoch umfangreiche theoretische Vorarbeiten zu leisten sind, ehe wir mehr als nur ganz einfache Anwendungen durchführen können.

6.1 Flächen und Zerlegungen

Gegeben sei eine Funktion f, die auf einem Intervall $[a, b]$ stetig ist und dort keine negativen Funktionswerte hat, $f(x) \geq 0$. Wir stellen uns die Aufgabe, den Flächeninhalt unter dem Graphen von f in $[a, b]$ zu messen. Dabei handelt es sich um die Fläche, die oben von der Kurve $y = f(x)$, unten von der x-Achse und seitlich von den Geraden $x = a$ bzw. $x = b$ begrenzt wird.

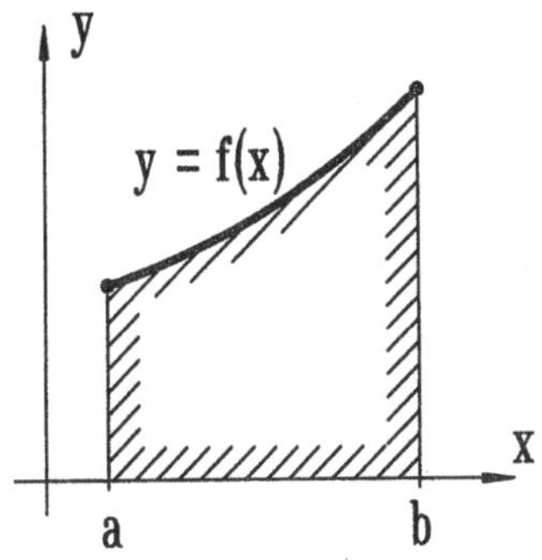

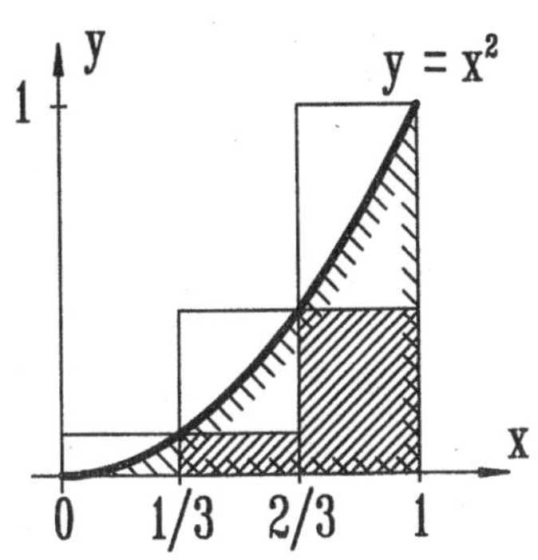

Beispiel 6.1. Wir betrachten die Funktion $f(x) = x^2$ im Intervall $[0, 1]$. Um den Flächeninhalt I unter der Kurve $y = x^2$ abzuschätzen, unterteilen wir das Intervall $[0, 1]$ in drei gleich lange Teilintervalle der Länge $1/3$. In jedem Teilintervall betrachten wir nun eine konstante Funktion mit dem Wert gleich dem Maximum von f. Da die Funktion f streng monoton wachsend ist, nimmt sie ihr Maximum jeweils im rechten Randpunkt des Teilintervalles an. Wir erhalten als Vergleichsfläche drei Rechtecke mit einem Flächeninhalt O_3, der nach Konstruktion größer ist als I:

$$O_3 = \frac{1}{3}f(\tfrac{1}{3}) + \frac{1}{3}f(\tfrac{2}{3}) + \frac{1}{3}f(1) = \frac{1}{3}(\frac{1}{9} + \frac{4}{9} + 1) = \frac{14}{27} .$$

Um I nach unten abzuschätzen, benutzen wir die Rechtecke mit einer Höhe gleich dem Wert von f am jeweiligen linken Intervallende. Die Summe U_3 ihrer Flächen ist

$$U_3 = \frac{1}{3}f(0) + \frac{1}{3}f(\tfrac{1}{3}) + \frac{1}{3}f(\tfrac{2}{3}) = \frac{1}{3}(0 + \frac{1}{9} + \frac{4}{9}) = \frac{5}{27} .$$

Der gesuchte Flächeninhalt liegt zwischen $5/27$ und $14/27$: $U_3 < I < O_3$.

Diese Abschätzung für I ist nicht besonders gut. Wir können sie jedoch verbessern, indem wir das Intervall $[0, 1]$ in Teilintervalle der Länge $1/n$ unterteilen und n immer größer wählen. Die Teilungspunkte sind

$$x_0 = 0 , \quad x_1 = \frac{1}{n} , \quad x_2 = \frac{2}{n} , \quad \ldots , \quad x_{n-1} = \frac{n-1}{n} , \quad x_n = 1 .$$

Das umschriebene Rechteck im Teilintervall $[x_{k-1}, x_k]$ hat Seiten der Länge $1/n$ und $f(x_k) = (k/n)^2$. Wir erhalten für den Inhalt der Gesamtfläche (vgl. Aufgabe 1.7(b)):

$$O_n = \sum_{k=1}^{n} \frac{1}{n} f(x_k) = \frac{1}{n^3} \sum_{k=1}^{n} k^2 = \frac{1}{n^3} \frac{n(n+1)(2n+1)}{6} =$$

$$= \frac{1}{3}\left(1 + \frac{1}{n}\right)\left(1 + \frac{1}{2n}\right).$$

Für den Inhalt der einbeschriebenen Rechtecke folgt

$$U_n = \sum_{k=1}^{n} \frac{1}{n} f(x_{k-1}) = \frac{1}{n^3} \sum_{k=1}^{n} (k-1)^2 =$$

$$= \frac{1}{n^3} \sum_{m=0}^{n-1} m^2 = \frac{1}{n^3} \frac{(n-1)n(2n-1)}{6} = \frac{1}{3}\left(1 - \frac{1}{n}\right)\left(1 - \frac{1}{2n}\right).$$

Wir entnehmen der Rechnung die Beziehung $O_n = U_n + 1/n$. Mit wachsendem n wird der Unterschied zwischen U_n und O_n beliebig klein. Gemäß unserer Anschauung gilt für alle $n \in \mathbb{N}$:

$$U_n < I < O_n .$$

Wegen $U_n < 1/3 < O_n$ und $\lim_{n \to \infty} U_n = \lim_{n \to \infty} O_n = 1/3$ wird diese Ungleichung nur von der Zahl 1/3 für alle n erfüllt. Also folgt: $I = 1/3$. □

Wir verallgemeinern unser Verfahren nun auf beliebige approximierende Rechtecksummen. Gegeben sei eine in $[a, b]$ stetige Funktion f. Wir wählen eine ***Zerlegung*** Z des Intervalls $[a, b]$ in n Teilintervalle durch $n-1$ Teilungspunkte:

$$a = x_0 < x_1 < x_2 < \dots < x_{n-1} < x_n = b .$$

Die Länge des k-ten Teilintervalls $[x_{k-1}, x_k]$ bezeichnen wir mit Δ_k:

$$\Delta_k := x_k - x_{k-1}, \quad k = 1, 2, \dots, n .$$

Für das Maximum aller Δ_k führen wir die Bezeichnung ***Feinheitsmaß*** $d(Z)$ ein:

$$d(Z) := \max_{1 \le k \le n} \Delta_k .$$

Ferner wählen wir in jedem Teilintervall eine ***Zwischenstelle*** c_k mit $x_{k-1} \le c_k \le x_k$ und bilden für die Funktion f die ***Riemann-Summe (Zwischensumme)***

$$S(f, Z) := \sum_{k=1}^{n} f(c_k) \Delta_k .$$

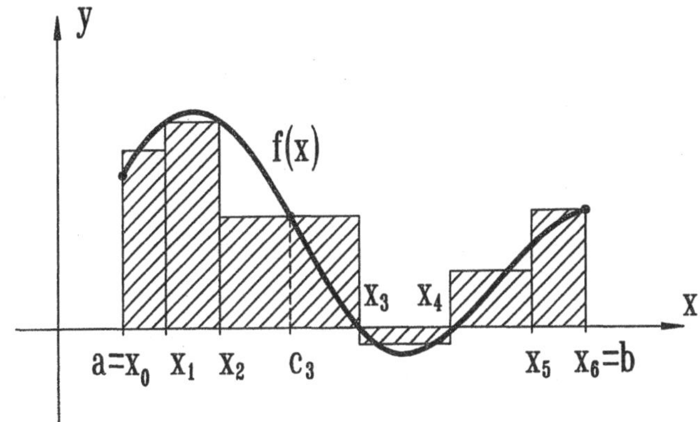

Jeder einzelne Summand kann als Fläche eines Rechtecks mit einer Basis der Länge Δ_k und einer Höhe der Länge $f(c_k)$ aufgefaßt werden. Wenn $f(c_i) < 0$ ist, dann liefert das zugehörige Rechteck einen negativen Beitrag zur Summe.

Gemäß Satz 4.3 gibt es in jedem Teilintervall $[x_{k-1}, x_k]$ Stellen s_k und t_k, an denen das Minimum $m_k := f(s_k)$ bzw. das Maximum $M_k := f(t_k)$ der Funktionswerte angenommen wird:

$$m_k \leq f(x) \leq M_k \qquad \text{für } x_{k-1} \leq x \leq x_k . \qquad (*)$$

Wählen wir die Minimalstellen $\{s_k\}$ als Zwischenstellen, so erhalten wir die zu Z gehörige ***Untersumme***

$$U(f, Z) := \sum_{k=1}^{n} m_k \Delta_k .$$

Mit den Maximalstellen $\{t_k\}$ erhalten wir die ***Obersumme***

$$O(f, Z) := \sum_{k=1}^{n} M_k \Delta_k .$$

Wegen $\Delta_k > 0$ und (*) gilt:

$$U(f, Z) \leq S(f, Z) \leq O(f, Z) .$$

Wir halten fest:

(1) Zu jedem abgeschlossenen Intervall gibt es unendlich viele Zerlegungen.

(2) Jede Zerlegung hat ein bestimmtes Feinheitsmaß.

(3) Zu jeder Zerlegung kann man auf unendlich viele Arten Zwischenstellen wählen, also unendlich viele zugehörige Zwischensummen bilden.

(4) Zu jeder Zerlegung gibt es je eine Unter- und Obersumme, die für alle Zwischensummen Schranken nach unten bzw. oben sind.

6.2 Das bestimmte Integral

Im Hinblick auf das Problem der Flächenmessung interessieren wir uns für das Verhalten der Zwischensummen, falls das Feinheitsmaß hinreichend klein wird, d.h. für $d(Z) \to 0$. Die Untersuchung des Grenzwertverhaltens von $S(f, Z)$ ist aufwendig, die verwendete Methode für uns jedoch ohne Interesse, da sie für die praktische Berechnung der Grenzwerte zu umständlich ist. Wir übergehen daher die allgemeine Grenzwertbetrachtung, zeigen aber für den Spezialfall einer monoton wachsenden Funktion f, daß der Unterschied zwischen Ober- und Untersumme beliebig klein wird. In diesem Fall gilt (vgl. Beispiel 6.1):

$$m_k = f(x_{k-1}), \quad M_k = f(x_k).$$

Damit folgt wegen $\Delta_k \le d(Z)$:

$$0 \le O(f, Z) - U(f, Z) = \sum_{k=1}^{n} [f(x_k) - f(x_{k-1})] \Delta_k$$

$$\le d(Z) \sum_{k=1}^{n} [f(x_k) - f(x_{k-1})] = d(Z) [f(x_n) - f(x_0)] =$$

$$= d(Z) [f(b) - f(a)] \to 0 \text{ für } d(Z) \to 0.$$

Allgemein gilt:

Satz 6.1. Für jede auf dem Intervall $[a, b]$ stetige Funktion f gibt es eine eindeutig bestimmte Zahl I, so daß für alle Zerlegungen Z von $[a, b]$ gilt:

$$U(f, Z) \le I \le O(f, Z).$$

Für jede Toleranz $\epsilon > 0$ gibt es hinreichend feine Zerlegungen Z mit $d(Z) < \delta$, so daß für jede Wahl der Zwischenstellen stets gilt:

$$|S(f, Z) - I| < \epsilon$$

d.h. $I = \lim\limits_{d(Z) \to 0} S(f, Z)$.

Daher können wir folgende Definition formulieren:

Definition 6.1. Die Funktion f sei stetig in $[a, b]$. Dann heißt der Grenzwert I aller Zwischensummen $S(f, Z)$ ***bestimmtes Integral*** von f auf $[a, b]$ und man schreibt:

$$\int_a^b f(x)\,dx := I = \lim_{d(Z) \to 0} \sum_{k=1}^{n} f(c_k)\,\Delta_k .$$

Das Integralzeichen $\int$ ist vom Buchstaben S abgeleitet und erinnert an die zugrundeliegende Summenbildung. $f(x)$ heißt ***Integrand***, a ***untere***, b ***obere Grenze*** des bestimmten Integrals. Der Name der ***Integrationsvariablen*** (in Definition 6.1: x) ist beliebig:

$$\int_a^b f(x)\,dx = \int_a^b f(s)\,ds = \int_a^b f(t)\,dt = \ldots$$

Das Symbol dx erinnert an die Intervallängen Δ_k, hat jedoch keine eigene Bedeutung. Man vergleiche jedoch die Bemerkung am Ende von Abschnitt 6.5 und die Erläuterungen zur Substitutionsregel in Abschnitt 6.7.

Nach Aussage von Satz 6.1 können wir für die Berechnung des bestimmten Integrals beliebige Zerlegungen Z und beliebige Zwischensummen bilden, sofern nur $d(Z)$ gegen 0 strebt. Nach Beispiel 6.1 gilt daher für $f(x) = x^2$:

$$\int_0^1 f(x)\,dx = \int_0^1 x^2\,dx = \frac{1}{3} .$$

Beispiel 6.2. Wir integrieren die konstante Funktion $f(x) = h$, $x \in [a, b]$. Für jede Zerlegung Z von $[a, b]$ und jede Wahl von Zwischenstellen gilt:

$$S(f, Z) = \sum_{k=1}^{n} f(c_k)\,\Delta_k = h \sum_{k=1}^{n} \Delta_k = h\,(b - a) ,$$

denn die Summe der Intervallängen ist gerade $b - a$. Alle Zwischensummen haben den gleichen Wert, deshalb liefert der Grenzübergang $d(Z) \to 0$:

$$I = \int_a^b h\,dx = h\,(b - a) .$$

Für $h > 0$ ist dies der Flächeninhalt F eines Rechtecks mit einer Basis der Länge $b - a$ und einer Höhe der Länge h: $F = I$. Für $h < 0$ liegt die Fläche F unterhalb der x-Achse. Der Flächeninhalt ist dann $F = -I = |h|\,(b - a)$. Für $h = 1$ schreibt man auch $\int_a^b dx$ statt $\int_a^b 1 \cdot dx$. □

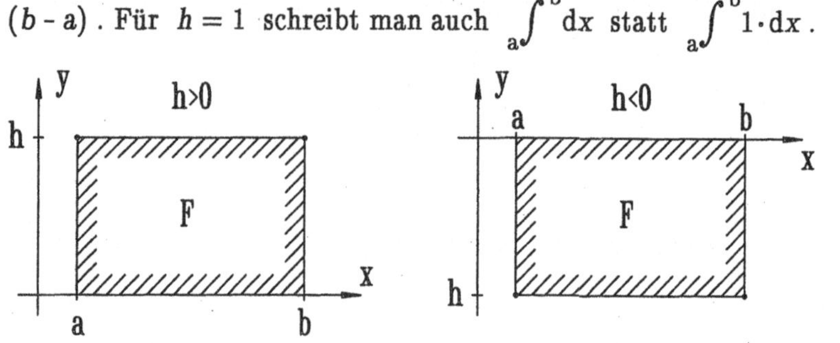

6.3 Eigenschaften des bestimmten Integrals

Die Sätze dieses Abschnittes kann man geometrisch einsehen, wenn man die auftretenden Integrale als Flächeninhalte interpretiert. Man beweist sie durch Reduktion auf Aussagen über Zwischensummen.

Satz 6.2. Die Funktionen f und g seien integrierbar in $[a, b]$ und es sei $c \in \mathbb{R}$. Dann sind auch die Funktionen $f + g$ und cg integrierbar und es gilt:

(1) $$\int_a^b [f(x) + g(x)]\,dx = \int_a^b f(x)\,dx + \int_a^b g(x)\,dx.$$

(2) $$\int_a^b cg(x)\,dx = c\int_a^b g(x)\,dx.$$

Beweis. (1) Für jede Zerlegung Z von $[a, b]$ und jede Wahl von Zwischenstellen gilt wegen des Kommutativgesetzes bei endlichen Summen:

$$S(f + g, Z) = \sum_{k=1}^{n} [f(c_k) + g(c_k)]\,\Delta_k = S(f, Z) + S(g, Z).$$

Für $d(Z) \to 0$ streben die Zwischensummen $S(f, Z)$ und $S(g, Z)$ gegen die jeweiligen Integrale. Daher konvergiert auch $S(f + g, Z)$ und die Behauptung (1) folgt. ■

Beispiel 6.3.

$$\int_0^1 (3x^2 + 4)\,dx = 3 \int_0^1 x^2\,dx + 4 \int_0^1 dx = 3\cdot(1/3) + 4\cdot 1 = 5\,.$$

Siehe die Beispiele 6.1 und 6.2. □

Satz 6.2 besagt, daß die Integration "verträglich" ist mit der Addition von Funktionen und der Multiplikation einer Funktion mit einer reellen Zahl. Man sagt auch, die Integration ist eine ***lineare Operation***. Auch die Differentiation ist linear; denn es gilt:

(1) $(f+g)' = f' + g'$,

(2) $(c\,g)' = c\,g'$.

Bisher ist ein bestimmtes Integral nur definiert, wenn die untere Grenze kleiner als die obere ist. Wir erweitern nun den Integralbegriff.

Definition 6.2. Für eine auf $[\,a,\, b\,]$ integrierbare Funktion setzen wir:

(1) $\int_b^a f(x)\,dx := -\int_a^b f(x)\,dx\,;$ (2) $\int_a^a f(x)\,dx := 0\,.$

Eine weitere Eigenschaft des bestimmten Integrals ist die ***Intervalladditivität***. Darunter versteht man die Eigenschaft, daß ein Integral stets als Summe von Integralen über Teilintervalle berechnet werden kann. Etwas allgemeiner ist die Aussage von

Satz 6.3. . Alle vorkommenden Integrale mögen existieren. Dann gilt:

$$\int_a^b f(x)\,dx = \int_a^c f(x)\,dx + \int_c^b f(x)\,dx\,.$$

Statt eines Beweises erläutern wir zwei typische Anordnungen der Punkte a, b und c . Im Fall $a < c < b$ ist die Aussage geometrisch evident. Im Fall $a < b < c$ wenden wir diese Aussage an, wobei wir die Rollen von b und c vertauschen. Mit Definition 6.2(1) folgt die Behauptung:

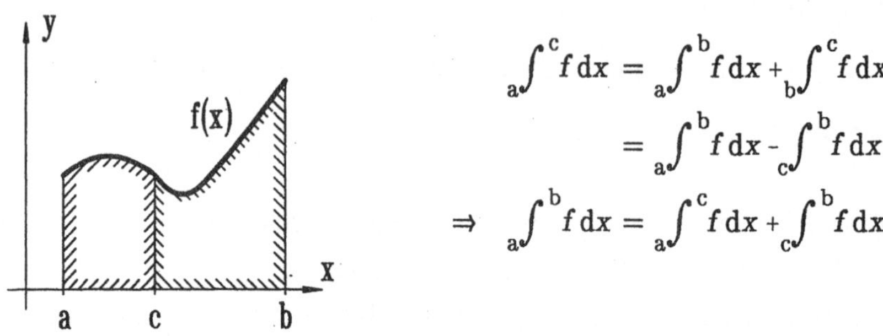

$$\int_a^c f\,dx = \int_a^b f\,dx + \int_b^c f\,dx$$
$$= \int_a^b f\,dx - \int_c^b f\,dx$$
$$\Rightarrow \quad \int_a^b f\,dx = \int_a^c f\,dx + \int_c^b f\,dx .$$

Neben stetigen Funktionen gibt es auch andere beschränkte Funktionen, für die der Grenzprozeß der Zwischensummen ein eindeutiges Resultat liefert. Neben den stetigen sind monotone und stückweise stetige Funktionen stets ***integrierbar***.

Eine Funktion f heißt ***stückweise stetig*** auf $[\,a, b\,]$, wenn gilt:

(1) Es gibt endlich viele Zahlen a_i mit

$$a = a_0 < a_1 < \; ... \; < a_m = b \; ,$$

(2) Auf jedem abgeschlossenen Teilintervall $[\,a_{i-1}, a_i\,]$ gibt es eine stetige Ersatzfunktion $\tilde{f}_i$ für f mit der Eigenschaft:

$$f(x) = \tilde{f}_i(x) \qquad \text{für } a_{i-1} < x < a_i \, .$$

Man kann zeigen, daß gilt:

$$\int_a^b f(x)\,dx = \int_{a_0}^{a_1} \tilde{f}_1(x)\,dx + \int_{a_1}^{a_2} \tilde{f}_2(x)\,dx + \; ... \; + \int_{a_{m-1}}^{a_m} \tilde{f}_m(x)\,dx.$$

Beispiele für stückweise stetige Funktionen zeigen die folgenden Abbildungen.

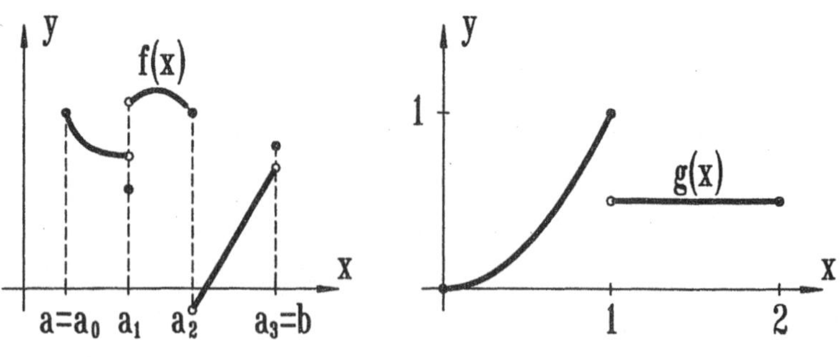

Beispiel 6.4. Die Funktion

$$g: x \longrightarrow \begin{cases} x^2, & \text{falls } 0 \le x \le 1, \\ 1/2, & \text{falls } 1 < x \le 2, \end{cases}$$

ist stückweise stetig auf $[0, 2]$, und es gilt (vgl. Beispiel 6.1 und 6.2):

$$\int_0^2 g(x)\,dx = \int_0^1 x^2\,dx + \int_1^2 \frac{1}{2}\,dx = \frac{1}{3} + \frac{1}{2}(2-1) = \frac{5}{6}\,. \qquad \square$$

Beispiel 6.5. Wir berechnen $I = \int_a^b \operatorname{sgn} x\,dx$. Das Integral existiert, denn die Funktion sgn ist in jedem Intervall $[a, b]$ stückweise stetig. Zunächst gilt wegen Satz 6.3:

$$I = \int_a^0 \operatorname{sgn} x\,dx + \int_0^b \operatorname{sgn} x\,dx = \int_0^b \operatorname{sgn} x\,dx - \int_0^a \operatorname{sgn} x\,dx\,.$$

Mit der Funktion F,

$$F: x \longrightarrow F(x) := \int_0^x \operatorname{sgn} u\,du\,, \quad x \in \mathbb{R}$$

können wir schreiben: $I = F(b) - F(a)$. (Bei der Definition von F wurde die Integrationsvariable mit u bezeichnet, um eine Verwechslung mit der oberen Grenze des Integrals auszuschließen.)

Wir berechnen die Funktionswerte $F(x)$. Für $x > 0$ gilt nach Beispiel 6.2:

$$F(x) = \int_0^x 1 \cdot du = 1 \cdot (x - 0) = x = |x|\,.$$

Für $x < 0$ folgt nach Definition 6.2(1):

$$F(x) = \int_0^x (-1)\,du = -\int_x^0 (-1)\,du = -(-1)(0 - x) = -x = |x|\,.$$

Für $x = 0$ erhalten wir nach Definition 6.2(2): $F(x) = 0 = |x|$. Wir fassen zusammen:

$$F(x) = |x| \qquad \text{für } x \in \mathbb{R}\,,$$

Damit ergibt sich für das ursprüngliche Integral:

$$I = \int_a^b \operatorname{sgn} x\,dx = |b| - |a|\,. \qquad \square$$

Ausgangspunkt für viele Integralungleichungen ist

> **Satz 6.4.** Die Funktion f sei integrierbar auf $[a, b]$. Sind m, M zwei Zahlen, so daß für alle $x \in [a, b]$ $m \le f(x) \le M$ gilt, dann folgt:
>
> $$m(b-a) \le \int_a^b f(x)\,dx \le M(b-a).$$

Beweis. Für jede Zwischensumme $S(f, Z)$ gilt (vgl. Beispiel 6.2):

$$\sum_{k=1}^{n} m\,\Delta_k \le \sum_{k=1}^{n} f(c_k)\,\Delta_k \le \sum_{k=1}^{n} M\,\Delta_k$$

oder

$$m(b-a) \le S(f, Z) \le M(b-a).$$

Im Grenzübergang $d(Z) \to 0$ folgt die Behauptung. ∎

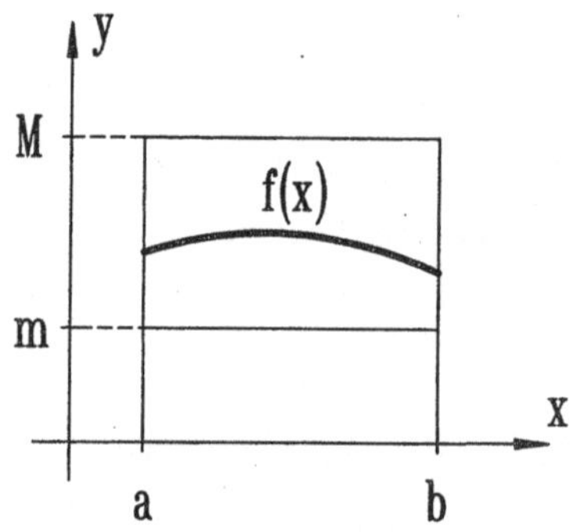

Wir ziehen einige Folgerungen aus Satz 6.4.

> **Satz 6.5.** Alle vorkommenden Integrale mögen existieren.
>
> (1) Es sei $f(x) \le g(x)$ für $a \le x \le b$. Dann gilt:
>
> $$\int_a^b f(x)\,dx \le \int_a^b g(x)\,dx.$$
>
> (2) Für $a \le b$ gilt: $\left|\int_a^b f(x)\,dx\right| \le \int_a^b |f(x)|\,dx.$

Beweis. (1) Nach Voraussetzung ist $h(x) := g(x) - f(x) \ge 0$ für $a \le x \le b$. Wir wählen $m = 0$ und wenden Satz 6.4 auf h an. Dann folgt:

$$0 \leq \int_a^b h(x)\,dx = \int_a^b g(x)\,dx - \int_a^b f(x)\,dx\,.$$

(2) Wir benutzen die Aussage:

$$-|u| \leq v \leq |u| \quad \Leftrightarrow \quad |v| \leq |u|\,. \tag{†}$$

Wir setzen $u = v = f(x)$, lesen die Äquivalenz (†) von rechts und integrieren die resultierende Doppelungleichung gemäß (1):

$$\underbrace{-\int_a^b |f(x)|\,dx}_{=\,-B} \quad \leq \quad \underbrace{\int_a^b f(x)\,dx}_{=:\,A} \quad \leq \quad \underbrace{\int_a^b |f(x)|\,dx}_{=:\,B}\,.$$

Wenn wir $u = B$ und $v = A$ setzen und die Äquivalenz (†) von links lesen, erhalten wir die Behauptung. Dabei müssen wir noch beachten, daß für B als Integral der nichtnegativen Funktion $|f(x)|$ gilt: $|B| = B$. ∎

6.4 Der Zusammenhang zwischen Differential- und Integralrechnung

Die Resultate dieses Abschnitts sind von zentraler Bedeutung. Sie verknüpfen die beiden Hauptgebiete der Analysis, die Differential- und die Integralrechnung. Außerdem liefern sie die übliche Methode zur Berechnung bestimmter Integrale.

Satz 6.6. Die Funktion f sei stetig auf $[\,a, b\,]$. Dann ist die ***Integralfunktion***

$$F : x \longrightarrow F(x) := \int_a^x f(u)\,du\,, \quad x \in [\,a, b\,]$$

differenzierbar, und es gilt: $F' = f$, d.h.

$$\frac{d}{dx}\int_a^x f(u)\,du = f(x)\,.$$

Beweis. Gemäß Satz 6.3 folgt für x bzw. $x + h \in [\,a, b\,]$:

$$F(x+h) = \int_a^{x+h} f(u)\,du = \int_a^x f(u)\,du + \int_x^{x+h} f(u)\,du$$

$$= F(x) + \int_x^{x+h} f(u)\,du\,.$$

Damit lautet der Differenzenquotient für F:

$$\frac{\Delta F(x)}{h} = \frac{F(x+h) - F(x)}{h} = \frac{1}{h}\int_x^{x+h} f(u)\,du\,.$$

Für $x = a$ beschränken wir uns auf $h > 0$ und für $x = b$ auf $h < 0$. $F'(x)$ ist in diesen Fällen als rechts- bzw. linksseitige Ableitung zu interpretieren.

Nach Satz 4.3(1) gibt es Punkte s und t im Intervall zwischen x und $x + h$, in denen die Funktionswerte $f(x)$ ihr Minimum bzw. Maximum annehmen. Wir setzen

$$m = f(s) \qquad \text{und} \qquad M = f(t)$$

und wenden Satz 6.4 an. Im Fall $h > 0$ erhalten wir für das Intervall $[x, x+h]$:

$$f(s)\,h \leq \int_x^{x+h} f\,du \leq f(t)\,h$$

oder $$f(s) \leq \frac{1}{h}\int_x^{x+h} f\,du \leq f(t)\,.$$

Im Fall $h < 0$ wenden wir Satz 6.4 auf das Intervall $[x+h, x]$ an und berücksichtigen Definition 6.2(1):

$$f(s)\,(-h) \leq \int_{x+h}^{x} f\,du \leq f(t)\,(-h)$$

oder $$f(s) \leq \frac{1}{h}\int_x^{x+h} f\,du \leq f(t)\,.$$

Da s und t zwischen x und $x + h$ liegen und f stetig ist, gilt:

$$\lim_{h\to 0} f(s) = \lim_{h\to 0} f(t) = f(x)\,.$$

Der Differenzenquotient von F liegt also zwischen zwei Funktionen, die für $h \to 0$ denselben Grenzwert $f(x)$ haben. Also folgt:

$$\lim_{h\to 0} \Delta F(x)/h = f(x)\,.$$ ■

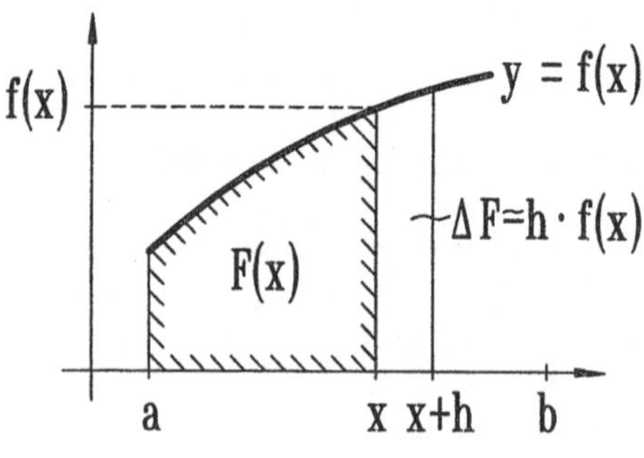

Definition 6.3. Die Funktion f sei in einem Intervall $I = [\,a, b\,]$ definiert. Dann nennt man eine auf I differenzierbare Funktion F eine ***Stammfunktion*** von f auf I, wenn dort $F' = f$ gilt.

Mit F ist auch $F(x) + C$ für jede Konstante $C \in \mathbb{R}$ Stammfunktion von f. Denn es gilt:

Satz 6.7. Sind F und G zwei Stammfunktionen von f in $[\,a, b\,]$, dann gibt es eine Konstante C, so daß für $x \in [\,a, b\,]$ gilt:

$$G(x) = F(x) + C\,.$$

Beweis. F und G haben die gleiche Ableitung f: $F' = G' = f$. Daher folgt nach Satz 5.11(2) die Behauptung. ■

Stammfunktionen sind also nur bis auf eine additive Konstante bestimmt. Kennt man eine Stammfunktion, so kann man durch Addieren von Konstanten alle anderen erzeugen.

Die Menge aller Stammfunktionen wird ***unbestimmtes Integral*** genannt und mit $\int f(x)\,\mathrm{dx}$ (ohne Integrationsgrenzen!) bezeichnet. Wenn F eine Stammmfunktion von f ist, dann schreibt man symbolisch:

$$\int f(x)\,\mathrm{dx} = F(x) + C\,.$$

Bestimmte und unbestimmte Integrale sind sorgfältig zu unterscheiden! Ein bestimmtes Integral stellt einen Zahlenwert dar, ein umbestimmtes Integal bezeichnet die Menge aller Stammfunktion.

Eine Verbindung liefert Satz 6.6 , der die Integralfunktion als eine Stammfunktion ausweist:

$$\frac{\mathrm{d}}{\mathrm{dx}} \int_a^x f(t)\,\mathrm{d}t = f(x)\,.$$

In diesem Sinn ist die Differentiation die Umkehrung der Integration. Diese Aussage kann wegen Satz 6.7 nur mit Einschränkung umgekehrt werden:

$$\int F'(x)\,dx = F(x) + C\,.$$

Unbestimmte Integrale gewinnt man durch Differenzieren bekannter Funktionen bzw. durch Uminterpretation von Ableitungen. Wir werden in Abschnitt 6.7 Methoden zur systematischen Erzeugung von Stammfunktionen kennenlernen. Durch Differenzieren bestätigt man die folgende Integraltabelle, in der die additiven Konstanten C aus Gründen der Übersichtlichkeit weggelassen ist.

$f(x)$	$\int f(x)\,dx$	
x^a	$x^{a+1}/(a+1)$	$(a \neq -1)$
$1/x$	$\ln\|x\|$	
e^{kx}	e^{kx}/k	$(k \neq 0)$
$\sin x$	$-\cos x$	
$\cos x$	$\sin x$	
$1/(1+x^2)$	$\arctan x$	

Beispiel 6.6.

(1) $(\frac{1}{3}x^3)' = x^2 \quad\Rightarrow\quad \int x^2\,dx = \frac{1}{3}x^3 + C\,.$

(2) $(\sqrt{x})' = \frac{1}{2}\frac{1}{\sqrt{x}} \quad\Rightarrow\quad \int \frac{dx}{\sqrt{x}} = 2\sqrt{x} + C\,.$

(3) $(e^x)' = e^x \quad\Rightarrow\quad \int e^x\,dx = e^x + C\,.$

(4) $(\sqrt{1+x^2})' = \frac{x}{\sqrt{1+x^2}} \quad\Rightarrow\quad \int \frac{x\,dx}{\sqrt{1+x^2}} = \sqrt{1+x^2} + C\,.$ □

Die Bedeutung der Stammfunktionen liegt in ihrer zentralen Rolle bei der Berechnung bestimmter Integrale. Angenommen, wir kennen eine Stammfunktion F von einer in $[a, b]$ stetigen Funktion f. Wegen Satz 6.6 ist $\int_a^x f(t)\,dt$ eine andere Stammfunktion von f, und somit gilt gemäß Satz 6.7 :

$$F(x) = \int_a^x f(t)\,dt + C\,.$$

Wir setzen $x = a$ und bestimmen so die Konstante C (vgl. Definition 6.2(2)):

$$F(a) = \int_a^a f(t)\, dt + C = 0 + C .$$

Daher folgt für $x = b$:

$$F(b) = \int_a^b f(t)\, dt + F(a)$$

oder $$\int_a^b f(t)\, dt = F(b) - F(a) .$$

Für das praktische Rechnen ist folgende Abkürzung nützlich:

$$F(x) \Big|_a^b := F(b) - F(a)$$

Damit haben wir bewiesen:

Satz 6.8 (Hauptsatz der Differential- und Integralrechnung). Die Funktion f sei stetig in $[a, b]$ und F eine Stammfunktion von f. Dann gilt:

$$\int_a^b f(t)dt = F(x) \Big|_a^b = F(b) - F(a) .$$

Beispiel 6.7. (1) Wegen Beispiel 6.6(1) erhalten wir:

$$\int_a^b x^2\, dx = \frac{1}{3} x^3 \Big|_a^b = \frac{1}{3} (b^3 - a^3) .$$

Für $a = 0$ und $b = 1$ ergibt sich das Resultat aus Beispiel 6.1.

(2) $$\int_{-2}^2 (x^3 - 2x^2 + x)\, dx = \left[\frac{1}{4} x^4 - 2\cdot\frac{1}{3} x^3 + \frac{1}{2} x^2\right] \Big|_{-2}^2$$

$$= \frac{1}{4} [2^4 - (-2)^4] - \frac{2}{3} [2^3 - (-2)^3] + \frac{1}{2} [2^2 - (-2)^2] = 0 - \frac{32}{3} + 0 = -\frac{32}{3} .$$

(3) $$\int_{-1}^1 e^{2x}\, dx = \frac{1}{2} e^{2x} \Big|_{-1}^{+1} = \frac{1}{2} (e^2 - e^{-2}) = \sinh 2 .$$ □

Beispiel 6.8. Wir betrachten das Integral

$$\int_0^{2\pi} \sin x\, dx = -\cos x \Big|_0^{2\pi} = (-1) - (-1) = 0 .$$

Dieses Integral stellt nicht den Inhalt der Fläche zwischen der Kurve $y = \sin x$ und der x-Achse im Intervall $[0, 2\pi]$ dar. Wollen wir diese Fläche berechnen, dann müssen wir berücksichtigen, daß Intervalle, in denen der Integrand negativ ist, einen negativen Beitrag zum Integral liefern. Der entsprechende Flächeninhalt ist das Negative des zugehörigen Integrals.

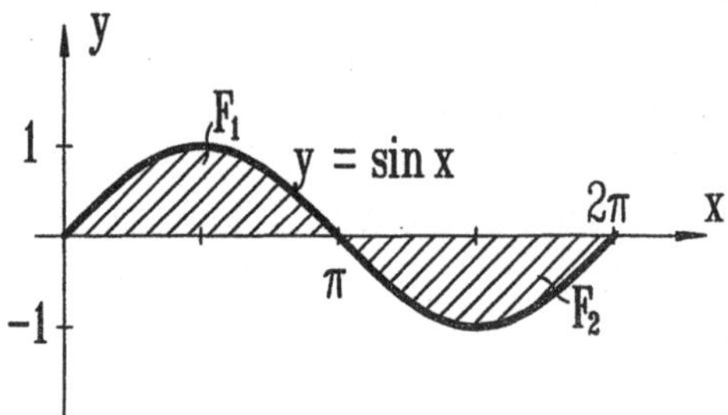

Wir teilen daher das Integral entsprechend den Nullstellen des Integranden:

$$I_1 = \int_0^{\pi} \sin x \, dx = -\cos x \Big|_0^{\pi} = \cos \pi + \cos 0 = 2 \; ;$$

$$I_2 = \int_{\pi}^{2\pi} \sin x \, dx \quad = -\cos x \Big|_{\pi}^{2\pi} = \cos 2\pi + \cos \pi = -2 \, .$$

Wir erhalten: $F = F_1 + F_2 = |I_1| + |I_2| = 4$. □

6.5 Anwendungen des bestimmten Integrals

Wir geben einige Beispiele für Grenzprozesse, die auf bestimmte Integrale führen.

Länge eines Kurvenstückes

Die Kurve $\mathcal{K}$ sei gegeben als Graph einer stetig differenzierbaren Funktion f in einem Intervall $[a, b]$:

$$\mathcal{K} = \{ (x,y) \mid y = f(x) \, , \, a \leq x \leq b \} \, .$$

(f ist genau dann ***stetig differenzierbar*** auf $[a, b]$, wenn dort f' existiert und stetig ist). Um die Länge S dieser Kurve zu berechnen, approximieren wir sie durch einen Polygonzug. Dazu wählen wir eine Zerlegung Z von $[a, b]$ und betrachten den Polygonzug durch die Punkte $P_k(x_k, f(x_k))$ für $k = 0, 1, ..., n$.

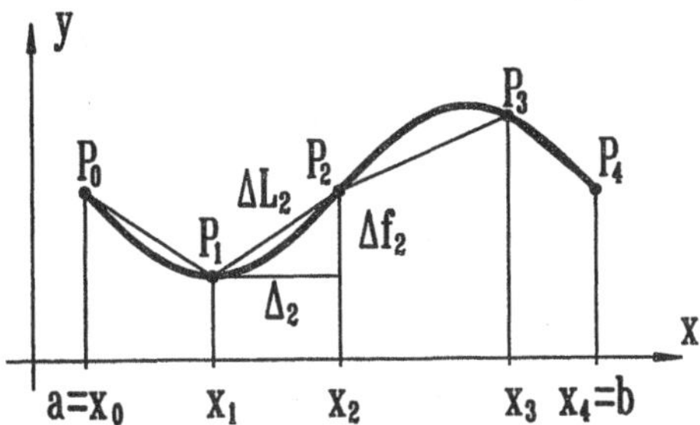

Die Länge ΔL_k des Polygonteilstückes im Teilintervall $[x_{k-1}, x_k]$ ist gegeben durch

$$\Delta L_k = \sqrt{\Delta_k^2 + (\Delta f_k)^2}\ , \qquad k = 1, 2, \ldots, n\,.$$

Dabei gilt gemäß dem Mittelwertsatz der Differentialrechnung (MW1):

$$\Delta f_k := f(x_k) - f(x_{k-1}) = f'(c_k)\,\Delta_k$$

mit einem geeigneten $c_k \in\,]\,x_{k-1}, x_k\,[$. Wir erhalten somit die Länge des Teilstücks zu

$$\Delta L_k = \Delta_k \sqrt{1 + [\,f'(c_k)\,]^2}\ .$$

Für die gesamte Länge des Polygonzuges ergibt sich:

$$\sum_{k=1}^{n} \Delta L_k = \sum_{k=1}^{n} \Delta_k \sqrt{1 + [\,f'(c_k)\,]^2} = S(g, Z)\,.$$

Die Funktion $g(c) := \sqrt{1 + [\,f'(c)\,]^2}$ ist nach Voraussetzung stetig; daher strebt $S(g, Z)$ für $d(Z) \to 0$ gegen das bestimmte Integral der Funktion g und wir erhalten für die Länge S der Kurve K:

$$\boxed{L = \int_a^b \sqrt{1 + [\,f'(x)\,]^2}\;dx}$$

Beispiel 6.9. Wir bestimmen den Umfang U eines Kreises mit dem Radius r. Wir betrachten dazu einen Kreis um den Koordinatenursprung. Dann wird der obere Halbkreis durch die Funktion

$$y = f(x) = \sqrt{r^2 - x^2}\ , \quad -r \leq x \leq r\,,$$

beschrieben (vgl. Beispiel 2.9). Damit finden wir:

$$f'(x) = \frac{-x}{\sqrt{r^2 - x^2}} \qquad \text{bzw.}$$

$$\sqrt{1+[f'(x)]^2} = \sqrt{1+\frac{x^2}{r^2-x^2}} = \frac{r}{\sqrt{r^2-x^2}} .$$

Für die Bogenlänge des Halbkreises erhalten wir:

$$L = \int_{-r}^{r} \frac{r}{\sqrt{r^2-x^2}}\, dx = r \arcsin\left(\frac{x}{r}\right) \Big|_{-r}^{r} = r\left[\frac{\pi}{2} - \left(-\frac{\pi}{2}\right)\right] = r\pi$$

Schließlich folgt: $U = 2L = 2r\pi$. □

Volumen eines Rotationskörpers

Die Funktion f sei stetig in $[a, b]$, und es gelte $f(x) \geq 0$ für $a \leq x \leq b$. Wenn wir die Kurve $y = f(x)$ um die x-Achse rotieren lassen, erhalten wir einen Körper, dessen Volumen V wir berechnen wollen.

Wir betrachten eine Zerlegung Z von $[a, b]$. Angenommen, m_k und M_k sind die Minimal- bzw. Maximalwerte von $f(x)$ im k-ten Teilintervall $[x_{k-1}, x_k]$. Dann liegt der Rotationskörper in diesem Teilintervall zwischen zwei Zylindern mit der Höhe Δ_k und den Radien m_k bzw. M_k. Für das zugehörige Teilvolumen V_k gilt:

$$\pi\, m_k^2\, \Delta_k \leq V_k \leq \pi\, M_k^2\, \Delta_k .$$

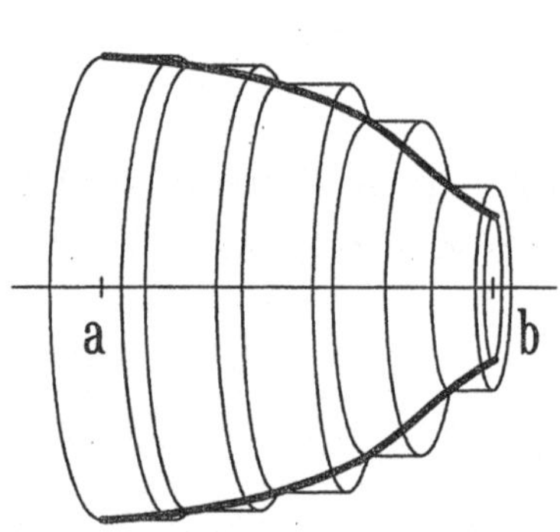

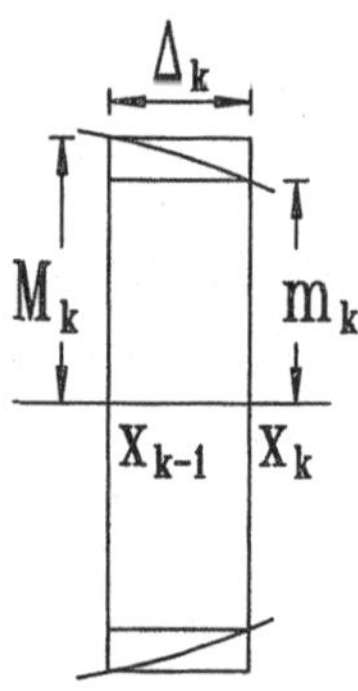

Für das Gesamtvolumen V erhalten wir:

$$U(\pi f^2, Z) = \sum_{k=1}^{n} \pi\, m_k^2\, \Delta_k \leq \sum_{k=1}^{n} V_k \leq \sum_{k=1}^{n} \pi\, M_k^2\, \Delta_k = O\,(\pi f^2, Z) .$$

Das Volumen V wird also durch die Unter- bzw. Obersumme der Funktion $\pi f(x)^2$ abgeschätzt. Im Grenzfall immer feinerer Zerlegungen erhalten wir für das Volumen

$$V = \int_a^b \pi f(x)^2 \, dx$$

Beispiel 6.10. Durch Rotation der Kurve $y = \sqrt{r^2 - x^2}$ um die x-Achse erhalten wir eine Kugel vom Radius r. Wir berechnen ihr Volumen:

$$V(r) = \int_{-r}^{r} \pi(r^2 - x^2) \, dx = \pi(r^2 x - \frac{1}{3} x^3) \Big|_{-r}^{r} = 2\pi \, (r^3 - \frac{1}{3} r^3)$$
$$= \frac{4\pi}{3} r^3 .$$

Wir können uns das Kugelvolumen auch als Summe von Kugelschalen vom Innenradius x und der Dicke dx aufgebaut denken. Für hinreichend dünne Schalen ist deren Volumen näherungsweise gegeben durch das Produkt aus Oberfläche $O(x)$ und der Dicke dx (vgl. Beispiel 5.18), also

$$\Delta V(x) \simeq O(x) \, dx = 4\pi \, x^2 \, dx .$$

Summation und Grenzübergang führt zu folgendem Integral:

$$V(r) = \int_0^r O(x) \, dx = \int_0^r 4\pi \, x^2 \, dx = 4\pi \, r^3/3 . \qquad \square$$

Arbeit bei variabler Kraft

Bewegt sich ein Körper unter dem Einfluß der Kraft K entlang einer Geraden (etwa der x-Achse) von a nach b, dann ist die geleistete Arbeit das Produkt aus Kraft und Weg: $A = K(b - a)$ (vorausgesetzt, die Kraft wirkt entlang der x-Achse, und es gilt $a < b$). Wie groß ist die Arbeit, wenn die Kraft nicht konstant, sondern eine Funktion $K(x)$ des Ortes x ist?

Zur Beantwortung dieser Frage wählen wir eine Zerlegung von $[a, b]$ und approximieren den Beitrag ΔA_k des k-ten Teilintervalls zur Gesamtarbeit durch

$$\Delta A_k \simeq K(c_k) \, \Delta_k ,$$

wobei $c_k \in [x_{k-1}, x_k]$ gelten soll. Wir ersetzen also die Kraft K im k-ten Teilintervall durch eine geeignete konstante Kraft. Für die gesamte Arbeit erhalten wir

$$A = \sum_{k=1}^{n} \Delta A_k \simeq \sum_{k=1}^{n} K(c_k)\, \Delta_k\,.$$

Im Grenzprozeß zunehmend verfeinerter Zerlegungen folgt:

$$\boxed{A = \int_a^b K(x)\, dx}$$

Beispiel 6.11. Zwischen zwei Ladungen q und Q im Abstand r wirkt die ***Coulombkraft***

$$K(r) = qQ/r^2$$

entlang der Verbindungsgeraden. Bewegt man eine Ladung vom Abstand a in den Abstand b (entlang dieser Geraden), dann ist die geleistete Arbeit

$$A(a,b) := \int_a^b \frac{qQ}{r^2}\, dr = qQ\left(\frac{1}{a} - \frac{1}{b}\right).$$

Diese Arbeit bleibt selbst dann endlich, wenn der Endabstand b über alle Grenzen wächst:

$$\lim_{b\to\infty} A(a,b) = \lim_{b\to\infty} qQ\left(\frac{1}{a} - \frac{1}{b}\right) = \frac{qQ}{a}\,.$$

Für $q = 1$ bezeichnet man den negativen Wert dieser Arbeit als ***Potential*** $V(a)$ der Ladung Q:

$$V(a) = -\,Q/a$$

□

Anmerkung. Bei allen Betrachtungen dieses Abschnitts wurde eine Größe als Summe von Teilbeträgen aufgefaßt. Diese Teilbeträge lassen sich als Funktionsdifferenzen schreiben,

$$\Delta F_k := F(x_k) - F(x_{k-1})\,,$$

wobei $F(x)$ etwa die Arbeit bis zum Punkt x darstellt. Für die Summe der Teilbeträge erhalten wir

$$\sum_{k=1}^{n} \Delta F_k = \sum_{k=1}^{n} [\,F(x_k) - F(x_{k-1})\,] = F(x_n) - F(x_0) = F(b) - F(a)\,.$$

Andererseits können wir für hinreichend kleine $\Delta_k \simeq dx$ die Funktionsdifferenzen ΔF_k durch Differentiale approximieren (vgl. Abschnitt 5.5):

$$\Delta F \simeq dF(x) = F'(x)\, dx = f(x)\, dx\,,$$

wobei wir annehmen, daß F eine Stammfunktion von f ist. In diesem Sinn ist das bestimmte Integral von f näherungsweise eine Summe über Differentiale:

$$F(b) - F(a) = \sum \Delta F \simeq \int_a^b dF = \int_a^b f(x)\, dx .$$

6.6 Uneigentliche Integrale

In Beispiel 6.11 wurden wir durch eine physikalische Fragestellung (Berechnung des Potentials) zu einem Grenzübergang geführt, den wir auch als Integral über einem unendlichen Intervall auffassen können:

$$\int_a^\infty \frac{1}{x^2}\, dx := \lim_{b\to\infty} \int_a^b \frac{1}{x^2}\, dx = \lim_{b\to\infty} \left(-\frac{1}{x}\right)\Big|_a^b = \lim_{b\to\infty} \left(\frac{1}{a} - \frac{1}{b}\right) = \frac{1}{a} ,$$

für $a > 0$.

Dabei handelt es sich nicht um ein Integral im bisher definierten, eigentlichen Sinn. Man spricht von einem ***uneigentlichen Integral***, wenn einer der folgenden Sachverhalte erfüllt ist:

(1) Eine oder beide Integrationsgrenzen liegen nicht im Endlichen.

(2) Der Integrand ist im Integrationsintervall nicht beschränkt.

Die Funktion f sei stetig im Intervall $[\, a, \infty\, [$. Dann existiert für jedes $b > a$ das bestimmte Integral

$$F(b) := \int_a^b f(x)\, dx .$$

Falls $F(b)$ für $b \to \infty$ einen endlichen Grenzwert hat, heißt er ***uneigentliches Integral*** von f auf $[\, a, \infty\, [$ und man schreibt

$$\int_a^\infty f(x)\, dx := \lim_{b\to\infty} F(b) = \lim_{b\to\infty} \int_a^b f(x)\, dx .$$

Wenn $\lim\limits_{b\to\infty} F(b)$ existiert, sagt man auch, das uneigentliche Integral $\int_a^\infty f(x)\, dx$ ***konvergiert***; andernfalls ***existiert*** das uneigentliche Integral ***nicht***, es ***konvergiert nicht***.

Beispiel 6.12. Wir untersuchen, für welche $n \in \mathbb{N}$ das uneigentliche Integral

$$I_n := \int_1^\infty \frac{1}{x^n}\,dx$$

existiert. Dazu bilden wir definitionsgemäß das zugehörige bestimmte Integral:

$$F_n(b) := \int_1^b x^{-n}\,dx\,, \qquad b \geq 1$$

Es gilt:

$$F_n(b) = \frac{1}{-n+1}\,x^{-n+1}\Big|_1^b = \frac{1}{n-1}\Big(1 - \frac{1}{b^{n-1}}\Big) \quad \text{(für } n \geq 2\text{)}$$

bzw. $$F_1(b) = \ln x\Big|_1^b = \ln b \qquad \text{(für } n = 1\text{)}.$$

Das uneigentliche Integral I_n existiert für $n \geq 2$, und es gilt:

$$I_n = \lim_{b \to \infty} \frac{1}{n-1}\Big(1 - \frac{1}{b^{n-1}}\Big) = \frac{1}{n-1}\,.$$

Dagegen konvergiert das uneigentliche Integral I_1 nicht; denn:

$$\lim_{b \to \infty} \ln b = \infty\,.$$ □

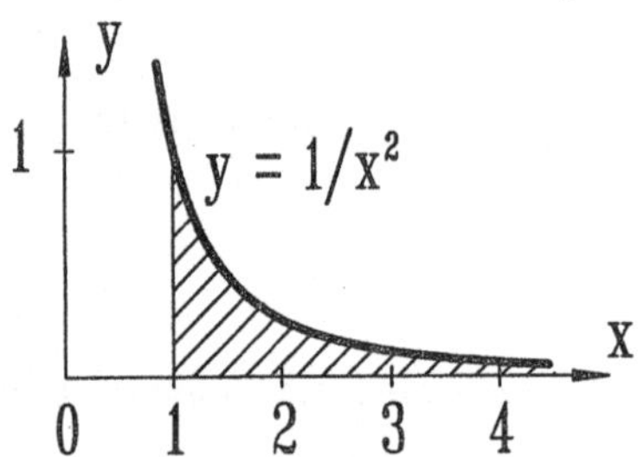

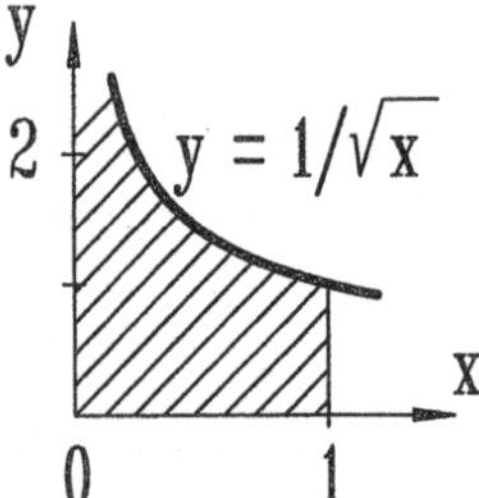

Entsprechend verfährt man für den Fall, daß der Integrand $f(x)$ unbeschränkt wächst, falls x gegen einen Randpunkt strebt. Die Funktion sei beispielsweise auf dem halboffenen Intervall $]\,a, b\,]$ stetig, aber nicht beschränkt. Für jedes $c \in\,]\,a, b\,]$ existiert dann das bestimmte Integral

$$F(c) := \int_c^b f(x)\,dx\,.$$

Falls $F(c)$ für $c \to a^+$ einen endlichen Grenzwert hat, heißt er ***uneigent-***

liches Integral von f auf $[a, b]$, und man schreibt

$$\int_a^b f(x)\,dx := \lim_{c \to a^+} F(c) = \lim_{c \to a^+} \int_c^b f(x)\,dx .$$

Analog geht man vor, falls $f(x)$ für $x \to b^-$ unbeschränkt wächst.

Beispiel 6.13. Wir betrachten die uneigentlichen Integrale

$$I_n := \int_0^1 x^{-1/n}\,dx , \quad n \in \mathbb{N} .$$

Für $n \geq 2$ gilt:

$$F_n(c) = \int_c^1 x^{-1/n}\,dx = \frac{1}{1 - 1/n} x^{1-1/n} \Big|_c^1 = \frac{n}{n-1}(1 - c^{1-1/n})$$

und für $n = 1$:

$$F_1(c) = \int_c^1 x^{-1}\,dx = \ln x \Big|_c^1 = -\ln c .$$

Wegen

$$\lim_{c \to 0^+} (-\ln c) = \infty$$

existiert das uneigentliche Integral I_1 nicht. Dagegen hat die Fläche unter der Kurve $y = 1/\sqrt[n]{x}$ für $n \geq 2$ im Intervall $]0, 1]$ einen endlichen Inhalt, obwohl sie nicht ganz im Endlichen liegt. Denn die uneigentlichen Integrale I_n existieren für $n \geq 2$ und es gilt:

$$I_n = \int_0^1 \frac{1}{\sqrt[n]{x}}\,dx = \frac{n}{n-1} , \quad (n \geq 2) .$$

Man beachte dabei den Grenzwert

$$\lim_{c \to 0^+} c^{1-1/n} = \lim_{c \to 0^+} (\sqrt[n]{c})^{n-1} = (\lim_{c \to 0^+} \sqrt[n]{c})^{n-1} = 0 , \quad (n \geq 2) . \quad \square$$

Wächst der Integrand an beiden Intervallenden unbegrenzt oder soll über das Intervall $]-\infty, \infty[$ integriert werden, so muß man das Intervall teilen und die beiden resultierenden uneigentlichen Integrale getrennt untersuchen, z.B.

$$\int_{-\infty}^{\infty} f(x)\,dx := \int_{-\infty}^{0} f(x)\,dx + \int_0^{\infty} f(x)\,dx$$

$$= \lim_{a \to -\infty} \int_a^0 f(x)\,dx + \lim_{b \to \infty} \int_0^b f(x)\,dx .$$

Es reicht nicht aus, etwa den Grenzwert $\lim_{a\to\infty} \int_{-a}^{a} f(x)\,dx$ zu untersuchen.

Beispiel 6.14. (1) Wir betrachten das uneigentliche Integral

$$I = \int_{-\infty}^{\infty} \frac{1}{1+x^2}\,dx\,.$$

Zunächst berechnen wir

$$I_1 := \int_{0}^{\infty} \frac{1}{1+x^2}\,dx = \lim_{b\to\infty} \int_{0}^{b} \frac{1}{1+x^2}\,dx = \lim_{b\to\infty} \arctan x \Big|_0^b$$

$$= \lim_{b\to\infty} \arctan b = \frac{\pi}{2}\,.$$

Entsprechend erhalten wir:

$$I_2 = \int_{-\infty}^{0} \frac{1}{1+x^2}\,dx = \lim_{a\to-\infty} \arctan x \Big|_a^0 = \lim_{a\to-\infty} -\arctan a = -(-\frac{\pi}{2}).$$

Das uneigentliche Integral I existiert also, und es gilt:

$$I = I_1 + I_2 = \pi\,.$$

(2) Mit dem entsprechenden Vorgehen zeigt man, daß das uneigentliche Integral

$$J = \int_{-\infty}^{\infty} x\,dx$$

nicht existiert; denn es gilt:

$$J_1 = \lim_{b\to\infty} \int_{0}^{b} x\,dx = \lim_{b\to\infty} \frac{1}{2}\,b^2 = \infty \quad \text{bzw.} \quad J_2 = \int_{-\infty}^{0} x\,dx = -\infty.$$

Dagegen existiert der Grenzwert

$$\lim_{a\to\infty} \int_{-a}^{a} x\,dx = \lim_{a\to\infty} \frac{1}{2}\,x^2 \Big|_{-a}^{a} = 0\,.$$ □

6.7 Integrationstechniken

Während das Differenzieren einer aus elementaren Funktionen zusammengesetzten Funktion immer kalkülmäßig durchführbar ist, bereitet das Aufsuchen einer Stammfunktion bereits für relativ einfache Integranden erhebliche Mühe. Deshalb gibt es umfangreiche Sammlungen bestimmter und unbestimmter Integrale. Trotzdem ist es notwendig, die Technik des Integrierens zu üben, zumal manche Integrale erst nach Umformungen aus Integraltabellen entnommen werden können.

Substitution

Wir interpretieren die Kettenregel im Hinblick auf unbestimmte Integrale um.

Beispiel 6.15. (1) Um das unbestimmte Integral $\int (t^2 + 1)^5 \, 2t \, dt$ zu bestimmen, setzen wir $s = t^2 + 1$. Dann gilt:

$$\frac{ds}{dt} = 2t \quad \text{oder} \quad ds = 2t \, dt \, .$$

Wir nehmen nun die Differentialschreibweise wörtlich und substituieren:

$$\int (t^2 + 1)^5 \, 2t \, dt = \int s^5 \, ds = s^6/6 + C = (t^2 + 1)^6/6 + C \, .$$

Durch Differenzieren mit Hilfe der Kettenregel bestätigen wir unser Vorgehen:

$$\frac{d}{dt} \left[\frac{1}{6} (t^2 + 1)^6 \right] = \frac{d(s^6/6)}{ds} \frac{ds}{dt} = s^5 \, 2t = (t^2 + 1) \, 2t \, .$$

(2) Im Abschnitt 5.4 haben wir beim logarithmischen Differenzieren folgende Beziehung verwendet (mit $s(t) > 0$!)

$$\frac{s'(t)}{s(t)} = (\ln s(t))' \, .$$

Daraus folgern wir nun:

$$\boxed{\int \frac{1}{s(t)} s'(t) \, dt = \ln s(t) + C \, .}$$

Eine Anwendung:

$$\int_0^{\pi/4} \tan t \, dt = - \int_0^{\pi/4} \frac{- \sin t}{\cos t} \, dt = - \ln (\cos t) \Big|_0^{\pi/4}$$

$$= - \ln \left(\cos \frac{\pi}{4}\right) = \ln \sqrt{2} \, .$$ □

In beiden Beispielen erhalten wir durch eine Substitution $s = s(t)$ aus einem unbestimmten Integral

$$\int f(s)\,\mathrm{d}s = F(s) + C \qquad [\,F(s) = s^6/6 \text{ bzw. } F(s) = \ln s\,]$$

die gesuchten Stammfunktionen

$$\int f(s)\,\frac{\mathrm{d}s}{\mathrm{d}t}\,\mathrm{d}t = F(\,s(t)\,) + C\,.$$

Diese Beziehung ergibt sich formal (!) durch Erweiterung mit dem Differential dt unter dem Integralzeichen. Der folgende Satz rechtfertigt dieses Vorgehen.

Satz 6.9 (Substitutionsregel). Die Funktion g sei stetig differenzierbar auf $[\,a, b\,]$ und die Funktion f stetig auf einem Intervall, das die Werte von g enthält. Dann gilt mit $s = g(t)$:

$$\int_a^b f(\,g(t)\,)\,g'(t)\,\mathrm{d}t = \int_{g(a)}^{g(b)} f(s)\,\mathrm{d}s\,. \qquad \text{(S)}$$

Beweis. Da f stetig ist, gibt es gemäß Satz 6.6 eine Stammfunktion F von f: $F(x) = \int_a^x f(s)\,\mathrm{d}s$. Nach der Kettenregel ist dann $F \circ g$ eine Stammfunktion für

$$[\,F(g(t))\,]' = F'(\,g(t)\,)\,g'(t) = f(\,g(t)\,)\,g'(t)\,.$$

Daher gilt für das anfangs gegebene Integral, die linke Seite von (S):

$$(F \circ g)(t)\,\Big|_a^b = F(\,g(b)\,) - F(\,g(a)\,) = F(x)\,\Big|_{g(a)}^{g(b)}\,.$$

Der letzte Ausdruck ist gerade gleich der rechten Seite von (S). ∎

Beispiel 6.16. Wir berechnen das Integral

$$I := \int_0^{\sqrt{\pi}} x \cos x^2\,\mathrm{d}x\,.$$

Dazu setzen wir $s = g(x) = x^2$. Dann ist $g'(x) = 2x$ bzw. $\mathrm{d}s = g'(x)\,\mathrm{d}x = 2x\,\mathrm{d}x$. Ferner gilt: $g(0) = 0$, $g(\sqrt{\pi}) = \pi$. Also erhalten wir nach der Substitutionsregel (S):

$$I = \frac{1}{2}\int_0^{\sqrt{\pi}} \cos(x^2)\,2x\,\mathrm{d}x = \frac{1}{2}\int_0^{\pi} \cos s\,\mathrm{d}s = \frac{1}{2}\sin s\,\Big|_0^{\pi} = 0\,. \qquad \square$$

In der Praxis ist oft eine geeignete Faktorisierung des Integranden in der Form $(f \circ g)\, g'$ nicht unmittelbar zu erkennen, so daß es günstiger ist, die Regel (S) von rechts nach links zu interpretieren. Auf den ersten Blick scheint dabei ein einfaches Integral durch ein kompliziertes ersetzt zu werden. Die folgenden Beispiele zeigen jedoch, wie eine Substitution $s = g(t)$ trotzdem zu Vereinfachungen führen kann.

Da die ***Substitutionsregel*** (S) oft verwendet wird, formalisieren wir ihre Anwendung folgendermaßen:

(1) Auswahl einer geeigneten ***umkehrbaren*** Substitution $s = g(t)$ und Berechnung von $ds = g'(t)\, dt$.
(2) Einsetzen von $s = g(t)$ in den Integranden und Ersetzen von ds durch $g'(t)\, dt$.
(3) Umrechnung der Integrationsgrenzen mit Hilfe der Umkehrfunktion $t = g^{-1}(s)$ oder Rücksubstitution von $t = g^{-1}(s)$.

Soll ein unbestimmtes Integral berechnet werden, so muß die Rücksubstitution verwendet werden.

Beispiel 6.17. (1) Es sei $f(x) := 1/(3+4x)$. Gesucht ist diejenige Stammfunktion F von f auf $]-\infty, -3/4[$, für die $F(-1) = 1$ gilt. Außerdem ist f auf dem Intervall $[-2, -1]$ zu integrieren.

Zur Berechnung von $\int \frac{1}{3+4x}\, dx$ substituieren wir $s = 3 + 4x$. Es folgt $ds = 4 \cdot dx$ oder $dx = ds/4$. Also:

$$F(x) = \int \frac{1}{3+4x}\, dx = \int \frac{1}{s} \cdot \frac{1}{4}\, ds = \frac{1}{4} \ln |s| + C = $$
$$= \frac{1}{4} \ln |3+4x| + C .$$

Zur Bestimmung von C setzen wir $x = -1$:

$$F(-1) = \frac{1}{4} \ln |-1| + C = 1, \quad \text{also: } C = 1 .$$

Die gesuchte Stammfunktion lautet: $F(x) = \frac{1}{4} \ln |3+4x| + 1$. Ferner gilt:

$$\int_{-2}^{-1} \frac{1}{3+4x}\, dx = \frac{1}{4} \ln |3+4x| \Big|_{-2}^{-1} = \frac{1}{4} \left(\ln|-1| - \ln|-5| \right) = -\frac{1}{4} \ln 5 .$$

(2) Wir berechnen das unbestimmte Integral $\int x^3 \sqrt{1-x^2}\, dx$ durch die Substitution: $u = 1 - x^2$, $x = +\sqrt{1-u}$. Es gilt:

$$du = -2x\, dx \;\Rightarrow\; dx = -\frac{1}{2x}\, du = \frac{-1}{2\sqrt{1-u}}\, du .$$

Also:
$$\begin{aligned} \int x^3 \sqrt{1-x^2}\, dx &= \int (1-u)^{3/2} \sqrt{u}\, (-\tfrac{1}{2})\, (1-u)^{-1/2}\, du \\ &= -\frac{1}{2} \int (1-u)\, u^{1/2}\, du = -\frac{1}{2} \int (u^{1/2} - u^{3/2})\, du \\ &= -\frac{1}{2} (\frac{2}{3} u^{3/2} - \frac{2}{5} u^{5/2}) + C \\ &= \frac{1}{5} (1-x^2)^{5/2} - \frac{1}{3} (1-x^2)^{3/2} + C . \qquad \text{Probe!} \end{aligned}$$

(3) Um das Integral $I := \int_0^\infty \frac{1}{\sqrt{e^x - 1}}\, dx$ zu berechnen, verwenden wir die Substitution: $z^2 = e^x - 1$; $2z\, dz = e^x\, dx \Rightarrow dx = \frac{2z}{e^x}\, dz = \frac{2z}{z^2+1}\, dz$.

Dann lauten die neuen Grenzen: $x = 0 \Rightarrow z = 0$; $x \to \infty \Rightarrow z \to \infty$.
Schließlich erhalten wir:

$$I = \int_0^\infty \frac{1}{z} \frac{2z}{z^2+1}\, dz = 2 \frac{1}{z^2+1}\, dz = 2 \arctan z \Big|_0^\infty = 2\, \frac{\pi}{2} = \pi .$$

Vgl. Beispiel 6.14(1). In seiner ursprünglichen Form ist I ein uneigentliches Integral in zweifachem Sinn: der Integrand ist unbeschränkt in der Nähe der unteren Grenze, und das Intergrationsintervall ist nach rechts unbegrenzt. □

Partielle Integration

Für zwei differenzierbare Funktionen f und g ist fg gemäß der Produktregel eine Stammfunktion für $f'g + fg'$:

$$f(x)\, g(x) = \int f'(x)\, g(x)\, dx + \int f(x)\, g'(x)\, dx$$

oder

$$\int f(x)\, g'(x)\, dx = f(x)\, g(x) - \int f'(x)\, g(x)\, dx .$$

Dies ist die Formel zur ***partiellen Integration*** für unbestimmte Integrale. Unter Verwendung von Differentialen lautet sie

$$\boxed{\int f\, dg = fg - \int g\, df}$$

Für bestimmte Integrale folgt daher

Satz 6.10. Die Funktionen f und g seien auf $[a, b]$ stetig differenzierbar. Dann gilt:

$$\int_a^b f(x)\, g'(x)\, dx = f(x)\, g(x) \Big|_a^b - \int_a^b f'(x)\, g(x)\, dx. \qquad \text{(P)}$$

Beispiel 6.19. (1) Wir berechnen die Stammfunktionen für den natürlichen Logarithmus, also

$$\int \ln x\, dx .$$

Es sei $f(x) = \ln x$ und $dg(x) = dx$.
Dann gilt: $df(x) = \frac{1}{x} dx$ und $g(x) = x$. Es folgt:

$$\int \ln x\, dx = x \ln x - \int x \frac{1}{x} dx = x \ln x - x + C .$$

(2)
$$\int_0^1 \underbrace{x\, e^x\, dx}_{} = x\, e^x \Big|_0^1 - \int_0^1 e^x\, dx = (x\, e^x - e^x) \Big|_0^1 =$$
$$\uparrow f \ \uparrow dg \qquad \uparrow f \ \uparrow g \qquad \uparrow g \ \uparrow df$$
$$= (1 \cdot e - e) - (0 - 1) = 1 .$$

Aus der Rechnung entnehmen wir

$$\int x\, e^x\, dx = (x - 1)e^x + C . \qquad \square$$

Beispiel 6.20. Um die Fläche F eines Kreises mit dem Radius r zu berechnen, integrieren wir die Funktion $y = f(x) = \sqrt{r^2 - x^2}$ im Intervall $[0, r]$. Aus Symmetriegründen gilt dann:

$$F = 4 \int_0^r \sqrt{r^2 - x^2}\, dx .$$

Wir benutzen die Substitution $x = r \sin t$ bzw. $dx = r \cos t\, dt$ und erhalten wegen $t = \arcsin(x/r)$ für die neuen Integrationsgrenzen:

$$x = 0 \;\Rightarrow\; t = 0 ; \quad x = r \;\Rightarrow\; t = \pi/2 .$$

Damit folgt:

$$F = 4 \int_0^{\pi/2} \sqrt{r^2 - r^2 \sin^2 t}\; r \cos t\, dt = 4 r^2 \int_0^{\pi/2} \cos^2 t\, dt =: 4 r^2 I .$$

Wir berechnen I durch partielle Integration:

$$I = \int_0^{\pi/2} \underset{\substack{\uparrow \\ f}}{(\cos t)} \underbrace{(\cos t)\mathrm{d}t}_{\substack{\uparrow \\ \mathrm{d}g}} =$$

$$= \underset{\substack{\uparrow \\ f}}{(\cos t)} \underset{\substack{\uparrow \\ g}}{(\sin t)} \Bigg|_0^{\pi/2} - \int_0^{\pi/2} \underset{\substack{\uparrow \\ g}}{(\sin t)} \underbrace{(-\sin t)\mathrm{d}t}_{\substack{\uparrow \\ \mathrm{d}f}}$$

$$= 0 + \int_0^{\pi/2} (1 - \cos^2 t)\, \mathrm{d}t = \pi/2 - I\,.$$

Aus $I = \pi/2 - I$ folgern wir $I = \pi/4$ bzw. $F = r^2\pi$. □

Anmerkung. Der Übergang von f zu $\mathrm{d}f$ führt dann zu einer Vereinfachung, wenn bei der "partiellen Integration" von $\mathrm{d}g$ zu g keine komplizierten Funktionen auftreten. So vereinfacht die Identifikation $f(x) = x$, $\mathrm{d}f = \mathrm{d}x$ in Beispiel 6.19(1) den Integranden, während gleichzeitig der Übergang von $\mathrm{d}g(x) = e^x\,\mathrm{d}x$ zu $g(x) = e^x$ zu keiner Komplikation führt. Ungeschickt wäre dagegen die Zuordnung

$$f(x) = e^x \quad \text{und} \quad \mathrm{d}g(x) = x\,\mathrm{d}x \quad \text{bzw.} \quad g(x) = x^2/2\,,$$

denn sie macht den Integranden komplizierter:

$$\int x\,e^x\,\mathrm{d}x = \frac{1}{2}\,x^2\,e^x - \int \frac{1}{2}\,x^2\,e^x\,\mathrm{d}x\,.$$

Rationale Funktionen

Zu jeder rationalen Funktion kann man in systematischer Weise ein unbestimmtes Integral angeben. Bestimmte Integrale existieren somit für alle abgeschlossenen Intervalle, in denen der Integrand beschränkt bleibt. Vor allem in der Reaktionskinetik trifft man auf Integrale rationaler Funktionen.

Die Integration einer rationalen Funktion R beruht auf der ***Partialbruchzerlegung***, einer systematischen algebraischen Umformung des Integranden R. Wir beginnen mit einem einfachen Beispiel.

Beispiel 6.21. Um $R(x) = (x^3 + 2)/(x^2 + 1)$ zu integrieren, zerlegen wir den Integranden $R(x)$ zuerst durch Polynomdivision in ein Polynom und einen "echten Bruch", bei dem der Grad des Zählerpolynoms kleiner als der des Nennerpolynoms ist:

$$(x^3 + 2) : (x^2 + 1) = x + \frac{-x + 2}{x^2 + 1} = x - \frac{1}{2}\frac{2x}{x^2 + 1} + 2\frac{1}{x^2 + 1}.$$
$$\frac{x^3 + x}{\quad -x + 2}$$

Es folgt:

$$\int \frac{x^3 + 1}{x^2 + 1}\,dx = \frac{1}{2}x^2 - \frac{1}{2}\ln(x^2 + 1) + 2\arctan x + C. \qquad \square$$

P und Q seien reelle Polynome ohne einen gemeinsamen Linearfaktor. Zur Integration von $P(x)/Q(x)$ geht man folgendermaßen vor:

(1) Wenn der Grad von P größer oder gleich dem von Q ist, zerlegen wir $P(x)/Q(x)$ durch Polynomdivision in ein Polynom und eine rationale Funktion $\tilde{P}(x)/Q(x)$ mit $\operatorname{grad}\tilde{P} < \operatorname{grad} Q$ (vgl. Beispiel 6.21). Im folgenden setzen wir daher voraus, daß $\operatorname{grad} P < \operatorname{grad} Q$ ist.

(2) Wir stellen das Nennerpolynom als Produkt von Linearfaktoren der Form $(x - a)$ und irreduziblen quadratischen Faktoren der Form $ax^2 + bx + c$ dar, wobei $D = b^2 - 4ac < 0$ ist.

(3) Tritt $(x - a)^p$ in der Faktorisierung von Q auf, so erhalten wir als additiven Beitrag zur ***Partialbruchzerlegung*** von $P(x)/Q(x)$ eine Summe der Form

$$\frac{A_1}{x - a} + \frac{A_2}{(x - a)^2} + \dots + \frac{A_p}{(x - a)^p}$$

mit den Konstanten $A_1, A_2, \dots, A_p$. Jeder andere Faktor trägt eine entsprechende Summe bei. Die Koeffizienten $A_1, A_2 \dots$ werden in Schritt (5) bestimmt.

(4) Tritt der irreduzible Faktor $(ax^2 + bx + c)^q$ in Q auf, so addieren wir eine Summe von Termen der Form

$$\frac{B_1x + C_1}{ax^2 + bx + c} + \dots + \frac{B_qx + C_q}{(ax^2 + bx + c)^q}$$

mit den Konstanten $B_1, B_2, \dots, C_1, C_2, \dots$ zur Partialbruchzerlegung. Dies ist für jeden der verschiedenen irreduziblen Faktoren durchzuführen.

(5) Die in (3) und (4) bestimmte Summe aus Partialbrüchen setzen wir mit $P(x)/Q(x)$ gleich. Wir multiplizieren die resultierende Gleichung mit $Q(x)$ und bestimmen die Konstanten $A_1, A_2, \dots, B_1, B_2, \dots, C_1, C_2, \dots$ durch Koeffizientenvergleich entsprechender Potenzen x^k auf beiden Seiten der Gleichung oder durch Einsetzen geeigneter Werte von x.

(6) Den sich in (5) ergebenden Ausdruck integrieren wir mit Hilfe von

$$\int \frac{1}{(x-a)^p}\,dx = \begin{cases} \ln|x-a| + C & \text{für } p = 1\,, \\ -\dfrac{1}{(p-1)(x-a)^{p-1}} + C & \text{für } p = 2, 3 \dots \end{cases}$$

Die unbestimmten Integrale für die Ausdrücke mit quadratischem Nenner entnehmen wir Integraltafeln (siehe auch die folgende Anmerkung).

Anmerkung. Wir können natürlich das reelle Polynom $Q(x)$ gemäß dem Hauptsatz der Algebra (Satz 3.16) vollständig in ein Produkt aus Linearfaktoren der Form

$$(x-a)^p \quad \text{mit} \quad a \in \mathbb{C}$$

zerlegen. Wegen Satz 3.15 tritt dann für eine komplexe Nullstelle $a := u + iv$ auch $\bar{a} = u - iv$ als Nullstelle auf, so daß wir die entsprechenden Faktoren zusammenfassen können:

$$(x-u-iv)^q\,(x-u+iv)^q = [\,(x-u)^2 + v^2\,]^q\,.$$

In dieser quadratisch ergänzten Form ist die Irreduzibilität des quadratischen Faktors sofort ablesbar. Im einfachsten Fall $(q = 1)$ kommen wir durch Substitution zum Ziel:

$$\int \frac{Bx + C}{(x-u)^2 + v^2}\,dx$$

$$= \frac{B}{2}\int \frac{2(x-u)}{(x-u)^2 + v^2}\,dx + \frac{Bu + C}{v}\int \frac{1}{1 + [\,(x-u)/v\,]^2}\,\frac{dx}{v}$$

$$= \frac{B}{2}\ln[\,(x-u)^2 + v^2\,] + \frac{Bu + C}{v}\arctan\left(\frac{x-u}{v}\right) + \tilde{C}\,.$$

Beispiel 6.22. (1) Wir bestimmen $\int \frac{dx}{x^3 + x^2}$. Der Grad des Nenners ist 3, der des Zählers 0. Wir gehen daher zu Schritt (2) über und zerlegen den Nenner:

$$x^3 + x^2 = x^2\,(x + 1)\,.$$

Für den Faktor $(x+1)$ erhalten wir gemäß Schritt (3) den Beitrag $A_1/(x+1)$ und für den Faktor $x^2 = (x-0)^2$ den Beitrag $A_2/x + A_3/x^2$. Schritt (4) entfällt. Schließlich:

$$\frac{1}{(x+1)x^2} = \frac{A_1}{x+1} + \frac{A_2}{x} + \frac{A_3}{x^2} \quad \text{oder}$$

$$1 = A_1 x^2 + A_2 x(x+1) + A_3(x+1)\,.$$

Wir setzen die Nullstellen des Nennerpolynoms ein, $x = -1,\ 0$, sowie den Wert $x = 1$ und erhalten:

$$x = -1 \ \Rightarrow\ 1 = A_1\,,$$

$$x = 0 \ \Rightarrow\ 1 = A_3\,,$$

$$x = 1 \ \Rightarrow\ 1 = A_1 + 2A_2 + 2A_3 = 3 + 2A_2 \ \Rightarrow\ -1 = A_2\,.$$

Also:

$$\frac{1}{x^3+x^2} = \frac{1}{x+1} - \frac{1}{x} + \frac{1}{x^2}$$

und somit

$$\int \frac{dx}{x^3+x^2} = \ln|x+1| - \ln|x| - \frac{1}{x} + C = \ln\left|\frac{x+1}{x}\right| - \frac{1}{x} + C\,.$$

(2) Für $a \neq b$ gilt:

$$\frac{1}{(x-a)(x-b)} = \frac{1}{a-b}\left(\frac{1}{x-a} - \frac{1}{x-b}\right).$$

Also:

$$\int \frac{dx}{(x-a)(x-b)} = \frac{1}{a-b}\ln\left|\frac{x-a}{x-b}\right| + C\,. \qquad \square$$

6.8 Numerische Integration

Es gibt eine Reihe relativ einfacher Funktionen, z.B. $(\sin x)/x$, e^x/x, $\exp(-x^2)$, deren Stammfunktionen zwar gemäß Satz 6.6 existieren, aber nicht durch eine endliche Zahl von Verknüpfungen elementarer Funktionen ausgedrückt werden können. Manche dieser Stammfunktionen sind so wichtig, daß man ihnen eigene Namen gegeben hat. In der Theorie der Diffusion und in der Statistik spielt beispielsweise die ***Fehlerfunktion*** (error function),

$$\text{erf}: x \to \text{erf}(x) := \frac{2}{\sqrt{\pi}} \int_0^x \exp(-t^2)\,dt\,, \quad x \in \mathbb{R}\,,$$

eine bedeutsame Rolle. Ein Weg zur näherungsweisen Bestimmung einer solchen Stammfunktion besteht darin, den Integranden f durch eine geschlossen integrierbare Ersatzfunktion $\tilde{f}$ zu approximieren.

Auf die Integration einer interpolierenden Ersatzfunktion sind wir auch dann angewiesen, wenn wir den Integranden nur an einigen Stellen kennen, etwa im Fall von Meßergebnissen.

Die zu integrierende Funktion f sei stetig im Intervall $[a, b]$. Wir wählen eine äquidistante Zerlegung von $[a, b]$ in n Teilintervalle der Länge $h := (b-a)/n$. Die Teilungspunkte sind dann $x_k := a + kh$ ($k = 0, 1, ..., n$). Ferner verwenden wir die Abkürzung $f_k := f(x_k)$. Es liegt nahe, das Integral durch eine Zwischensumme zu approximieren,

$$I := \int_a^b f(x)\,dx \approx h\,(f_0 + f_1 + \dots + f_{n-1}) \tag{1a}$$

bzw.

$$I \approx h\,(\quad f_1 + f_2 + \dots + f_n) \tag{1b}$$

Dies entspricht der Wahl einer stückweise konstanten Ersatzfunktion $\tilde{f}$, deren Wert auf dem k-ten Teilintervall gleich dem Funktionswert f_{k-1} am linken Randpunkt bzw. f_k am rechten Randpunkt ist. Diese Methode ist sehr einfach und führt zu keiner guten Näherung. Man benötigt eine sehr feine Zerlegung des Intervalls und demzufolge viele Berechnungen des Integranden, um eine akzeptable Genauigkeit zu erreichen.

Eine bessere Methode erhalten wir, wenn wir die Rechtecke in jedem Teilintervall durch Trapeze ersetzen. Dies entspricht jeweils einer linearen Interpolationsfunktion $\tilde{f}$ durch die Punkte (x_{k-1}, f_{k-1}) und (x_k, f_k). Der Beitrag des k-ten Teilintervalls ist gerade der Mittelwert aus den beiden vorher erwähnten Rechtecken, nämlich $h(f_{k-1} + f_k)/2$ (vgl. die rechte Abbildung). Wir erhalten damit die ***Trapezregel***:

$$\int_a^b f(x)\,dx \approx h\,(\tfrac{1}{2} f_0 + f_1 + f_2 + \dots + f_{n-1} + \tfrac{1}{2} f_n) \tag{2}$$

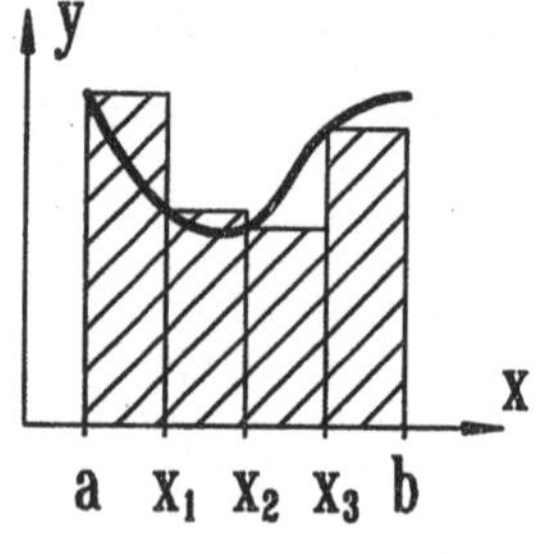

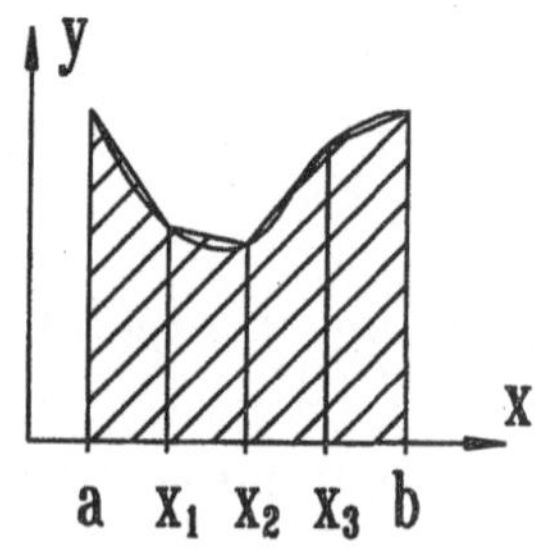

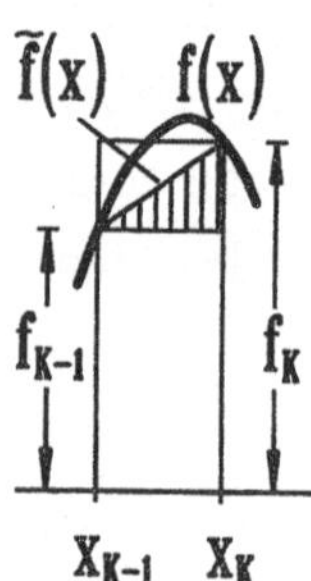

Beispiel 6.23. Wir berechnen $\int_0^{\pi/2} \cos x \, dx$ näherungsweise mit den Zwischensummen (1) bzw. mit der Trapezregel (2). Wir wählen eine Zerlegung in $n = 4$ Teilintervalle mit den Teilungspunkten $x_0 = 0$, $x_1 = \pi/8$, $x_2 = \pi/4$, $x_3 = 3\pi/8$ und $x_4 = \pi/2$. Wir erhalten mit Formel (1a):

$$I := \int_0^{\pi/2} \cos x \, dx \approx \frac{\pi}{8} (\cos 0 + \cos \frac{\pi}{8} + \cos \frac{\pi}{4} + \cos \frac{3\pi}{8})$$
$$\approx \frac{\pi}{8} (1 + 0{,}9239 + 0{,}7071 + 0{,}3827) \approx \frac{\pi}{8} \cdot 3{,}0137 \approx 1{,}1835 .$$

bzw. mit der Formel (1b):

$$I \approx \frac{\pi}{8} (\quad 0{,}9239 + 0{,}7071 + 0{,}3827 + 0) \approx \frac{\pi}{8} \cdot 2{,}0137 \approx 0{,}7908 .$$

Der exakte Wert ist $I = \sin(\pi/2) - \sin 0 = 1$; der relative Fehler ist also 18% bzw. 21%. Dagegen liefert die Trapezregel (2) einen Näherungswert mit einem relativen Fehler von ca. 2%:

$$I \approx \frac{\pi}{8} (\frac{1}{2} \cdot 1 + 0{,}9239 + 0{,}7071 + 0{,}3827 + \frac{1}{2} \cdot 0)$$
$$\approx (1{,}1835 + 0{,}7908)/2 = 0{,}9871$$ □

Eine weitere Verbesserung erwarten wir durch die Verwendung einer stückweise quadratischen Integrationsfunktion. Eine Parabel ist durch drei Punkte bestimmt; wir wählen drei aufeinanderfolgende Stützstellen

$$(x_{k-1}, f_{k-1}),\ (x_k, f_k),\ (x_{k+1}, f_{k+1}) .$$

Zur Berechnung der zugehörigen Fläche denken wir uns zwei aufeinanderfolgende Teilintervalle durch eine Substitution $u := x - x_k$ so verschoben, daß sie symmetrisch zum Nullpunkt liegen. Für die quadratische Ersatzfunktion

$$\tilde{f}(u) = au^2 + bu + c = a(x - x_k)^2 + b(x - x_k) + c$$

erhalten wir

$$\int_{-h}^{h} \tilde{f}(u) \, du = \left(\frac{a}{3} u^3 + \frac{b}{2} u^2 + cu \right) \Big|_{-h}^{h} = \frac{2}{3} ah^3 + 2ch .$$

Wir bestimmen die Koeffizienten a und c etwa für die beiden ersten Teilintervalle:

$$\left.\begin{aligned} &(3)\ f_0 = \tilde{f}(-h) = ah^2 - bh + c \\ &(4)\ f_1 = \tilde{f}(0) = c \\ &(5)\ f_2 = \tilde{f}(h) = ah^2 + bh + c \end{aligned}\right\} \Rightarrow \begin{aligned} &(4) : c = f_1 \\ &(3) + (5) : a = \frac{f_0 - 2f_1 + f_2}{2h^2} \end{aligned}$$

Also lautet der Beitrag des Teilintervalls $[x_0, x_2]$:

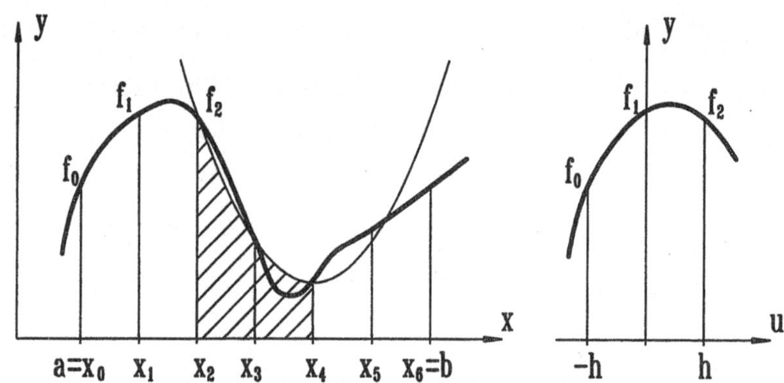

$$\int_{x_0}^{x_2} f(x)\,dx \approx \int_{-h}^{h} \tilde{f}(u)\,du = \frac{h}{3}(f_0 + 4f_1 + f_2)\,.$$

Entsprechende Beiträge liefern die Teilintervalle $[x_2, x_4]$, $[x_4, x_6]$ usw. Wir benötigen also eine Zerlegung von $[a, b]$ in eine gerade Anzahl $n = 2m$ von Teilintervallen der Länge $h := (b-a)/n = (b-a)/(2m)$. Wir addieren die Teilbeiträge und erhalten die ***Simpson-Regel***:

$$\int_a^b f(x)\,dx \approx \frac{h}{3}(f_0 + 4f_1 + 2f_2 + 4f_3 + \ \dots\ + 2f_{2m-2} + 4f_{2m-1} + f_{2m})\,.$$

Beispiel 6.24. Wir berechnen das Integral I aus Beispiel 6.23 mit der Simpson-Regel:

$$I = \int_0^{\pi/2} \cos x\,dx \approx \frac{\pi}{3\cdot 8}(1 + 4\cdot 0{,}9239 + 2\cdot 0{,}7071 + 4\cdot 0{,}3827 + 0)$$
$$\approx 1{,}00013.$$

Das Resultat hat einen relativen Fehler von etwa $2\cdot 10^{-4}$. □

Für viele Fälle der Praxis ist die Genauigkeit der Simpson-Regel ausreichend. Die Trapez-Regel ist für lineare Funktionen exakt, die Simpson-Regel dagegen für Polynome dritten Grades, obwohl sie nur für quadratische Funktionen abgeleitet wurde. Denn ein Interpolationspolynom vom Typ u^3 trägt, wie man aus obiger Herleitung erkennt, nichts zum Wert des Teilintegrals bei.

6.9 Anhang: Die Logarithmus- und die Exponentialfunktion

Unsere Einführung der Exponentialfunktion $\exp x = e^x$ in Abschnitt 3.4 beruhte auf den Forderungen (!) $\exp' = \exp$ und $\exp 0 = 1$. Wir hatten dort zwar plausibel gemacht, daß es eine Zahl $e > 1$ mit $(e^x - 1)/x \to 1$ für $x \to 0$ gibt. Aber erst jetzt stehen uns genügend Hilfsmittel der Analysis zur Verfügung, um die nötigen Beweise zu führen. Es ist einfacher, mit der Untersuchung der Umkehrfunktion zu beginnen. Natürlich müssen wir die Existenz einer Funktion mit den Eigenschaften des natürlichen Logarithmus erst nachweisen.

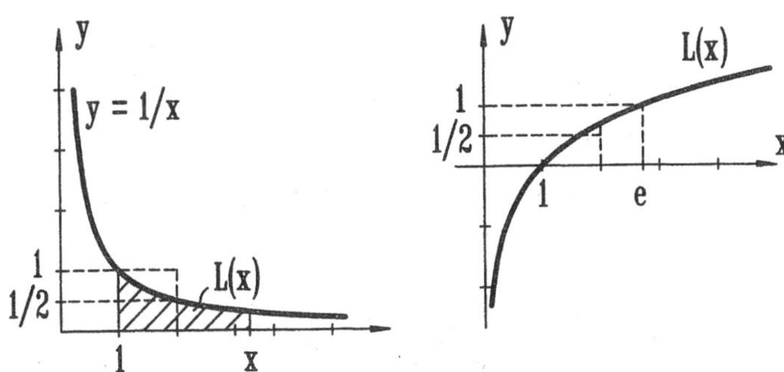

Wir definieren die Funktion $L(x)$ als Integralfunktion von $1/x$:

$$L\colon x \to L(x) := \int_1^x \frac{1}{t}\,dt\,, \quad x > 0\,.$$

Da der Integrand $1/t$ ist in $[1, x]$ bzw. $[x, 1]$ stetig, existiert das Integral nach Satz 6.1, die Funktion L ist also für $x \in \mathbb{R}^+$ definiert. Wir diskutieren im folgenden ihre Eigenschaften.

(1) $|L(x)|$ ist die Maßzahl für den Inhalt der Fläche unter der Kurve $y = 1/x$ im Intervall $[1, x]$ bzw. $[x, 1]$. Insbesondere ist $L(x) > 0$ für $x > 1$ und $L(x) < 0$ für $x < 1$ (vgl. Definition 6.2), und es gilt:

$$\boxed{L(1) = 0}$$

(2) Gemäß Satz 6.6 ist L differenzierbar, und es gilt:

$$\boxed{L'(x) = 1/x}$$

Wegen Satz 5.1 ist L somit auch stetig. Außerdem folgt wegen $L'(x) > 0$ aus Satz 5.12, daß L auf $\mathbb{R}^+$ streng monoton wachsend ist.

(3) Wir betrachten den Term $L(xy)$ mit $y \in \mathbb{R}^+$. Nach der Kettenregel ist

$$\frac{d}{dx} L(xy) = \frac{1}{xy} y = \frac{1}{x} = \frac{d}{dx} L(x) .$$

Wegen Satz 5.11(2) folgt aus der Gleichheit der Ableitungen von $L(xy)$ und $L(x)$:

$$L(xy) = L(x) + C .$$

Wir bestimmen C durch Einsetzen von $x = 1$ unter Beachtung von (1):

$L(y) \;\; = 0 + C$. Also:

$$\boxed{L(xy) = L(x) + L(y)} \tag{3.1}$$

Mit $x = a/b$ und $y = b$ erhalten wir daraus: $L(a) = L(a/b) + L(b)$ oder

$$L(a/b) = L(a) - L(b) . \tag{3.2}$$

Weiter folgt aus (3.1) für $x_i > 0$ durch vollständige Induktion:

$$L(x_1 \cdot x_2 \cdot \ldots \cdot x_n) = L(x_1) + L(x_2) + \ldots + L(x_n)$$

und $\quad L(x^n) = n\, L(x) , \quad n \in \mathbb{N} .$ (3.3)

Diese wichtige Funktionaleigenschaft der Funktion L gilt auch für negative ganze und rationale Exponenten. Ist nämlich $n = -m$ ($m \in \mathbb{N}$), dann folgt mit (3.1) und (1):

$$L(x^m) + L(x^{-m}) = L(x^m\, x^{-m}) = L(1) = 0 .$$

Mit (3.3) ergibt sich für $n < 0$:

$$L(x^n) = -L(x^m) = -m\, L(x) = n\, L(x) .$$

Für einen rationalen Exponenten p/q ($p \in \mathbb{Z}$, $q \in \mathbb{N}$) folgt aus (3.3):

$qL(x^{p/q}) = L(\,(x^{p/q})^q\,) = L(x^p) = pL(x)$ oder

$$\boxed{L(x^{p/q}) = \frac{p}{q} L(x)} \tag{3.4}$$

(4) Wegen $L(2^n) = n\, L(2)$ und $L(2) > 0$ wächst $L(2^n)$ unbeschränkt für $n \to \infty$. Entsprechend ergibt sich aus $L(2^{-n}) = -nL(2)$, daß $L(x)$ immer stärker negativ wird für $x = 1/2^n \to 0^+$. Da L stetig ist, folgt $\mathcal{W}(L) = \mathbb{R}$.

L ist monoton wachsend in $\mathcal{D}(L) \in \mathbb{R}^+$ und daher umkehrbar. Die Umkehrfunktion $E := L^{-1}$ ist ebenfalls stetig und streng monoton wachsend, und es gilt: $\mathcal{D}(E) = \mathbb{R}$, $\mathcal{W}(E) = \mathbb{R}^+$ (vgl. die Sätze 2.1, 2.2 und 2.3). Aus Satz 5.4 folgt mit $y = E(x)$ bzw. $L(y) = x$:

$$E'(x) = 1/L'(y) = y = E(x)\,.$$

Zusammen mit (1) folgern wir daraus:

$$\boxed{E' = E \quad \text{und} \quad E(0) = 1}$$

Damit haben wir unser Ziel erreicht. Wir leiten im folgenden weitere Eigenschaften der Funktion E bzw. der Exponentialfunktion ab.

(5) Mit $x := E(a)$, $L(x) = L(\,E(a)\,) = a$ und $y := E(b)$, $L(y) = b$ folgt aus (3.1):

$$xy = E(\,L(xy)\,) = E(\,L(x) + L(y)\,),$$

und somit die ***Funktionalgleichung der Exponentialfunktion***:

$$\boxed{E(a)\,E(b) = E(a + b)}$$

(6) Mit Hilfe von (3.4) erhalten wir:

$$a^{p/q} = E(\,L(a^{p/q})\,) = E(\,\tfrac{p}{q}\,L(a)\,)\,.$$

Wegen der Stetigkeit von L und der Tatsache, daß jede irrationale Zahl durch eine Folge von endlichen Dezimalbrüchen - also von rationalen Zahlen - dargestellt werden kann, liegt es nahe, obige Beziehung auf reelle Exponenten zu erweitern:

$$\boxed{a^x := E(\,xL(a)\,)} \quad \text{bzw.} \quad L(a^x) = x\,L(a) \tag{6.1}$$

Mit dieser Definition (!) und (5) weisen wir die Rechengesetze für Potenzen nach (vgl. Satz 3.7):

$$\begin{aligned} a^x\,a^y &= E(\,xL(a)\,)\,E(\,yL(a)\,) = E(\,(x+y)\,L(a)\,) = a^{x+y}\,. \\ (a^x)^y &= E(\,yL(a^x)\,) = E(\,yxL(a)\,) = a^{xy}\,. \\ a^x\,b^x &= E(\,xL(a)\,)\,E(\,xL(b)\,) = E(\,x[\,L(a) + L(b)\,]\,) \\ &= E(\,xL(ab)\,) = (ab)^x\,. \end{aligned}$$

(7) Wir definieren

$$\boxed{e := E(1)} \quad \text{bzw.} \quad L(e) = 1 \tag{7.1}$$

Wegen $1/2 < 1/x < 1$ für $1 < x < 2$ folgt durch Vergleich mit den Rechtecksflächen unter- bzw. oberhalb der Kurve $y = 1/x$ im Intervall $[1, 2]$ die Abschätzung:

$$\frac{1}{2} < L(2) < 1 = L(e) .$$

Aus der rechten Ungleichung und der strengen Monotonie von L ergibt sich: $2 < e$. Andererseits gilt wegen (3.3) und der linken Ungleichung:

$$L(4) = L(2^2) = 2\,L(2) > 2\,\frac{1}{2} = 1 = L(e) \quad \Rightarrow \quad 4 > e .$$

Zusammen:

$$\boxed{2 < e < 4} \qquad (7.2)$$

Die Definitionen (7.1) und (6.1) rechtfertigen zusammen mit den Ergebnissen dieses Abschnitts die Identifikation

$$\boxed{E(x) = e^x \quad \text{bzw.} \quad L(x) = \ln x}$$

In den Punkten (1) bis (7) haben wir somit alle wichtigen Eigenschaften der Exponential- und der Logarithmusfunktion abgeleitet, so wie sie ohne mathematische Strenge bereits in den Abschnitten 3.4, 3.5, und 5.4 disku-tiert worden waren.

Wir erwähnen noch, daß auch die trigonometrischen Funktionen in ähnlicher Weise ohne Zuhilfenahme der geometrischen Anschauung eingeführt werden können.

6.10 Aufgaben

6.1. Skizzieren Sie die reelle Funktion $h(x) = 2 \cdot \operatorname{sgn}(x-1) + 4$ berechnen Sie das Integral $\int_0^3 h(x)\,dx$.

6.2. Berechnen Sie folgende bestimmte Integrale:

a) $\int_1^2 (\sqrt{x} - \frac{1}{\sqrt{x}})^2\,dx$ b) $\int_{-1}^0 (e^{2x} - 1)\,dx$ c) $\int_{-2}^2 x^2 \cdot |x|\,dx$

d) $\int_1^2 \frac{(x-1)^3}{x}\,dx$ e) $\int_{-1}^1 \cosh(5x)\,dx$ f) $\int_0^3 10^x\,dx$

6.3. Gegeben sei die reelle Funktion $f(x) := x^2 - 1$.

a) Berechnen Sie den Inhalt der Fläche, die zwischen $x=0$ und $x=2$ vom Graphen von f und der x-Achse eingeschlossen ist.

b) Berechnen Sie das Integral $\int_{-2}^{2} f(x)\,dx$.

6.4. Gegeben seien zwei reelle Funktionen f und g durch

$$f(x) := (-x^3 + x^2 + 9x - 2)/7 \quad \text{und} \quad g(x) := 2 - x\,.$$

a) Skizzieren Sie die Graphen von f und g.

b) Berechnen Sie den Inhalt I der Fläche, die von den Graphen von f und g eingeschlossen wird.

6.5. Berechnen Sie die folgenden unbestimmten Integrale:

a) $\int e^{-ax}\,dx$ b) $\int \frac{dx}{x\cdot \ln x}$ c) $\int \cos(ut)\,e^{\sin(ut)}\,dt$

d) $\int t\cdot \ln t\,dt$ e) $\int_0^{\infty} t^2 e^{-t}\,dt$ f) $\int \frac{\sin(ut)}{\cos^m(ut)}\,dt,\ m \in \mathbb{N}$

g) $\int x^2 \sin x\,dx$ h) $\int \frac{dx}{x^2 + 3x + 2}$

6.6. Berechnen Sie folgende Integrale mittels Partialbruchzerlegung:

a) $\int_0^{1/2} \frac{x^3 + 2x^2 + 1}{x^4 - 1}\,dx$ b) $\int \frac{x^3 - 2x^2 - 1}{(x-1)^2\,(x^2+1)}\,dx$

6.7. Bestimmen Sie die Länge des Parabelbogens $y = x^2$ im Intervall $[0,1]$. Hinweis: Substituieren Sie $x = \frac{1}{2}\sinh t$.

6.8. Berechnen Sie den Flächeninhalt der Ellipse $\frac{x^2}{a^2} + \frac{y^2}{b^2} = 1$.

6.9. Berechnen Sie das uneigentliche Integral $\int_0^1 \frac{dx}{\sqrt{1-x}}$.

6.10. Berechnen Sie das uneigentliche Integral $\int_0^{\infty} 2x\cdot e^{-\beta x^2}\,dx$. Für welche Werte von $\beta \in \mathbb{R}$ konvergiert dieses uneigentliche Integral?

6.11. Berechnen Sie das Integral $\int_0^1 \frac{dx}{1+x}$ näherungsweise mit Hilfe der Trapez- und der Simpson-Formel. Wählen Sie dabei die Schrittweite $h = 1/4$. Bestimmen Sie jeweils den Fehler durch Vergleich mit dem exakten Ergebnis. Rechnen Sie auf 5 Stellen genau.

6.12. a) Bestimmen Sie den Wert des Integrals $I := \int_{0,6}^{1} e^x \cos(e^x)\,dx$.

b) Berechnen Sie mit der Simpson-Regel den Wert von I näherungsweise. Verwenden Sie die Schrittweite $h = 0{,}1$ zur Unterteilung des Integrationsintervalls und rechnen Sie auf 5 Stellen genau. Geben Sie den relativen Fehler an!

7 Taylor-Entwicklung und Reihen

Die "elementaren" Funktionen sin, cos, exp, ln etc. sind in einer Hinsicht überhaupt nicht elementar: ihre Funktionswerte können im allgemeinen nicht in endlich vielen Schritten berechnet werden wie die Werte eines Polynoms

$$P(x) = a_0 + a_1x + a_2x^2 + \ldots + a_nx^n = \sum_{k=0}^{n} a_kx^k .$$

Um etwa $\ln x := \int_1^x t^{-1}\,dt$ gemäß der in Abschnitt 6.9 gegebenen Definition näherungsweise zu berechnen, müssen wir Ober- und Untersummen auswerten und sicherstellen, daß der Fehler dieser Summen unter einer vorgegebenen Schranke bleibt. Die Berechnung der zugehörigen Umkehrfunktion $e^x := \ln^{-1} x$ wäre noch aufwendiger.

Mit Hilfe der Taylorschen Formel können wir für viele Funktionen f die Berechnung von $f(x)$ auf die Auswertung eines geeigneten Näherungspolynoms reduzieren. Dabei können wir den auftretenden Fehler unter gewissen Bedingungen beliebig klein machen, indem wir Polynome von hinreichend großem Grad verwenden. Im Grenzfall treffen wir auf Größen, die wir mit dem Symbol $\sum_{k=0}^{\infty} a_kx^k$ bezeichnen. In weiteren Abschnitten werden wir die Eigenschaften derartiger Reihen studieren.

7.1 Approximation durch Taylor-Polynome

In Abschnitt 5.5 haben wir eine Funktion f durch eine lineare Funktion $\hat{f}$ approximiert. Wir fassen $\hat{f}$ jetzt als Polynom vom Grad 1 auf und verwenden die Bezeichnung $P_{1,a}$ im Hinblick auf folgende Verallgemeinerungen. $P_{1,a}$ stimmt mit f an der Stelle a im Funktionswert und im Wert der ersten Ableitung überein:

$$P_{1,a}(x) = f(a) + f'(a)(x - a) .$$

Der resultierende Fehler

$$R_{1,a}(x) := f(x) - P_{1,a}(x)$$

ist für x gegen a klein verglichen mit $h = x - a$; denn es gilt:

$$\lim_{x \to a} \frac{R_{1,a}(x)}{x - a} = \lim_{x \to a} \left(\frac{f(x) - f(a)}{x - a} - f'(a)\right) = 0 .$$

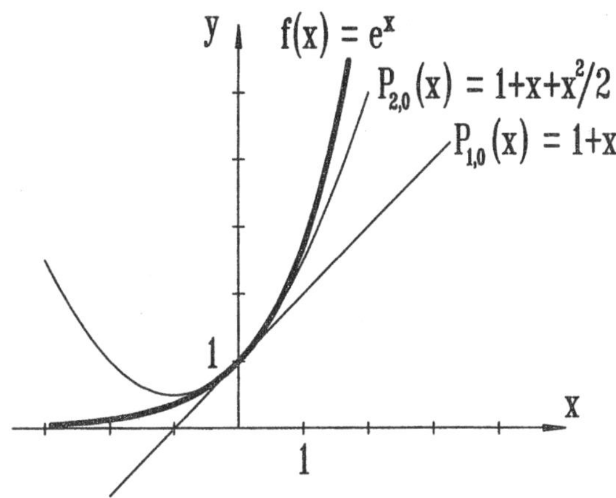

Beispiel 7.1. Für die Exponentialfunktion lautet die lineare Näherung bei a = 0 (vgl. Beispiel 5.17):

$$P_{1,0}(x) = e^0 + e^0 (x - 0) = 1 + x .$$

Der Fehler

$$R_{1,0}(x) = e^x - 1 - x$$

ist für x aus der Umgebung von 0 klein verglichen mit x (de l'Hospital):

$$\lim_{x \to 0} R_{1,0}(x)/x = \lim_{x \to 0} (e^x - 1 - x)/x = \lim_{x \to 0} (e^x - 1)/1 = 0 .$$

Er ist aber nicht klein verglichen mit x^2 :

$$\lim_{x \to 0} \frac{e^x - 1 - x}{x^2} = \lim_{x \to 0} \frac{e^x - 1}{2x} = \lim_{x \to 0} \frac{e^x}{2} = \frac{1}{2} .$$

Diese Gleichung können wir umformen zu

$$\lim_{x \to 0} \frac{e^x - (1 + x + x^2/2)}{x^2} = 0$$

und folgendermaßen interpretieren. Das Polynom

$$P_{2,0}(x) = 1 + x + x^2/2$$

approximiert die Exponentialfunktion exp bei $x = 0$ mit einem Fehler $R_{2,0}(x)$, der für $x \to 0$ klein ist verglichen mit $(x - 0)^2$. Die verbesserte Approximation rührt daher, daß exp und $P_{2,0}$ bei $x = 0$ bis zur zweiten Ableitung übereinstimmen. □

Um eine verbesserte Approximation einer Funktion f zu erreichen, konstruieren wir das ***Taylor-Polynom*** $P_{n,a}$ der Ordnung n an der Stelle a. Es ist bestimmt durch die Forderung

$$P_{n,a}{}^{(k)}(a) = f^{(k)}(a) \quad \text{für } k = 0, 1, 2, \ldots, n .$$

$P_{n,a}$ ist also dasjenige Polynom vom Grad n, das mit f an der Stelle a in allen Ableitungen bis einschließlich zur Ordnung n übereinstimmt.

Wir bestimmen die Koeffizienten des Polynoms zunächst für den Fall $a = 0$. Mit dem Ansatz

$$P_{n,0}(x) \quad = a_0 + a_1x + a_2x^2 + \ldots + a_nx^n$$

erhalten wir für die Ableitungen

$$\begin{aligned} P_{n,0}'(x) &= a_1 + 2a_2x + 3a_3x^2 + \ldots + na_nx^{n-1}, \\ P_{n,0}''(x) &= 2\cdot 1a_2 + 3\cdot 2a_3x + \ldots + n(n-1)a_nx^{n-2}, \\ &\ \ \cdot\ \cdot\ \cdot \\ P_{n,0}{}^{(k)}(x) &= n!\cdot a_n . \end{aligned}$$

Wir setzen $x = 0$ und folgern

$$P_{n,0}{}^{(k)}(0) = k!\cdot a_k \quad \text{bzw.} \quad a_k = f^{(k)}(0)/k! .$$

Das Taylor-Polynom $P_{n,0}$ der Ordnung n für f an der Stelle 0 lautet dann:

$$\begin{aligned} P_{n,0}(x) &= f(0) + f'(0)\frac{x}{1!} + f''(0)\frac{x^2}{2!} + \ldots + f^{(n)}(0)\frac{x^n}{n!} \\ &= \sum_{k=0}^{n} \frac{f^{(k)}(0)}{k!} x^k . \end{aligned}$$

Durch eine analoge Rechnung gewinnt man das Taylor-Polynom an der Stelle a:

$$P_{n,a}(x) = \sum_{k=0}^{n} \frac{f^{(k)}(a)}{k!}(x-a)^k$$

Beispiel 7.2. (1) Wegen $\exp^{(k)}(0) = \exp(0) = 1$ für alle $k \in \mathbb{N}$ lautet das Taylor-Polynom der Ordnung n für die Exponentialfunktion e^x bei $x = 0$:

$$P_{n,0}(x) = 1 + \frac{x}{1!} + \frac{x^2}{2!} + \frac{x^3}{3!} + \dots + \frac{x^n}{n!}\ .$$

(2) Wir betrachten die Funktion sin bei $x = 0$. Es gilt:

$$\begin{aligned} \sin(0) &= 0, & \sin^{(4)}(0) &= \sin(0) = 0\ ,\\ \sin'(0) &= \cos(0) = 1\ , & \sin^{(5)}(0) &= \cos(0) = 1\ ,\\ \sin''(0) &= -\sin(0) = 0\ , & &\text{usw.}\\ \sin'''(0) &= -\cos(0) = -1\ , \end{aligned}$$

Ab der Ordnung $k = 4$ wiederholen sich die Ableitungen in einem Viererzyklus. Daher erhalten wir für das Taylor-Polynom $P_{2n+1,0}$ der Ordnung $2n + 1$ der Sinus-Funktion bei 0:

$$P_{2n+1,0}(x) = x - \frac{x^3}{3!} + \frac{x^5}{5!} - \frac{x^7}{7!} + - \dots + (-1)^n \frac{x^{2n+1}}{(2n+1)!}\ .$$

In diesem Fall ist $P_{2n+2,0} = P_{2n+1,0}$. □

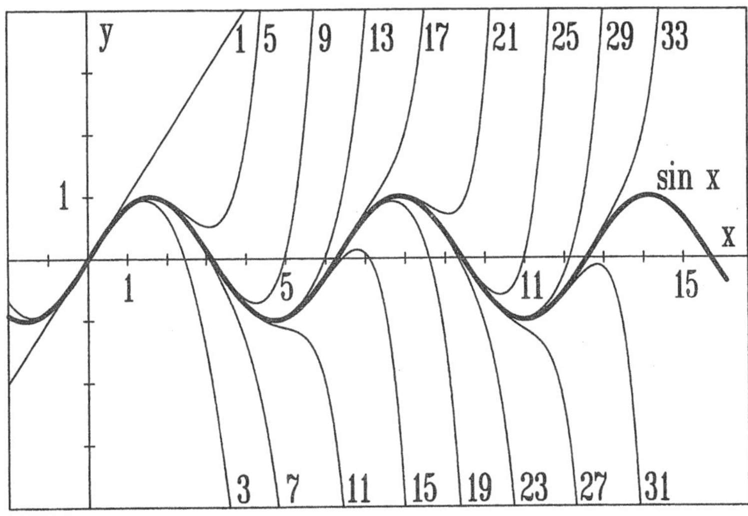

Wir wollen nun untersuchen, wie gut die Approximation von f durch das Taylor-Polynom $P_{n,a}$ ist. Dazu betrachten wir das ***Restglied***

$$R_{n,a}(x) := f(x) - P_{n,a}(x)$$

bei festem x für wachsendes n. Wir geben eine geschlossene Integraldarstellung für $R_{n,a}$ an. Mit Hilfe des Hauptsatzes der Differential- und Integralrechnung (Satz 6.8) erhalten wir für $n = 0$:

$$R_{0,a}(x) = f(x) - P_{0,a}(x) = f(x) - f(a) = \int_a^x f'(t)\,dt\,.$$

Wir transformieren das Integral durch partielle Integration und benutzen dabei die Funktionen:

$$u(t) = f'(t), \quad v(t) = -(x-t) \quad \text{bzw.} \quad dv = dt\,.$$

Dann folgt:

$$\int_a^x \underset{\substack{\uparrow\\ u}}{f'(t)}\, \underset{\substack{\uparrow\\ dv}}{dt} = -f'(t)\,(x-t)\Big|_a^x - \int_a^x \underset{\substack{\uparrow\\ v}}{-(x-t)}\, \underset{\substack{\uparrow\\ du}}{f''(t)\,dt}$$

$$= f'(a)\;(x-a) + \int_a^x f''(t)\,(x-t)\,dt \quad \text{oder}$$

$$f(x) = f(a) + f'(a)\,(x-a) + \int_a^x f''(t)\,(x-t)\,dt\,.$$

Damit lautet das Restglied der linearen Approximation ($n = 1$):

$$R_{1,a}(x) = \int_a^x f''(t)\,(x-t)\,dt\,.$$

Wir behandeln nun $R_{1,a}(x)$ in analoger Weise und setzen

$$u(t) = f''(t)\,,\; v(t) = -\frac{1}{2}(x-t)^2 \quad \text{bzw.} \quad dv = (x-t)dt\,.$$

Dann erhalten wir:

$$\int_a^x \underset{\substack{\uparrow\\ u(t)}}{f''(t)}\; \underset{\substack{\uparrow\\ dv}}{(x-t)\,dt} = uv\Big|_a^x - \int_a^x v\,du$$

$$= -f''(t)\,\frac{(x-t)^2}{2}\Big|_a^x - \int_a^x -\frac{(x-t)^2}{2!}\,f^{(3)}(t)\,dt$$

$$= f''(a)\,\frac{(x-a)^2}{2} + \int_a^x f^{(3)}(t)\,\frac{(x-t)^2}{2!}\,dt\,.$$

Wir haben also aus dem Restglied $R_{1,a}(x)$ den fehlenden Term für das Taylor-Polynom zweiter Ordung abgespalten und eine Integraldarstellung des Restgliedes $R_{2,a}(x)$ gewonnen:

$$R_{2,a}(x) = \int_a^x f^{(3)}(t) \frac{(x-t)^2}{2!} dt .$$

Satz 7.1 (Taylor-Formel). Die Funktion f sei auf $[a, x]$ (bzw. $[x, a]$) $(n+1)$-mal stetig differenzierbar. Dann gilt:

$$f(x) = P_{n,a}(x) + R_{n,a}(x) .$$

Dabei ist $P_{n,a}(x)$ das zugehörige ***Taylor-Polynom*** der Ordung n bei a,

$$P_{n,a}(x) = \sum_{k=0}^{n} f^{(k)}(a) \frac{(x-a)^k}{k!} .$$

Für das ***Restglied*** $R_{n,a}(x)$ gilt:

$$R_{n,a}(x) = \int_a^x f^{(n+1)}(t) \frac{(x-t)^n}{n!} dt .$$

Beweis. Die Vorüberlegungen zeigen die Richtigkeit der Aussage für $n = 0, 1, 2$. Wir geben noch den Induktionsschritt $n \to n+1$. Bei der analogen partiellen Integration verwenden wir

$$u(t) = f^{(n+1)}(t),\ v(t) = -\frac{(x-t)^{n+1}}{(n+1)!} \text{ bzw. } dv = \frac{(x-t)^n}{n!} dt$$

und erhalten:

$$\int_a^x f^{(n+1)}(t) \frac{(x-t)^n}{n!} dt =$$

$$= -f^{(n+1)}(t) \frac{(x-t)^{n+1}}{(n+1)!}\Bigg|_a^x + \int_a^x \frac{(x-t)^{n+1}}{(n+1)!} f^{(n+2)}(t)\, dt$$

$$= f^{(n+1)}(a) \frac{(x-a)^{n+1}}{(n+1)!} + R_{n+1,a}(x) .$$ ■

Wir bringen nun das Restglied $R_{n,a}$ in eine Gestalt, die in der Praxis bequemer ist.

Satz 7.2. Unter den Voraussetzungen von Satz 7.1 existiert eine Zahl c zwischen a und x, so daß für das Restglied gilt:

$$R_{n,a}(x) = f^{(n+1)}(c)\,\frac{(x-a)^{n+1}}{(n+1)!}\,.$$

Ist M_{n+1} eine Schranke für die $(n+1)$-te Ableitung im betrachteten Intervall, d.h. $|f^{(n+1)}(t)| \leq M_{n+1}$ für $a \leq t \leq x$ (bzw. $x \leq t \leq a$), dann folgt:

$$|R_{n,a}(x)| \leq M_{n+1}\,\frac{|x-a|^{n+1}}{(n+1)!}\,.$$

Beweis. Die zweite Aussage folgt unmittelbar aus der ersten:

$$|R_{n,a}(x)| \leq |f^{(n+1)}(c)|\,\frac{1}{(n+1)!}\,|x-a|^{n+1}.$$

Zum Beweis der ersten Aussage benutzen wir Satz 4.3 für die Funktion $f^{(n+1)}$, die nach Voraussetzung stetig ist. Also gibt es in dem betrachteten Intervall Stellen u und v, so daß $f^{(n+1)}(u)$ ein Minimum und $f^{(n+1)}(v)$ ein Maximum von $f^{(n+1)}$ ist. Wir nehmen nun $a < x$ an. Dann ist $x - t \geq 0$ für alle t mit $a \leq t \leq x$ und es folgt:

$$f^{(n+1)}(u)\,\frac{(x-t)^n}{n!} \leq f^{(n+1)}(t)\,\frac{(x-t)^n}{n!} \leq f^{(n+1)}(v)\,\frac{(x-t)^n}{n!}\,.$$

Wir integrieren diese Ungleichungen gemäß Satz 6.5 und berücksichtigen, daß wir die Konstanten $f^{(n+1)}(u)$ und $f^{(n+1)}(v)$ vor die Integrale ziehen können:

$$f^{(n+1)}(u)\int_a^x \frac{(x-t)^n}{n!}\,dt \leq R_{n,a}(x) \leq f^{(n+1)}(v)\int_a^x \frac{(x-t)^n}{n!}\,dt\,.$$

Nach Ausführen der Integration erhalten wir

$$f^{(n+1)}(u)\,\frac{(x-a)^{n+1}}{(n+1)!} \leq R_{n,a}(x) \leq f^{(n+1)}(v)\,\frac{(x-a)^{n+1}}{(n+1)!}\,.$$

Gemäß dem Zwischenwertsatz (Satz 4.3(2)) nimmt $f^{(n+1)}$ im Intervall $[a, x]$ alle Werte zwischen dem Minimum und dem Maximum an. Daher nimmt die Funktion

$$F(t) = f^{(n+1)}(t)\,\frac{(x-a)^{n+1}}{(n+1)!}$$

für $a \leq t \leq x$ alle Werte zwischen ***ihrem*** Minimum und Maximum an.

Daher gibt es ein $c \in [\,a, x\,]$ mit $R_{n,a}(x) = f^{(n+1)}(c)\ (x-a)^{n+1}/(n+1)$.
Für $x < a$ verläuft der Beweis analog. ■

Gemäß Satz 7.2 sieht das Restglied $R_{n,a}(x)$ dem nächsten Glied eines Taylor-Polynoms der Ordnung $n+1$ sehr ähnlich. Nur geht die Ableitung $f^{(n+1)}$ nicht mit ihrem Wert am Entwicklungspunkt a ein, sondern an einer Stelle c zwischen a und x.

Beispiel 7.3. Für die Funktion sin ist das Restglied besonders einfach abzuschätzen, denn

$$|\sin x| \leq 1 \quad \text{und} \quad |\cos x| \leq 1 \quad \text{für alle } x \in \mathbb{R}.$$

Daher gilt:

$$|R_{2n+2,0}(x)| \leq \frac{|x|^{2n+3}}{(2n+3)!} \; .$$

Der absolute Fehler ist also kleiner als der Absolutbetrag des nächsten Gliedes in der Taylor-Entwicklung. Setzen wir in obiger Relation $n = 1$, so erhalten wir die Abschätzung:

$$|\sin x - (x - \frac{x^3}{3!})| \leq \frac{|x|^5}{5!} \; .$$

Für $x = 0{,}2$ folgt:

$$\sin 0{,}2 = 0{,}2 - \frac{(0{,}2)^3}{3!} + R_{4,0}(0{,}2) = 0{,}19867 + R_{4,0}(0{,}2) \; .$$

Wir schätzen den Fehler ab:

$$|R_{4,0}(0{,}2)| \leq \frac{(0{,}2)^5}{5!} = \frac{2^5}{120}\, 10^{-5} < 0{,}5 \cdot 10^{-5} \; .$$

Unser Ergebnis für sin 0,2 ist auf fünf Stellen nach dem Komma genau. □

Aus Beispiel 7.3 entnehmen wir, daß das Restglied der Taylor-Formel für $\sin x$ gegen Null strebt, falls $|x| < 1$ ist. Eine genauere Betrachtung zeigt, daß die Einschränkung $|x| < 1$ unnötig ist.

Satz 7.3. Es sei $x \in \mathbb{R}$. Dann nähert sich $x^n/n!$ dem Wert Null, falls $n \in \mathbb{N}$ sehr groß wird:

$$\lim_{n \to \infty} \frac{x^n}{n!} = 0 \; .$$

Beweis. Wir wählen ein $m \in \mathbb{N}$ mit $m > 2|x|$ oder $|x|/m < 1/2$. Für $n > m$ setzen wir $k := n - m$ bzw. $n = m + k$ und erhalten:

$$0 \leq \frac{|x|^n}{n!} = \frac{|x|^m}{m!} \frac{|x| \cdot |x| \cdot \ldots \cdot |x|}{(m+1)\cdot(m+2)\cdot \ldots \cdot n} < \frac{|x|^m}{m!} \left(\frac{1}{2}\right)^k .$$

Die Behauptung folgt, da der Faktor $(1/2)^k$ für $k \to \infty$ bzw. $n \to \infty$ beliebig klein wird. ∎

Anmerkung. Für das Restglied der Taylor-Entwicklung der Funktion sin folgt:

$$\lim_{n \to \infty} R_{2n+2,0}(x) = 0 \qquad \text{für alle } x \in \mathbb{R}$$

oder gemäß der Definition des Restgliedes:

$$\sin x = \lim_{n \to \infty} \left(x - \frac{x^3}{3!} + \frac{x^5}{5!} - \ldots + (-1)^n \frac{x^{2n+1}}{(2n+1)!} \right)$$

$$= \lim_{n \to \infty} \sum_{k=0}^{n} (-1)^k \frac{x^{2k+1}}{(2k+1)!} .$$

Beispiel 7.4. Wir wenden Satz 7.2 auf die Exponentialfunktion an und erhalten mit Beispiel 7.2:

$$e^x = 1 + \frac{x}{1!} + \frac{x^2}{2!} + \frac{x^3}{3!} + \ldots + \frac{x^n}{n!} + e^c \frac{x^{n+1}}{(n+1)!} .$$

Dabei liegt c zwischen 0 und x.

In Abschnitt 6.9 hatten wir die Abschätzung $2 < e < 4$ abgeleitet. Wir werden $e = e^1$ jetzt auf 3 Dezimalstellen berechnen. Für das Restglied erhalten wir die Abschätzung:

$$|R_{n,0}(1)| = e^c \frac{1}{(n+1)!} \leq e \frac{1}{(n+1)!} \leq \frac{4}{(n+1)!} .$$

Dabei haben wir die Monotonie der Exponentialfunktion benutzt:

$$0 < c \leq 1 \Rightarrow 1 < e^c \leq e .$$

Durch Probieren finden wir für $n = 7$:

$$|R_{7,0}(1)| < \frac{4}{8!} = \frac{4}{40320} < 0{,}5 \cdot 10^{-3} ,$$

also: $$e = 1 + 1 + \frac{1}{2!} + \ldots + \frac{1}{7!} + R_{7,0}(1) = 2{,}7182\ldots < 3.$$

Natürlich benötigen wir für eine geforderte Genauigkeit um so weniger Terme in der Taylor-Formel, je kleiner x ist. Mit Satz 7.3 folgt, daß das

Restglied der Taylor-Formel von e^x wie bei der Funktion sin immer gegen Null strebt, falls wir genügend weit entwickeln. Denn es gilt:

$$|R_{n,0}(x)| \leq e^x \frac{x^{n+1}}{(n+1)!} \to 0 \text{ für } n \to \infty .$$

Wir können also schreiben:

$$e^x = \lim_{n\to\infty} \sum_{k=0}^{n} \frac{x^k}{k!} = 1 + \frac{x}{1!} + \frac{x^2}{2!} + \frac{x^3}{3!} + \ldots \qquad \square$$

Beispiel 7.5. Wir wollen die Fehlerfunktion

$$\operatorname{erf}(x) := \frac{2}{\sqrt{\pi}} \int_0^x e^{-t^2} dt$$

auf drei Dezimalstellen berechnen und untersuchen, für welche x wir dazu mit den ersten vier Termen in der Taylor-Entwicklung der Exponentialfunktion auskommen. Wir setzen $u = -t^2$ und erhalten:

$$e^{-t^2} = e^u = 1 + u + \frac{u^2}{2!} + \frac{u^3}{3!} + e^c \frac{u^4}{4!} .$$

Daraus folgt:

$$\begin{aligned} \operatorname{erf}(x) &= \frac{2}{\sqrt{\pi}} \int_0^x \left(1 - t^2 + \frac{t^4}{2!} - \frac{t^6}{3!}\right) dt + F(x) \\ &= \frac{2}{\sqrt{\pi}} \left(x - \frac{x^3}{3\cdot 1!} + \frac{x^5}{5\cdot 2!} - \frac{x^7}{7\cdot 3!}\right) + F(x) \qquad (*) \end{aligned}$$

mit dem Approximationsfehler

$$F(x) := \frac{2}{\sqrt{\pi}} \int_0^x e^c \frac{t^8}{4!} dt .$$

Genauer wäre $c = c(t)$ zu schreiben, wobei wegen $0 \leq t \leq x$ gilt:

$$-x^2 \leq -t^2 = u \leq c(t) \leq 0 .$$

Es folgt also $e^c \leq 1$, und wir können für $x \geq 0$ folgende Abschätzung angeben:

$$0 \leq F(x) \leq \frac{2}{\sqrt{\pi}} \int_0^x 1 \cdot \frac{t^8}{4!} dt = \frac{2}{\sqrt{\pi}} \frac{x^9}{9\cdot 4!} .$$

Der Approximationsfehler $F(x)$ bleibt sicher kleiner als $0{,}5 \cdot 10^{-3}$, falls gilt:

$$\frac{2}{\sqrt{\pi}} \frac{x^9}{9\cdot 4!} < 0{,}5\cdot 10^{-3} \quad \text{oder} \quad x^9 < 54\sqrt{\pi}\, 10^{-3} \Rightarrow 0 \leq x \leq 0{,}77 .$$

Da die Fehlerfunktion ungerade ist, erhalten wir schließlich:

$$|F(x)| < 0{,}5 \cdot 10^{-3} \quad \text{für} \quad |x| \leq 0{,}75 .$$

Die Approximation (*) für erf(x) ist also mindestens auf drei Dezimalstellen genau, solange $|x| \leq 0{,}75$ gilt. □

7.2 Folgen

Eine unendliche Folge von Zahlen ist ein derartig naheliegender Begriff, daß man versucht ist, ihn ohne Definition zu verwenden. Häufig schreibt man für eine Folge einfach

$$"a_1, a_2, a_3, \dots \ " .$$

Auch wir haben gelegentlich Folgen verwendet, ohne dies ausdrücklich zu erwähnen. Wir formalisieren nun den Begriff der Folge ausgehend von der Tatsache, daß dabei jeder natürlichen Zahl $n \in \mathbb{N}$ eine reelle Zahl a_n zugeordnet wird.

Definition 7.1. Eine ***Folge*** reeller Zahlen ist eine reellwertige Funktion mit Definitionsbereich $\mathbb{N}$.

Gemäß dieser Definition sollten wir eine Folge durch einen Buchstaben, etwa a, bezeichnen und die Funktionswerte mit

$$a(1),\ a(2),\ a(3),\ \dots .$$

Aber die Indexnotation ist allgemein üblich,

$$a_1,\ a_2,\ a_3,\ \dots ,$$

und für die Folge selbst, d.h. für die Funktion, verwendet man auch das Symbol $\{a_n\}$.

Beispiel 7.6. Mit $\{n\}$, $\{(-1)^n\}$ und $\{1/n\}$ bezeichnen wir die Folgen a, b und c, die definiert sind durch

$$a_n := n , \qquad b_n := (-1)^n , \qquad c_n := 1/n .$$

Wir stellen Folgen gewöhnlich nicht als Graph dar, sondern markieren die Punkte a_1, a_2, ... auf der Zahlengeraden. Offensichtlich "strebt die Folge

$\{a_n\}$ gegen unendlich", die Folge $\{b_n\}$ "oszilliert", während die Folge $\{c_n\}$ "gegen Null konvergiert". □

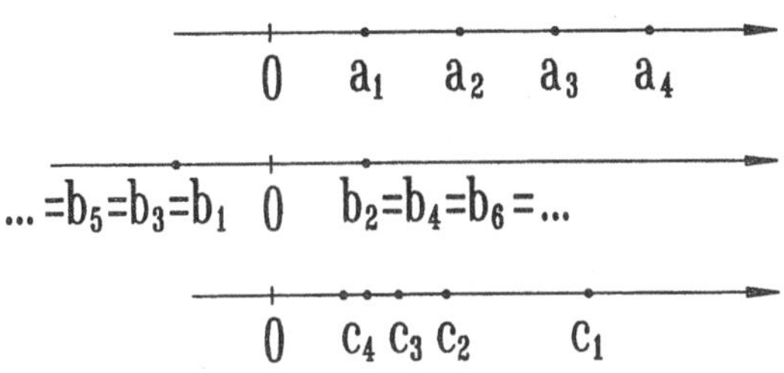

Definition 7.2. Die Folge $\{a_n\}$ ***konvergiert gegen den Grenzwert*** g, wenn es für jedes $\epsilon > 0$ ein $N \in \mathbb{N}$ gibt, so daß gilt:

$$\text{aus } n > N \text{ folgt } |a_n - g| < \epsilon .$$

Konvergiert eine Folge nicht, dann heißt sie ***divergent***. Die Folgen $\{a_n\}$ und $\{b_n\}$ in Beispiel 7.6 sind beide divergent, und man schreibt

$$\lim_{n\to\infty} a_n = \infty$$

in völliger Analogie zu uneigentlichen Grenzwerten von Funktionen (vgl. Abschnitt 4.3). Konvergiert eine Folge $\{a_n\}$ gegen den Grenzwert g, dann schreibt man:

$$\lim_{n\to\infty} a_n = g .$$

Die Folge $\{c_n\}$ in Beispiel 7.6 konvergiert gegen Null. Die Ähnlichkeit zwischen den Definitionen

$$\lim_{n\to\infty} a_n = g \quad \text{und} \quad \lim_{x\to\infty} f(x) = g$$

ist kein Zufall. Für eine Funktion f mit $f(n) = a_n$ für $n \in \mathbb{N}$ gilt nämlich:

$$\lim_{x\to\infty} f(x) = g \;\Rightarrow\; \lim_{n\to\infty} f(n) = \lim_{n\to\infty} a_n = g .$$

Diese Aussage haben wir beispielsweise beim Grenzwert (4) in Abschnitt 5.4 auf die Funktion $f(x) = (1 + 1/x)^x$ und die Zahlenfolge $a_n := (1 + 1/n)^n$ angewendet:

$$\lim_{x\to\infty} (1 + 1/x)^x = e \;\Rightarrow\; \lim_{n\to\infty} a_n = \lim_{n\to\infty} (1 + 1/n)^n = e\,.$$

Ferner können wir die zu Satz 4.1 analogen Rechenregeln für die Grenzwerte von Zahlenfolgen formulieren. Wenn

$$\lim_{n\to\infty} a_n \quad \text{und} \quad \lim_{n\to\infty} b_n$$

existieren, dann folgt:

(1) $\lim_{n\to\infty} (a_n + b_n) = \lim_{n\to\infty} a_n + \lim_{n\to\infty} b_n\,.$

(2) $\lim_{n\to\infty} (a_n \cdot b_n) = \lim_{n\to\infty} a_n \cdot \lim_{n\to\infty} b_n\,.$

(3) $\lim_{n\to\infty} (a_n / b_n) = \lim_{n\to\infty} a_n / \lim_{n\to\infty} b_n$, falls $\lim_{n\to\infty} b_n \neq 0\,.$

Beispiel 7.7. Als Anwendung vorstehender Aussagen berechnen wir (vgl. Beispiel 4.7)

$$\lim_{n\to\infty} \frac{n^3 - n + 1}{2n^3 + 2n^2 - 1} = \lim_{n\to\infty} \frac{1 - 1/n^2 + 1/n^3}{2 + 2/n - 1/n^3} = \frac{1}{2}\,.$$

□

Alle bisherigen Ausführungen über Folgen waren, entsprechend Definition 7.1, mehr oder weniger offensichtliche Umformungen analoger Aussagen über Funktionen. Wir formulieren im folgenden eine wichtige Konvergenzaussage speziell für Folgen. Dazu übertragen wir weitere Begriffe für Funktionen.

Eine Folge a_n ist ***monoton wachsend***, wenn für alle $n \in \mathbb{N}$ gilt: $a_{n+1} \geq a_n$; ***streng monoton wachsend***, falls $a_{n+1} > a_n$ für alle n; ***nach oben beschränkt***, falls es eine Zahl M gibt, so daß $a_n \leq M$ ist für alle n. Entsprechend definiert man für Folgen die Begriffe "monoton fallend", "streng monoton fallend" und "nach unten beschränkt".

Satz 7.4. Ist die Folge $\{a_n\}$ ***monoton wachsend und nach oben beschränkt*** (bzw. monoton fallend und nach unten beschränkt), dann konvergiert sie.

Wir können Satz 7.4 nicht beweisen. Dies ist eine weitere Konsequenz unserer anschaulichen Einführung der reellen Zahlen als Punkte auf der Zahlengeraden (vgl. Abschnitt 1.2). Die Aussage von Satz 7.4 ist geometrisch evident. Beispielsweise gilt für eine nach oben beschränkte, streng monoton wachsende Folge, daß für jedes a_n alle nachfolgenden Glieder a_m die Ungleichung $a_n < a_m < M$ für $n < m$ erfüllen:

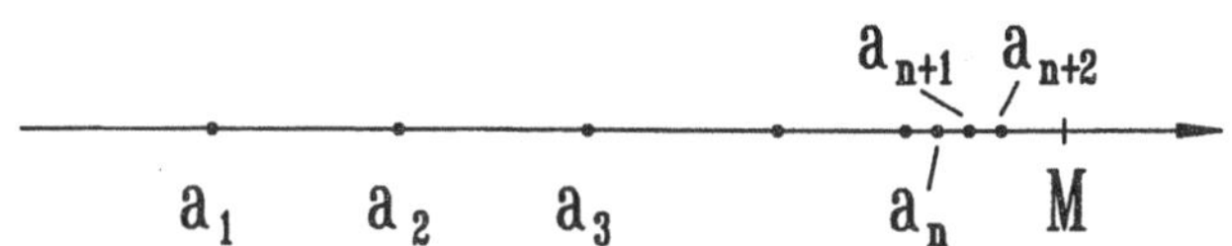

Satz 7.4 stellt sogar eine mögliche Formulierung derjenigen Eigenschaften der reellen Zahlen dar, die neben den arithmetischen Gesetzen und den Ordnungsrelationen zu einer vollständigen Charakterisierung der reellen Zahlen notwendig sind. Man spricht dann vom ***Prinzip (bzw. Axiom) der monotonen Folgen***.

Beispiel 7.8. Wir untersuchen die ***geometrische Folge*** $\{x^n\}$. Für $0 < x < 1$ ist die Folge monoton fallend und durch Null nach unten beschränkt:

$$0 < x < 1 \;\Rightarrow\; 0 < x^{n+1} < x^n .$$

Nach Satz 7.4 konvergiert die Folge für $x \in \,]\,0,1\,[$:

$$g(x) := \lim_{n\to\infty} x^n .$$

Zur Bestimmung des Grenzwertes betrachten wir das Produkt von $\{x^n\}$ mit der konstanten Folge $\{x\}$. Gemäß (2) gilt:

$$x\,g(x) = \lim_{n\to\infty} x \lim_{n\to\infty} x^n = \lim_{n\to\infty} x^{n+1} = \lim_{m\to\infty} x^m = g(x) .$$

Also $(x-1)\,g(x) = 0 \;\Rightarrow\; g(x) = 0$ für $0 < x < 1$.

Für $x > 1$ ist $0 < 1/x < 1$ und somit $(1/x)^n \to 0$ für $n \to \infty$. Das bedeutet, daß x^n über alle Schranken gegen unendlich strebt. Die Folge divergiert. Für $x = 0$ und $x = 1$ haben wir Folgen mit konstanten Gliedern, die gegen diese Konstante konvergieren. Für $x < 0$ erhalten wir

$$\left.\begin{array}{l} |x^n - 0| = |x|^n \to 0 \text{ , falls } -1 < x < 0 \\ |x^n| = |x|^n \to \infty \text{ , falls } x < -1 \end{array}\right\} \text{ für } n \to \infty .$$

Die geometrische Folge konvergiert also für $|x| < 1$ gegen Null. Wir fassen die eigentlichen und uneigentlichen Grenzwerte zusammen:

$$\lim_{n\to\infty} x^n = \begin{cases} 0 & \text{für } -1 < x < 1 , \\ 1 & \text{für } x = 1 , \\ \infty & \text{für } x > 1 . \end{cases}$$

Beim Beweis von Satz 7.3 haben wir ein Teilergebnis dieses Beispiels als selbstverständlich vorweggenommen: $\lim\limits_{n\to\infty} (1/2)^n = 0$. □

Beispiel 7.9. Es sei $a \in \mathbb{R}^+$. Wir untersuchen die Folge $\{x_n\}$ mit

$$x_0 := a , \qquad x_{n+1} := \frac{1}{2}\left(x_n + \frac{a}{x_n}\right) .$$

Wir zeigen zunächst durch Induktion, daß die Folge $\{x_n\}$ nach unten beschränkt ist durch $\sqrt{a}$; denn für alle $n \in \mathbb{N}$ gilt:

$$x_n \geq \sqrt{a} .$$

Zum Beweis verwenden wir die für $y, z \in \mathbb{R}_0^+$ gültige Ungleichung $(y + z)/2 \geq \sqrt{yz}$, die besagt, daß das arithmetische Mittel von zwei nichtnegativen Zahlen stets größer oder gleich ihrem geometrischen Mittel ist. Wir gewinnen die Ungleichung durch Umformung von $0 \leq (\sqrt{y} - \sqrt{z})^2 = y - 2\sqrt{yz} + z$. Gemäß der rekursiven Definition folgt:

$$x_{n+1} = \frac{1}{2}\left(x_n + \frac{a}{x_n}\right) \geq \sqrt{x_n \frac{a}{x_n}} = \sqrt{a} .$$

Außerdem ist die Folge $\{x_n\}$ monoton fallend, $x_{n+1} \leq x_n$ für $n \geq 1$:

$$x_{n+1} - x_n = \frac{1}{2}\left(\frac{a}{x_n} - x_n\right) \leq \frac{1}{2}\left(\frac{a}{\sqrt{a}} - x_n\right) = \frac{1}{2}\left(\sqrt{a} - x_n\right) \leq 0 .$$

Daher konvergiert die Folge $\{x_n\}$ nach Satz 7.4. Für ihren Grenzwert g gilt:

$$\lim_{n\to\infty} x_{n+1} = \lim_{n\to\infty} \frac{1}{2}\left(x_n + \frac{a}{x_n}\right) \Rightarrow g = \frac{1}{2}\left(g + \frac{a}{g}\right) \Rightarrow g = \sqrt{a} .$$

Damit haben wir gezeigt, daß das Newton-Verfahren zur Bestimmung der Quadratwurzel $\sqrt{a}$ für alle $a \in \mathbb{R}^+$ konvergiert (vgl. Beispiel 5.20). □

7.3 Reihen

Im Zusammenhang mit der Taylor-Entwicklung sind wir auf Grenzwerte von Folgen gestoßen, die wir als Polynome mit "unendlich vielen Termen" auffassen können. Im Anschluß an Beispiel 7.4 hatten wir gezeigt, daß gilt:

$$e^x = \lim_{n\to\infty} s_n(x) \quad \text{mit} \quad s_n(x) = \sum_{k=0}^{n} \frac{x^k}{k!} .$$

Wegen der großen Bedeutung derartiger Folgen ist es sinnvoll, sie selbst und ihre Grenzwerte im folgenden gesondert zu untersuchen.

Gegeben sei eine reelle Folge $\{a_n\}$. Wir bilden die neue Folge $\{s_n\}$ der ***Partialsummen***

$$s_n := \sum_{k=1}^{n} a_k , \quad n \in \mathbb{N} .$$

Die Folge $\{s_n\}$ heißt die mit $\{a_k\}$ gebildete ***Reihe***; wir bezeichnen sie mit dem Symbol

$$\sum_{k=1}^{\infty} a_k .$$

Wenn die Folge $\{s_n\}$ konvergiert, heißt die Reihe $\sum_{k=1}^{\infty} a_k$ ***konvergent***, andernfalls ***divergent***. Wenn die Reihe konvergiert, dann schreiben wir

$$\sum_{k=1}^{\infty} a_k = \lim_{n\to\infty} s_n = \lim_{n\to\infty} (a_1 + a_2 + \ldots + a_n) .$$

Wir verwenden also das Reihensymbol $\sum_{k=1}^{\infty} a_k$ in zweifacher Bedeutung: als Bezeichnung für die Folge der Partialsummen und, falls letztere konvergiert, als Bezeichnung für den entsprechenden Grenzwert.

Beispiel 7.10. Wir untersuchen die ***geometrische Reihe*** $\sum_{k=0}^{\infty} x^k$ auf Konvergenz. Gemäß Beispiel 1.11 gilt für die zugehörigen Partialsummen

$$s_n(x) := 1 + x + \ldots + x^n = \frac{1 - x^{n+1}}{1 - x} = \frac{1}{1-x} - \frac{x^{n+1}}{1 - x}, \quad \text{falls } x \neq 1 .$$

Nach Beispiel 7.8 ist $\lim\limits_{n\to\infty} x^n = 0$ für $|x| < 1$, daher folgt:

$$\sum_{k=0}^{\infty} x^k = \lim_{n\to\infty} s_n(x) = \frac{1}{1-x} \quad \text{für} \quad |x| < 1 .$$

Für andere Werte von x divergiert die geometrische Reihe. Denn die Folge $\{x^n\}$ konvergiert nur für $-1 < x < 1$. Für $x = 1$ wächst die Folge der Partialsummen unbeschränkt:

$$s_n(1) = \sum_{k=0}^{n} 1 = n+1 .$$

□

Aufgrund der Definition einer Reihe können wir viele Ergebnisse für Folgen übertragen. Konvergieren beispielsweise die Reihen $\sum_{k=1}^{\infty} a_k$ und $\sum_{k=1}^{\infty} b_k$, dann gilt:

$$\sum_{k=1}^{\infty}(a_k + b_k) = \sum_{k=1}^{\infty} a_k + \sum_{k=1}^{\infty} b_k \quad \text{und} \quad \sum_{k=1}^{\infty} ca_k = c\sum_{k=1}^{\infty} a_k .$$

Satz 7.5. Konvergiert die Reihe $\sum_{k=1}^{\infty} a_k$, dann gilt: $\lim\limits_{k\to\infty} a_k = 0$.

Beweis. Nach Voraussetzung konvergiert die Folge der Partialsummen $s_n = \sum_{k=1}^{\infty} a_k$ gegen eine reelle Zahl, etwa g. Für $n \geq 2$ gilt:

$$a_n = s_n - s_{n-1}$$

und somit:

$$\lim_{n\to\infty} a_n = \lim_{n\to\infty} s_n - \lim_{n\to\infty} s_{n-1} = g - g = 0 .$$

■

Anmerkung. Dieser Satz wird häufig dazu benutzt, um die ***Divergenz*** einer Reihe nachzuweisen. Dazu zeigt man, daß die Folge $\{a_n\}$ divergiert oder gegen einen Grenzwert $g \neq 0$ konvergiert. Würde die Reihe $\sum_{k=1}^{\infty} a_k$ konvergieren, so ergäbe sich ein Widerspruch zu Satz 7.5. Wenden wir dieses Kriterium auf die geometrische Reihe an, so können wir mit den

Ergebnissen von Beispiel 7.8 folgern, daß $\sum_{k=1}^{\infty} x^k$ für $|x| \geq 1$ divergiert. Denn nur für $|x| < 1$ gilt: $\lim_{n\to\infty} x^n = 0$.

Die Bedingung $\lim_{k\to\infty} a_k = 0$ ist notwendig für die Konvergenz der Reihe $\sum_{k=1}^{\infty} a^k$, jedoch nicht hinreichend. Die ***harmonische Reihe***

$$\sum_{k=1}^{\infty} \frac{1}{k} = 1 + \frac{1}{2} + \frac{1}{3} + \frac{1}{4} + \dots$$

divergiert, obwohl $\lim_{n\to\infty} a_k = \lim_{k\to\infty} \frac{1}{k} = 0$ gilt (siehe Beispiel 7.12).

Satz 7.6 (Majoranten-Kriterium). Es sei $\sum_{k=1}^{\infty} b_k$ eine konvergente Reihe mit Gliedern $b_k \geq 0$. Gilt $0 \leq a_n \leq b_n$ für alle $k \in \mathbb{N}$, dann konvergiert auch $\sum_{k=1}^{\infty} a_k$ und es gilt:

$$\sum_{k=1}^{\infty} a_k \leq \sum_{k=1}^{\infty} b_k .$$

Beweis. Wir haben nach Voraussetzung

$$s_n := a_1 + \dots + a_n \leq b_1 + \dots + b_n =: t_n \leq \sum_{k=1}^{\infty} b_k . \qquad (\#)$$

Daher ist $\sum_{k=1}^{\infty} b_k$ eine obere Schranke für die monoton wachsende Folge $\{s_n\}$. Folglich konvergiert $\{s_n\}$ gemäß Satz 7.4. Die Ungleichung für die Werte der Reihen folgt durch Grenzübergang $n \to \infty$ in (#). ■

Beispiel 7.11. Wir zeigen die Konvergenz der Reihe $\sum_{k=0}^{\infty} \frac{1}{k!}$ durch Angabe einer konvergenten Majorante. Es gilt:

$$s_n = 1 + \frac{1}{1!} + \frac{1}{2!} + \frac{1}{3!} + \frac{1}{4!} + \dots + \frac{1}{n!}$$

$$< 1 + 1 + \frac{1}{2} + \frac{1}{2\cdot 2} + \frac{1}{2\cdot 2\cdot 2} + \dots + \frac{1}{2^{n-1}} = 1 + \sum_{k=0}^{n-1} \frac{1}{2^k} .$$

Die geometrische Reihe $\sum_{k=0}^{\infty} 2^{-k}$ konvergiert (vgl. Beispiel 7.10) und es gilt:

$$\sum_{k=0}^{\infty} \frac{1}{k!} < 1 + \sum_{k=0}^{\infty} (\tfrac{1}{2})^k = 1 + \frac{1}{1-\frac{1}{2}} = 3 .$$

Daraus folgt zusammen mit Beispiel 7.4: $\exp(1) = e < 3$. □

Anmerkung. Als Ergänzung zu Satz 7.6 sei darauf hingewiesen, daß man aus der Divergenz der Reihe $\sum_{k=1}^{\infty} a_k$ auf die Divergenz von $\sum_{k=1}^{\infty} b_k$ schließen kann, falls $0 \leq a_k \leq b_k$ für alle $k \in \mathbb{N}$ ist.

Satz 7.7 (Integral-Kriterium). Die Funktion f sei für $x \geq 1$ positiv, $f(x) \geq 0$, und monoton fallend. Dann konvergiert die Reihe $\sum_{k=1}^{\infty} f(k)$ genau dann, wenn das uneigentliche Integral $\int_1^{\infty} f(x)\,dx$ konvergiert.

Beweis. Wir haben für $1 \leq x \leq 2$

$$f(2) \leq f(x) \leq f(1) .$$

Nach Satz 6.4 folgt:

$$f(2) \leq \int_1^2 f(x)\,dx \leq f(1) .$$

Entsprechend erhalten wir

$$f(3) \leq \int_2^3 f(x)\,dx \leq f(2) .$$

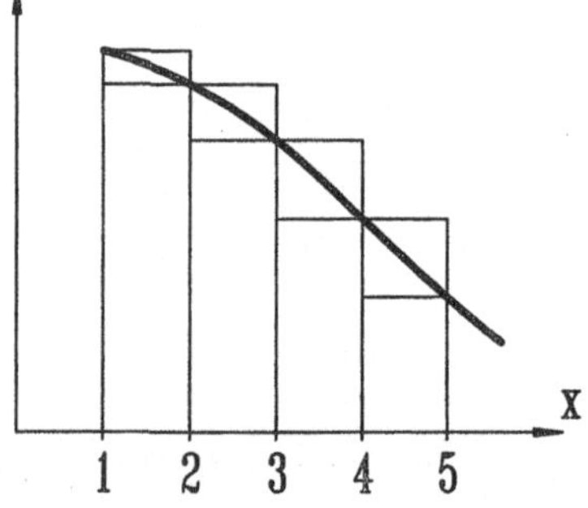

Wir fahren fort bis zum Intervall $[n-1, n]$ und addieren die Ungleichungen:

$$f(2) + f(3) + \ldots + f(n) \leq \int_1^n f(x)\,dx \leq f(1) + f(2) + \ldots + f(n-1) .$$

Konvergiert das Integral für $n \to \infty$, dann ist die Folge der Partialsummen gemäß der linken Ungleichung nach oben beschränkt. Außerdem ist die Folge $s_n = \sum_{k=0}^{n} f(k)$ monoton wachsend wegen $f(k) \geq 0$ und somit konvergent nach Satz 7.4 . Daher konvergiert auch die Reihe. Divergiert andererseits das Integral, dann wächst die Folge der Partialsummen gemäß der rechten Ungleichung über alle Grenzen, und die Reihe divergiert. ■

Beispiel 7.12. Die Reihe $\sum_{k=1}^{\infty} \frac{1}{k^2}$ ist konvergent, denn das uneigentliche Integral $\int_1^{\infty} \frac{1}{x^2}\, dx$ existiert. Dagegen divergiert die harmonische Reihe $\sum_{k=1}^{\infty} \frac{1}{k}$, weil das uneigentliche Integral $\int_1^{\infty} \frac{1}{x}\, dx$ divergiert (vgl. Beispiel 6.12). □

Auch im folgenden Konvergenz-Kriterium betrachten wir Reihen mit ausschließlich positiven Gliedern.

Satz 7.8 (Quotienten-Kriterium). Gegeben sei eine Reihe $\sum_{k=1}^{\infty} a_k$ mit $a_k > 0$ für alle $k \in \mathbb{N}$ und es sei $c = \lim\limits_{k \to \infty} a_{k+1}/a_k$. Dann konvergiert die Reihe, falls $0 < c < 1$ ist; für $c > 1$ divergiert sie.

Beweis. Angenommen, es ist $0 < c < 1$. Dann gibt es eine Zahl d mit $0 < c < d < 1$ und ein $p \in \mathbb{N}$, so daß für alle $k \geq p$ gilt: $a_{k+1}/a_k < d$. Damit folgt:

$$a_{p+1} \leq d\, a_p ,$$

$$a_{p+2} \leq d\, a_{p+1} \leq d^2\, a_p , \qquad \text{und durch Induktion:}$$

$$a_{p+m} \leq d^m\, a_p .$$

Demzufolge haben wir für $m > 0$:

$$\sum_{k=p}^{p+m} a_k \leq a_p + da_p + d^2a_p + \ldots + d^m a_p = a_p\,(1 + d + d^2 + \ldots + d^m)$$

$$\leq a_p \sum_{k=0}^{\infty} d^k = a_p \frac{1}{1-d} .$$

Wir vergleichen die vorgelegte Reihe also mit einer geometrischen Reihe und sehen, daß die Folge der Partialsummen monoton wachsend und beschränkt ist:

$$\sum_{k=1}^{n} a_k = \sum_{k=1}^{p-1} a_k + \sum_{k=p}^{n} a_k \leq \sum_{k=1}^{p-1} a_k + a_p \frac{1}{1-d} = M \quad \text{für } n \geq p .$$

Daher konvergiert die Reihe nach Satz 7.6 bzw. Satz 7.4.

Ist andererseits $c > 1$, dann gilt für alle hinreichend großen k $a_{k+1}/a_k > 1$ bzw. $a_{k+1} \geq a_k$. Es gibt also ein $n \in \mathbb{N}$, so daß für alle $m \in \mathbb{N}$ gilt:

$$0 < a_n \leq a_{n+1} \leq a_{n+2} \leq \ldots \leq a_{n+m} .$$

Die positive Folge $\{a_k\}$ ist somit für $k \geq n$ monoton steigend und konvergiert demzufolge nicht gegen Null: die zugehörige Reihe divergiert (vgl. die Anmerkung zu Satz 7.5). ■

Beispiel 7.13. (1) Wir untersuchen die Reihe $\sum_{k=1}^{\infty} \frac{k}{2^k}$ mit Hilfe des Quotientenkriteriums. Mit $a_k := k/2^k$ erhalten wir:

$$\lim_{k\to\infty} \frac{a_{k+1}}{a_k} = \lim_{k\to\infty} \frac{k+1}{2^{k+1}} \frac{2^k}{k} = \frac{1}{2} \lim_{k\to\infty} \frac{k+1}{k} = \frac{1}{2} < 1,$$

Also konvergiert die Reihe.

(2) Dagegen besagt das Quotientenkriterium, daß die Reihe $\sum_{n=1}^{\infty} \frac{n^n}{n!}$ divergiert. Wir setzen $b_n := n^n/n!$ und berechnen

$$\lim_{n\to\infty} \frac{b_{n+1}}{b_n} = \lim_{k\to\infty} \frac{(n+1)^{n+1}}{(n+1)!} \frac{n!}{n^n} = \lim_{k\to\infty} (1 + \tfrac{1}{n})^n = e > 2.$$

Dabei haben wir (4) in Abschnitt 5.4 sowie (7) in Abschnitt 6.9 benutzt. □

Anmerkung. Gilt $\lim_{k\to\infty} a_{k+1}/a_k = c = 1$, dann ist das Quotientenkriterium nicht schlüssig. Beispielsweise gilt sowohl für die divergente Reihe $\sum_{k=1}^{\infty} \frac{1}{k}$ wie für die konvergente Reihe $\sum_{k=1}^{\infty} \frac{1}{k^2}$ (vgl. Beispiel 7.12):

$$\lim_{k\to\infty} \frac{a_{k+1}}{a_k} = \lim_{k\to\infty} \frac{k}{k+1} = 1 \quad \text{bzw.} \quad \lim_{k\to\infty} \frac{a_{k+1}}{a_k} = \lim_{k\to\infty} \left(\frac{k}{k+1}\right)^2 = 1.$$

Wir lassen nun die Einschränkung $a_k \geq 0$ für die Glieder der Reihe fallen und betrachten Reihen mit beliebigen Gliedern. Eine Reihe $\sum_{k=1}^{\infty} a_k$

heißt ***absolut konvergent***, wenn die Reihe, gebildet aus den absoluten Beträgen $|a_k|$ der Glieder, konvergiert, wenn also gilt:

$$\sum_{k=1}^{\infty} |a_k| < \infty .$$

Diese Reihe hat nur nicht-negative Terme, so daß wir alle bisherigen Konvergenzkriterien zum Test auf absolute Konvergenz anwenden können. Wegen des folgenden Satzes ist dies von großer Bedeutung.

Satz 7.9. Jede absolut konvergente Reihe konvergiert, d.h., wenn die Reihe $\sum_{k=1}^{\infty} |a_k|$ konvergiert, dann konvergiert auch die Reihe $\sum_{k=1}^{\infty} a_k$.

Beweis. Wir betrachten die beiden Folgen $\{a_k^+\}$ und $\{a_k^-\}$, definiert gemäß

$$a_k^+ := \begin{cases} |a_k| & \text{für } a_k \geq 0 \\ 0 & \text{für } a_k < 0 \end{cases} \quad \text{bzw.} \quad a_k^- := \begin{cases} 0 & \text{für } a_k \geq 0 \\ |a_k| & \text{für } a_k < 0 . \end{cases}$$

Wir beachten $0 \leq a_k^+ \leq |a_k|$ und $0 \leq a_k^- \leq |a_k|$ und wenden Satz 7.6 an. Die Reihen $\sum_{k=1}^{\infty} a_k^+$ und $\sum_{k=1}^{\infty} a_k^-$ sind beide konvergent, da $\sum_{k=1}^{\infty} |a_k|$ eine konvergente Majorante bildet. Also konvergiert auch die Differenz der Reihen, die wegen $a_k^+ - a_k^- = \{ {+ \atop -} \} |a_k| = a_k$ gleich $\sum_{k=1}^{\infty} a_k$ ist. ■

Beispiel 7.14. Wir untersuchen die Reihe $\sum_{n=1}^{\infty} \frac{\sin n}{n^2}$ auf Konvergenz. Wegen $|(\sin n)/n^2| \leq 1/n^2$ gilt:

$$\sum_{n=1}^{\infty} \left|\frac{\sin n}{n^2}\right| \leq \sum_{n=1}^{\infty} \frac{1}{n^2}$$

(vgl. Beispiel 7.12). Die vorgelegte Reihe ist also absolut konvergent nach dem Majorantenkriterium und konvergiert somit gemäß Satz 7.9. □

Haben die Koeffizienten einer Reihe abwechselnde Vorzeichen, dann spricht man von einer ***alternierenden Reihe***.

Satz 7.10 (Leibniz-Kriterium). Es sei $\{a_k\}$ eine monoton fallende Folge mit $a_k \geq 0$ und dem Grenzwert $\lim_{k\to\infty} a_k = 0$. Dann konvergiert die alternierende Reihe

$$a_1 - a_2 + a_3 - a_4 + - \ldots = \sum_{k=1}^{\infty} (-1)^{k+1} a_k .$$

Beweis. Wir betrachten die Partialsummenfolgen $\{s_{2n-1}\}$ und $\{s_{2n}\}$. Es gilt:

$$s_{2n-1} = a_1 - (a_2 - a_3) - \ldots - (a_{2n-2} - a_{2n-1}) ,$$

$$s_{2n} = (a_1 - a_2) + (a_3 - a_4) + \ldots + (a_{2n-1} - a_{2n}) .$$

Da die Folge $\{a_k\}$ monoton fallend ist, sind alle Klammerausdrücke nichtnegativ, $a_{n-1} - a_n \geq 0$. Daher ist $\{s_{2n}\}$ monoton wachsend und $\{s_{2n-1}\}$ monoton fallend. Außerdem gilt:

$$s_{2n} = s_{2n-1} - a_{2n} \leq s_{2n-1} .$$

Daher folgt für $n \in \mathbb{N}$:

$$s_2 \leq \ldots \leq s_{2n} \leq s_{2n+2} \leq \ldots \leq s_{2n+1} \leq s_{2n-1} \leq \ldots \leq s_1 .$$

Also ist $\{s_{2n}\}$ nach oben beschränkt durch s_1 und $\{s_{2n+1}\}$ nach unten beschränkt durch s_2. Beide Folgen konvergieren daher gemäß Satz 7.4:

$$g_1 := \lim_{n\to\infty} s_{2n} , \qquad g_2 := \lim_{n\to\infty} s_{2n-1} .$$

Andererseits ist

$$g_1 - g_2 = \lim_{n\to\infty} (s_{2n} - s_{2n-1}) = \lim_{n\to\infty} a_{2n} = 0 .$$

Die beiden Partialsummenfolgen $\{s_{2n-1}\}$ und $\{s_{2n}\}$ haben also einen gemeinsamen Grenzwert $g := g_1 = g_2$, und damit ist die betrachtete Reihe konvergent. ■

Beispiel 7.15. Die Reihe

$$\sum_{n=1}^{\infty} (-1)^{n-1} \frac{1}{n} = 1 - \frac{1}{2} + \frac{1}{3} - \frac{1}{4} + - \ldots = \ln 2$$

ist nach dem Leibniz-Kriterium konvergent; sie konvergiert jedoch nicht absolut (siehe Beispiel 7.12). □

7.4 Potenzreihen

Es sei $\{a_k\}$ eine Folge reeller Zahlen und $x \in \mathbb{R}$. Dann können wir die ***Potenzreihe***

$$\sum_{k=0}^{\infty} a_k x^k$$

bilden. Potenzreihen sind wohl die wichtigsten Reihen überhaupt. Ein zentrales Problem bei der Untersuchung einer Potenzreihe ist die Bestimmung derjenigen $x \in \mathbb{R}$, für die die Reihe konvergiert, d.h. die Entscheidung darüber, für welche $x \in \mathbb{R}$ durch die Potenzreihe eine Funktion definiert wird.

Beispiel 7.16. (1) Die geometrische Reihe $\sum_{k=0}^{\infty} x^k$ konvergiert nur für $|x| < 1$ (vgl. Beispiel 7.10).

(2) Wir untersuchen die Potenzreihe

$$\sum_{k=0}^{\infty} \frac{x^k}{k!}$$

mit Hilfe des Quotientenkriteriums auf absolute Konvergenz. Für $x \neq 0$ gilt:

$$\lim_{k\to\infty} \left| \frac{x^{k+1}}{(k+1)!} \frac{k!}{x^k} \right| = |x| \lim_{k\to\infty} \frac{1}{k+1} = 0\,.$$

Daher konvergiert diese Potenzreihe gemäß Satz 7.9 für alle $x \in \mathbb{R}$. Denn für $x = 0$ konvergiert die vorgelegte Reihe trivialerweise wie jede andere Potenzreihe auch.

(3) Die Potenzreihe $\sum_{k=1}^{\infty} k^k x^k$ konvergiert nur für $x = 0$ und divergiert für alle $x \neq 0$. Denn das Quotientenkriterium ergibt für $x \neq 0$:

$$\lim_{k\to\infty} \left| \frac{(k+1)^{k+1}}{k^k} \frac{x^{k+1}}{x^k} \right| = \lim_{k\to\infty} (1 + \tfrac{1}{k})^k \, (k+1)\, |x| = \infty$$

Die vorgelegte Potenzreihe ist somit für alle $x \neq 0$ nicht absolut konvergent. Aus dem nachfolgenden Satz 7.11 ersieht man, daß die Reihe damit auch im gewöhnlichen Sinn für $x \neq 0$ nicht konvergiert. □

Satz 7.11. Gegeben sei die reelle Potenzreihe $\sum_{k=0}^{\infty} a_k x^k$.

(1) Konvergiert die Potenzreihe für $x = b \neq 0$, dann konvergiert sie absolut für alle x mit $|x| < |b|$.

(2) Divergiert die Potenzreihe für $x = c$, so divergiert sie für alle x mit $|x| > |c|$.

Beweis. (1) Da die Reihe $\sum_{k=0}^{\infty} a_k b^k$ gemäß Voraussetzung konvergiert, folgt aus Satz 7.5, daß $\lim_{k\to\infty} a_k b^k = 0$ ist. Also gibt es eine Schranke $M > 0$ mit

$$|a_k b^k| \leq M \quad \text{für alle } k \in \mathbb{N}_0 .$$

Für $|x| < |b|$ folgt daraus:

$$|a_k x^k| = |a_k b^k| \left|\frac{x}{b}\right|^k \leq M \left|\frac{x}{b}\right|^k .$$

Wegen $|x/b| < 1$ ist daher die geometrische Reihe $\sum_{k=0}^{\infty} M \left|\frac{x}{b}\right|^k$ eine konvergente Majorante für $\sum_{k=0}^{\infty} a_k x^k$, so daß die Potenzreihe für $|x| < |b|$ (absolut) konvergiert (vgl. die Sätze 7.6 und 7.9).

(2) Die Reihe $\sum_{k=0}^{\infty} a_k c^k$ sei divergent. Würde die Potenzreihe $\sum_{k=0}^{\infty} a_k x^k$ für ein x mit $|x| > |c|$ konvergieren, dann würde dies wegen (1) auch die Konvergenz für $x = c$ implizieren, im Widerspruch zur Annahme. ■

Beispiel 7.17. Wie Beispiel 7.15 zeigt, konvergiert die Potenzreihe

$$\sum_{k=1}^{\infty} (-1)^{k+1} \frac{x^k}{k} = x + \frac{x^2}{2} - \frac{x^3}{3} + \frac{x^4}{4} - \frac{x^5}{5} + - \ldots$$

für $x = 1$, divergiert aber gemäß Beispiel 7.12 für $x = -1$ wegen Beispiel 7.12. Aus Satz 7.11 folgt somit, daß die Potenzreihe nur für $x \in]-1, 1]$ konvergiert. □

Aus Satz 7.11 folgern wir, daß das Konvergenzintervall einer Potenzreihe $\sum_{k=0}^{\infty} a_k x^k$ immer symmetrisch zu $x = 0$ liegt (mit Ausnahme eventuell der Randpunkte). Es gibt also eine Zahl $R > 0$, so daß $\sum_{k=0}^{\infty} a_k x^k$ für alle $x \in\,]-R, R[$ konvergiert und für alle x mit $|x| > R$ divergiert. Wie Beispiel 7.16 zeigt, können auch die Grenzfälle $R = 0$ und "$R = \infty$" auftreten. Diese Zahl R heißt ***Konvergenzradius*** der Potenzreihe, das Intervall $]-R, R[$ heißt ***Konvergenzintervall***.

> **Satz 7.12.** Gegeben sei die Potenzreihe $\sum_{k=0}^{\infty} a_k x^k$. Ferner sei
>
> $$\lim_{k\to\infty} \left|\frac{a_{k+1}}{a_k}\right| = g\,; \qquad g \in \mathbb{R}_0^+ .$$
>
> Für $g > 0$ ist der Konvergenzradius $R = 1/g$. Ist $g = 0$, dann ist der Konvergenzradius R unendlich. Ist der Grenzwert $\lim\limits_{k\to\infty} |a_{k+1}/a_k|$ unendlich, dann gilt für den Konvergenzradius $R = 0$, d.h. die Reihe konvergiert nur für $x = 0$.

Beweis. Wir wenden das Quotientenkriterium an, um die absolute Konvergenz der Potenzreihe zu testen:

$$\lim_{k\to\infty} \left|\frac{a_{k+1}\, x^{k+1}}{a_k\, x^k}\right| = |x| \lim_{k\to\infty} \left|\frac{a_{k+1}}{a_k}\right| = |x| g .$$

Offensichtlich gilt: $|x|g < 1 \;\Leftrightarrow\; |x| < 1/g =: R$. ■

Beispiel 7.18. Wir betrachten die Potenzreihe $\sum_{k=1}^{\infty} \frac{k^k}{k!} x^k$. Hier ist $a_k = k^k/k!$ und es gilt:

$$\lim_{k\to\infty} \left|\frac{a_{k+1}}{a_k}\right| = \lim_{k\to\infty} \frac{(k+1)^{k+1}}{(k+1)!} \frac{k!}{k^k} = \lim_{k\to\infty} \left(1 + \frac{1}{k}\right)^k = e .$$

Daher hat die untersuchte Potenzreihe den Konvergenzradius $R = 1/e$. □

Auch eine Reihe vom Typ

$$\sum_{k=0}^{\infty} a_k (x-c)^k$$

mit $c \in \mathbb{R}$ und variablem $x \in \mathbb{R}$ heißt Potenzreihe (mit dem Entwicklungspunkt c). Durch die Substitution $y := x - c$ geht sie in die uns vertraute Form über:

$$\sum_{k=0}^{\infty} a_k y^k .$$

Aussagen über diese Reihe für ein $y \in \mathbb{R}$ liefern eine entsprechende Aussage für die ursprüngliche Reihe, und zwar für $x = y + c$. Hat die letztere Reihe etwa den Konvergenzradius $R > 0$, dann konvergiert die Reihe um c für $|x - c| < R$, also für

$$c - R < x < c + R .$$

Beispiel 7.19. Die Potenzreihe $\sum_{k=0}^{\infty} (-1)^k (x+2)^k$ geht durch die Substitution $y = -x - 2$ in die geometrische Reihe $\sum_{k=0}^{\infty} y^k$ über, welche für $|y| < 1$ konvergiert und dort die Funktion $1/(1-y)$ darstellt. Also konvergiert die ursprüngliche Reihe für $|x + 2| < 1$, d.h. für $x \in \,]-3,-1[$ gilt:

$$\sum_{k=0}^{\infty} (-1)^k (x+2)^k = \sum_{k=0}^{\infty} y^k = \frac{1}{1-y} = \frac{1}{1-(-x-2)} = \frac{1}{x+3} . \qquad \square$$

Hat eine Potenzreihe einen Konvergenzradius $R > 0$, dann definiert sie in ihrem Konvergenzintervall eine Funktion f mit sehr angenehmen Eigenschaften:

$$f(x) := \sum_{k=0}^{\infty} a_k (x-c)^k , \qquad \mathcal{D}(f) = \,]\, c - R, c + R\, [.$$

Ohne Beweis:

Satz 7.13. Die Potenzreihe $f(x) = \sum_{k=1}^{\infty} a_k (x-c)^k$ habe den Konvergenzradius $R > 0$. Dann ist die Funktion f in $]\, c - R, c + R\, [$ differenzierbar, und es gilt:

$$f'(x) = \sum_{k=1}^{\infty} k\, a_k\, (x-c)^{k-1} .$$

Außerdem gilt für $x \in]\, c - R, c + R\, [$:

$$\int_c^x f(t)\, dt = \sum_{k=0}^{\infty} \frac{a_k}{k+1} (x - c)^{k+1} .$$

Anmerkung. Satz 7.13 besagt, daß man Potenzreihen "gliedweise" differenzieren und integrieren darf. Die Grenzwertbildung der Differentiation bzw. Integration vertauscht mit dem Grenzprozeß der unendlichen Reihe, z.B.

$$\frac{d}{dx} f(x) = \frac{d}{dx} \lim_{n \to \infty} \sum_{k=0}^{n} a_k x^k = \lim_{n \to \infty} \frac{d}{dx} \sum_{k=0}^{n} a_k x^k$$

$$= \lim_{n \to \infty} \sum_{k=0}^{n} a_k \frac{d}{dx} x^k = \lim_{n \to \infty} \sum_{k=0}^{n} k\, a_k\, x^{k-1} .$$

Außerdem haben die resultierenden Reihen denselben Konvergenzradius R wie die ursprünglichen Reihe, z.B. lautet die integrierte Reihe

$$\sum_{k=1}^{\infty} b_k x^k \quad \text{mit} \quad b_k := a_{k-1}/k ,$$

und es gilt:

$$\lim_{k \to \infty} \left| \frac{b_{k+1}}{b_k} \right| = \lim_{k \to \infty} \left| \frac{a_k}{k+1} \frac{k}{a_{k-1}} \right|$$

$$= \lim_{k \to \infty} \frac{k}{k+1} \lim_{k \to \infty} \left| \frac{a_k}{a_{k-1}} \right| = 1 \cdot 1/R .$$

Beispiel 7.20. Wir differenzieren die geometrische Reihe

$$\frac{1}{1-x} = \sum_{k=0}^{\infty} x^k = 1 + x + x^2 + x^3 + x^4 + \dots ,$$

und erhalten für $|x| < 1$:

$$\frac{1}{(1-x)^2} = \sum_{k=1}^{\infty} k\, x^{k-1} = 1 + 2x + 3x^2 + 4x^3 + \dots ,$$

$$\frac{2}{(1-x)^3} = \sum_{k=2}^{\infty} k\,(k-1)\, x^{k-2} = 2 + 6x + 12x^2 + \dots .$$

Durch gliedweise Integration der ursprünglichen Reihe ergibt sich für $|x| < 1$

$$-\ln(1-x) = \int_0^x \frac{1}{1-t}\,dt = \sum_{k=0}^{\infty} \int_0^x t^k\,dt = \sum_{k=0}^{\infty} \frac{1}{k+1} x^{k+1}.$$

Die Substitution $x \to -x$ liefert:

$$\ln(1+x) = -\sum_{k=0}^{\infty} \frac{1}{k+1}(-x)^{k+1} = \sum_{k=0}^{\infty} \frac{(-1)^k}{k+1} x^{k+1} = \sum_{n=1}^{\infty} \frac{(-1)^{n-1}}{n} x^n$$

$$= x - \frac{x^2}{2} + \frac{x^3}{3} - \frac{x^4}{4} + - \ldots, \quad |x| < 1. \qquad \square$$

Beispiel 7.21. Wir integrieren die Potenzreihe

$$\frac{1}{1+t^2} = \sum_{k=0}^{\infty} (-t^2)^k = \sum_{k=0}^{\infty} (-1)^k t^{2k}, \quad |t| < 1,$$

und erhalten $|x| < 1$:

$$\arctan x = \int_0^x \frac{1}{1+t^2}\,dt = \sum_{k=0}^{\infty} \frac{(-1)^k}{2k+1} x^{2k+1}$$

$$= x - \frac{x^3}{3} + \frac{x^5}{5} - \frac{x^7}{7} + - \ldots . \qquad \square$$

Beispiel 7.22. Für alle $x \in \mathbb{R}$ gilt:

$$\frac{d}{dx} \sum_{k=0}^{\infty} \frac{(-1)^k}{(2k+1)!} x^{2k+1} = \sum_{k=0}^{\infty} \frac{(-1)^k}{(2k)!} x^{2k}.$$

$$\frac{d}{dx} \sum_{k=0}^{\infty} \frac{(-1)^k}{(2k)!} x^{2k} = \sum_{k=1}^{\infty} \frac{(-1)^k}{(2k-1)!} x^{2k-1} = -\sum_{k=0}^{\infty} \frac{(-1)^k}{(2k+1)!} x^{2k+1}.$$

Dies sind die Differentationsregeln für die Funktionen sin und cos (siehe unten):

$$(\sin x)' = \cos x, \qquad (\cos x)' = -\sin x. \qquad \square$$

Wir können Satz 7.13 auf die Funktion

$$f'(x) = \sum_{k=1}^{\infty} k\, a_k x^{k-1}, \quad x \in\,]-R, R[.$$

anwenden und erhalten durch gliedweise Differentiation

$$f''(x) = \sum_{k=2}^{\infty} k(k-1)\, a_k x^{k-2}, \quad x \in \,]-R, R[.$$

Wir setzen das Verfahren fort und bekommen

$$f^{(n)}(x) = \sum_{k=n}^{\infty} k(k-1) \dots (k-n+1) a_k x^{k-n}, \quad n \in \mathbb{N}.$$

Eine Potenzreihe ist also beliebig oft differenzierbar. Speziell folgt für $x = 0$:

$$f^{(n)}(0) = n(n-1) \dots (n-n+1) a_n = n!\, a_n, \quad n \in \mathbb{N}$$

oder

$$a_k = f^{(k)}(0)/k! \quad \text{für } k \in \mathbb{N}_0 \text{ (!)}.$$

Man beachte: $f^{(0)}(0)/0! = f(0)/1 = a_0$. Für $x \in \,]-R, R[$ können wir also schreiben:

$$f(x) = \sum_{k=0}^{\infty} \frac{f^{(k)}(0)}{k!} x^k. \tag{†}$$

Entsprechend erhalten wir für eine allgemeine Potenzreihe

$$g(x) = \sum_{k=0}^{\infty} b_k (x-c)^k$$

mit einem Konvergenzradius $R > 0$: $b_k = g^{(k)}(c)/k!$ bzw.

$$g(x) = \sum_{k=0}^{\infty} \frac{g^{(k)}(c)}{k!} (x-c)^k. \tag{‡}$$

Aus offensichtlichen Gründen nennt man Reihen der Form (†) bzw. (‡) ***Taylor-Reihen*** (vgl. Abschnitt 7.1). Ihre Partialsummen sind Taylor-Polynome der entsprechenden Funktionen, z.B.

$$f(x) = P_{n,0}(x) + R_{n,0}(x), \quad n \in \mathbb{N}$$

mit

$$R_{n,0}(x) = \sum_{k=n+1}^{\infty} \frac{f^{(k)}(0)}{k!} x^k.$$

Die Funktion f wird also genau dann durch ihre Taylor-Reihe dargestellt, wenn gilt:

$$\lim_{n \to \infty} R_{n,0}(x) = 0.$$

Wie die Überlegungen im Anschluß an Satz 7.3 und in Beispiel 7.4 zeigen, gelten für alle $x \in \mathbb{R}$ folgende Beziehungen:

$$e^x = 1 + \frac{x}{1!} + \frac{x^2}{2!} + \frac{x^3}{3!} + \dots .$$

$$\cos x = 1 - \frac{x^2}{2!} + \frac{x^4}{4!} - + \dots .$$

$$\sin x = \frac{x}{1!} - \frac{x^3}{3!} + \frac{x^5}{5!} - + \dots .$$

Die direkte Berechnung von Taylor-Polynomen über die Auswertung der Ableitungen kann recht mühsam sein. Oft gelingt es durch Umformung bekannter Potenzreihen, die Taylor-Reihe einer Funktion direkt zu bestimmen. Die Taylor-Polynome erhält man dann durch geeignetes Abbrechen der Reihe. Ein Beispiel für dieses Vorgehen ist die Taylor-Entwicklung der Funktion arctan in Beispiel 7.21. Wir illustrieren die Anwendung von Potenzreihen in ihrer Interpretation als Taylor-Reihen in den folgenden Beispielen.

Beispiel 7.23. (1) In der Exponentialreihe

$$e^x = \sum_{k=0}^{\infty} \frac{x^k}{k!}$$

ersetzen wir x durch $-x$ und erhalten für alle $x \in \mathbb{R}$:

$$e^{-x} = \sum_{k=0}^{\infty} \frac{(-1)^k x^k}{k!}$$

Die Addition dieser beiden Reihen liefert für alle $x \in \mathbb{R}$:

$$\begin{aligned}\cosh x &= \frac{1}{2}(e^x + e^{-x}) \\ &= \frac{1}{2}\left(1 + \frac{x}{1!} + \frac{x^2}{2!} + \frac{x^3}{3!} + \frac{x^4}{4!} + \dots + 1 - \frac{x}{1!} + \frac{x^2}{2!} - \frac{x^3}{3!} + \frac{x^4}{4!} + \dots\right) \\ &= 1 + \frac{x^2}{2!} + \frac{x^4}{4!} + \dots = \sum_{k=0}^{\infty} \frac{x^{2k}}{(2k)!} .\end{aligned}$$

Entsprechend ergibt sich:

$$\sinh x = \sum_{k=0}^{\infty} \frac{x^{2k+1}}{(2k+1)!} .$$

(2) Um die Taylor-Entwicklung von $\ln x$ um einen beliebigen Punkt $a > 0$ zu bestimmen, gehen wir wie folgt vor:

$$\ln x = \ln[a + (x - a)] = \ln[a(1 + \frac{x-a}{a})] = \ln a + \ln(1 + \frac{x-a}{a}).$$

Für $|(x - a)/a| < 1$ bzw. für $|x - a| < a$ können wir die Potenzreihe der Funktion $\ln(1 + u)$ mit $u = (x - a)/a$ benutzen (vgl. Beispiel 7.20):

$$\ln x = \ln a + \sum_{k=1}^{\infty} \frac{(-1)^{k+1}}{k} \left(\frac{x-a}{a}\right)^k, \quad 0 < x < 2a. \quad \Box$$

Beispiel 7.24. Wir berechnen einige Grenzwerte unter Verwendung von Taylor-Reihen:

(1) $$\lim_{x\to 0} \frac{\sin x}{x} = \lim_{x\to 0} \frac{1}{x}(x - \frac{x^3}{3!} + \frac{x^5}{5!} - + \ldots) = \lim_{x\to 0}(1 - \frac{x^2}{3!} + \frac{x^4}{5!} - + \ldots) = 1.$$

(2) $$\lim_{x\to 0} \frac{x}{e^x - 1} = \lim_{x\to 0} x/(x + \frac{x^2}{2!} + \frac{x^3}{3!} + \ldots)$$

$$= \lim_{x\to 0} 1/(1 + \frac{x}{2!} + \frac{x^2}{3!} + \ldots) = 1\,.$$

(3) $$\frac{[\ln(1+x)]^2}{\cos x - 1} = \frac{[x - \frac{x^2}{2} + \ldots]^2}{1 - \frac{x^2}{2!} + \frac{x^4}{4!} - \ldots - 1} = \frac{[1 - \frac{x}{2} + \ldots]^2}{-\frac{1}{2} + \frac{x^2}{4!} + \ldots} \to -2 \quad \text{für } x \to 0.$$

$\Box$

Beispiel 7.25. Wir bilden die Ableitung der Funktion

$$f(x) := \sum_{k=0}^{\infty} \frac{x^k}{k!}, \qquad x \in \mathbb{R}$$

durch gliedweises Differenzieren der Potenzreihe und erhalten:

$$f'(x) = \sum_{k=1}^{\infty} \frac{kx^{k-1}}{k!} = \sum_{k=1}^{\infty} \frac{x^{k-1}}{(k-1)!} = \sum_{j=0}^{\infty} \frac{x^j}{j!} = f(x)\,.$$

Wir haben somit in Form einer Potenzreihe eine Funktion gefunden, die die Differentialgleichung

$$f'(x) = f(x)$$

und die Zusatzbedingung $f(0) = 1$ erfüllt (vgl. Beispiel 5.22). Hätten wir noch nie von der Exponentialfunktion gehört, dann könnten wir sie durch die obige Potenzreihe definieren und so die Theorie der Exponentialfunktion aufbauen. $\Box$

Die in diesem Kapitel dargestellte Theorie kann entsprechend für komplexe Folgen und Reihen entwickelt werden. Konvergenz einer komplexen Zahlenfolge $\{a_n\}$ mit $a_n \in \mathbb{C}$ gegen den Grenzwert $c \in \mathbb{C}$ bedeutet, daß der Abstand $|a_n - c|$ für hinreichend große $n \in \mathbb{N}$ beliebig klein wird. Der Konvergenzradius R der Potenzreihe

$$\sum_{k=0}^{\infty} a_k z^k \quad \text{mit } a_k,\ z \in \mathbb{C}$$

ist gegeben durch

$$R = 1/\lim_{k\to\infty} \left|\frac{a_{k+1}}{a_k}\right| ,$$

vorausgesetzt, der Grenzwert existiert. Die Potenzreihe konvergiert dann für alle $z \in \mathbb{C}$ mit $|z| < R$, d.h. für alle z innerhalb eines Kreises um den Ursprung der komplexen Ebene mit dem Radius R. Für komplexe Potenzreihen trägt der Konvergenzradius seinen Namen also zu Recht.

Die komplexe Potenzreihe

$$f(z) := \sum_{k=0}^{\infty} \frac{z^k}{k!} = 1 + \frac{z}{1!} + \frac{z^2}{2!} + \frac{z^3}{3!} + \ldots$$

konvergiert für alle $z \in \mathbb{C}$. Für reelle Argumente, $z = x \in \mathbb{R}$, stimmt die so definierte Funktion mit der (reellen) Exponentialfunktion überein. Die Potenzreihe liefert also die Möglichkeit, die reelle Funktion für komplexe Argumente "fortzusetzen":

$$e^z = \exp z := \sum_{k=0}^{\infty} \frac{z^k}{k!} \quad \text{für alle } z \in \mathbb{C} .$$

Für das spezielle Argument $z = ix$ mit $x \in \mathbb{R}$ folgt aus dieser Definition die ***Eulersche Formel*** (vgl. Kapitel 3.7):

$$\begin{aligned} e^{ix} &= \sum_{k=0}^{\infty} \frac{(ix)^k}{k!} = 1 + i\,\frac{x}{1!} - \frac{x^2}{2!} - i\,\frac{x^3}{3!} + \frac{x^4}{4!} + i\,\frac{x^5}{5!} - \ldots \\ &= \left(1 - \frac{x^2}{2!} + \frac{x^4}{4!} - + \ldots\right) + i\left(x - \frac{x^3}{3!} + \frac{x^5}{5!} - + \ldots\right) \\ &= \cos x + i \sin x . \end{aligned}$$

7.5 Aufgaben

7.1. Bestimmen Sie für die folgenden reellen Funktionen f_i durch explizite Berechnung der Ableitungen jeweils das Taylor-Polynom $P_{n,a}(x)$ und geben Sie eine Form des Restgliedes an:

a) $f_1(x) = x^3 - 2x^2 + 3x - 1,\ n = 3,\ a = 0$ und $a = 1$.

b) $f_2(x) = 1/x^2,\ n = 4,\ a = 1$.

c) $f_3(x) = \cos x,\ n = 4,\ a = 0$.

d) $f_4(x) = e^{kx},\ n = 3,\ a = c$.

e) $f_5(x) = \arctan x,\ n = 3,\ a = 0$.

7.2. a) Berechnen Sie sin (61°) auf 4 Stellen genau mit Abschätzung des Restgliedes.

b) Berechnen Sie cos (0,7) auf 5 Stellen genau mit Restgliedabschätzung.

7.3. Bestimmen Sie die Potenzreihenentwicklung der reellen Funktion $f(x) = e^{2x}$ um den Punkt $c = 3$ und geben Sie den Konvergenzradius der Reihe an.

7.4. Bestimmen Sie unter Verwendung elementarer Potenzreihen jeweils die Taylor-Reihe um den Punkt $x_0 = 0$ derjenigen reellen Funktionen, deren Terme nachfolgend aufgeführt sind. Diskutieren Sie die Konvergenz der Reihen.

a) $\dfrac{1}{2-3x}$ b) $\dfrac{x}{1-2x} - x$

c) $-\dfrac{1+x}{(1-x)^2}$ d) $\dfrac{1}{(b+cx)^2}$, $b, c \in \mathbb{R}^+$

e) $\ln(1-2x) + 2x$ f) $\ln\dfrac{1-ax}{1+ax}$, $a \in \mathbb{R}$

g) $\ln(3-x^2)$ h) $\sin(x^2)$

i) $\dfrac{1}{(x+1)(x+2)}$ (Partialbruchzerlegung!)

7.5. Berechnen Sie die folgenden Grenzwerte mit Hilfe von Potenzreihen:

a) $\lim\limits_{x\to 0}\left(\dfrac{1}{x^2} - \dfrac{1}{x\sin x}\right)$ b) $\lim\limits_{x\to 0}\dfrac{d}{dx}\dfrac{\sin x}{x}$

c) $\lim\limits_{x\to 0}\dfrac{\tan x}{\arcsin x}$

7.6. a) Bestimmen Sie für die reelle Funktion $f(x) = (1+x)^a$, $a \in \mathbb{R}$, das Taylor-Polynom vierten Grades um $x_0 = 0$.

b) Geben Sie für die reelle Funktion $g(x) = (b+x)^a$, $a, b \in \mathbb{R}$, die Potenzreihe um den Entwicklungspunkt $x_0 = 0$ an und verwenden Sie dabei die verallgemeinerten Binomialkoeffizienten

$$\binom{a}{k} := \frac{a\cdot(a-1)\cdot\cdot\cdot(a-k+1)}{k!}.$$

c) Gemäß der Relativitätstheorie ändert sich die Masse m eines Teilchens mit seiner Geschwindigkeit v:

$$m(v) = m_0\,(1 - v^2/c^2)^{-1/2} \qquad (c = \text{Lichtgeschwindigkeit}).$$

Geben Sie für $m(v)$ das Taylor-Polynom vierten Grades an. Welche physikalische Bedeutung hat der Term proportional zu v^2?

d) Berechnen Sie mit Hilfe eines geeigneten Taylor-Polynoms $\sqrt[3]{126}$ auf 4 Stellen genau, indem Sie die Zerlegung $126 = 5^3 + 1$ verwenden.

7.7. Bei der Beschreibung der Temperaturabhängigkeit des Paramagnetismus, benötigt man die Taylor-Entwicklung der Funktion $\tanh x$.

a) Berechnen Sie das Taylor-Polynom dritten Grades von $\tanh x$ um die Stelle $x_0 = 0$.

b) Berechnen Sie unter Verwendung der geometrischen Reihe das Taylorpolynom vierten Grades der Funktion $1/\cosh x$ um $x_0 = 0$.

c) Verwenden Sie dieses Ergebnis zusammen mit der Potenzreihe der Funktion sinh, um das Taylor-Polynom fünften Grades von $\tanh x$ um $x_0 = 0$ zu bestimmen.

7.8. Für welche $x \in \mathbb{R}$ konvergieren die folgenden Reihen ?

a) $1 - 2x + 3x^2 - 4x^3 + - \ldots$

b) $3x + (3x)^3 + (3x)^5 + \ldots$

7.9. Untersuchen Sie die folgenden Folgen $\{a_n\}$ auf Konvergenz und bestimmen Sie gegebenenfalls den Grenzwert für $n \to \infty$:

a) $a_n = \dfrac{5n^4 + 4n^3}{n^{-1} + 10n^4}$ b) $a_n = \dfrac{2^n + 3n}{1 + 2^{n-1}}$

c) $a_n = \ln 2^{-1/n}$ d) $a_n = (\ln 2)^{1/n}$ e) $a_n = \exp(2^{-n})$

7.10. Bestimmen Sie die Werte folgender Reihen:

a) $\displaystyle\sum_{n=1}^{\infty} \frac{1}{3^{2n}}$ b) $\displaystyle\sum_{n=3}^{\infty} \frac{1}{n!}$

7.11. Untersuchen Sie folgende Reihen auf Konvergenz bzw. Divergenz. Welche der konvergenten Reihen sind nicht absolut konvergent?

a) $\sum_{p=1}^{\infty} \frac{p}{2^{2p}}$ b) $\sum_{n=2}^{\infty} \frac{n+1}{n^3}$ c) $\sum_{n=1}^{\infty} \frac{1}{\sqrt{n}}$

d) $\sum_{n=3}^{\infty} \sqrt[n]{n}$ e) $\sum_{n=1}^{\infty} \frac{(-1)^{n+1}}{2n+1}$ f) $\sum_{k=1}^{\infty} \frac{(-1)^k}{(2k+1)^3}$

g) $\sum_{p=2}^{\infty} \frac{(-p)^p}{(p+1)^p}$ h) $\sum_{k=2}^{\infty} \frac{1}{k(\ln k)^s}$, $s \in \mathbb{R}$ ($s > 0$: Integralkriterium!)

8 Vektoren

In der mathematischen Beschreibung der Naturwissenschaften treten neben Größen, die wir durch eine Zahl (in Verbindung mit einer Maßeinheit) beschreiben können, auch solche Größen auf, zu deren vollständiger Darstellung die Angabe einer Richtung im Raum gehört. Beispiele hierfür sind die Geschwindigkeit eines Massenpunktes oder die Kraft, die auf ihn wirkt. Solche gerichteten Größen heißen ***Vektoren***. Größen, die durch eine Maßzahl (und Maßeinheit) vollständig bestimmt sind, heißen ***Skalare***; Beispiele sind Temperatur, Dichte und Energie.

Ausgehend von den Vektoren des anschaulichen dreidimensionalen Raumes werden wir in diesem Kapitel den Vektorbegriff verallgemeinern und lineare Räume studieren, deren Elemente ähnliche algebraische Eigenschaften wie Vektoren besitzen.

8.1 Vektoren im Raum

Eine ***Verschiebung*** (Translation) im dreidimensionalen Anschauungsraum ist eine Abbildung, die jedem Punkt P des Raumes einen Punkt Q zuordnet, so daß die Verschiebungsstrecken zwischen Urbild- und Bildpunkten parallel und gleich lang sind.

Definition 8.1. Ein ***Vektor*** $\vec{a}$ ist eine Verschiebung des dreidimensionalen Raumes.

Die Menge aller Vektoren des Anschauungsraumes bezeichnen wir mit $\mathcal{V}_3$. Ein Vektor $\mathfrak{a}$ ist eindeutig bestimmt, wenn man den Bildpunkt Q für nur einen Punkt P kennt. Die gerichtete Strecke $\overrightarrow{PQ}$ heißt ***Repräsentant*** von $\mathfrak{a}$.

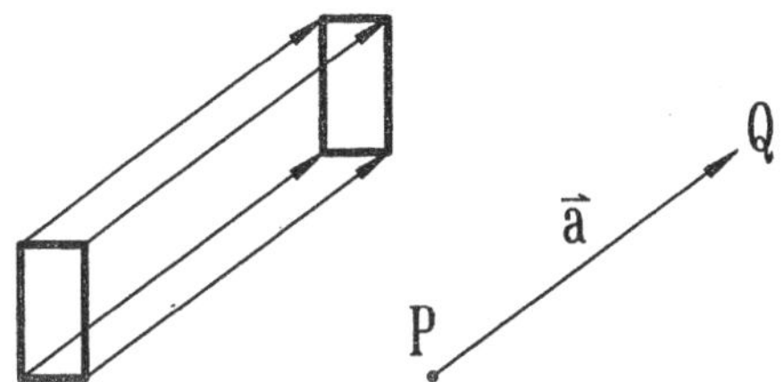

Verschiedene Repräsentanten eines Vektors $\mathfrak{a}$ sind also gleich lang und parallel. Deshalb können wir sinnvoll definieren: Ist $\overrightarrow{PQ}$ ein Repräsentant des Vektors $\mathfrak{a}$, so heißt der Abstand zwischen P und Q ***Betrag*** (oder ***Länge***) des Vektors. Wir bezeichnen den Betrag mit $|\mathfrak{a}|$ oder $|\overrightarrow{PQ}|$. Vektoren vom Betrag 1 heißen ***Einheitsvektoren***.

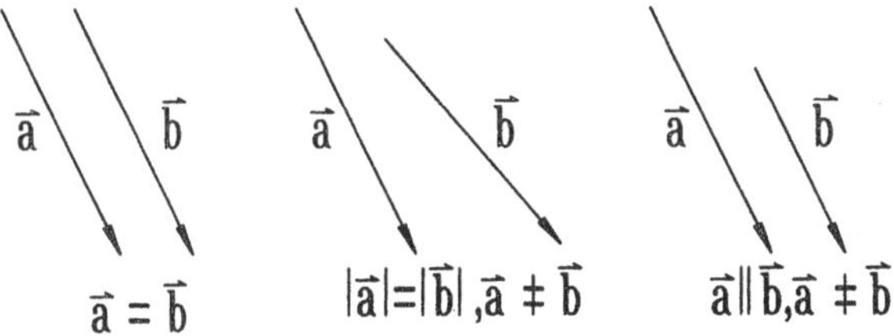

Zwei Vektoren sind genau dann ***gleich***, wenn zwei ihrer Repräsentanten in Betrag und Richtung übereinstimmen. Alle gleich langen, gleich gerichteten Strecken repräsentieren denselben Vektor. Es ist jedoch nicht richtig, einen Vektor mit einem seiner Repräsentanten zu identifizieren oder zu sagen, daß Vektoren parallel verschoben werden dürfen. Man kann nur sagen, daß man durch Parallelverschiebung eines Repräsentanten wieder einen Repräsentanten desselben Vektors erhält.

Anmerkung. Beschränken wir uns auf Verschiebungen in einer Ebene - wie etwa in den bisherigen Abbildungen -, so erhalten wir die Menge $\mathcal{V}_2$ der Vektoren in einem "zweidimensionalen Raum".

Im folgenden versehen wir $\mathcal{V}_3$ mit einer algebraischen Struktur.

Definition 8.2 (Addition zweier Vektoren). Unter der ***Summe*** $\vec{a} + \vec{b}$ zweier Vektoren $\vec{a}$ und $\vec{b}$ versteht man die Verschiebung, die entsteht, wenn man die Verschiebungen $\vec{a}$ und $\vec{b}$ hintereinander ausführt.

Ist $\overrightarrow{PQ}$ ein Repräsentant von $\vec{a}$, so wählt man den Repräsentanten $\overrightarrow{QR}$ von $\vec{b}$, dessen Ausgangspunkt Q mit dem Endpunkt des Repräsentanten von $\vec{a}$ zusammenfällt; $\overrightarrow{PR}$ ist dann ein Repräsentant des Summenvektors $\vec{a} + \vec{b}$.

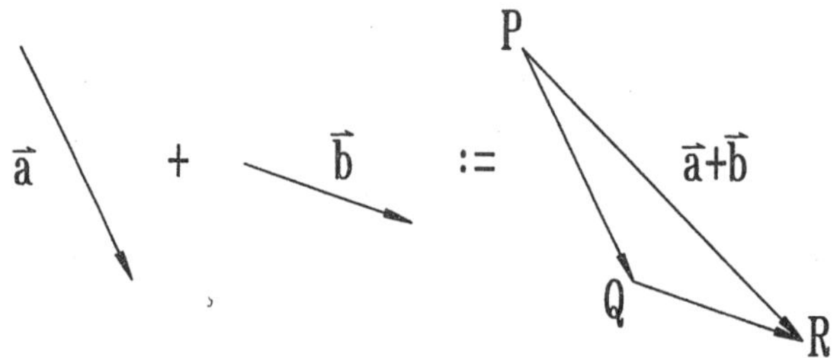

Satz 8.1. Für $\vec{a}, \vec{b}, \vec{c} \in \mathcal{V}_3$ gilt:

(1) $\vec{a} + \vec{b} = \vec{b} + \vec{a}$ ***Kommutativgesetz***

(2) $(\vec{a} + \vec{b}) + \vec{c} = \vec{a} + (\vec{b} + \vec{c})$ ***Assoziativgesetz***

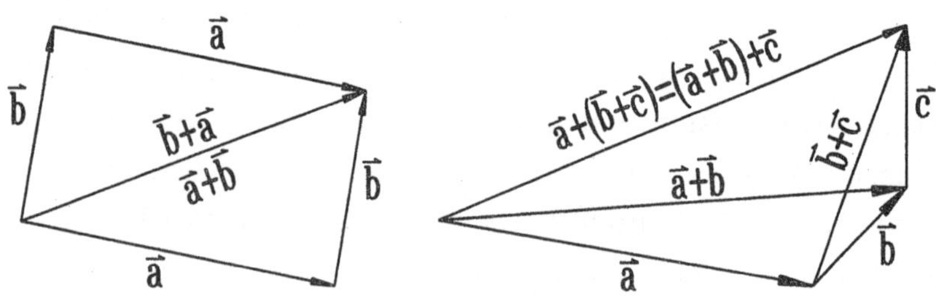

Mehrere Vektoren werden addiert, indem man in irgendeiner Reihenfolge Repräsentanten so auswählt, daß der Anfangspunkt des nachfolgenden mit dem Endpunkt des vorhergehenden übereinstimmt, und diese Repräsentanten aneinandersetzt. Die Summe ist derjenige Vektor, dessen Repräsentant vom Anfangspunkt des ersten zum Endpunkt des letzten Repräsentanten führt.

Die identische Abbildung des Raumes, also diejenige Verschiebung, die jeden Punkt in sich selbst überführt, heißt ***Nullvektor*** $\vec{o}$. Der Nullvektor hat die Länge 0 und ist richtungslos. Für jeden Vektor $\vec{a}$ gilt: $\vec{a} + \vec{o} = \vec{o} + \vec{a} = \vec{a}$. Zu jedem Vektor $\vec{a}$ gibt es einen ***entgegengesetzten Vektor*** $\vec{b}$, für den gilt: $\vec{a} + \vec{b} = \vec{o}$. Der entgegengesetzte Vektor $\vec{b}$ wird mit $-\vec{a}$ bezeichnet und hat den gleichen Betrag wie $\vec{a}$: $|-\vec{a}| = |\vec{a}|$.

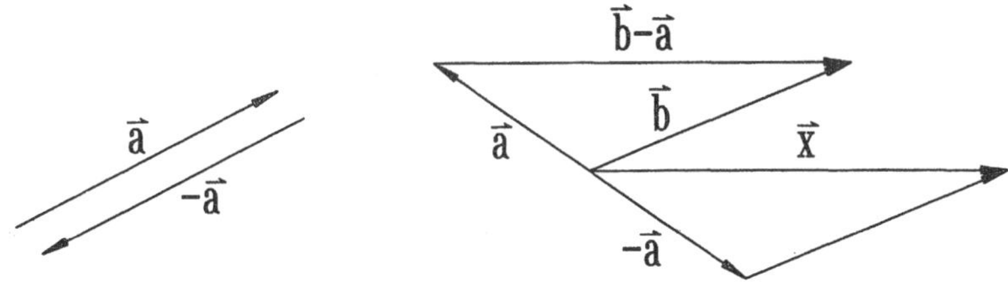

Der Vektor $\vec{x} = \vec{b} + (-\vec{a})$ stellt die eindeutige Lösung der Gleichung $\vec{a} + \vec{x} = \vec{b}$ dar. In Analogie zu den Zahlen bezeichnen wir $\vec{x}$ daher als ***Differenz*** $\vec{b} - \vec{a}$ der Vektoren $\vec{b}$ und $\vec{a}$:

$$\vec{b} - \vec{a} := \vec{b} + (-\vec{a}) .$$

Definition 8.3 (Skalare Multiplikation eines Vektors). Unter dem Produkt $\lambda\,\vec{a}$ eines Vektors $\vec{a} \neq \vec{o}$ und einer Zahl λ ($\lambda \in \mathbb{R}\backslash\{0\}$) versteht man den Vektor mit dem Betrag $|\lambda|\,|\vec{a}|$, der zu $\vec{a}$ gleichgerichtet bzw. entgegengesetzt ist, je nachdem ob $\lambda > 0$ oder $\lambda < 0$ ist. Für $\lambda = 0$ oder $\vec{a} = \vec{o}$ gelte: $\lambda\,\vec{a} := \vec{o}$.

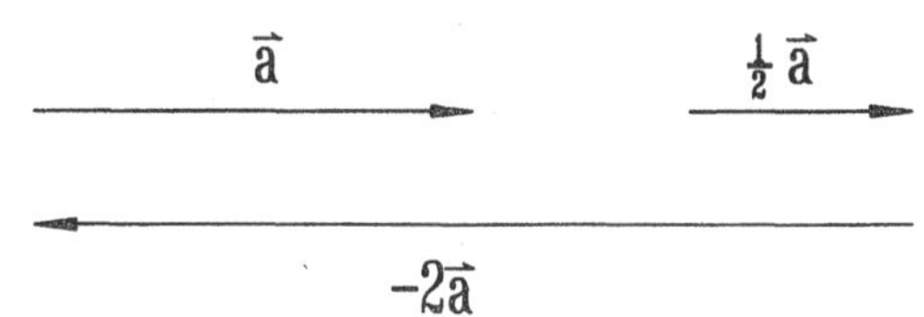

Die Multiplikation eines Vektors mit einer Zahl wird auch als ***skalare Multiplikation*** bezeichnet. Skalare (Zahlen) werden wir in der Regel mit kleinen griechischen Buchstaben bezeichnen. Für die skalare Multiplikation gelten folgende grundlegende Rechenregeln:

Satz 8.2. Für $\vec{a}, \vec{b} \in V_3$ und $\lambda, \mu \in \mathbb{R}$ gilt:

(M1)	$\lambda\,(\vec{a} + \vec{b}) = \lambda\,\vec{a} + \lambda\,\vec{b}$	***Distributivgesetze***
(M2)	$(\lambda + \mu)\,a = \lambda\,\vec{a} + \mu\,\vec{a}$	
(M3)	$\lambda\,(\mu\,\vec{a}) = (\lambda\,\mu)\,\vec{a}$	
(M4)	$1\,\vec{a} = \vec{a}$	

Aus (M2) und (M4) folgt durch vollständige Induktion:

$$\underbrace{\vec{a} + \vec{a} + \ldots + \vec{a}}_{n \text{ Summanden}} = n\,\vec{a}\,.$$

Ferner gilt: $-\vec{a} = (-1)\,\vec{a}$. Für $\vec{a} \neq \vec{o}$ ist

$$\vec{e}_{\vec{a}} := \frac{1}{|\vec{a}|}\,\vec{a}$$

ein Einheitsvektor in Richtung von $\vec{a}$. Solche Einheitsvektoren dienen zur Charakterisierung einer Richtung. Es gilt:

$$\vec{a} = |\vec{a}|\,\vec{e}_{\vec{a}}\,.$$

8.2 Komponenten und Koordinaten

Die Operationen mit Vektoren sind bisher geometrisch definiert. Um sie einer rechnerischen Behandlung zugänglich zu machen, führen wir im Raum ein rechtwinkeliges kartesisches Koordinatensystem mit x-, y- und z-Achse ein. Dazu wählen wir Einheitsvektoren in Richtung einer jeden Koordinatenachse:

$$\vec{e}_x, \vec{e}_y, \vec{e}_z \quad (\text{oder } \vec{e}_1, \vec{e}_2, \vec{e}_3 \quad \text{bzw.} \quad \vec{i}, \vec{j}, \vec{k}).$$

Wir betrachten zunächst einen Repräsentanten $\overrightarrow{0A}$ des Vektors $\vec{a}$, dessen Anfangspunkt der Koordinatenursprung 0 ist. Dann ist geometrisch einsichtig, daß wir $\vec{a}$ als Summe von drei Vektoren $\vec{a}_x, \vec{a}_y, \vec{a}_z$ schreiben können, die parallel zu den Koordinateneinheitsvektoren gerichtet sind:

$$\overrightarrow{OA} = \vec{a} = \vec{a}_x + \vec{a}_y + \vec{a}_z .$$

Die Vektoren $\vec{a}_x$, $\vec{a}_y$, $\vec{a}_z$ heißen ***Komponenten*** des Vektors $\vec{a}$. Die senkrechten Projektionen des Repräsentanten $\overrightarrow{OA}$ auf die Koordinatenachsen führen zu Repräsentanten von $\vec{a}_i$ ($i = x, y, z$), deren Anfangspunkte ebenfalls im Koordinatenursprung liegen. Obige Darstellung von $\vec{a}$ heißt ***Komponentenzerlegung***.

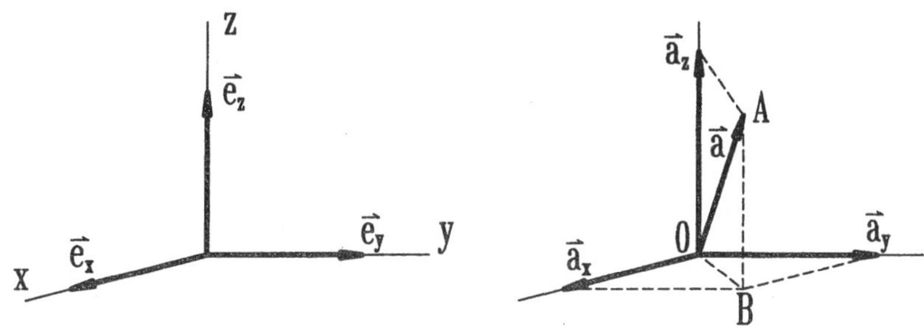

Hat der Punkt A die kartesischen Koordinaten (a_x, a_y, a_z), dann erhalten wir für die Komponenten von $\overrightarrow{OA} = \vec{a}$:

$$\vec{a}_i = a_i \vec{e}_i \quad (i = x, y, z) ,$$

und es gilt:

$$\vec{a} = a_x\vec{e}_x + a_y\vec{e}_y + a_z\vec{e}_z .$$

Man bezeichnet das Tripel $(a_x,a_y,a_z) \in \mathbb{R}^3$ als ***Koordinaten*** des Vektors $\vec{a}$ in der Basis $\vec{e}_x$, $\vec{e}_y$, $\vec{e}_z$, d.h. bezüglich des gegebenen Koordinatensystems.

Um den Betrag des Vektors $\vec{a}$ durch seine Koordinaten auszudrücken, wenden wir den Satz des Pythagoras zweimal an. Zunächst gilt $|\overrightarrow{OB}|^2 = a_x^2 + a_y^2$; ferner $|\overrightarrow{OA}|^2 = |\overrightarrow{OB}|^2 + |\overrightarrow{BA}|^2$. Da $\overrightarrow{BA}$ ein Repräsentant von $\vec{a}_z$ ist, folgt schließlich:

$$\boxed{|\vec{a}| = \sqrt{a_x^2 + a_y^2 + a_z^2}}$$

Jedem Vektor $\vec{a} \in V_3$ ist ein Koordinatentripel $a = (a_x, a_y, a_z) \in \mathbb{R}^3$ zugeordnet, und umgekehrt bestimmt jedes Tripel $a = (a_1, a_2, a_3) \in \mathbb{R}^3$ einen Vektor:

$$\vec{a} = a_1\vec{e}_x + a_2\vec{e}_y + a_3\vec{e}_z .$$

Satz 8.3. ***Nach Wahl eines kartesischen Koordinatensystems*** ist die Abbildung

$$\vec{a} \in \mathcal{V}_3 \rightarrow \mathbf{a} = (a_1, a_2, a_3) \in \mathbb{R}^3,$$

die jedem Vektor sein Koordinatentripel zuordnet, ***ein-eindeutig*** und ***relationstreu***, d.h.

(1) Zwei Vektoren sind genau dann gleich, wenn alle ihre Koordinaten gleich sind: $\vec{a} = \vec{b} \Leftrightarrow a_i = b_i$; $i = 1, 2, 3$.

(2) Vektoren werden addiert (subtrahiert), indem man ihre Koordinaten addiert (subtrahiert).

(3) Man multipliziert einen Vektor mit einem Skalar, indem man jede Koordinate mit dem Skalar multipliziert.

Beweis. (2) Es sei

$$\vec{a} = a_1\vec{e}_x + a_2\vec{e}_y + a_3\vec{e}_z \quad \text{und} \quad \vec{b} = b_1\vec{e}_x + b_2\vec{e}_y + b_3\vec{e}_z .$$

Wegen Satz 8.1 und Satz 8.2(2) folgt:

$$\vec{a} + \vec{b} = (a_1 + b_1)\vec{e}_x + (a_2 + b_2)\vec{e}_y + (a_3 + b_3)\vec{e}_z .$$

Also: $\vec{a} + \vec{b} \rightarrow (a_1 + b_1, a_2 + b_2, a_3 + b_3)$. ■

Anmerkungen.

(1) Satz 8.3 legt es nahe, einen Vektor $\vec{a} \in \mathcal{V}_3$ mit seinem Koordinatentripel $\mathbf{a} \in \mathbb{R}^3$ zu identifizieren und statt $\vec{a} \rightarrow \mathbf{a}$ zu schreiben: $\vec{a} = \mathbf{a}$. Dies ist streng genommen nicht richtig: $\vec{a}$ ist gemäß Definition 8.1 eine Verschiebung (d.h. eine Abbildung), $\mathbf{a}$ ist ein Zahlentripel. Liegt jedoch ein Koordinatensystem fest (was wir im folgenden stets annehmen wollen), dann führt die Identifikation von Vektoren und Koordinatentripeln zu kurzen und übersichtlichen Formulierungen, wenn wir entsprechend den Aussagen von Satz 8.3 folgendes verabreden (siehe Abschnitt 8.6):

$$\mathbf{a} = \mathbf{b} :\Leftrightarrow a_i = b_i \ , \ i = 1, 2, 3 .$$

$$\mathbf{a} + \mathbf{b} := (a_1 + b_1, a_2 + b_2, a_3 + b_3) .$$

$$\lambda\, \mathbf{a} := (\lambda a_1, \lambda a_2, \lambda a_3) .$$

Wir haben also in $\mathbb{R}^3$ eine algebraische Struktur (Addition, Multiplikation mit einem Skalar) so eingeführt, daß sie mit der algebraischen Struktur in

$\mathcal{V}_3$ verträglich ist. Die Vektoren $\vec{a}$, $\vec{b}$ bzw. $\vec{a} + \vec{b}$ und $\lambda \vec{a}$ sind jedoch gemäß Definition 8.1, 8.2 und 8.3 unabhängig von jedem Koordinatensystem definiert. Ein günstig gewähltes Koordinatensystem kann gegebenenfalls die numerische Lösung eines Vektorproblems stark vereinfachen.

(2) Im Vorgriff auf Kapitel 9 und die dort zu vereinbarende Schreibweise wollen wir ab jetzt die Koordinatentripel für Vektoren als Spalten schreiben, z.B.

$$\mathrm{a} = \begin{pmatrix} a_1 \\ a_2 \\ a_3 \end{pmatrix} \in \mathbb{R}^3 .$$

Im Unterschied zu Vektoren verwenden wir für die Koordinaten eines Punktes (!) stets die bisher übliche Zeilenschreibweise, etwa $P(x_0, y_0, z_0)$.

(3) Betrachtet man nur Vektoren einer Ebene, d.h. $\vec{a} \in \mathcal{V}_2$, so genügen Koordinatenpaare $\mathrm{a} = (a_1, a_2) \in \mathbb{R}^2$ zur Beschreibung der Vektoren:

$$\vec{a} = a_1\vec{e}_x + a_2\vec{e}_y \rightarrow \begin{pmatrix} a_1 \\ a_2 \end{pmatrix} .$$

Beispiel 8.1. Es sei $\vec{a} = \vec{e}_x + 2\,\vec{e}_y = \begin{pmatrix} 1 \\ 2 \\ 0 \end{pmatrix}$ und $\vec{b} = \vec{e}_y + 2\,\vec{e}_z = \begin{pmatrix} 0 \\ 1 \\ 2 \end{pmatrix}$.

Dann gilt:

$$\vec{a} + \vec{b} = \begin{pmatrix} 1+0 \\ 2+1 \\ 0+2 \end{pmatrix} = \begin{pmatrix} 1 \\ 3 \\ 2 \end{pmatrix} , \quad \vec{a} - \vec{b} = \begin{pmatrix} 1-0 \\ 2-1 \\ 0-2 \end{pmatrix} = \begin{pmatrix} 1 \\ 1 \\ -2 \end{pmatrix} ,$$

$$2\,\vec{a} = \begin{pmatrix} 2\cdot 1 \\ 2\cdot 2 \\ 2\cdot 0 \end{pmatrix} = \begin{pmatrix} 2 \\ 4 \\ 0 \end{pmatrix} , \quad -\vec{a} = (-1)\cdot\vec{a} = \begin{pmatrix} -1 \\ -2 \\ 0 \end{pmatrix} ,$$

$$|\vec{a}| = \sqrt{1^2 + 2^2 + 0^2} = \sqrt{5} .$$

Der Einheitsvektor $\vec{e}_{\vec{a}}$ in Richtung $\vec{a}$ lautet: $\vec{e}_{\vec{a}} = \frac{1}{\sqrt{5}} \begin{pmatrix} 1 \\ 2 \\ 0 \end{pmatrix}$. □

Die Einheitsvektoren in Richtung der Koordinatenachsen haben die Koordinatendarstellung:

$$\vec{e}_x \rightarrow \mathbf{e}_1 := \begin{pmatrix} 1 \\ 0 \\ 0 \end{pmatrix} ; \quad \vec{e}_y \rightarrow \mathbf{e}_2 := \begin{pmatrix} 0 \\ 1 \\ 0 \end{pmatrix} ; \quad \vec{e}_z \rightarrow \mathbf{e}_3 := \begin{pmatrix} 0 \\ 0 \\ 1 \end{pmatrix} .$$

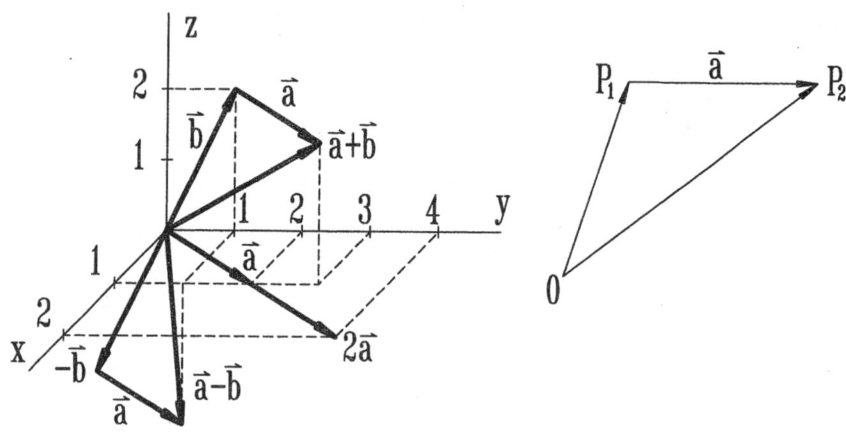

Ist $\overrightarrow{P_1P_2}$ ein Repräsentant von $\vec{a}$, und sind (x_i, y_i, z_i) die Koordinaten von P_i $(i = 1, 2)$, dann erhalten wir die Koordinaten von $\vec{a}$ wegen

$$\vec{a} = \overrightarrow{P_1P_2} = \overrightarrow{0P}_2 - \overrightarrow{0P}_1$$

zu

$$a_x = x_2 - x_1 \ , \ a_y = y_2 - y_1 \ , \ a_z = z_2 - z_1 \ .$$

8.3 Skalarprodukt in V_3

Die Repräsentanten von zwei Vektoren $\vec{a} \neq \vec{o}$ und $\vec{b} \neq \vec{o}$ mit einem gemeinsamen Anfangspunkt schließen einen Winkel φ mit $0 \leq \varphi \leq \pi$ und einen Winkel ψ mit $\pi \leq \psi \leq 2\pi$ ein, so daß gilt: $\varphi + \psi = 2\pi$. Unter dem Winkel $<(\vec{a},\vec{b})$ zwischen $\vec{a}$ und $\vec{b}$ wollen wir den kleineren Winkel φ verstehen.

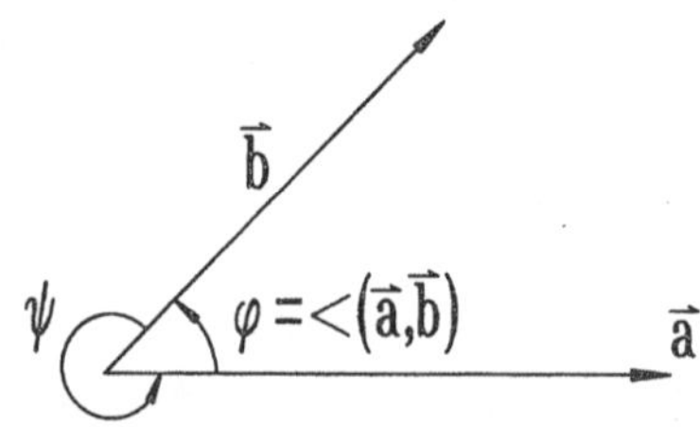

Definition 8.4. Das ***Skalarprodukt*** $\vec{a}\cdot\vec{b}$ zweier vom Nullvektor verschiedener Vektoren $\vec{a}$ und $\vec{b}$ ist die reelle Zahl

$$\vec{a}\cdot\vec{b} := |\vec{a}|\ |\vec{b}|\ \cos\sphericalangle(\vec{a},\vec{b})\ .$$

Ist einer der Vektoren der Nullvektor, so gelte $\vec{a}\cdot\vec{b} := 0$.

Andere Bezeichnungen für das Skalarprodukt sind ***Inneres Produkt*** und Punktprodukt. Falls $\vec{a} \neq \vec{o}$ ist, können wir im Skalarprodukt $\vec{a}\cdot\vec{b}$ den Vektor $\vec{b}$ durch einen Vektor $\vec{b}_{\vec{a}}$ ersetzen, der den Betrag $|\vec{b}|\ \cos\sphericalangle(\vec{a},\vec{b})$ hat und dessen Richtung die von $\vec{a}$ oder $-\vec{a}$ ist, je nachdem, ob $\sphericalangle(\vec{a},\vec{b})$ kleiner oder größer als $\pi/2$ ist:

$$\vec{a}\cdot\vec{b} = \vec{a}\cdot\vec{b}_{\vec{a}}\ .$$

Wir erhalten einen Repräsentanten von $\vec{b}_{\vec{a}}$ durch ***senkrechte Projektion*** eines Repräsentanten von $\vec{b}$ auf einen Repräsentanten von $\vec{a}$ mit gleichem Anfangspunkt. Die Projektion $\vec{b}_{\vec{a}}$ heißt auch ***Komponente von $\vec{b}$ in Richtung $\vec{a}$***. Offensichtlich ist $\vec{b}_{\vec{a}}$ unabhängig von der Länge des Vektors $\vec{a}$, sofern nur $\vec{a} \neq \vec{o}$ ist. (Im Fall $\vec{a} = \vec{o}$ ist ja die Richtung von $\vec{a}$ nicht definiert).

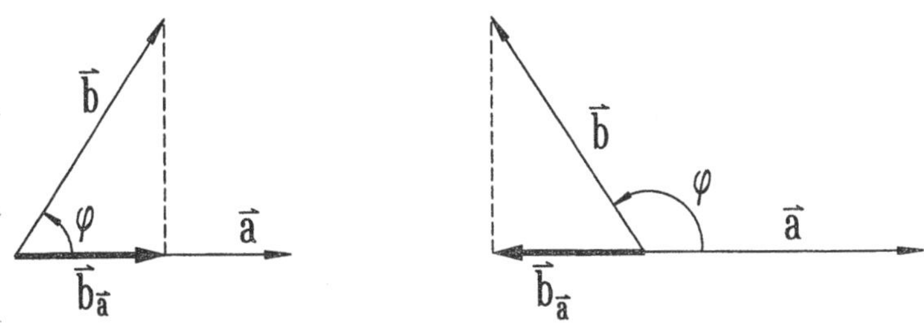

Beispiel 8.2. Ein Massenpunkt werde entlang einer Geraden von 0 nach P verschoben. Eine konstante Kraft $\vec{K}$ leistet dann auf dem Weg $\vec{s} = \overrightarrow{0P}$ die Arbeit

$$A = \vec{s}\cdot\vec{K} = \vec{s}\cdot\vec{K}_{\vec{s}}\ .$$

Denn A ist das Produkt aus der Länge $|\vec{s}|$ des Weges und der "Kraftkomponente in Wegrichtung" $|\vec{K}_{\vec{s}}|$. Da $\vec{s}$ und $\vec{K}_{\vec{s}}$ parallel bzw. entgegengesetzt sind, ist $\cos\sphericalangle(\vec{s}, \vec{K}_{\vec{s}}) = \pm 1$, und es gilt:

$$A = \pm |\vec{s}|\,|\vec{K}_{\vec{s}}| = |\vec{s}|\;|\vec{K}| \cos\sphericalangle(\vec{s}, \vec{K}) .$$

Falls die Kraft $\vec{K}$ senkrecht auf dem Weg $\vec{s}$ steht, wird keine Arbeit geleistet ($\cos\frac{\pi}{2} = 0$) . □

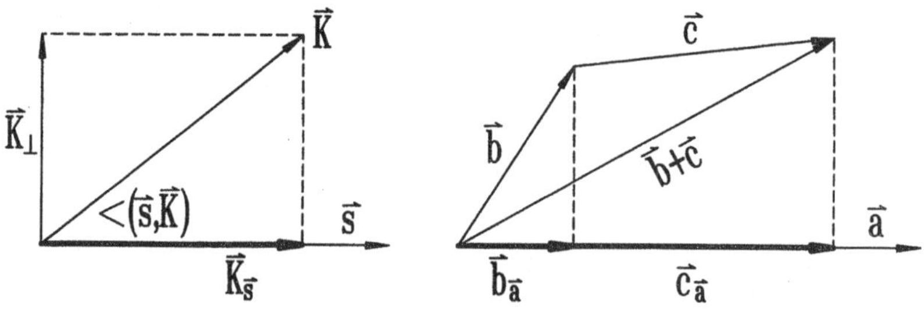

Wir fassen die wichtigsten Eigenschaften des Skalarproduktes in einem Satz zusammen.

Satz 8.4. Für $\vec{a}, \vec{b}, \vec{c} \in V_3$ und $\lambda \in \mathbb{R}$ gilt:

(1)	$\vec{a}\cdot\vec{b} = \vec{b}\cdot\vec{a}$	***Kommutativgesetz***
(2)	$\vec{a}\cdot(\vec{b} + \vec{c}) = \vec{a}\cdot\vec{b} + \vec{a}\cdot\vec{c}$	***Linearität***
(3)	$\vec{a}\cdot(\lambda\,\vec{b}) = \lambda\,(\vec{a}\cdot\vec{b})$	
(4)	$\vec{a}^2 := \vec{a}\cdot\vec{a} = \|\vec{a}\|^2$ oder $\|\vec{a}\| = \sqrt{\vec{a}^2}$	
(5)	$\|\vec{a}\cdot\vec{b}\| \leq \|\vec{a}\|\;\|\vec{b}\|$	***Schwarzsche Ungleichung***

Die Beweise ergeben sich unmittelbar aus der geometrischen Definition 8.4. Zum Beweis von (2) beachte man (vgl. die Abbildung oben rechts): $(\vec{b} + \vec{c})_{\vec{a}} = \vec{b}_{\vec{a}} + \vec{c}_{\vec{a}}$.

Wir geben nun mit Hilfe des Skalarproduktes eine explizite Darstellung von $\vec{b}_{\vec{a}}$. Nach Konstruktion gilt:

$$\vec{b}_{\vec{a}} = (\vec{e}_{\vec{a}}\cdot\vec{b})\,\vec{e}_{\vec{a}} .$$

Man beachte: $|\vec{b}_{\vec{a}}| = |\vec{e}_{\vec{a}}\cdot\vec{b}| = 1\cdot|\vec{b}|\cdot|\cos\sphericalangle(\vec{a},\vec{b})|$. Wegen Satz 8.4

und $\vec{e}_{\vec{a}} = |\vec{a}|^{-1}\,\vec{a}$ erhalten wir

$$\vec{b}_{\vec{a}} = \left(\frac{1}{|\vec{a}|}\,\vec{a}\cdot\vec{b}\right)\frac{1}{|\vec{a}|}\,\vec{a} = \frac{\vec{a}\cdot\vec{b}}{|\vec{a}|^2}\,\vec{a} \quad \text{oder} \quad \boxed{\vec{b}_{\vec{a}} = \frac{\vec{a}\cdot\vec{b}}{\vec{a}\cdot\vec{a}}\,\vec{a}}$$

Als Anwendung berechnen wir die Komponentenzerlegung eines Vektors $\vec{a}$. Für seine Komponente $\vec{a}_x$ in Richtung der x-Achse bzw. in Richtung von $\vec{e}_x$ gilt ($\vec{e}_x\cdot\vec{e}_x = 1!$):

$$a_1\vec{e}_x = \vec{a}_x = \vec{a}_{\vec{e}_x} = (\vec{a}\cdot\vec{e}_x)\,\vec{e}_x\,.$$

Analoge Beziehungen gelten für die y- bzw. die z-Komponente von $\vec{a}$. Wir erhalten für die Koordinaten:

$$a_i = \vec{a}\cdot\vec{e}_i \quad (i = x,y,z)$$

oder

$$\vec{a} = (\vec{a}\cdot\vec{e}_x)\vec{e}_x + (\vec{a}\cdot\vec{e}_y)\vec{e}_y + (\vec{a}\cdot\vec{e}_z)\vec{e}_z = \sum_{i=1}^{3}(\vec{a}\cdot\vec{e}_i)\,\vec{e}_i\,.$$

Unmittelbar aus der Definition 8.4 folgt

Satz 8.5. Ist $\vec{a} \neq \vec{0}$ und $\vec{b} \neq \vec{0}$, so gilt $\vec{a}\cdot\vec{b} = 0$ genau dann, wenn die beiden Vektoren aufeinander senkrecht stehen.

Wir verallgemeinern die Aussage dieses Satzes unter Einschluß des Nullvektors und nennen zwei Vektoren $\vec{a}$ und $\vec{b}$ ***orthogonal***, wenn $\vec{a}\cdot\vec{b} = 0$ ist.

Beispiel 8.3. Es sei $\vec{a} \neq \vec{0}$. Dann ist der Differenzvektor

$$\vec{\ell} := \vec{b} - \vec{b}_{\vec{a}} = \vec{b} - \frac{\vec{a}\cdot\vec{b}}{\vec{a}\cdot\vec{a}}\,\vec{a}$$

orthogonal zu $\vec{a}$. Denn gemäß Satz 8.4 gilt:

$$\vec{a}\cdot\vec{\ell} = \vec{a}\cdot\vec{b} - \frac{\vec{a}\cdot\vec{b}}{\vec{a}\cdot\vec{a}}\,\vec{a}\cdot\vec{a} = 0\,.$$

Man spricht daher von einer Zerlegung des Vektors $\vec{b}$ in ***Projektion*** $\vec{b}_{\vec{a}}$ und ***Lotvektor*** $\vec{\ell}$:

$$\vec{b} = \vec{b}_{\vec{a}} + \vec{\ell}\,.$$

□

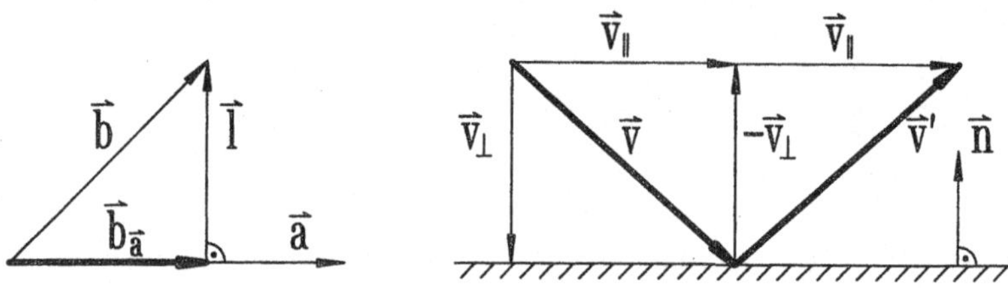

Beispiel 8.4. Ein Molekül eines idealen Gases treffe mit der Geschwindigkeit $\vec{v}$ auf eine ebene Gefäßwand. Bei einem elastischen Stoß bleibt die Komponente $\vec{v}_\parallel$ der Geschwindigkeit parallel zur Wand unverändert, während die Komponente $\vec{v}_\perp$ senkrecht zur Wand ihre Richtung umkehrt.

Vor dem Stoß: $\quad \vec{v} = \vec{v}_\parallel + \vec{v}_\perp$.

Nach dem Stoß: $\quad \vec{v}' = \vec{v}_\parallel - \vec{v}_\perp = \vec{v} - 2\,\vec{v}_\perp$.

Ist $\vec{n}$ der Einheitsvektor senkrecht zur Wand ($\vec{n}^2 = 1$), dann ist die Komponente $\vec{v}_\perp$ von $\vec{v}$ in Richtung $\vec{n}$ gegeben durch

$$\vec{v}_\perp = \vec{v}_{\vec{n}} = (\vec{v}\cdot\vec{n})\,\vec{n}\,.$$

Wir können also die Gleichung $\vec{v} = \vec{v}_\perp + \vec{v}_\parallel$ als Zerlegung von $\vec{v}$ in die Projektion $\vec{v}_\perp$ und das "Lot" $\vec{v}_\parallel$ auffassen (vgl. Beispiel 8.3). Demzufolge gilt $\vec{v}_\parallel \cdot \vec{v}_\perp = 0$ und weiter wegen Satz 8.4(2):

$$\vec{v}^2 = (\vec{v}_\parallel + \vec{v}_\perp)\cdot(\vec{v}_\parallel + \vec{v}_\perp) = \vec{v}_\parallel^2 + \vec{v}_\perp^2 = (\vec{v}_\parallel - \vec{v}_\perp)^2 = \vec{v}'^2\,. \qquad (*)$$

Diese Gleichung drückt die Energieerhaltung beim elastischen Stoß aus. Denn die kinetische Energie T eines Teilchens der Masse m und der Geschwindigkeit $\vec{v}$ lautet (siehe Satz 8.4(4)):

$$T = \frac{1}{2}\,m\,|\vec{v}|^2 = \frac{1}{2}\,m\,\vec{v}^2\,.$$

Wegen (*) gilt für die kinetische Energie T' nach dem Stoß:

$$T' = \frac{1}{2}\,m\,\vec{v}'^2 = T\,.$$

□

Die Komponentenzerlegung eines Vektors entlang der Achsen eines kartesischen Koordinatensystems (siehe Abschnitt 8.2) läßt einen engen

Zusammenhang zwischen den Koordinaten zweier Vektoren und ihrem Skalarprodukt erwarten. Dazu berechnen wir zuerst die Skalarprodukte der Koordinateneinheitsvektoren $\vec{e}_x$, $\vec{e}_y$ und $\vec{e}_z$. Wegen Satz 8.4(4) und Satz 8.5 gilt:

$$\vec{e}_x \cdot \vec{e}_x = \vec{e}_y \cdot \vec{e}_y = \vec{e}_z \cdot \vec{e}_z = 1 .$$
$$\vec{e}_x \cdot \vec{e}_y = \vec{e}_y \cdot \vec{e}_z = \vec{e}_z \cdot \vec{e}_x = 0 .$$

Wir fassen diese Beziehungen zusammen:

$$\boxed{\vec{e}_i \cdot \vec{e}_j = \delta_{ij}} \qquad i, j = 1, 2, 3 \text{ bzw. } x, y, z .$$

Dabei haben wir das ***Kronecker***- (oder Delta-) ***Symbol*** δ_{ij} verwendet:

$$\delta_{ij} := \begin{cases} 1 & \text{für } i = j \\ 0 & \text{für } i \neq j \end{cases}; \qquad i, j \in \mathbb{N} .$$

Folgende Identitäten sind für die Verwendung des Kronecker-Symbols typisch:

$$\sum_{i=1}^{n} a_i \, \delta_{ij} = a_j , \qquad \sum_{i,j=1}^{n} a_i b_j \, \delta_{ij} = \sum_{i=1}^{n} a_i \sum_{j=1}^{n} b_j \, \delta_{ij} = \sum_{i=1}^{n} a_i b_i .$$

Satz 8.6. Den Vektoren $\vec{a}, \vec{b} \in \mathcal{V}_3$ seien die Koordinatentripel $\mathbf{a}$ bzw. $\mathbf{b} \in \mathbb{R}^3$ zugeordnet. Dann lautet das Skalarprodukt in Koordinatendarstellung:

$$\vec{a} \cdot \vec{b} = a_1 b_1 + a_2 b_2 + a_3 b_3 =: \mathbf{a} \cdot \mathbf{b}$$

Beweis. Aus der Linearität des Skalarprodukts (Satz 8.4) und den Vorüberlegungen folgt:

$$\vec{a} \cdot \vec{b} = \left(\sum_{i=1}^{n} a_i \vec{e}_i \right) \cdot \left(\sum_{j=1}^{n} b_j \vec{e}_j \right) = \sum_{i,j=1}^{n} a_i b_j \underbrace{(\vec{e}_i \cdot \vec{e}_j)}_{= \delta_{ij}} = \sum_{i=1}^{n} a_i b_i .$$

■

Satz 8.6 gestattet es, das Skalarprodukt unabhängig von der expliziten Kenntnis des Winkels zwischen $\vec{a}$ und $\vec{b}$ zu berechnen bzw. umgekehrt diesen Winkel mit Hilfe der Koordinaten der Vektoren auszudrücken:

$$\cos \sphericalangle(\vec{a},\vec{b}) = \frac{\vec{a}\cdot\vec{b}}{|\vec{a}|\cdot|\vec{b}|} = \frac{a_1b_1 + a_2b_2 + a_3b_3}{\sqrt{a_1^2 + a_2^2 + a_3^2}\ \sqrt{b_1^2 + b_2^2 + b_3^2}}$$

Beispiel 8.5. Gegeben sind die Punkte $A(-1, 1, 3)$, $B(1, 1, 1)$ und $C(2, 1+\sqrt{2}, 0)$. Wie groß ist der Winkel $\varphi = \sphericalangle(ABC)$?

$$\overrightarrow{BA} = \begin{pmatrix} -1-1 \\ 1-1 \\ 3-1 \end{pmatrix} = \begin{pmatrix} -2 \\ 0 \\ 2 \end{pmatrix}, \quad \overrightarrow{BC} = \begin{pmatrix} 1 \\ \sqrt{2} \\ -1 \end{pmatrix};$$

$$|\overrightarrow{BA}| = 2\cdot\sqrt{2}, \qquad |\overrightarrow{BC}| = 2.$$

$$\overrightarrow{BA}\cdot\overrightarrow{BC} = -2\cdot 1 + 0\cdot\sqrt{2} + 2\cdot(-1) = -4.$$

Es folgt: $\cos\varphi = \frac{-4}{2\sqrt{2}\cdot 2} = -\frac{1}{\sqrt{2}}$ oder $\varphi = \frac{3\pi}{4}$. □

8.4 Vektorprodukt

Neben dem Skalarprodukt, das zwei Vektoren eine Zahl zuordnet, ist noch das Vektorprodukt (äußeres Produkt, Kreuzprodukt) definiert, das zwei Vektoren einen Vektor als Produkt zuordnet.

Steht ein Vektor $\vec{n}$ senkrecht auf der Ebene, die von zwei Vektoren $\vec{a}$ und $\vec{b}$ aufgespannt wird, so nennt man die Vektoren $\{\vec{a}, \vec{b}, \vec{n}\}$ ein ***Rechtssystem***, wenn bei einer Drehung von $\vec{a}$ nach $\vec{b}$ über den Winkel $\sphericalangle(\vec{a},\vec{b})$ zwischen $\vec{a}$ und $\vec{b}$ eine Rechtsschraube sich in Richtung von $\vec{n}$ bewegt ("Korkenzieherregel").

Definition 8.5. Das ***Vektorprodukt*** $\vec{a} \times \vec{b}$ zweier vom Nullvektor verschiedener Vektoren $\vec{a}$ und $\vec{b}$ ist definiert als der Vektor

$$\vec{a} \times \vec{b} := |\vec{a}|\,|\vec{b}| \sin \sphericalangle(\vec{a},\vec{b})\ \vec{n}.$$

$\vec{n}$ ist ein Einheitsvektor, so daß die Vektoren $\{\vec{a}, \vec{b}, \vec{n}\}$ ein Rechtssystem bilden. Ist $\vec{a}$ oder $\vec{b}$ der Nullvektor, dann gelte: $\vec{a} \times \vec{b} := \vec{o}$.

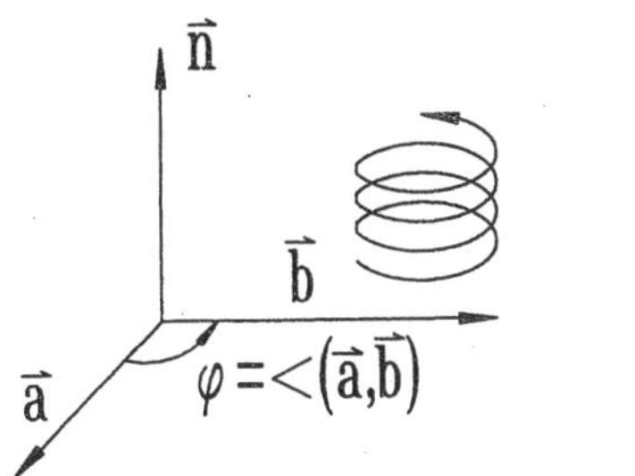

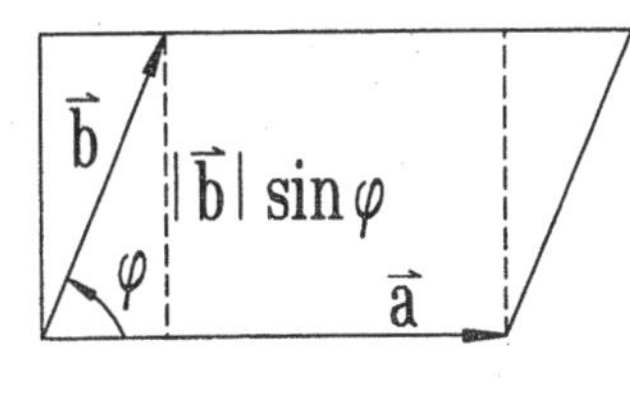

Unmittelbar aus Definition 8.5 ergibt sich unter Beachtung von $|\vec{n}| = 1$ und der obigen Abbildung folgende Aussage:

> **Satz 8.7.** Der Betrag des Vektorproduktes $\vec{a} \times \vec{b}$ ist gleich dem Flächeninhalt des Parallelogramms, das von den Vektoren $\vec{a}$ und $\vec{b}$ aufgespannt wird.

Beispiel 8.6. (1) Ein starrer Körper werde in einem Punkt 0 gehalten. Im Punkt A greife die Kraft $\vec{K}$ an. Es sei $\vec{r} = \overrightarrow{0A}$ und $\varphi = \sphericalangle(\vec{r}, \vec{K})$. Gemäß dem Hebelgesetz entsteht ein Drehmoment $\vec{M}$ senkrecht zur Ebene $(\vec{r}, \vec{K})$ vom Betrag

$$|\vec{M}| = |\overrightarrow{0B}|\ |\vec{K}| = |\vec{r}|\ \sin\varphi\ |\vec{K}|,$$

d.h.

$$\vec{M} = \vec{r} \times \vec{K}.$$

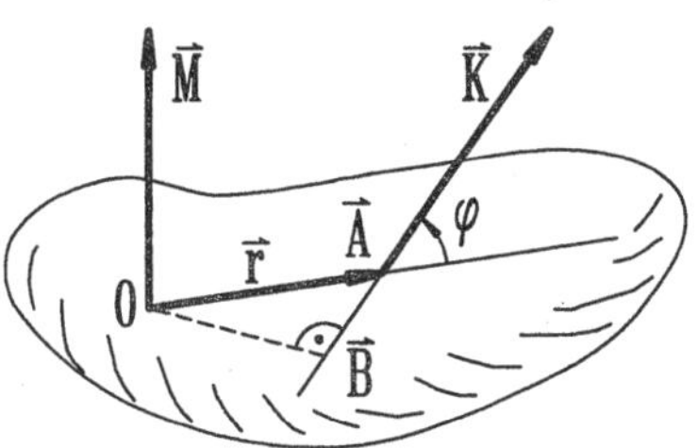

(2) Ein Teilchen der Masse m und der Geschwindigkeit $\vec{v}$ befinde sich am Punkt P. Dann ist sein ***Drehimpuls*** $\vec{l}$ bezüglich des Ursprungs 0 definiert als:

$$\vec{l} := \vec{r} \times \vec{p} = m\ \vec{r} \times \vec{v},$$

wobei $\vec{p} := m\vec{v}$ der ***Impuls*** des Teilchens und $\vec{r} := \overrightarrow{0P}$ sein "Ortsvektor" ist. □

Für das Vektorprodukt gelten folgende Rechenregeln:

Satz 8.8. Für $\vec{a}, \vec{b} \in \mathcal{V}_3$ und $\lambda \in \mathbb{R}$ gilt:

(1) $\vec{a} \times \vec{b} = -\vec{b} \times \vec{a}$, ***Anti-Kommutativgesetz***

(2) $\vec{a} \times (\vec{b} + \vec{c}) = \vec{a} \times \vec{b} + \vec{a} \times \vec{c}$,

(3) $\vec{a} \times (\lambda \vec{b}) = \lambda (\vec{a} \times \vec{b})$,

(2), (3): ***Linearität***

Beweis. (1) Wegen Definition 8.5 ist $|\vec{a} \times \vec{b}| = |\vec{b} \times \vec{a}|$. Wenn $\{\vec{a}, \vec{b}, \vec{n}\}$ ein Rechtssystem bilden, dann sind auch $\{\vec{b}, \vec{a}, -\vec{n}\}$ ein Rechtssystem. ∎

Satz 8.9. Für $\vec{a} \neq \vec{0}$ und $\vec{b} \neq \vec{0}$ gilt $\vec{a} \times \vec{b} = \vec{0}$ genau dann, wenn die Vektoren $\vec{a}$ und $\vec{b}$ parallel oder antiparallel sind.

Beweis. Wegen $\vec{a} \neq \vec{0}$ und $\vec{b} \neq \vec{0}$ und Definition 8.5 gilt für $\varphi = \sphericalangle(\vec{a}, \vec{b})$:

$$\vec{a} \times \vec{b} = \vec{0} \iff \sin\varphi = 0 \iff \varphi = 0 \text{ oder } \varphi = \pi .$$ ∎

Insbesondere gilt für jeden Vektor $\vec{a}$: $\vec{a} \times \vec{a} = \vec{0}$. Das Vektorprodukt ist außerdem nicht assoziativ; ein Gegenbeispiel:

$$\vec{e}_x \times (\vec{e}_x \times \vec{e}_y) = \vec{e}_x \times \vec{e}_z = -\vec{e}_y \neq \vec{0} = (\vec{e}_x \times \vec{e}_x) \times \vec{e}_y .$$

Die Koordinatendarstellung des Vektorprodukts gewinnen wir unter Beachtung der Beziehungen:

(1) $\vec{e}_i \times \vec{e}_i = \vec{0} \qquad (i = x, y, z)$,

(2a) $\vec{e}_x \times \vec{e}_y = \vec{e}_z = -\vec{e}_y \times \vec{e}_x$.

Durch zyklische Vertauschung $x \to y \to z \to x$ erzeugen wir aus der Gleichung (2a) wieder eine gültige Beziehung, in der wir dann nochmals die Indizes zyklisch vertauschen:

(2b) $\vec{e}_y \times \vec{e}_z = \vec{e}_x = -\vec{e}_z \times \vec{e}_y$.

(2c) $\vec{e}_z \times \vec{e}_x = \vec{e}_y = -\vec{e}_x \times \vec{e}_z$.

Satz 8.10. Die Koordinatendarstellung des Vektorprodukts $\vec{a} \times \vec{b}$ lautet:
$\vec{a} \times \vec{b} = (a_2b_3 - a_3b_2)\vec{e}_x + (a_3b_1 - a_1b_3)\vec{e}_y + (a_1b_2 - a_2b_1)\vec{e}_z =: \mathbf{a} \times \mathbf{b}$.

Beweis. Wir wenden (1), (2a) und (2c) an und erhalten wegen Satz 8.8:

(3a) $\vec{e}_x \times \vec{b} = \vec{e}_x \times (b_1\vec{e}_x + b_2\vec{e}_y + b_3\vec{e}_z) = b_1\vec{o} + b_2\vec{e}_z - b_3\vec{e}_y$.

Unter Beachtung der zyklischen Symmetrie gewinnen wir:

(3b) $\vec{e}_y \times \vec{b} = b_3\vec{e}_x - b_1\vec{e}_z$.

(3c) $\vec{e}_z \times \vec{b} = b_1\vec{e}_y - b_2\vec{e}_x$.

Wir multiplizieren (3a) mit a_1, (3b) mit a_2, (3c) mit a_3 und addieren die Gleichungen. Eine geeignete Zusammenfassung der Terme liefert die Behauptung. ■

Eine ***zweireihige Determinante*** D ist ein algebraischer Ausdruck der Form

$$D := \begin{vmatrix} a_1 & b_1 \\ a_2 & b_2 \end{vmatrix} := a_1b_2 - a_2b_1 .$$

Die Größen a_1, a_2, b_1, b_2 heißen ***Elemente*** der Determinante. Damit können wir die Koordinatendarstellung des Vektorprodukts folgendermaßen formulieren:

$$\vec{a} \times \vec{b} = \begin{pmatrix} \begin{vmatrix} a_2 & b_2 \\ a_3 & b_3 \end{vmatrix} \\ \begin{vmatrix} a_3 & b_3 \\ a_1 & b_1 \end{vmatrix} \\ \begin{vmatrix} a_1 & b_1 \\ a_2 & b_2 \end{vmatrix} \end{pmatrix} .$$

Man beachte die zyklische Symmetrie der Indizes! Wir geben noch eine weitere Merkhilfe an, um das Kreuzprodukt zweier Vektoren $\mathbf{a}$ und $\mathbf{b}$ zu berechnen:

$$\mathbf{a} \times \mathbf{b} = \begin{pmatrix} a_1 \\ a_2 \\ a_3 \end{pmatrix} \times \begin{pmatrix} b_1 \\ b_2 \\ b_3 \end{pmatrix} = \begin{pmatrix} a_2b_3 - a_3b_2 \\ a_3b_1 - a_1b_3 \\ a_1b_2 - a_2b_1 \end{pmatrix} .$$

$$\begin{matrix} a_1 & \times & b_1 \\ a_2 & \times & b_2 \end{matrix}$$

Hier steht ein Kreuz $\times$ für die Auswertung der entsprechenden zweireihigen Determinanten, etwa

$$\begin{vmatrix} a_3 & b_3 \\ a_1 & b_1 \end{vmatrix} = a_3 b_1 - a_1 b_3 .$$

In dieser Form der Kreuzproduktes erkennt man deutlich die zyklische Symmetrie in den Koordinatenindizes.

Beispiel 8.7. Es sei $\mathbf{a} := \begin{pmatrix} -2 \\ 0 \\ 2 \end{pmatrix}$ und $\mathbf{b} := \begin{pmatrix} 1 \\ \sqrt{2} \\ -1 \end{pmatrix}$. Dann gilt:

$$\vec{a} \times \vec{b} = \begin{pmatrix} \begin{vmatrix} 0 & \sqrt{2} \\ 2 & -1 \end{vmatrix} \\ \begin{vmatrix} 2 & -1 \\ -2 & 1 \end{vmatrix} \\ \begin{vmatrix} -2 & 1 \\ 0 & \sqrt{2} \end{vmatrix} \end{pmatrix} = \begin{pmatrix} 0\cdot(-1) - 2\cdot\sqrt{2} \\ 2\cdot 1 - (-2)\cdot(-1) \\ -2\sqrt{2} - 1\cdot 0 \end{pmatrix} = \begin{pmatrix} -2\sqrt{2} \\ 0 \\ -2\sqrt{2} \end{pmatrix} .$$

Der Flächeninhalt F des Dreiecks ABC aus Beispiel 8.5 ist halb so groß wie der des Parallelogramms, das von den Vektoren $\overrightarrow{BA} = \vec{a}$ und $\overrightarrow{BC} = \vec{b}$ aufgespannt wird. Somit gilt gemäß Satz 8.7:

$$F = \frac{1}{2} \, |\vec{a} \times \vec{b}| = \frac{1}{2} \left| \begin{pmatrix} -2\sqrt{2} \\ 0 \\ -2\sqrt{2} \end{pmatrix} \right| = \frac{1}{2} \sqrt{8 + 0 + 8} = 2 . \qquad \square$$

8.5 Analytische Geometrie

Die Vektorrechnung gestattet eine kompakte, übersichtliche Formulierung vieler Aufgaben der analytischen Geometrie des Raumes. Voraussetzung ist eine umkehrbar-eindeutige Zuordnung von Punkten und Vektoren. Dazu wählen wir einen Punkt 0 als Ursprung aus. Ein beliebiger Punkt P ist dann ein-eindeutig durch seinen ***Ortsvektor*** (***Ortspfeil***) $\overrightarrow{0P}$ charakterisiert. Im folgenden bezeichnen wir einen beliebigen variablen Punkt X durch den Ortsvektor $\overrightarrow{0X} = \vec{r} := \begin{pmatrix} x \\ y \\ z \end{pmatrix}$, während $\vec{r}_0 := \begin{pmatrix} x_0 \\ y_0 \\ z_0 \end{pmatrix}$ der Ortsvektor $\overrightarrow{0P}$ eines fest ausgewählten Punktes P sein soll.

Gleichung einer Kugel

Gesucht ist die Gleichung einer Kugel $\mathcal{K}$ mit dem Mittelpunkt P und dem Radius R. Ein Punkt X liegt genau dann auf der Kugel, wenn der Vektor

$$\overrightarrow{PX} = \overrightarrow{OX} - \overrightarrow{OP} = \vec{r} - \vec{r}_0$$

die Länge R hat, d.h. falls gilt:

$$\boxed{(\vec{r} - \vec{r}_0)^2 = (\vec{r} - \vec{r}_0)\cdot(\vec{r} - \vec{r}_0) = R^2}$$

Gleichung einer Geraden

Die Gerade $\mathcal{G}$ möge durch den Punkt P in Richtung des Vektors $\vec{a} \neq \vec{0}$ laufen. Die Vektoren $\overrightarrow{PX} = \vec{r} - \vec{r}_0$ sind daher parallel oder antiparallel zu $\vec{a}$. Nach Satz 8.9 ist dies genau dann der Fall, wenn gilt:

$$\boxed{(\vec{r} - \vec{r}_0) \times \vec{a} = \vec{0}}$$

Der Vektor $\overrightarrow{PX}$ muß ein Vielfaches von $\vec{a}$ sein, $\overrightarrow{PX} = \lambda\, \vec{a}$ oder

$$\boxed{\vec{r} = \vec{r}_0 + \lambda\, \vec{a}\,,\ \ \lambda \in \mathbb{R}}$$

Dies ist die ***Parameterform*** einer Geradengleichung: jeder Parameterwert $\lambda \in \mathbb{R}$ liefert einen Punkt der Geraden.

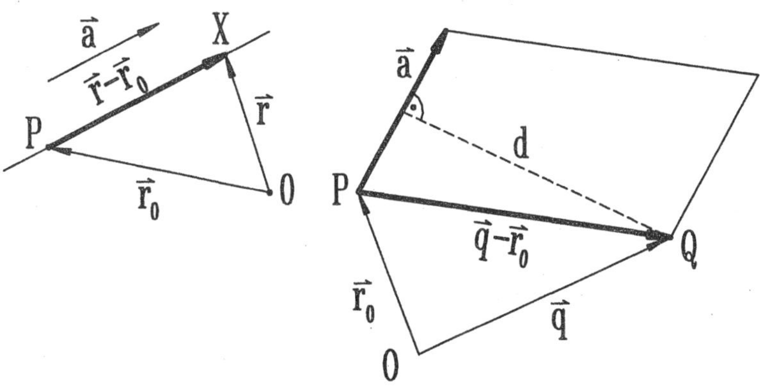

Minimaler Abstand eines Punktes von einer Geraden

Der zu untersuchende Punkt $\mathfrak{Q}$ habe den Ortsvektor $\vec{\mathfrak{q}} = \overrightarrow{0\mathfrak{Q}}$; die Gleichung der Geraden $\mathcal{G}$ sei $(\vec{\mathfrak{r}} - \vec{\mathfrak{r}}_0) \times \vec{\mathfrak{a}} = \vec{\mathfrak{o}}$. Es gibt zwei Lösungswege. Zum einen kann man den Vektor $\overrightarrow{P\mathfrak{Q}} = \vec{\mathfrak{q}} - \vec{\mathfrak{r}}_0$ in Richtung von $\vec{\mathfrak{a}}$ projizieren und die Länge d des Lotes gemäß Beispiel 8.3 bestimmen. Aus diesem Vorgehen erkennt man die Minimalität des berechneten Abstandes. Alternativ benutzt man die Tatsache, daß der Flächeninhalt des Parallelogramms, das von den Vektoren $\vec{\mathfrak{a}}$ und $\overrightarrow{P\mathfrak{Q}}$ aufgespannt wird, gleich dem Produkt aus $|\vec{\mathfrak{a}}|$ und der Länge d des Lotes ist:

$$\boxed{d = |\vec{\mathfrak{a}} \times (\vec{\mathfrak{q}} - \vec{\mathfrak{r}}_0)| / |\vec{\mathfrak{a}}|}$$

Beispiel 8.8. Die Gerade $\mathcal{G}$ durch die Punkte $P_0(1, 0, 1)$ und $P_1(0, 1, 1)$ ist aufzustellen, und der minimale Abstand des Punktes $\mathfrak{Q}(1, 1, 0)$ von $\mathcal{G}$ ist zu bestimmen.

Es ist:

$$\vec{\mathfrak{a}} := \overrightarrow{P_0P_1} = \vec{\mathfrak{r}}_1 - \vec{\mathfrak{r}}_0 = \begin{pmatrix}0\\1\\1\end{pmatrix} - \begin{pmatrix}1\\0\\1\end{pmatrix} = \begin{pmatrix}-1\\1\\0\end{pmatrix}.$$

Damit lautet die Geradengleichung in Parameterform:

$$\vec{\mathfrak{r}} = \vec{\mathfrak{r}}_0 + \lambda\,\vec{\mathfrak{a}} = \begin{pmatrix}1\\0\\1\end{pmatrix} + \lambda\begin{pmatrix}-1\\1\\0\end{pmatrix} = \begin{pmatrix}1-\lambda\\\lambda\\1\end{pmatrix}, \qquad \lambda \in \mathbb{R},$$

oder $\quad x = 1 - \lambda\,,\ y = \lambda\,,\ z = 1\,.$

Eliminieren wir den Parameter λ, so erhalten wir zwei (!) Gleichungen:

$$x + y = 1\,, \quad z = 1\,. \tag{*}$$

Auf diese parameterfreie Darstellung kommen wir auch mit Hilfe des Vektorproduktes:

$$\begin{pmatrix}x-1\\y-0\\z-1\end{pmatrix} \times \begin{pmatrix}-1\\1\\0\end{pmatrix} = \begin{pmatrix}0\\0\\0\end{pmatrix} \quad \text{oder} \quad \begin{pmatrix}-z+1\\-z+1\\x+y-1\end{pmatrix} = \begin{pmatrix}0\\0\\0\end{pmatrix}.$$

Ferner ist $\overrightarrow{P_0\mathfrak{Q}} = \vec{\mathfrak{q}} - \vec{\mathfrak{r}}_0 = \begin{pmatrix}1\\1\\0\end{pmatrix} - \begin{pmatrix}1\\0\\1\end{pmatrix} = \begin{pmatrix}0\\1\\-1\end{pmatrix}$ und $\vec{\mathfrak{a}} \times (\vec{\mathfrak{q}} - \vec{\mathfrak{r}}_0) = \begin{pmatrix}-1\\-1\\-1\end{pmatrix}$. Wegen $|\vec{\mathfrak{a}}| = \sqrt{2}$ folgt daraus: $d = \sqrt{3/2}$. Alternativ berechnen wir die Projektion

$$(\vec{q}-\vec{r}_0)_{\vec{a}} = \frac{(\vec{q}-\vec{r}_0)\cdot\vec{a}}{\vec{a}\cdot\vec{a}}\,\vec{a} = \frac{1}{2}\begin{pmatrix}-1\\1\\0\end{pmatrix}$$

und erhalten den Lotvektor

$$\vec{\ell} = (\vec{q}-\vec{r}_0) - (\vec{q}-\vec{r}_0)_{\vec{a}} = \begin{pmatrix}0\\1\\-1\end{pmatrix} - \frac{1}{2}\begin{pmatrix}-1\\1\\0\end{pmatrix} = \begin{pmatrix}1/2\\1/2\\-1\end{pmatrix}.$$

Wie man sieht, ist

$$d = |\vec{\ell}| = \sqrt{1/4+1/4+1} = \sqrt{3/2}\,.$$ □

Gleichung einer Ebene

Eine Ebene $\mathcal{E}$ ist bestimmt durch einen Punkt P in ihr und einen (Normalen-)Vektor $\vec{n} \neq \vec{o}$, der auf $\mathcal{E}$ senkrecht steht. Für jeden Punkt X in $\mathcal{E}$ ist dann $\overrightarrow{PX} = \vec{r} - \vec{r}_0$ orthogonal zu $\vec{n}$. Damit erhalten wir die Gleichung einer Ebene $\mathcal{E}$ in ***Normalenform***:

$$\boxed{(\vec{r}-\vec{r}_0)\cdot\vec{n} = 0} \qquad \text{bzw.} \quad \vec{r}\cdot\vec{n} = \vec{r}_0\cdot\vec{n}$$

$\vec{n}$ besitze die Koordinaten $\begin{pmatrix}a\\b\\c\end{pmatrix}$ und es sei $d := \vec{r}_0\cdot\vec{n} = ax_0 + by_0 + cz_0$.

Dann folgt die Ebenengleichung in ***Koordinatenform***:

$$\boxed{ax + by + cz = d}$$

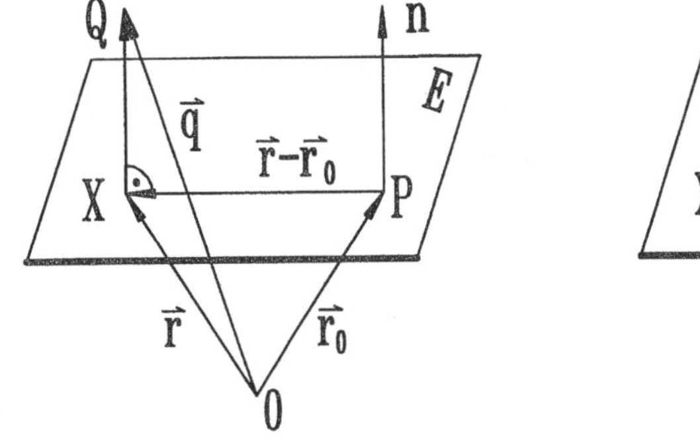

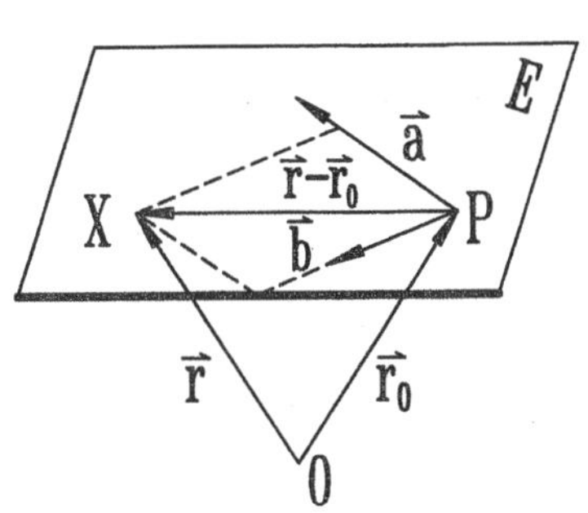

Die Gleichungen (*) in Beispiel 8.8 charakterisieren demzufolge die Gerade $\mathcal{G}$ als Schnittgerade der beiden Ebenen $x + y = 1$ und $z = 1$ mit den Normalenvektoren

$$\vec{n}_1 = \begin{pmatrix} 1 \\ 1 \\ 0 \end{pmatrix} \quad \text{bzw.} \quad \vec{n}_2 = \begin{pmatrix} 0 \\ 0 \\ 1 \end{pmatrix}.$$

Multiplizieren wir die Ebenengleichung in Koordinatenform mit $\lambda \neq 0$, so erhalten wir eine andere Gleichung derselben Ebene $\mathcal{E}$. Wir können diese Willkür eliminieren, indem wir den Normalenvektor $\vec{n}$ durch einen parallelen Einheitsvektor $\vec{e}_{\vec{n}}$ ersetzen. Mit $p := \vec{r}_0 \cdot \vec{e}_{\vec{n}}$ folgt die ***Hessesche Normalform*** der Ebenengleichung:

$$\boxed{\vec{r} \cdot \vec{e}_{\vec{n}} - p = 0}$$

Wir betrachten einen beliebigen Punkt Q im Raum und zerlegen dessen Ortsvektor $\vec{q}$ gemäß:

$$\vec{q} = \overrightarrow{0Q} = \overrightarrow{0P} + \overrightarrow{PX} + \overrightarrow{XQ}$$

Dabei sei $\overrightarrow{XQ}$ das Lot von $\overrightarrow{PQ}$ auf die Ebene $\mathcal{E}$. Wegen $\overrightarrow{PX} \cdot \vec{e}_{\vec{n}} = 0$ gilt:

$$\overrightarrow{XQ} \cdot \vec{e}_{\vec{n}} = (\overrightarrow{0Q} - \overrightarrow{PX} - \overrightarrow{0P}) \cdot \vec{e}_{\vec{n}} = (\vec{q} - \vec{r}_0) \cdot \vec{e}_{\vec{n}}.$$

Da $\overrightarrow{XQ}$ parallel zum Einheitsvektor $\vec{e}_{\vec{n}}$ ist, folgt für den Abstand h des Punktes Q von $\mathcal{E}$:

$$h = |\overrightarrow{XQ}| = |(\vec{q} - \vec{r}_0) \cdot \vec{e}_{\vec{n}}| = |\vec{q} \cdot \vec{e}_{\vec{n}} - p|$$

Man erhält also den Abstand h eines Punktes Q von der Ebene $\mathcal{E}$, indem man den Ortsvektor $\vec{q} = \overrightarrow{0Q}$ in die Hessesche Normalform "einsetzt". Insbesondere ist $|p|$ der Abstand des Ursprungs 0 von der Ebene ($\vec{q} = \vec{o}$).

Kennt man zwei nicht-parallele Vektoren $\vec{a}$ und $\vec{b}$ in der Ebene $\mathcal{E}$, also mit $\vec{a} \times \vec{b} \neq \vec{o}$, so spannen diese Vektoren die Ebene auf. Man erhält dann die ***Parameterdarstellung der Ebene***:

$$\boxed{\vec{r} = \vec{r}_0 + \lambda\,\vec{a} + \mu\,\vec{b}\,; \quad \lambda, \mu \in \mathbb{R}}$$

Diese Form mit den beiden Parametern λ und μ macht die Zweidimensionalität der Ebene deutlich.

Beispiel 8.9. Um die Parameterdarstellung der Ebene $\mathcal{E}$ durch die Punkte Q, P_0, P_1 in Beispiel 8.8 zu gewinnen, bilden wir:

$$\vec{a} := \overrightarrow{P_0P_1} = \begin{pmatrix} -1 \\ 1 \\ 0 \end{pmatrix} \quad \text{und} \quad \vec{b} = \overrightarrow{P_0Q} = \begin{pmatrix} 0 \\ 1 \\ -1 \end{pmatrix} = \vec{q} - \vec{r}_0 .$$

Damit lautet die Parameterdarstellung:

$$\vec{r} = \begin{pmatrix} 1 \\ 0 \\ 1 \end{pmatrix} + \lambda \begin{pmatrix} -1 \\ 1 \\ 0 \end{pmatrix} + \mu \begin{pmatrix} 0 \\ 1 \\ -1 \end{pmatrix} = \begin{pmatrix} 1-\lambda \\ \lambda+\mu \\ 1-\mu \end{pmatrix}, \qquad \lambda, \mu \in \mathbb{R} .$$

Der Vektor $\vec{n} := \vec{a} \times \vec{b} = \begin{pmatrix} -1 \\ -1 \\ -1 \end{pmatrix}$ steht senkrecht auf der Ebene. Wegen $d = \vec{r}_0 \cdot \vec{n} = \begin{pmatrix} 1 \\ 0 \\ 1 \end{pmatrix} \cdot \begin{pmatrix} -1 \\ -1 \\ -1 \end{pmatrix} = -2$ lautet die Ebenengleichung in Koordinatenform: $x + y + z = 2$. Zu diesem Ergebnis gelangt man auch durch Elimination von λ und μ aus den drei Einzelgleichungen der Parameterdarstellung. Mit $\vec{e}_{\vec{n}} = \frac{1}{\sqrt{3}} \begin{pmatrix} 1 \\ 1 \\ 1 \end{pmatrix}$ lautet die Hessesche Normalform von $\mathcal{E}$:

$$\frac{x}{\sqrt{3}} + \frac{y}{\sqrt{3}} + \frac{z}{\sqrt{3}} - \frac{2}{\sqrt{3}} = 0.$$

Der Abstand des Ursprungs von der Ebene ist $|p| = 2/\sqrt{3}$. □

Anmerkung. Wir haben die Beziehungen dieses Abschnitts (bis auf eine Ausnahme) in Vektorform dargestellt, also unabhängig von der Wahl eines bestimmten kartesischen Koordinatensystems. Erst bei der numerischen Lösung der Beispiele haben wir auf die Komponentendarstellung der entsprechenden Vektoren zurückgegriffen.

8.6 Lineare Räume

In Satz 8.4 haben wir festgestellt, daß es nach Festlegung eines kartesischen Koordinatensystems eine ein-eindeutige Abbildung von $\mathcal{V}_3$ auf $\mathbb{R}^3$

gibt (bzw. von $\mathcal{V}_2$ auf $\mathbb{R}^2$). Dabei entsprechen der Vektoraddition und der Multiplikation eines Vektors mit einem Skalar die jeweiligen komponentenweisen Operationen für Koordinatentripel (bzw. Paare). Die Verallgemeinerung dieser Operationen auf n-Tupel reeller Zahlen führt zu einer analogen algebraischen Struktur in $\mathbb{R}^n$. Mit dieser "Vektorrechnung" in $\mathbb{R}^n$ beginnt unsere Beschäftigung mit der linearen Algebra, einem wichtigen mathematischen Teilgebiet, dem auch noch die Kapitel 9 und 10 gewidmet sind.

Die Elemente (Vektoren) des $\mathbb{R}^n$ werden wir im folgenden mit "fetten" kleinen Buchstaben bezeichnen, z.B. $\mathbf{a}$, $\mathbf{b}$, $\mathbf{x}$; für ihre Komponenten verwenden wir die entsprechenden normalen Buchstaben, z.B. $\mathbf{x} = (x_1, x_2, ..., x_n) \in \mathbb{R}^n$.

Definition 8.6. Die ***Summe*** $\mathbf{x} + \mathbf{y}$ zweier Vektoren $\mathbf{x}, \mathbf{y} \in \mathbb{R}^n$ und das ***Produkt*** $\lambda\,\mathbf{x}$ von $\mathbf{x}$ ***mit einem Skalar*** $\lambda \in \mathbb{R}$ sind komponentenweise definiert:

$$\mathbf{x} + \mathbf{y} := \begin{pmatrix} x_1 + y_1 \\ x_2 + y_2 \\ \vdots \\ x_n + y_n \end{pmatrix} \in \mathbb{R}^n, \quad \lambda\,\mathbf{x} := \begin{pmatrix} \lambda\, x_1 \\ \lambda\, x_2 \\ \vdots \\ \lambda\, x_n \end{pmatrix} \in \mathbb{R}^n .$$

Ferner definieren wir $-\mathbf{x} := (-1)\,\mathbf{x} = \begin{pmatrix} -x_1 \\ -x_2 \\ \vdots \\ -x_n \end{pmatrix}$, den ***Nullvektor*** $\mathbf{o} = \begin{pmatrix} 0 \\ 0 \\ \vdots \\ 0 \end{pmatrix}$ sowie $\mathbf{x} - \mathbf{y} := \mathbf{x} + (-\mathbf{y})$.

Beispiel 8.10. Es sei $\mathbf{u} := \begin{pmatrix} -1 \\ 1 \\ 0 \\ 2 \end{pmatrix}$ und $\mathbf{v} := \begin{pmatrix} 2 \\ 2 \\ 1 \\ -1 \end{pmatrix}$. Dann gilt:

$$\mathbf{u} + \mathbf{v} = \begin{pmatrix} 1 \\ 3 \\ 1 \\ 1 \end{pmatrix}, \quad 2\,\mathbf{u} = \begin{pmatrix} -2 \\ 2 \\ 0 \\ 4 \end{pmatrix}, \quad 2\,\mathbf{u} - \mathbf{v} = \begin{pmatrix} -4 \\ 0 \\ -1 \\ 5 \end{pmatrix}.$$

□

Nur Vektoren mit gleich vielen Komponenten können addiert werden; die Summe zweier Vektoren aus $\mathbb{R}^n$ ist wieder ein Element von $\mathbb{R}^n$. Die

Vektoraddition ist (wie die Addition reeller Zahlen) ***kommutativ*** und ***assoziativ***:

$$\mathbf{a} + \mathbf{b} = \mathbf{b} + \mathbf{a} \quad ,$$

bzw.

$$\mathbf{a} + (\mathbf{b} + \mathbf{c}) = (\mathbf{a} + \mathbf{b}) + \mathbf{c} \; .$$

Denn diese Gleichungen gelten komponentenweise wegen der entsprechenden Beziehungen für reelle Zahlen. Der Nullvektor spielt bei der Addition die Rolle der Null: $\mathbf{a} + \mathbf{o} = \mathbf{a}$. Zu jedem Vektor $\mathbf{a}$ gibt es einen ***inversen*** (entgegengesetzten) ***Vektor*** $-\mathbf{a}$ mit der Eigenschaft: $\mathbf{a} + (-\mathbf{a}) = \mathbf{o}$. Die Vektoraddition gemäß Definition 8.6 erzeugt somit in $\mathbb{R}^n$ eine algebraische Struktur, die sehr häufig anzutreffen ist: die Gesamtheit der Vektoren des $\mathbb{R}^n$ bildet bezüglich der Vektoraddition eine (kommutative) ***Gruppe***.

Exkurs: Gruppentheorie

Definition 8.7. In einer nicht-leeren Menge $\mathcal{G}$ sei eine ***Verknüpfung*** $\circ$ erklärt, die jedem geordneten Paar (a,b) von Elementen $a, b \in \mathcal{G}$ genau ein Element $c \in \mathcal{G}$, das "Produkt" $c = a \circ b$, zuordnet. Dann heißt $\mathcal{G}$ eine ***Gruppe*** bezüglich der Verknüpfung $\circ$, wenn folgende Gruppenaxiome erfüllt sind:

(G1) Die Verknüpfung ist ***assoziativ***:
$a \circ (b \circ c) = (a \circ b) \circ c$ für alle $a, b, c \in \mathcal{G}$.

(G2) Es gibt ein ***neutrales Element*** $e \in \mathcal{G}$ mit
$a \circ e = e \circ a = a$ für alle $a \in \mathcal{G}$.

(G3) Zu jedem Element $a \in \mathcal{G}$ existiert ein ***inverses Element***
$a^{-1} \in \mathcal{G}$ mit $a \circ a^{-1} = a^{-1} \circ a = e$.

Anmerkung. Die Verknüpfung $\circ$ muß nicht kommutativ sein! Liegt eine kommutative Verknüpfung vor, so nennt man die Gruppe kommutativ oder ***abelsch*** (nach dem norwegischen Mathematiker N.H. Abel).

Als Beispiel für die Verwendung der Gruppenaxiome beweisen wir den folgenden Satz.

Satz 8.11. In einer Gruppe $\mathcal{G}$ gibt es nur ein neutrales Element und zu jedem Element $a \in \mathcal{G}$ existiert nur ein inverses Element a^{-1}.

Beweis. Angenommen, e und $\tilde{e}$ seien neutrale Elemente in $\mathcal{G}$. Daher gilt gemäß G2 für alle $a \in \mathcal{G}$:

$$(1) \quad a \circ e = a \quad \text{und} \quad (2) \; \tilde{e} \circ a = a .$$

Wir wählen in (1) $a = \tilde{e}$ und in (2) $a = e$ und erhalten: $\tilde{e} = \tilde{e} \circ e = e$.
Es seien $\bar{a}$ und $\hat{a}$ inverse Elemente für ein $a \in \mathcal{G}$. Dann gilt:

$$\underset{\text{G2}}{\bar{a} =} \; \underset{\text{G3 für } a^{-1} = \hat{a}}{\bar{a} \circ e =} \; \bar{a} \circ (a \circ \hat{a}) \underset{\text{G1}}{=} (\bar{a} \circ a) \circ \hat{a} \underset{\text{G3 für } a^{-1} = \bar{a}}{=} e \circ \hat{a} \underset{\text{G2}}{=} \hat{a} .$$

■

Beispiel 8.11. (1) Die Mengen $\mathbb{Z}$, $\mathbb{Q}$, $\mathbb{R}$, $\mathbb{C}$ sind kommutative Gruppen bezüglich der Addition. Das neutrale Element ist die Null und das Inverse zu a ist $-a$.

(2) Die Mengen $\mathbb{N}$ und $\mathbb{Z}$ sind keine Gruppen, wenn man die Multiplikation als Verknüpfung wählt. Zwar sind die Axiome G1 und G2 erfüllt, nicht jedoch G3.

(3) Die Mengen $\mathbb{Q}^+$, $\mathbb{R}^+$, $\mathbb{Q}\backslash\{0\}$, $\mathbb{R}\backslash\{0\}$ sind kommutative Gruppen mit der Multiplikation als Verknüpfung. In allen Fällen ist die Zahl 1 das neutrale Element und das inverse Element zu einer Zahl a ist die Zahl $1/a$. □

Beispiel 8.12. Die Symmetrie eines Moleküls wird durch die Menge $\mathcal{D}$ der Decktransformationen des Molekülgerüsts (Drehungen, Spiegelungen) charakterisiert. Eine Decktransformation ist eine Abbildung des Raumes (!) auf sich, bei der Abstände und Winkel invariant bleiben und die Atomkerne (in ihrer Gleichgewichtslage) in eine äquivalente Konfiguration übergeführt werden. Definitionsgemäß läßt eine Decktransformation Bindungslänge und Bindungswinkel unverändert.

Die Menge $\mathcal{D}$ der Decktransformationen bildet eine Gruppe. Dabei soll das Produkt $a \circ b$ diejenige Decktransformation sein, die man erhält, wenn man zuerst die Transformation b (!) und dann die Transformation a ausführt. Man vergleiche dies mit der Verkettung $f \circ g$ zweier Funktionen (Abbildungen) f und g (siehe Abschnitt 2.4).

Wir betrachten als Beispiel die Transformationsgruppe des Wassermoleküls H_2O näher. Führen wir ein Koordinatensystem ein, so daß das Atom O im Ursprung und die beiden H-Atome symmetrisch zur z-Achse in der yz-Ebene liegen, dann lauten die Deckoperationen in der üblichen Bezeichnungsweise:

E	keine Veränderung der Lage aller Punkte	$(H_i \to H_i, \quad O \to O)$
C_2	Drehung um die z-Achse um π	$(H_1 \leftrightarrow H_2, \quad O \to O)$
σ_{xz}	Spiegelung an der xz-Ebene	$(H_1 \leftrightarrow H_2, \quad O \to O)$
σ_{yz}	Spiegelung an der yz-Ebene	$(H_i \to H_i, \quad O \to O)$

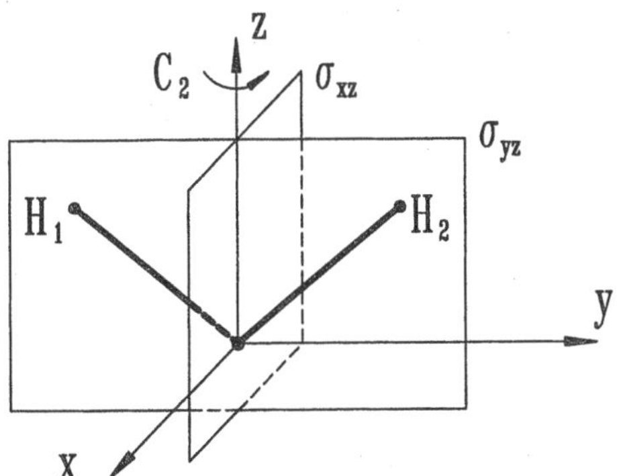

Wir ordnen alle möglichen Produkte $a \circ b$ in einer ***Multiplikationstafel*** an:

$a \diagdown b$	E	C_2	σ_{xz}	σ_{yz}
E	E	C_2	σ_{xz}	σ_{yz}
C_2	C_2	E	σ_{yz}	σ_{xz}
σ_{xz}	σ_{xz}	σ_{yz}	E	C_2
σ_{yz}	σ_{yz}	σ_{xz}	C_2	E

Das Produkt $a \circ b$ steht dabei in der Zeile von a und in der Spalte unter b. In jeder Zeile und Spalte kommen alle Elemente der Gruppe genau einmal vor. Das Assoziativgesetz gilt allgemein für Abbildungen (Funktionen), also speziell für Decktransformationen. Wir können es mit Hilfe der Multiplikationstafel an Beispielen überprüfen, etwa:

$$C_2 \circ (\sigma_{xz} \circ \sigma_{yz}) = C_2 \circ C_2 \quad = E\,,$$
$$(C_2 \circ \sigma_{xz}) \circ \sigma_{yz} \ = \sigma_{yz} \circ \sigma_{yz} = E\,.$$

E ist das neutrale Element. Jedes Element ist zu sich selbst invers. Die Multiplikationstafel ist spiegelsymmetrisch bezüglich der Diagonalen E - E - E - E ; folglich ist die Gruppe kommutativ. Siehe auch Beispiel 9.10. □

Die kleinste nicht-kommutative Gruppe hat sechs Elemente; sie ist beispielsweise als Transformationsgruppe des Ammoniakmoleküls NH_3 realisiert. Die Gruppentheorie spielt eine wichtige Rolle bei der Beschreibung symmetrischer Moleküle (Molekülorbital-Theorie, Vibrationen). Für eine eingehendere Behandlung sei das Buch von F.A. Cotton, *Chemical Applications of Group Theory* (3. Aufl., Wiley-Interscience, New York 1990), besonders empfohlen.

Wir kehren nun zurück zur Behandlung linearer Räume.

Definition 8.8. Ein reeller ***linearer Raum*** $\mathcal{V}$ ist eine Menge, in der

(1) eine Verknüpfung ("Addition") zwischen je zwei Elementen aus $\mathcal{V}$ erklärt ist, bezüglich der $\mathcal{V}$ eine kommutative Gruppe darstellt, und

(2) eine multiplikative Verknüpfung zwischen je einem Element aus $\mathbb{R}$ und einem Element aus $\mathcal{V}$ erklärt ist, für die die Aussagen M1 bis M4 (Satz 8.2) in analoger Weise gelten.

Die Elemente eines linearen Raumes heißen ***Vektoren***; statt linearer Raum sagt man auch ***Vektorraum***.

Beispiel 8.13. Folgende Mengen sind lineare Räume:

(1) Die Menge $\mathcal{V}_3$ der Verschiebungen im anschaulichen Raum (vgl. Abschnitt 8.1).

(2) Die Menge $\mathbb{R}^n$ aller n-Tupel von reellen Zahlen mit den Verknüpfun-

gen gemäß Definition 8.6. Die Aussagen über die skalare Multiplikation weist man komponentenweise nach, z.B.

$$\lambda\,(\mu\,\mathbf{x}) = \lambda \begin{pmatrix} \mu\,x_1 \\ \vdots \\ \mu\,x_n \end{pmatrix} = \begin{pmatrix} \lambda\,\mu\,x_1 \\ \vdots \\ \lambda\,\mu\,x_n \end{pmatrix} = (\lambda\,\mu) \begin{pmatrix} x_1 \\ \vdots \\ x_n \end{pmatrix} = (\lambda\,\mu)\,\mathbf{x}\,.$$

(3) Die Menge aller Polynome (vgl. Abschnitt 3.1). Die Addition und Multiplikation mit einem Skalar sind die üblichen Verknüpfungen für Funktionen (vgl. Abschnitt 2.4). Neutrales Element ist die Nullfunktion.

(4) Die Menge aller stetigen Funktionen in einem bestimmten Intervall und die Menge aller auf $\mathbb{R}$ differenzierbaren Funktionen. □

Wichtige Anwendungen der Theorie linearer Räume findet man in der Quantenmechanik: die Wellenfunktionen eines Systems bilden einen linearen Raum. Für numerische Rechnungen muß man jedoch oft auf den $\mathbb{R}^n$ zurückgreifen. Wir werden daher im folgenden nahezu ausschließlich den $\mathbb{R}^n$ behandeln, obwohl viele Aussagen auf beliebige Vektorräume übertragbar sind.

In jedem Vektorraum können wir gewisse Teilmengen auszeichnen, die selbst Vektorräume sind, wenn wir Addition und Multiplikation mit Skalaren übernehmen. So bilden alle komplanaren Verschiebungen (in der Ebene) einen Vektorraum, der eine Teilmenge des Raumes aller räumlichen Verschiebungen ist. Der korrespondierende $\mathbb{R}^2$ ist aber keine Teilmenge von $\mathbb{R}^3$. Legen wir das kartesische Koordinatensystem so, daß $\vec{e}_x$ und $\vec{e}_y$ in der betrachteten Ebene liegen (und folglich $\vec{e}_z$ senkrecht auf ihr steht), so sehen wir, daß die Menge

$$\mathcal{U} = \left\{ \begin{pmatrix} x_1 \\ x_2 \\ x_3 \end{pmatrix} \in \mathbb{R}^3 \;\middle|\; x_3 = 0 \right\} \subset \mathbb{R}^3$$

den Verschiebungen der xy-Ebene entspricht. $\mathcal{U}$ ist ein linearer Raum, genauer, ein ***Unterraum*** (oder ***Teilraum***) des $\mathbb{R}^3$. Denn alle Bedingungen von Definition 8.9 sind erfüllt. Insbesondere ist $\mathcal{U}$ "abgeschlossen" bezüglich der Addition und der skalaren Multiplikation:

$$\begin{pmatrix} x_1 \\ x_2 \\ 0 \end{pmatrix} + \begin{pmatrix} y_1 \\ y_2 \\ 0 \end{pmatrix} = \begin{pmatrix} x_1 + y_1 \\ x_2 + y_2 \\ 0 \end{pmatrix} \in \mathcal{U}\,, \qquad \lambda \begin{pmatrix} x_1 \\ x_2 \\ 0 \end{pmatrix} = \begin{pmatrix} \lambda\,x_1 \\ \lambda\,x_2 \\ 0 \end{pmatrix} \in \mathcal{U}\,.$$

Definition 8.9. Eine Teilmenge $\mathcal{U} \neq \emptyset$ eines linearen Raumes $\mathcal{V}$ heißt ***Unterraum*** von $\mathcal{V}$, wenn für beliebige $x, y \in \mathcal{U}$ und $\lambda \in \mathbb{R}$ gilt:
(1) $x + y \in \mathcal{U}$ und (2) $\lambda x \in \mathcal{U}$.

Eine Teilmenge $\mathcal{U} \subset \mathcal{V}$ ist genau dann Unterraum, wenn die Vektoraddition und die Multiplikation mit einem Skalar nicht aus $\mathcal{U}$ "hinausführt". Diese Definition ist sinnvoll, denn die Teilmenge hat Gruppenstruktur. Sie enthält den Nullvektor und alle inversen Vektoren:

$$\lambda = 0 \quad \Rightarrow \lambda \mathbf{x} = 0\,\mathbf{x} \quad = \begin{pmatrix} 0 \\ \vdots \\ 0 \end{pmatrix} = \mathbf{o} \in \mathcal{U},$$

$$\lambda = -1 \quad \Rightarrow \lambda \mathbf{x} = \begin{pmatrix} -x_1 \\ \vdots \\ -x_n \end{pmatrix} = -\mathbf{x} \in \mathcal{U}.$$

Die algebraischen Beziehungen (Assoziativ-, Distributivgesetz usw.) gelten in $\mathcal{U}$, weil sie voraussetzungsgemäß in $\mathcal{V}$ gelten .

Beispiel 8.14. Alle Ebenen und Geraden durch den Ursprung entsprechen Unterräumen von $\mathcal{V}_3$. Eine Ebene $\mathcal{E}$ durch den Ursprung wird beschrieben durch die Gleichung: $\mathfrak{r} \cdot \mathfrak{n} = 0$ ($\mathfrak{r}_0 = \mathfrak{o}$, vgl. Abschnitt 8.5). Dann folgt für $\mathfrak{r}, \mathfrak{s} \in \mathcal{E}$:

$$(\mathfrak{r} + \mathfrak{s}) \cdot \mathfrak{n} = \mathfrak{r} \cdot \mathfrak{n} + \mathfrak{s} \cdot \mathfrak{n} = 0 + 0 = 0 \Rightarrow \mathfrak{r} + \mathfrak{s} \in \mathcal{E},$$

$$(\lambda\, \mathfrak{r}) \cdot \mathfrak{n} = \lambda\, (\mathfrak{r} \cdot \mathfrak{n}) = \lambda \cdot 0 = 0 \Rightarrow \lambda\, \mathfrak{r} \in \mathcal{E}.$$

Ist $\mathfrak{a}$ der Vektor entlang der Geraden $\mathcal{G}$ durch den Ursprung ($\mathfrak{r}_0 = \mathfrak{o}$), dann sind alle Vektoren $\mathfrak{r} \in \mathcal{G}$ Vielfache von $\mathfrak{a}$:

$$\mathfrak{r} = \mathfrak{r}_0 + \lambda\, \mathfrak{a} = \lambda\, \mathfrak{a}.$$

Die Vektoren einer Geraden $\mathcal{F}$, die nicht durch den Ursprung geht, bilden keine Gruppe (wegen $\mathfrak{o} \notin \mathcal{F}$), und daher keinen Vektorraum, z.B.

$$\mathcal{F} := \left\{ \begin{pmatrix} 1 \\ \lambda \end{pmatrix} \in \mathbb{R}^2 \mid \lambda \in \mathbb{R} \right\} \to \{\mathfrak{r} = \mathfrak{e}_x + \lambda\, \mathfrak{e}_z, \quad \lambda \in \mathbb{R}\}.$$ □

Der ***Nullraum*** $\{\mathbf{o}\}$ und $\mathcal{V}$ selbst sind triviale Unterräume eines jeden linearen Raumes $\mathcal{V}$.

8.7 Lineare Unabhängigkeit, Dimension

Um in $\mathbb{R}^3$ eine Ebene $\mathcal{E}$ durch den Ursprung (!), also einen "zweidimensionalen" Unterraum festzulegen, genügt die Angabe von zwei Richtungen. Sind $\mathbf{a}$ und $\mathbf{b}$ zwei nicht-parallele Vektoren der Ebene mit $\mathbf{a} \times \mathbf{b} \neq \mathbf{o}$, dann können wir alle Vektoren $\mathbf{x}$ aus $\mathcal{E}$ mit Hilfe von zwei Parametern $\lambda, \mu \in \mathbb{R}$ als ***Linearkombination*** von $\mathbf{a}$ und $\mathbf{b}$ darstellen (vgl. Abschnitt 8.5):

$$\mathbf{x} = \lambda\, \mathbf{a} + \mu\, \mathbf{b}\,.$$

Man sagt auch, $\mathbf{x}$ ist von $\mathbf{a}$ und $\mathbf{b}$ ***linear abhängig***. Nehmen wir noch einen weiteren Vektor $\mathbf{c} \neq \mathbf{o}$ dazu, so können wir alle Vektoren $\mathbf{x} \in \mathbb{R}^3$ als Linearkombination von $\mathbf{a}$, $\mathbf{b}$ und $\mathbf{c}$ darstellen, $\mathbf{x} = \lambda\, \mathbf{a} + \mu\, \mathbf{b} + \nu\, \mathbf{c}$, vorausgesetzt, $\mathbf{c}$ ist nicht linear abhängig von $\mathbf{a}$ und $\mathbf{b}$. Denn dann wäre $\mathbf{c}$ komplanar zu $\mathbf{a}$ und $\mathbf{b}$ und folglich $\mathbf{c} \in \mathcal{E}$. Diese Überlegungen führen uns zu folgender Verallgemeinerung:

Definition 8.10. Ein System von Vektoren $\{\mathbf{v}_1, \mathbf{v}_2, ..., \mathbf{v}_k\}$ $(k \in \mathbb{N})$ heißt ***linear abhängig***, wenn es Zahlen $\lambda_1, \lambda_2\ ..., \lambda_k$ gibt, die nicht alle Null sind, so daß gilt:

$$\lambda_1\mathbf{v}_1 + \lambda_2\mathbf{v}_2 + ... + \lambda_k\mathbf{v}_k = \mathbf{o}\,.$$

Hat dagegen diese Gleichung nur die triviale Lösung

$$\lambda_1 = \lambda_2 = ... = \lambda_k = 0\,,$$

nennt man das System $\{\mathbf{v}_1, \mathbf{v}_2, ..., \mathbf{v}_k\}$ ***linear unabhängig***.

Der folgende Satz erschließt die naheliegende Interpretation von "linear abhängig".

Satz 8.12. Die Vektoren $\{\mathbf{v}_1, \mathbf{v}_2, ..., \mathbf{v}_k\}$ sind genau dann linear abhängig, wenn mindestens ein Vektor als Linearkombination aller anderen darstellbar ist.

Beweis. Angenommen, $\mathbf{v}_1$ sei als Linearkombination der anderen Vektoren darstellbar:

$$\mathbf{v}_1 = \lambda_2\mathbf{v}_2 + \ldots + \lambda_k\mathbf{v}_k\,.$$

Dann gilt:

$$\mathbf{o} = (-1)\mathbf{v}_1 + \lambda_2\mathbf{v}_2 + \ldots + \lambda_k\mathbf{v}_k\,.$$

Wegen $\lambda_1 = -1 \neq 0$ sind nicht alle λ_i gleich Null; die Vektoren $\{\mathbf{v}_1, \ldots, \mathbf{v}_k\}$ sind also linear abhängig. Sind andererseits die Vektoren $\{\mathbf{v}_1, \mathbf{v}_2, \ldots, \mathbf{v}_k\}$ linear abhängig, dann gilt:

$$\mathbf{o} = \lambda_1\mathbf{v}_1 + \ldots + \lambda_k\mathbf{v}_k\,,$$

wobei mindestens ein $\lambda_i \neq 0$ ist. Ohne Einschränkung der Allgemeinheit sei $\lambda_1 \neq 0$. Dann können wir nach $\mathbf{v}_1$ auflösen:

$$\mathbf{v}_1 = -\frac{\lambda_2}{\lambda_1}\mathbf{v}_2 - \ldots - \frac{\lambda_k}{\lambda_1}\mathbf{v}_k\,,$$

d.h. $\mathbf{v}_1$ ist eine Linearkombination der Vektoren $\mathbf{v}_2, \mathbf{v}_3, \ldots, \mathbf{v}_k$. ∎

Beispiel 8.15. Die Vektoren $\mathbf{v}_1 := \begin{pmatrix}1\\1\end{pmatrix}$ und $\mathbf{v}_2 := \begin{pmatrix}-1\\2\end{pmatrix}$ sind linear unabhängig, denn:

$$\mathbf{o} = \lambda_1\mathbf{v}_1 + \lambda_2\mathbf{v}_1 = \begin{pmatrix}\lambda_1 - \lambda_2\\ \lambda_1 + 2\lambda_2\end{pmatrix}$$

$$\Leftrightarrow \{\ \lambda_1 - \lambda_2 = 0 \ \textit{\textbf{und}}\ \lambda_1 + 2\lambda_2 = 0\ \} \quad \Leftrightarrow \quad \lambda_1 = \lambda_2 = 0\,.$$

Dagegen sind die Vektoren $\mathbf{v}_1, \mathbf{v}_2, \mathbf{v}_3 := \begin{pmatrix}3\\0\end{pmatrix}$ linear abhängig wegen:

$$\mathbf{v}_3 = 2\,\mathbf{v}_1 - \mathbf{v}_2.$$

□

Linear unabhängig sind auch die kanonischen Einheitsvektoren des $\mathbb{R}^n$:

$$\mathbf{e}_1 := \begin{pmatrix}1\\0\\0\\ \vdots\\ \vdots\\0\end{pmatrix},\ \mathbf{e}_2 := \begin{pmatrix}0\\1\\0\\ \vdots\\ \vdots\\0\end{pmatrix},\ \ldots,\ \mathbf{e}_n := \begin{pmatrix}0\\0\\0\\ \vdots\\ \vdots\\1\end{pmatrix}.$$

Denn $\mathbf{o} = \lambda_1\mathbf{e}_1 + \lambda_2\mathbf{e}_2 + \ldots + \lambda_n\mathbf{e}_n = \begin{pmatrix}\lambda_1\\ \lambda_2\\ \vdots\\ \lambda_n\end{pmatrix} \Leftrightarrow \lambda_1 = \lambda_2 = \ldots = \lambda_n = 0\,.$

Unmittelbar aus Definition 8.10 und Satz 8.12 folgt:

(1) Drei Vektoren $\mathbf{v}_1, \mathbf{v}_2, \mathbf{v}_3$ sind genau dann linear abhängig, wenn sie komplanar sind, d.h. wenn es einen Vektor (etwa $\mathbf{v}_1$) gibt, der als Linear-

kombination der beiden anderen Vektoren darstellbar ist:

$$\mathbf{v}_1 = \lambda\, \mathbf{v}_2 + \mu\, \mathbf{v}_3.$$

(2) Zwei Vektoren $\mathbf{v}_1$, $\mathbf{v}_2$ sind genau dann linear abhängig, wenn sie parallel bzw. anti-parallel sind, etwa: $\mathbf{v}_1 = \lambda\, \mathbf{v}_2$.

(3) Ein Vektor $\mathbf{v}$ ist genau dann linear abhängig, wenn $\mathbf{v} = \mathbf{o}$ ist (wegen $\lambda\, \mathbf{v} = \mathbf{o}$ und $\lambda \neq 0$).

(4) Jedes System von Vektoren, das den Nullvektor enthält, ist linear abhängig. Denn für $\mathbf{v}_1 = \mathbf{o}$ erhält man mit der folgenden nicht-trivialen Linearkombination den Nullvektor: $\mathbf{o} = 1\, \mathbf{v}_1 + 0\, \mathbf{v}_2 + \ldots + 0\, \mathbf{v}_k$.

Die linear unabhängigen Vektoren $\mathbf{e}_1$, $\mathbf{e}_2$, $\mathbf{e}_3 \in \mathbb{R}^3$ haben gegenüber dem ebenfalls linear unabhängigen System $\mathbf{e}_1$, $\mathbf{e}_2 \in \mathbb{R}^3$ die zusätzliche Eigenschaft, daß sich jeder Vektor $\mathbf{x} \in \mathbb{R}^3$ als Linearkombination von ihnen darstellen läßt:

$$\mathbf{x} = \begin{pmatrix} x_1 \\ x_2 \\ x_3 \end{pmatrix} = x_1\mathbf{e}_1 + x_2\mathbf{e}_2 + x_3\mathbf{e}_3 .$$

Wir verallgemeinern dies in

Definition 8.11. Eine ***Basis*** $\mathcal{B}$ eines Vektorraumes $\mathcal{V}$ ist ein linear unabhängiges System von Vektoren aus $\mathcal{V}$ mit der Eigenschaft, daß jeder Vektor aus $\mathcal{V}$ als Linearkombination der Elemente von $\mathcal{B}$ darstellbar ist.

Die kanonischen Einheitsvektoren $\{\mathbf{e}_1, \ldots, \mathbf{e}_n\}$ bilden die ***Standardbasis*** des $\mathbb{R}^n$; die Vektoren $\{\hat{\mathbf{e}}_x, \hat{\mathbf{e}}_y, \hat{\mathbf{e}}_z\}$ sind eine Basis im Raum $\mathcal{V}_3$ der Verschiebungen.

Es gibt Vektorräume, z.B. den Raum der differenzierbaren Funktionen, in denen jede Basis aus unendlich vielen Elementen besteht. Man nennt derartige Vektorräume ***unendlich-dimensional***. Da man zeigen kann, daß jeder lineare Raum (mit Ausnahme des Nullraums) eine Basis hat, wollen wir solche Räume auszeichnen, die eine Basis aus endlich vielen Elementen besitzen. Für sie gilt (ohne Beweis):

Satz 8.13. Zwei endliche Basen eines linearen Raumes $\mathcal{V}$ bestehen aus gleich vielen Elementen. Die allen Basen gemeinsame Zahl n der Basiselemente nennt man ***Dimension*** von $\mathcal{V}$ und schreibt:

$$\dim \mathcal{V} = n$$

Da wir mit $\{\vec{e}_x, \vec{e}_y, \vec{e}_z\}$ eine Basis von $\mathcal{V}_3$ kennen, hat folglich jede Basis von $\mathcal{V}_3$ drei Elemente und die Dimension von $\mathcal{V}_3$ ist drei. Analog: $\dim \mathbb{R}^n = n$. Der Nullraum $\{\mathbf{o}\}$ hat keine Basis; man definiert $\dim \{\mathbf{o}\} := 0$. Ohne Beweis:

Satz 8.14. In einem n-dimensionalen linearen Raum bilden n linear unabhängige Vektoren immer eine Basis, mehr als n Vektoren sind stets linear abhängig.

Anschaulich ist beispielsweise klar, daß zwei Vektoren aus einer Geraden durch den Ursprung, also aus einem eindimensionalen Unterraum, parallel und damit linear abhängig sind.

Beispiel 8.16. Gegeben sei der Vektorraum

$$\mathcal{U} = \{ \mathbf{x} \in \mathbb{R}^4 \mid \mathbf{x} = \lambda_1 \mathbf{u}_1 + \lambda_2 \mathbf{u}_2 + \lambda_3 \mathbf{u}_3;\ \lambda_1, \lambda_2, \lambda_3 \in \mathbb{R}\}$$

mit

$$\mathbf{u}_1 := \begin{pmatrix}1\\0\\0\\1\end{pmatrix}, \quad \mathbf{u}_2 := \begin{pmatrix}0\\0\\1\\1\end{pmatrix}, \quad \mathbf{u}_3 := \begin{pmatrix}1\\0\\1\\2\end{pmatrix}.$$

Wie groß ist die Dimension von $\mathcal{U}$?

Dazu ist zu überprüfen, ob das ***Erzeugendensystem*** $\{\mathbf{u}_1, \mathbf{u}_2, \mathbf{u}_3\}$ linear unabhängig ist:

$$\mathbf{o} = \lambda_1 \mathbf{u}_1 + \lambda_2 \mathbf{u}_2 + \lambda_3 \mathbf{u}_3 = \begin{pmatrix}\lambda_1 + \lambda_3\\0\\\lambda_2 + \lambda_3\\\lambda_1 + \lambda_2 + 2\lambda_3\end{pmatrix} \Leftrightarrow \begin{Bmatrix}\lambda_1 = -\lambda_3\\ \lambda_2 = -\lambda_3\end{Bmatrix}.$$

Die dritte Beziehung $\lambda_1 + \lambda_2 + 2\lambda_3 = 0$ ist damit automatisch erfüllt. Mit $\lambda_3 = -1$ folgt: $\mathbf{u}_3 = \mathbf{u}_1 + \mathbf{u}_2$. Das Erzeugendensystem $\{\mathbf{u}_1, \mathbf{u}_2, \mathbf{u}_3\}$ ist also gemäß Satz 8.12 linear abhängig und somit keine Basis. Vielmehr gilt für $\mathbf{x} \in \mathcal{U}$:

$$\mathbf{x} = \lambda_1\mathbf{u}_1 + \lambda_2\mathbf{u}_2 + \lambda_3(\mathbf{u}_1 + \mathbf{u}_2)\ .$$

Alle $\mathbf{x} \in \mathcal{U}$ können als Linearkombination der linear unabhängigen Vektoren $\mathbf{u}_1$ und $\mathbf{u}_2$ geschrieben werden, die somit eine Basis von $\mathcal{U}$ bilden. Es folgt: $\dim \mathcal{U} = 2$. □

Satz 8.15. Die Darstellung eines Vektors als Linearkombination von Basisvektoren ist eindeutig.

Beweis. Die Vektoren $\{\mathbf{v}_1, \mathbf{v}_2, ..., \mathbf{v}_n\}$ mögen eine Basis des endlich dimensionalen Vektorraumes $\mathcal{V}$ bilden. Angenommen, es existieren zwei Linearkombinationen für ein $\mathbf{x} \in \mathcal{V}$:

$$\mathbf{x} = \lambda_1\mathbf{v}_1 + ... + \lambda_n\mathbf{v}_n = \mu_1\mathbf{v}_1 + ... + \mu_n\mathbf{v}_n\ .$$

Dann folgt:

$$\mathbf{o} = \mathbf{x} - \mathbf{x} = (\lambda_1 - \mu_1)\ \mathbf{v}_1 + ... + (\lambda_n - \mu_n)\ \mathbf{v}_n \quad \Leftrightarrow \quad \lambda_i - \mu_i = 0$$

für $i = 1, ..., n$. Denn die Vektoren $\{\mathbf{v}_1, ..., \mathbf{v}_n\}$ sind als Basisvektoren linear unabhängig. □

Die gemäß Satz 8.15 eindeutigen Koeffizienten $\lambda_1, \lambda_2, ..., \lambda_n$ heißen ***Koordinaten*** des Vektors $\mathbf{x}$ bezüglich der Basis $\{\mathbf{v}_1, \mathbf{v}_2, ..., \mathbf{v}_n\}$. Satz 8.15 besagt, daß die Abbildung

$$\mathbf{x} = \lambda_1\mathbf{v}_1 + ... + \lambda_n\mathbf{v}_n \quad \rightarrow \quad \mathbf{c} = \begin{pmatrix} \lambda_1 \\ \vdots \\ \lambda_n \end{pmatrix} \in \mathbb{R}^n$$

bei einer festen Basis umkehrbar eindeutig ist. Wie im Fall kartesischer Koordinaten gilt auch hier, daß man Vektoren koordinatenweise addiert und mit einem Skalar multipliziert. Natürlich hängen die Koordinaten von der Basis ab (vgl. Satz 8.3).

Beispiel 8.17. Die Vektoren $\mathbf{v}_1 = \mathbf{e}_1 + \mathbf{e}_2 = \begin{pmatrix} 1 \\ 1 \end{pmatrix}$ und $\mathbf{v}_2 = -\mathbf{e}_1 + 2\mathbf{e}_2 = \begin{pmatrix} -1 \\ 2 \end{pmatrix}$ bilden eine Basis des $\mathbb{R}^2$ (vgl. Beispiel 8.15). Um die Koordinaten eines Vektors $\mathbf{x} = \begin{pmatrix} x_1 \\ x_2 \end{pmatrix}$ bezüglich der Basis $\{\mathbf{v}_1, \mathbf{v}_2\}$ zu berechnen, lösen wir das Gleichungssystem

$$\begin{pmatrix} x_1 \\ x_2 \end{pmatrix} = \mathbf{x} = c_1\mathbf{v}_1 + c_2\mathbf{v}_2 = \begin{pmatrix} c_1 - c_2 \\ c_1 + 2c_2 \end{pmatrix}$$

Wir erhalten

$$x_1 = c_1 - c_2\,, \qquad x_2 = c_1 + 2\,c_2$$

bzw. $$\mathbf{c} = \begin{pmatrix} c_1 \\ c_2 \end{pmatrix} = \frac{1}{3}\begin{pmatrix} 2x_1 + x_2 \\ -x_1 + x_2 \end{pmatrix}$$

und $$\mathbf{x} = \begin{pmatrix} x_1 \\ x_2 \end{pmatrix} = \frac{1}{3}(2x_1 + x_2)\,\mathbf{v}_1 + \frac{1}{3}(-x_1 + x_2)\,\mathbf{v}_2\,.$$

Die so definierte Zuordung $\mathbf{x} \rightarrow \mathbf{c}$,

$$\begin{pmatrix} x_1 \\ x_2 \end{pmatrix} \rightarrow \begin{pmatrix} 2x_1/3 + x_2/3 \\ -x_1/3 + x_2/3 \end{pmatrix},$$

ist eine umkehrbar-eindeutige Abbildung des $\mathbb{R}^2$ auf sich selbst. □

8.8 Skalarprodukt in $\mathbb{R}^n$

Satz 8.6 legt folgende Verallgemeinerung des Skalarproduktes auf den Raum $\mathbb{R}^n$ nahe.

Definition 8.12. Für Vektoren $\mathrm{x}, \mathrm{y} \in \mathbb{R}^n$ ist das ***Skalarprodukt*** $\langle \mathrm{x}|\mathrm{y}\rangle$ definiert gemäß:

$$\langle \mathrm{x}|\mathrm{y}\rangle := \mathrm{x}\cdot\mathrm{y} := \sum_{i=1}^{n} x_i y_i$$

Satz 8.16. Für $\mathrm{x}, \mathrm{y}, \mathrm{z} \in \mathbb{R}$ und $\lambda \in \mathbb{R}$ hat das Skalarprodukt folgende Eigenschaften:

(S1) $\langle \mathrm{x}|\mathrm{y}\rangle = \langle \mathrm{y}|\mathrm{x}\rangle$ (***symmetrisch***)

(S2) $\langle \mathrm{x}|\mathrm{y} + \mathrm{z}\rangle = \langle \mathrm{x}|\mathrm{y}\rangle + \langle \mathrm{x}|\mathrm{z}\rangle$

(S3) $\langle \mathrm{x}|\lambda\,\mathrm{y}\rangle = \lambda\langle \mathrm{x}|\mathrm{y}\rangle$ } (***linear***)

(S4) $\langle \mathrm{x}|\mathrm{x}\rangle \geq 0\,;\ \ \langle \mathrm{x}|\mathrm{x}\rangle = 0 \Leftrightarrow \mathrm{x} = \mathbf{o}$ (***positiv definit***)

Beweis.

(2) $$<\mathbf{x}|\mathbf{y}+\mathbf{z}> = \sum_{i=1}^{n} x_i(y_i+z_i) = \sum_{i=1}^{n}(x_iy_i + x_iz_i) = $$
$$= \sum_{i=1}^{n} x_iy_i + \sum_{i=1}^{n} x_iz_i = <\mathbf{x}|\mathbf{y}> + <\mathbf{x}|\mathbf{z}> .$$

(4) $$<\mathbf{x}|\mathbf{x}> = \sum_{i=1}^{n} x_i^2 \geq 0 ;$$
$$<\mathbf{x}|\mathbf{x}> = 0 \iff x_i = 0 \text{ für } i = 1, 2, \ldots, n \iff \mathbf{x} = \mathbf{o} .$$ ■

Wegen Satz 8.16(4) können wir den ***Betrag*** $|\mathbf{x}|$ (die euklidische Norm) eines Vektors $\mathbf{x} \in \mathbb{R}^n$ definieren gemäß

$$|\mathbf{x}| := \sqrt{<\mathbf{x}|\mathbf{x}>} = \sqrt{x_1^2 + x_2^2 + \ldots + x_n^2} .$$

Gilt $|\mathbf{x}| = 1$, so heißt $\mathbf{x}$ ***normiert*** (Einheitsvektor). Zwei Vektoren $\mathbf{x}$, $\mathbf{y} \in \mathbb{R}^n$ nennen wir entsprechend ***orthogonal***, wenn $<\mathbf{x}|\mathbf{y}> = 0$ ist. Die Vektoren $\mathbf{v}_1, \ldots, \mathbf{v}_k \in \mathbb{R}^n$ bilden ein ***Orthonormal(ON)-System***, falls gilt:

$$<\mathbf{v}_i|\mathbf{v}_k> = \delta_{ik} .$$

In V_3 ergeben sich die Koordinaten eines Vektors $\vec{x}$ als Skalarprodukte des Vektors mit den Koordinatenvektoren $\vec{e}_x$, $\vec{e}_y$, $\vec{e}_z$: $x_i = \vec{x}\cdot\vec{e}_i$. Diese Methode der Koordinatenberechnung mit Hilfe des Skalarprodukts verläuft im Fall einer beliebigen Basis $\{\mathbf{v}_1, \ldots, \mathbf{v}_n\}$ nicht so einfach. Denn aus

$$\mathbf{x} = \lambda_1\mathbf{v}_1 + \ldots + \lambda_n\mathbf{v}_n$$

folgt mit Satz 8.15:

$$<\mathbf{v}_k|\mathbf{x}> = \sum_{i=1}^{n} \lambda_i <\mathbf{v}_k|\mathbf{v}_i> \qquad \text{für } k = 1, 2, \ldots, n .$$

Dies ist ein lineares Gleichungssystem von n Gleichungen für die n unbekannten Koordinaten $\lambda_1, \ldots, \lambda_n$ (vgl. Kapitel 10). Für eine ON-Basis verläuft die Lösung dagegen wie gehabt:

$$<\mathbf{v}_k|\mathbf{x}> = \sum_{i=1}^{n} \lambda_i\delta_{ki} = \lambda_k .$$

Also:

$$\boxed{\mathbf{x} = \sum_{i=1}^{n} <\mathbf{x}|\mathbf{v}_i> \mathbf{v}_i}$$

Anmerkung. Jedes ON-System ist linear unabhängig. Denn aus

$$\mathbf{o} = \lambda_1 \mathbf{v}_1 + \dots + \lambda_k \mathbf{v}_k$$

folgt

$$\lambda_i = <\mathbf{v}_i|\mathbf{o}> = 0 \qquad \text{für } i = 1, \dots, k\,,$$

wenn wir die vorstehenden Gleichungen auf $\mathbf{x} = \mathbf{o}$ anwenden.

Mit Hilfe des ***Schmidt-Orthonormierungsverfahrens*** ist es möglich, eine beliebige Basis $\{\mathbf{v}_1, \dots, \mathbf{v}_n\}$ in eine ON-Basis desselben Vektorraumes überzuführen. Als ersten Vektor der ON-Basis nehmen wir

$$\mathbf{w}_1 = \frac{1}{|\mathbf{v}_1|} \mathbf{v}_1 = \mu\, \mathbf{v}_1 \,.$$

Zur Vereinfachung der Schreibweise soll das Symbol μ^{-1} jeweils für die Norm des folgenden Vektors stehen, so daß der Vektor $\mu\, \mathbf{v}$ stets ein Einheitsvektor ist. Um $\mathbf{v}_2$ in einen Vektor überzuführen, der orthogonal zu $\mathbf{w}_1$ ist, aber zusammen mit diesem Vektor denselben Unterraum aufspannt, subtrahieren wir von $\mathbf{v}_2$ die Projektion $<\mathbf{v}_2|\mathbf{w}_1> \mathbf{w}_1$ von $\mathbf{v}_2$ auf $\mathbf{w}_1$ und normieren den resultierenden Vektor:

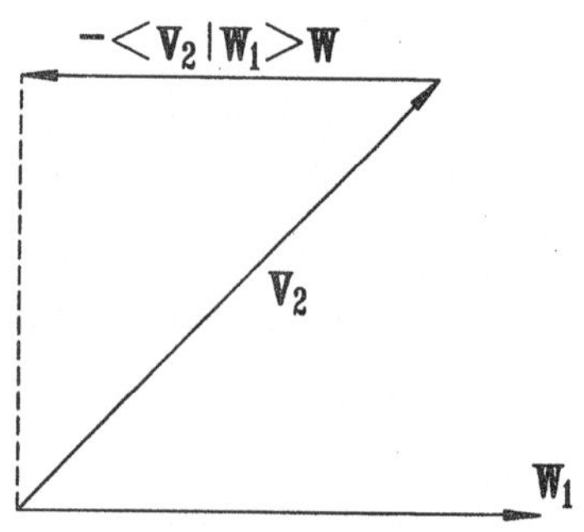

$$\mathbf{w}_2 = \mu\,(\mathbf{v}_2 - <\mathbf{v}_2|\mathbf{w}_1> \mathbf{w}_1).$$

Dieser Vektor ist orthogonal zum Einheitsvektor $\mathbf{w}_1$ (vgl. Beispiel 8.3):

$$<\mathbf{w}_1|\mathbf{w}_2> = \mu\,(<\mathbf{w}_1|\mathbf{v}_2> - <\mathbf{v}_2|\mathbf{w}_1> <\mathbf{w}_1|\mathbf{w}_1>) = 0\,.$$

Der Differenzvektor kann normiert werden; denn wäre er der Nullvektor, dann wären $\mathbf{v}_1$ und $\mathbf{v}_2$ linear abhängig wegen

$$\mathbf{v}_2 = <\mathbf{v}_2|\mathbf{w}_1> \mathbf{w}_1 = \frac{<\mathbf{v}_2|\mathbf{v}_1>}{<\mathbf{v}_1|\mathbf{v}_1>} \mathbf{v}_1 \,.$$

Dies widerspricht der Voraussetzung, daß $\mathbf{v}_1$ und $\mathbf{v}_2$ als Elemente einer Basis linear unabhängig sind.

Das Verfahren wird fortgesetzt, indem man jeweils die Projektionen auf die bereits gefundenen Einheitsvektoren $\mathbf{w}_1, \ldots, \mathbf{w}_k$ vom nächsten Vektor subtrahiert und den resultierenden Vektor normiert:

$$\mathbf{w}_{k+1} = \mu \left(\mathbf{v}_{k+1} - \sum_{i=1}^{k} \langle \mathbf{v}_{k+1} | \mathbf{w}_i \rangle \, \mathbf{w}_i \right)$$

Beispiel 8.18. Wir ermitteln eine ON-Basis für den in Beispiel 8.16 definierten Unterraum $\mathcal{U} \subset \mathbb{R}^4$ und berechnen die Koordinaten von $\mathbf{u}_3$ in der neuen Basis. Zunächst gilt:

$$|\mathbf{u}_1| = \sqrt{2} \quad \Rightarrow \mathbf{w}_1 = \frac{1}{\sqrt{2}} \begin{pmatrix} 1 \\ 0 \\ 0 \\ 1 \end{pmatrix}.$$

$$\langle \mathbf{u}_2 | \mathbf{w}_1 \rangle = \frac{1}{\sqrt{2}} \quad \Rightarrow \mathbf{u}_2 - \frac{1}{\sqrt{2}} \mathbf{w}_1 = \begin{pmatrix} 0 \\ 0 \\ 1 \\ 1 \end{pmatrix} - \frac{1}{2} \begin{pmatrix} 1 \\ 0 \\ 0 \\ 1 \end{pmatrix} = \frac{1}{2} \begin{pmatrix} -1 \\ 0 \\ 2 \\ 1 \end{pmatrix}.$$

$$\Rightarrow \mathbf{w}_2 = \frac{1}{\sqrt{6}} \begin{pmatrix} -1 \\ 0 \\ 2 \\ 1 \end{pmatrix}$$

Es folgt:

$$\langle \mathbf{w}_1 | \mathbf{u}_3 \rangle = \frac{3}{\sqrt{2}}, \quad \langle \mathbf{w}_2 | \mathbf{u}_3 \rangle = \frac{3}{\sqrt{6}}.$$

Also: $$\mathbf{u}_3 = \begin{pmatrix} 1 \\ 0 \\ 1 \\ 2 \end{pmatrix} = \frac{3}{\sqrt{2}} \mathbf{w}_1 + \frac{3}{\sqrt{6}} \mathbf{w}_2 .$$ Probe !

□

Anmerkungen.

(1) In einem beliebigen linearen Raum $\mathcal{V}$ definiert man ein Skalarprodukt ohne Rückgriff auf Koordinaten als Abbildung, die jedem Paar von Vektoren eine reelle Zahl zuordnet und die die Beziehungen (S1) bis (S4) in Satz 8.16 erfüllt. Im Raum der auf $[\,a, b\,]$ stetigen Funktionen

verwendet man häufig folgendes Skalarprodukt:

$$<f|g> := \int_a^b f(x)\, g(x)\, dx$$

(2) Bisher haben wir als Skalare nur reelle Zahlen betrachtet. Für die Anwendung der linearen Algebra auf Probleme der Quantenmechanik ist es notwendig, komplexe Zahlen als Skalare zuzulassen. $\mathbb{C}^n$ ist ein solcher linearer Raum. Alle bisherigen Definitionen und Aussagen lassen sich sinngemäß von reellen auf komplexe Vektorräume übertragen - von einer geringfügigen Modifikation beim Skalarprodukt abgesehen. In einem komplexen Vektorraum $\mathcal{V}$ ordnet ein Skalarprodukt dem Paar (x,y) mit x, y $\in \mathcal{V}$ eine Zahl $<x|y> \in \mathbb{C}$ zu, wobei die Eigenschaft S1 (Satz 8.16) zu ersetzen ist durch

(S1') $\quad <x|y> = \overline{<y|x>}$.

Bei Vertauschung der Vektoren x und y geht der Wert des Skalarproduktes $<x|y>$ in den konjugiert-komplexen über. Das Standardskalarprodukt in $\mathbb{C}^n$, das diese Bedingung erfüllt, lautet:

$$<x|y> := \sum_{i=1}^{n} \bar{x}_i y_i \,.$$

Mit dieser Modifikation bleibt das Skalarprodukt positiv definit (S4):

$$<x|x> = \sum_{i=1}^{n} \bar{x}_i x_i = \sum_{i=1}^{n} |x_i|^2 \geq 0 \qquad (\text{mit } x_i \in \mathbb{C})\,.$$

8.9 Aufgaben

8.1. Bestimmen Sie die kartesischen Komponenten derjenigen Vektoren in $\mathbb{R}_2$, die mit der x-Achse einen Winkel von 45° einschließen und den Betrag $\sqrt{2}$ haben.

8.2. Gegeben seien die beiden Vektoren $\vec{a} = \begin{pmatrix}1\\2\\0\end{pmatrix}$ und $\vec{b} = \begin{pmatrix}0\\3\\4\end{pmatrix}$.

a) Bestimmen Sie den Betrag von $\vec{a}$ und geben Sie $\vec{e}_{\vec{a}}$ an.

b) Berechnen Sie den Abstand zwischen den Endpunkten der Ortsvektoren $\vec{a}$ und $\vec{b}$.

c) Berechnen Sie den Winkel φ zwischen den Vektoren $\vec{a}$ und $\vec{b}$.

d) Wie groß ist die Fläche F des von den Vektoren $\vec{a}$ und $\vec{b}$ aufgespannten Parallelogramms?

e) Berechnen Sie die Fläche des von den zwei Ortsvektoren $\vec{a}$ und $\vec{b}$ aufgespannten Dreiecks.

8.3. Im Methan-Molekül CH_4 liegt das C-Atom im Zentrum und die H-Atome an den Ecken eines regulären Tetraeders. Das Koordinatensystem sei so gewählt, daß das C-Atom im Ursprung liegt und die Lage des Atoms H_1 durch den Vektor $\vec{a}_1 = \begin{pmatrix} s \\ s \\ s \end{pmatrix}$ gegeben ist.

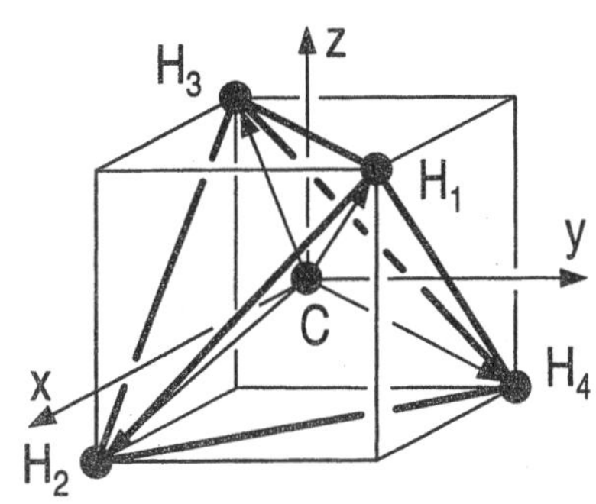

a) Wie lauten die Ortsvektoren aller Atome in Einheiten der C-H-Bindungslänge d. Stellen Sie dazu eine Beziehung zwischen $d = |\vec{a}_1|$ und s her.

b) Bestimmen Sie mit Hilfe der Vektorrechnung den Abstand der Atome H_2 und H_4 sowie den Tetraeder-Winkel H-C-H und den Winkel H-H-H.

c) Berechnen Sie das Lot von H_3 auf die Gerade durch H_2 und H_4.

8.4. Welchen Abstand hat der Punkt Q(1,1,1) von der Geraden, die parallel zum Vektor $\vec{a} = \begin{pmatrix} 1 \\ 2 \\ 0 \end{pmatrix}$ verläuft und durch den Punkt P(0,3,4) geht?

8.5. Gegeben seien die drei Punkte A(2,1,3), B(9,6,6) und C(1,4,7).

a) Wie groß ist die Fläche des Dreiecks ABC?

b) Geben Sie eine Parameterdarstellung der Ebene $\mathcal{E}_1$ an, die durch die drei Punkte A, B und C bestimmt ist.

c) Geben Sie eine parameterfreie Darstellung der Ebene $\mathcal{E}_1$ an.

d) Bestimmen Sie den Winkel φ zwischen der Ebene $\mathcal{E}_1$ und der durch die Gleichung $35x_1 + 22x_2 + 18x_3 - 37 = 0$ gegebenen Ebene $\mathcal{E}_2$.

e) Berechnen Sie den Abstand des Punktes P(-1,0,4) von der Ebene $\mathcal{E}_1$.

8.6. a) Vereinfachen Sie den Ausdruck $f(\vec{x},\vec{y}) := |\vec{x} + \vec{y}|^2 - |\vec{x} - \vec{y}|^2$ für zwei Vektoren $\vec{x}, \vec{y} \in V_3$ mit Hilfe des Skalarprodukts.

b) Welche Eigenschaft hat das durch $\vec{x}$ und $\vec{y}$ definierte Parallelogramm, wenn $f(\vec{x},\vec{y}) = 0$ gilt?

8.7. Gegeben seien zwei Ebenen in Parameterdarstellung:

$$\mathcal{E}_1: \quad \vec{r}_1 = \begin{pmatrix}1\\0\\0\end{pmatrix} + \lambda\begin{pmatrix}0\\1\\1\end{pmatrix} + \mu\begin{pmatrix}0\\0\\1\end{pmatrix},$$

$$\mathcal{E}_2: \quad \vec{r}_2 = \lambda\begin{pmatrix}0\\-2\\1\end{pmatrix} + \mu\begin{pmatrix}1\\0\\1\end{pmatrix}, \quad \mu, \lambda \in \mathbb{R}.$$

a) Berechnen Sie mit dem Vektorprodukt für jede Ebene $\mathcal{E}_i$ einen Normalenvektor $\vec{n}_i$.

b) Geben Sie für beide Ebenen mittels der Normalenvektoren parameterfreie Darstellungen an.

c) Berechnen Sie den Winkel zwischen den beiden Ebenen unter Verwendung der Normalenvektoren $\vec{n}_1$ und $\vec{n}_2$.

d) Berechnen Sie mit Hilfe von $\vec{n}_1$ und $\vec{n}_2$ einen Vektor $\vec{n}_3$, der sowohl in $\mathcal{E}_1$ wie in $\mathcal{E}_2$ liegt.

e) Geben Sie einen Punkt $\vec{r}_3$ an, der in beiden Ebenen liegt.

f) Stellen Sie nun die Gleichung der Schnittgerade von $\mathcal{E}_1$ und $\mathcal{E}_2$ auf.

8.8. Welche der Mengen $\mathcal{M}_i$ von Vektoren $x = (x_1, x_2, x_3)^T$ sind ein Unterraum des $\mathbb{R}^3$? Bestimmen Sie gegebenenfalls die Dimension des Unterraumes und geben Sie eine zugehörige Basis an.

a) $\mathcal{M}_1 = \{ x \in \mathbb{R}^3 \mid x_1 = x_3,\ x_2 = 0 \}$

b) $\mathcal{M}_2 = \{ x \in \mathbb{R}^3 \mid x_1 - x_2 = x_3 \}$

8.9. Die Lösungen der Gleichung $r^4 = 1$ sind die vierten Einheitswurzeln: $r_k = \exp(\pi i k/2)$, $k = 0, 1, 2, 3$.

a) Zeigen Sie, daß die vierten Einheitswurzeln bezüglich der Verknüpfung "Multiplikation" eine abelsche Gruppe bilden.

b) Stellen Sie die Multiplikationstafel auf.

c) Die Abbildungen f_k: $z \to r_k z \in \mathbb{C}$, $z \in \mathbb{C}$ stellen Drehungen der komplexen Ebene dar. Bestimmen Sie die zu den "Operatoren" r_k gehörenden Drehwinkel.

d) Geben Sie die Elemente dieser Drehgruppe an.

8.10. Es sei $\{\vec{a}_1, \vec{a}_2, \dots, \vec{a}_n\}$ eine Basis in $\mathbb{R}^n$. Zeigen Sie, daß für ein beliebiges $\mu \in \mathbb{R}$ auch $\{\vec{a}_1 + \mu\vec{a}_2, \vec{a}_2, \vec{a}_3, \dots, \vec{a}_n\}$ eine Basis in $\mathbb{R}^n$ ist.

8.11. Konstruieren Sie mit dem Schmidtschen Orthonormierungsverfahren aus der Basis $\{\mathbf{a}_1, \mathbf{a}_2, \mathbf{a}_3\}$ des $\mathbb{R}^3$ mit

$$\mathbf{a}_1 = \begin{pmatrix} 1 \\ 1 \\ 2 \end{pmatrix}, \quad \mathbf{a}_2 = \begin{pmatrix} 1 \\ 1 \\ 3 \end{pmatrix}, \mathbf{a}_3 = \begin{pmatrix} 3 \\ -1 \\ 1 \end{pmatrix}$$

eine orthonormierte Basis.

8.12. Bestimmen Sie jeweils die Dimension der von den folgenden Vektoren aufgespannten Unterräume. In welchem Fall bilden die Vektoren eine Basis des zugeordneten $\mathbb{R}^n$? Erzeugen Sie daraus gegebenenfalls mit Hilfe des Schmidtschen Verfahrens eine Orthonormalbasis.

a) $\mathbf{v}_1 = \begin{pmatrix} 4 \\ -3 \end{pmatrix}, \quad \mathbf{v}_2 = \begin{pmatrix} 0 \\ 2 \end{pmatrix} \in \mathbb{R}^2,$

b) $\mathbf{v}_1 = \begin{pmatrix} 4 \\ -3 \end{pmatrix}, \quad \mathbf{v}_2 = \begin{pmatrix} 0 \\ 1 \end{pmatrix}, \quad \mathbf{v}_3 = \begin{pmatrix} 1 \\ 1 \end{pmatrix} \in \mathbb{R}^2,$

c) $\mathbf{v}_1 = \begin{pmatrix} 1 \\ -1 \\ 0 \end{pmatrix}, \quad \mathbf{v}_2 = \begin{pmatrix} 1 \\ 0 \\ 0 \end{pmatrix}, \quad \mathbf{v}_3 = \begin{pmatrix} 2 \\ 1 \\ 2 \end{pmatrix} \in \mathbb{R}^3.$

8.13. Im Rahmen der Hückel-Theorie lassen sich die vier π-Molekülorbitale des Cyclobutadiens durch vier orthonormale Vektoren $\mathbf{x}_i \in \mathbb{R}^4$ darstellen. Deren k-te Komponente beschreibt den Beitrag des p_z-Orbitals am k-ten C-Atom zum Molekülorbital. Drei dieser Vektoren seien gegeben durch

$$\mathbf{x}_1 = N_1 \begin{pmatrix} 1 \\ 1 \\ 1 \\ 1 \end{pmatrix}, \quad \mathbf{x}_2 = N_2 \begin{pmatrix} 1 \\ 0 \\ -1 \\ 0 \end{pmatrix}, \quad \mathbf{x}_3 = N_3 \begin{pmatrix} 0 \\ 1 \\ 0 \\ -1 \end{pmatrix}.$$

a) Bestimmen Sie die Konstanten N_i so, daß die Vektoren $\mathbf{x}_i$ normiert sind.

b) Zeigen Sie, daß die Vektoren $\mathbf{x}_1$, $\mathbf{x}_2$ und $\mathbf{x}_3$ orthogonal sind.

c) Gewinnen Sie mit Hilfe des Schmidtschen Orthonormierungsverfahrens aus $\mathbf{y}_4 = \begin{pmatrix} 1 \\ 0 \\ 0 \\ 0 \end{pmatrix}$ einen Vektor $\mathbf{x}_4$, der zu $\mathbf{x}_1$, $\mathbf{x}_2$ und $\mathbf{x}_3$ orthonormal ist.

9 Matrizen

Der Übergang zu einer neuen Basis liefert einen allgemeinen linearen Zusammenhang zwischen den alten Koordinaten x und den neuen Koordinaten x'. In $\mathbb{R}^2$ können wir das Ergebnis von Beispiel 8.17 verallgemeinern zu

$$x_1' = a_{11}x_1 + a_{12}x_2$$
$$x_2' = a_{21}x_1 + a_{22}x_2 \,.$$

Die Beschaffenheit der Koeffizienten a_{ik} charakterisiert die Art der Basistransformation (z.B. Drehung des Koordinatensystems um den Winkel φ). Wir entwickeln in diesem Kapitel den ***Matrizenkalkül*** als praktisches Hilfsmittel zur Untersuchung von Abbildungen in Vektorräumen.

9.1 Matrizenalgebra

Definition 9.1. Eine ***Matrix*** A vom Typ (m,n), kurz eine (m,n)-Matrix, ist ein Rechteckschema von $m \cdot n$ Zahlen a_{ik} mit m Zeilen und n Spalten:

$$\mathbf{A} := (a_{ik}) := \begin{pmatrix} a_{11} & a_{12} & \dots & a_{1n} \\ a_{21} & a_{22} & \dots & a_{2n} \\ \vdots & \vdots & & \vdots \\ a_{m1} & a_{m2} & \dots & a_{mn} \end{pmatrix}.$$

Wir werden Matrizen mit "fetten" Großbuchstaben bezeichnen, z.B. A, B, E, und die zugehörigen ***Matrixelemente*** mit den entsprechenden normalen Kleinbuchstaben, etwa $\mathbf{B} = (b_{ik})$. Der erste Index eines Matrixelements gibt die Zeile, der zweite Index die Spalte an, in der das Element steht. Das Element a_{ik} steht also in der i-ten Zeile und der k-ten Spalte der Matrix A. Die Zahlen a_{ii} heißen ***Diagonalelemente*** von A.

Beispiel 9.1. $A = \begin{pmatrix} 1 & i & 3 \\ -i & 0 & 2 \end{pmatrix}$ ist eine komplexe (2,3)-Matrix, also mit zwei Zeilen und drei Spalten. Die Diagonalelemente sind $a_{11} = 1$ und $a_{22} = 0$. Ferner ist $a_{12} = i$ und $a_{23} = 2$. □

Eine ***n-reihige quadratische Matrix*** ist eine Matrix vom Typ (n,n). Gilt für eine derartige Matrix D $d_{ik} = 0$ für $i \neq k$, so nennt man D eine ***Diagonalmatrix***:

$$D = \begin{pmatrix} d_{11} & 0 & 0 & \ldots & 0 \\ 0 & d_{22} & 0 & \ldots & 0 \\ \vdots & \vdots & \vdots & & \vdots \\ 0 & 0 & 0 & \ldots & d_{nn} \end{pmatrix} =: \operatorname{diag}(d_{11}, d_{22}, \ldots, d_{nn}) \,.$$

Die Diagonalmatrix $E = \operatorname{diag}(1, 1, \ldots, 1) = (\delta_{ik})$ heißt ***Einheitsmatrix***. Sind alle Elemente einer Matrix R unterhalb der Diagonalen gleich Null ($r_{ik} = 0$ für $i > k$), so nennt man R eine ***obere Dreiecksmatrix***. Analog definiert man eine untere Dreiecksmatrix. Sämtliche Elemente der ***Nullmatrix*** **O** sind gleich Null.

Genauer müßten wir Einheits- und Nullmatrizen entsprechend ihrem Typ (n,n) bzw. (m,n) unterscheiden, z.B. E_n und O_{mn}. Wir verzichten auf diese zusätzliche Kennzeichnung, wenn der Typ der verwendeten Matrix aus dem Zusammenhang offensichtlich ist.

Wir wollen zwei Matrizen A und B als ***gleich*** betrachten, wenn sie vom gleichen Typ (m,n) sind und in allen Elementen übereinstimmen:

$$A = B \quad \Leftrightarrow \quad a_{ik} = b_{ik} \text{ für } i = 1, \ldots, m \text{ und } k = 1, \ldots, n \,.$$

Reelle $(m,1)$-Matrizen sind als ***Spaltenvektoren*** Elemente des Vektorraums $\mathbb{R}^m$, reelle $(1,n)$-Matrizen bilden als ***Zeilenvektoren*** den $\mathbb{R}^n$. Die Verallgemeinerung der algebraischen Operationen von Zahlentupeln auf Matrizen ist daher naheliegend.

Definition 9.2. Die ***Summe*** $\mathbf{A} + \mathbf{B}$ zweier Matrizen $\mathbf{A}$, $\mathbf{B}$ vom gleichen Typ (m,n) ist eine (m,n)-Matrix $\mathbf{C}$, für die gilt:

$$\mathbf{A} + \mathbf{B} := \mathbf{C} = (c_{ik}) = (a_{ik} + b_{ik}) .$$

Die ***Multiplikation*** einer (m,n)-Matrix $\mathbf{A}$ ***mit einem Skalar*** λ liefert eine Matrix $\mathbf{B}$ vom gleichen Typ, wobei gilt:

$$\lambda \mathbf{A} := \mathbf{B} = (b_{ik}) = (\lambda a_{ik}) .$$

Beispiel 9.2. Gegeben seien die Matrizen $\mathbf{F} := \begin{pmatrix} 1 & -1 \\ 0 & 3 \end{pmatrix}$ und $\mathbf{G} := \begin{pmatrix} 0 & i \\ -i & 0 \end{pmatrix}$.

$\mathbf{F}$ und $\mathbf{G}$ sind beide zweireihige quadratische Matrizen, sie können also addiert werden. Wir berechnen:

$$\mathbf{F} - i\,\mathbf{G} = \begin{pmatrix} 1 - i\cdot 0 & -1 - i\cdot i \\ 0 - i\cdot(-i) & 3 - i\cdot 0 \end{pmatrix} = \begin{pmatrix} 1 & 0 \\ -1 & 3 \end{pmatrix} .$$

Das Ergebnis ist eine untere Dreiecksmatrix. □

Die Nullmatrix $\mathbf{O}$ ist das neutrale Element bei der Matrizenaddition: $\mathbf{A} + \mathbf{O} = \mathbf{A}$. Die Matrix $-\mathbf{A} := (-a_{ik})$ ist die zu $\mathbf{A}$ "inverse" Matrix bezüglich der Addition: $\mathbf{A} + (-\mathbf{A}) = \mathbf{O}$. Ferner erfüllt die Matrizenaddition das Assoziativ- und das Kommutativgesetz, denn diese Gesetze gelten ja elementweise:

$$(a_{ik} + b_{ik}) + c_{ik} = a_{ik} + (b_{ik} + c_{ik})$$
$$\Rightarrow \quad (\mathbf{A} + \mathbf{B}) + \mathbf{C} = \mathbf{A} + (\mathbf{B} + \mathbf{C}) ,$$
$$a_{ik} + b_{ik} = b_{ik} + a_{ik}$$
$$\Rightarrow \quad \mathbf{A} + \mathbf{B} = \mathbf{B} + \mathbf{A} .$$

Die Menge aller Matrizen eines bestimmten Typs bildet also eine ***kommutative Gruppe*** mit der Matrizenaddition als Verknüpfung. Analog zeigt man, daß die Multiplikation einer Matrix mit einem Skalar die Regeln (M1) bis (M4) erfüllt (vgl. Satz 8.2):

(M1) $\lambda (\mathbf{A} + \mathbf{B}) = \lambda \mathbf{A} + \lambda \mathbf{B}$,

(M2) $(\lambda + \mu) \mathbf{A} = \lambda \mathbf{A} + \mu \mathbf{A}$,

(M3) $\lambda (\mu \mathbf{A}) = (\lambda \mu) \mathbf{A}$,

(M4) $1 \mathbf{A} = \mathbf{A}$.

Also folgt:

Satz 9.1. Die Matrizen vom Typ (m,n) bilden einen linearen Raum der Dimension $m \cdot n$.

Die Aussage über die Dimension des Raumes erkennt man sofort, wenn man sich die m Zeilenvektoren einer (m,n)-Matrix formal aneinandergereiht vorstellt. Die bisher eingeführten Matrizenoperationen lassen noch keine Rechtfertigung für die Rechtecksanordnung der Matrixelemente erkennen, verglichen etwa mit der soeben skizzierten "linearen" Anordnung. Das Rechteckschema der Matrixelemente ist jedoch wesentlich für die Definition des Produkts von zwei Matrizen.

Definition 9.3. Unter dem ***Produkt*** $\mathbf{A}\,\mathbf{B}$ einer (m,p)-Matrix $\mathbf{A}$ und einer (p,n)-Matrix $\mathbf{B}$ versteht man die (m,n)-Matrix $\mathbf{C}$, gebildet aus den Elementen

$$c_{ik} = \sum_{j=1}^{p} a_{ij} b_{jk} \quad .$$

Das Matrizenprodukt $\mathbf{A}\,\mathbf{B}$ ist also nur für ***kompatible*** Matrizen $\mathbf{A}$ und $\mathbf{B}$ erklärt, d.h. wenn die Anzahl der Spalten von $\mathbf{A}$ mit der Anzahl der Zeilen von $\mathbf{B}$ übereinstimmt. Das Element c_{ik} berechnet sich als Skalarprodukt aus dem p-Tupel der i-ten Zeile von $\mathbf{A}$ mit dem p-Tupel der k-ten Spalte von $\mathbf{B}$:

$$\underset{\mathbf{A}}{\begin{pmatrix} & \cdots & \\ a_{i1} & a_{i2} \;\cdots & a_{ip} \\ & \cdots & \end{pmatrix}} \underset{\mathbf{B}}{\begin{pmatrix} & b_{1k} & \\ & b_{2k} & \\ \vdots & \vdots & \vdots \\ & b_{pk} & \end{pmatrix}} = \underset{\mathbf{C}}{\begin{pmatrix} & \vdots & \\ \cdots\cdots & c_{ik} & \cdots\cdots \\ & \vdots & \end{pmatrix}} \begin{matrix} \\ \text{Zeile } i \\ \\ \end{matrix}$$

Spalte k

Beispiel 9.3.

$$\begin{pmatrix} 1 & 2 \\ -1 & 0 \end{pmatrix} \begin{pmatrix} 1 & 1 & 0 \\ 2 & 0 & -1 \end{pmatrix} = \begin{pmatrix} 1\cdot 1 + 2\cdot 2 & 1\cdot 1 + 2\cdot 0 & 1\cdot 0 + 2\cdot(-1) \\ -1\cdot 1 + 0\cdot 2 & -1\cdot 1 + 0\cdot 0 & -1\cdot 0 + 0\cdot(-1) \end{pmatrix}$$

$$= \begin{pmatrix} 5 & 1 & -2 \\ -1 & -1 & 0 \end{pmatrix}.$$

□

Für eine (m,n)-Matrix A und eine (n,m)-Matrix B sind zwar beide Produkte A B und B A definiert, jedoch sind sie für $m \neq n$ von verschiedenem Typ und daher verschieden: A B ist vom Typ (m,m), B A vom Typ (n,n). Doch auch für quadratische Matrizen A, B vom gleichen Typ ist die Matrizenmultiplikation im allgemeinen nicht kommutativ, z.B.

$$\begin{pmatrix}1&1\\1&1\end{pmatrix}\begin{pmatrix}1&0\\0&0\end{pmatrix}=\begin{pmatrix}1&0\\1&0\end{pmatrix}, \text{ aber: } \begin{pmatrix}1&0\\0&0\end{pmatrix}\begin{pmatrix}1&1\\1&1\end{pmatrix}=\begin{pmatrix}1&1\\0&0\end{pmatrix}.$$

Ein weiterer Unterschied zwischen der Matrizenmultiplikation und der Multiplikation von Zahlen ist das Auftreten von sog. Nullteilern, d.h. man kann von $\mathbf{A\,B} = \mathbf{O}$ und $\mathbf{A} \neq \mathbf{O}$ nicht auf $\mathbf{B} = \mathbf{O}$ schließen, z.B.

$$\begin{pmatrix}1&0\\0&0\end{pmatrix}\begin{pmatrix}0&0\\0&1\end{pmatrix}=\begin{pmatrix}0&0\\0&0\end{pmatrix}.$$

Jedoch gelten ***Assoziativgesetz*** und ***Distributivgesetz*** für die Matrizenmultiplikation:

$$\begin{aligned}(\mathbf{A\,B})\,\mathbf{C} &= \mathbf{A}\,(\mathbf{B\,C}),\\ (\mathbf{A}+\mathbf{B})\,\mathbf{C} &= \mathbf{A\,C}+\mathbf{B\,C},\\ \mathbf{A}\,(\mathbf{B}+\mathbf{C}) &= \mathbf{A\,B}+\mathbf{A\,C}.\end{aligned}$$

So folgt beispielsweise die letzte Beziehung wegen:

$$\sum_{j=1}^{p} a_{ij}(b_{jk}+c_{jk}) = \sum_{j=1}^{p} a_{ij}b_{jk} + \sum_{j=1}^{p} a_{ij}c_{jk}.$$

Für n-reihige quadratische Matrizen ist die Multiplikation stets ausführbar, und die entsprechende Einheitsmatrix $\mathbf{E} = (\delta_{ik})$ ist das neutrale Element:

$$\mathbf{A\,E} = \mathbf{E\,A} = \mathbf{A}, \quad \text{wegen} \quad \sum_{j=1}^{n} a_{ij}\delta_{jk} = a_{ik}.$$

Eine quadratische Matrix heißt ***regulär***, wenn eine Matrix B vom selben Typ existiert, so daß gilt: $\mathbf{A\,B} = \mathbf{B\,A} = \mathbf{E}$. Die Matrix B heißt ***Inverse*** von A und wird mit $\mathbf{A}^{-1}$ bezeichnet. Nicht-reguläre Matrizen nennt man ***singulär***.

Beispiel 9.4. $\mathbf{A} := \begin{pmatrix}a&b\\c&d\end{pmatrix}$ ist genau dann regulär, wenn die zugehörige Determinante nicht verschwindet:

$$\det A := \begin{vmatrix} a & b \\ c & d \end{vmatrix} = ad - bc \neq 0 .$$

Dann gilt:

$$A^{-1} = \frac{1}{ad - bc} \begin{pmatrix} d & -b \\ -c & a \end{pmatrix} . \qquad \text{Probe!}$$

□

Satz 9.2. A und B seien reguläre Matrizen vom selben Typ. Dann ist auch A B regulär und es gilt: $(A\,B)^{-1} = B^{-1}A^{-1}$.

Beweis. $(A\,B)\,(B^{-1}A^{-1}) = A\,(B\,B^{-1})\,A^{-1} = A\,E\,A^{-1} = A\,A^{-1} = E$. ∎

Damit folgt:

Satz 9.3. Die Menge aller regulären (n,n)-Matrizen ist bezüglich der Matrizenmultiplikation eine Gruppe.

Die in der Einleitung des Kapitels angesprochene Koordinatentransformation können wir nun kompakt als Matrizenprodukt formulieren:

$$\begin{pmatrix} x_1' \\ x_2' \end{pmatrix} = \begin{pmatrix} a_{11} & a_{12} \\ a_{21} & a_{22} \end{pmatrix} \begin{pmatrix} x_1 \\ x_2 \end{pmatrix} \quad \text{bzw.} \quad x' = A\,x .$$

Dabei haben wir die Koordinatenpaare $x, x' \in \mathbb{R}^2$ als Spaltenvektoren aufgefaßt. Dies ist auch im allgemeinen Fall von Nutzen.

Vereinbarung. Vektoren aus $\mathbb{R}^n$ (bzw. $\mathbb{C}^n$) sollen stets als Matrizen vom Typ $(n,1)$, also als Spaltenvektoren aufgefaßt werden.

9.2 Assoziierte Matrizen

Einer (m,n)-Matrix A ordnen wir zwei Matrizen vom Typ (n,m) zu:

(1) die ***transponierte Matrix*** $A^T := B$ mit $b_{ik} = a_{ki}$.

(2) die (hermitesch) ***adjungierte Matrix*** $A^\dagger := C$ mit $c_{ik} = \bar{a}_{ki}$.

A^T entsteht aus A durch Vertauschen von Zeilen und Spalten. Für eine quadratische Matrix A ergibt sich A^T durch "Spiegelung" an der Hauptdiagonalen. Wir nennen eine Matrix A ***symmetrisch***, wenn $A = A^T$ gilt. Nur eine quadratische Matrix kann symmetrisch sein; beispielsweise ist jede Diagonalmatrix symmetrisch.

$A^\dagger$ berechnet man, indem man bei allen Matrixelementen von A^T zum Konjugiert-Komplexen übergeht. Gilt $A^\dagger = A$, so heißt A ***hermitesch***. Die Diagonalelemente einer hermiteschen Matrix A sind reell $(a_{ii} = \bar{a}_{ii})$.

Beispiel 9.5. Es sei $x := \begin{pmatrix} 1 \\ i \end{pmatrix}$. Dann ist $x^T = (1, i)$ und $x^\dagger = (1, -i)$.

Für $A := \begin{pmatrix} 1 & i \\ -i & 0 \end{pmatrix}$ ist $A^T = \begin{pmatrix} 1 & -i \\ i & 0 \end{pmatrix}$ und $A^\dagger = \begin{pmatrix} 1 & i \\ -i & 0 \end{pmatrix} = A$. A ist also hermitesch. □

Mit der Vereinbarung aus Abschnitt 9.1 können wir das Skalarprodukt in $\mathbb{R}^n$ als Matrizenprodukt formulieren:

$$\langle x|y \rangle = x_1 y_1 + \ldots + x_n y_n = (x_1, \ldots, x_n) \begin{pmatrix} y_1 \\ \vdots \\ y_n \end{pmatrix} = x^T y .$$

Für Vektoren aus $\mathbb{C}^n$ gilt gemäß Anmerkung (2) in Abschnitt 8.8:

$$\langle x|y \rangle = x^\dagger y$$

Achtung: Für $x, y \in \mathbb{R}^n$ ist das Matrizenprodukt $x\, y^T = A$ eine n-reihige quadratische Matrix mit den Elementen $a_{ik} = x_i y_k$.

Für den Übergang zur transponierten Matrix gelten folgende Rechenregeln:

Satz 9.4.

(1) $(A + B)^T = A^T + B^T$, (2) $(\lambda A)^T = \lambda A^T$,

(3) $(A B)^T = B^T A^T$, (4) $(A^T)^T = A$.

(5) Falls A regulär ist, gilt: $(A^T)^{-1} = (A^{-1})^T$.

Beweis. (3) Es sei $C := B^T A^T$. Dann ist c_{ik} das Skalarprodukt gebildet zwischen dem i-ten Zeilenvektor von B^T und dem k-ten Spaltenvektor von A^T, d.h. mit der i-ten Spalte von B (geschrieben als Zeile) und der k-ten

Zeile von A (geschrieben als Spalte):

$$[B^T A^T]_{ik} = c_{ik} = \sum_{j=1}^{n} b_{ji} a_{kj} = \sum_{j=1}^{n} a_{kj} b_{ji} = [(A\,B)^T]_{ik} .$$

(5) Wegen Satz 9.2 und (3) gilt:

$$A\,A^{-1} = E \Rightarrow (A^{-1})^T A^T = E^T = E .$$

Also ist $(A^{-1})^T$ die Inverse zu A^T: $(A^T)^{-1} = (A^{-1})^T$. ■

Eine reguläre Matrix A heißt ***orthogonal***, wenn $A^{-1} = A^T$ ist. Gilt $A^{-1} = A^\dagger$, so heißt A ***unitär***. Jede reelle, unitäre Matrix ist orthogonal. Die Einheitsmatrix ist unitär bzw. orthogonal.

Beispiel 9.6. Die Matrix $A := \begin{pmatrix} \cos\varphi & -\sin\varphi \\ \sin\varphi & \cos\varphi \end{pmatrix}$ ist orthogonal. Denn es gilt:

$$A^T A = \begin{pmatrix} \cos\varphi & \sin\varphi \\ -\sin\varphi & \cos\varphi \end{pmatrix} \begin{pmatrix} \cos\varphi & -\sin\varphi \\ \sin\varphi & \cos\varphi \end{pmatrix} =$$

$$= \begin{pmatrix} \cos^2\varphi + \sin^2\varphi & 0 \\ 0 & 1 \end{pmatrix} = E .$$ □

Satz 9.5. Eine (n,n)-Matrix $\mathbf{U}$ ist genau dann unitär, wenn die Spaltenvektoren von $\mathbf{U}$ ein ON-System bilden.

Beweis. Wir bauen die Matrix $\mathbf{U}$ aus n Spaltenvektoren $\mathbf{u}_i \in \mathbb{C}^n$ auf:

$$\mathbf{U} = (\mathbf{u}_1, \mathbf{u}_2, \ldots, \mathbf{u}_n) .$$

Dann steht in der i-ten Zeile von $\mathbf{U}^\dagger$ der Zeilenvektor $\mathbf{u}_i^\dagger$, und es folgt:

$$\mathbf{U}^\dagger \mathbf{U} = \begin{pmatrix} \mathbf{u}_1^\dagger \\ \vdots \\ \mathbf{u}_n^\dagger \end{pmatrix} (\mathbf{u}_1, \ldots, \mathbf{u}_n) = \begin{pmatrix} \mathbf{u}_1^\dagger \mathbf{u}_1 & \ldots & \mathbf{u}_1^\dagger \mathbf{u}_n \\ \vdots & & \vdots \\ \mathbf{u}_n^\dagger \mathbf{u}_1 & \ldots & \mathbf{u}_n^\dagger \mathbf{u}_n \end{pmatrix} .$$

Also: $E = \mathbf{U}^\dagger \mathbf{U} \quad \Leftrightarrow \quad \delta_{ik} = \mathbf{u}_i^\dagger \mathbf{u}_k = \langle \mathbf{u}_i | \mathbf{u}_k \rangle$. Daraus folgern wir wegen $\mathbf{U}^{-1} = \mathbf{U}^\dagger$ ferner:

$$\mathbf{U}\,\mathbf{U}^\dagger = \mathbf{U}^\dagger \mathbf{U} = E .$$

Da die Spaltenvektoren von $\mathbf{U}^\dagger$ den Zeilenvektoren von $\mathbf{U}$ entsprechen, bilden auch letztere ein ON-System. ■

9.3 Lineare Abbildungen

In diesem Abschnitt soll eine geometrisch-anschauliche Deutung für Matrizen und ihre Multiplikation gegeben werden. Dazu untersuchen wir das Produkt einer reellen (2,2)-Matrix A und eines Vektors $\mathrm{x} \in \mathbb{R}^2$:

$$\mathrm{A\,x} = \begin{pmatrix} a_{11} & a_{12} \\ a_{21} & a_{22} \end{pmatrix} \begin{pmatrix} x_1 \\ x_2 \end{pmatrix} = \begin{pmatrix} a_{11}x_1 + a_{12}x_2 \\ a_{21}x_1 + a_{22}x_2 \end{pmatrix} =: \begin{pmatrix} y_1 \\ y_2 \end{pmatrix} = \mathrm{y}\,.$$

Die Matrix A transformiert also den Vektor x in den Vektor $\mathrm{y} = \mathrm{A\,x}$; sie vermittelt eine Abbildung A:

$$A\colon \mathrm{x} \in \mathbb{R}^2 \to A\,\mathrm{x} := \mathrm{A\,x} \in \mathbb{R}^2\,.$$

Die Abbildung A ist mit der algebraischen Struktur von $\mathbb{R}^2$ verträglich; denn aufgrund der Rechenregeln für Matrizen gilt:

$$\begin{aligned} A\,(\mathrm{x}+\mathrm{y}) &= \mathrm{A}\,(\mathrm{x}+\mathrm{y}) = \mathrm{A\,x} + \mathrm{A\,y} &&= A\,\mathrm{x} + A\,\mathrm{y}\,, \\ A\,(\lambda\,\mathrm{x}) &= \mathrm{A}\,(\lambda\,\mathrm{x}) = \lambda\,(\mathrm{A\,x}) &&= \lambda\,(A\,\mathrm{x})\,. \end{aligned}$$

Das Bild der Summe zweier Vektoren ist gleich der Summe der Bildvektoren, und das Bild des λ-fachen eines Vektors ist der λ-fache Bildvektor.

> **Definition 9.4.** Es seien $\mathcal{V}$ und $\mathcal{W}$ zwei Vektorräume. Jede Abbildung A von $\mathcal{V}$ nach $\mathcal{W}$ heißt genau dann ***lineare Abbildung***, wenn gilt:
>
> (1) $A\,(\mathrm{x}+\mathrm{y}) = A\,\mathrm{x} + A\,\mathrm{y}$ für alle $\mathrm{x}, \mathrm{y} \in \mathcal{V}$,
>
> (2) $A\,(\lambda\,\mathrm{x}) = \lambda\,A\,\mathrm{x}$ für alle $\mathrm{x} \in \mathcal{V}$ und alle $\lambda \in \mathbb{R}$.

Ist $\mathcal{V} = \mathcal{W}$, so bezeichnet man $A : \mathcal{V} \to \mathcal{W} = \mathcal{V}$ als einen ***linearen Operator*** oder eine ***lineare Transformation*** in $\mathcal{V}$.

Beispiel 9.7. Wird eine Ebene um einen festen Punkt 0 gedreht, und zwar um den Winkel φ, dann geht jede Verschiebung in der Ebene in eine andere Verschiebung über. Diese Drehung $D = D(\varphi)$ ist eine lineare Transformation von $\mathcal{V}_2$, wie wir aus der Skizze entnehmen können. Denn die Summe der gedrehten Vektoren $D\,\mathfrak{x} + D\,\mathfrak{y}$ ist gleich dem gedrehten Summenvektor $D\,(\mathfrak{x}+\mathfrak{y})$. Entsprechend zeigt man die Beziehung $D\,(\lambda\,\mathfrak{x}) = \lambda\,D\,\mathfrak{x}$ (in der Skizze: $\lambda = 2$). □

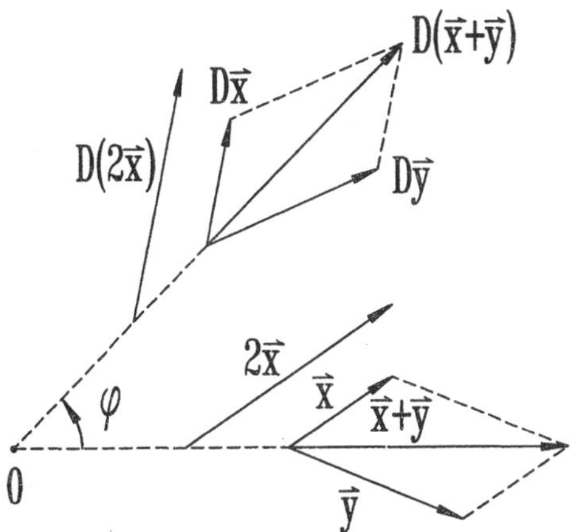

Beispiel 9.8. (1) Die Projektion P auf die xy-Ebene in $\mathbb{R}^3$ mit

$$P\begin{pmatrix}x_1\\x_2\\x_3\end{pmatrix} = \begin{pmatrix}x_1\\x_2\\0\end{pmatrix}$$

ist eine lineare Abbildung von $\mathbb{R}^3$ nach $\mathbb{R}^3$.

(2) Die Abbildung B des $\mathbb{R}^{n+1}$ in den Raum der Polynome höchstens n-ten Grades (vgl. Beispiel 8.13(3)) mit

$$B(x_1, x_2, \ldots, x_n, x_{n+1}) = x_1 + x_2 t + \ldots + x_{n+1} t^n$$

(Polynomvariable: t) ist linear.

(3) Im Raum C^∞ der unendlich oft differenzierbaren Funktionen wird durch die Differentiation eine lineare Abbildung vermittelt. Die Linearität des Differentialoperators D mit $Df = f'$ ergibt sich aus den entsprechenden Ableitungsregeln (siehe auch Abschnitt 6.3):

$$D(f+g) = (f+g)' = f' + g' = Df + Dg$$

und $$D(\lambda f) = (\lambda f)' = \lambda f' = \lambda Df$$

für alle $f, g \in C^\infty$ und alle $\lambda \in \mathbb{R}$. □

Um lineare Abbildungen in V_2 bzw. V_3, etwa Drehungen und Spiegelungen, rechnerisch zu erfassen, bedienen wir uns wieder eines (kartesischen) Koordinatensystems, oder allgemeiner einer Basis. So wie die Koordinatentripel aus $\mathbb{R}^3$ den Vektoren zugeordnet sind, beschreibt man lineare Abbildungen mit Hilfe von sog. ***Darstellungsmatrizen***.

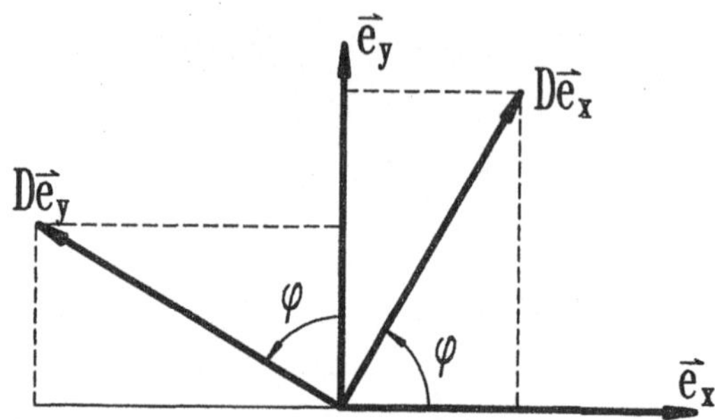

Beispiel 9.9. Es sei $D = D(\varphi)$ die in Beispiel 9.7 eingeführte Drehung der Ebene um den Punkt 0 mit dem Winkel φ. Wir untersuchen zunächst die Wirkung von D auf die kartesischen Einheitsvektoren $\vec{e}_x$ und $\vec{e}_y$. Aus der Skizze entnehmen wir:

$$D\,\vec{e}_x = \cos\varphi\;\vec{e}_x + \sin\varphi\;\vec{e}_y$$

$$D\,\vec{e}_y = -\sin\varphi\;\vec{e}_x + \cos\varphi\;\vec{e}_y\,.$$

Für einen beliebigen Vektor $\vec{x} = x_1\vec{e}_x + x_2\vec{e}_y$ erhalten wir somit wegen der Linearität von D:

$$\vec{y} = D\,\vec{x} = x_1\,D\,\vec{e}_x + x_2\,D\,\vec{e}_y$$

$$= (\cos\varphi\;x_1 - \sin\varphi\;x_2)\;\vec{e}_x + (\sin\varphi\;x_1 + \cos\varphi\;x_2)\;\vec{e}_y.$$

Den Zusammenhang zwischen dem Koordinatenvektor $\mathbf{x}$ und den Koordinaten $\mathbf{y}$ des Bildvektors $\vec{y} = D\,\vec{x}$ liefert die Darstellungsmatrix $\mathbf{D}$ gemäß $\mathbf{y} = \mathbf{D}\,\mathbf{x}$, wobei gilt:

$$\mathbf{D} = \mathbf{D}(\varphi) = \begin{pmatrix} \cos\varphi & -\sin\varphi \\ \sin\varphi & \cos\varphi \end{pmatrix}.$$

Die Drehung $\mathbf{D}(-\varphi)$ um φ in entgegengesetzter Richtung führt auf die Inverse von $\mathbf{D}(\varphi)$:

$$\mathbf{D}(-\varphi) = \begin{pmatrix} \cos(-\varphi) & -\sin(-\varphi) \\ \sin(-\varphi) & \cos(-\varphi) \end{pmatrix} = \begin{pmatrix} \cos\varphi & \sin\varphi \\ -\sin\varphi & \cos\varphi \end{pmatrix} = \mathbf{D}(\varphi)^T$$

$$= \mathbf{D}(\varphi)^{-1}\,.$$

Der "inversen" Drehung ist also die inverse Matrix zugeordnet (vgl. die Beispiele 9.4 und 9.6). □

Wir verallgemeinern nun das Ergebnis von Beispiel 9.9 für eine beliebige lineare Abbildung $A:\ \mathcal{V} \to \mathcal{W}$ zwischen zwei endlich-dimensionalen

Räumen $\mathcal{V}$ und $\mathcal{W}$. Es sei $\dim \mathcal{V} = n$ und $\dim \mathcal{W} = m$. Wir wählen in beiden Räumen eine Basis, $\{v_1, ..., v_n\}$ bzw. $\{w_1, ..., w_m\}$, und stellen das Bild eines Basisvektors v_k als Linearkombination der Vektoren w_i dar:

$$A\, v_k = \sum_{i=1}^{m} w_i a_{ik} \qquad \text{für } k = 1, ..., n .$$

Die Matrix $A = (a_{ik})$ enthält also in der k-ten Spalte (!) die Koordinaten des Bildvektors $A\, v_k$ (vgl. Beispiel 9.9). Für einen beliebigen Vektor $x \in \mathcal{V}$ mit den Koordinaten $(\lambda_1, ..., \lambda_n)^T$,

$$x = \sum_{k=1}^{n} \lambda_k v_k ,$$

gilt dann:

$$y = A\, x = \sum_{k=1}^{n} \lambda_k\, A\, v_k = \sum_{i=1}^{m} w_i \Big(\sum_{k=1}^{n} a_{ik} \lambda_k\Big) = \sum_{i=1}^{m} \mu_i w_i .$$

Da gemäß Satz 8.15 die Darstellung eines Vektors $y \in \mathcal{W}$ als Linearkombination von Basisvektoren eindeutig ist, erhalten wir die Koordinaten $(\mu_1, ..., \mu_m)^T \in \mathbb{R}^m$ des Bildvektors $y = A\, x$ zu

$$\mu_i = \sum_{k=1}^{n} a_{ik} \lambda_k \qquad \text{für } i = 1, ..., m .$$

Dies können wir als Matrizenmultiplikation mit der Matrix A schreiben:

$$\begin{pmatrix} \mu_1 \\ \vdots \\ \mu_m \end{pmatrix} = \begin{pmatrix} a_{11} & \dots & a_{1n} \\ \vdots & & \vdots \\ a_{m1} & \dots & a_{mn} \end{pmatrix} \begin{pmatrix} \lambda_1 \\ \vdots \\ \lambda_n \end{pmatrix} .$$

Bei festgewählten Basen in $\mathcal{V}$ und $\mathcal{W}$ ist die Zuordnung $A \to A$ einer Matrix A zu einer linearen Abbildung A ein-eindeutig und relationstreu, analog der Zuordnung zwischen Vektoren und Koordinaten-Tupeln (vgl. Satz 8.3).

Eine (m,n)-Matrix A vermittelt also eine lineare Abbildung von $\mathbb{R}^n$ in den $\mathbb{R}^m$ gemäß $y = A\, x \in \mathbb{R}^m$ für $x \in \mathbb{R}^n$. Dabei sind die n Spaltenvektoren $a_k = (a_{1k}, ..., a_{mk})^T \in \mathbb{R}^m$ der Matrix $A = (a_1, ..., a_n)$ die Bilder der kanonischen Basisvektoren $e_k \in \mathbb{R}^n$. Denn wegen $E = (e_1, ..., e_n)$ gilt:

$$(A\, e_1, ..., A\, e_n) = A\, (e_1, ..., e_n) = A\, E = A = (a_1, ..., a_n) ,$$

also $\quad A\, e_k = a_k .$

Die Zuordnung einer Matrix zu einer linearen Abbildung zwischen Vektorräumen führt zu einer einfachen Interpretation des Matrizenproduktes. Betrachten wir zur Vereinfachung nur n-reihige quadratische Matrizen. Für $\mathbf{x}, \mathbf{y}, \mathbf{z} \in \mathbb{R}^n$ gelte:

$$A: \mathbf{x} \to \mathbf{y} = \mathbf{A}\,\mathbf{x} \qquad \text{und} \qquad B: \mathbf{y} \to \mathbf{z} = \mathbf{B}\,\mathbf{y}\,.$$

Dann folgt für die zusammengesetzte Abbildung $C := \mathrm{B} \circ \mathrm{A}$:

$$\mathbf{z} = \mathbf{B}\,\mathbf{y} = \mathbf{B}\,(\mathbf{A}\,\mathbf{x}) = (\mathbf{B}\,\mathbf{A})\,\mathbf{x} =: \mathbf{C}\,\mathbf{x}\,.$$

Führt man zuerst eine Abbildung A und dann eine Abbildung B aus, so ist die Verkettung $C = B \circ A$ ebenfalls linear, und ihre Darstellungsmatrix lautet $\mathbf{C} = \mathbf{B}\,\mathbf{A}$. Man beachte die Reihenfolge bei der Produktbildung (vgl. Beispiel 8.12)!

Beispiel 9.10. Wir betrachten einige lineare Transformationen in $\mathbb{R}^3$ und wählen die Bezeichnungen der Matrizen in Anlehnung an diejenigen für die Decktransformationen in Beispiel 8.12.

Bei einer Drehung um die z-Achse mit dem Winkel $\varphi = \pi/2$ gilt: $\mathbf{e}_1 \to \mathbf{e}_2$, $\mathbf{e}_2 \to -\mathbf{e}_1$, $\mathbf{e}_3 \to \mathbf{e}_3$. Somit lautet die entsprechende Darstellungsmatrix:

$$\mathbf{C}_4(z) = (\mathbf{e}_2, -\mathbf{e}_1, \mathbf{e}_3) = \begin{pmatrix} 0 & -1 & 0 \\ 1 & 0 & 0 \\ 0 & 0 & 1 \end{pmatrix}.$$

Es gilt: $\mathbf{C}_4(z)\,\mathbf{C}_4(z) = \mathrm{diag}(-1,-1,1) = \mathbf{C}_2(z)$. Ferner:

$$\mathbf{C}_4(z)^{-1} = (-\mathbf{e}_2, \mathbf{e}_1, \mathbf{e}_3) = \begin{pmatrix} 0 & 1 & 0 \\ -1 & 0 & 0 \\ 0 & 0 & 1 \end{pmatrix} = \mathbf{C}_4(z)^{\mathrm{T}}\,.$$

Für die Spiegelung an der xy-Ebene erhalten wir:

$$\sigma_{\mathrm{xy}} = \begin{pmatrix} 1 & 0 & 0 \\ 0 & 1 & 0 \\ 0 & 0 & -1 \end{pmatrix} = \mathrm{diag}(1, 1, -1)\,.$$

Es folgt: $\sigma_{\mathrm{xy}}\mathbf{C}_2(z) = \mathrm{diag}(1, 1, -1)\,\mathrm{diag}(-1, -1, 1) = -\mathrm{E} := \mathbf{I}$. Die zusammengesetzte Abbildung $\sigma_{\mathrm{xy}}\mathbf{C}_2(z)$ ist die ***Inversion***

$$\mathrm{I}: \quad \mathbf{x} \to -\mathbf{x}\,, \qquad \mathbf{x} \in \mathbb{R}^3\,.$$

Weiter finden wir: $\sigma_{\mathrm{xy}}{}^2 = \sigma_{\mathrm{xy}}\sigma_{\mathrm{xy}} = \mathrm{E}$ und $\mathbf{C}_2(z)^2 = \mathrm{E}$.

Das Produkt aus zwei Spiegelungen an orthogonalen Ebenen ist eine Drehung um die Schnittgerade mit dem Winkel π; denn:

$$\sigma_{\mathrm{xz}}\sigma_{\mathrm{yz}} = \mathrm{diag}(1, -1, 1)\,\mathrm{diag}(-1, 1, 1) = \mathrm{diag}(-1, -1, 1) = \mathbf{C}_2(z)\,.$$

Die Matrizenmenge $\{\mathbf{E}, \mathbf{C}_2(z), \sigma_{xz}, \sigma_{yz}\}$ bildet eine Gruppe mit der Matrizenmultiplikation als Verknüpfung. Sie hat die gleiche Struktur (d.h. die gleiche Multiplikationstafel) wie die Gruppe der Decktransformationen des Molekülgerüsts von H_2O. Die Darstellung von Symmetriegruppen durch Matrizengruppen ist von grundlegender Bedeutung für die quantenmechanische Behandlung symmetrischer Moleküle. Siehe das in Beispiel 8.12 erwähnte Buch von Cotton. □

Anmerkung. Alle Matrizen in den Beispielen dieses Abschnittes sind orthogonal. Dies hängt ursächlich damit zusammen, daß Decktransformationen (Drehungen, Spiegelungen) Abstände und Winkel unverändert lassen (vgl. Beispiel 8.12). Die kanonische ON-Basis des $\mathbb{R}^3$ (bzw. $\mathbb{R}^2$) wird daher durch die betrachteten Abbildungen wieder in eine ON-Basis übergeführt. Die Bildvektoren der Basis bilden aber gerade die Spalten der Darstellungsmatrix, die somit wegen Satz 9.5 orthogonal ist.

Allgemein gilt, daß bei einer Abbildung mit einer unitären Matrix $\mathbf{U}$ der Wert des (komplexen) Skalarproduktes $\langle \mathbf{x} | \mathbf{y} \rangle$ unverändert bleibt. Denn wegen Satz 9.4(3) gilt:

$$\begin{aligned} \langle \mathbf{U}\,\mathbf{x} | \mathbf{U}\,\mathbf{y} \rangle &= (\mathbf{U}\,\mathbf{x})^\dagger (\mathbf{U}\,\mathbf{y}) = \mathbf{x}^\dagger\, \mathbf{U}^\dagger\, \mathbf{U}\,\mathbf{y} = \mathbf{x}^\dagger\, \mathbf{E}\,\mathbf{y} = \mathbf{x}^\dagger\, \mathbf{y} \\ &= \langle \mathbf{x} | \mathbf{y} \rangle . \end{aligned}$$

9.4 Basistransformationen

Wir kommen nun auf das eingangs des Kapitels angeschnittene Problem der Koordinatentransformation bei einem Basiswechsel zurück, für das wir mit Hilfe des Matrizenkalküls nun eine explizite Lösung angeben können.

Die Darstellung eines Vektors $\mathbf{x} \in \mathbb{R}^n$ mit Hilfe der Koordinaten $\mathbf{c} = (\lambda_1, \ldots, \lambda_n)^T \in \mathbb{R}^n$ in der allgemeinen Basis $\mathbf{V} := (\mathbf{v}_1, \ldots, \mathbf{v}_n)$ (vgl. Abschnitt 8.7) können wir nun in Matrizenschreibweise kompakt formulieren:

$$\mathbf{x} = \lambda_1 \mathbf{v}_1 + \ldots + \lambda_n \mathbf{v}_n = (\mathbf{v}_1, \ldots, \mathbf{v}_n) \begin{pmatrix} \lambda_1 \\ \vdots \\ \lambda_n \end{pmatrix} = \mathbf{V}\,\mathbf{c} .$$

In einer anderen Basis $\tilde{\mathbf{V}} := (\tilde{\mathbf{v}}_1, \ldots, \tilde{\mathbf{v}}_n)$ möge der Vektor $\mathbf{x}$ die Koordinaten $\tilde{\mathbf{c}}$ haben: $\mathbf{x} = \tilde{\mathbf{V}}\,\tilde{\mathbf{c}}$. Wir entwickeln nun die Vektoren der neuen Basis $\tilde{\mathbf{V}}$ nach den alten Basisvektoren $\mathbf{V}$:

$$\tilde{\mathbf{v}}_k = \sum_{i=1}^{n} \mathbf{v}_i s_{ik} \qquad \text{oder} \qquad \boxed{\tilde{\mathbf{V}} = \mathbf{V}\,\mathbf{S}} \tag{*}$$

Die Matrix $\mathbf{S}$ charakterisiert die Basistransformation. Sie enthält in der k-ten Spalte die Koordinaten des ***neuen*** k-ten Basisvektors $\tilde{\mathbf{v}}_k$ bezüglich der ***alten*** Basis. Wir folgern nun:

$$\mathbf{V}\,\mathbf{c} = \mathbf{x} = \tilde{\mathbf{V}}\,\tilde{\mathbf{c}} = \mathbf{V}\,\mathbf{S}\,\tilde{\mathbf{c}}\,.$$

Da die Koordinaten in einer Basis eindeutig sind (Satz 8.15), erhalten wir

$$\mathbf{c} = \mathbf{S}\,\tilde{\mathbf{c}} \qquad \text{oder} \qquad \boxed{\tilde{\mathbf{c}} = \mathbf{S}^{-1}\mathbf{c}} \tag{\#}$$

Führt die Matrix $\mathbf{S}$ die alte Basis $\mathbf{V}$ in die neue Basis $\tilde{\mathbf{V}}$ über, dann erhalten wir die neuen Koordinaten $\tilde{\mathbf{c}}$ durch Anwendung von $\mathbf{S}^{-1}$ auf die alten Koordinaten $\mathbf{c}$.

Die Matrix $\mathbf{S}$ ist sicher regulär. Denn es existiert ja auch eine Matrix $\mathbf{T}$, die den Übergang von der Basis $\tilde{\mathbf{V}}$ in die Basis $\mathbf{V}$ beschreibt:

$$\mathbf{V} = \tilde{\mathbf{V}}\,\mathbf{T} = \mathbf{V}\,\mathbf{S}\,\mathbf{T} \;\Rightarrow\; \mathbf{S}\,\mathbf{T} = \mathbf{E} \;\Rightarrow\; \mathbf{T} = \mathbf{S}^{-1}\,.$$

Also gilt:

$$\mathbf{V} = \tilde{\mathbf{V}}\,\mathbf{S}^{-1}\,.$$

Beispiel 9.11. Im Vektorraum $\mathcal{V}_2$ mit der Standardbasis $\{\vec{e}_1, \vec{e}_2\}$ entstehe durch Drehung um den Winkel φ die neue Basis $\{\vec{\tilde{e}}_1, \vec{\tilde{e}}_2\}$. Gemäß Beispiel 9.9 ist $\mathbf{S} = \mathbf{D}(\varphi)$ bzw.

$$\mathbf{S}^{-1} = \mathbf{D}(\varphi)^{-1} = \begin{pmatrix} \cos\varphi & \sin\varphi \\ -\sin\varphi & \cos\varphi \end{pmatrix}.$$

Wie die Skizze zeigt, enthalten die Spalten von $\mathbf{S}^{-1}$ die Koordinaten der alten (!) Basisvektoren bezüglich der neuen Basis $\{\vec{\tilde{e}}_1, \vec{\tilde{e}}_2\}$.

Im Fall $\varphi = \pi/4$ ändern sich die Koordinaten des Vektors $\vec{x} := \vec{e}_x + \vec{e}_y$ folgendermaßen:

$$\tilde{\mathbf{c}} = 2^{-1/2}\begin{pmatrix} 1 & 1 \\ -1 & 1 \end{pmatrix}\begin{pmatrix} 1 \\ 1 \end{pmatrix} = \begin{pmatrix} \sqrt{2} \\ 0 \end{pmatrix}.$$

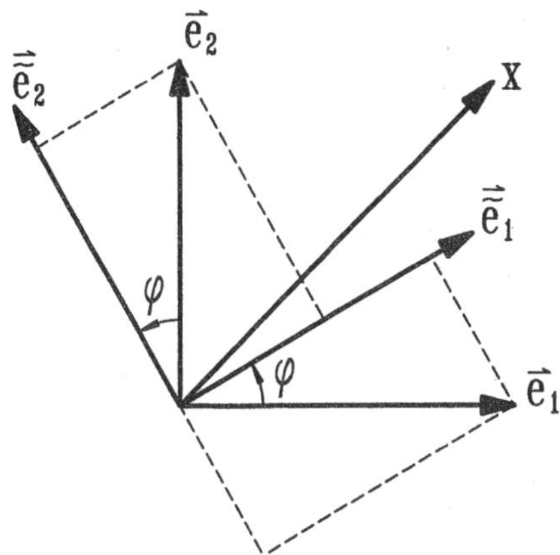

An diesem Beispiel können wir geometrisch einsehen, warum die Koordinaten durch die inverse Matrix, $S^{-1} = D(-\varphi)$, transformiert werden. Drehen wir die Basis $\{\vec{e}_1, \vec{e}_2\}$ um den Winkel φ, während $\vec{x}$ fest bleibt, dann verändert sich die relative Orientierung von $\vec{x}$ bzgl. der betrachteten Basis (hier: $\vec{e}_1$ wird in Richtung $\vec{x}$ gedreht). Wir brauchen also neue Koordinaten für den "alten" Vektor $\vec{x}$. Die gleiche relative Orientierung, beschrieben durch neue Koordinaten $\tilde{c}$ in der festen (alten) Basis, erhalten wir, wenn wir $\vec{x}$ um den Winkel $-\varphi$, also in entgegengesetzter Richtung drehen (hier: $\vec{x}$ wird in Richtung $\vec{e}_1$ gedreht). □

Entsprechend den Koordinaten ändert sich natürlich auch die zu einer linearen Abbildung A gehörige Darstellungsmatrix $\mathbf{A}$, wenn wir zu einer anderen Basis übergehen. Zur Vereinfachung beschränken wir uns auf den Fall einer linearen Transformation A: $\mathbb{R}^n \to \mathbb{R}^n$. Wir haben für die Bilder der Basisvektoren $\mathbf{v}_k$ (vgl. Abschnitt 9.3):

$$A\,\mathbf{v}_k = \sum_{i=1}^{n} \mathbf{v}_i a_{ik} = (\mathbf{v}_1, \ldots, \mathbf{v}_n) \begin{pmatrix} a_{1k} \\ \vdots \\ a_{nk} \end{pmatrix} = \mathbf{V}\,\mathbf{a}_k \quad \text{für } k = 1, \ldots, n\,.$$

Also gilt:

$$A\,\mathbf{V} = A\,(\mathbf{v}_1, \ldots, \mathbf{v}_n) = (A\,\mathbf{v}_1, \ldots, A\,\mathbf{v}_n) = (\mathbf{V}\,\mathbf{a}_1, \ldots, \mathbf{V}\,\mathbf{a}_n)$$
$$= \mathbf{V}\,(\mathbf{a}_1, \ldots, \mathbf{a}_n)$$

oder $\quad A\,\mathbf{V} = \mathbf{V}\,\mathbf{A}\,.$

Die Darstellungsmatrix bezüglich der neuen Basis $\tilde{\mathbf{V}}$ sei $\tilde{\mathbf{A}}$:

$$A\,\tilde{\mathbf{V}} = \tilde{\mathbf{V}}\,\tilde{\mathbf{A}}\,.$$

Für einen beliebigen Vektor $\mathbf{x} \in \mathbb{R}^n$ mit Koordinaten $\mathbf{c}$ bzw. $\tilde{\mathbf{c}}$ gilt wegen der Linearität von A:

$$A\,\mathbf{x} = A\,(\mathbf{V}\,\mathbf{c}) = (A\,\mathbf{V})\,\mathbf{c} = \mathbf{V}\,\mathbf{A}\,\mathbf{c}\,.$$

Andererseits erhalten wir wegen (*) und (#):

$$A\,\mathbf{x} = \tilde{\mathbf{V}}\,\tilde{\mathbf{A}}\,\tilde{\mathbf{c}} = \mathbf{V}\,\mathbf{S}\,\tilde{\mathbf{A}}\,\mathbf{S}^{-1}\mathbf{c}\,.$$

Weil die Darstellung des Vektors $A\mathbf{x}$ in der Basis $\mathbf{V}$ eindeutig ist, folgern wir wieder:

$$\mathbf{A}\,\mathbf{c} = \mathbf{S}\,\tilde{\mathbf{A}}\,\mathbf{S}^{-1}\mathbf{c}\,.$$

Diese Gleichung gilt für alle $\mathbf{c} \in \mathbb{R}^n$. Verwenden wir speziell den Vektor $\mathbf{e}_1$ der Standardbasis in $\mathbb{R}^n$, so erhalten wir auf beiden Seiten der Gleichung den ersten Spaltenvektor der jeweiligen Matrix $\mathbf{A}$ bzw. $\mathbf{B} := \mathbf{S}\,\tilde{\mathbf{A}}\,\mathbf{S}^{-1}$. Die Matrizen $\mathbf{A}$ und $\mathbf{B}$ stimmen also in ihren ersten Spalten überein. Entsprechend verfahren wir zum Vergleich der restlichen Spalten. Wir erhalten schließlich:

$$\mathbf{A} = \mathbf{S}\,\tilde{\mathbf{A}}\,\mathbf{S}^{-1}\,. \qquad (\dagger)$$

Multiplizieren wir diese Gleichung von links mit $\mathbf{S}^{-1}$ und von rechts mit $\mathbf{S}$, dann lautet das Transformationsgesetz für die Darstellungsmatrix einer linearen Abbildung A bei einem Basiswechsel $\tilde{\mathbf{V}} = \mathbf{V}\,\mathbf{S}$:

$$\boxed{\tilde{\mathbf{A}} = \mathbf{S}^{-1}\,\mathbf{A}\,\mathbf{S}}$$

Beispiel 9.12. Wir wollen die Darstellungsmatrix $\sigma(\varphi)$ berechnen für eine Spiegelung σ in $\mathcal{V}_2$ an einer Ebene $\mathcal{E}_\sigma$, die senkrecht zur xy-Ebene steht. Dabei sollen die x-Achse und die Schnittgerade von $\mathcal{E}_\sigma$ mit der xy-Ebene einen Winkel φ einschließen. In der um den Winkel φ gedrehten Basis $\{\vec{\tilde{e}}_1, \vec{\tilde{e}}_2\}$, die dem geometrischen Sachverhalt angepaßt ist, hat die Spiegelung eine einfache Darstellungsmatrix:

$$\tilde{\sigma} = \begin{pmatrix} 1 & 0 \\ 0 & -1 \end{pmatrix}.$$

Wegen (†) lautet die Darstellungsmatrix der Spiegelung in der ursprünglichen Basis $\{\vec{e}_1, \vec{e}_2\}$:

$$\sigma(\varphi) = \mathbf{D}(\varphi)\, \tilde{\sigma}\, \mathbf{D}(\varphi)^{-1} ,$$

wobei wir $\mathbf{S} = \mathbf{D}(\varphi)$ verwenden (siehe Beispiel 9.9). Wir benutzen die Abkürzungen $s := \sin\varphi$ und $c := \cos\varphi$ und führen die Matrizenmultiplikation aus:

$$\begin{pmatrix} c & -s \\ s & c \end{pmatrix} \begin{pmatrix} 1 & 0 \\ 0 & -1 \end{pmatrix} \begin{pmatrix} c & s \\ -s & c \end{pmatrix} = \begin{pmatrix} c & -s \\ s & c \end{pmatrix} \begin{pmatrix} c & s \\ s & -c \end{pmatrix} = \begin{pmatrix} c^2 - s^2 & 2sc \\ 2sc & -c^2 + s^2 \end{pmatrix} .$$

Also:

$$\sigma(\varphi) = \begin{pmatrix} \cos(2\varphi) & \sin(2\varphi) \\ \sin(2\varphi) & -\cos(2\varphi) \end{pmatrix} .$$

□

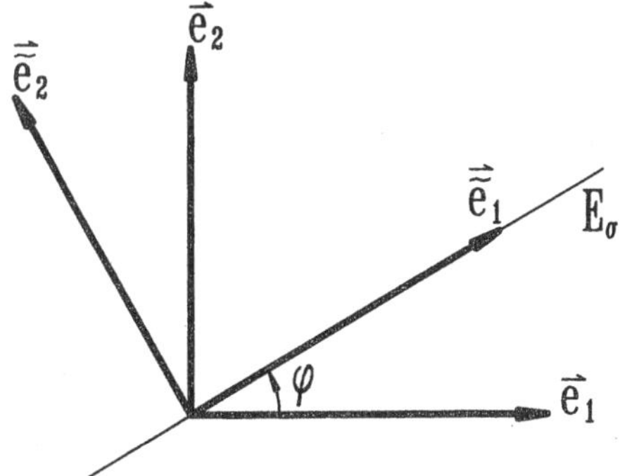

Es stellt sich natürlich die Frage, ob es für eine lineare Transformation A eine Basis gibt, bezüglich der A durch eine möglichst einfache Matrix A dargestellt wird. In Abschnitt 10.6 werden wir sehen, daß für jede symmetrische Abbildung (bzw. symmetrische Matrix) ein ON-System existiert, in dem die Darstellungsmatrix diagonal ist (Hauptachsentransformation).

9.5 Aufgaben

9.1. Gegeben seien die Matrizen

$$\mathbf{A} := \begin{pmatrix} 0 & -i & 0 \\ i & 0 & 1 \end{pmatrix}, \quad \mathbf{B} := \begin{pmatrix} \cos\alpha & 0 & \sin\alpha \\ 0 & 1 & 0 \\ -\sin\alpha & 0 & \cos\alpha \end{pmatrix}, \quad \mathbf{C} := \begin{pmatrix} 1 \\ 2 \\ 1 \end{pmatrix}, \quad \mathbf{D} := (1, -1, 1).$$

a) Welche der Produkte $\mathbf{A\,A}$, $\mathbf{A\,B}$, $\mathbf{A\,D}$, $\mathbf{B\,D}$, $\mathbf{D\,B}$, $\mathbf{D\,D}$ existieren? Berechnen Sie die existierenden Produkte.

b) Welche weiteren Produkte zwischen den obigen Matrizen existieren?

9.2. Die Pauli-Spinmatrizen sind definiert durch

$$\sigma_x := \begin{pmatrix} 0 & 1 \\ 1 & 0 \end{pmatrix}, \quad \sigma_y := \begin{pmatrix} 0 & -i \\ i & 0 \end{pmatrix} \quad \text{und} \quad \sigma_z := \begin{pmatrix} 1 & 0 \\ 0 & -1 \end{pmatrix}.$$

a) Welche der Matrizen sind symmetrisch, orthogonal, hermitesch oder unitär?

b) Berechnen Sie sämtliche neun Produkte dieser drei Matrizen. Ist die Multiplikation dieser Matrizen kommutativ?

9.3. Betrachten Sie die von den Vektoren $\mathbf{a}_1 = (1, 2, 2)^T$ und $\mathbf{a}_2 = (1, 1, 3)^T$ aufgespannte Ebene $\mathcal{E}$ durch den Ursprung.

a) Geben Sie eine orthonormierte Basis der Ebene $\mathcal{E}$ an.

b) Bestimmen Sie die Projektion des Vektors $\mathbf{a}_3 = (3, -1, 1)^T$ in die Ebene $\mathcal{E}$.

c) Stellen Sie allgemein die zur Projektion in die Ebene $\mathcal{E}$ gehörige Matrix $\mathbf{P}$ auf.

d) Berechnen Sie $\mathbf{P}$ und $\mathbf{P}\,\mathbf{a}_3$.

e) Vergleichen Sie $\mathbf{P}^2$ mit $\mathbf{P}$ und interpretieren Sie das Ergebnis geometrisch.

9.4. A sei eine lineare Abbildung von $\mathbb{R}^3$ nach $\mathbb{R}^2$ und B eine lineare Abbildung von $\mathbb{R}^2$ nach $\mathbb{R}^3$. $\{\vec{e}_1, \vec{e}_2, \vec{e}_3\}$ und $\{\vec{f}_1, \vec{f}_2\}$ seien die Standardbasen in $\mathbb{R}^3$ bzw. $\mathbb{R}^2$. Die beiden Abbildungen sind durch die Bilder der Basisvektoren festgelegt:

$$A\vec{e}_1 = \vec{f}_1 + \vec{f}_2; \quad A\vec{e}_2 = 3\vec{f}_1 + \vec{f}_2; \quad A\vec{e}_3 = \vec{f}_1 - 2\vec{f}_2$$
$$B\vec{f}_1 = \vec{e}_1 - \vec{e}_3; \quad B\vec{f}_2 = 3\vec{e}_1 - \vec{e}_2 + 2\vec{e}_3.$$

a) Bestimmen Sie für $C = B \circ A$ und $D = A \circ B$ die Bilder aller Basisvektoren $\vec{e}_i$ bzw. $\vec{f}_j$.

b) Bestimmen Sie die Darstellungsmatrizen **A**, **B**, **C** und **D** bezüglich der jeweiligen Basen und zeigen Sie: $\mathbf{C} = \mathbf{B}\,\mathbf{A}$ und $\mathbf{D} = \mathbf{A}\,\mathbf{B}$.

9.5. Bei der Behandlung der Symmetriegruppe des Ammoniakmoleküls treten u.a. folgende Deckoperationen des gleichseitigen Dreiecks auf:

C_3: Drehung um den Ursprung um den Winkel $\varphi = 2\pi/3$,

σ_1: Spiegelung an der x-Achse,

σ_2: Spiegelung an der Geraden vom Ursprung zum Punkt P_2.

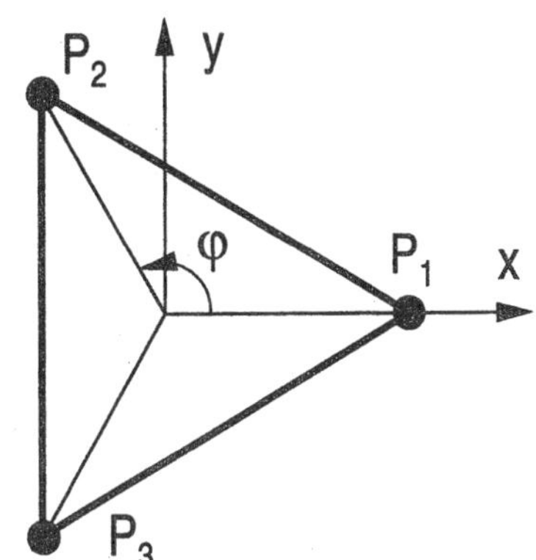

a) Geben Sie die zur Standardbasis $\{\vec{e}_1, \vec{e}_2\}$ des $\mathbb{R}^2$ gehörige Darstellungsmatrix $\mathbf{C}_3$ von C_3 an. Verwenden Sie dabei folgende Abkürzungen: $c := \cos(2\pi/3) = -1/2$, $s := \sin(2\pi/3) = \sqrt{3}/2$.

b) Berechnen Sie $\mathbf{C}_3{}^2$ und $\mathbf{C}_3{}^{\mathrm{T}}\,\mathbf{C}_3$.

c) Geben Sie die zur Standardbasis des $\mathbb{R}^2$ gehörigen Darstellungsmatrizen $\boldsymbol{\sigma}_1$ und $\boldsymbol{\sigma}_2$ von σ_1 bzw. σ_2 an.

d) Berechnen Sie $\boldsymbol{\sigma}_1\boldsymbol{\sigma}_2$, $\boldsymbol{\sigma}_2\boldsymbol{\sigma}_1$ und $\boldsymbol{\sigma}_2{}^2$.

9.6. In der Standardbasis $\{\vec{e}_1, \vec{e}_2\}$ des $\mathbb{R}^2$ sei $(x_1, x_2)^{\mathrm{T}}$ der Koordinatenvektor zu $\vec{x}$. Durch die Matrix

$$\mathbf{S} := \frac{1}{\sqrt{2}}\begin{pmatrix} 1 & 1 \\ -1 & 1 \end{pmatrix}$$

wird eine zweite Basis des $\mathbb{R}^2$ definiert: $(\vec{\tilde{e}}_1, \vec{\tilde{e}}_2) := (\vec{e}_1, \vec{e}_2)\,\mathbf{S}$.

a) Zeigen Sie, daß die neue Basis $\{\vec{\tilde{e}}_1, \vec{\tilde{e}}_2\}$ orthonormiert ist.

b) Berechnen Sie die Koordinaten des Vektors $\vec{x}$ bezüglich der neuen Basis.

9.7. $\{\vec{e}_1, \vec{e}_2, \vec{e}_3\}$ sei die Standardbasis des $\mathbb{R}^3$. Durch die Matrix

$$\mathbf{B} := \begin{pmatrix} 1/3 & 0 & 4/(3\sqrt{2}) \\ 2/3 & -1/\sqrt{2} & -1/(3\sqrt{2}) \\ 2/3 & 1/\sqrt{2} & -1/(3\sqrt{2}) \end{pmatrix}$$

wird eine zweite Basis des $\mathbb{R}^3$ gemäß

$$(\vec{b}_1, \vec{b}_2, \vec{b}_3) := (\vec{e}_1, \vec{e}_2, \vec{e}_3)\,\mathbf{B}$$

definiert.

a) Zeigen Sie, daß die Vektoren $\{\vec{b}_1, \vec{b}_2, \vec{b}_3\}$ ein orthonormiertes Rechtssystem bilden. Was folgt daraus für die zu $\mathbf{B}$ inverse Matrix $\mathbf{B}^{-1}$?

b) Interpretieren Sie die durch

$$\begin{aligned} D\vec{b}_1 &= \cos(\pi/4)\,\vec{b}_1 + \sin(\pi/4)\,\vec{b}_2 \\ D\vec{b}_2 &= -\sin(\pi/4)\,\vec{b}_1 + \cos(\pi/4)\,\vec{b}_2 \\ D\vec{b}_3 &= \vec{b}_3 \end{aligned}$$

definierte lineare Abbildung D von $\mathbb{R}^3$ in $\mathbb{R}^3$ geometrisch und geben Sie die zur Basis $\{\vec{b}_1, \vec{b}_2, \vec{b}_3\}$ gehörige Darstellungsmatrix $\mathbf{D}$ von D an.

c) Berechnen Sie die zur Standard-Basis des $\mathbb{R}^3$ gehörige Darstellungsmatrix $\mathbf{D}$ von D.

9.8. a) Zeigen Sie, daß die Vektoren $\mathbf{v}_1 := (2, 1)^T$ und $\mathbf{v}_2 = (1, 2)^T$ linear unabhängig in $\mathbb{R}^2$ sind und dort somit eine Basis $\tilde{\mathbf{V}} = (\tilde{\mathbf{v}}_1, \tilde{\mathbf{v}}_2)$ bilden.

b) Bestimmen Sie die Koordinaten der Vektoren $\mathbf{a} = \mathbf{e}_1$ und $\mathbf{b} = 2\mathbf{e}_1 + \mathbf{e}_2$ in der Basis $\tilde{\mathbf{V}}$.

c) Bestimmen Sie alle Vektoren $\mathbf{x} \in \mathbb{R}^2$, $\mathbf{x} = \mathbf{E}\,\mathbf{c} = \tilde{\mathbf{V}}\,\tilde{\mathbf{c}}$, deren Koordinaten $\mathbf{c}$ und $\tilde{\mathbf{c}}$ bezüglich der Basen $\mathbf{E}$ bzw. $\tilde{\mathbf{V}}$ gleich sind, d.h. für die $\mathbf{c} = \tilde{\mathbf{c}}$ gilt.

d) Bestimmen Sie die Matrix $\mathbf{T}$, mit der gemäß $\tilde{\mathbf{c}} = \mathbf{T}\,\mathbf{c}$ die Koordinaten $\tilde{\mathbf{c}}$ in der Basis $\tilde{\mathbf{V}}$ aus den Koordinaten $\mathbf{c}$ in der Standardbasis berechnet werden.

e) Berechnen Sie die Matrix $\tilde{\mathbf{M}}$, durch die die Spiegelung M an der Richtung $\mathbf{e}_2$ in der Basis $\tilde{\mathbf{V}}$ dargestellt wird. In der Standardbasis lautet die zu M gehörige Matrix: $\mathbf{M} = \begin{pmatrix} -1 & 0 \\ 0 & 1 \end{pmatrix}$.

10 Determinanten und lineare Gleichungssysteme

Ein ***lineares Gleichungssystem*** (LGS) in allgemeinster Form besteht aus m Gleichungen für n Unbekannte $x_1, ..., x_n$:

$$\begin{array}{l} a_{11}x_1 + a_{12}x_2 + ... + a_{1n}x_n = b_1 \\ a_{21}x_1 + a_{22}x_2 + ... + a_{2n}x_n = b_2 \\ \quad ... \qquad ... \qquad ... \quad ... \\ a_{m1}x_1 + a_{m2}x_2 + ... + a_{mn}x_n = b_m \end{array}$$

Gegeben sind die Koeffizienten $a_{11}, a_{12}, ..., a_{mn}, b_1, ..., b_m$. Jedes n-Tupel $\mathbf{x} = (x_1, ..., x_n)^T \in \mathbb{R}^n$, das das LGS erfüllt, heißt ***Lösung des LGS***. Gesucht sind alle Lösungen des LGS. Ist die Lösungsmenge leer, so heißt das LGS ***unlösbar***.

Faßt man die Koeffizienten a_{ij} als Elemente einer Matrix A vom Typ (m,n) und die rechte Seite als Komponenten eines Vektors $\mathbf{b} = (b_1, ..., b_m)^T \in \mathbb{R}^m$ auf, dann lautet das LGS in Matrixschreibweise:

$$\mathrm{A}\,\mathbf{x} = \mathbf{b}\ .$$

Seine Lösung können wir als Suche nach einem Urbildvektor $\mathbf{x} \in \mathbb{R}^n$ auffassen, wobei uns der Bildvektor $\mathbf{y} = \mathbf{b} \in \mathbb{R}^m$ unter der linearen Abbildung A: $\mathbf{x} \in \mathbb{R}^n \rightarrow \mathbf{y} = \mathrm{A}\,\mathbf{x} \in \mathbb{R}^m$ gegeben ist.

Für eine quadratische Matrix A ist die Lösbarkeit des LGS eng mit der Determinante von A verknüpft. Wir werden daher zunächst die Determinante einer n-reihigen quadratischen Matrix definieren und Regeln für ihre Berechnung ableiten. Dann geben wir ein allgemeines Verfahren zur Konstruktion aller Lösungen eines LGS und zur Berechnung der Inversen einer regulären Matrix. Schließlich untersuchen wir noch das sogenannte Eigenwertproblem einer quadratischen Matrix.

Anmerkung. Alle Sätze in diesem Kapitel gelten in analoger Form für Matrizen bzw. Vektoren mit komplexen Elementen.

10.1 Spezialfall: zwei Gleichungen mit zwei Unbekannten

Als Beispiel für mögliche Strukturen von Lösungsmengen eines LGS und für die Bedeutung von Determinanten zu deren Charakterisierung untersuchen wir den Fall einer (2,2)-Matrix A. Wir haben also zwei Gleichungen mit zwei Unbekannten:

$$a_{11}x_1 + a_{12}x_2 = b_1 ,$$

$$a_{21}x_1 + a_{22}x_2 = b_2 .$$

Multiplizieren wir die erste Geichung mit a_{22} und die zweite mit $(-a_{12})$, so erhalten wir durch Addition der beiden Gleichungen:

$$(a_{11}a_{22} - a_{12}a_{21})\, x_1 = b_1a_{22} - b_2a_{12} . \qquad (*)$$

Analog eliminieren wir die Unbekannte x_2:

$$(a_{11}a_{22} - a_{12}a_{21})\, x_2 = a_{11}b_2 - a_{21}b_1 .$$

Wenn die Determinante von A ungleich Null ist,

$$\det A := \begin{vmatrix} a_{11} & a_{12} \\ a_{21} & a_{22} \end{vmatrix} = a_{11}a_{22} - a_{12}a_{21} \neq 0$$

(vgl. Abschnitt 8.4), lautet die eindeutige Lösung des LGS:

$$x_1 = \begin{vmatrix} b_1 & a_{12} \\ b_2 & a_{22} \end{vmatrix} / \det A , \qquad x_2 = \begin{vmatrix} a_{11} & b_1 \\ a_{21} & b_2 \end{vmatrix} / \det A .$$

Diese Form der Lösungen eines LGS heißt ***Cramersche Regel.***

Im Fall $\det A = 0$ sind die Spaltenvektoren $\mathbf{a}_1$ und $\mathbf{a}_2$ der Matrix $A = (\mathbf{a}_1,\mathbf{a}_2)$ linear abhängig, also parallel. Man erkennt dies am einfachsten aus der geometrischen Interpretation der Gleichung (vgl. Satz 8.9)

$$\begin{pmatrix} a_{11} \\ a_{21} \\ 0 \end{pmatrix} \times \begin{pmatrix} a_{12} \\ a_{22} \\ 0 \end{pmatrix} = \begin{pmatrix} 0 \\ 0 \\ \det A \end{pmatrix} .$$

Wegen $\mathbf{y} = A\,\mathbf{x} = x_1\mathbf{a}_1 + x_2\mathbf{a}_2$ bedeutet dies, daß alle Bildvektoren $\mathbf{y}$ der Abbildung A die gleiche Richtung haben wie die Vektoren $\mathbf{a}_1$ und $\mathbf{a}_2$. Es können nur zwei Fälle auftreten:

(1) $\mathbf{b}$ hat eine andere Richtung als $\mathbf{a}_1$ oder $\mathbf{a}_2$. Dann gilt beispielsweise

$$\begin{vmatrix} b_1 & a_{12} \\ b_2 & a_{22} \end{vmatrix} \neq 0$$

und die Beziehung (*) liefert einen Widerspruch: das LGS ist unlösbar.

(2) $\mathbf{b}$ ist linear abhängig von $\mathbf{a}_1$ bzw. von $\mathbf{a}_2$. In diesem Fall hat das LGS unendlich viele Lösungen. Angenommen, es gelte $\mathbf{a}_1 \neq \mathbf{o}$, $\mathbf{a}_2 = \alpha\,\mathbf{a}_1$ und $\mathbf{b} = \beta\,\mathbf{a}_1$. Dann können wir das LGS folgendermaßen schreiben:

$$x_1\mathbf{a}_1 + x_2\mathbf{a}_2 = \mathbf{b} \quad \Rightarrow \quad (x_1 + x_2\,\alpha - \beta)\,\mathbf{a}_1 = \mathbf{o}\,.$$

Wegen $\mathbf{a}_1 \neq \mathbf{o}$ ist $x_1 = -\alpha\,x_2 + \beta$. Nehmen wir für $x_2 = \lambda$ einen beliebigen Wert, dann erhalten wir alle Lösungen des LGS zu

$$\mathbf{x} = \begin{pmatrix} -\alpha\,\lambda + \beta \\ \lambda \end{pmatrix} = \begin{pmatrix} \beta \\ 0 \end{pmatrix} + \lambda \begin{pmatrix} -\alpha \\ 1 \end{pmatrix}, \quad \lambda \in \mathbb{R}\,.$$

Dies ist die Parameterdarstellung einer Geraden in Richtung des Vektors $\begin{pmatrix} -\alpha \\ 1 \end{pmatrix}$, die durch den Punkt $\begin{pmatrix} \beta \\ 0 \end{pmatrix}$ geht. Das LGS hat also eine "eindimensionale" Lösungsmannigfaltigkeit.

Analog verfährt man, falls $\mathbf{a}_1 = \mathbf{o}$, aber $\mathbf{a}_2 \neq \mathbf{o}$ ist. Gilt $\mathbf{a}_1 = \mathbf{a}_2 = \mathbf{o}$, dann ist das LGS nur für $\mathbf{b} = \mathbf{o}$ lösbar. In diesem entarteten Fall ist jeder Punkt $\mathbf{x} \in \mathbb{R}^2$ eine Lösung des Gleichungssystems.

10.2 Definition einer n-reihigen Determinante

Eine ***n*-reihige Determinante** det A ist eine Zahl, die nach gewissen Regeln aus den Elementen einer Matrix A vom Typ (n,n) zu berechnen ist. Äquivalente Bezeichnungsweisen sind

$$\det A = |A| = \begin{vmatrix} a_{11} \cdots y_{1n} \\ \vdots \qquad \vdots \\ a_{n1} \cdots a_{nn} \end{vmatrix}.$$

Streicht man aus A die i-te Zeile und die k-te Spalte, so bildet der Rest eine $(n-1)$-reihige quadratische Matrix A_{ik}:

$$A_{ik} := \begin{pmatrix} a_{11} & & a_{1k} & & a_{1n} \\ & \cdots & | & \cdots & \\ -a_{i1} & \cdots & a_{ik} & \cdots & a_{in}- \\ & \cdots & | & \cdots & \\ a_{n1} & & a_{nk} & \cdots & a_{nn} \end{pmatrix}.$$

Die zugehörige Determinante det A_{ik} heißt ***Unterdeterminante*** des Elements a_{ik}. Das ***algebraische Komplement*** $\mathcal{A}_{ik}$ erhält man gemäß:

$$\boxed{\mathcal{A}_{ik} := (-1)^{i+k} \det A_{ik}}$$

Beispiel 10.1. Für die Matrix $A := \begin{pmatrix} 1 & 2 & 3 \\ 4 & 5 & 6 \\ 7 & 8 & 9 \end{pmatrix}$ gilt:

$\mathcal{A}_{11} = (-1)^{1+1} \begin{vmatrix} 5 & 6 \\ 8 & 9 \end{vmatrix} = + \begin{vmatrix} 5 & 6 \\ 8 & 9 \end{vmatrix}$ und $\mathcal{A}_{23} = - \begin{vmatrix} 1 & 2 \\ 7 & 8 \end{vmatrix}$. □

Definition 10.1. Für eine Matrix $A = (a_{11})$ vom Typ (1,1) soll der Wert der Determinante gleich dem einzigen Matrixelement sein: $\det A = a_{11}$. Den Wert einer ***n-reihigen Determinante*** legen wir fest durch

$$\det A := \sum_{i=1}^{n} a_{ij}\mathcal{A}_{ij}, \qquad j = 1, \ldots, n .$$

Dies nennt man die ***Entwicklung einer Determinante*** nach der j-ten Spalte.

Definition 10.1 ist rekursiv; sie reduziert die Berechnung einer n-reihigen Determinante auf die von n Determinanten mit jeweils $n-1$ Reihen. Die Definition ist sinnvoll, da man zeigen kann, daß der Wert der Determinante unabhängig ist von der Wahl der Spalte, nach der die Entwicklung erfolgt. Statt des etwas komplizierten Beweises soll der Sachverhalt an Beispielen erläutert werden.

Beispiel 10.2. Im Fall einer zweireihigen Matrix A gilt:

$$\det A_{11} = a_{22}, \quad \det A_{21} = a_{12} .$$

Damit lautet die Entwicklung nach der ersten Spalte gemäß Definition 10.1:

$$\begin{aligned} \det A &= \begin{vmatrix} a_{11} & a_{12} \\ a_{21} & a_{22} \end{vmatrix} = a_{11}\mathcal{A}_{11} + a_{21}\mathcal{A}_{21} = a_{11}(-1)^{1+1}a_{22} + a_{21}(-1)^{2+1}a_{12} \\ &= a_{11}a_{22} - a_{21}a_{12} . \end{aligned}$$

Für $n = 2$ erhalten wir also dasselbe Resultat wie nach der Definition in Abschnitt 8.4. Wir entwickeln noch nach der zweiten Spalte von A:

$$\begin{aligned}\det A &= a_{12}A_{12} + a_{22}A_{22} = a_{12}(-1)^{1+2}\, a_{21} + a_{22}(-1)^{2+2}\, a_{11} \\ &= a_{11}a_{22} - a_{12}a_{21}\,. \qquad \square\end{aligned}$$

Für die Berechnung einer dreireihigen Determinante können wir eine einfache Regel ableiten. Wir entwickeln nach der ersten Spalte:

$$\begin{vmatrix} a_{11} & a_{12} & a_{13} \\ a_{21} & a_{22} & a_{23} \\ a_{31} & a_{32} & a_{33} \end{vmatrix} = a_{11}\begin{vmatrix} a_{22} & a_{23} \\ a_{32} & a_{33} \end{vmatrix} - a_{21}\begin{vmatrix} a_{12} & a_{13} \\ a_{32} & a_{33} \end{vmatrix} + a_{31}\begin{vmatrix} a_{12} & a_{13} \\ a_{22} & a_{23} \end{vmatrix}$$

$$= a_{11}a_{22}a_{33} - a_{11}a_{23}a_{32} - a_{12}a_{21}a_{33} + a_{13}a_{21}a_{32} + a_{12}a_{23}a_{31} - a_{13}a_{22}a_{31}.$$

Dieses Resultat ergibt sich mit Hilfe der ***Diagonalen-Regel*** wie folgt. Man schreibt die beiden ersten Spalten der Matrix noch einmal hinter die dritte Spalte, bildet Produkte aus drei Zahlen entlang den Diagonalen und summiert diese Produkte unter Berücksichtigung der angegebenen Vorzeichen:

$$\begin{array}{|ccc|cc} a_{11} & a_{12} & a_{13} & a_{11} & a_{12} \\ a_{21} & a_{22} & a_{23} & a_{21} & a_{22} \\ a_{31} & a_{32} & a_{33} & a_{31} & a_{32} \\ \multicolumn{1}{c}{-} & - & - + & + & + \end{array}$$

Beispiel 10.3. Es sei $A := \begin{pmatrix} 1 & 2 & 0 \\ 1 & 3 & 2 \\ 1 & 4 & 0 \end{pmatrix} \begin{matrix} 1 & 2 \\ 1 & 3 \\ 1 & 4 \end{matrix}\,.$

Wir berechnen die Determinante von A mit der Diagonalenregel:

$$\det A = 1\cdot 3\cdot 0 + 2\cdot 2\cdot 1 + 0\cdot 1\cdot 4 - 1\cdot 3\cdot 0 - 4\cdot 2\cdot 1 - 0\cdot 1\cdot 2 = -4\,. \qquad \square$$

Die Komponentenschreibweise des Vektorproduktes $\vec{a} \times \vec{b}$ lautet (vgl. Abschnitt 8.4):

$$\vec{a} \times \vec{b} = \begin{vmatrix} a_2 & b_2 \\ a_3 & b_3 \end{vmatrix} \vec{e}_x - \begin{vmatrix} a_1 & b_1 \\ a_3 & b_3 \end{vmatrix} \vec{e}_y + \begin{vmatrix} a_1 & b_1 \\ a_2 & b_2 \end{vmatrix} \vec{e}_z.$$

Dies können wir als Entwicklung einer dreireihigen formalen Determinante deuten:

$$\vec{a} \times \vec{b} = \begin{vmatrix} a_1 & b_1 & \vec{e}_x \\ a_2 & b_2 & \vec{e}_y \\ a_3 & b_3 & \vec{e}_z \end{vmatrix}\,.$$

Beispiel 10.4. Das ***Spatprodukt*** $(\vec{a} \times \vec{b})\cdot\vec{c}$ dreier Vektoren $\vec{a}$, $\vec{b}$, $\vec{c} \in V_3$ können wir durch Übergang zu kartesischen Koordinaten $\mathbf{a}, \mathbf{b}, \mathbf{c} \in \mathbb{R}^3$ als dreireihige Determinante schreiben:

$$(\mathbf{a} \times \mathbf{b})\cdot\mathbf{c} = \begin{vmatrix} a_1 & b_1 & c_1 \\ a_2 & b_2 & c_3 \\ a_3 & b_3 & c_3 \end{vmatrix} .$$

Denn die Entwicklung der Determinante nach der dritten Spalte liefert gerade das Skalarprodukt der Vektoren $\mathbf{a} \times \mathbf{b}$ und $\mathbf{c}$.

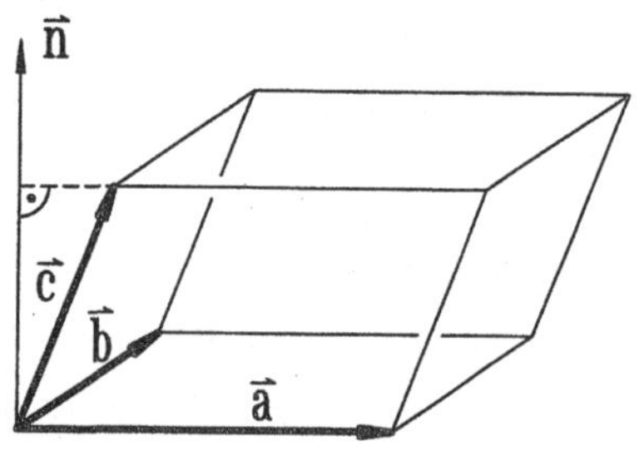

Zur geometrischen Interpretation des Spatproduktes $(\vec{a} \times \vec{b})\cdot\vec{c}$ betrachten wir das von den Vektoren $\vec{a}$, $\vec{b}$, $\vec{c}$ aufgespannte Parallelepiped (Spat). Der Inhalt der Grundfläche entspricht der Länge des Vektors $\vec{n} = \vec{a} \times \vec{b}$. Der Betrag des Spatproduktes $\vec{n}\cdot\vec{c} = \vec{n}\cdot\vec{c}_{\vec{n}}$ ist daher gleich dem Produkt aus der Grundfläche $|\vec{n}|$ und der Höhe des Parallelepipeds, gegeben durch die Länge der Projektion $\vec{c}_{\vec{n}}$. Das Spatprodukt $(\vec{a} \times \vec{b})\cdot\vec{c}$ ist also eine Maßzahl für das orientierte Volumen des zugehörigen Parallelepipeds. Sein Wert ist negativ, wenn die Vektoren $\vec{n}$ und $\vec{c}$ auf "entgegengesetzte Seiten" der von $\vec{a}$ und $\vec{b}$ aufgespannten Ebene zeigen.

Das Spatprodukt $(\vec{a} \times \vec{b})\cdot\vec{c}$ ist genau dann Null, wenn die Vektoren $\vec{a}$, $\vec{b}$, $\vec{c}$ komplanar, d.h. linear abhängig sind (vgl. Abschnitt 8.7). Da das orientierte Volumen des Parallelepipeds unabhängig davon ist, welche Fläche als Grundfläche ausgezeichnet wird (solange nur die relative Orientierung der Vektoren gleich bleibt), besitzt das Spatprodukt zyklische Symmetrie:

$$(\vec{a} \times \vec{b})\cdot\vec{c} = (\vec{b} \times \vec{c})\cdot\vec{a} = (\vec{c} \times \vec{a})\cdot\vec{b} .$$

Daraus folgt wegen der Symmetrie des Skalarprodukts:

$$(\vec{a} \times \vec{b})\cdot\vec{c} = \vec{a}\cdot(\vec{b} \times \vec{c}) .$$

□

Eine grundlegende Eigenschaft der Determinante beschreibt

Satz 10.1. $\det A = \det A^T$.

Wir wollen die Aussage von Satz 10.1 nicht beweisen, sondern nur für zweireihige Determinanten verifizieren:

$$\det A^T = \begin{vmatrix} a_{11} & a_{21} \\ a_{12} & a_{22} \end{vmatrix} = a_{11}a_{22} - a_{12}a_{21} = \det A .$$

Auch für dreireihige Determinanten überzeugt man sich mit Hilfe der Diagonalenregel leicht von der Gültigkeit des Satzes.

Die Spalten von A^T enthalten gerade die Zeilen von A. Wenn wir also $\det A^T$ gemäß Definition 10.1 nach der i-ten Spalte entwickeln, so ist dies gleichbedeutend mit einer Entwicklung von $\det A$ nach der i-ten Zeile:

$$\det A^T = \sum_{j=1}^{n} a_{ij}A_{ij} = \sum_{j=1}^{n} a_{ij}(-1)^{i+j} \det A_{ij} = \det A .$$

Allgemein bleiben als Folge von Satz 10.1 alle Aussagen über Determinanten auch dann richtig, wenn wir jeweils den Begriff "Spalte" durch "Zeile" ersetzen (vgl. Abschnitt 10.3).

Beispiel 10.5. Findet man in einer Spalte (oder Zeile) einer Determinante viele Nullen, so entwickelt man mit Vorteil nach dieser Spalte (bzw. Zeile), da dann die Berechnung der entsprechenden Unterdeterminanten unnötig ist. Bei der Matrix A aus Beispiel 10.3 kommt man bei einer Entwicklung nach der dritten Spalte am schnellsten zum Ziel:

$$\det A = (-1)^{3+2} \cdot 2 \cdot \begin{vmatrix} 1 & 2 \\ 1 & 4 \end{vmatrix} = -4 . \qquad \square$$

Satz 10.2. Die Determinante einer Dreiecksmatrix ist gleich dem Produkt ihrer Diagonalelemente.

Beweis. Wegen Satz 10.1 können wir ohne Einschränkung annehmen, daß A eine obere Dreiecksmatrix ist. Für die Elemente der ersten Spalte gilt also $a_{i1} = 0$ für $i > 1$. Wir entwickeln daher nach der ersten Spalte:

$$\det A = \sum_{i=1}^{n} a_{i1}(-1)^{i+1} \det A_{i1} = a_{11} \det A_{11} .$$

A_{11} ist eine $(n-1)$-reihige Dreiecksmatrix, und wir erhalten durch Induktion:

$$\det A = a_{11} \cdot a_{22} \cdot \ldots \cdot a_{nn} .$$ ■

Ohne Beweis sei ferner der ***Produktsatz*** angegeben:

Satz 10.3. Für (n,n)-reihige Matrizen A, **B** gilt:

$$\det(A\,\mathbf{B}) = \det A \det \mathbf{B} .$$

Satz 10.4. Für eine reguläre Matrix A ist $\det A \neq 0$, und es gilt:

$$\det A^{-1} = \frac{1}{\det A} .$$

Beweis. Wenn A^{-1} existiert, dann folgt wegen der Sätze 10.2 und 10.3:

$$1 = \det \mathbf{E} = \det(A\,A^{-1}) = \det A \det A^{-1} \quad\Rightarrow\quad \det A \neq 0 .$$ ■

Für eine orthogonale Matrix $\mathbf{U}$ mit $\mathbf{U}^T \mathbf{U} = \mathbf{E}$ ergibt sich aus den Sätzen 10.1 und 10.3:

$$\det \mathbf{U} = \pm 1 .$$

Denn: $1 = \det(\mathbf{U}\,\mathbf{U}^T) = \det \mathbf{U} \det \mathbf{U}^T = (\det \mathbf{U})^2$.

10.3 Rechenregeln für Determinanten

Die Berechnung einer n-reihigen Determinante nach Definition 10.1 reduziert sich auf die Auswertung von n Unterdeterminanten mit $n-1$ Reihen, für deren Berechnung jeweils $n-1$ Determinanten mit $n-2$ Reihen, insgesamt also $n(n-1)$, auszuwerten sind. Setzt man dieses Verfahren fort, so hat man schließlich $n(n-1)(n-2) \ldots 2 \cdot 1 = n!$ Produkte aus n Matrixelementen zu summieren. Dieses Vorgehen führt auf die sogenannte ***Permutationsformel*** für die Determinante. Man vergleiche dazu die explizite Formel für eine dreireihige Determinante mit $3! = 6$ Summanden aus je drei Faktoren. Die Permutationsformel ist vor allem von theoretischem Interesse; für die praktische Berechnung einer Determinante ist sie bereits für eine sechsreihige Determinante völlig unbrauchbar. Vielmehr kombiniert man die Entwicklungsvorschrift nach Definition 10.1 mit Umformungen der Determinante gemäß den Rechenregeln aus den folgenden Sätzen 10.5 bis 10.8.

Satz 10.5. Ein gemeinsamer Faktor aller Elemente einer Spalte (Zeile) kann vor die Determinante gezogen werden.

Beweis (für Spalten). Wir multiplizieren die j-te Spalte einer Matrix $A := (\mathbf{a}_1, ..., \mathbf{a}_n)$ mit einer Zahl λ und entwickeln die zugehörige Determinante nach dieser Spalte. Dann gilt:

$$\det(\mathbf{a}_1, ..., \lambda\, \mathbf{a}_j, ...) = \sum_{i=1}^{n} (\lambda\, a_{ij}) A_{ij} = \lambda \det(\mathbf{a}_1, ..., \mathbf{a}_j, ...).$$ ■

Beispiel 10.6. A sei eine (n,n)-Matrix und $B := -A$. Dann ziehen wir aus jeder (!) der n Spalten den Faktor (-1) heraus und erhalten nach Satz 10.5:

$$\det(-A) = (-1)^n \det A .$$ □

Satz 10.6. Bei Vertauschung von zwei Spalten (Zeilen) ändert sich das Vorzeichen einer Determinante.

Beweis (für Spalten). Die Matrix $B := (...\mathbf{a}_{j+1}, \mathbf{a}_j...)$ gehe aus der Matrix $A := (\mathbf{a}_1, ..., \mathbf{a}_n)$ durch Vertauschung von zwei benachbarten Spalten $\mathbf{a}_j$ und $\mathbf{a}_{j+1}$ hervor. Wir entwickeln $\det A$ und $\det B$ jeweils nach der Spalte $\mathbf{a}_j$, letztere also nach der $(j+1)$-ten Spalte. Für die resultierenden $(n-1)$-reihigen Matrizen gilt $A_{ij} = B_{i,j+1}$.

$$\det \mathbf{B} = \sum_{i=1}^{n} a_{ij}(-1)^{i+j+1} \det \mathbf{B}_{i,j+1} = -\sum_{i=1}^{n} a_{ij}(-1)^{i+j} \det \mathbf{A}_{ij}$$

$$= -\det \mathbf{A} .$$

Angenommen, es sollen nun die j-te Spalte und die k-te Spalte ($j < k$) miteinander vertauscht werden. Wir bringen zunächst die Spalte $\mathbf{a}_j$ durch $k - j$ Nachbarschaftsvertauschungen vorbei an den Spalten $j + 1, j + 2, \ldots, j + (k - j)$ und erhalten die Matrix

$$(\mathbf{a}_1, \ldots, \mathbf{a}_{j-1}, \mathbf{a}_{j+1}, \ldots, \mathbf{a}_k, \mathbf{a}_j, \mathbf{a}_{k+1}, \ldots \mathbf{a}_n) .$$

Anschließend bringen wir die Spalte $\mathbf{a}_k$ durch $k - j - 1$ (!) Vertauschungen "nach links" in die j-te Spalte, vorbei an den Spalten $j + (k - j - 1) = k - 1, k - 2, \ldots, j + 1$. Dies ergibt insgesamt $2(k - j) - 1$ (ungeradzahlig!) Vorzeichenwechsel. ∎

Vertauschen wir in einer dreireihigen Determinante die drei Spalten zyklisch, d.h. zunächst Spalte 1 mit Spalte 2 ($123 \to 213$), anschließend Spalte 1 (alt) weiter mit Spalte 3 ($213 \to 231$), dann bleibt der Wert der Determinante unverändert. Das ist die Symmetrieregel des Spatproduktes (vgl. Beispiel 10.4).

Satz 10.7. Hat eine Matrix $\mathbf{A}$ zwei gleiche Spalten (Zeilen), so gilt: $\det \mathbf{A} = 0$.

Beweis. Vertauschen wir die beiden gleichen Spalten (Zeilen), so ändert sich die Matrix $\mathbf{A}$ nicht. Andererseits wechselt die Determinante nach Satz 10.6 ihr Vorzeichen:

$$\det \mathbf{A} = -\det \mathbf{A} \quad \Rightarrow \quad \det \mathbf{A} = 0 .$$ ∎

Die folgende Anwendung dieses Satzes ist von grundlegender Bedeutung (vgl. die Beweise zu den Sätzen 10.8 und 10.9). Zu einer Matrix $\mathbf{A} := (\mathbf{a}_1, \ldots, \mathbf{a}_n)$ konstruieren wir Matrizen $\mathbf{B}_k$, indem wir in der j-ten Spalte $\mathbf{a}_j$ durch $\mathbf{a}_k$ ($k = 1, \ldots, n$) ersetzen. Wegen Satz 10.7 erhalten wir für $k \neq j$ $\det \mathbf{B} = 0$; andererseits ist $\mathbf{B}_j = \mathbf{A}$. Dies ergibt:

$$\det \mathbf{B}_k = \delta_{jk} \det \mathbf{A} .$$

Entwickeln wir $\mathbf{B}_k$ nach der j-ten Spalte (also nach der "fremden" Spalte), dann gilt für alle algebraischen Komplemente $(\mathbf{B}_k)_{ij} = A_{ij}$. Es folgt also:

$$\sum_{i=1}^{n} a_{ik} A_{ij} = \delta_{jk} \det \mathbf{A} . \qquad (\#)$$

Die analoge Beziehung für Zeilen lautet (Ersetzen in der i-ten Zeile):

$$\sum_{j=1}^{n} a_{kj} A_{ij} = \delta_{ik} \det \mathbf{A} .$$

Satz 10.8. Der Wert einer Determinante ändert sich nicht, wenn man zu einer Spalte (Zeile) ein Vielfaches einer anderen Spalte (bzw. Zeile) addiert.

Beweis (für Spalten). Aus $\mathbf{A} := (\mathbf{a}_1, \ldots, \mathbf{a}_n)$ entstehe durch Addition des λ-fachen der k-ten Spalte die Matrix

$$\mathbf{B} := (\mathbf{a}_1, \ldots, \mathbf{a}_j + \lambda\, \mathbf{a}_k, \ldots, \mathbf{a}_k, \ldots, \mathbf{a}_n) \qquad \text{mit } j \neq k .$$

Wir entwickeln $\mathbf{B}$ nach der (neuen) j-ten Spalte und erhalten wegen (#) und $j \neq k$:

$$\det \mathbf{B} = \sum_{i=1}^{n} (a_{ij} + \lambda\, a_{ik})\, A_{ij} = \sum_{j=1}^{n} a_{ij} A_{ij} + \lambda \sum_{i=1}^{n} a_{ik} A_{ij} =$$

$$= (1 + \lambda\, \delta_{kj}) \det \mathbf{A} = \det \mathbf{A}.$$ ■

Satz 10.8 wird dazu verwendet, in einer Spalte (Zeile) durch Spalten- (bzw. Zeilen-)addition möglichst viele Nullen zu erzeugen. Die Determinante bleibt dabei unverändert. Anschließend entwickelt man nach dieser Spalte (Zeile).

Beispiel 10.7. Zur Vereinfachung der Rechnung ziehen wir in der folgenden Determinante aus der ersten Zeile den Faktor $1/4$ und aus der zweiten Zeile den Faktor $1/6$ vor die Determinante (vgl. Satz 10.5):

$$\det A := \begin{vmatrix} 1/2 & 1 & -1/4 \\ -1 & 3/2 & 1/3 \\ 1 & -2 & 1 \end{vmatrix} = \frac{1}{4}\frac{1}{6}\begin{vmatrix} 2 & 4 & -1 \\ -6 & 9 & 2 \\ 1 & -2 & 1 \end{vmatrix}.$$

Nun führen wir die Operationen (Spalte 2 + 2 × Spalte 1) und (Spalte 3 - Spalte 1) aus, die den Wert der Determinante nicht ändern (vgl. Satz 10.8),

$$\det A = \frac{1}{24}\begin{vmatrix} 2 & 4+2\cdot 2 & -1-2 \\ -6 & 9+2\cdot(-6) & 2-(-6) \\ 1 & -2+2\cdot 1 & 1-1 \end{vmatrix} = \frac{1}{24}\begin{vmatrix} 2 & 8 & -3 \\ -6 & -3 & 8 \\ 1 & 0 & 0 \end{vmatrix},$$

und entwickeln nach der dritten Zeile:

$$\det A = \frac{1}{24}\cdot 1\cdot(-1)^{3+1}\begin{vmatrix} 8 & -3 \\ -3 & 8 \end{vmatrix} = \frac{55}{24}.$$

□

Beispiel 10.8. Gesucht ist die Determinante der folgenden n-reihigen quadratischen Matrix

$$A := \begin{pmatrix} 1+i & 1 & 1 & . & 1 \\ 1 & 1+i & 1 & . & 1 \\ 1 & 1 & 1+i & . & 1 \\ . & . & . & . & . \\ 1 & 1 & 1 & . & 1+i \end{pmatrix}.$$

Wir subtrahieren die letzte Zeile von allen übrigen und erhalten:

$$\det A := \begin{vmatrix} i & 0 & 0 & . & -i \\ 0 & i & 0 & . & -i \\ 0 & 0 & i & . & -i \\ . & . & . & . & . \\ 1 & 1 & 1 & . & 1+i \end{vmatrix}.$$

Durch Addition der Spalten 1 bis $n-1$ zur n-ten Spalte entsteht eine Dreiecksmatrix, auf die wir Satz 10.2. anwenden:

$$\det A := \begin{vmatrix} i & 0 & 0 & . & 0 \\ 0 & i & 0 & . & 0 \\ 0 & 0 & i & . & 0 \\ . & . & . & . & . \\ 1 & 1 & 1 & . & n+i \end{vmatrix} = i^{n-1}(n+i).$$

□

Wir geben nun eine explizite Form für die Berechnung der Inversen einer Matrix.

Satz 10.9. Wenn $\det A \neq 0$ ist, dann ist A regulär, und für $B := A^{-1}$ gilt:

$$b_{ij} = \frac{1}{\det A} A_{ji} \qquad i, j = 1, \ldots, n .$$

Beweis. Falls $\det A \neq 0$ ist, erhalten wir B, indem wir zu $A = (a_{ij})$ die Matrix aus den algebraischen Komplementen (A_{ij}) bilden, diese transponieren und mit $1/\det A$ multiplizieren:

$$B = (\det A)^{-1}(A_{ij})^T .$$

Dann gilt wegen (#) (nach Vertauschung $i \leftrightarrow j$) für $C := B\,A$:

$$c_{ik} = \sum_{j=1}^{n} b_{ij} a_{jk} = \sum_{j=1}^{n} \left(\frac{1}{\det A} A_{ji}\right) a_{jk} = (\det A)^{-1} \sum_{j=1}^{n} a_{jk} A_{ji}$$

$$= (\det A)^{-1} \det A\ \delta_{ik} = \delta_{ik} .$$

Wegen $B\,A = E$ ist B zu A invers. Da die inverse Matrix wegen Satz 8.11 und Satz 9.3 eindeutig ist, folgt: $A^{-1} = B$. ∎

Im Fall einer zweireihigen Matrix liefert Satz 10.9 unmittelbar das Ergebnis von Beispiel 9.4.

Beispiel 10.9. Die Matrix $A := \begin{pmatrix} 1 & 0 & 1 \\ -1 & 2 & 0 \\ 0 & 1 & 1 \end{pmatrix}$ ist regulär wegen $\det A = 1$. Um die inverse Matrix A^{-1} zu bestimmen, sind 3×3 algebraische Komplemente zu berechnen. Wir beginnen mit der ersten Zeile:

$$A_{11} = +\begin{vmatrix} 2 & 0 \\ 1 & 1 \end{vmatrix} = 2 , \quad A_{12} = -\begin{vmatrix} -1 & 0 \\ 0 & 1 \end{vmatrix} = 1 , \quad A_{13} = +\begin{vmatrix} -1 & 2 \\ 0 & 1 \end{vmatrix} = -1 .$$

Daraus berechnen wir die erste Spalte von A^{-1} gemäß Satz 10.9:

$$b_{11} = \frac{1}{\det A} A_{11} = 2 , \quad b_{21} = 1 , \quad b_{31} = -1 .$$

Mit der zweiten und dritten Zeile von A verfahren wir ebenso. Schließlich erhalten wir:

$$A^{-1} = \begin{pmatrix} 2 & 1 & -2 \\ 1 & 1 & -1 \\ -1 & -1 & 2 \end{pmatrix} . \qquad \text{Probe: } A\,A^{-1} = E\ !$$

□

10.4 Zur Lösbarkeit linearer Gleichungssysteme

Haben wir ein LGS $\mathbf{A}\,\mathbf{x} = \mathbf{b}$ aus n Gleichungen mit n Unbekannten, so können wir im Fall einer regulären Matrix A folgendermaßen vorgehen. Wir multiplizieren das LGS von links mit $\mathbf{A}^{-1}$:

$$\mathbf{A}^{-1}\mathbf{b} = \mathbf{A}^{-1}(\mathbf{A}\,\mathbf{x}) = (\mathbf{A}^{-1}\mathbf{A})\,\mathbf{x} = \mathbf{E}\,\mathbf{x} = \mathbf{x}\,.$$

Wenn das LGS lösbar ist, dann muß die Lösung $\mathbf{x}$ gleich $\mathbf{A}^{-1}\mathbf{b}$ sein. Durch Einsetzen zeigen wir, daß tatsächlich eine Lösung vorliegt:

$$\mathbf{A}\,(\mathbf{A}^{-1}\mathbf{b}) = (\mathbf{A}\,\mathbf{A}^{-1})\,\mathbf{b} = \mathbf{E}\,\mathbf{b} = \mathbf{b}\,.$$

Wir haben also bewiesen:

Satz 10.10. Ein LGS $\mathbf{A}\,\mathbf{x} = \mathbf{b}$ mit einer regulären quadratischen Matrix A hat für jede rechte Seite **b** genau eine Lösung, nämlich den Vektor $\mathbf{A}^{-1}\mathbf{b}$.

Beispiel 10.10. Wenn $\mathbf{B} = \mathbf{A}^{-1}$ die inverse Matrix von A ist, dann gilt andererseits: $\mathbf{B}^{-1} = \mathbf{A}$. Das LGS

$$\begin{aligned} 2x_1 + x_2 - 2x_3 &= 2 \\ x_1 + x_2 - x_3 &= 1 \\ -x_1 - x_2 + 2x_3 &= 2 \end{aligned}$$

hat daher die Lösung (vgl. Beispiel 10.9)

$$\mathbf{B}^{-1}\begin{pmatrix}2\\1\\2\end{pmatrix} = \begin{pmatrix}1 & 0 & 1\\-1 & 2 & 0\\0 & 1 & 1\end{pmatrix}\begin{pmatrix}2\\1\\2\end{pmatrix} = \begin{pmatrix}4\\0\\3\end{pmatrix},$$

was man durch Einsetzen verifizieren kann. □

Auch die Umkehrung von Satz 10.10 gilt:

Satz 10.11. Eine quadratische Matrix A ist regulär, wenn das LGS $\mathbf{A}\,\mathbf{x} = \mathbf{b}$ für alle rechten Seiten **b** eindeutig lösbar ist.

Beweis. A sei eine (n,n)-Matrix. Dann bilden wir die Matrix $\mathbf{X} := (\mathbf{x}_1, \ldots, \mathbf{x}_n)$, wobei $\mathbf{x}_i \in \mathbb{R}^n$ jeweils die eindeutige Lösung des LGS $\mathbf{A}\,\mathbf{x}_i = \mathbf{e}_i$

ist für $i = 1, ..., n$. X ist die Inverse von A, denn es gilt:

$$A\,X = A\,(x_1, ..., x_n) = (A\,x_1, ..., A\,x_n) = (e_1, ..., e_n) = E\,.$$ ■

Ein LGS $A\,x = b$ heißt ***homogen***, wenn $b = o$ ist; andernfalls nennt man es ***inhomogen***. Die Lösungsmenge eines inhomogenen LGS stellt keinen Vektorraum dar, weil der Nullvektor wegen $b \neq o$ keine Lösung ist. Aber es gilt:

> **Satz 10.12.** A sei eine Matrix vom Typ (m,n). Dann bildet die Lösungsmenge des homogenen LGS $A\,x = o$ einen Unterraum des $\mathbb{R}^n$.

Beweis. Für jedes homogene LGS $A\,x = o_m$ ($o_m \in \mathbb{R}^m$) existiert immer die ***triviale Lösung*** $o_n \in \mathbb{R}^n$. Außerdem sind für zwei Lösungen $x_1, x_2 \in \mathbb{R}^n$ auch deren Summe und deren Vielfaches Lösung des homogenen LGS; denn

$$\begin{aligned} A\,(x_1 + x_2) &= A\,x_1 + A\,x_2 &&= o + o &&= o \\ A\,(\lambda\,x_1) &= \lambda(A\,x_1) &&= \lambda\,o &&= o \end{aligned}$$

Daher erfüllt die Lösungsmenge eines homogenen LGS das Kriterium für einen Unterraum (Definition 8.9). ■

Wir fassen unsere bisherigen Erkenntnisse über die Lösbarkeit eines LGS mit einer quadratischen Matrix zusammen.

> **Satz 10.13.** $A := (a_1, ..., a_n)$ sei eine n-reihige quadratische Matrix mit Spaltenvektoren a_i $(i = 1, ..., n)$. Dann sind folgende Aussagen äquivalent:
>
> (1) A ist regulär (invertierbar) .
>
> (2) $\det A \neq 0$.
>
> (3) Das LGS $A\,x = b$ hat für alle $b \in \mathbb{R}^n$ eine eindeutige Lösung.
>
> (4) Das homogene LGS $A\,x = o$ hat nur die triviale Lösung $x = o$.
>
> (5) Die Spaltenvektoren $a_1, ..., a_n$ sind linear unabhängig.
>
> (6) Die lineare Abbildung $x \in \mathbb{R}^n \to y = A\,x \in \mathbb{R}^n$ ist umkehrbar.

Beweis.

(1) $\Leftrightarrow$ (2) wegen Satz 10.4 und Satz 10.9.

(1) $\Leftrightarrow$ (3) wegen Satz 10.10 und Satz 10.11.

(3) $\Rightarrow$ (4) Für $\mathbf{b} = \mathbf{o}$ lautet die eindeutige Lösung $\mathrm{x} = \mathbf{o}$.

(4) $\Rightarrow$ (5) Wir schreiben die Voraussetzung $\mathrm{A\,x} = \mathbf{o} \Rightarrow \mathrm{x} = \mathbf{o}$ mit Hilfe der Spaltenvektoren von A (vgl. Abschnitt 9.4):

$$\mathrm{A\,x} = (\mathbf{a}_1, ..., \mathbf{a}_n) \begin{pmatrix} x_1 \\ \vdots \\ x_n \end{pmatrix} = x_1\mathbf{a}_1 + ... + x_n\mathbf{a}_n = \mathbf{o}$$

$$\Rightarrow x_1 = x_2 = ... = x_n = 0 .$$

(5) $\Rightarrow$ (3) Wegen Satz 8.16 bilden die Spaltenvektoren $\mathbf{a}_1, ..., \mathbf{a}_n$ eine Basis des $\mathbb{R}^n$. Damit sind alle $\mathbf{b} \in \mathbb{R}^n$ als Linearkombination der Basisvektoren mit eindeutigen Koordinaten $x_1, ..., x_n$ darstellbar:

$$\mathbf{b} = x_1\mathbf{a}_1 + ... + x_n\mathbf{a}_n = (\mathbf{a}_1, ..., \mathbf{a}_n)\,\mathrm{x} = \mathrm{A\,x} .$$

(3) $\Leftrightarrow$ (6) mit $\mathrm{y} = \mathbf{b}$. ∎

Ferner können wir die Äquivalenz (2) $\Leftrightarrow$ (4) auch so interpretieren:

Satz 10.14. Für eine (n,n)-Matrix A hat das homogene LGS $\mathrm{A\,x} = \mathbf{o}$ genau dann eine nicht-triviale Lösung $\mathrm{x} \neq \mathbf{o}$, wenn $\det \mathrm{A} = 0$ ist.

10.5 Das Gauß-Jordan-Verfahren

Bisher sind wir nur in der Lage, ein LGS mit einer regulären quadratischen Matrix A zu lösen, und auch das nur auf dem mühsamen Umweg über die Berechnung von A^{-1}. Dieses Verfahren versagt jedoch, falls $\det \mathrm{A} = 0$ ist. In diesem Fall ist das LGS entweder unlösbar oder es hat mehrere Lösungen (vgl. Abschnitt 10.1 und Satz 10.13). Außerdem treten in der Praxis Gleichungssyteme mit nicht-quadratischen Matrizen auf. Wir schildern nun eine Verallgemeinerung des elementaren ***Eliminationsverfahrens***, das auch anwendbar ist, wenn die Anzahl m der Gleichungen nicht mit der Anzahl n der Unbekannten übereinstimmt.

Beispiel 10.11. Gegeben sei das LGS:

$$\begin{array}{lrcl|l}
\text{(I)} & x_1 - 2x_2 + x_3 & = & -2 & \\
\text{(II)} & -x_1 + 3x_2 + x_3 & = & 6 & \times 1 \text{ (I) zu (II)} \\
\text{(III)} & 2x_1 - x_2 + 3x_3 & = & 3 & \times(-2) \text{ (I) zu (III)} \\
\text{(IV)} & 2x_1 \qquad + 5x_3 & = & 7 & \times(-2) \text{ (I) zu (IV)}
\end{array}$$

Wir eliminieren die Unbekannte x_1 aus den Gleichungen (II) bis (IV), indem wir die erste Gleichung zur zweiten addieren und das Zweifache der ersten Gleichung von der dritten und vierten Gleichung subtrahieren:

$$\begin{array}{lrcl}
\text{(I}'\text{)} & x_1 - 2x_2 + x_3 & = & -2 \\
\text{(II}'\text{)} & x_2 + 2x_3 & = & 4 \\
\text{(III}'\text{)} & 3x_2 + x_3 & = & 7 \\
\text{(IV}'\text{)} & 4x_2 + 3x_3 & = & 11
\end{array}$$

Ehe wir das Verfahren mit der Elimination von x_2 fortsetzen, wollen wir die bisherigen Schritte in kompakter Matrixschreibweise wiederholen. Zu diesem Zweck stellen wir das LGS $\mathbf{A}\,\mathbf{x} = \mathbf{b}$ durch die ***erweiterte Matrix*** $(\mathbf{A}\,|\,\mathbf{b})$ dar. In unserem Beispiel gelangen wir von der ursprünglichen erweiterten Matrix

$$(\mathbf{A}\,|\,\mathbf{b}) = \left(\begin{array}{rrr|r} 1 & -2 & 1 & -2 \\ -1 & 3 & 1 & 6 \\ 2 & -1 & 3 & 3 \\ 2 & 0 & 5 & 7 \end{array}\right) \quad \text{zu} \quad (\mathbf{A}'\,|\,\mathbf{b}') = \left(\begin{array}{rrr|r} 1 & -2 & 1 & -2 \\ 0 & 1 & 2 & 4 \\ 0 & 3 & 1 & 7 \\ 0 & 4 & 3 & 11 \end{array}\right).$$

Dieses Beispiel zeigt, daß wir das Eliminationsverfahren zur Lösung eines LGS $\mathbf{A}\,\mathbf{x} = \mathbf{b}$ durch Zeilenumformungen an der zugehörigen erweiterten Matrix $(\mathbf{A}\,|\,\mathbf{b})$ wiedergeben können. □

Definition 10.2. Unter einer ***elementaren Zeilenumformung*** einer Matrix A versteht man:

(1) die Vertauschung zweier Zeilen von A.

(2) die Multiplikation einer Zeile von A mit einer Zahl $\lambda \neq 0$.

(3) die Addition des Vielfachen einer Zeile zu einer anderen Zeile.

Satz 10.15. Elementare Zeilenumformungen an der erweiterten Matrix $(\mathbf{A}\,|\,\mathbf{b})$ eines LGS $\mathbf{A}\,\mathbf{x} = \mathbf{b}$ verändern die Lösungsmenge nicht.

Beweis. Ist $\mathbf{x}$ eine Lösung von $\mathbf{A}\,\mathbf{x} = \mathbf{b}$, dann löst $\mathbf{x}$ auch das System $(\mathbf{A}'|\,\mathbf{b}')$, das wir erhalten, wenn wir
(1) zwei Gleichungen vertauschen,
(2) eine Gleichung mit $\lambda \neq 0$ multiplizieren, oder
(3) das λ-fache einer Gleichung zu einer anderen Gleichung addiert haben.
Also ist jede Lösung von $(\mathbf{A}\,|\,\mathbf{b})$ auch eine Lösung von $(\mathbf{A}'|\,\mathbf{b}')$: Wir verlieren keine Lösung des LGS.

Andererseits können wir jede elementare Zeilenumformung durch eine andere rückgängig machen ((1) nochmals vertauschen, (2) mit $1/\lambda$ multiplizieren, (3) das $(-\lambda)$-fache addieren). Also ist jede Lösung $(\mathbf{A}'|\,\mathbf{b}')$ auch eine Lösung von $(\mathbf{A}\,|\,\mathbf{b})$: Wir haben bei unserer ursprünglichen Zeilenumformung $(\mathbf{A}\,|\,\mathbf{b}) \to (\mathbf{A}'|\,\mathbf{b}')$ die Lösungsmenge nicht vergrößert. ∎

Man vergleiche die Aussagen von Satz 10.15 mit den Sätzen 10.5, 10.6 und 10.8. Wir werden mit Hilfe elementarer Zeilenumformungen die erweiterte Matrix $(\mathbf{A}\,|\,\mathbf{b})$ solange transformieren, bis wir explizite Aussagen über die Lösungsmenge des LGS unmittelbar aus der Gestalt der erweiterten Matrix machen können. Wir eliminieren als nächstes in Beispiel 10.11 die Unbekannte x_2, d.h. wir erzeugen Nullen in der zweiten Spalte. Anschließend eliminieren wir x_3. Dabei soll eine Umrahmung das Matrixelement markieren, das für die auszuführenden Umformungen typisch ist.

Beispiel 10.11 (Fortsetzung).

$$\left(\begin{array}{ccc|c} 1 & -2 & 1 & -2 \\ 0 & \boxed{1} & 2 & 4 \\ 0 & 3 & 1 & 7 \\ 0 & 4 & 3 & 11 \end{array}\right) \curvearrowright \left(\begin{array}{ccc|c} 1 & -2 & 1 & -2 \\ 0 & 1 & 2 & 4 \\ 0 & 0 & \boxed{-5} & -5 \\ 0 & 0 & -5 & -5 \end{array}\right) \curvearrowright \left(\begin{array}{ccc|c} 1 & -2 & 1 & -2 \\ 0 & 1 & 2 & 4 \\ 0 & 0 & -5 & -5 \\ 0 & 0 & 0 & 0 \end{array}\right).$$

Die vierte Zeile der erweiterten Matrix können wir weglassen, ohne die Lösungsmenge zu verändern. Denn alle $\mathbf{x} \in \mathbb{R}^3$ genügen der Gleichung

$$0 \cdot x_1 + 0 \cdot x_2 + 0 \cdot x_3 = 0 \,.$$

Die resultierende Matrix $\mathbf{A}'$ ist eine obere Dreiecksmatrix. Das zugehörige LGS können wir leicht "von unten" her auflösen:

$$\left.\begin{array}{rl} x_1 - 2x_2 + x_3 = & -2 \\ \left.\begin{array}{rl} x_2 + 2x_3 = & 4 \\ -5x_3 = & -5 \;\Rightarrow\; x_3 = 1 \end{array}\right\} & \Rightarrow\; x_2 = 2 \end{array}\right\} \Rightarrow\; x_1 = 1$$

Auch diese Schritte können als Zeilenumformungen an der erweiterten Matrix gedeutet werden. Wir erzeugen eine Eins auf der Diagonalen und Nullen darüber:

$$\left(\begin{array}{ccc|c} 1 & -2 & 1 & -2 \\ 0 & 1 & 2 & 4 \\ 0 & 0 & \boxed{-5} & -5 \end{array}\right) \curvearrowright \left(\begin{array}{ccc|c} 1 & -2 & 1 & -2 \\ 0 & 1 & 2 & 4 \\ 0 & 0 & \boxed{1} & 1 \end{array}\right) \curvearrowright \left(\begin{array}{ccc|c} 1 & -2 & 0 & -3 \\ 0 & \boxed{1} & 0 & 2 \\ 0 & 0 & 1 & 1 \end{array}\right) \curvearrowright$$

$$\left(\begin{array}{ccc|c} 1 & 0 & 0 & 1 \\ 0 & 1 & 0 & 2 \\ 0 & 0 & 1 & 1 \end{array}\right) \Rightarrow \begin{array}{l} x_1 = 1 \\ x_2 = 2 \\ x_3 = 1 \end{array} \quad \text{oder} \quad \mathbf{x} = \begin{pmatrix} 1 \\ 2 \\ 1 \end{pmatrix}.$$

Das LGS hat die eindeutige Lösung $\mathbf{x} = (1, 2, 1)^T$. In einem solchen Fall erhalten wir als Resultat der Zeilenumformungen stets $\mathbf{A}' = \mathbf{E}$. □

Beispiel 10.12. Wir lösen nun das LGS $\mathbf{A}\,\mathbf{x} = \mathbf{b}_i$ für zwei verschiedene rechte Seiten $\mathbf{b}_1$ und $\mathbf{b}_2$ simultan, indem wir die Zeilenumformungen an der erweiterten Matrix $(\mathbf{A}\,|\,\mathbf{b}_1, \mathbf{b}_2)$ ausführen.

$$(\mathbf{A}\,|\,\mathbf{b}_1, \mathbf{b}_2) = \left(\begin{array}{cccc|cc} 0 & 0 & 1 & 5 & 2 & 2 \\ \boxed{1} & -1 & -1 & -2 & 0 & 2 \\ -1 & 1 & 3 & 12 & 2 & 2 \\ 2 & -2 & -1 & 1 & 1 & 6 \end{array}\right) \curvearrowright \left(\begin{array}{cccc|cc} \boxed{1} & -1 & -1 & -2 & 0 & 2 \\ -1 & 1 & 3 & 12 & 2 & 2 \\ 2 & -2 & -1 & 1 & 1 & 6 \\ 0 & 0 & 1 & 5 & 2 & 2 \end{array}\right)$$

$$\curvearrowright \left(\begin{array}{cccc|cc} 1 & -1 & -1 & -2 & 0 & 2 \\ 0 & 0 & \boxed{2} & 10 & 2 & 4 \\ 0 & 0 & 1 & 5 & 1 & 2 \\ 0 & 0 & 1 & 5 & 2 & 2 \end{array}\right) \curvearrowright \left(\begin{array}{cccc|cc} 1 & -1 & -1 & -2 & 0 & 2 \\ 0 & 0 & \boxed{1} & 5 & 1 & 2 \\ 0 & 0 & 0 & 0 & 0 & 0 \\ 0 & 0 & 0 & 0 & 1 & 0 \end{array}\right)$$

$$\curvearrowright \left(\begin{array}{cccc|cc} 1 & -1 & 0 & 3 & 1 & 4 \\ 0 & 0 & 1 & 5 & 1 & 2 \\ 0 & 0 & 0 & 0 & 1 & 0 \end{array}\right)$$

Das erste LGS mit der rechten Seite $\mathbf{b}_1 = (2, 0, 2, 1)^T$ ist unlösbar, denn die dritte Zeile der erweiterten Matrix stellt einen Widerspruch dar:

$$0 \cdot x_1 + 0 \cdot x_2 + 0 \cdot x_3 + 0 \cdot x_4 = 1 \,.$$

Das zweite LGS führt auf die Gleichungen

$$\begin{aligned} x_1 &= 4 + x_2 - 3x_4 \\ x_3 &= 2 \qquad - 5x_4 \end{aligned}$$

Dabei wurde jede Gleichung nach der Unbekannten aufgelöst, für die der erste Koeffizient in der entsprechenden Zeile der Schlußmatrix ungleich Null ist. Zwei Unbekannte sind frei wählbar: $x_2 = \lambda$, $x_4 = \mu$; $\lambda, \mu \in \mathbb{R}$. Damit lautet die allgemeine ***Lösung*** von $A\,\mathbf{x} = \mathbf{b}_2$:

$$\begin{pmatrix} x_1 \\ x_2 \\ x_3 \\ x_4 \end{pmatrix} = \begin{pmatrix} 4 + \lambda - 3\mu \\ \lambda \\ 2 \qquad - 5\mu \\ \mu \end{pmatrix} \quad \text{oder}$$

$$\mathbf{x} = \begin{pmatrix} 4 \\ 0 \\ 2 \\ 0 \end{pmatrix} + \lambda \begin{pmatrix} 1 \\ 1 \\ 0 \\ 0 \end{pmatrix} + \mu \begin{pmatrix} -3 \\ 0 \\ -5 \\ 1 \end{pmatrix} =: \mathbf{x}_0 + \lambda\,\tilde{\mathbf{x}}_1 + \mu\,\tilde{\mathbf{x}}_2 \,.$$

Die Struktur der allgemeinen Lösung können wir wie folgt analysieren. Die Vektoren $\tilde{\mathbf{x}}_1$ und $\tilde{\mathbf{x}}_2$ sind zwei Lösungen des zugehörigen homogenen LGS (Probe !). Denn hätten wir in der erweiterten Matrix noch eine dritte rechte Seite mit $\mathbf{b}_3 = \mathbf{o}$ mitgenommen, so wäre diese Nullspalte bei allen Umformungen erhalten geblieben. Demzufolge ist $\mathbf{x} = \lambda\,\tilde{\mathbf{x}}_1 + \mu\,\tilde{\mathbf{x}}_2$ die allgemeine Lösung des homogenen Systems $A\,\mathbf{x} = \mathbf{o}$. Da $\tilde{\mathbf{x}}_1$ und $\tilde{\mathbf{x}}_2$ linear unabhängig sind, bilden sie eine Basis des Lösungsraums $\mathcal{K}(A)$ des homogenen LGS (vgl. Satz 10.12), und es gilt: $\dim \mathcal{K}(A) = 2$.

$\mathbf{x}_0$ ist eine spezielle Lösung des inhomogenen Systems (für $\lambda = \mu = 0$). Geometrisch können wir die Lösungsmenge des inhomogenen LGS als zweidimensionale lineare Mannigfaltigkeit in $\mathbb{R}^4$ interpretieren, die durch den Punkt $\mathbf{x}_0$ geht und von den Vektoren $\tilde{\mathbf{x}}_1$ und $\tilde{\mathbf{x}}_2$ aufgespannt wird. Die Lösung erinnert formal an die Parameterdarstellung einer Ebene (siehe die Abschnitte 8.5 und 10.1). □

Die in Beispiel 10.12 gefundene Lösungsstruktur eines LGS gilt allgemein:

allgemeine Lösung des inhomogenen LGS = spezielle Lösung des inhomogenen LGS + allgemeine Lösung des homogenen LGS

Die in den Beispielen 10.11 und 10.12 verwendete Methode zur Lösung eines LGS heißt ***Gauß-Jordan-Verfahren***. Dieses Verfahren ist immer anwendbar. Man wählt dabei in der ersten Spalte der erweiterten Matrix $(\mathrm{A}\,|\,\mathbf{b})$ ein Element $a_{i1} \neq 0$, bringt es durch Zeilenvertauschung in die erste Zeile und macht alle anderen Elemente der ersten Spalte durch Zeilenaddition zu Null. Dann wendet man sich der zweiten Spalte der erweiterten Matrix $(\mathrm{A}'\,|\,\mathbf{b}')$ zu und verfährt mit den Zeilen 2 bis m analog. Sollten bereits alle diese Elemente gleich Null sein, wendet man sich der nächsten Spalte zu (vgl. Beispiel 10.12). Schließlich lautet die allgemeine Form der erweiterten Matrix:

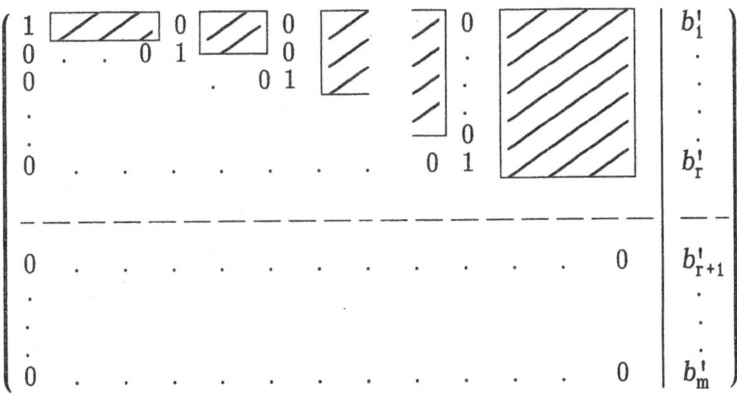

Dies ist eine ***Stufenmatrix***, und zwar in ***normierter Form***, bei der die "Kopfelemente" einer jeden Stufe in Eins und die in den Spalten über ihnen liegenden Elemente in Null übergeführt worden sind.

Ist eines der Elemente $b_{r+1}', \ldots, b_m'$ von Null verschieden, so stellt die zu dieser Zeile gehörende Gleichung einen Widerspruch dar: das LGS ist also unlösbar. Sind diese Elemente jedoch alle Null, dann löst man das LGS für die Stufenmatrix nach den r Unbekannten auf, in deren Spalten die "Kopfelemente" stehen. Man erhält sämtliche Lösungen des LGS, indem man den verbleibenden $n - r$ Unbekannten beliebige Werte zuweist. Die Lösung ist nur dann eindeutig, wenn $n = r$ ist. Andernfalls erhält man eine $(n - r)$-dimensionale Mannigfaltigkeit als Lösungsmenge.

Anmerkung. Wir können die Inverse einer (n,n)-Matrix A mit Hilfe des Gauß-Jordan-Verfahrens berechnen, indem wir es in der Form anwenden, wie sie im Beweis zu Satz 10.11 skizziert ist. Wir lösen simultan das LGS $A\,x = e_i$ für n verschiedene rechte Seiten

$$A\,X = A\,(x_1, \ldots, x_n) = (e_1, \ldots, e_n) = E\,,$$

um die Spalten x_i der inversen Matrix X zu erhalten. Dazu versuchen wir die erweiterte Matrix

$$(A\,|\,e_1, \ldots, e_n) = (A\,|\,E)$$

durch Zeilenumformungen in die Einheitsmatrix überzuführen (vgl. Beispiel 10.11):

$$(A'\,|\,E') = (E\,|\,E')\,.$$

Falls A regulär ist, bildet die rechte Seite E' gerade die gesuchte Inverse $X = A^{-1} = E'$. Ist A dagegen singulär, dann können wir die gesuchte Endform $A' = E$ nicht erreichen. Es ist also nicht notwendig, vor Anwendung des Verfahrens die Matrix durch Berechnung der Determinante auf ihre Invertierbarkeit zu überprüfen.

Beispiel 10.13. Es sei $B := \begin{pmatrix} 2 & 1 & -1 \\ 1 & 1 & -1 \\ -2 & -1 & 2 \end{pmatrix}$. Es ist zu untersuchen, ob B regulär ist, und gegebenenfalls ist die inverse Matrix zu berechnen.

$$\left(\begin{array}{rrr|rrr} 2 & 1 & -1 & 1 & 0 & 0 \\ \boxed{1} & 1 & -1 & 0 & 1 & 0 \\ -2 & -1 & 2 & 0 & 0 & 1 \end{array}\right) \curvearrowright \left(\begin{array}{rrr|rrr} \boxed{1} & 1 & -1 & 0 & 1 & 0 \\ -2 & -1 & 2 & 0 & 0 & 1 \\ 2 & 1 & -1 & 1 & 0 & 0 \end{array}\right) \curvearrowright$$

$$\left(\begin{array}{rrr|rrr} 1 & 1 & -1 & 0 & 1 & 0 \\ 0 & \boxed{1} & 0 & 0 & 2 & 1 \\ 0 & -1 & 1 & 1 & -2 & 0 \end{array}\right) \curvearrowright \left(\begin{array}{rrr|rrr} 1 & 0 & -1 & 0 & -1 & -1 \\ 0 & 1 & 0 & 0 & 2 & 1 \\ 0 & 0 & \boxed{1} & 1 & 0 & 1 \end{array}\right) \curvearrowright$$

$$\left(\begin{array}{rrr|rrr} 1 & 0 & 0 & 1 & -1 & 0 \\ 0 & 1 & 0 & 0 & 2 & 1 \\ 0 & 0 & 1 & 1 & 0 & 1 \end{array}\right)$$

Das Gauß-Jordan-Verfahren kann soweit durchgeführt werden, daß die ursprüngliche Matrix in die Einheitsmatrix übergeführt wird. Also ist B invertierbar und es folgt:

$$B^{-1} = \begin{pmatrix} 1 & -1 & 0 \\ 0 & 2 & 1 \\ 1 & 0 & 1 \end{pmatrix}.$$

Vergleichen wir das Ergebnis mit Beispiel 10.9, so haben wir wegen $B = (A^{-1})^T$ ein Beispiel für Satz 9.4(5):

$$\left.\begin{array}{l} B \;\; = (A^{-1})^T \\ B^{-1} = A^T \;\; \Rightarrow \;\; B = (A^T)^{-1} \end{array}\right\} \Rightarrow (A^{-1})^T = (A^T)^{-1}$$ □

10.6 Das Eigenwertproblem

Definition 10.3. A sei eine n-reihige quadratische Matrix. Dann heißt ein Skalar $\lambda \in \mathbb{R}$ ***Eigenwert*** von A, wenn es ein $x \in \mathbb{R}^n$ gibt, so daß gilt: $A\,x = \lambda\,x$ mit $x \neq \mathbf{o}$.
x ist dann ein zu λ gehöriger ***Eigenvektor*** von A.

Für jedes λ würde der triviale Eigenvektor $x = \mathbf{o}$ auftreten; dieser Fall wird in Definition 10.3 ausgeschlossen. Natürlich kann $\lambda = 0$ als Eigenwert auftreten. Eigenvektoren sind insofern ausgezeichnet, als sie bei der linearen Transformation

$$A\colon\; x \in \mathbb{R}^n \rightarrow y = A\,x \in \mathbb{R}^n$$

nur in der Länge, und zwar um das λ-fache, geändert werden.

Beispiel 10.14. Es sei $A := \begin{pmatrix} 1 & -1 \\ -1 & 1 \end{pmatrix}$. $x_1 = \begin{pmatrix} 1 \\ 1 \end{pmatrix}$ ist Eigenvektor zu $\lambda_1 = 0$, $x_2 = (2, -2)^T$ Eigenvektor zu $\lambda_2 = 2$. Denn es gilt:

$$\begin{pmatrix} 1 & -1 \\ -1 & 1 \end{pmatrix} \begin{pmatrix} 1 \\ 1 \end{pmatrix} = \begin{pmatrix} 0 \\ 0 \end{pmatrix} = 0 \begin{pmatrix} 1 \\ 1 \end{pmatrix} \;;\; \begin{pmatrix} 1 & -1 \\ -1 & 1 \end{pmatrix} \begin{pmatrix} 2 \\ -2 \end{pmatrix} = \begin{pmatrix} 4 \\ -4 \end{pmatrix} = 2 \begin{pmatrix} 2 \\ -2 \end{pmatrix} .$$ □

Satz 10.16. Die Menge aller Eigenvektoren einer (n,n)-Matrix A zu einem bestimmten Eigenwert λ bildet einen Unterraum des $\mathbb{R}^n$.

Beweis. Angenommen, $x_1, x_2 \in \mathbb{R}$ sind Eigenvektoren von A zum Eigenwert λ. Dann gilt:

$$\begin{aligned} A\,(x_1 + x_2) &= A\,x_1 + A\,x_2 = \lambda\,x_1 + \lambda\,x_2 = \lambda\,(x_1 + x_2)\,, \\ A\,(\mu\,x_1) &= \mu\,A\,x_1 \qquad\quad\; = \mu\,(\lambda\,x_1) \qquad = \lambda\,(\mu\,x_1)\,. \end{aligned}$$

Folglich sind auch die Vektoren $x_1 + x_2$ und $\mu\,x_1$ Eigenvektoren zum

Eigenwert λ, d.h. die Menge der zu λ gehörigen Eigenvektoren ist gegenüber der Vektoraddition und der skalaren Multiplikation abgeschlossen (vgl. Definition 8.9). ∎

Die Dimension des zu λ gehörigen Unterraums heißt ***Entartungsgrad*** des Eigenwerts λ. Es ist üblich, die Willkür in der Auswahl der linear unabhängigen Eigenvektoren aus einem derartigen Unterraum dadurch zu verringern, daß man sie (ortho-)normiert.

Zur Lösung des Eigenwertproblems $\mathbf{A}\,\mathbf{x} = \lambda\,\mathbf{x}$ schreiben wir es um:

$$(\mathbf{A} - \lambda\,\mathbf{E})\,\mathbf{x} = \mathbf{o}\,.$$

Dieses homogene LGS hat genau dann eine nichttriviale Lösung $\mathbf{x} \neq \mathbf{o}$, wenn gilt (vgl. Satz 10.14):

$$\det(\mathbf{A} - \lambda\,\mathbf{E}) = \begin{vmatrix} a_{11} - \lambda & a_{12} & \dots & a_{1n} \\ a_{21} & a_{22} - \lambda & \dots & a_{2n} \\ \vdots & & & \\ a_{n1} & a_{n2} & \dots & a_{nn} - \lambda \end{vmatrix} = 0\,.$$

Diese Gleichung heißt ***Säkulargleichung***, die Determinante ***Säkulardeterminante*** von $\mathbf{A}$. Die Entwicklung der Determinante führt auf ein Polynom P_n in λ vom Grad n, auf das ***charakteristische Polynom*** von $\mathbf{A}$:

$$P_n(\lambda) := \det(\mathbf{A} - \lambda\,\mathbf{E}) = c_0 + c_1\lambda + \dots + c_{n-1}\lambda^{n-1} + (-1)^n\lambda^n\,.$$

Haben wir alle $k \leq n$ verschiedenen (reellen) Nullstellen λ_i der Säkulargleichung gefunden, dann müssen wir anschließend für jeden Eigenwert λ_i das zugehörige homogene LGS

$$(\mathbf{A} - \lambda_i\mathbf{E})\,\mathbf{x}_i = \mathbf{o}$$

lösen, um die Eigenvektoren von $\mathbf{A}$ zu bestimmen.

Beispiel 10.15. Wir betrachten das Eigenwertproblem der Matrix $\mathbf{A} := \begin{pmatrix} 1 & 1 \\ 0 & 1 \end{pmatrix}$. Die Säkulargleichung

$$0 = \begin{vmatrix} 1-\lambda & 1 \\ 0 & 1-\lambda \end{vmatrix} = (1-\lambda)^2$$

hat eine zweifache Nullstelle $\lambda_1 = \lambda_2 = 1$. Die zugehörige Eigenwertgleichung lautet:

$$(\mathbf{A} - \lambda_1\mathbf{E})\,\mathbf{x} = \begin{pmatrix} 0 & 1 \\ 0 & 0 \end{pmatrix}\begin{pmatrix} x_1 \\ x_2 \end{pmatrix} = \begin{pmatrix} 0 \\ 0 \end{pmatrix} \quad \text{oder} \quad x_2 = 0\,.$$

Der normierte Vektor $\mathrm{x} = (1,0)^{\mathrm{T}}$ ist eine Lösung dieses LGS. Alle anderen Eigenvektoren sind Vielfache von x. Die zweifache Nullstelle $\lambda = 1$ des charakteristischen Polynoms hat also den Entartungsgrad 1: Der zu $\lambda = 1$ gehörige "Eigenraum" ist eindimensional. □

Ohne Beweis wird im folgenden Satz ein Zusammenhang zwischen der Vielfachheit einer Nullstelle des charakteristischen Polynoms und dem Entartungsgrad des entsprechenen Eigenwerts vorgestellt.

Satz 10.17. Ist λ_i eine n_i-fache Nullstelle des charakteristischen Polynoms einer Matrix A, so gilt für die Dimension des zum Eigenwert λ_i gehörigen Eigenraumes, also für den Entartungsgrad s_i von λ_i:

$$1 \leq s_i \leq n_i \,.$$

Das charakteristische Polynom einer reellen Matrix A kann sehr wohl komplexwertige Nullstellen haben. Eine derartige komplexe Nullstelle stellt jedoch nur dann einen Eigenwert von A dar, wenn wir das Eigenwertproblem von A im Vektorraum $\mathbb{C}^n$ lösen. Die entsprechende Verallgemeinerung von Definition 10.3 ist offensichtlich.

Beispiel 10.16. Die Matrix $\mathrm{A} := \begin{pmatrix} 0 & 1 \\ -1 & 0 \end{pmatrix}$ hat das charakteristische Polynom $P_2(\lambda) = \lambda^2 + 1$. A hat also keine reellen Eigenwerte. Lösen wir das Eigenwertproblem jedoch in $\mathbb{C}^2$, dann gehören zu den Eigenwerten $\lambda_1 = i$ und $\lambda_2 = -i$ die normierten Eigenvektoren

$$\mathrm{x}_1 = \frac{1}{\sqrt{2}} \begin{pmatrix} 1 \\ i \end{pmatrix} \in \mathbb{C}^2 \quad \text{bzw.} \quad \mathrm{x}_2 = \frac{1}{\sqrt{2}} \begin{pmatrix} 1 \\ -i \end{pmatrix} \in \mathbb{C}^2.$$

□

In vielen Anwendungen trifft man auf das Eigenwertproblem einer symmetrischen (bzw. hermiteschen) Matrix.

Satz 10.18. A sei eine hermitesche (n,n)-Matrix: $\mathrm{A}^{\dagger} = \mathrm{A}$. Ihr charakteristisches Polynom besitze k paarweise verschiedene Nullstellen $\lambda_1, \ldots, \lambda_k$ mit den zugehörigen Vielfachheiten $n_1, \ldots, n_k$. Dann gilt:

(1) Alle Eigenwerte λ_i sind reell.

(2) Eigenvektoren zu verschiedenen Eigenwerten sind orthogonal.

(3) Der Entartungsgrad s_i von λ_i ist gleich der Vielfachheit n_i und somit: $s_1 + ... + s_k = n_1 + ... + n_k = n$.

Beweis. Wir betrachten zwei Eigenvektoren $\mathbf{x}_i$ und $\mathbf{x}_k$ von A und bilden

$$\mathbf{x}_i^\dagger \, \mathbf{A} \, \mathbf{x}_k = \mathbf{x}_i^\dagger(\lambda_k \, \mathbf{x}_k) = \lambda_k \, \mathbf{x}_i^\dagger \, \mathbf{x}_k = \lambda_k <\mathbf{x}_i|\mathbf{x}_k> . \qquad (*)$$

Analog folgt:

$$\mathbf{x}_k^\dagger \, \mathbf{A} \, \mathbf{x}_i = \lambda_i \, \mathbf{x}_k^\dagger \, \mathbf{x}_i .$$

Wegen Satz 9.4. und $\mathbf{A}^\dagger = \mathbf{A}$ lautet das Hermitesch-Adjungierte dieser Matrizengleichung:

$$\mathbf{x}_i^\dagger \, \mathbf{A} \, \mathbf{x}_k = (\mathbf{x}_k^\dagger \, \mathbf{A} \, \mathbf{x}_i)^\dagger = (\lambda_i \, \mathbf{x}_k^\dagger \, \mathbf{x}_i)^\dagger = \overline{\lambda}_i \, \mathbf{x}_i^\dagger \mathbf{x}_k = \overline{\lambda}_i <\mathbf{x}_i|\mathbf{x}_k>.$$

Durch Vergleich mit (*) erhalten wir:

$$(\lambda_k - \overline{\lambda}_i) <\mathbf{x}_i|\mathbf{x}_k> = 0 . \qquad (\#)$$

(1) Wir setzen in (#) $i = k$. Es gibt einen Eigenvektor $\mathbf{x}_i \neq \mathbf{o}$, also mit $<\mathbf{x}_i|\mathbf{x}_i> > 0$. Daher ist $\lambda_i - \overline{\lambda}_i = 0$: λ_i ist reell.

(2) Für $i \neq k$ gilt nach Voraussetzung $\lambda_k - \lambda_i \neq 0$ oder wegen (1) $\lambda_k - \overline{\lambda}_i \neq 0$. Daher folgt aus (#): $<\mathbf{x}_i|\mathbf{x}_k> = 0$.

Der Beweis von (3) sei hier übergangen. ∎

Satz 10.18(3) besagt, daß es zu jeder n_i-fachen Nullstelle λ_i des charakteristischen Polynoms einer hermiteschen (bzw. symmetrischen) Matrix A n_i linear unabhängige Eigenvektoren gibt, die eine Basis des zugehörigen "Eigenraums" bilden. In diesem Unterraum können wir mit Hilfe des Schmidt-Verfahrens eine ON-Basis wählen (vgl. Abschnitt 8.8), die aus n_i Eigenvektoren zum Eigenwert λ_i besteht. Wegen Satz 10.18(2) besitzt eine hermitesche (n,n)-Matrix A n orthonormierte Eigenvektoren $\mathbf{x}_1, ..., \mathbf{x}_n$. Die Matrix $\mathbf{U} := (\mathbf{x}_1, ..., \mathbf{x}_n)$ ist somit unitär (vgl. Satz 9.5). Sie hat folgende interessante Eigenschaft:

$$\begin{aligned} \mathbf{A}\,\mathbf{U} = \mathbf{A}\ (\mathbf{x}_1, ..., \mathbf{x}_n) &= (\mathbf{A}\,\mathbf{x}_1, ..., \mathbf{A}\,\mathbf{x}_n) = (\lambda_1\mathbf{x}_1, ..., \lambda_n\mathbf{x}_n) \\ &= (\mathbf{x}_1, ..., \mathbf{x}_n)\,\mathrm{diag}(\lambda_1, ..., \lambda_n) = \mathbf{U}\,\mathrm{diag}(\lambda_1, ..., \lambda_n). \end{aligned}$$

Jeder Eigenwert λ_i kommt entsprechend seiner Entartung n_i-mal als Diagonalelement vor. Wegen $\mathbf{U}^\dagger = \mathbf{U}^{-1}$ folgt:

$$\boxed{\mathbf{U}^{-1}\,\mathbf{A}\,\mathbf{U} = \mathbf{U}^{\dagger}\mathbf{A}\,\mathbf{U} = \mathrm{diag}(\lambda_1, ..., \lambda_n)}$$

bzw. $\mathbf{A} = \mathbf{U}\,\mathrm{diag}(\lambda_1, ..., \lambda_n)\,\mathbf{U}^{-1}$.
Man sagt auch: die Matrix $\mathbf{U}$ der Eigenvektoren diagonalisiert die Matrix A.

Diese Beziehung können wir wegen der Ergebnisse von Abschnitt 9.4. als Basistransformation interpretieren. Wenn wir die lineare Transformation

$$A\colon \mathbf{x} \in \mathbb{R}^n \rightarrow \mathbf{y} = \mathbf{A}\,\mathbf{x} \in \mathbb{R}^n$$

in der Standardbasis $\mathbf{V} = (\mathbf{e}_1, ..., \mathbf{e}_n) = \mathbf{E}$ beschreiben, dann ist A gerade die zugehörige Matrix:

$$A\,\mathbf{V} = (A\,\mathbf{e}_1, ..., A\,\mathbf{e}_n) = (\mathbf{a}_1, ..., \mathbf{a}_n) = \mathbf{A} = \mathbf{V}\,\mathbf{A}\,.$$

Wir können jedoch auch die n orthonormierten Eigenvektoren von A als Basis $\tilde{\mathbf{V}} = \mathbf{U}$ benutzen (vgl. Satz 9.5 und Abschnitt 9.4). Dann wird die Basistransformation durch die Matrix $\mathbf{S} = \mathbf{U}$ vermittelt:

$$\tilde{\mathbf{V}} = \mathbf{U} = \mathbf{E}\,\mathbf{U} = \mathbf{V}\,\mathbf{S}\,.$$

Die Darstellungsmatrix der linearen Abbildung A in der Basis $\tilde{\mathbf{V}}$ lautet daher:

$$\tilde{\mathbf{A}} = \mathbf{U}^{-1}\,\mathbf{A}\,\mathbf{U} = \mathrm{diag}(\lambda_1, ..., \lambda_n)\,.$$

In der Basis $\mathbf{U} = \tilde{\mathbf{V}}$ der Eigenvektoren ist die Wirkung der linearen Transformation A besonders übersichtlich. Jeder Basisvektor $\mathbf{x}_i$ bleibt in seiner Richtung unverändert, nur sein Betrag wird auf das λ_i-fache verlängert (bzw. verkürzt).

Zahlreiche Probleme in verschiedenen Bereichen von Physik und Chemie erfordern die Diagonalisierung einer symmetrischen Matrix, z.B. die Hauptachsentransformation des Trägheitstensors und des Polarisierbarkeitstensors, die Berechnung der Normalschwingungen eines Moleküls und die Lösung der Schrödinger-Gleichung im LCAO-Formalismus.

Besondere Bedeutung kommt den Eigenwertproblemen in der Quantenmechanik zu. Jeder experimentell zugänglichen Größe ("Observable") wird ein hermitescher linearer Operator zugeordnet, der im Raum der (komplexwertigen) Wellenfunktionen wirkt. Seine reellen (!) Eigenwerte entsprechen den möglichen Ergebnissen bei der Messung dieser Observablen. Beispielsweise ist die Eigenwertgleichung des Energie-(Hamilton-) Operators $\hat{H}$ die zeitunabhängige ***Schrödinger-Gleichung***:

$$\hat{H}\,\Psi = \epsilon\,\Psi\,.$$

Die Eigenfunktion Ψ beschreibt einen möglichen stationären Zustand des betrachteten Systems, ϵ ist der zugehörige Wert der Energie (vgl. Abschnitt 13.4).

Beispiel 10.17. Wir lösen das Eigenwertproblem der symmetrischen Matrix

$$\mathbf{M} := \begin{pmatrix} 0 & 1 & 1 \\ 1 & 0 & 1 \\ 1 & 1 & 0 \end{pmatrix}.$$

Es tritt in der Hückel-Theorie bei der Berechnung der Molekülorbitale und der zugehörigen Energien für das π-Elektronensystem des Cyclopropenyl-Radikals auf. Die Säkulargleichung von $\mathbf{M}$ lautet:

$$\det(\mathbf{M} - \lambda\,\mathrm{E}) = \begin{vmatrix} -\lambda & 1 & 1 \\ 1 & -\lambda & 1 \\ 1 & 1 & -\lambda \end{vmatrix} = -\lambda^3 + 3\lambda + 2 = -(\lambda + 1)^2(\lambda - 2) = 0.$$

$\lambda_1 = 2$ ist eine einfache, $\lambda_2 = -1$ eine doppelte Nullstelle des charakteristischen Polynoms von $\mathbf{M}$. Wir lösen zunächst die Eigenwertgleichung für $\lambda_2 = 2$:

$$\left(\begin{array}{ccc|c} -2 & 1 & 1 & 0 \\ 1 & -2 & 1 & 0 \\ \boxed{1} & 1 & -2 & 0 \end{array}\right) \curvearrowright \left(\begin{array}{ccc|c} \boxed{1} & 1 & -2 & 0 \\ 1 & -2 & 1 & 0 \\ -2 & 1 & 1 & 0 \end{array}\right) \curvearrowright \left(\begin{array}{ccc|c} 1 & 1 & -2 & 0 \\ 0 & \boxed{-3} & 3 & 0 \\ 0 & 3 & -3 & 0 \end{array}\right) \curvearrowright$$

$$\curvearrowright \left(\begin{array}{ccc|c} 1 & 1 & -2 & 0 \\ 0 & \boxed{1} & -1 & 0 \\ 0 & 0 & 0 & 0 \end{array}\right) \curvearrowright \left(\begin{array}{ccc|c} 1 & 0 & -1 & 0 \\ 0 & 1 & -1 & 0 \end{array}\right).$$

Es folgt:

$$\tilde{\mathrm{x}}_1 = \mu \begin{pmatrix} 1 \\ 1 \\ 1 \end{pmatrix} \quad \text{bzw.} \quad \mathrm{x}_1 = \frac{1}{\sqrt{3}} \begin{pmatrix} 1 \\ 1 \\ 1 \end{pmatrix}.$$

Die Eigenwertgleichung für $\lambda_2 = -1$,

$$\left(\begin{array}{ccc|c} 1 & 1 & 1 & 0 \\ 1 & 1 & 1 & 0 \\ 1 & 1 & 1 & 0 \end{array}\right) \curvearrowright (1\ \ 1\ \ 1|0) \curvearrowright x_1 + x_2 + x_3 = 0\,,$$

hat die beiden linear unabhängigen Lösungen:

$$\tilde{\mathrm{x}}_2 = \begin{pmatrix} 1 \\ 0 \\ -1 \end{pmatrix} \quad \text{und} \quad \tilde{\mathrm{x}}_3 = \begin{pmatrix} 1 \\ -1 \\ 0 \end{pmatrix}.$$

Wir orthonormieren die Vektoren $\tilde{\mathbf{x}}_2$ und $\tilde{\mathbf{x}}_3$:

$$\tilde{\mathbf{x}}_2 \rightarrow \mathbf{x}_2 = \frac{1}{\sqrt{2}} \begin{pmatrix} 1 \\ 0 \\ -1 \end{pmatrix},$$

$$<\mathbf{x}_2 | \tilde{\mathbf{x}}_3> = \frac{1}{\sqrt{2}},$$

$$\tilde{\mathbf{x}}_3 - <\mathbf{x}_2 | \tilde{\mathbf{x}}_3> \mathbf{x}_2 = \begin{pmatrix} 1 \\ -1 \\ 0 \end{pmatrix} - \frac{1}{2} \begin{pmatrix} 1 \\ 0 \\ -1 \end{pmatrix} = \begin{pmatrix} 1/2 \\ -1 \\ 1/2 \end{pmatrix}.$$

Also: $$\mathbf{x}_3 = \frac{1}{\sqrt{6}} \begin{pmatrix} 1 \\ -2 \\ 1 \end{pmatrix}.$$

Die orthogonale Matrix $\mathbf{U}$, die $\mathbf{M}$ diagonalisiert, lautet

$$\mathbf{U} = \frac{1}{\sqrt{6}} \begin{pmatrix} \sqrt{2} & \sqrt{3} & 1 \\ \sqrt{2} & 0 & -2 \\ \sqrt{2} & -\sqrt{3} & 1 \end{pmatrix}.$$

Es gilt: $\mathbf{U}^T \mathbf{U} = \mathbf{E}$ und $\mathbf{U}^T \mathbf{M} \mathbf{U} = \mathrm{diag}(2,-1,-1)$. Probe!

In der Molekülorbital-Theorie ist es üblich, Größe und Vorzeichen der Koeffizienten von Eigenvektoren graphisch durch die Größe und die "Farbe" der entsprechenden Symbole darzustellen. Die drei Eigenvektoren von $\mathbf{M}$ bzw. Spalten von $\mathbf{U}$ lauten in einer derartigen Darstellung: □

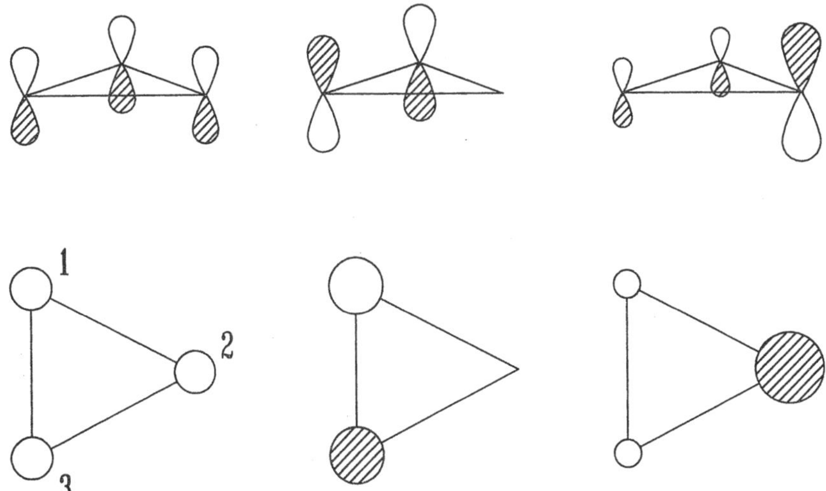

10.7 Aufgaben

10.1. Berechnen Sie das Volumen V des Parallelepipeds, das von den Vektoren $\mathbf{a} = (1,0,2)^T$, $\mathbf{b} = (3,4,5)^T$ und $\mathbf{c} = (5,6,7)^T$ aufgespannt wird.

10.2. Berechnen Sie folgende Determinanten:

a) $\begin{vmatrix} 0 & 1 & 0 & 1 \\ 0 & 4 & 2 & 4 \\ 0 & 2 & 0 & 3 \\ 5 & 2 & 10 & 2 \end{vmatrix}$ b) $\begin{vmatrix} 1 & a & (b+c) \\ 1 & b & (c+a) \\ 1 & c & (a+b) \end{vmatrix}$ c) $\begin{vmatrix} 0 & 0 & 0 & 1 \\ 0 & 0 & 2 & 4 \\ 0 & -1 & 0 & 3 \\ 5 & 0 & 10 & 2 \end{vmatrix}$ d) $\begin{vmatrix} x & 1 & 0 & 0 \\ 1 & x & 1 & 0 \\ 0 & 1 & x & 1 \\ 0 & 0 & 1 & x \end{vmatrix}$

10.3. $\mathbf{A}$ sei eine reguläre Matrix mit $\det \mathbf{A} = 2$. Berechnen Sie $\det(\mathbf{A}^2)$, $\det(\mathbf{A}^T \mathbf{A}^2)$ und $\det[(\mathbf{A}^T)^{-1}\mathbf{A}^3(\mathbf{A}^T)^2]$.

10.4. $\mathbf{A}$ sei eine (m,m)-Matrix und eine (n,n)-Matrix $\mathbf{B}$, ferner seinen $\mathbf{O}_{mn}$ und $\mathbf{O}_{nm}$ Nullmatrizen vom Typ (m,n) bzw. (n,m). Dann gilt für die "Kästchen"-Matrix $\mathbf{C}$ des Typs $(m+n,m+n)$,

$$\mathbf{C} := \begin{pmatrix} \mathbf{A} & \mathbf{O}_{mn} \\ \mathbf{O}_{nm} & \mathbf{B} \end{pmatrix},$$

die Regel $\det \mathbf{C} = \det \mathbf{A} \cdot \det \mathbf{B}$. Weisen Sie diese Regel für den Spezialfall $m = 2$ nach.

10.5. Berechnen Sie alle Nullstellen des charakteristischen Polynoms

$$P(\lambda) = \begin{vmatrix} 2-\lambda & 1 & 2 \\ 2 & 3-\lambda & 4 \\ -1 & -1 & -1-\lambda \end{vmatrix}.$$

10.6. Beweisen Sie, daß die Determinante einer hermiteschen Matrix reell ist.

10.7. Schreiben Sie das lineare Gleichungssystem (LGS)

$$\begin{aligned} x_1 + 2x_2 + x_3 &= 2 \\ 3x_1 + x_2 - 2x_3 &= 1 \\ 4x_1 - 3x_2 - x_3 &= 3 \end{aligned}$$

in der Form $\mathbf{A}\,\mathbf{x} = \mathbf{b}$ und formen Sie es dann mit Hilfe des Gauß-Jordan-Verfahrens so weit um, daß $\mathbf{A}$ in eine obere Dreiecksmatrix übergeht. Lösen Sie sodann das LGS.

10.8. a) Schreiben Sie das LGS

$$\begin{aligned} x_1 + 2x_3 - x_4 &= 2 \\ -x_1 + x_2 - 3x_3 + 2x_4 &= -4 \\ 2x_1 - 2x_2 + x_3 + x_4 &= 3 \\ -2x_1 - x_2 + (t-3)x_4 &= t \end{aligned}$$

in Matrizenform, $\mathbf{A}\,\mathbf{x} = \mathbf{b}$. und formen Sie es dann mit Hilfe des Gauß-Jordan-Verfahrens so weit um, daß $\mathbf{A}$ in eine obere Dreiecksmatrix übergeht.

b) Stellen Sie fest, für welche Werte $t \in \mathbb{R}$ das LGS eindeutig lösbar ist, und geben Sie für diese t-Werte die Lösungen an.

c) Für welche Werte von t ist das LGS noch lösbar? Geben Sie in diesen Fällen die Lösungsmengen an.

10.9. Bestimmen Sie für die Matrix

$$\mathbf{C} := \begin{pmatrix} 1 & 4 & 2 \\ 2 & -1 & -5 \\ -1 & 2 & 4 \end{pmatrix}$$

die Lösungen des homogenen LGS $\mathbf{C}\,\mathbf{x} = \mathbf{o}$.

10.10. Gegeben ist die Matrix

$$\mathbf{A} := \begin{pmatrix} 1 & -2/3 & 0 \\ 0 & 1/3 & 0 \\ 3 & 0 & 1 \end{pmatrix}$$

a) Lösen Sie die linearen Gleichungssysteme $\mathbf{A}\,\mathbf{x}_i = \mathbf{b}_i$ $(i = 1, 2)$ mit

$$\mathbf{b}_1 = (1, 1, 0)^T \text{ und } \mathbf{b}_2 = (1, 1, 1)^T$$

mit dem Gauß-Jordan-Verfahren. Ist $\mathbf{A}$ invertierbar?

b) Bestimmen Sie $\mathbf{A}^{-1}$ mit Hilfe des Gauß-Jordan-Verfahrens.

10.11. Zeigen Sie, daß die Matrix

$$\mathbf{B} := \begin{pmatrix} 1 & 2 & 3 \\ 1 & 3 & 4 \\ 1 & 4 & 3 \end{pmatrix}$$

regulär ist und berechnen Sie die Inverse $\mathbf{B}^{-1}$ mit dem Gauß-Jordan-Verfahren.

10.12. a) Berechnen Sie die Eigenwerte der Matrix

$$\mathbf{A}(x) := \begin{pmatrix} 2 & 1 \\ x^2 & 2 \end{pmatrix}, \quad x \in \mathbb{R}_0^+.$$

b) Wie lauten die zugehörigen normierten Eigenvektoren? Sind die Eigenvektoren zu verschiedenen Eigenwerten orthogonal?

c) Für welche Werte von $x \in \mathbb{R}_0^+$ kann aus den Eigenvektoren von $\mathbf{A}$ keine Basis des $\mathbb{R}^2$ gebildet werden?

10.13. Gegeben ist die Matrix

$$\mathbf{A} := \begin{pmatrix} 1 & 1 & 1 \\ 1 & 1 & 1 \\ 1 & 1 & 1 \end{pmatrix}$$

a) Zeigen Sie, daß $\mathbf{x}_1 = (1, -1, 0)^T$ ein Eigenvektor von $\mathbf{A}$ ist. Wie lautet der zugehörige Eigenwert λ_1?

b) Berechnen Sie einen normierten Eigenvektor $\mathbf{v}_1$ in Richtung von $\mathbf{x}_1$.

c) $\mathbf{A}$ hat noch einen Eigenwert $\lambda_2 \neq \lambda_1$. Wie lautet er?

d) Bestimmen Sie einen normierten Eigenvektor $\mathbf{v}_2$ zum Eigenwert λ_2.

e) $\mathbf{A}$ ist eine symmetrische Matrix und besitzt daher ein orthonormiertes System von Eigenvektoren $\{\mathbf{v}_1, \mathbf{v}_2, \mathbf{v}_3\}$. Berechnen Sie $\mathbf{v}_3$ mit Hilfe des Vektorproduktes aus $\mathbf{v}_1$ und $\mathbf{v}_2$.

f) Zu welchem Eigenwert gehört $\mathbf{v}_3$?

g) Geben Sie mit Hilfe der bisherigen Resultate eine orthogonale Matrix $\mathbf{U}$ an, so daß $\mathbf{U}^T \mathbf{A} \mathbf{U}$ eine Diagonalmatrix ist. Machen Sie die Probe!

10.14. Berechnen Sie die Eigenwerte und die dazugehörigen Eigenvektoren der Matrix $\mathbf{M}$ (Hückel-Problem für das Allyl-Radikal):

$$\mathbf{M} := \begin{pmatrix} 0 & 1 & 0 \\ 1 & 0 & 1 \\ 0 & 1 & 0 \end{pmatrix}$$

Prüfen Sie anhand dieses Beispiels nach, daß für eine n-reihige reellsymmetrische Matrix gilt:

a) Alle n Eigenwerte sind reell.

b) Eigenvektoren, die zu verschiedenen Eigenwerten gehören, sind orthogonal.

c) Die zugehörigen Eigenvektoren sind linear unabhängig.

10.15. Im Rahmen der Hückel-Theorie entsprechen den Energien der π-Molekülorbitale des Cyclobutadiens die Eigenwerte der Matrix

$$\mathbf{M} := \begin{pmatrix} 0 & 1 & 0 & 1 \\ 1 & 0 & 1 & 0 \\ 0 & 1 & 0 & 1 \\ 1 & 0 & 1 & 0 \end{pmatrix}.$$

a) Bestimmen Sie alle Eigenwerte von $\mathbf{M}$.

b) Geben Sie die zugehörigen Eigenvektoren an.

c) Bestimmen Sie ein orthonormales System von Eigenvektoren.

11 Differentialrechnung für Funktionen mehrerer Veränderlicher

Wir kehren nun zur Analysis zurück und behandeln in den beiden folgenden Kapiteln ausgewählte Themen der Differential- und Integralrechnung für reellwertige Funktionen mehrerer Veränderlicher. Wir übertragen insbesondere Begriffe der Ableitung und des Differentials bzw. der linearen Approximation und diskutieren Bedingungen für Extremstellen.

Wir werden uns zunehmend auf die Skizzierung von Beweisideen beschränken und dabei anschauliche Überlegungen für Funktionen von zwei Veränderlichen benutzen. Wir können die Resultate aber in der Regel in naheliegender Weise auf Funktionen von n Veränderlichen übertragen, wenn wir die entsprechenden geometrischen Begriffe für den $\mathbb{R}^n$ heranziehen.

11.1 Darstellung von Funktionen mehrerer Veränderlicher

Funktionen einer Veränderlichen geben die in Physik und Chemie auftretenden funktionalen Zusammenhänge in vielen Fällen nur mit Einschränkungen wieder. In der Regel finden wir, daß eine Größe von mehreren "unabhängigen" Variablen abhängt.

Beispiel 11.1. (1) Die Zustandsgleichung für ein Mol eines idealen Gases lautet $P\,V = R\,T$. Der Druck P hängt also vom Volumen V und der Temperatur T ab, R ist die Gaskonstante (vgl. Beispiel 2.1):

$$(V,T) \to P = f(V,T) := RT/V\,.$$

(2) Häufig ist eine Größe zu beschreiben, die sich im Raum ändert, die also von den kartesischen Koordinaten bzw. dem Ortsvektor $\vec{r} = (x,y,z)$ eines Punktes abhängt:

$$g : (x,y,z) \to u := g(x,y,z) \in \mathbb{R} .$$

Als Beispiel nennen wir die Wellenfunktion Ψ_{1s} eines Elektrons im Grundzustand des Wasserstoffatoms:

$$\Psi_{1s}(\vec{r}) = \Psi_{1s}(x,y,z) = (\pi a_0{}^3)^{-1/2} \exp[-\sqrt{x^2 + y^2 + z^2}/a_0]$$
$$= \frac{1}{\sqrt{\pi a_0{}^3}} \exp[-|\vec{r}|/a_0] .$$

a_0 ist der Bohrsche Radius. □

Eine beliebige reelle Funktion f von n reellen Variablen $(x_1, ..., x_n)^T =: \mathbf{x}$ lautet demnach:

$$f : \mathbf{x} = \begin{pmatrix} x_1 \\ \vdots \\ x_n \end{pmatrix} \to u := f(\mathbf{x}) := f(x_1, ..., x_n) \in \mathbb{R} \ ; \quad \mathbf{x} \in \mathcal{D}(f) \subset \mathbb{R}^n .$$

Wird kein Definitionsbereich angegeben, so ist der maximale Definitionsbereich $\mathcal{D}(f) \subset \mathbb{R}^n$ gemeint, der mit dem Funktionsterm verträglich ist (vgl. Abschnitt 2.1). Für die Funktionen in Beispiel 11.1 sind dies die Mengen

$$\mathcal{D}(f) = \{ (V,T) \in \mathbb{R}^2 \mid V \neq 0 \} \quad \text{bzw.} \quad \mathcal{D}(\Psi) = \mathbb{R}^3 .$$

$\mathcal{D}(f)$ umfaßt alle Punkte der Ebene $\mathbb{R}^2$ mit der Ausnahme der "y"-Achse, physikalisch sinnvoll ist natürlich nur der Quadrant $V > 0$ und $T > 0$.

Wichtige Typen von Definitionsbereichen für Funktionen von zwei Veränderlichen sind das achsenparallele Rechteck,

$$\mathcal{A} = \{ (x,y) \in \mathbb{R}^2 \mid a \leq x \leq b , \ c \leq y \leq d \} ,$$

und das Innere einer Kreisscheibe $\mathcal{U}_R(\mathbf{r}_0)$ um den Punkt $\mathbf{r}_0 = (x_0,y_0)$ mit dem Radius R,

$$\mathcal{U}_R(\mathbf{r}_0) = \{\mathbf{r} \in \mathbb{R}^2 \mid |\mathbf{r} - \mathbf{r}_0| < R\}$$

Das Rechteck $\mathcal{A}$ ist ***abgeschlossen***: der Rand von $\mathcal{A}$ gehört zu $\mathcal{A}$. Dagegen ist $\mathcal{U}_R(\mathbf{r}_0)$ ***offen***, denn der Rand von $\mathcal{U}_R$,

$$\partial\mathcal{U}_R = \{ (x,y) \in \mathbb{R}^2 \mid (x - x_0)^2 + (y - y_0)^2 = R^2 \} ,$$

ist keine Teilmenge von $\mathcal{U}_R$. Die Menge $\mathcal{U}_R \cup \partial\mathcal{U}_R$ ist abgeschlossen. Man

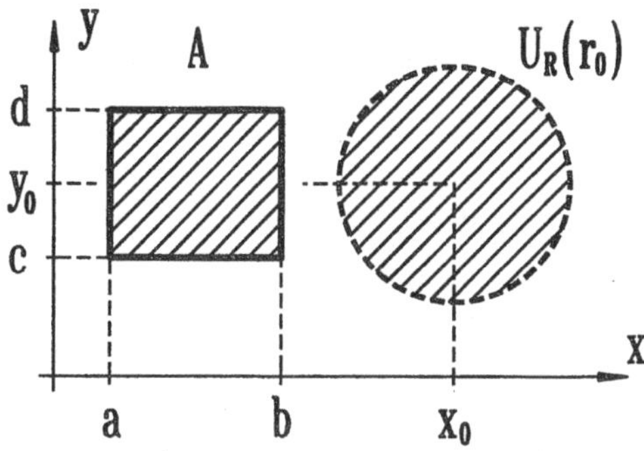

vergleiche diese Begriffsbildungen mit den entsprechenden Definitionen für Intervalle (siehe Abschnitt 1.3).

Wie bei Funktionen einer Veränderlichen kennt man neben der ***expliziten*** Form des Funktionsterms, z.B. $z = f(x,y)$, auch die ***implizite*** Form, z.B. als Lösung der Gleichung $F(x,y,z) = 0$ bzw. $F(x,y,\ f(x,y)) = 0$. Achtung: Nicht immer gelingt eine eindeutige Auflösung nach z (vgl. Abschnitt 2.3)!

Beispiel 11.2. (1) Die van-der-Waals-Gleichung beschreibt den Druck P eines realen Gases implizit als Funktion des Volumens V, der Temperatur T und der Molzahl N:

$$F(V,T,N,P) = (P + N^2 a/V^2)\ (V - Nb) - NRT = 0\ .$$

In expliziter Form bezüglich des Druckes lautet die Gleichung:

$$P = f(V,N,T) = NRT/(V - Nb) - N^2 a/V^2\ .$$

(2) Die Gleichung einer Kugel $x^2 + y^2 + z^2 = 1$ bzw.

$$G(x,y,z) := x^2 + y^2 + z^2 - 1 = 0$$

ist nicht eindeutig nach z auflösbar (vgl. Beispiel 2.9). Eine mögliche Lösung ist

$$z = g(x,y) := \sqrt{1 - x^2 - y^2}\ ,$$

die "obere Halbkugel". □

Der ***Graph*** $\mathcal{G}(f)$ einer Funktion $f(\mathrm{x}) = f(\mathrm{x}_1, \ldots, \mathrm{x}_n)$ von n Veränderlichen ist eine Teilmenge des $\mathbb{R}^{n+1}$:

$$\mathcal{G}(f) = \{\ (\mathrm{x}_1, \ldots, \mathrm{x}_n, y) \in \mathbb{R}^{n+1}\ |\ y = f(\mathrm{x})\ \}\ .$$

Nur im Fall $n = 2$ können wir den Graph $\mathcal{G}(f)$ anschaulich darstellen, und zwar als Fläche im Raum $\mathbb{R}^3$:

$$\mathcal{G}(f) = \{ (x,y,z) \in \mathbb{R}^3 \mid (x,y) \in \mathcal{D}(f) \text{ und } z = f(x,y) \} .$$

Der Funktionswert $z = f(x,y)$ ist die Höhe eines Flächenpunktes über der (x,y)-Ebene.

Um die in der Fläche enthaltene Information so zu reduzieren, daß diese in zwei Dimensionen darstellbar wird, schneidet man die Fläche $\mathcal{G}(f)$ mit achsenparallelen Ebenen und projiziert die Schnittkurven. Schneidet man $\mathcal{G}(f)$ parallel zur (x,y)-Ebene in verschiedenen Höhen c_i, so erhält man ***Höhenlinien***. Diese Kurven sind implizit definiert als Lösungen der Gleichungen

$$f(x,y) = c_i , \qquad i = 1, 2, \dots$$

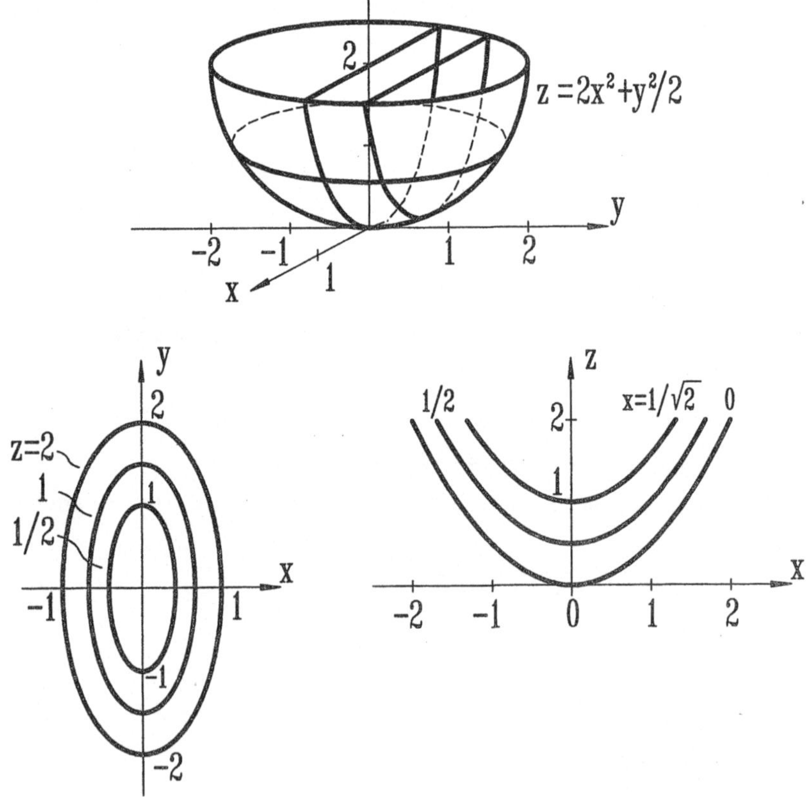

Schnitte durch $\mathcal{G}(f)$ in verschiedenen Abständen $y = b_i$ parallel zur (x,z)-Ebene mit anschließender Projektion der Schnittkurven auf diese Ebene ergeben eine ***Netztafel*** (analog für die (y,z)-Ebene).

Beispiel 11.3. Wir betrachten die Funktion $z = f(x,y) := 2x^2 + y^2/2$ mit dem Definitionsbereich $\mathcal{D}(f) = \{ (x,y) \in \mathbb{R}^2 \mid 4x^2 + y^2 \leq 4 \}$. $\mathcal{D}(f)$ umfaßt die Punkte im Innern und auf dem Rand der Ellipse $x^2 + y^2/4 = 1$ mit dem Mittelpunkt im Ursprung und Halbachsen der Länge 1 und 2. $\mathcal{D}(f)$ ist abgeschlossen. Für den Wertebereich gilt: $\mathcal{W}(f) = [\,0\,,\,2\,]$. Der Graph $\mathcal{G}(f)$ ist ein elliptisches Paraboloid.

Die Höhenlinie in der Höhe c (mit $0 < c \leq 2$) ist eine Ellipse mit den Halbachsen $\sqrt{c/2}$ und $\sqrt{2c}$:

$$z = c = 2x^2 + y^2/2 \quad \Rightarrow \quad x^2/(c/2) + y^2/(2c) = 1 \,.$$

Die Kurven einer Netztafel mit Schnitten parallel zur (y,z)-Ebene sind parallel verschobene Parabeln. Für $x = a$ erhalten wir:

$$z = g_a(y) = 2a^2 + y^2/2 \,. \qquad \square$$

Erwähnt sei noch die Methode der ***Konturflächen*** (oder ***Niveauflächen***) zur Darstellung des Graphen einer Funktion von drei Veränderlichen: $u = f(x,y,z)$. Man wählt einen geeigneten Funktionswert $u = c$ aus und betrachtet die Fläche im Raum, die durch die Gleichung $f(x,y,z) = c$ implizit definiert ist. Dies sind also gerade diejenigen Punkte, in denen die Funktion f den Wert c hat. Bei der Darstellung von Molekülorbitalen, d.h. beim (Betrags-) Quadrat der Wellenfunktion $f(x,y,z) = |\Psi(x,y,z)|^2$, wählt man die Konturfläche beispielsweise so, daß die Aufenthaltswahrscheinlichkeit eines Elektrons innerhalb der Fläche 90 Prozent beträgt.

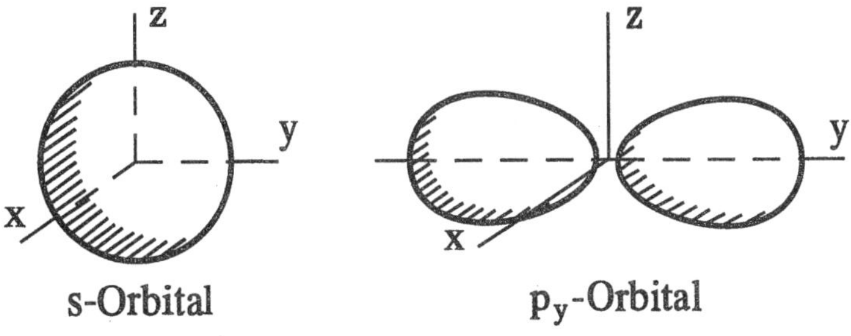

s-Orbital $\qquad$ p_y-Orbital

Der Begriff des ***Grenzwerts*** einer Funktion ist ohne weiteres auf Funktionen mehrerer Veränderlicher übertragbar. Die Funktion $f: \mathbb{R}^2 \to \mathbb{R}$ hat bei (a,b) den Grenzwert g, wenn $f(x,y)$ hinreichend nahe bei g liegt, falls (x,y) nahe genug bei (a,b) liegt, aber verschieden von (a,b) ist (vgl. Definition 4.1):

$$g = \lim_{(x,y) \to (a,b)} f(x,y) .$$

Die exakte Formulierung lautet folgendermaßen:

Definition 11.1. Eine Funktion $f: \mathbb{R}^n \to \mathbb{R}$ hat bei $\mathbf{a} \in \mathbb{R}^n$ den ***Grenzwert*** g, wenn für jedes $\epsilon > 0$ ein $\delta > 0$ existiert, so daß gilt:

für alle $\mathbf{x} \in \mathbb{R}^n$ mit $0 < |\mathbf{x} - \mathbf{a}| < \delta$ folgt: $|f(\mathbf{x}) - g| < \epsilon$.

Man vergleicht also die Funktionswerte in Punkten $\mathbf{x}$, deren Abstand von $\mathbf{a}$ zwischen 0 und δ liegt (vgl. Abschnitt 8.8).

Die Funktion $f: \mathbb{R}^n \to \mathbb{R}$ ist bei $\mathbf{a} \in \mathcal{D}(f) \subset \mathbb{R}^n$ ***stetig***, wenn gilt:

$$\lim_{\mathbf{x} \to \mathbf{a}} f(\mathbf{x}) = f(\mathbf{a}) .$$

Die Funktion f heißt ***stetig*** in $A \subset \mathcal{D}(f)$, wenn f in jedem Punkt $\mathbf{x} \in A$ stetig ist (vgl. Definition 4.2).

Beispiel 11.4. Gegeben seien folgende Funktionen:

$$f(x,y) := 2x^2 + y^2/2 ,$$

$$g(x,y,z) := z/(x-y) ,$$

$$h(x_1,x_2) := h(\mathbf{x}) = \begin{cases} x_1x_2/(x_1^2 + x_2^2) & \text{für } \mathbf{x} \neq \mathbf{o} , \\ 0 & \text{für } \mathbf{x} = \mathbf{o} . \end{cases}$$

Die Funktionen f und g sind innerhalb ihres jeweiligen Definitionsbereichs überall stetig, d.h. für $(x,y) \in \mathcal{D}(f) = \mathbb{R}^2$ bzw. für $(x,y,z) \in \mathcal{D}(g) = \{ (x,y,z) \in \mathbb{R}^3 \mid x \neq y \}$. Die Funktion h ist für alle $\mathbf{x} \in \mathbb{R}^2$ definiert und für $\mathbf{x} \neq \mathbf{o}$ stetig. Im Ursprung $(x_1,x_2) = (0,0)$ ist h unstetig, denn der Grenzwert von h hängt von der Richtung ab, aus der man sich dem Ursprung nähert. Bewegt man sich z.B. entlang der Geraden $x_2 = \lambda x_1$, dann gilt:

$$h(x_1,\lambda x_1) = \lambda/(1 + \lambda^2) =: H(\lambda) ,$$

d.h. auf jeder Geraden $x_2 = \lambda x_1$ ist der Funktionswert konstant gleich $H(\lambda)$. Die "einseitigen" Grenzwerte (vgl. Abschnitt 4.3) entlang den Geraden $x_2 = \lambda x_1$ sind für $\lambda \neq 0$ untereinander und vom Funktionswert $h(0,0) = 0$ verschieden:

$$\lim_{x\to 0} h(x_1,\lambda x_1) = H(\lambda) \neq 0 = h(0,0)\,. \qquad \square$$

11.2 Partielle Ableitungen

Angenommen, der Graph $\mathcal{G}(f)$ der Funktion $z = f(x,y)$ stellt eine "glatte" Fläche im Raum dar. Dann gibt es viele Möglichkeiten, in einem Punkt $(a,b,c) \in \mathcal{G}(f)$ eine Tangente an diese Fläche zu legen. Eine ausgezeichnete Tangente läuft parallel zur (x,z)-Ebene. Wir können sie als Tangente an die Schnittkurve $\mathcal{K}$ der Fläche $z = f(x,y)$ mit der Ebene $y = b$ auffassen. Für $\mathcal{K}$ gilt: $z = g(x) := f(x,b)$.

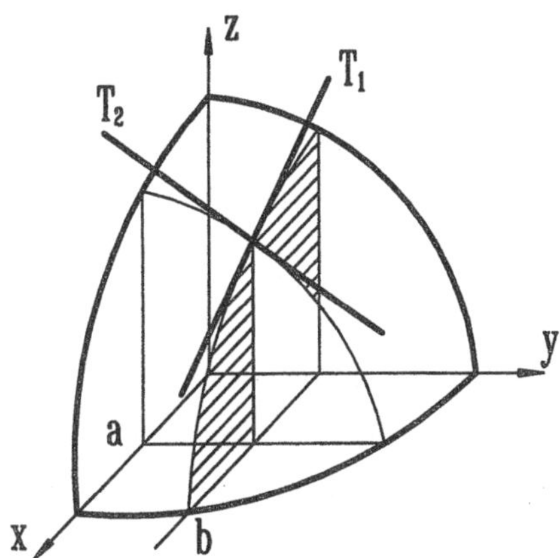

Die Steigung der Tangente $\mathcal{T}_1$, die ***partielle Ableitung*** $f_x(a,b)$ von f nach x, beschreibt die Änderung von f im Punkt (a,b) entlang der Schnittgeraden mit der achsenparallelen Ebene $y = b$. Wir berechnen sie als gewöhnliche Ableitung der oben definierten Schnittkurve $z = g(x)$:

$$f_x(a,b) = \lim_{h\to 0} \frac{g(a+h) - g(a)}{h} = \lim_{h\to 0} \frac{f(a+h,\, b) - f(a,b)}{h}\,.$$

Die partielle Ableitung von f nach y, $f_y(a,b)$, ist die Steigung der Tangente $\mathcal{T}_2$, die im Punkt (a,b,c) an $\mathcal{G}(f)$ parallel zur (y,z)-Ebene verläuft. Sie beschreibt in analoger Weise die Änderung von f für festes $x = a$. Wir verallgemeinern dies folgendermaßen:

Definition 11.2. Eine Funktion $f(x_1, ..., x_n)$ mit dem offenen Definitionsbereich $\mathcal{D}(f) \subset \mathbb{R}^n$ heißt in $(a_1, ..., a_n) \in \mathcal{D}(f)$ partiell differenzierbar mit der ***partiellen Ableitung*** $f_{x_i}(a_1, ..., a_n)$ nach x_i, falls gilt:

$$\lim_{h\to 0} \frac{f(a_1, ..., a_i + h, ..., a_n) - f(a_1, ..., a_i, ..., a_n)}{h} =$$

$$= f_{x_i}(a_1, ..., a_n), \qquad (i = 1, 2, ..., n)$$

Wir können auch schreiben:

$$f_{x_i}(\mathbf{a}) = \lim_{h\to 0} [f(\mathbf{a} + h\mathbf{e}_i) - f(\mathbf{a})] / h .$$

Die Funktion f heißt in $\mathcal{D}(f)$ partiell differenzierbar nach x_i, wenn die partielle Ableitung $f_{x_i}(\mathbf{a})$ für alle $\mathbf{a} \in \mathcal{D}(f)$ existiert. Es ist sehr wichtig festzustellen, daß wir eine partielle Ableitung als gewöhnliche Ableitung einer Funktion von einer Veränderlichen berechnen können. Ist etwa

$$g(x) := f(a_1, ..., a_{i-1}, x, a_{i+1}, ..., a_n) ,$$

dann gilt:

$$f_{x_i}(a_1, ..., a_n) = g'(a_i) .$$

Eine partielle Ableitung berechnet man wie eine gewöhnliche Ableitung, indem man alle Variablen bis auf die zu untersuchende als Parameter mit festen Werten betrachtet. In diesem Sinn können wir alle Regeln für das gewöhnliche Differenzieren auf die partielle Differentiation übertragen (vgl. Abschnitt 5.2).

Beispiel 11.5. Es sei $f(x,y,z) := x \sin(y^2 + z^2) + \ln(x + y^2)$. Dann gilt:

$$f_x(x,y,z) = \sin(y^2 + z^2) + 1/(x + y^2) ,$$
$$f_y(x,y,z) = 2xy \cos(y^2 + z^2) + 2y/(x + y^2) ,$$
$$f_z(x,y,z) = 2xz \cos(y^2 + z^2) .$$

□

Für $z = f(x,y)$ werden für die partielle Ableitung nach x folgende Bezeichnungen gleichwertig gebraucht:

$$f_x = \frac{\partial f}{\partial x} = \frac{\partial}{\partial x} f = \frac{\partial z}{\partial x} = D_1 f .$$

Beispiel 11.6. Die Entropie S für ein Mol eines idealen Gases lautet als Funktion der Temperatur T und des Druckes P:

$$S = f(T,P) = S_0 + C_p \ln T - R \ln P .$$

Die Größen S_0, C_p und R sind Konstanten. Wegen der Zustandsgleichung $P = RT/V$ gilt andererseits:

$$S = g(T,V) := f(T,P(T,V)) = S_0 + (C_p - R) \ln T + R \ln(V/R) .$$

In der Thermodynamik ist es üblich, für Größe und Funktionsbezeichnung das gleiche Symbol zu verwenden:

$$S = S(T,P) := f(T,P) ,$$

bzw. $\quad S = S(T,V) := g(T,V) .$

Das Symbol S_T für eine partielle Ableitung nach T ist somit nicht mehr eindeutig. Deshalb werden auch die Variablen angegeben, die beim Differenzieren konstant zu halten sind, z.B.

$$\left(\frac{\partial S}{\partial T}\right)_P \quad \text{bzw.} \quad \left(\frac{\partial S}{\partial T}\right)_V .$$

Wir erhalten somit:

$$\left(\frac{\partial S}{\partial T}\right)_P := f_T(T,P) = C_p/T , \qquad \left(\frac{\partial S}{\partial P}\right)_T = -R/P ,$$

$$\left(\frac{\partial S}{\partial T}\right)_V := g_V(T,V) = (C_p - R)/T , \qquad \left(\frac{\partial S}{\partial V}\right)_T = R/V . \qquad \square$$

Der Wert einer partiellen Ableitung f_{x_i} hängt von n Variablen ab, nämlich von der Stelle, an der die partielle Ableitung gebildet wird. Die so definierte Ableitungsfunktion (!) kann gegebenenfalls erneut partiell differenziert werden. Man erhält auf diese Weise die partiellen ***Ableitungen zweiter Ordnung*** von f. Für die partielle Ableitung von f_{x_i} nach x_k schreibt man:

$$f_{x_i x_k} := \frac{\partial^2 f}{\partial x_k\, \partial x_i} := \frac{\partial}{\partial x_k}\left(\frac{\partial f}{\partial x_i}\right) .$$

Beispiel 11.7. Für die Funkion f in Beispiel 11.5 erhalten wir:

$$f_{xx}(x,y,z) = -1/(x + y^2)^2 ,$$

$$f_{xy}(x,y,z) = 2y \cos(y^2 + z^2) - 2y/(x + y^2)^2 ,$$

$$f_{xz}(x,y,z) = 2z \cos(y^2 + z^2) ,$$

$$f_{yx}(x,y,z) = 2y\cos(y^2+z^2) - 2y/(x+y^2)^2\,,$$
$$f_{zx}(x,y,z) = 2z\cos(y^2+z^2)\,.$$

Es folgt: $f_{xy} = f_{yx}$, $f_{xz} = f_{zx}$, $f_{yz} = f_{zy}$. □

Die Ergebnisse in Beispiel 11.7 legen die Vermutung nahe, daß zwei höhere partielle Ableitungen gleich sind, wenn sie sich nur in der Reihenfolge der durchgeführten Ableitungen unterscheiden. Dies gilt in der Tat für praktisch alle in der Anwendung vorkommenden Funktionen. Ohne Beweis:

Satz 11.1 (Satz von Schwarz). Die Funktion $f(x_1, ..., x_n)$ habe stetige partielle Ableitungen zweiter Ordnung. Dann gilt:

$$f_{x_i x_k} = f_{x_k x_i}\,.$$

Die Aussage kann sofort auf höhere partielle Ableitungen ausgedehnt werden. Falls alle vorkommenden partiellen Ableitungen stetig sind, dann gilt beispielsweise für $u = f(x,y,z)$:

$$f_{xxz} = f_{xyx} = f_{yxx}$$

und

$$f_{xyz} = f_{xzy} = f_{yxz} = f_{yzx} = f_{zxy} = f_{zyx}\,.$$

11.3 Die Kettenregel für partielle Ableitungen

Wir beginnen mit dem Fall, daß die Variablen $(x_1, ..., x_n)$ einer Funktion $z = f(x_1, ..., x_n)$ selbst Funktionen einer Variablen t sind:

$$x_i = g_i(t)\,,\quad i = 1, ..., n\,.$$

Die Größe z ist somit eine mittelbare Funktion von t gemäß

$$z = F(t) := f(g_1(t), ..., g_n(t))\,.$$

Wie berechnet sich die ***totale Ableitung*** von z nach t, also die Ableitung F', aus den partiellen Ableitungen f_{x_i} und den Ableitungen g_i'?

Als Beispiel betrachten wir die Energie E eines Teilchens der Masse m mit dem Impuls $\vec{p} = m\vec{v}$, das sich im Potential V am Ort $\vec{r}$ befindet:

$$E = H(\vec{p},\vec{r}) = \frac{1}{2m}\vec{p}^2 + V(\vec{r})\,.$$

Bewegt sich das Teilchen auf einer Bahn $\vec{r} = \vec{r}(t) = (x(t), y(t), z(t))$ mit der Geschwindigkeit $\vec{v} = \mathrm{d}\vec{r}(t)/\mathrm{d}t = (\dot{x}(t), \dot{y}(t), \dot{z}(t))$, dann ist die Energie E eine mittelbare Funktion der Zeit t. Wir fragen also nach $\mathrm{d}E/\mathrm{d}t$.

Zur Vereinfachung der Schreibweise beschränken wir unsere Überlegungen auf den Fall $z = f(x,y)$ mit $x = g_1(t)$ und $y = g_2(t)$, wobei gilt:

$$F(t) := f(g_1(t), g_2(t)) .$$

Wir setzen voraus, daß die partiellen Ableitungen f_x und f_y existieren und stetig sind. Dann formen wir um:

$$\begin{aligned} &f(a + h, b + k) - f(a,b) = \\ &= [f(a + h, b) - f(a,b)] + [f(a + h, b + k) - f(a + h, b)] \\ &= f_x(a + \vartheta_1 h, b)\, h + f_y(a + h, b + \vartheta_2 k)\, k . \end{aligned}$$

Dabei haben wir den Mittelwertsatz MW3 (vgl. Abschnitt 5.6) auf die Funktionen $G(x) := f(x,b)$ bzw. $H(y) = f(a + h,y)$ angewendet und die Definition 11.2 der partiellen Ableitung beachtet. Es gilt: $0 < \vartheta_i < 1$. Wir setzen nun:

$$\begin{aligned} a &= g_1(t) , & h &= g_1(t + \tau) - g_1(t) , \\ b &= g_2(t) , & k &= g_2(t + \tau) - g_2(t) . \end{aligned}$$

Damit erhalten wir:

$$\begin{aligned} f(a,b) = f(g_1(t), g_2(t)) &= F(t) \qquad \text{und} \\ f(a + h, b + k) &= F(t + \tau) . \end{aligned}$$

Wir haben also

$$\begin{aligned} F(t + \tau) - F(t) &= f_x(a + \vartheta_1 h, b)\, [g_1(t + \tau) - g_1(t)] \\ &\quad + f_y(a + h, b + \vartheta_2 k)\, [g_2(t + \tau) - g_2(t)] . \end{aligned}$$

Setzen wir weiterhin voraus, daß die Funktionen g_i differenzierbar und somit auch stetig sind (Satz 5.1), dann gilt $h, k \to 0$ für $\tau \to 0$ und wegen der Stetigkeit von f_x und f_y:

$$\lim_{\tau \to 0} f_x(a + \vartheta_1 h, b) = f_x(a,b) , \quad \lim_{\tau \to 0} f_y(a + h, b + \vartheta_2 k) = f_y(a,b) .$$

Wir erhalten schließlich:

$$\begin{aligned} F'(t) &= \lim_{\tau \to 0} \frac{F(t + \tau) - F(t)}{\tau} = f_x(a,b)\, g_1'(t) + f_y(a,b)\, g_2'(t) \\ &= f_x(g_1(t), g_2(t))\, g_1'(t) + f_y(g_1(t), g_2(t))\, g_2'(t) . \end{aligned}$$

Etwas ungenau können wir wegen $z = F(t) = F(x,y)$ auch schreiben:

$$\frac{dz}{dt} = \frac{\partial z}{\partial x}\frac{dx}{dt} + \frac{\partial z}{\partial y}\frac{dy}{dt}$$

Dies ist eine Verallgemeinerung der Kettenregel für Funktionen einer Veränderlichen (Satz 5.3).

Satz 11.2. Es sei $z = f(x_1, ..., x_n)$ eine Funktion von n Veränderlichen mit stetigen partiellen Ableitungen. Sind die Variablen x_i differenzierbare Funktionen einer Veränderlichen t mit $x_i = g_i(t)$ $(i = 1, ..., n)$, dann lautet die ***totale Ableitung*** von $z = F(t) := f(g_1(t), ..., g_n(t))$:

$$\frac{dz}{dt} := F'(t) = \sum_{i=1}^{n} f_{x_i}(g_1(t), ..., g_n(t))\, g_i'(t) .$$

Beispiel 11.8. Wir berechnen die zeitliche Änderung der Energie E im Fall einer eindimensionalen Bewegung. Dann vereinfacht sich der oben angegebene Ausdruck für die Energie zu

$$E = H(p,x) = p^2/(2m) + V(x) .$$

Die Newtonsche Bewegungsgleichung lautet mit der Kraft $K(x) = -V'(x)$ und wegen $p = mv$:

$$K(x) = m\frac{d^2x}{dt^2} = m\frac{dv}{dt} = \frac{dp}{dt} = -V'(x) .$$

Mit Satz 11.2 folgt dann:

$$\frac{dE}{dt} = \frac{\partial E}{\partial p}\frac{dp}{dt} + \frac{\partial E}{\partial x}\frac{dx}{dt} = \frac{p}{m}(-V'(x)) + V'(x)\frac{p}{m} = 0 .$$

Wir erhalten also den ***Energie-Satz***: Bewegt sich das Teilchen in einem Potential V, so daß die Kraft $K(x) = -V'(x)$ wirkt, dann ist seine Energie E zeitlich konstant. □

Wir können Satz 11.2 noch etwas allgemeiner fassen.

Satz 11.3. Es sei $z = f(x_1, ..., x_n)$ eine Funktion mit stetigen partiellen Ableitungen. Ferner seien die Funktionen

$$x_i = g_i(t_1, ..., t_m), \quad i = 1, ..., n$$

partiell differenzierbar. Dann besitzt auch die Funktion

$$z = F(t_1, ..., t_m) := f\left(g_1(t_1, ..., t_m), ..., g_n(t_1, ..., t_m)\right)$$

partielle Ableitungen, und es gilt:

$$D_k F(t_1, ..., t_m) = \sum_{i=1}^{n} D_i f\left(g_1(t_1, ..., t_m), ..., g_n(t_1, ..., t_m)\right) \cdot D_k g_i(t_1, ..., t_m).$$

Die Aussage von Satz 11.3 ist leichter zu merken in der etwas ungenauen Formulierung:

$$\frac{\partial z}{\partial t_k} = \sum_{i=1}^{n} \frac{\partial z}{\partial x_i} \frac{\partial x_i}{\partial t_k}$$

Der Beweis von Satz 11.3 reduziert sich auf denjenigen von Satz 11.2, wenn man bemerkt, daß bei Bildung einer partiellen Ableitung $D_k F$ gemäß Definition 11.2 alle "Parameter" t_j bis auf t_k festgehalten werden.

Beispiel 11.9. Gegeben sei die Entropie $S = S(T,P)$ und die Zustandsgleichung $P = P(T,V)$. Um $(\partial S/\partial T)_V$ zu berechnen, betrachten wir die Variablen (T,P) als Funktionen der Variablen (T,V) und wenden Satz 11.3 an:

$$\left(\frac{\partial S}{\partial T}\right)_V = \left(\frac{\partial S}{\partial T}\right)_P \frac{\partial T}{\partial T} + \left(\frac{\partial S}{\partial P}\right)_T \left(\frac{\partial P}{\partial T}\right)_V .$$

Dieser Ausdruck vereinfacht sich wegen $\partial T/\partial T = 1$. Für ein ideales Gas (vgl. Beispiel 11.6) erhalten wir schließlich:

$$\left(\frac{\partial S}{\partial T}\right)_V = \frac{C_P}{T} + \left(-\frac{R}{P}\right)\frac{R}{V} = \frac{C_P - R}{T} .$$

□

Exkurs: Koordinatensysteme

In der Ebene haben wir bisher neben den kartesischen Koordinaten (x,y) auch ***Polarkoordinaten*** (ρ,φ) benutzt (vgl. Beispiel 3.5):

$$x = \rho\cos\varphi\,,\qquad \rho = \sqrt{x^2+y^2}\,,\qquad 0 \le \rho < \infty\,.$$
$$y = \rho\sin\varphi\,,\qquad \tan\varphi = y/x\,,\qquad 0 \le \varphi < 2\pi\,.$$

Die ebenen Polarkoordinaten führen bei räumlichen Problemen unmittelbar zu ***Zylinderkoordinaten*** (ρ,φ,ζ):

$$x = \rho\cos\varphi\,,\quad y = \rho\sin\varphi\,,\quad z = \zeta\,.$$

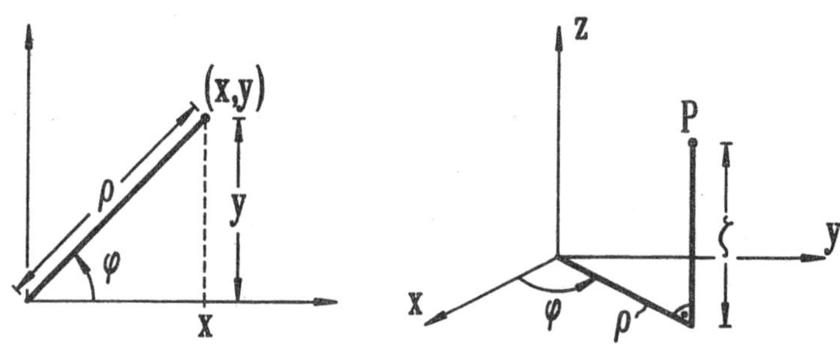

Bei Problemen mit Kugelsymmetrie verwendet man mit Vorteil ***Kugelkoordinaten*** (r,ϑ,φ):

$$x = r\sin\vartheta\cos\varphi\,,\qquad r = \sqrt{x^2+y^2+z^2}\,,$$
$$y = r\sin\vartheta\sin\varphi\,,\qquad \vartheta = \arccos\left(z/\sqrt{x^2+y^2+z^2}\right)\,,$$
$$z = r\cos\vartheta\,,\qquad \tan\varphi = y/x\,.$$

Dabei gilt: $0 \le r < \infty\,,\ 0 \le \vartheta \le \pi\,,\ 0 \le \varphi < 2\pi\,.$

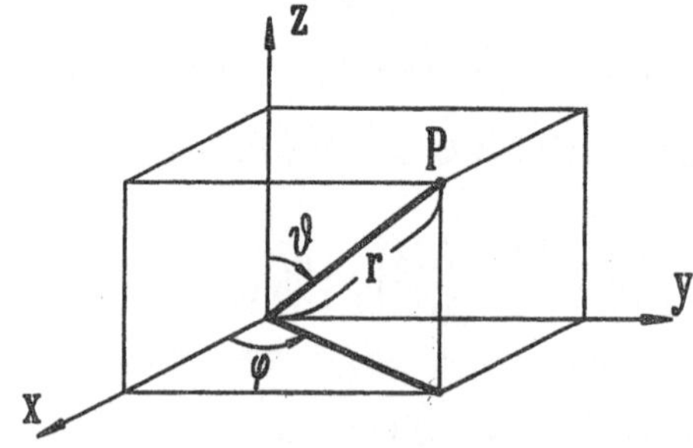

Beispiel 11.10. Es sei $z = f(x,y) := (x-y)^2$. Verwenden wir Polarkoordinaten (ρ,φ), dann erhalten wir die zusammengesetzte Funktion

$$z = F(\rho,\varphi) := f(\rho\cos\varphi,\ \rho\sin\varphi)\,.$$

Die partielle Ableitung $F_\rho = \partial z/\partial\rho$ beschreibt die Änderung des Funktionswertes $z = F(x,y)$ entlang eines Radiusvektors (φ fest); F_φ charakterisiert die Änderung bei festem ρ, d.h. auf einem Kreis um den Ursprung mit Radius ρ. Wir berechnen F_ρ und F_φ mit Hilfe von Satz 11.3 :

$$\begin{aligned}\frac{\partial z}{\partial\rho} &= f_x\frac{\partial x}{\partial\rho} + f_y\frac{\partial y}{\partial\rho} = 2(x-y)\cos\varphi - 2(x-y)\sin\varphi\\ &= 2\rho(\cos^2\varphi - \sin\varphi\cos\varphi) - 2\rho(\cos\varphi\sin\varphi - \sin^2\varphi)\\ &= 2\rho\,(1 - 2\sin\varphi\cos\varphi) = 2\rho(1-\sin(2\varphi))\,.\\ \frac{\partial z}{\partial\varphi} &= 2(x-y)(-\rho\sin\varphi) - 2(x-y)(\rho\cos\varphi) = -2\rho^2\cos(2\varphi)\,.\end{aligned}$$

Man bestätigt diese Ergebnisse durch Differenzieren der Funktion

$$z = F(\rho,\varphi) = \rho^2(\cos\varphi - \sin\varphi)^2 = \rho^2(1-\sin(2\varphi))\,.$$ □

Beispiel 11.11. Die Ableitungen einer "kugelsymmetrischen" Funktion $f(r,\vartheta,\varphi) := V(r)$ nach der kartesischen Koordinate x erhalten wir wegen

$$f_r = V'\,,\ f_\vartheta = 0\,,\ f_\varphi = 0$$

und $(\partial r/\partial x) = x/\sqrt{x^2+y^2+z^2} = x/r$ zu $\partial f/\partial x = (x/r)\,V'(r)$.
Fassen wir alle partiellen Ableitungen zu einem Vektor zusammen, dann ergibt sich:

$$\begin{pmatrix} f_x\\ f_y\\ f_z\end{pmatrix} = \frac{V'(r)}{r}\begin{pmatrix} x\\ y\\ z\end{pmatrix} = V'(r)\,\vec{e}_{\vec{r}}\,.$$

$\vec{e}_{\vec{r}}$ ist ein Einheitsvektor in radialer Richtung. Im Wasserstoffatom wirkt auf das Elektron (Ladung $-e$) im Abstand r vom Proton das Potential $V(r) = -e^2/r$. Die resultierende Kraft

$$\vec{K} = -(V_x, V_y, V_z)^T = -\left(\frac{e^2}{r^2}\right)\vec{e}_{\vec{r}}$$

wirkt entlang der Verbindungslinie der beiden Teilchen, ist anziehend und umgekehrt proportional zum Quadrat des Abstands r. □

11.4 Das totale Differential

Bei Funktionen einer Veränderlichen haben wir der linearen Approximation in der Form des Differentialkalküls besondere Beachtung geschenkt (vgl. Abschnitt 5.5). Zweck der Linearisierung einer differenzierbaren

Funktion g ist es, für hinreichend kleine Änderungen dx den Zuwachs Δg durch den Zuwachs $dg := \Delta\hat{g}$ der Tangente anzunähern:

$$\Delta g(x) = g(x + dx) - g(x) \simeq dg = g'(x)\,dx\,.$$

Wir verallgemeinern diese Überlegungen nun auf Funktionen von zwei Veränderlichen. Der Graph $\mathcal{G}(f)$ einer Funktion $f(x,y)$ ist eine Fläche im Raum, der Graph der zugehörigen linearen Approximation $f(x,y)$ im Punkt (x_0,y_0) die Tangentialebene an die Fläche $\mathcal{G}(f)$ im Punkt $P(x_0,y_0,z_0)$ mit $z_0 = f(x_0,y_0)$. Die Gleichung einer Ebene durch den Punkt P lautet (vgl. Abschnitt 8.5):

$$a(x - x_0) + b(y - y_0) + c(z - z_0) = 0\,.$$

Die Tangentialebene ist dadurch ausgezeichnet, daß die ihr entsprechende lineare Funktion

$$z = \hat{f}(x,y) = z_0 - \left(\frac{a}{c}\right)(x - x_0) - \left(\frac{b}{c}\right)(y - y_0)$$

in (x_0,y_0) mit f im Wert der partiellen Ableitungen übereinstimmt, z.B.

$$\hat{f}(x_0,y_0) = -\frac{a}{c} = f_x(x_0,y_0)\,.$$

Damit erhalten wir als ***lineare Approximation*** von f im Punkt (x_0,y_0):

$$\hat{f}(x,y) = f(x_0,y_0) + f_x(x_0,y_0)(x - x_0) + f_y(x_0,y_0)(y - y_0)\,.$$

Wir wollen die Gleichung der Tangentialebene noch auf eine andere Weise bestimmen, indem wir zwei Vektoren angeben, die in der Ebene liegen. Dazu schneiden wir die Fläche $\mathcal{G}(f)$ im Punkt P parallel zur (x,z)-Ebene. Als Schnittkurve erhalten wir $z = f(x,y_0)$, deren Tangente bei x_0 die Schnittgerade der Tangentialebene mit der Schnittebene ist. Die Steigung dieser Tangente ist nach Konstruktion $f_x(x_0,y_0)$. Wir wählen noch einen Punkt Q aus dieser Geraden mit der x-Koordinate $(x_0 + 1)$. Dann gilt:

$$\mathbf{a} = \overrightarrow{PQ} = \begin{pmatrix} x_0 + 1 \\ y_0 \\ z_0 + f_x \end{pmatrix} - \begin{pmatrix} x_0 \\ y_0 \\ z_0 \end{pmatrix} = \begin{pmatrix} 1 \\ 0 \\ f_x \end{pmatrix}.$$

Zur Vereinfachung der Schreibweise haben wir die Argumente der partiellen Ableitungen weggelassen. In völlig analoger Weise ergibt ein Schnitt durch P parallel zur (y,z)-Ebene einen weiteren Vektor $\mathbf{b} = (0, 1, f_y)^T$ aus der Tangentialebene. Der Vektor $\mathbf{n} := \mathbf{a} \times \mathbf{b}$ steht senkrecht auf der Tangentialebene. Ferner sei $\mathbf{r}_0 := (x_0, y_0, z_0)^T$; dann lautet die Gleichung der Ebene (vgl. Beispiel 10.4):

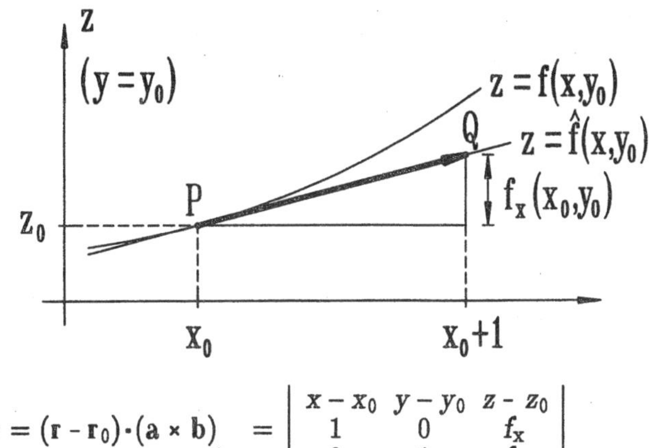

$$0 = (\mathbf{r} - \mathbf{r}_0)\cdot(\mathbf{a} \times \mathbf{b}) \quad = \begin{vmatrix} x - x_0 & y - y_0 & z - z_0 \\ 1 & 0 & f_x \\ 0 & 1 & f_y \end{vmatrix}$$

$$= -(x - x_0)f_x - (y - y_0)f_y + (z - z_0)\,.$$

Wir erhalten also dieselbe lineare Funktion $z = f(x,y)$ wie oben.

Wir wollen die lineare Approximation $\hat{f}$ wie im Fall einer Veränderlichen dazu verwenden, den Zuwachs $\Delta\hat{f}$,

$$\Delta f := f(x_0 + \Delta x, y_0 + \Delta y) - f(x_0,y_0)\,,$$

für kleine Änderungen $\Delta x := x - x_0$, $\Delta y = y - y_0$ der Argumente näherungsweise durch den Zuwachs $\Delta\hat{f}$ wiederzugeben:

$$\Delta f \simeq \Delta\hat{f} = f_x\,\Delta x + f_y\,\Delta y\,.$$

Wir erwarten, daß diese Approximation möglich ist, wenn eine Tangentialebene an die Fläche $z = f(x,y)$ existiert. Dazu reicht es nicht aus, daß f partielle Ableitungen besitzt, diese müssen auch stetig sein (vgl. Abschnitt 11.5). Wir verallgemeinern nun:

Definition 11.3. Die Funktion $z = f(x_1, \ldots, x_n)$ sei für $(x_1, \ldots, x_n)^T \in \mathcal{D}(f) \subset \mathbb{R}^n$ nach jeder Veränderlichen stetig partiell differenzierbar. Dann nennt man die lineare Differentialform

$$dz := df := f_{x_1}dx_1 + \ldots + f_{x_n}dx_n$$

das ***totale Differential*** von f.

Das totale Differential df mißt also den Zuwachs $\Delta\hat{f}$ der linearen Approximation $\hat{f}$ (bzw. die Änderung in der Tangentialebene) bei einer Ände rung der Variablen von x_i auf $x_i + dx_i$. Der Wert von df braucht nicht klein zu sein, jedoch approximiert er die Änderung Δf der Funktion nur für hinreichend kleine Differentiale dx_i $(i = 1, ..., n)$. Wir berechnen und verwenden das totale Differential in weitgehender Analogie zu gewöhnlichen Differentialen.

Beispiel 11.12. Der Flächeninhalt F eines Rechtecks mit den Seitenlängen x und y lautet

$$F(x,y) = xy\,.$$

Bei geringen Änderungen dx, dy der Seitenlängen gilt näherungsweise:

$$\Delta F \simeq dF = F_x dx + F_y dy = y\,dx + x\,dy.$$

Das totale Differential mißt also den Inhalt der schraffierten Flächen. Die Abweichung $dxdy = \Delta F - df$ ist von höherer Ordnung klein und wird in der linearen Näherung vernachlässigt (vgl. Beispiel 5.18). □

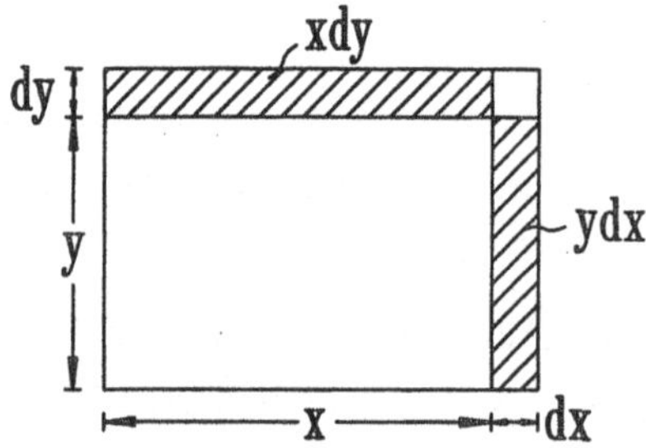

Beispiel 11.13. Man kann das totale Differential dazu verwenden, um den maximalen Fehler einer Größe abschätzen, wenn diese aus mehreren fehlerbehafteten Meßgrößen berechnet wird (vgl. Abschnitt 5.19).

Bei einem Fadenpendel werde die Länge $L = (2{,}52 \pm 0{,}005)$ m und die Schwingungsdauer $T = (3{,}18 \pm 0{,}01)$ s gemessen. Die Erdbeschleunigung g berechnen wir aus der Beziehung $T = 2\pi\sqrt{L/g}$ bzw.

$$g = g(L,T) = 4\pi^2\, L/T^2.$$

Den Fehler Δg nähern wir durch das totale Differential an:

$$\Delta g \simeq dg = \frac{4\pi^2}{T^2}\,dL - \frac{8\pi^2 L}{T^3}\,dT\,.$$

Da wir die Vorzeichen der einzelnen Meßfehler dL und dT nicht kennen, schätzen wir den Absolutbetrag des relativen Fehlers $\Delta g/g$ mit der Dreiecksungleichung (Satz 1.3) nach oben ab:

$$\left|\frac{\Delta g}{g}\right| \leq \left|\frac{\partial g}{\partial L}\frac{\mathrm{d}L}{g}\right| + \left|\frac{\partial g}{\partial T}\frac{\mathrm{d}T}{g}\right| = \left|\frac{\mathrm{d}L}{L}\right| + 2\left|\frac{\mathrm{d}T}{T}\right|$$
$$\simeq 0{,}002 + 2\cdot 0{,}003 = 0{,}008 \,.$$

Schließlich erhalten wir: $g = (9{,}84 \pm 0{,}08)\ \mathrm{ms}^{-2}$. □

Beispiel 11.14. Aus Beispiel 11.6 folgt für das totale Differential $\mathrm{d}S$ der Entropie des idealen Gases

$$\mathrm{d}S = (C_\mathrm{p}/T)\mathrm{d}T - (R/P)\mathrm{d}P \,.$$

Aus der Zustandsgleichung $PV = RT$ ergibt sich:

$$P\mathrm{d}V + V\mathrm{d}P = R\mathrm{d}T \qquad \text{bzw.} \qquad \mathrm{d}P = (R/V)\mathrm{d}T - (P/V)\mathrm{d}V \,.$$

Setzen wir dies ein, dann erhalten wir:

$$\mathrm{d}S = (C_\mathrm{p}/T)\mathrm{d}T - (R^2/PV)\mathrm{d}T + (R/V)\mathrm{d}V$$
$$= [\,(C_\mathrm{p} - R)/T\,]\mathrm{d}T + (R/V)\mathrm{d}V \,.$$

Daraus folgern wir (vgl. Beispiel 11.6):

$$\left(\frac{\partial S}{\partial T}\right)_\mathrm{V} = \frac{C_\mathrm{p} - R}{T} \,, \qquad \left(\frac{\partial S}{\partial V}\right)_\mathrm{T} = \frac{R}{V} \,.$$ □

Teilen wir das totale Differential $\mathrm{d}f$ einer Funktion $z = f(x,y)$ durch $\mathrm{d}x$, so erhalten wir:

$$\frac{\mathrm{d}z}{\mathrm{d}x} = f_x + f_y\frac{\mathrm{d}y}{\mathrm{d}x} \,.$$

Dies ist die Kettenregel (Satz 11.2) für den Fall, daß wir die Variable x als "Parameter" t verwenden:

$$g_1(x) = x \,, \quad y = g_2(x) = g(x) \,.$$

Denn dann lautet die totale Ableitung von $z = F(x) = f(x, g(x))$:

$$\frac{\mathrm{d}z}{\mathrm{d}x} = F'(x) = f_x + f_y g' \,.$$

Nehmen wir ferner an, $y = g(x)$ sei eine "Höhenlinie" der Funktion f, d.h. implizit gegeben als Lösung von $z = f(x,y) = c$, dann ist z konstant und somit $\mathrm{d}z/\mathrm{d}x = 0$. Mit der zusätzlichen Voraussetzung $f_y(x,y) \neq 0$ erhalten wir die Formel für die ***Ableitung einer impliziten Funktion***:

$$\boxed{\frac{dy}{dx} = g'(x) = -\frac{f_x(x,y)}{f_y(x,y)}} \qquad (*)$$

Beispiel 11.15. Gesucht ist die Steigung der Tangente an die Ellipse $4x^2 + y^2 = 4$. Wir interpretieren diese Kurve als Höhenlinie $z = c = 4$ der Funktion

$$f(x,y) = 4x^2 + y^2 .$$

Es folgt: $f_x(x,y) = 8x$ und $f_y(x,y) = 2y$. Falls $y \neq 0$ ist, lautet die Steigung:

$$\frac{dy}{dx} = -4x/y .$$

Im Punkt $(1/\sqrt{2}, \sqrt{2})$ der Ellipse ist die Steigung -2. □

Beispiel 11.16. Für ein van-der-Waals-Gas gilt (vgl. Beispiel 11.2):

$$\left(\frac{\partial P}{\partial T}\right)_{V,N} = \frac{NR}{V - Nb} ,$$

$$\left(\frac{\partial P}{\partial V}\right)_{T,N} = -\frac{NRT}{(V - Nb)^2} + \frac{2a\,N^2}{V^3} .$$

Daraus berechnen wir gemäß (*) den thermischen Ausdehnungskoeffizienten α:

$$\alpha = \frac{1}{V}\left(\frac{\partial V}{\partial T}\right)_{P,N} = -\frac{1}{V}\left(\frac{\partial P}{\partial T}\right)_{V,N} \Big/ \left(\frac{\partial P}{\partial V}\right)_{T,N} .$$ □

Da entlang einer Höhenlinie $z = f(x,y)$ konstant ist, können wir die Beziehung (*) auch so schreiben:

$$\left(\frac{\partial y}{\partial x}\right)_z = -f_x/f_y$$

Analog finden wir $(\partial x/\partial y)_z = -f_y/f_x$, falls $f_x(x,y) \neq 0$ ist. Somit gilt:

$$\boxed{\left(\frac{\partial y}{\partial x}\right)_z = 1\Big/\left(\frac{\partial x}{\partial y}\right)_z} \qquad (\#)$$

Wegen

$$f_x = \left(\frac{\partial f}{\partial x}\right)_y = \left(\frac{\partial z}{\partial x}\right)_y \quad \text{und} \quad f_y = \left(\frac{\partial z}{\partial y}\right)_x$$

folgern wir aus (*) und (#):

$$\left(\frac{\partial y}{\partial x}\right)_z = -\left(\frac{\partial z}{\partial x}\right)_y \left(\frac{\partial y}{\partial z}\right)_x \quad \text{bzw.} \quad \boxed{\left(\frac{\partial z}{\partial x}\right)_y \left(\frac{\partial y}{\partial z}\right)_x \left(\frac{\partial x}{\partial y}\right)_z = -1}$$

Im Fall einer Funktion von drei Variablen

$$u = V(\vec{r}) = V(x,y,z)$$

beschreibt das totale Differential du näherungsweise die Änderung von V, wenn wir vom Punkt $\vec{r}$ zum Nachbarpunkt $\vec{r} + d\vec{r}$ übergehen:

$$du = dV = \frac{\partial V}{\partial x}\,dx + \frac{\partial V}{\partial y}\,dy + \frac{\partial V}{\partial z}\,dz = \left(\frac{\partial V}{\partial x}, \frac{\partial V}{\partial y}, \frac{\partial V}{\partial z}\right) \begin{pmatrix} dx \\ dy \\ dz \end{pmatrix}.$$

Das totale Differential ist also das Skalarprodukt des Differenzvektors

$$d\vec{r} := \begin{pmatrix} dx \\ dy \\ dz \end{pmatrix} = d\mathbf{r}$$

mit dem ***Gradienten*** von V:

$$\text{grad } V := \left(\frac{\partial V}{\partial x}, \frac{\partial V}{\partial y}, \frac{\partial V}{\partial z}\right)^T.$$

Ausgehend von einer skalaren Funktion V wird durch die Gradientenbildung jedem Punkt $\vec{r}$ der Vektor grad V zugeordnet. Um dies zu verdeutlichen, definieren wir den ***Nabla-Operator***:

$$\boxed{\vec{\nabla} := \begin{pmatrix} \partial/\partial x \\ \partial/\partial y \\ \partial/\partial z \end{pmatrix} = \vec{e}_x \frac{\partial}{\partial x} + \vec{e}_y \frac{\partial}{\partial y} + \vec{e}_z \frac{\partial}{\partial z}}$$

Der Nabla-Operator, ein Vektor-Differentialoperator, ordnet der Funktion V das ***Vektorfeld***

$$\vec{\nabla} V = \left(\frac{\partial V}{\partial x}, \frac{\partial V}{\partial y}, \frac{\partial V}{\partial z}\right)^T = \text{grad } V$$

zu. Um die Richtung des Gradienten zu bestimmen, beachten wir die geometrische Definition des Skalarprodukts (Definition 8.4):

$$du = dV = \vec{\nabla} V \cdot d\vec{r} = |\vec{\nabla} V|\ |d\vec{r}| \cos\varphi\ .$$

Der Zuwachs dV der Funktion V ist am größten, wenn der Winkel zwischen $\vec{\nabla} V$ und $d\vec{r}$ Null ist ($\cos\varphi = 1$), d.h. wenn $\vec{\nabla} V$ und $d\vec{r}$ parallel sind. Der Gradient $\vec{\nabla} V$ zeigt also in Richtung des stärksten Anstiegs von V.

Außerdem steht $\vec{\nabla} V$ senkrecht auf den Niveauflächen

$$u = V(x,y,z) = c = \text{const.}$$

Denn für alle Vektoren $d\vec{r}$ in der Tangentialebene an die Niveaufläche gilt:

$$0 = du = dV = \vec{\nabla} V \cdot d\vec{r} .$$

11.5 Mittelwertsatz und Taylor-Formel

Um die Funktion $f(\mathbf{x}) = f(x_1, ..., x_n)$ in der Umgebung des Punktes $\mathbf{a} \in \mathbb{R}^n$ durch ein lineares bzw. quadratisches Taylor-Polynom in den Variablen $\Delta x_i := x_i - a_i$ zu approximieren, reduzieren wir das Problem auf die entsprechende Approximation einer geeigneten Funktion von einer Veränderlichen. Dazu benutzen wir die Parametrisierung

$$\mathbf{r}(t) = \mathbf{a} + t(\mathbf{x} - \mathbf{a}) \quad \text{mit} \quad 0 \leq t \leq 1$$

und wenden die Kettenregel (Satz 11.2) an auf die Funktion

$$\begin{aligned} F(t) &:= f(\mathbf{r}(t)) = f(\mathbf{a} + t(\mathbf{x} - \mathbf{a})) \\ &= f\Big(a_1 + t(x_1 - a_1), ..., a_n + t(x_n - a_n)\Big) . \end{aligned}$$

Wir erhalten mit $\Delta\mathbf{x} := \mathbf{x} - \mathbf{a}$:

$$F'(t) = \sum_{i=1}^{n} \Delta x_i \, f_{x_i}(\mathbf{a} + t\Delta\mathbf{x}) ,$$

$$F''(t) = \sum_{i,j=1}^{n} \Delta x_i \Delta x_j \, f_{x_i x_j}(\mathbf{a} + t\Delta\mathbf{x}) .$$

Der Mittelwertsatz (Satz 5.10 bzw. MW1) liefert für die Funktion F:

$$F(1) = F(0) + F'(c) \cdot (1 - 0) \quad \text{mit} \quad 0 < c < 1 .$$

Nun ist $F(0) = f(\mathbf{a})$ und $F(1) = f(\mathbf{x})$. Damit folgt der ***Mittelwertsatz für Funktionen mehrerer Veränderlicher***:

Satz 11.4. Die Funktion $f(x_1, ..., x_n)$ sei in dem offenen Definitionsbereich $\mathcal{D}(f) \in \mathbb{R}^n$ stetig partiell differenzierbar. Dann gilt für $\mathbf{x}$, $\mathbf{a} \in \mathcal{D}(f)$:

$$f(x_1, ..., x_n) = f(a_1, ..., a_n) + \\ + \sum_{i=1}^{n} (x_i - a_i) \cdot f_{x_i}\Big(a_1 + c(x_1 - a_1), ..., a_n + c(x_n - a_n)\Big)$$

mit $0 < c < 1$.

Wir zeigen nun für den Fall $n = 2$, also für $f(x_1,x_2)$, daß unter den Voraussetzungen von Satz 11.4 eine Tangentialebene an die Fläche $z = f(x_1,x_2)$ existiert. Dies ist gleichbedeutend damit, daß der Fehler der linearen Approximation im Punkt $\mathbf{a}$

$$\epsilon(\Delta\mathbf{x}) := \Delta f - df = [f(\mathbf{x}) - f(\mathbf{a})] - [D_1 f(\mathbf{a})\,(x_1 - a_1) + D_2 f(\mathbf{a})\,(x_2 - a_2)]$$

klein ist verglichen mit dem Differenzvektor $\Delta\mathbf{x} = \mathbf{x} - \mathbf{a}$ (vgl. Abschnitt 5.5). Wir müssen also nachweisen, daß gilt:

$$\lim_{\Delta\mathbf{x} \to \mathbf{o}} \frac{|\epsilon(\Delta\mathbf{x})|}{|\Delta\mathbf{x}|} = 0 . \qquad (\dagger)$$

Für ein geeignetes $c \in \,]\,0, 1\,[$ folgt wegen Satz 11.4:

$$\epsilon(\Delta\mathbf{x}) = \sum_{i=1}^{2} \Big[D_i f(\mathbf{a} + c\Delta\mathbf{x}) - D_i f(\mathbf{a})\Big]\,(x_i - a_i) .$$

Wir schätzen $\epsilon(\Delta\mathbf{x})$ mit der Dreiecksungleichung ab und beachten

$$|\Delta x_i| \le \sqrt{\Delta x_1^2 + \Delta x_2^2} = |\Delta\mathbf{x}| .$$

Dann gilt:

$$|\epsilon(\Delta\mathbf{x})| \le |\Delta\mathbf{x}| \sum_{i=1}^{2} \Big|D_i f(\mathbf{a} + c\Delta\mathbf{x}) - D_i f(\mathbf{a})\Big| .$$

Wegen der Stetigkeit der partiellen Ableitungen,

$$D_i f(\mathbf{a} + c\Delta\mathbf{x}) \to D_i f(\mathbf{a}) \quad \text{für } \Delta\mathbf{x} \to \mathbf{o} ,$$

folgt die Behauptung $(\dagger)$.

Wir kehren nun zum allgemeinen Fall $f(\mathbf{x})$ zurück und wenden die Taylor-Formel (Satz 7.1) auf F an. Wir erhalten:

$$F(1) = F(0) + F'(0)\,(1-0) + R_{1,0}$$

bzw. $$F(1) = F(0) + F'(0)\,(1-0) + F''(0)\cdot(1-0)^2/2 + R_{2,0}\,.$$

Vernachlässigen wir die Restglieder, dann erhalten wir für den Zuwachs

$$\Delta f = f(\mathbf{x}) - f(\mathbf{a}) = F(1) - F(0)$$

in ***linearer*** bzw. ***quadratischer Näherung***:

$$\Delta f \simeq \sum_{i=1}^{n} \Delta x_i f_{x_i}(\mathbf{a})$$

$$\Delta f \simeq \sum_{i=1}^{n} \Delta x_i f_{x_i}(\mathbf{a}) + \frac{1}{2} \sum_{i,j=1}^{n} \Delta x_i \Delta x_j \, f_{x_i x_j}(\mathbf{a})$$

Die Näherung erster Ordnung ist identisch mit dem totalen Differential (vgl. Abschnitt 11.4).

Beispiel 11.17. Die Funktion $f(x,y) = \exp(x + xy)$ soll um den Punkt (0,0) bis zur zweiten Ordnung entwickelt werden. Es gilt $f(0,0) = 1$ und ferner:

$$\begin{aligned}
f_x(x,y) &= (1 + y)\exp(x + xy)\,, & f_x(0,0) &= 1\,.\\
f_y(x,y) &= x\exp(x + xy)\,, & f_y(0,0) &= 0\,.\\
f_{xx}(x,y) &= (1 + y)^2\exp(x + xy)\,, & f_{xx}(0,0) &= 1\,.\\
f_{xy}(x,y) &= [1 + (1 + y)x]\exp(x + xy)\,, & f_{xy}(0,0) &= 1\,.\\
f_{yy}(x,y) &= x^2\exp(x + xy)\,, & f_{yy}(0,0) &= 0\,.
\end{aligned}$$

Mit $\Delta x = x - 0 = x$, $\Delta y = y$ folgt:

$$f(x,y) \simeq 1 + x + \frac{1}{2}(x^2 + 2xy)\,.$$

Das sind gerade alle Glieder der Exponentialreihe bis zur zweiten Ordnung:

$$\begin{aligned}
\exp(x + xy) &= 1 + (x + xy) + \frac{1}{2!}(x + xy)^2 + \ldots\\
&= 1 + x + xy + \frac{1}{2}x^2 + \cancel{x^2y} + \frac{1}{2}\cancel{x^2y^2} + \ldots
\end{aligned}$$

□

11.6 Extremstellen

Wir betrachten in diesem Abschnitt solche Funktionen $f(x_1, \ldots, x_n)$, die in dem offenen Definitionsbereich $\mathcal{D}(f) \subset \mathbb{R}^n$ mindestens zweimal stetig partiell differenzierbar sind.

Die Funktion f hat im Punkt $\mathbf{a} \in \mathcal{D}(f)$ ein ***lokales Maximum***, wenn es eine Umgebung $\mathcal{U}_\delta(\mathbf{a}) \subset \mathcal{D}(f)$ von $\mathbf{a}$ gibt, so daß gilt:

$$f(\mathbf{x}) \leq f(\mathbf{a}) \qquad \text{für alle } \mathbf{x} \in \mathcal{U}_\delta(\mathbf{a}) .$$

$\mathcal{U}_\delta(\mathbf{a})$ ist eine hinreichend kleine offene "Kugel" um $\mathbf{a}$ vom Radius $\delta > 0$ (vgl. Abschnitt 11.1). Entsprechend ist ein ***lokales Minimum*** definiert: $f(\mathbf{x}) \geq f(\mathbf{a})$ für alle $\mathbf{x} \in \mathcal{U}_\delta(\mathbf{a})$.

Satz 11.5. Nimmt die Funktion f im Punkt $\mathbf{a} \in \mathcal{D}(f)$ ein lokales Extremum an, dann gilt für $i = 1, \ldots, n$: $f_{x_i}(\mathbf{a}) = 0$.

Beweis. Nach Voraussetzung hat insbesondere die Funktion einer Veränderlichen

$$g\colon x \to g(x) = f(a_1, \ldots, a_{i-1}, x, a_{i+1}, \ldots, a_n)$$

bei $x = a_i$ ein lokales Extremum. Wegen Satz 5.8 und Definition 11.2 gilt:

$$0 = g'(a_i) = f_{x_i}(\mathbf{a}).$$ ∎

Für eine Funktion $z = f(x,y)$ von zwei Veränderlichen lautet diese notwendige Bedingung für ein lokales Extremum im Punkt (x_0,y_0):

$$f_x(x_0,y_0) = 0 \ \text{ und } \ f_y(x_0,y_0) = 0 .$$

Dies bedeutet andererseits, daß die Tangentialebene in (x_0,y_0) an die Fläche $z = f(x,y)$ parallel zur (x,y)-Ebene liegt:

$$dz = 0 \ \text{ bzw. } \ z = z_0 := f(x_0,y_0) .$$

Ähnlich wie bei Funktionen einer Veränderlichen ist dieses Ableitungskriterium nicht hinreichend. Es gibt also sog. ***stationäre Punkte*** (mit $f_{x_i} = 0$ für $i = 1, \ldots, n$), in denen kein lokales Extremum vorliegt.

Beispiel 11.18. Betrachten wir die Funktion

$$g(x,y) = x^2 - y^2 .$$

Sie hat wegen

$$g_x(x,y) = 2x, \quad g_y(x,y) = -2y$$

im Punkt $(x_0,y_0) = (0,0)$ einen stationären Punkt. Aus dem Höhenliniendiagramm entnehmen wir, daß dort jedoch kein Extremum der Funktion g vorliegt, sondern ein ***Sattelpunkt***. Gehen wir entlang der x-Achse ($y = 0$, $g(x,0) = x^2$), so finden wir im Ursprung ein lokales Minimum. Durchlaufen wir die y-Achse ($x = 0$, $g(0,y) = -y^2$), so liegt im Punkt (0,0) jedoch ein Maximum. □

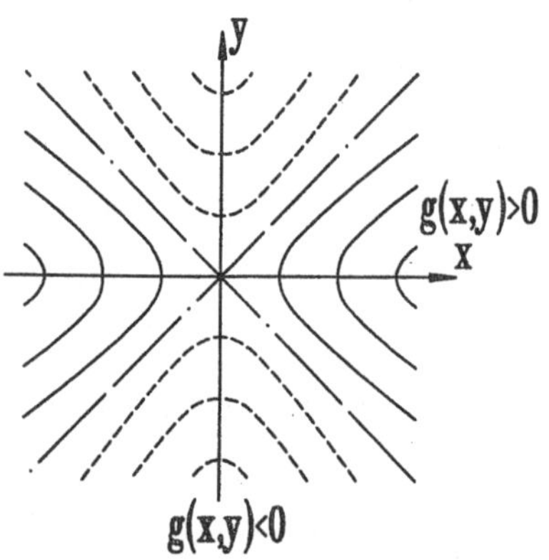

Eine Entscheidung über die Art eines stationären Punktes gelingt im Fall von zwei Veränderlichen mit Hilfe von

Satz 11.6. Die Funktion $f(x,y)$ nimmt im Punkt (x_0,y_0) ein lokales Minimum (Maximum) an, wenn folgende Bedingungen erfüllt sind:

(1) $f_x(x_0,y_0) = f_y(x_0,y_0) = 0$,

(2) $D := f_{xx}(x_0,y_0)\, f_{yy}(x_0,y_0) - f_{xy}^2(x_0,y_0) > 0$,

(3) $f_{xx}(x_0,y_0) > 0$ (bzw. < 0) .

Gilt neben (1) dagegen $D < 0$, dann liegt bei (x_0,y_0) ein Sattelpunkt.

Beweis. Wegen (1) lautet die quadratische Näherung für den Zuwachs Δf bei Änderungen der Variablen $\Delta x = x - x_0$, $\Delta y = y - y_0$:

$$\Delta f = f(x,y) - f(x_0,y_0) = \frac{1}{2}(a\,\Delta x^2 + 2b\,\Delta x\,\Delta y + c\,\Delta y^2)$$

(vgl. Abschnitt 11.5). Dabei ist

$$a := f_{xx}(x_0,y_0)\ ,\quad b := f_{xy}(x_0,y_0)\ ,\quad c := f_{yy}(x_0,y_0)\ .$$

Falls $a \neq 0$ ist, formen wir folgendermaßen um:

$$\Delta f = \frac{a}{2}\left[\left(\Delta x + \frac{b\,\Delta y}{a}\right)^2 + (ac - b^2)\left(\frac{\Delta y}{a}\right)^2\right].$$

Ist $D := ac - b^2 > 0$, dann hat Δf für $(x,y) \neq (x_0,y_0)$ immer das Vorzeichen von a. Für $a > 0$ liegt ein lokales Minimum vor, $\Delta f \geq 0$, für $a < 0$ ein lokales Maximum, $\Delta f \leq 0$.

Ist dagegen $D < 0$, dann liegt ein Sattelpunkt vor. Denn das Vorzeichen von Δf hängt von der Richtung ab, aus der wir uns dem Punkt (x_0,y_0) nähern. So gilt etwa:

$$\Delta f = a\,\Delta x^2/2 \qquad \text{für } \Delta y = 0\ ,$$

$$\Delta f = D\,\Delta y^2/(2a) \qquad \text{für } \Delta x = -b\,\Delta y/a\ .$$

Im Fall $a = 0$, $c \neq 0$ vertauschen wir die Rollen von x und y in der obigen Diskussion. Gilt $a = c = 0$, dann ist der Fall $b \neq 0$ von Interesse. Wie wir sehen, ist $D < 0$, und es liegt ein Sattelpunkt vor:

$$\Delta f = b\,\Delta x\,\Delta y\ .$$

Man wähle etwa die Wege $\Delta y = \Delta x$ bzw. $\Delta y = -\Delta x$.

Die Bedingung (3) zeichnet die x-Richtung bei der Entscheidung über die Art des Extremums nicht aus. Denn wegen (2) gilt:

$$f_{xx}f_{yy} > f_{xy}^2 \geq 0\ ,$$

d.h. $f_{xx}(x_0,y_0)$ und $f_{yy}(x_0,y_0)$ haben das gleiche Vorzeichen. ∎

Beispiel 11.19. (1) Wir untersuchen $f(x,y) = 2x^2 + y^2/2$ auf Extremstellen. Wegen

$$f_x(x,y) = 4x\ ,\quad f_y(x,y) = y$$

liegt der einzige stationäre Punkt bei (0,0). Ferner gilt:

$$f_{xx} = 4\ ,\quad f_{yy} = 1\ ,\quad f_{xy} = 0 \quad \Rightarrow \quad D = f_{xx}f_{yy} - f_{xy}^2 = 4 > 0\ .$$

Wegen $f_{xx}(0,0) = 4 > 0$ liegt ein Minimum vor, das sogar global ist. Denn es gilt: $f(0,0) = 0$ und $f(x,y) \geq 0$ (vgl. Beispiel 11.3).

(2) Die Funktion $g(x,y) = x^2 - y^2$ (vgl. Beispiel 11.18) hat wegen

$$g_{xx} = 2\ ,\quad g_{yy} = -2\ ,\quad g_{xy} = 0$$

und $D = 2(-2) - 0 = -4 < 0$ im Ursprung einen Sattelpunkt. □

Eine wichtige Anwendung der Extremwertbestimmung finden wir in der ***Ausgleichsrechnung***. Angenommen, zwischen zwei Größen x und y werde ein linearer Zusammenhang $y = ax + b$ postuliert. Die Parameter a und b sollen durch n wiederholte Messungen (x_i, y_i) bestimmt werden. Da die Meßwerte (x_i, y_i) fehlerbehaftet sind, werden sie nicht auf einer Geraden liegen. Wir suchen nun nach einer optimalen Geraden durch die streuenden Punkte, so daß sich die Fehler

$$\Delta y_i = y_i - (ax_i + b)$$

"ausgleichen". Nach der von Gauß vorgeschlagenen ***Methode der kleinsten Fehlerquadrate*** bestimmen wir die Parameter (a, b) so, daß die Funktion

$$F(a,b) := \sum_{i=1}^{n} (\Delta y_i)^2 = \sum_{i=1}^{n} (y_i - ax_i - b)^2$$

ein Minimum hat. Wir formen dazu $F(a,b)$ um und verwenden die Abkürzung $[f] := \sum_{i=1}^{n} f_i$. Dann gilt:

$$F(a,b) = [y^2] + a^2 [x^2] + b^2 n - 2a [xy] - 2b [y] + 2ab [x] .$$

Wir bilden die partiellen Ableitungen:

$$F_a(a,b) = 2a [x^2] + 2b [x] - 2 [xy] ,$$

$$F_b(a,b) = 2a [x] + 2b n - 2 [y] .$$

Die Stationaritätsbedingung $F_a(a,b) = F_b(a,b) = 0$ führt auf das LGS:

$$[x^2] a + [x] b = [xy] ,$$

$$[x] a + n b = [y] .$$

Die Lösung, etwa mit Hilfe der Cramerschen Regel (vgl. Abschnitt 10.1), lautet

$$a = (n [xy] - [x] [y])/d , \quad b = ([x^2] [y] - [x] [xy])/d .$$

Die Lösung ist immer eindeutig, da die Determinante $d \neq 0$ ist:

$$d := n [x^2] - [x]^2 = n \sum_{i=1}^{n} (x_i - \frac{[x]}{n})^2 > 0 .$$

Bei dem stationären Punkt der Funktion F handelt es sich in der Tat um ein Minimum. Denn es gilt $F_{aa} = 2 [x^2] > 0$ und:

$$D := F_{aa}F_{bb} - F_{ab}^2 = 2 [x^2] 2n - 4 [x]^2 = 4d > 0 .$$

Beispiel 11.20. Durch die 5 Meßpunkte (-2,-1); (-1,0); (0,0); (1,0); (2,1) ist eine Ausgleichsgerade zu legen. Es gilt:

$$[x] = -2 - 1 + 0 + 1 + 2 = 0\,,$$
$$[x^2] = (-2)^2 + (-1)^2 + 0^2 + 1^2 + 2^2 = 10\,,$$
$$[xy] = (-2)(-1) + (-1)\cdot 0 + 0\cdot 0 + 1\cdot 0 + 2\cdot 1 = 4\,,$$
$$[y] = 0\,;\quad n = 5\,;\quad d = n\,[x^2] - [x]^2 = 5\cdot 10 - 0 = 50\,.$$

Es folgt:

$$a = \frac{5\cdot 4 - 0\cdot 0}{50} = \frac{2}{5}\,,\quad b = \frac{10\cdot 0\ - 0\cdot 4}{50} = 0\,.$$

Damit lautet die Ausgleichsgerade: $y = 2x/5$. □

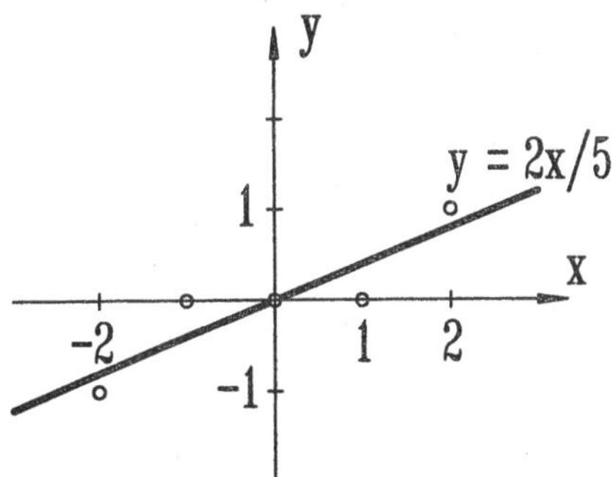

Wir diskutieren noch kurz das Extremalproblem im Fall von $n \geq 2$ Veränderlichen, das in leicht modifizierter Form für die Normalkoordinatenanalyse eines Moleküls von Bedeutung ist. Im Punkt **a** soll ein stationärer Punkt der Funktion $f(\mathbf{x})$ vorliegen: $f_{x_i}(\mathbf{a}) = 0$. Dann lautet die quadratische Näherung für Δf bei **a** in Matrixschreibweise:

$$\Delta f = \Delta\mathbf{x}^T\,\mathbf{B}\,\Delta\mathbf{x}\,/2.$$

Dabei ist $\Delta\mathbf{x} = \mathbf{x} - \mathbf{a}$ und **B** die Matrix der zweiten partiellen Ableitungen: $b_{ij} = f_{x_i y_j}(\mathbf{a})$. Wegen des Satzes von Schwarz (Satz 11.1) ist **B** symmetrisch. Daher gibt es eine orthogonale Basistransformation **U**, die die Matrix **B** diagonalisiert (vgl. Abschnitt 10.6):

$$\tilde{\mathbf{B}} = \mathbf{U}^T\,\mathbf{B}\,\mathbf{U} = \mathrm{diag}(\lambda_1, \ldots, \lambda_n) \qquad \text{mit}\ \ \mathbf{U}^T\,\mathbf{U} = \mathbf{E}\,.$$

Die Matrix **U** enthält in ihren Spalten die orthonormierten Eigenvektoren von **B**; λ_i sind die Eigenwerte von **B**. Bezüglich der neuen Basis haben wir die Koordinaten

$$\Delta\tilde{\mathbf{x}} = \mathbf{U}^{-1}\,\Delta\mathbf{x} = \mathbf{U}^{T}\,\Delta\mathbf{x}\,.$$

Wir formen nun den Zuwachs Δf um (vgl. Satz 9.4(3)):

$$\Delta f = \frac{1}{2}\,\Delta\mathbf{x}^{T}\,(\mathbf{U}\,\mathbf{U}^{T})\,\mathbf{B}\,(\mathbf{U}\,\mathbf{U}^{T})\,\Delta\mathbf{x} = \frac{1}{2}(\mathbf{U}^{T}\,\Delta\mathbf{x})^{T}\,\tilde{\mathbf{B}}\,(\mathbf{U}^{T}\,\Delta\mathbf{x})$$

$$= \frac{1}{2}\,\Delta\tilde{\mathbf{x}}^{T}\,\tilde{\mathbf{B}}\,\Delta\tilde{\mathbf{x}} = \frac{1}{2}\sum_{i=1}^{n}\lambda_i(\Delta\tilde{x}_i)^2\,.$$

Dabei haben wir $\tilde{b}_{ij} = \delta_{ij}\,\lambda_i$ benutzt. Damit bei $\Delta\tilde{\mathbf{x}} = \Delta\mathbf{x} = \mathbf{o}$ ein Minimum vorliegt, muß $\Delta f > 0$ sein für alle $\Delta\tilde{\mathbf{x}} \neq \mathbf{o}$. Dies ist genau dann der Fall, wenn alle Eigenwerte $\lambda_i > 0$ sind. Falls alle $\lambda_i < 0$ sind, liegt ein Maximum vor. Gibt es λ_i mit unterschiedlichen Vorzeichen, dann ist der stationäre Punkt ein Sattelpunkt. Im Fall $n = 2$ reduzieren sich diese Bedingungen auf die von Satz 11.6.

11.7 Extremstellen unter Nebenbedingungen

In der statistischen Thermodynamik und bei der Lösung der Schrödinger-Gleichung im LCAO-Formalismus treten Extremwertprobleme besonderer Art auf. Man sucht Extremwerte einer Funktion, etwa $z = f(\mathbf{x})$, wobei die Argumente $\mathbf{x}$ nicht frei variiert werden, sondern einer zusätzlichen Bedingung $g(\mathbf{x}) = 0$ unterworfen sind.

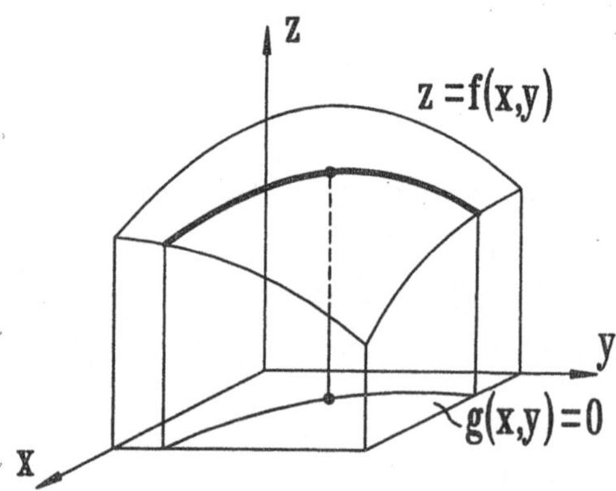

Für eine Funktion $z = f(x,y)$ von zwei Variablen bedeutet dies, daß wir die Funktionswerte solcher Argumente (x,y) vergleichen, die auf der Kurve $g(x,y) = 0$ liegen. Können wir die implizite Nebenbedingung

$g(x,y) = 0$ auflösen, etwa $y = h(x)$, dann reduziert sich die Fragestellung auf die Suche nach Extremstellen der Funktion

$$z = F(x) = f(x, h(x)) .$$

In diesem Fall haben wir eine Variable vor der anderen ausgezeichnet. Einen symmetrischen Lösungsweg, der zudem auf Funktionen von n Veränderlichen verallgemeinerungsfähig ist, liefert die ***Methode der Lagrange-Multiplikatoren***. Wir erläutern sie für den Fall $n = 3$ anhand geometrisch-anschaulicher Argumente.

Wir suchen also die Extremstellen einer Funktion $u = f(x,y,z)$ unter der Nebenbedingung $g(x,y,z) = 0$, d.h. wenn die Vergleichspunkte auf der Konturfläche $g(x,y,z) = 0$ liegen (oder explizit: auf der Fläche $z = h(x,y)$ mit $g(x,y, h(x,y)) = 0$). Das totale Differential verschwindet an einer Extremstelle $(x_0, y_0, z_0)^T = \mathfrak{r}_0$:

$$0 = du = f_x dx + f_y dy + f_z dz = \vec{\nabla} f(\mathfrak{r}_0) \cdot d\mathfrak{r} .$$

Ohne Nebenbedingung würden wir $d\mathfrak{r}$ frei variieren, d.h. die Funktionswerte $f(\mathfrak{r}_0 + d\mathfrak{r})$ für beliebiges, hinreichend kleines $d\mathfrak{r}$ mit $f(\mathfrak{r}_0)$ vergleichen, was auf die Bedingung $\vec{\nabla} f(\mathfrak{r}_0) = \mathfrak{o}$ führt (vgl. Satz 11.5). Da wir jedoch die Nebenbedingung $g(x,y,z) = 0$ erfüllen müssen, also $g(\mathfrak{r}_0) = 0$ und $g(\mathfrak{r}_0 + d\mathfrak{r}) = 0$, wird die Variation $d\mathfrak{r}$ eingeschränkt durch die Beziehung

$$0 = dg(\mathfrak{r}_0) = \vec{\nabla} g(\mathfrak{r}_0) \cdot d\mathfrak{r} .$$

Dies ist die Gleichung der Tangentialebene an die Konturfläche $g(\mathfrak{r}) = 0$ im Punkt $\mathfrak{r}_0$ (vgl. Abschnitt 11.4). Die beiden Bedingungen besagen also, daß beide Gradienten $\vec{\nabla} f(\mathfrak{r}_0)$ und $\vec{\nabla} g(\mathfrak{r}_0)$ auf der Tangentialebene an die Konturfläche $g(\mathfrak{r}) = 0$ im Punkt $\mathfrak{r}_0$ senkrecht stehen. Die Vektoren müssen somit parallel oder antiparallel sein:

$$\vec{\nabla} f(\mathfrak{r}_0) + \lambda \, \vec{\nabla} g(\mathfrak{r}_0) = \mathfrak{o} , \quad \text{falls } \vec{\nabla} g(\mathfrak{r}_0) \neq \mathfrak{o} .$$

Die drei Beziehungen bestimmen zusammen mit der Nebenbedingung $g(\mathfrak{r}_0) = 0$ die vier Größen x_0, y_0, z_0 und λ. Diese Bedingungen liefern alle stationären Punkte unter Beachtung der Nebenbedingung. Die Entscheidung darüber, ob eine Extremstelle vorliegt und welcher Art sie ist, muß durch zusätzliche Überlegungen erbracht werden.

Beispiel 11.21. Gesucht werden die Extremstellen der Funktion

$$z = f(x,y) := x + y$$

auf dem Einheitskreis $x^2 + y^2 = 1$. Mit $g(x,y) := x^2 + y^2 - 1$ lautet die Nebenbedingung $g(x,y) = 0$. Die Gradienten von f und g sind Vektoren in $\mathbb{R}^2$. Wir haben:

$$\operatorname{grad} f(x,y) = \begin{pmatrix} f_x \\ f_y \end{pmatrix} = \begin{pmatrix} 1 \\ 1 \end{pmatrix}, \quad \operatorname{grad} g(x,y) = \begin{pmatrix} g_x \\ g_y \end{pmatrix} = \begin{pmatrix} 2x \\ 2y \end{pmatrix}.$$

Es sei (x_0,y_0) ein Punkt, für den eine Zahl λ existiert, so daß gilt

$$\operatorname{grad} f(x_0,y_0) + \lambda \operatorname{grad} g(x_0,y_0) = \begin{pmatrix} 0 \\ 0 \end{pmatrix}$$

oder $\quad 1 + 2x_0\lambda = 0\,, \quad 1 + 2y_0\lambda = 0\,.$

Für $\operatorname{grad} g(x_0,y_0) \neq (0,0)^T$ ist $x_0 \neq 0$ und $y_0 \neq 0$. Daher gilt

$$\lambda = -1/2x_0 = -1/2y_0\,,$$

und folglich $x_0 = y_0$. Wegen der Nebenbedingung $g(x_0,y_0) = 0$ finden wir schließlich die beiden Lösungen:

$$x_0 = y_0 = 1/\sqrt{2} \quad \text{oder} \quad x_0 = y_0 = -1/\sqrt{2}\,.$$

Bei der ersten Extremstelle handelt es sich um ein Maximum, bei der zweiten um ein Minimum; denn:

$$f\left(\frac{1}{\sqrt{2}}, \frac{1}{\sqrt{2}}\right) = \frac{2}{\sqrt{2}} > -\frac{2}{\sqrt{2}} = f\left(-\frac{1}{\sqrt{2}}, -\frac{1}{\sqrt{2}}\right).$$ □

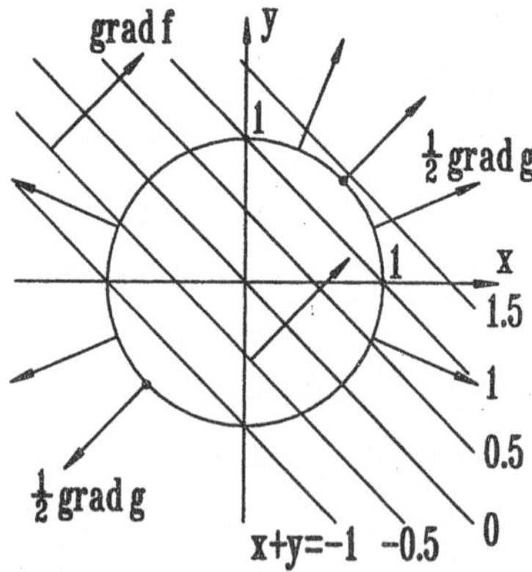

Das Extremalproblem von $f(x,y,z)$ unter der Nebenbedingung $g(x,y,z) = 0$ können wir formal auf ein uneingeschränktes Extremalproblem für die Hilfsfunktion

$$\boxed{F(x,y,z,\lambda) = f(x,y,z) + \lambda\, g(x,y,z)}$$

mit dem ***Lagrange-Parameter*** λ reduzieren. Denn es gilt (vgl. Satz 11.5):

$$\left.\begin{aligned} F_x &= 0 = f_x + \lambda\, g_x \\ F_y &= 0 = f_y + \lambda\, g_y \\ F_z &= 0 = f_z + \lambda\, g_z \end{aligned}\right\} \quad \Leftrightarrow \quad \vec{0} = \vec{\nabla} f + \lambda\, \vec{\nabla} g\,.$$

$$F_\lambda = 0 = g\,.$$

Beispiel 11.22. Gesucht ist das Rechteck mit maximalem Flächeninhalt, dessen Umfang die vorgegebene Länge L hat.

Das Rechteck habe Seiten der Länge x und y. Dann ist das Maximum von $f(x,y) = xy$ zu bestimmen unter der Nebenbedingung $2x + 2y = L$. Wir gehen aus von der Hilfsfunktion

$$F(x,y,\lambda) = xy + \lambda(2x + 2y - L)$$

und erhalten:

$$F_x = 0 = y + 2\lambda\,, \qquad F_y = 0 = x + 2\lambda\,.$$

Daraus folgt $x = y$. Zusammen mit der Nebenbedingung erhalten wir $x = y = L/4$. Das Rechteck mit maximalem Flächeninhalt bei vorgegebenem Umfang L ist ein Quadrat der Seitenlänge $L/4$. □

Beispiel 11.23. Ein System möge sich mit der Wahrscheinlichkeit x_i in einem von n verschiedenen Zuständen befinden. Definitionsgemäß gilt: $0 \le x_i \le 1$. Da sich das System mit Gewißheit in einem der n Zustände befindet, muß für die Summe der Wahrscheinlichkeiten gelten: $\sum_{i=1}^{n} x_i = 1$.

Unter dieser Nebenbedingung suchen wir das Maximum der Entropiefunktion

$$S(x_1, \ldots, x_n) := -k \sum_{i=1}^{n} x_i \ln x_i \qquad (k > 0)\,.$$

Wir differenzieren die Hilfsfunktion

$$F(x_1, \ldots, x_n, \lambda) := -k \sum_{i=1}^{n} x_i \ln x_i + \lambda \left(\sum_{i=1}^{n} x_i - 1 \right)$$

und erhalten die Stationaritätsbedingungen:

$$F_{x_j} = 0 = -k(\ln \tilde{x}_j + 1) + \lambda \quad (j = 1, ..., n).$$

Es folgt $\ln \tilde{x}_j = \lambda/k - 1$ oder $\tilde{x}_j = \exp(\lambda/k - 1)$. Am stationären Punkt $\tilde{x} \in \mathbb{R}^n$ sind alle Wahrscheinlichkeiten $\tilde{x}_j$ gleich, so daß aus der Nebenbedingung folgt:

$$\tilde{x}_j = \frac{1}{n}, \quad j = 1, ..., n.$$

Um zu bestätigen, daß die Entropie S bei $\tilde{x} := (1/n, ..., 1/n)$ ein Maximum annimmt, entwickeln wir bis zur zweiten Ordnung um $\tilde{x}$. Wegen

$$S_{x_i}(x) = -k(\ln x_i + 1), \qquad S_{x_i}(\tilde{x}) = k(\ln n - 1),$$

$$S_{x_i x_j}(x) = -k\, \delta_{ij}/x_i, \qquad S_{x_i x_j}(\tilde{x}) = -k\, n\, \delta_{ij},$$

folgt am stationären Punkt allgemein:

$$S(x_1, ..., x_n) = k \ln n + \sum_{i=1}^{n} k(\ln n - 1)(x_i - \tfrac{1}{n}) - \frac{kn}{2} \sum_{i=1}^{n} (x_i - \tfrac{1}{n})^2.$$

Die Terme erster Ordnung verschwinden wegen der Nebenbedingung, und wir erhalten:

$$\Delta S = -\frac{kn}{2} \sum_{i=1}^{n} (x_i - \tfrac{1}{n})^2 < 0.$$ □

11.8 Aufgaben

11.1. Berechnen Sie alle partiellen Ableitungen erster Ordnung der reellen Funktionen

a) $t(x,y,z) = 1/\sqrt{x^2 + y^2 + z^2}$

b) $h(x,y) = \ln(xy)$

c) $g(x,y) = \log_x y$

11.2 Berechnen Sie sämtliche partiellen Ableitungen erster und zweiter Ordnung der reellen Funktion $s(x,y) := e^{xy}$.

11.3. Es sei $f(s,t)$ eine reelle differenzierbare Funktion.

a) Zeigen Sie, daß für $g(x,y) := f(x - y, y - x)$ gilt:

$$\frac{\partial g}{\partial x} + \frac{\partial g}{\partial y} = 0$$

b) Zeigen Sie, daß für $h(x,y) := f(x+y, x-y)$ gilt:

$$\frac{\partial h}{\partial x} \cdot \frac{\partial h}{\partial y} = \left(\frac{\partial f}{\partial s}\right)^2 - \left(\frac{\partial f}{\partial t}\right)^2$$

11.4. Gegeben sei die reelle Funktion $f(x,y) := \ln(x^2 + y^2)$

a) Berechnen Sie im Punkt $(x_0,y_0) = (1/2, \sqrt{3}/2)$ das totale Differential von f.

b) Geben Sie eine parameterfreie Gleichung der Tangentialebene $\mathcal{E}$ im Punkt (x_0,y_0) an.

11.5. Das Volumen eines Kreiszylinders mit dem Radius R und der Höhe h ist $V = \pi h R^2$. Wie ändert sich V in linearer Näherung bei einer Änderung von R und h ? Interpretieren Sie das Differential $\mathrm{d}V$ geometrisch.

11.6. Bekanntlich ist ein ideales Gas durch die Zustandsgleichung $PV = NRT$ charakterisiert.

a) Berechnen Sie für die Funktion $P(V,T,N)$ das totale Differential $\mathrm{d}P$.

b) Berechnen Sie die zweiten partiellen Ableitungen $P_{V,T}$ und $P_{T,V}$ bei festgehaltener Molzahl N und vergleichen Sie die Ergebnisse.

c) Wie groß ist der zu erwartende Fehler ΔP in linearer Näherung, wenn das Volumen, die Temperatur und die Molzahl mit einer Ungenauigkeit von ΔV, ΔT und ΔN gegeben sind? Berechnen Sie außerdem den relativen Fehler $\Delta P/P$.

11.7. a) Rechnen Sie für zwei differenzierbare Funktionen $f, g: \mathbb{R}^3 \to \mathbb{R}$ nach, daß gilt:

$$\operatorname{grad}(f \cdot g) = f \operatorname{grad} g + g \operatorname{grad} f.$$

b) Zeigen Sie, daß $\operatorname{grad}(\vec{a} \cdot \vec{r}) = \vec{a}$ ist, wenn $\vec{a}$ ein konstanter Vektor ist und $\vec{r} = (x,y,z)^{\mathrm{T}}$.

c) Berechnen Sie $\operatorname{grad}(r^n)$ für $r = \sqrt{x^2 + y^2 + z^2}$.

11.8. Die Entropie eines idealen Gases ist als Funktion des Volumens V, der Temperatur T und der Molzahl N gegeben durch

$$S(V,T,N) := NR \ln V + N C_V \ln T - NR \ln N + NS_0.$$

a) Berechnen Sie das totale Differential $\mathrm{d}S$.

b) Wie groß ist der zu erwartende Fehler ΔS in linearer Näherung, wenn die Temperatur, das Volumen und die Molzahl mit einer Ungenauigkeit von ΔT, ΔV und ΔN gegeben sind?

c) Berechnen Sie die relative Änderung $\Delta V/V$ des Volumens mit der

Temperatur bei festgehaltener Molzahl (d.h. $\Delta N = 0$) und festgehaltener Entropie (d.h. $\Delta S = 0$).

d) Berechnen Sie den isentropen Ausdehnungskoeffizienten

$$V^{-1}\,(\partial V/\partial T)_{S,N}$$

und vergleichen Sie das Ergebnis mit dem von c). Hinweis: Verwenden Sie die Formel für die Ableitung einer impliziten Funktion.

11.9. Gegeben sei die Funktion

$$f(x,y) := x \sin(xy)$$

a) Berechnen Sie die Ableitung für die durch $f(x,y) = c$ implizit definierte Funktion $y = g(x)$.

b) Geben Sie die Funktion g explizit an.

c) Der Vektor $\vec{a} := (1,0,1)^T$ liegt in der Tangentialebene $\mathcal{E}$. Geben Sie einen in der Ebene $\mathcal{E}$ gelegenen Vektor $\vec{b}$ an, der senkrecht auf $\vec{a}$ steht.

11.10. Entwickeln Sie die Funktion $f(x,y) := \sin(x - 2y)$ in ein Taylor-Polynom zweiter Ordnung um den Punkt $(x_0,y_0) = (\pi, \pi/4)$.

11.11. Gegeben ist die reelle Funktion

$$f(x,y) := x^5 + y^5 - 5xy$$

a) Wie lautet das totale Differential von f ?

b) Bestimmen Sie Lage und Art der stationären Punkte von f.

c) Entwickeln Sie die Funktion f um den in b) berechneten Sattelpunkt in eine Taylorreihe. Geben Sie alle Glieder bis zur zweiten Ordnung an.

11.12. a) Das elektrostatische Potential Φ eines Punktdipols im Ursprung ist am Ort $\vec{r} = (x,y,z)$ gegeben durch $\Phi(\vec{r}) = \vec{\mu}\cdot\vec{r}\,/r^3$, wobei $\vec{\mu}$ das Dipolmoment ist und $r = \sqrt{x^2 + y^2 + z^2}$. Berechnen Sie das elektrische Feld $\vec{E} = -\vec{\nabla}\Phi$. Im folgenden sei $\vec{\mu} := (15,10,20)^T$.

b) Berechnen Sie das elektrische Feld $\vec{E}$ im Punkt P(3,0,4).

c) Wie groß ist die Änderung $\Delta\Phi$ des Potential in linearer Näherung, wenn man von P aus einen Schritt $\Delta\vec{r} = -6^{-1/2}\,(1,2,1)^T\,\Delta u$ macht?

d) Allgemein erhält man bei einer Verschiebung $\Delta\vec{r} = \Delta u\,\vec{n}$ mit $|\vec{n}| = 1$ für die Änderung des Potentials $\Phi(\vec{r})$ in linearer Näherung $\Delta\Phi = (\vec{\nabla}\Phi)\cdot\vec{n}\,\Delta u$. Der Ausdruck $d\Phi/du := (\vec{\nabla}\Phi)\cdot\vec{n}$ heißt Richtungsableitung von Φ in Richtung $\vec{n}$. In welcher Richtung $\vec{n}$ ändert sich Φ am stärksten?

e) Zeigen Sie, daß $\partial x/\partial r = x/r$ ist (analog für y und z), und bestimmen Sie die partielle Ableitung $\partial\Phi/\partial r$ nach dem Abstand r mit Hilfe der Kettenregel. Interpretieren Sie $\partial\Phi/\partial r$ als Richtungsableitung.

11.13. Gegeben ist die reelle Funktion

$$f(x,y) := 2x^3 - xy^2 + 5x^2 + y^2$$

a) Wie lautet das totale Differential von f?

b) Geben Sie die Gleichung der Tangentialebene an den Graphen von f im Punkt $(x_0,y_0) = (-1, 1)$ an.

c) Bestimmen Sie die Lage und Art der stationären Punkte von f.

d) Geben Sie an jeder stationären Stelle $(\tilde{x},\tilde{y})$ in der rechten Halbebene (also mit $\tilde{x} \geq 0$) die Taylor-Entwicklung von f bis zur zweiten Ordnung.

11.14. Gegeben sei die reelle Funktion $f(x,y) := x^3 + 4y^3$

a) Bestimmen Sie mit der Methode der Lagrange-Multiplikatoren die Extrema von f unter der Nebenbedingung $x + y = 6$.

b) Um welche Art von Extrema handelt es sich?

11.15. Einer Kugel vom Radius R ist ein gerader Kreiszylinder einzubeschreiben. Wie müssen dessen Kenngrößen (Radius r, Höhe h) gewählt werden, damit sein Volumen, $V = 2\pi r^2 h$, möglichst groß wird? Verwenden Sie die Methode der Lagrange-Multiplikatoren.

11.16. Gegeben ist die reelle Funktion $f(x,y) := x^2 - y^2$.

a) Bestimmen Sie die Extremwerte der Funktion $f(x,y)$ unter der Nebenbedingung $(x-2)^2 + y^2 = 2$.

b) Skizzieren Sie folgende Höhenlinien von f in der rechten Halbebene (d.h. für $x \geq 0$):

$$f(x,y) = c \quad \text{für} \quad c = -1, 0, 1, 4$$

Tragen Sie ferner die durch die Nebenbedingung definierte Kurve in Ihre Skizze ein und diskutieren Sie nun unter Zuhilfenahme dieses Höhenliniendiagramms die Art der stationären Punkte von f (auf die Nebenbedingung bezogen).

12 Integralrechnung für Funktionen mehrerer Veränderlicher

Wir haben das bestimmte Integral einer Funktion von einer Veränderlichen eingeführt, um die Fläche zwischen dem Graph der Funktion und der x-Achse messen zu können. Andererseits liefert das bestimmte Integral als Funktion der oberen Integrationsgrenze eine Stammfunktion des Integranden. In diesem Sinn ist die Integration die Umkehrung der Differentiation. Bei Funktionen mehrerer Veränderlicher führen die analogen Probleme auf unterschiedliche Integralbegriffe. Die Umkehrung der partiellen Differentiation, also das Aufsuchen einer Stammfunktion, gelingt mit Hilfe des Kurvenintegrals. Dagegen führt die Volumenmessung unter einer Fläche $z = f(x,y)$ über die Bildung von entsprechenden Zwischensummen zum Bereichsintegral.

Wir beschränken uns in diesem Kapitel ausschließlich auf Funktionen von zwei bzw. drei Veränderlichen.

12.1 Kurvenintegrale

Der Begriff der Kurve ist von einer in der Zeit t durchlaufenen Bahn $\vec{r}(t)$ eines Massenpunktes abgeleitet. Dann definiert die ***Vektorfunktion***

$$\mathbf{k}: \ t \in [\, a, b\,] \longrightarrow \begin{pmatrix} k_1(t) \\ k_2(t) \end{pmatrix} =: \mathbf{k}(t) \in \mathbb{R}^2$$

eine ***Kurve*** $C(\mathbf{k})$ (genauer: in $\mathbb{R}^2$). t wird ***Parameter*** t der Kurve genannt, $\mathbf{k}(a)$ heißt ***Anfangs-*** und $\mathbf{k}(b)$ ***Endpunkt*** der Kurve. Gilt $\mathbf{k}(t) \in \mathbb{R}^3$, dann spricht man von einer räumlichen Kurve. Je nach Zusammenhang bezeichnen wir eine Kurve $C(\mathbf{k})$ auch nur mit C bzw. identifizieren sie (etwas ungenau) mit der Vektorfunktion **k**. Die Kurve $\mathcal{C}(\mathbf{k})$ heißt differenzierbar, wenn die Komponenten $k_i(t)$ differenzierbar sind.

Beispiel 12.1. (1) Der Einheitskreis $x^2 + y^2 = 1$ mit dem üblichen positiven Durchlaufsinn wird parametrisiert durch

$$x = k_1(t) = \cos t\,, \quad y = k_2(t) = \sin t\,, \qquad 0 \le t \le 2\pi\,.$$

Anfangs- und Endpunkt dieser Kurve fallen zusammen: $\mathbf{k}(0) = \mathbf{k}(2\pi) = (1{,}0)^T$. In einem solchen Fall sprechen wir von einer ***geschlossenen Kurve***.
(2) Das Parabelstück $y = 2x^2$, $x \in [\,0, 2\,]$, wird in naheliegender Weise parametrisiert durch

$$\mathbf{g}(t) = \begin{pmatrix} g_1(t) \\ g_2(t) \end{pmatrix} := \begin{pmatrix} t \\ 2t^2 \end{pmatrix}, \qquad 0 \le t \le 2\,.$$

□

Wir berechnen die Ableitung einer differenzierbaren Kurve **k** mit Hilfe des Differenzenquotienten. Für $h \to 0$ gilt:

$$\frac{\mathbf{k}(t+h) - \mathbf{k}(t)}{h} = \begin{pmatrix} \dfrac{k_1(t+h) - k_1(t)}{h} \\[2ex] \dfrac{k_2(t+h) - k_2(t)}{h} \end{pmatrix} \to \begin{pmatrix} k_1'(t) \\[2ex] k_2'(t) \end{pmatrix} =: \mathbf{k}'(t) =: \frac{\mathrm{d}\mathbf{k}(t)}{\mathrm{d}t}$$

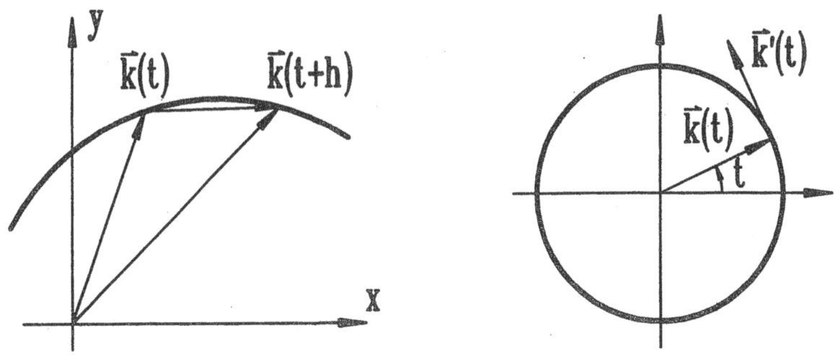

Offensichtlich differenziert man eine Vektorfunktion komponentenweise. Man bezeichnet die Ableitung $\mathbf{k}'(t)$ auch als ***Geschwindigkeitsvektor*** der Kurve. Manchmal schreibt man für $\mathbf{k}'(t)$ auch $\dot{\mathbf{k}}(t)$. Geometrisch-anschaulich ist klar, daß ein Geschwindigkeitsvektor $\mathbf{k}'(t) \neq \mathbf{o}$ parallel zur Tangente an die Kurve im Punkt $\mathbf{k}(t)$ ist.

Beispiel 12.2. Der in Beispiel 12.1(1) parametrisierte Einheitskreis ist differenzierbar:

$$\mathbf{k}'(t) = \begin{pmatrix} -\sin t \\ \cos t \end{pmatrix}, \quad t \in [\,0, 2\pi\,].$$

Der Geschwindigkeitsvektor $\mathbf{k}'(t)$ ist orthogonal zum Ortsvektor $\mathbf{k}(t)$:

$$\mathbf{k}(t) \cdot \mathbf{k}'(t) = -\cos t \, \sin t + \sin t \, \cos t = 0 .$$

Dies folgt auch ohne Komponentenzerlegung mit Hilfe der Kettenregel aus $\mathbf{k}(t)^2 = x^2 + y^2 = 1$. Denn:

$$0 = \frac{\mathrm{d}}{\mathrm{d}t} [\mathbf{k}(t) \cdot \mathbf{k}(t)] = \mathbf{k}'(t) \cdot \mathbf{k}(t) + \mathbf{k}(t) \cdot \mathbf{k}'(t) = 2\, \mathbf{k}(t) \cdot \mathbf{k}'(t).$$ □

Eine differenzierbare Kurve $\mathbf{k}$ heißt ***glatt***, wenn $\mathbf{k}'(t) \neq \mathbf{o}$ und stetig ist. Wir betrachten im folgenden nur Kurven, die mindestens ***stückweise glatt*** sind, d.h. aus endlich vielen glatten Teilkurven zusammengesetzt werden können.

Kurvenintegrale treten in der Thermodynamik und in der Mechanik auf. Wir erläutern die Problemstellung an einem Beispiel.

Beispiel 12.3. Ein Massenpunkt bewege sich in einem Kraftfeld

$$\vec{K}(\vec{r}) = \begin{pmatrix} K_1(x,y,z) \\ K_2(x,y,z) \\ K_3(x,y,z) \end{pmatrix}$$

entlang einer Kurve $C(\vec{r}(t))$, $t \in [\, t_a, t_b \,]$, vom Punkt $\vec{a} = \vec{r}(t_a)$ zum Punkt $\vec{b} = \vec{r}(t_b)$. Gesucht ist die dabei geleistete Arbeit A. Wenn die Kraft $\vec{K}$ entlang dem geradlinigen Weg $\vec{s}$ konstant ist, dann gilt $A = \vec{K} \cdot \vec{s}$ (vgl. Beispiel 8.2). Keine der beiden Voraussetzungen ist im allgemeinen Fall erfüllt. Wir wählen daher eine Zerlegung Z des Intervalls $[\, t_a, t_b \,]$ (vgl. Abschnitt 6.1): $t_a = t_0 < t_1 < t_2 < \ldots < t_n = t_b$. Dadurch wird eine Zerlegung der Kurve induziert: $\vec{a} = \vec{r}_0 = \vec{r}(t_0)$, $\vec{r}_1 = \vec{r}(t_1)$, ..., $\vec{r}_n = \vec{r}(t_n) = \vec{b}$. Wir approximieren nun die Kurve C durch eine stückweise geradlinige Bahn zwischen diesen Punkten und nehmen die Kraft auf dem i-ten Teilstück $\Delta\vec{s}_i := \vec{r}_i - \vec{r}_{i-1}$ als näherungsweise konstant an, gemäß

$$\vec{K}(\vec{r}) \simeq \vec{K}_i := \vec{K}(\vec{r}_i) .$$

Dann können wir den Beitrag ΔA_i des i-ten Wegstückes wie bisher berechnen: $\Delta A_i \simeq \vec{K}_i \cdot \Delta\vec{s}_i$. Die Gesamtarbeit A erhalten wir durch Summation der Teilbeiträge und anschließende Verfeinerung der Zerlegung ($d(Z) \to 0$ bzw. $n \to \infty$):

$$A = \lim_{n\to\infty} \sum_{i=1}^{n} \Delta A_i = \lim_{n\to\infty} \sum_{i=1}^{n} \vec{K}_i \cdot \Delta\vec{s}_i =$$

$$= \lim_{n\to\infty} \sum_{i=1}^{n} [K_1(\vec{r}_i)\Delta x_i + K_2(\vec{r}_i)\Delta y_i + K_3(\vec{r}_i)\Delta z_i] .$$

Wenn der Grenzwert existiert, bezeichnen wir ihn wegen seiner formalen Ähnlichkeit als ***Kurvenintegral*** und schreiben:

$$A = \int_C \vec{K}(\vec{r}) \cdot d\vec{s} = \int_C [K_1(x,y,z)dx + K_2(x,y,z)dy + K_3(x,y,z)dz].$$

Der Wert des Integranden $K_j(\vec{r})$ wird durch die Kurve C gemäß $\vec{r}(t)$ bestimmt. □

Wir reduzieren nun die Berechnung eines Kurvenintegrals auf die eines bestimmten Integrals über dem Parameterintervall der Kurve.

Satz 12.1. Die Funktionen $f_i(x,y,z)$, $i = 1, 2, 3,$ seien stetig in einem Bereich $B \subset \mathbb{R}^3$. $C(\mathbf{k})$ sei eine stückweise glatte Kurve in B mit dem Parameterintervall $[a, b]$. Dann existiert das Kurvenintegral der Vektorfunktion $\vec{f}$ bzw. $\mathbf{f} := (f_1, f_2, f_3)^T$ über der Kurve C,

$$\int_C \vec{f} \cdot d\vec{r} = \int_C [f_1 dx + f_2 dy + f_3 dz]$$

und es gilt:

$$\int_{C(\mathbf{k})} \mathbf{f} \cdot d\mathbf{r} = \int_a^b \mathbf{f}(\mathbf{k}(t)) \cdot \mathbf{k}'(t)\, dt =$$

$$= \int_a^b \sum_{i=1}^{3} f_i\Big(k_1(t), k_2(t), k_3(t)\Big)\, k_i'(t)\, dt .$$

Beweis. Zur Vereinfachung nehmen wir an, die Kurve $C(\mathbf{k})$ sei glatt. Wir gehen von einer Zerlegung des Intervalls $[a, b]$ aus: $a = t_0 < t_1 < \ldots < t_n = b$. Ferner sei $\Delta x_i := k_1(t_i) - k_1(t_{i-1})$, $\Delta t_i := t_i - t_{i-1}$ und

$c_i \in [\, t_{i-1}, t_i \,]$. Der Punkt $\mathbf{r}_i = \mathbf{k}(c_i) = (k_1(c_i), k_2(c_i), k_3(c_i))^T$ liegt daher im i-ten Teilstück der Kurve $C(\mathbf{k})$. Dann erhalten wir für die "Zwischensumme" von f_1 mit Hilfe des Mittelwertsatzes MW1 (Satz 5.10):

$$\tilde{S}(f_1,Z) = \sum_{i=1}^{n} f_1(x_i,y_i,z_i)\,\Delta x_i = \sum_{i=1}^{n} f_1(\mathbf{k}(c_i))\,[k_1(t_i) - k_1(t_{i-1})] =$$

$$= \sum_{i=1}^{n} f_1(\mathbf{k}(c_i))\,k_1'(d_i)\,\Delta t_i\,, \quad \text{mit } t_{i-1} \leq d_i \leq t_i\,.$$

Der Grenzwert der Zwischensumme existiert bei zunehmender Verfeinerung der Zerlegung wegen der Stetigkeit des Integranden $f_1\Big((k_1(t), k_2(t), k_3(t)\Big)\,k_1'(t)$. Wir können daher schreiben:

$$\int_{C(\mathbf{k})} f_1(x,y,z)\,\mathrm{d}x := \int_a^b f_1\Big((k_1(t), k_2(t), k_3(t)\Big)\,k_1'(t)\,\mathrm{d}t\,.$$

Analog folgt die Behauptung für die Integrale über f_2 und f_3. ∎

Die Berechnung eines Kurvenintegrals können wir einprägsam formulieren, wenn wir den Differenzenquotienten $\mathrm{d}\mathbf{r}(t)/\mathrm{d}t$ der Kurve $\mathbf{r} = \mathbf{k}(t)$ verwenden. Dann gilt:

$$\boxed{\int_{C(\mathbf{k})} \mathbf{f}\cdot\mathrm{d}\mathbf{r} = \int_a^b \mathbf{f}(\mathbf{r}(t))\cdot\frac{\mathrm{d}\mathbf{r}}{\mathrm{d}t}\,\mathrm{d}t}$$

Beispiel 12.4. Wir berechnen das Kurvenintegral

$$\int [\, P(x,y)\mathrm{d}x + Q(x,y)\mathrm{d}y \,]$$

für $\quad P(x,y) := x - y\,,\quad Q(x,y) := x + y$

entlang dem Parabelstück $y = 2x^2$, $0 \leq x \leq 2$. Wir verwenden die Parametrisierung $\mathbf{g}$ aus dem Beispiel 12.1(2) und erhalten:

$$x = g_1(t) = t\,, \qquad g_1'(t) = 1\,,$$

$$y = g_2(t) = 2t^2\,, \qquad g_2'(t) = 4t\,, \quad 0 \leq t \leq 2\,.$$

Gemäß Satz 12.1 folgt:

$$\int_{C(g)} [(x-y)\,dx + (x+y)\,dy] = \int_0^2 [(t-2t^2) + 4t(t+2t^2)]\,dt$$
$$= \int_0^2 (t + 2t^2 + 8t^3)\,dt = (\tfrac{1}{2}t^2 + \tfrac{2}{3}t^3 + 2t^4)\Big|_0^2 = \frac{118}{3}.$$

An diesem Beispiel demonstrieren wir nun die allgemeingültige Tatsache, daß der Wert eines Kurvenintegrals nicht von der Parameterdarstellung der Kurve C abhängt. Mit der alternativen Parametrisierung

$$x = h_1(s) = \sqrt{s}, \qquad dx = 1/(2\sqrt{s})ds, \quad 0 \leq s \leq 4,$$
$$y = h_2(s) = 2s, \qquad dy = 2\,ds,$$

erhalten wir:

$$\int_{C(h)} [\,P dx + Q dy\,] = \int_0^4 [(\sqrt{s} - 2s)\,1/(2\sqrt{s}) + (\sqrt{s} + 2s)\,2]\,ds$$
$$= \int_0^4 (\tfrac{1}{2} + \sqrt{s} + 4s)\,ds = (\tfrac{1}{2}s + \tfrac{2}{3}s^{3/2} + 2s^2)\Big|_0^4 = \frac{118}{3}.$$

Dagegen hängt der Wert des Kurvenintegrals im allgemeinen sehr wohl vom Weg ab. Wir integrieren vom Anfangspunkt (0,0) zum Endpunkt (2,8) von $\mathbf{C(g)}$ entlang der Verbindungsgeraden:

$$x = k_1(t) = t, \qquad dx = dt, \quad 0 \leq t \leq 2,$$
$$y = k_2(t) = 4t, \qquad dy = 4\,dt,$$

und erhalten einen anderen Wert für das Kurvenintegral:

$$\int_{C(g)} [\,P(x,y)dx + Q(x,y)dy\,] = \int_0^2 [(t-4t) + 4(t+4t)]dt$$
$$= \int_0^2 17t\,dt = 34. \qquad \square$$

Die Wegabhängigkeit des Kurvenintegrals studieren wir auch im folgenden Beispiel.

Beispiel 12.5. Wir berechnen die notwendige Energiezufuhr dQ (in Form von Wärme), um bei einem Mol eines idealen Gases eine Temperaturänderung dT und eine Volumenänderung dV zu bewirken. Für hinreichend kleine Zustandsänderungen können wir zunächst eine Temperaturänderung bei konstantem Volumen und anschließend eine Volumenänderung bei konstanter Temperatur vornehmen. Ist C_V die spezifische Wärme bei konstantem Volumen, dann wird für den ersten Teilprozeß die Wärmemenge $C_v dT$ benötigt. Beim zweiten Teilprozeß ist gegen den äußeren Druck P die Arbeit $P dV$ zu leisten. Insgesamt ist also folgende Wärmezufuhr notwendig:

$$dQ = C_v dT + \frac{RT}{V} dV .$$

Für eine (endliche) Zustandsänderung von (T_a, V_a), also Temperatur T_a und Volumen V_a, entlang eines Weges C in der (T,V)-Ebene nach (T_b, V_b) ergibt sich die benötigte Wärmemenge als Kurvenintegral:

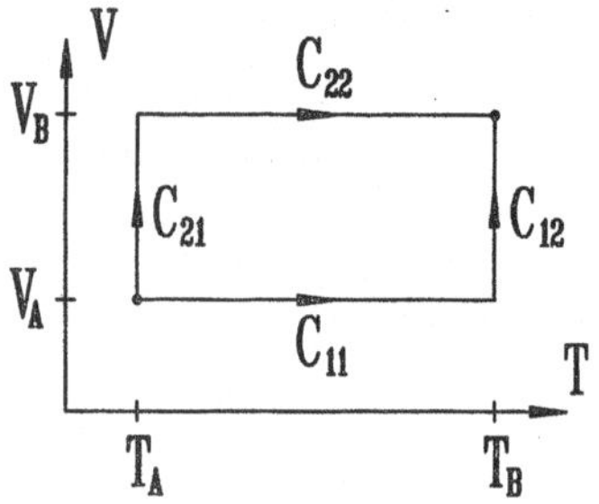

$$Q = \int_C dQ = \int_C [\, C_v dT + \frac{RT}{V} dV \,]$$

Wir vergleichen zwei verschiedene achsenparallele Wege C_1 und C_2 zwischen (T_a, V_a) und (T_b, V_b) mit $T_a < T_b$ und $V_a < V_b$:

C_1 bei konstantem Volumen V_a Erhöhung der Temperatur von T_a auf T_b, anschließend isotherme Expansion auf das Volumen V_b,

C_2 isotherme Expansion auf das Volumen V_b, anschließend bei konstantem Volumen V_b Erhöhung der Temperatur von T_a auf T_b.

Wir unterteilen C_1 in zwei Teilstücke (C_{11}, C_{12}), jeweils parallel zu einer Koordinatenachse, und verwenden folgende naheliegende Parametrisierung:

C_{11}: $T = t$, $dT = dt$, $T_a \leq t \leq T_b$,
$V = V_a$, $dV = 0$.

C_{12}: $T = T_b$, $dT = 0$,
$V = s$, $dV = ds$, $V_a \leq s \leq V_b$.

Wir erhalten:

$$Q_1 = \int_{C_1} dQ = \int_{C_{11}} dQ + \int_{C_{12}} dQ = \int_{T_a}^{T_b} C_v dt + \int_{V_a}^{V_b} \frac{RT_b}{s} ds$$

$$= C_v (T_b - T_a) + RT_b \ln(V_b / V_a) .$$

In analoger Weise ergibt sich bei der Integration entlang der Kurve C_2:

$$Q_2 = C_v(T_b - T_a) + RT_a \ln(V_b / V_a) .$$

Auch hier hängt der Wert des Kurvenintegrals vom Weg ab.

Führen wir das System vom Zustand (T_a, V_a) über C_1 nach (T_b, V_b) und anschließend über C_2 "in entgegengesetzter Richtung" in den Ausgangszustand zurück, dann wird durch das ideale Gas während dieses ***Kreisprozesses*** die Wärmemenge

$$Q = Q_1 - Q_2 = R(T_b - T_a)\ln(V_b/V_a) > 0$$

vollständig in Arbeit umgewandelt. □

Wie in Beispiel 12.5 ist es bei der Auswertung von Kurvenintegralen öfters nützlich, Kurven in Teilstücke zu zerlegen bzw. in entgegengesetzter Richtung vom Endpunkt zum Anfangspunkt hin zu durchlaufen. Im ersten Fall benutzen und verallgemeinern wir die Intervall-Additivität bestimmter Integralsätze (Satz 6.3). Die Kurve C zerfalle in zwei Teilkurven C_1 und C_2, $C = (C_1, C_2)$, dann gilt:

$$\int_C \vec{f}\cdot d\vec{r} = \int_{C_1} \vec{f}\cdot d\vec{r} + \int_{C_2} \vec{f}\cdot d\vec{r}\,.$$

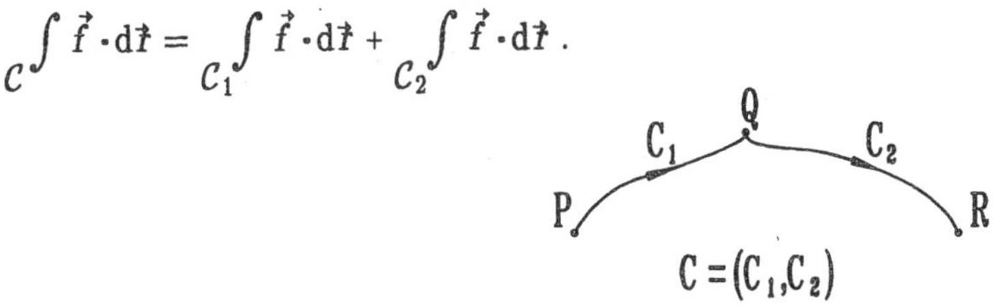

Eine Kurve C sei durch die Vektorfunktion $\mathbf{g}$ mit $\mathbf{g}\colon [\,a,\, b\,] \to \mathbb{R}^3$ gegeben. Dann definieren wir die ***entgegengesetzte Kurve*** C^- durch die Vektorfunktion

$$\mathbf{h}(t) = \mathbf{g}(a + b - t)\,, \quad a \leq t \leq b\,.$$

Für $t = a$ finden wir $\mathbf{h}(a) = \mathbf{g}(b)$ und für $t = b$ $\mathbf{h}(b) = \mathbf{g}(a)$. Wenn t von a nach b ansteigt, dann nimmt $a + b - t$ von b nach a ab. Die Kurve C^- durchläuft also den gleichen Weg in entgegengesetzter Richtung zu C von $\mathbf{g}(b)$ nach $\mathbf{g}(a)$.

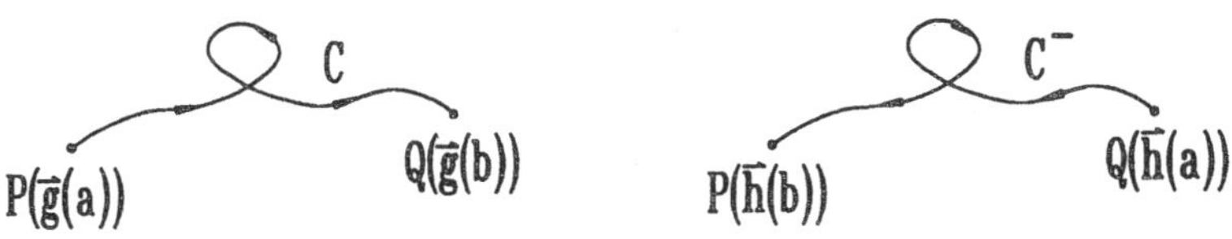

Satz 12.2. Es sei **f** eine stetige Vektorfunktion in einem Gebiet $B \subset \mathbb{R}^3$ und $C(\mathbf{g}) \subset B$ eine stückweise glatte Kurve, definiert auf dem Parameterintervall $[a, b]$. $C^-(\mathbf{h})$ sei die zu $C(\mathbf{g})$ entgegengesetzte Kurve. Dann gilt:

$$\int_{C^-(\mathbf{h})} \mathbf{f} \cdot d\mathbf{r} = -\int_{C(\mathbf{g})} \mathbf{f} \cdot d\mathbf{r} .$$

Beweis. Es sei $u := a + b - t$; dann ist $du/dt = -1$. Mit der (gewöhnlichen) Kettenregel ergibt sich die Umkehr des Geschwindigkeitsvektors:

$$\mathbf{h}'(t) = -\mathbf{g}'(a + b - t) .$$

Mit Hilfe der Substitutionsregel (Satz 6.9) und wegen Definition 6.2(1) folgern wir aus Satz 12.1 :

$$\begin{aligned} \int_{C^-(\mathbf{h})} \mathbf{f} \cdot d\mathbf{r} &= \int_a^b \mathbf{f}(\mathbf{h}(t)) \cdot \mathbf{h}'(t)\, dt \\ &= \int_a^b \mathbf{f}(\mathbf{g}(a + b - t)) \cdot \mathbf{g}'(a + b - t)\,(-1)dt \\ &= \int_b^a \mathbf{f}(\mathbf{g}(u)) \cdot \mathbf{g}'(u)\, du = -\int_a^b \mathbf{f}(\mathbf{g}(u)) \cdot \mathbf{g}'(u)\, du \\ &= -\int_{C(\mathbf{g})} \mathbf{f} \cdot d\mathbf{r} . \end{aligned}$$

■

12.2 Differentialformen und Stammfunktionen

In vielen Anwendungen haben wir das bestimmte Integral einer Funktion $f(x)$ als "Summation" differentieller Beiträge $f(x)\, dx$ interpretiert (vgl. Abschnitt 6.5). Den Wert des Integrals haben wir als Differenz einer Stammfunktion F (für die $F' = f$ gilt) berechnet:

$$\int_a^b f(x)\, dx = F(b) - F(a) .$$

Wir verallgemeinern nun diese Begriffe auf Funktionen mehrerer Veränderlicher und stellen die Verbindung zu Kurvenintegralen her.

Definition 12.1. Gegeben seien die Funktionen $f_i(x,y,z)$, $i = 1, 2, 3$. Dann heißt eine Funktion $F(x,y,z)$ ***Stammfunktion*** des Vektorfeldes $\vec{f}$ mit $\vec{f} = (f_1, f_2, f_3)^T$, wenn gilt:

$$D_iF = f_i \text{ bzw. } \vec{\nabla}F = \vec{f} .$$

Die ***lineare Differentialform***

$$\vec{f} \cdot d\vec{r} = f_1\, dx + f_2\, dy + f_3\, dz$$

heißt ***vollständig*** (bzw. ***exakt***), wenn es zu $\vec{f}$ eine Stammfunktion F gibt. Andernfalls heißt die Differentialform ***unvollständig***.

Eine Differentialform ist also genau dann vollständig, wenn sie das totale Differential einer Funktion F, eben einer Stammfunktion F, ist: $dF = \vec{\nabla}F \cdot d\vec{r}$ (vgl. Abschnitt 11.4). Ein Vektorfeld $\vec{f}(\vec{r})$, das eine Stammfunktion F besitzt, heißt auch ***Potentialfeld***. Eine Stammfunktion F ist nur bis auf eine Konstante C bestimmt; denn $G(\mathbf{r}) := F(\mathbf{r}) + C$ ist ebenfalls eine Stammfunktion von $\vec{f}$ (vgl. Satz 6.7). Die entsprechende Definition für Funktionen von zwei Veränderlichen erhält man durch Weglassen jeweils der dritten Komponenten.

Satz 12.3. Das Vektorfeld $\vec{f}(\vec{r})$ sei stetig in einem Gebiet $B \subset \mathbb{R}^3$. Angenommen, je zwei Punkte in B können stets durch eine stückweise glatte Kurve verbunden werden. Dann sind folgende Aussagen äquivalent:

(1) Das Vektorfeld $\vec{f}$ hat eine Stammfunktion F.

(2) Das Kurvenintegral von $\vec{f}$ entlang jedes abgeschlossenen Weges in B ist Null.

(3) Für zwei Punkte $\mathbf{a}, \mathbf{b} \in B$ ist das Kurvenintegral über $\vec{f}$ von $\mathbf{a}$ nach $\mathbf{b}$ unabhängig vom Weg C.

Gibt es eine Stammfunktion F zu $\vec{f}(\vec{r})$, dann gilt:

$$\int_C \vec{f} \cdot d\vec{r} = F(\mathbf{b}) - F(\mathbf{a}) .$$

Beweis. Es gelte $\vec{\nabla} F = \vec{f}$. Ferner sei $\mathbf{r}(t)$ für $t \in [a, b]$ die Parameterdarstellung einer Kurve $\mathcal{C}$ in $\mathcal{B}$ mit Anfangspunkt $\mathbf{a} = \mathbf{r}(a)$ und Endpunkt $\mathbf{b} = \mathbf{r}(b)$. Dann folgt für $G(t) := F(\mathbf{r}(t))$ wegen Satz 11.2:

$$G'(t) = \vec{\nabla} F \cdot \mathbf{r}'(t) = \vec{f}(\mathbf{r}(t)) \cdot \mathbf{r}'(t) .$$

Mit Satz 6.8 erhalten wir:

$$\int_a^b \vec{f}(\mathbf{r}(t)) \cdot \mathbf{r}'(t)\, dt = \int_a^b G'(t)\, dt = G(t) \Big|_a^b = G(b) - G(a) .$$

Wegen Satz 12.1 und der Definition von G ist dies gleichbedeutend mit

$$\int_{\mathcal{C}} \vec{f} \cdot d\vec{r} = F(\mathbf{b}) - F(\mathbf{a}) .$$

(1) ⇒ (2): Es sei $\mathcal{C}$ eine geschlossene Kurve in $\mathcal{B}$ mit Anfangspunkt und Endpunkt $\mathbf{a} = \mathbf{r}(a) = \mathbf{r}(b) = \mathbf{b}$. Dann folgt aus den obigen Überlegungen:

$$\int_{\mathcal{C}} \vec{f} \cdot d\vec{r} = F(\mathbf{b}) - F(\mathbf{a}) = F(\mathbf{a}) - F(\mathbf{a}) = 0 .$$

(2) ⇒ (3): $\mathcal{C}$ und $\mathcal{D}$ seien zwei Kurven in $\mathcal{B}$ von $\mathbf{a}$ nach $\mathbf{b}$. Dann bilden wir mit der entgegengesetzten Kurve $\mathcal{D}^-$ den geschlossenen zusammengesetzten Weg $(\mathcal{C},\mathcal{D}^-)$. Mit Satz 12.2 folgern wir aus der Voraussetzung (2):

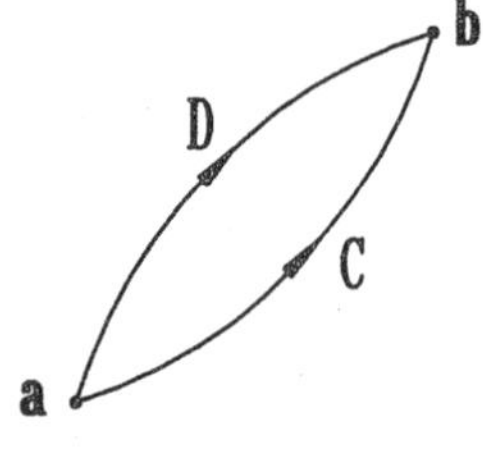

$$\begin{aligned} 0 &= \int_{\mathcal{C}} \vec{f} \cdot d\vec{r} + \int_{\mathcal{D}^-} \vec{f} \cdot d\vec{r} \\ &= \int_{\mathcal{C}} \vec{f} \cdot d\vec{r} - \int_{\mathcal{D}} \vec{f} \cdot d\vec{r}. \end{aligned}$$

Der Weg des Kurvenintegrals ist also unabhängig vom Weg zwischen $\mathbf{a}$ und $\mathbf{b}$.

(3) ⇒ (1): Wir wählen $\mathbf{a} \in \mathcal{B}$ fest und definieren eine Funktion F in $\mathcal{B}$ gemäß

$$F(\mathbf{x}) := F(x,y,z) := \int_{\mathbf{a}}^{\mathbf{x}} \vec{f} \cdot d\vec{r} ,$$

wobei das Integral entlang einer stückweise glatten Kurve von $\mathbf{a}$ nach $\mathbf{x}$ ausgeführt werden soll. Wegen (3) ist das Kurvenintegral wegunabhängig, so daß wir die Kurve nicht näher festlegen müssen. Wir zeigen nun

$D_iF = f_i$. Dazu betrachten wir zwei benachbarte Punkte x und $\tilde{\mathbf{x}} = \mathbf{x} + h\mathbf{e}_1$. Dann gilt:

$$F(\tilde{\mathbf{x}}) = F(x+h,y,z) = \int_{\mathbf{a}}^{\tilde{\mathbf{x}}} \vec{f}\cdot d\vec{t} = \int_{\mathbf{a}}^{\mathbf{x}} \vec{f}\cdot d\vec{t} + \int_{\mathbf{x}}^{\tilde{\mathbf{x}}} \vec{f}\cdot d\vec{t}$$

$$= F(x,y,z) + \int_{\mathbf{x}}^{\tilde{\mathbf{x}}} \vec{f}\cdot d\vec{t}.$$

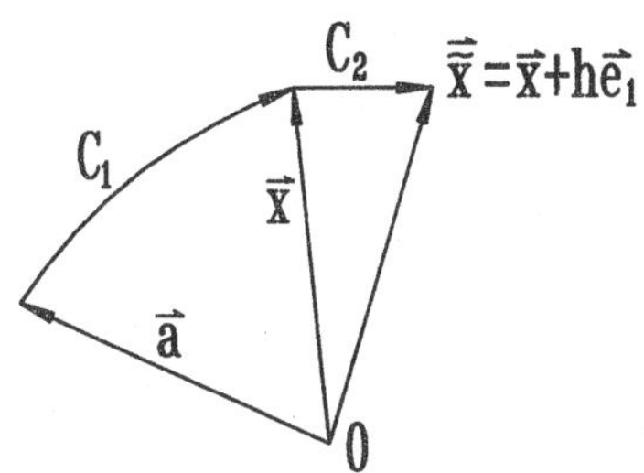

Dabei haben wir die Kurve C von a nach $\tilde{\mathbf{x}}$ über x geführt und in zwei Teilstücke C_1 (von a nach x) und C_2 (von x nach $\tilde{\mathbf{x}}$) zerlegt. Für C_2 verwenden wir (im Fall $h > 0$) die Parameterdarstellung:

$$\mathbf{r} = \mathbf{k}(t) = \mathbf{x} + t\mathbf{e}_1 = \begin{pmatrix} x+t \\ y \\ z \end{pmatrix}, \quad 0 \le t \le h, \text{ mit } \mathbf{k}'(t) = \mathbf{e}_1 .$$

Also: $\mathbf{f}(\mathbf{k}(t))\cdot\mathbf{k}'(t) = f_1(x+t,y,z)$. Damit erhalten wir den Differenzenquotienten von F:

$$\frac{F(x+h,y,z) - F(x,y,z)}{h} = \frac{1}{h}\int_0^h f_1(x+t,y,z)\,dt .$$

Der hier angegebene Grenzwert für $h \to 0$ ist der gleiche, den wir im Beweis zu Satz 6.6 berechnet haben. Für eine stetige Funktion g haben wir dort gefunden:

$$g(x) = \lim_{h\to 0}\frac{1}{h}\int_0^h g(x+t)\,dt = \lim_{h\to 0}\frac{1}{h}\int_x^{x+h} g(u)\,du .$$

Für $g(x) := f_1(x,y,z)$ folgt das gesuchte Ergebnis:

$$\frac{\partial}{\partial x}F(x,y,z) = \lim_{h\to 0}\frac{F(x+h,y,z) - F(x,y,z)}{h} = f_1(x,y,z) .$$

Mit Hilfe analoger Überlegungen für f_2 und f_3 erhalten wir schließlich:

$\vec{\nabla} F = \vec{f}$. ■

Satz 12.2 besagt also, daß genau die Gradientenfelder wegunabhängige Kurvenintegrale besitzen.

Beispiel 12.6. Ist ein Kraftfeld $\vec{K}(\vec{r})$ aus einem Potential $V(\vec{r})$ abgeleitet,

$$\vec{K}(\vec{r}) = -\vec{\nabla}\, V(\vec{r}) \,,$$

dann hängt die Arbeit A, die entlang einer Bahnkurve C geleistet wird, nur vom Anfangspunkt $\mathbf{a}$ und vom Endpunkt $\mathbf{b}$ der Kurve ab. Wegen Satz 12.3 erhalten wir mit der Stammfunktion $-V$ (!):

$$A = \int_C \vec{K} \cdot d\vec{r} = -V(\mathbf{b}) + V(\mathbf{a}) \,. \qquad \square$$

Die Wegunabhängigkeit eines Kurvenintegrals ist von großer theoretischer und praktischer Bedeutung. Eine wichtige Aufgabe der Thermodynamik ist die Bestimmung von ***Zustandsfunktionen*** für ein System. Das sind Größen, die nur vom erreichten Endzustand, nicht aber vom Weg (von der "Geschichte") abhängen, den das System bis zu diesem Zustand zurückgelegt hat. Da thermodynamische Größen über Differentialformen definiert sind (vgl. Beispiel 12.5), sind wir an einem Kriterium interessiert, mit dem wir entscheiden können, ob eine vollständige Differentialform vorliegt. Deren Stammfunktion ist dann eine Zustandsfunktion. Außerdem können wir bei einer vollständigen Differentialform den Integrationsweg so wählen, wie es für die Berechnung bzw. die experimentelle Bestimmung der Zustandsfunktion günstig ist.

Die Beispiele 12.4 und 12.5 zeigen, daß es unvollständige Differentiale gibt, zu denen keine Stammfunktion existiert. Aus Beispiel 12.5 entnehmen wir, daß das Integral von dQ über den geschlossenen Weg (C_1, C_2^-) nicht Null ist. Auch für Beispiel 12.4 können wir das Integral über eine geschlossene Kurve mit Anfangs- und Endpunkt im Ursprung angeben. Für den Weg $\begin{pmatrix}0\\0\end{pmatrix} \xrightarrow{C} \begin{pmatrix}2\\8\end{pmatrix} \xrightarrow{\tilde{C}^-} \begin{pmatrix}0\\0\end{pmatrix}$ erhalten wir mit Satz 12.2 den Wert $118/3 - 34 = 16/3 \neq 0$.

Angenommen, zu einer Differentialform $f_1 dx + f_2 dy$ existiert eine Stammfunktion $F(x,y)$:

$$\frac{\partial F}{\partial x} = f_1 \,, \quad \frac{\partial F}{\partial y} = f_2 \,.$$

Bilden wir die gemischten Ableitungen von F, dann finden wir wegen Satz 11.1:

$$\frac{\partial f_1}{\partial y} = \frac{\partial}{\partial y}\left(\frac{\partial F}{\partial x}\right) = \frac{\partial}{\partial x}\left(\frac{\partial F}{\partial y}\right) = \frac{\partial f_2}{\partial x}.$$

Satz 12.4. Es seien f_1 und f_2 stetig differenzierbare Funktionen in einem offenen Bereich $B \subset \mathbb{R}^2$. Gilt

$$\frac{\partial f_1}{\partial y} \neq \frac{\partial f_2}{\partial x},$$

dann ist die Differentialform $f_1 \mathrm{d}x + f_2 \mathrm{d}y$ unvollständig.

Beweis. Wäre $f_1 \mathrm{d}x + f_2 \mathrm{d}y$ vollständig, d.h. würde eine Stammfunktion $F(x,y)$ zu $f_1(x,y)$ und $f_2(x,y)$ existieren, dann müßte $\frac{\partial f_1}{\partial y} = \frac{\partial f_2}{\partial x}$ gelten, wie die Vorüberlegungen zeigen - im Widerspruch zur Voraussetzung. ■

Beispiel 12.7. (1) Die Differentialform in Beispiel 12.4,

$$P\,\mathrm{d}x + Q\,\mathrm{d}y = (x - y)\,\mathrm{d}x + (x + y)\,\mathrm{d}y,$$

besitzt keine Stammfunktion, denn es gilt:

$$-1 = \frac{\partial P}{\partial y} \neq \frac{\partial Q}{\partial x} = 1.$$

(2) Die Wärmemenge Q ist keine Zustandsfunktion, da das Differential

$$\mathrm{d}Q = C_V\,\mathrm{d}T + \frac{RT}{V}\,\mathrm{d}V$$

unvollständig ist, wie aus Satz 12.4 folgt:

$$\frac{\partial C_V}{\partial V} = 0 \neq -\frac{R}{V} = \frac{\partial}{\partial T}\left(\frac{RT}{V}\right).$$

Denn die spezifische Wärme C_V eines idealen Gases ist unabhängig vom Volumen:

$$C_V = 3RT/2.$$

□

Wenn eine Differentialform $f_1 \mathrm{d}x_1 + f_2 \mathrm{d}x_2 + f_3 \mathrm{d}x_3$ in drei Veränderlichen eine Stammfunktion $F(x_1,x_2,x_3)$ besitzt, dann erhalten wir entsprechend:

$$F_{x_i x_j} = F_{x_j x_i} \Rightarrow \frac{\partial f_i}{\partial x_j} - \frac{\partial f_j}{\partial x_i} = 0.$$

Mit Hilfe der ***Rotation*** eines Vektorfeldes $\vec{f} = (f_1, f_2, f_3)^T$,

$$\operatorname{rot} \vec{f} := \vec{\nabla} \times \vec{f} := \begin{vmatrix} f_1 & \partial/\partial x & \vec{e}_x \\ f_2 & \partial/\partial y & \vec{e}_y \\ f_3 & \partial/\partial z & \vec{e}_z \end{vmatrix},$$

können wir diese Bedingungen kompakt formulieren:

$$\boxed{\operatorname{rot} \vec{f} = \vec{\nabla} \times \vec{f} = \vec{0}}$$

Wir verallgemeinern Satz 12.4 auf Funktionen von drei Variablen: gilt $\operatorname{rot} \vec{f} \neq \vec{0}$, dann ist die Differentialform $\vec{f} \cdot d\vec{r}$ unvollständig.

Die Integrabilitätsbedingung $\partial f_1/\partial y = \partial f_2/\partial x$ (bzw. $\operatorname{rot} \vec{f} = \vec{0}$) ist nach Satz 12.4 eine notwendige Bedingung für die Existenz einer Stammfunktion von $(f_1, f_2)^T$ bzw. $\vec{f}$. Wir zeigen nun, daß diese Bedingung für einige, in der Praxis recht häufig auftretende Fälle auch hinreichend ist.

Satz 12.5. Die Funktionen f_1 und f_2 seien stetig partiell differenzierbar in einem offenen Bereich $B \subset \mathbb{R}^2$. Ist B eine offene Kreisscheibe, das Innere eines Rechtecks oder $\mathbb{R}^2$ und gilt

$$\frac{\partial f_1}{\partial y} = \frac{\partial f_2}{\partial x},$$

dann ist die Differentialform $f_1 dx + f_2 dy$ vollständig.

Bevor wir den Beweis dieses Satzes skizzieren, diskutieren wir einige Beispiele.

Beispiel 12.8. Das Vektorfeld $\vec{f}(\vec{r})$ mit $f_1(x,y,z) := 2x + y + yz$, $f_2(x,y,z) := x + xz + z^2$, $f_3(x,y,z) := xy + 2yz$, erfüllt die Integrabilitätsbedingung $\vec{\nabla} \times \vec{f} = \vec{0}$ überall in $\mathbb{R}^3$:

$$\frac{\partial f_1}{\partial y} = 1 + z = \frac{\partial f_2}{\partial x}, \quad \frac{\partial f_2}{\partial z} = x + 2z = \frac{\partial f_3}{\partial y}, \quad \frac{\partial f_3}{\partial x} = y = \frac{\partial f_1}{\partial z}.$$

Nach Satz 12.5 bzw. seiner Verallgemeinerung auf Vektorfelder in $\mathbb{R}^3$ ist das Differential $\vec{f} \cdot d\vec{r}$ vollständig.

Um eine Stammfunktion F von $\vec{f}$ zu erzeugen, berechnen wir daher gemäß Satz 12.3 Kurvenintegrale dieser Differentialform. Als festen Ausgangspunkt aller Kurven wählen wir den Ursprung. Den Weg legen wir achsenparallel zu einem beliebigen Endpunkt $(x,y,z)^T \in \mathbb{R}^3$:

$$\begin{pmatrix}0\\0\\0\end{pmatrix} \longrightarrow \begin{pmatrix}x\\0\\0\end{pmatrix} \longrightarrow \begin{pmatrix}x\\y\\0\end{pmatrix} \longrightarrow \begin{pmatrix}x\\y\\z\end{pmatrix}.$$

Wir erhalten die Stammfunktion

$$\begin{aligned} F(x,y,z) &= \int_0^x f_1(s,0,0)\,ds + \int_0^y f_2(x,t,0)\,dt + \int_0^z f_3(x,y,u)\,du \\ &= \int_0^x 2s\,ds + \int_0^y x\,dt + \int_0^z (xy + 2yu)\,du \\ &= x^2 + xy + xyz + yz^2. \end{aligned}$$

Eine beliebige Stammfunktion G von $(f_1, f_2, f_3)^T$ lautet dann: $G(x,y,z) = F(x,y,z) + C$. Sie entspricht einem anders gewählten Anfangspunkt des Kurvenintegrals. □

Beispiel 12.9. Wir formen das in Beispiel 12.7(2) als unvollständig klassifizierte Differential $dQ = C_V\,dT + (RT/V)\,dV$ um:

$$dS := \frac{dQ}{T} = \frac{C_V}{T}\,dT + \frac{R}{V}\,dV.$$

Wegen

$$\frac{\partial}{\partial V}\left(\frac{C_V}{T}\right) = 0 = \frac{\partial}{\partial T}\left(\frac{R}{V}\right)$$

ist $dS = dQ/T$ das totale Differential einer Zustandsfunktion $S = S(T,V)$ in einem offenen "Rechteck" $B = \{ (T,V) \in \mathbb{R}^2 \mid T > 0,\ V > 0 \}$. S ist die ***Entropie*** des idealen Gases. Durch Integration von dS entlang einer beliebigen Kurve in B kann die Entropie S bis auf eine additive Konstante bestimmt werden. □

Beispiel 12.10. Die Funktionen

$$\begin{aligned} P(x,y) &:= -y/(x^2 + y^2) \\ Q(x,y) &:= x/(x^2 + y^2) \end{aligned}$$

erfüllen für $(x,y) \neq (0,0)$ die Integrabilitätsbedingung:

$$\frac{\partial P(x,y)}{\partial y} = \frac{y^2 - x^2}{(x^2 + y^2)^2} = \frac{\partial Q(x,y)}{\partial x}.$$

Trotzdem gibt es zum Vektorfeld $(P,Q)^T$ keine Stammfunktion in $\mathbb{R}^2\backslash\{(0,0)\}$. Um dies zu zeigen, berechnen wir das Kurvenintegral von

$P\,dx + Q\,dy$ entlang eines Kreises C: $x^2 + y^2 = r^2$ um den Ursprung. Wir wählen die Parameterdarstellung

$$x = r\cos t \quad , \; dx = -r\sin t\; dt \, , \quad 0 \leq t \leq 2\pi$$
$$y = r\sin t \quad , \; dy = r\cos t\; dt \, ,$$

und erhalten

$$\int_C (P\,dx + Q\,dy) = \int_0^{2\pi} (\cos^2 t + \sin^2 t)\, dt = 2\pi \neq 0 \, .$$

C ist eine geschlossene Kurve; Satz 12.3 liefert die Behauptung. Dieses Ergebnis ist kein Widerspruch zu Satz 12.5. Denn diese Funktionen P und Q sind in einem Bereich $B \subset \mathbb{R}^2$ definiert, der aus $\mathbb{R}^2$ durch Weglassen des Ursprungs entsteht. B hat ein "Loch". Beschränken wir uns etwa auf die rechte Halbebene, d.h. auf das "verallgemeinerte Rechteck" $B = \{ (x,y) \in \mathbb{R}^2 \mid x > 0 \}$, dann gibt es dort sehr wohl eine Stammfunktion zu (P,Q), nämlich:

$$F(x,y) = \arctan\,(y/x). \qquad \text{Probe!}$$

□

Beim Beweis von Satz 12.5 werden wir Integration bezüglich y und Differentiation bezüglich x vertauschen. Der nächste Satz, der auch als Regel für die ***Parameterdifferentiation*** bezeichnet wird, gibt an, wann dieses naheliegende Vorgehen erlaubt ist.

Satz 12.6. Die Funktion $f(x,y)$ sei in dem Rechteck $B = \{(x,y) \in \mathbb{R}^2 \mid a \leq x \leq b, \, c \leq y \leq d \}$ definiert. Angenommen, die partielle Ableitung f_x existiert in B und ist dort stetig. Dann ist die Funktion

$$g(x) := \int_c^d f(x,y)\, dy$$

differenzierbar in $[\, a, \, b\,]$, und es gilt:

$$g'(x) = \frac{dg(x)}{dx} = \int_c^d \frac{\partial f(x,y)}{\partial x}\, dy \, .$$

Der Beweis wird besonders einfach, wenn wir Aussagen über Bereichsintegrale verwenden. Wir holen ihn in Abschnitt 12.3 nach und erläutern die Aussage des Satzes an einem Beispiel.

Beispiel 12.11. Die Funktion $f(x,y) = (x+y)^2$ erfüllt in $\mathbb{R}^2$ die Voraussetzungen von Satz 12.6. Wir haben

$$g(x) := \int_0^d (x+y)^2\,dy = x^2 d + x d^2 + \frac{1}{3} d^3 .$$

Wir verwenden Satz 12.6 zur Berechnung der Ableitung g':

$$\begin{aligned} g'(x) &= \int_0^d f_x(x,y)\,dy = \int_0^d 2(x+y)\,dy = (2xy+y^2)\Big|_0^d \\ &= 2xd + d^2 . \end{aligned}$$

Dieses Ergebnis bestätigen wir durch direktes Differenzieren von g. □

Beweis von Satz 12.5. Wir wollen die Existenz einer Stammfunktion F mit $D_1F = f_1$ und $D_2F = f_2$ unter Verwendung der Integrabilitätsbedingung $D_2f_1 = D_1f_2$ beweisen. Dazu wählen wir einen festen Punkt $(x_0,y_0) \in B$ und die achsenparallele Kurve C: $(x_0,y_0) \longrightarrow (x,y_0) \longrightarrow (x,y)$. Für die in Satz 12.5 aufgeführten Bereiche ist dies immer möglich. Wir definieren:

$$F(x,y) := \int_{x_0}^{x} f_1(s,y_0)\,ds + \int_{y_0}^{y} f_2(x,t)\,dt .$$

Mit den Sätzen 6.6 und 12.6 und der Integrabilitätsbedingung folgern wir:

$$\begin{aligned} D_1F(x,y) &= f_1(x,y_0) + \int_{y_0}^{y} D_1f_2(x,t)\,dt \\ &= f_1(x,y_0) + \int_{y_0}^{y} D_2f_1(x,t)\,dt \\ &= f_1(x,y_0) + f_1(x,t)\Big|_{t=y_0}^{t=y} = f_1(x,y) . \end{aligned}$$

Bei der Berechnung des Integrals über $D_2f_1(x,t)$ haben wir den Hauptsatz der Differential- und Integralrechnung (Satz 6.8) verwendet. Die partielle Ableitung von F nach y erhalten wir durch einfache Anwendung von Satz 6.6:

$$D_2F(x,y) = 0 + f_2(x,y) .$$ ■

12.3 Bereichsintegrale

Wir haben das bestimmte Integral einer positiven Funktion von einer Veränderlichen $f(x)$ als Grenzwert von Zwischensummen definiert,

$$\int_a^b f(x)\,dx = \lim_{d(z)\to 0} \sum_{k=1}^{d} f(c_k)\,\Delta_k ,$$

und geometrisch als Inhalt einer Fläche $\mathcal{F}$ gedeutet:

$$\mathcal{F} = \{\ (x,y) \in \mathbb{R}^2 \mid a \leq x \leq b \ \ \textit{und} \ \ 0 \leq y \leq f(x)\ \}\ .$$

Die Verallgemeinerung dieser Methode auf Zwischensummen einer Funktion $f(x,y)$ von zwei Veränderlichen führt auf das sog. ***Bereichsintegral*** von f über einem beschränkten Bereich $\mathcal{B} \subset \mathbb{R}^2$, das wir für eine positive Funktion als Volumen deuten können.

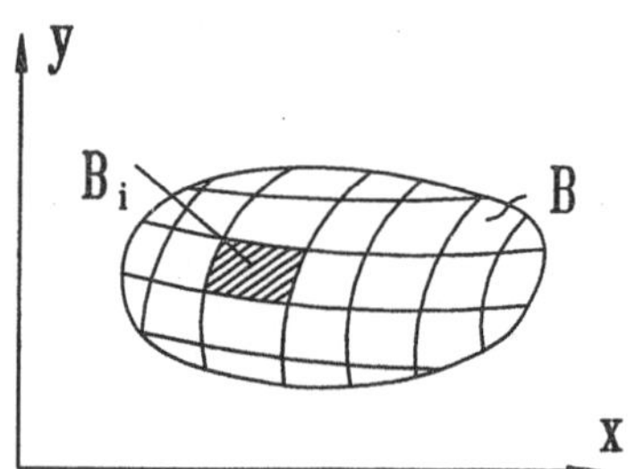

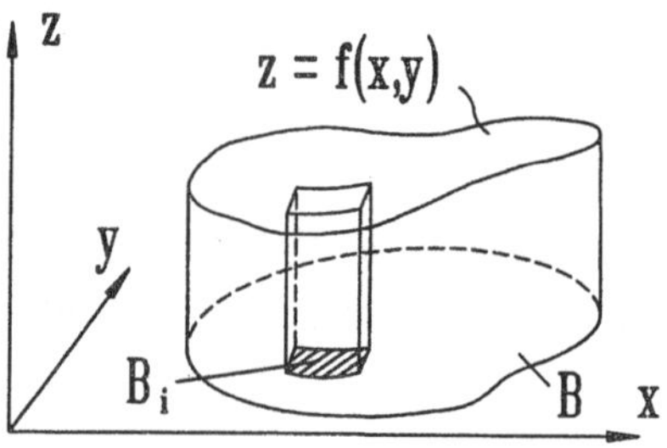

$\mathcal{B}$ sei ein beschränkter, abgeschlossener Bereich in der (x,y)-Ebene. Wir zerlegen $\mathcal{B}$ durch glatte Kurven in n Teilbereiche $\mathcal{B}_k$ mit dem zugehörigen Flächeninhalt Δb_k $(k = 1,\dots,n)$ und charakterisieren diese ***Zerlegung*** durch das Feinheitsmaß $d(Z)$, definiert als der größte Durchmesser aller Teilbereiche $\mathcal{B}_k$. Die Funktion $f(x,y)$ sei auf $\mathcal{B}$ definiert, positiv und stetig. Um das Volumen V des Körpers

$$\mathcal{K} = \{(x,y,z) \in \mathbb{R}^3 \mid (x,y) \in \mathcal{B} \ \ \textit{und} \ \ 0 \leq z \leq f(x,y)\}$$

zu bestimmen, denken wir uns eine Zerlegung in Teilvolumina ΔV_k, indem wir jeweils in den Randpunkten der Teilbereiche $\mathcal{B}_k$ senkrechte Mantellinien errichten. Für eine hinreichend feine Zerlegung können wir das Volumen ΔV_k eines derartigen quaderförmigen Teilkörpers nach der Formel "Grundfläche × Höhe" approximieren. Für $(c_k,d_k) \in \mathcal{B}_k$ gilt näherungsweise: $\Delta V_k \simeq f(c_k,d_k)\,\Delta b_k$ und somit:

$$V = \sum_{k=1}^{n} V_k \simeq S(f,Z) := \sum_{k=1}^{n} f(c_k,d_k)\,\Delta b_k\ .$$

Das Volumen V wird also durch eine ***Zwischensumme*** $S(f,Z)$ angenähert. Falls f auch negative Werte annimmt, liefert der zugehörige Teilbereich einen negativen Beitrag zur Zwischensumme (vgl. Abschnitt 6.1 und 6.2). Ohne Beweis:

Satz 12.7. Die Funktion $f(x,y)$ sei stetig in dem abgeschlossenen Bereich $B \subset \mathbb{R}^2$. Angenommen, $\{Z_i\}$ sei eine Folge von Zerlegungen von B mit $\lim_{i\to\infty} d(Z_i) = 0$. Dann konvergiert die Folge $\{S(Z_i, f)\}$ der Zwischensummen gegen einen Grenzwert I, der unabhängig ist von der Auswahl der Stützpunkte $(c_k,d_k) \in B_k$ und von der Folge der Zerlegungen. Der Grenzwert heißt ***Bereichsintegral von f über B***, und man schreibt:

$$\iint_B f(x,y)\,\mathrm{d}x\mathrm{d}y := I = \lim_{i\to\infty} S(Z_i, f)\,.$$

Man vergleiche die Aussage von Satz 12.7 mit Satz 6.1 und Definition 6.1. Das Symbol $\mathrm{d}x\,\mathrm{d}y$ soll an den Flächeninhalt eines Teilbereichs erinnern (in der Form eines Rechtecks mit den "Seitenlängen" $\mathrm{d}x$ und $\mathrm{d}y$). Die Aussagen der Sätze 6.2, 6.3 und 6.4 gelten für Bereichsintegrale in entsprechend verallgemeinerter Form.

Satz 12.7 sichert die Existenz und Eindeutigkeit eines Bereichsintegrals, liefert jedoch kein praktikables Verfahren für seine Berechnung. Die Situation ist ähnlich der bei bestimmten Integralen für Funktionen einer Veränderlichen. Wir werden nun ein Verfahren diskutieren, das es gestattet, Bereichsintegrale auf gewöhnliche Integrale einer Veränderlichen zurückzuführen.

Wir beginnen mit dem Spezialfall eines achsenparallelen Rechtecks B als Integrationsbereich:

$$B := \{\,(x,y) \in \mathbb{R}^2 \mid x \in [\,a,\,b\,],\, y \in [\,c,\,d\,]\,\}\,.$$

Wir wählen je eine Zerlegung der Intervalle $[\,a,\,b\,]$ und $[\,c,\,d\,]$:

$$a = x_0 < x_1 < x_2 < \ldots < x_n = b\,; \qquad \Delta x_i = x_i - x_{i-1}\,.$$

$$c = y_0 < y_1 < y_2 < \ldots < y_m = d\,, \qquad \Delta y_j = y_j - y_{j-1}\,.$$

Diese Zerlegungen induzieren eine Zerlegung von B in $n \cdot m$ achsenparallele Teilrechtecke B_{ij} mit der Fläche $\Delta b_{ij} = \Delta x_i \Delta y_j$. Mit den Zwischenwerten $c_i \in [x_{i-1}, x_i]$ und $d_j \in [y_{j-1}, y_j]$ erhalten wir gemäß Satz 12.7:

$$\iint_B f(x,y)\,dxdy = \lim_{\substack{n\to\infty \\ m\to\infty}} \sum_{i=1}^{n} \sum_{j=1}^{m} f(c_i,d_j)\,\Delta x_i \Delta y_j$$

$$= \lim_{n\to\infty} \sum_{i=1}^{n} \left(\lim_{m\to\infty} \sum_{j=1}^{m} f(c_i,d_j)\,\Delta y_j \right) \Delta x_i .$$

Wegen Satz 6.1 können wir die Größe in großen Klammern als gewöhnliches bestimmtes Integral $g(c_i)$ der Funktion $f(c_i,y)$ über dem Intervall $[c, d]$ auffassen:

$$g(x) := \int_c^d f(x,y)\,dy = \lim_{m\to\infty} \sum_{j=1}^{m} f(x,d_j)\,\Delta y_j .$$

Wir folgern:

$$\iint_B f(x,y)\,dxdy = \lim_{n\to\infty} \sum_{i=1}^{n} g(c_i)\,\Delta x_i = \int_a^b g(x)\,dx =$$

$$= \int_a^b \left(\int_c^d f(x,y)\,dy \right) dx.$$

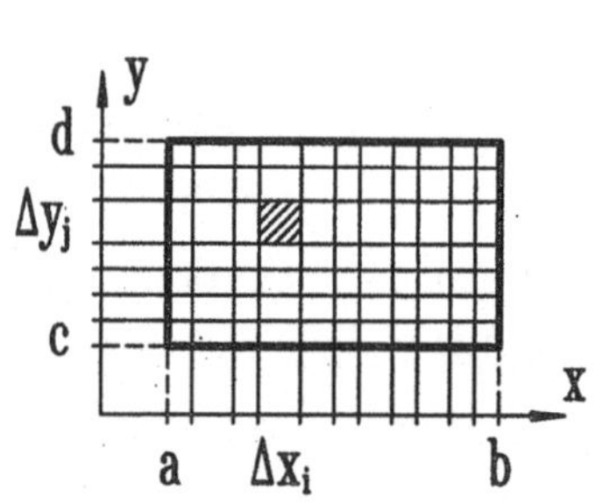

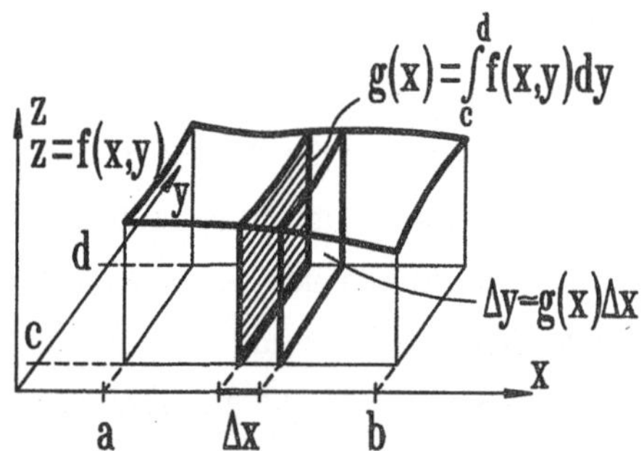

Damit haben wir das Bereichsintegral auf ein ***iteriertes Integral*** (oder Doppelintegral) reduziert. Iterierte Integrale sind von "innen nach außen" auszuführen. Um Eindeutigkeit auch ohne Klammern zu erzielen und um Verwechslungen mit Bereichsintegralen auszuschließen, soll sich das Integralzeichen immer auf das nächstfolgende Differentialsymbol beziehen:

$$\iint_B f(x,y)\,dxdy = \int_a^b dx \int_c^d f(x,y)\,dy = \int_c^d dy \int_a^b f(x,y)\,dx \qquad (*)$$

Die zweite Beziehung ergibt sich entsprechend, wenn wir in der obigen Überlegung die Reihenfolge der Grenzwertbildung vertauschen.

Beispiel 12.12. Wir integrieren $f(x,y) = x^2 + 2xy$ über dem Rechteck B, definiert durch die Intervalle $0 \leq x \leq 1$ und $-1 \leq y \leq 1$.

$$\begin{aligned}\iint_B f(x,y)\,dxdy &= \int_0^1 dx \int_{-1}^1 (x^2 + 2xy)\,dy \\ &= \int_0^1 dx\,(x^2y + xy^2)\Big|_{y=-1}^{y=1} \\ &= \int_0^1 dx\,[(x^2 + x) - (-x^2 + x)] = \int_0^1 2x^2\,dx = \frac{2}{3}.\end{aligned}$$

Wir können auch zuerst über die Variable x integrieren:

$$\begin{aligned}\iint_B (x^2 + 2xy)\,dxdy &= \int_{-1}^1 dy \int_0^1 (x^2 + 2xy)\,dx \\ &= \int_{-1}^1 dy\,(\tfrac{1}{3}x^3 + x^2y)\Big|_{x=0}^{x=1} \\ &= \int_{-1}^1 (\tfrac{1}{3} + y)\,dy = (\tfrac{1}{3}y + \tfrac{1}{2}y^2)\Big|_{y=-1}^{y=1} = \frac{2}{3}.\end{aligned}$$ □

Wir tragen nun den Beweis zu Satz 12.6 nach. Nach Voraussetzung ist $D_1 f(x,y)$ stetig für $x \in [a, b]$ und $y \in [c, d]$. Der Hauptsatz der Differential- und Integralrechnung (Satz 6.8), angewendet auf $h_y(x) := D_1 f(x,y)$, d.h. y als Parameter der Funktion $h(x)$, liefert:

$$\int_a^x D_1 f(t,y)\,dt = f(t,y)\Big|_{t=a}^{t=x} = f(x,y) - f(a,y).$$

Damit erhalten wir:

$$\begin{aligned}g(x) := \int_c^d f(x,y)\,dy &= \int_c^d dy \left(\int_a^x D_1 f(t,y)\,dt + f(a,y)\right) \\ &= \int_a^x dt \int_c^d D_1 f(t,y)\,dy + \int_c^d f(a,y)\,dy.\end{aligned}$$

Im Doppelintegral haben wir die Integrationsreihenfolge wegen (*) vertauschen können. Aus Satz 6.6 folgt das gesuchte Resultat:

$$g'(x) = \int_c^d D_1 f(x,y)\, dy + 0 .$$ ∎

Wir können das Reduktionsverfahren für Bereichsintegrale von Rechtecken auf Bereiche $B \subset \mathbb{R}^2$ verallgemeinern, deren Randkurve von jeder Parallelen zur y-Achse höchstens zweimal geschnitten wird. Es seien g_1, g_2 zwei differenzierbare Funktionen auf dem Intervall $[a, b]$ mit $g_1(x) \le g_2(x)$. Dann erfüllt der Bereich

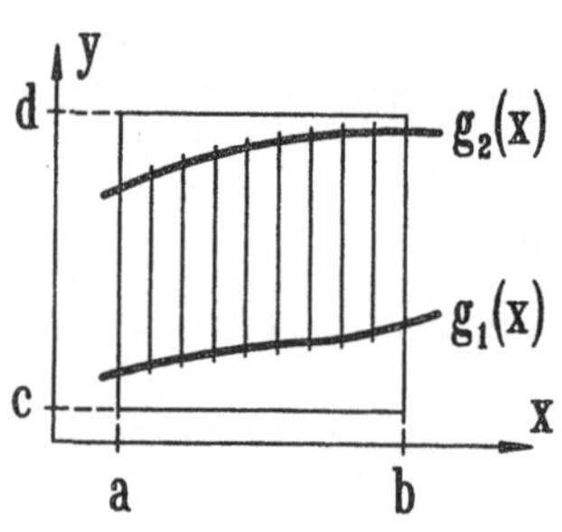

$$B = \{ (x,y) \in \mathbb{R}^2 \mid a \le x \le b \text{ und } g_1(x) \le y \le g_2(x) \}$$

die obige Voraussetzung. Ein derartiger Bereich heißt **konvex** (bezüglich der x-Richtung).

Satz 12.8. Es sei $B \subset \mathbb{R}^2$ ein konvexer abgeschlossener Bereich, der zwischen $x = a$ und $x = b$ $(a < b)$ sowie den glatten Kurven $y = g_1(x)$ und $y = g_2(x)$ mit $g_1(x) \le g_2(x)$ liegt. Die Funktion $f(x,y)$ sei stetig in B. Dann ist das Bereichsintegral von f über B als iteriertes Integral darstellbar:

$$\iint_B f(x,y)\, dxdy = \int_a^b dx \int_{g_1(x)}^{g_2(x)} f(x,y)\, dy.$$

Beispiel 12.13. Wir integrieren die Funktion $f(x,y) = x + y$ über dem Bereich B zwischen der Geraden $y = x$ und der Parabel $y = x^2$. In diesem Fall ist $g_1(x) = x^2$, $g_2(x) = x$ und $x \in [0, 1]$. Das Bereichsintegral ist gleich dem iterierten Integral

$$I = \iint_B (x + y) dxdy = \int_0^1 dx \int_{x^2}^{x} (x + y)\, dy$$

$$= \int_0^1 dx \left(xy + \frac{1}{2} y^2\right) \Big|_{y=x^2}^{y=x} = \int_0^1 [(x^2 + \frac{1}{2} x^2) - (x^3 + \frac{1}{2} x^4)]\, dx$$

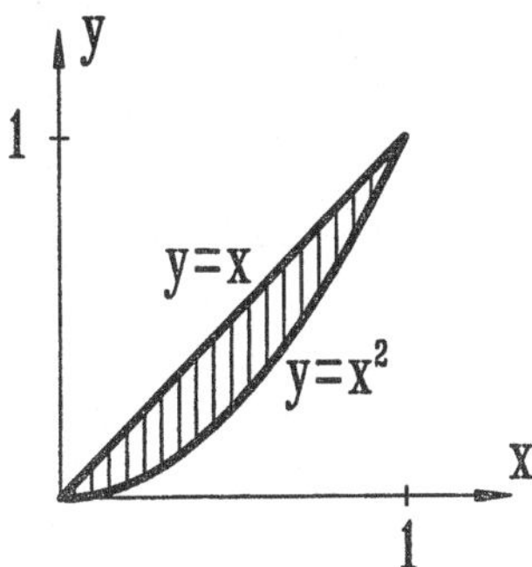

$$= (\tfrac{1}{2}x^3 - \tfrac{1}{4}x^4 - \tfrac{1}{10}x^5)\Big|_0^1 = \tfrac{3}{20}.$$

Vertauschen wir die Integrationsreihenfolge, indem wir zunächst über x integrieren, und zwar von $x = y$ bis $x = \sqrt{y}$, so ergibt sich:

$$I = \int_0^1 dy \int_y^{\sqrt{y}} (x + y)\,dx = \int_0^1 dy\,(\tfrac{1}{2}x^2 + xy)\Big|_{x=y}^{x=\sqrt{y}}$$

$$= \int_0^1 dy\,[\tfrac{1}{2}y + y^{3/2} - \tfrac{3}{2}y^2] = \tfrac{1}{4} + \tfrac{2}{5} - \tfrac{3}{2}\tfrac{1}{3} = \tfrac{3}{20}.$$ □

Beispiel 12.14. Wir berechnen das Volumen V einer Kugel vom Radius R, deren Mittelpunkt im Ursprung liegen soll. Um die Oberfläche eindeutig beschreiben zu können, beschränken wir die Berechnung auf die obere Halbkugel:

$$z = f(x,y) = \sqrt{R^2 - x^2 - y^2}\,;$$
$$(x,y) \in \overline{U}_R(0,0) = \{\,(x,y) \mid x^2 + y^2 \leq R^2\,\}.$$

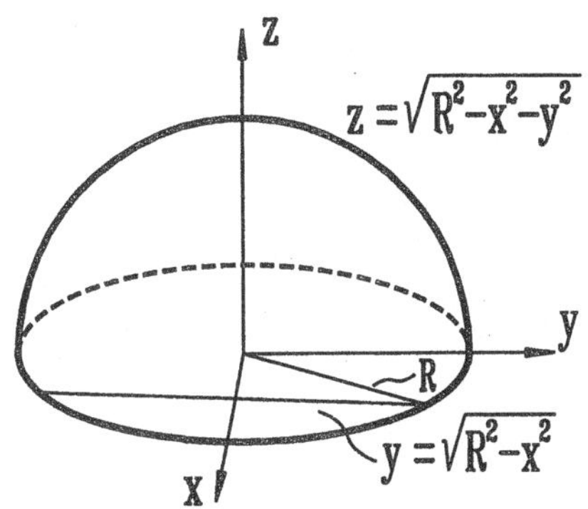

Der kreisförmige Bereich $\overline{U}_R$ wird beschrieben durch $-R \leq x \leq R$ und

$$-\sqrt{R^2-x^2} = g_1(x) \leq y \leq g_2(x) = \sqrt{R^2-x^2}\,.$$

Damit gilt:

$$V = 2 \iint_{\overline{U}_R} \sqrt{R^2-x^2-y^2}\,dxdy$$

$$= 2 \int_{-R}^{R} dx \int_{-\sqrt{R^2-x^2}}^{\sqrt{R^2-x^2}} \sqrt{R^2-x^2-y^2}\,dy$$

Wegen

$$\int_{-a}^{a} \sqrt{a^2-y^2}\,dy = \frac{1}{2}\left(y\sqrt{a^2-y^2} + a^2 \arcsin\frac{y}{a}\right)\Big|_{-a}^{a} = \frac{\pi}{2}\,a^2$$

ergibt sich mit $a := \sqrt{R^2-x^2}$:

$$V = \int_{-R}^{R} \pi\,(R^2-x^2)\,dx = \pi\left(R^2x - \frac{x^3}{3}\right)\Big|_{-R}^{R} = \frac{4}{3}\,\pi\,R^3\,.$$

□

Analog zu Satz 12.7 können wir auch ein Integral einer Funktion $f(x,y,z)$ über ein Volumen $B \subset \mathbb{R}^3$ definieren. Es sei etwa $n(x,y,z)$ die ortsabhängige Dichte eines Gases. Dann ist die Anzahl ΔN der Moleküle in einem quaderförmigen Teilvolumen $dv = dx\,dy\,dz$ am Ort $\mathfrak{r} = (x,y,z)^T$ näherungsweise gegeben durch

$$\Delta N \simeq n(\mathfrak{r})\,dv\,.$$

Die Gesamtzahl N aller Moleküle in einem Volumen B erhalten wir durch "Summation" der Teilbeträge ΔN:

$$N = \iiint_B n(\mathfrak{r})\,dv = \iiint_B n(x,y,z)\,dxdydz = \lim_{k\to\infty} \sum_k n(\mathfrak{r}_k)\,\Delta V_k.$$

Entsprechend zu Satz 12.8 kann man ein derartiges Integral auf ein dreifach-iteriertes Integral zurückführen.

12.4 Variablentransformation bei Bereichsintegralen

Wir gehen von einer umkehrbar-eindeutigen Abbildung eines Bereiches $\overline{B}$ der (u,v)-Ebene auf einen Bereich der (x,y)-Ebene aus:

$$x = g_1(u,v)\,,\quad y = g_2(u,v)\,.$$

Das achsenparallele Rechteck $\overline{A} \subset \overline{B}$,

$$u_0 \leq u \leq u_0 + du\,,\quad v_0 \leq v \leq v_0 + dv\,,$$

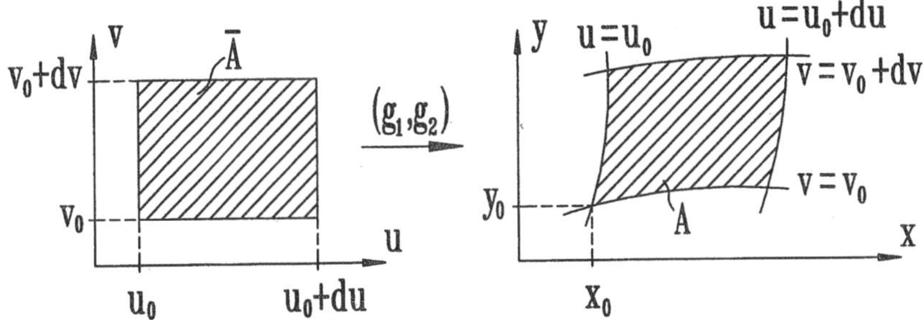

mit dem Flächeninhalt $d\bar{F} = du dv$ werde auf die Fläche A der (x,y)-Ebene abgebildet. Für kleine Größen du und dv, also in der Nähe von

$$x_0 = g_1(u_0,v_0)\ ,\quad y_0 = g_2(u_0,v_0)\ ,$$

können wir schreiben (vgl. Abschnitt 11.4):

$$dx = D_1g_1(u_0,v_0)\ du + D_2g_1(u_0,v_0)\ dv = \frac{\partial x}{\partial u}\,du + \frac{\partial x}{\partial v}\,dv$$

$$dy = D_1g_2(u_0,v_0)\ du + D_2g_2(u_0,v_0)\ dv = \frac{\partial y}{\partial u}\,du + \frac{\partial y}{\partial v}\,dv$$

mit $dx = x - x_0$, $du = u - u_0$ usw. Dies ist ein LGS in den Variablen du und dv mit den Koeffizienten $a_{ij} = D_jg_i(u_0,v_0)$. Es vermittelt nach Voraussetzung einen ein-eindeutigen Zusammenhang zwischen den Variablen (du,dv) und (dx,dy). Dies ist genau dann der Fall, wenn die Determinante des LGS ungleich Null ist (vgl. Satz 10.13):

$$\frac{\partial(x,y)}{\partial(u,v)} := \begin{vmatrix} \frac{\partial g_1}{\partial u} & \frac{\partial g_1}{\partial v} \\ \frac{\partial g_2}{\partial u} & \frac{\partial g_2}{\partial v} \end{vmatrix} = \begin{vmatrix} D_1g_1 & D_2g_1 \\ D_1g_2 & D_2g_2 \end{vmatrix} \neq 0\ .$$

Die Determinante $\frac{\partial(x,y)}{\partial(u,v)}$ heißt ***Funktionaldeterminante*** der Abbildung.

Man schreibt auch abkürzend:

$$\frac{\partial(x,y)}{\partial(u,v)} = \begin{vmatrix} x_u & x_v \\ y_u & y_v \end{vmatrix} = x_u y_v - x_v y_u\ .$$

Für die obigen Überlegungen ist die Funktionaldeterminante $\frac{\partial(x,y)}{\partial(u,v)}$ an der Stelle (x_0,y_0) auszuwerten.

Beispiel 12.15. Die Funktionaldeterminante für ebene Polarkoordinaten,

$$x = r\cos\varphi\ ,\quad y = r\sin\varphi\ ,$$

lautet:

$$\frac{\partial(x,y)}{\partial(r,\varphi)} = \begin{vmatrix} x_r & x_\varphi \\ y_r & y_\varphi \end{vmatrix} = \begin{vmatrix} \cos\varphi & -r\sin\varphi \\ \sin\varphi & r\cos\varphi \end{vmatrix} = r .$$

Die Transformation auf Polarkoordinaten ist umkehrbar eindeutig in $\mathbb{R}^2\backslash(0,0)\}$; denn dort ist $\frac{\partial(x,y)}{\partial(r,\varphi)} = r \neq 0$. □

Als nächstes berechnen wir den Flächeninhalt dF des Flächenstücks A, auf das das Rechteck $\bar{A}$ der (u,v)-Ebene abgebildet wird. Für kleine du, dv approximieren wir A durch ein Parallelogramm. Dieses wird durch zwei Vektoren $\mathbf{a}_1$, $\mathbf{a}_2$ aufgespannt, deren Komponenten wir aus dem obenstehenden LGS für $dv = 0$ (d.h. für $v = v_0 =$ const.) bzw. für $du = 0$ erhalten:

$$A := (\mathbf{a}_1,\mathbf{a}_2) = \begin{pmatrix} x_u du & x_v dv \\ y_u du & y_v dv \end{pmatrix} .$$

Der Flächeninhalt dF ist dann gleich dem Absolutbetrag der Determinante von A (vgl. Abschnitt 10.1):

$$dF = |\det A| = \pm \begin{vmatrix} x_u & x_v \\ y_u & y_v \end{vmatrix} du dv = \left|\frac{\partial(x,y)}{\partial(u,v)}\right| d\bar{F} .$$

Wird durch die Abbildung $x = g_1(u,v)$, $y = g_2(u,v)$ ein Flächenstück der (u,v)-Ebene mit dem Flächeninhalt $d\bar{F}$ auf ein Flächenstück der (x,y)-Ebene vom Flächeninhalt dF abgebildet, so ist ihr Verhältnis im Grenzfall gegen Null strebender Flächenabmessungen gleich dem Absolutbetrag der Funktionaldeterminante:

$$dxdy = \left|\frac{\partial(x,y)}{\partial(u,v)}\right| du dv .$$

Beispiel 12.16. Durch die Ungleichungen

$$r_0 \leq r \leq r_0 + dr , \quad \varphi_0 \leq \varphi \leq \varphi_0 + d\varphi$$

wird ein Sektor eines Kreisrings mit dem Flächeninhalt

$$dF = dr\, r_0\, d\varphi = \left|\frac{\partial(x,y)}{\partial(r,\varphi)}\right| dr\, d\varphi$$

definiert. Legen wir derartige Flächenstücke als Teilbereiche bei der Integration einer Funktion $f(x,y)$ über den Bereich B

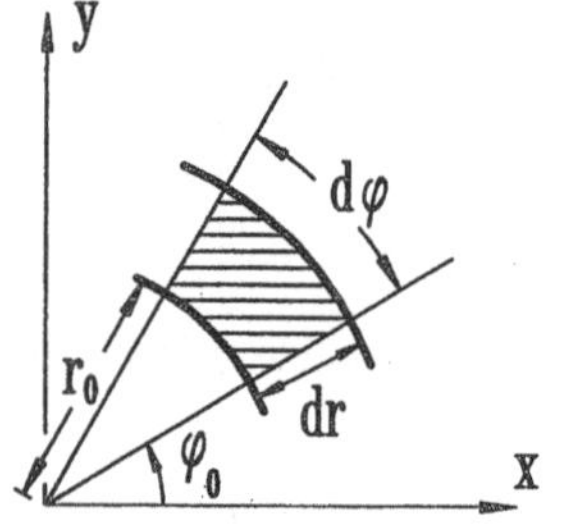

der (x,y)-Ebene zugrunde, dann erhalten wir für das Bereichsintegral:

$$\iint_B f(x,y)\,\mathrm{d}x\mathrm{d}y = \iint_{\overline{B}} f(r\cos\varphi, r\sin\varphi)\, r\,\mathrm{d}r\mathrm{d}\varphi\,.$$

□

Die ***Substitutionsregel für Bereichsintegrale*** (vgl. Satz 6.9) lautet allgemein:

> **Satz 12.9.** Die Funktion f sei stetig auf einem abgeschlossenen Bereich B der (x,y)-Ebene. Gibt es eine ein-eindeutige, stetig differenzierbare Abbildung des abgeschlossenen Bereichs $\overline{B}$ der (u,v)-Ebene auf B gemäß
>
> $$x = g_1(u,v),\quad y = g_2(u,v)\quad \text{mit}\quad \frac{\partial(x,y)}{\partial(u,v)} \neq 0\,,$$
>
> dann gilt:
>
> $$\iint_B f(x,y)\,\mathrm{d}x\mathrm{d}y = \iint_{\overline{B}} f\Big(g_1(u,v), g_2(u,v)\Big)\,\left|\frac{\partial(x,y)}{\partial(u,v)}\right|\,\mathrm{d}u\mathrm{d}v\,.$$

Beispiel 12.17. Wir integrieren die Funktion $f(x,y) = 4(x^2 + y^2)$ über der abgeschlossenen Kreisscheibe $\overline{\mathcal{U}}_R(0,0)$ (vgl. Beispiel 12.14). Gemäß Satz 12.9 und Beispiel 12.15 erhalten wir mit Polarkoordinaten:

$$\begin{aligned}\iint_{\overline{\mathcal{U}}_R} 4(x^2+y^2)\,\mathrm{d}x\mathrm{d}y &= \int_0^R \mathrm{d}r \int_0^{2\pi} 4r^2 r\,\mathrm{d}\varphi \\ &= \left(\int_0^R 4r^3\,\mathrm{d}r\right)\left(\int_0^{2\pi}\mathrm{d}\varphi\right) = 2\pi R^4.\end{aligned}$$

Der Integrand und folglich das iterierte Integral lassen sich in Polarkoordinaten faktorisieren. Dies gilt allgemein für eine Funktion $f(x,y)$, die nur vom Abstand r eines Punktes (x,y) vom Ursprung abhängt:

$$f(x,y) := h(x^2 + y^2) =: g(r)\,.$$

Wir integrieren f wieder über die Kreisscheibe $\overline{\mathcal{U}}_R$:

$$\begin{aligned}\iint_{\overline{\mathcal{U}}_R} f(x,y)\,\mathrm{d}x\mathrm{d}y &= \int_0^R \mathrm{d}r \int_0^{2\pi} g(r)\,r\,\mathrm{d}\varphi \\ &= \left(\int_0^{2\pi}\mathrm{d}\varphi\right)\left(\int_0^R g(r)\,r\,\mathrm{d}r\right) = \int_0^R g(r)\,2\pi r\,\mathrm{d}r.\end{aligned}$$

Dieses gewöhnliche Integral können wir deuten als "Summation" von Beiträgen auf Kreisringen zwischen den Radien r und $r + dr$, auf denen die Funktion f jeweils den Wert $g(r)$ hat. Die Fläche eines solchen Kreisringes ist näherungsweise $2\pi r\,dr$. Für den Spezialfall $f(x,y) = 4(x^2 + y^2)$, d.h. $g(r) = 4r^2$, erhalten wir das oben berechnete Ergebnis.

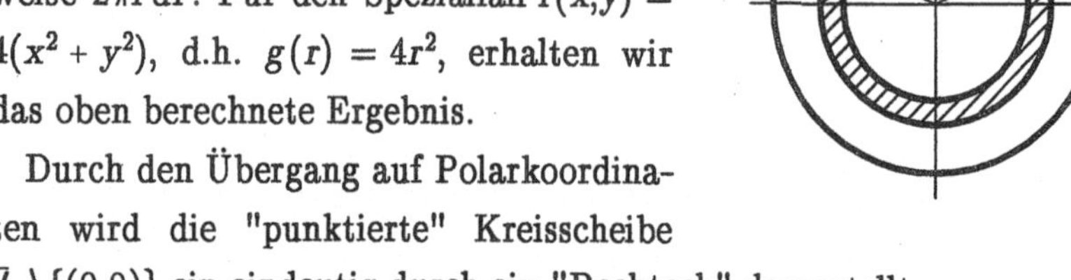

Durch den Übergang auf Polarkoordinaten wird die "punktierte" Kreisscheibe $\overline{\mathcal{U}}_R \setminus \{(0,0)\}$ ein-eindeutig durch ein "Rechteck" dargestellt:

$$\mathcal{R} = \{ (r,\varphi) \mid 0 < r \leq R,\, 0 \leq \varphi < 2\pi \} .$$

Im Ursprung ist die Abbildung nicht umkehrbar ($\partial(x,y)/\,\partial(r,\varphi) = 0\,!$), jedoch "trägt ein Punkt nichts zum Integral bei".

Als weiteres Beispiel wiederholen wir die Berechnung des Kugelvolumens (vgl. Beispiel 12.14):

$$\begin{aligned} V &= 2 \int_0^R \sqrt{R^2 - r^2}\, 2\pi r\, dr = 2\pi \int_0^{R^2} \sqrt{R^2 - u}\, du \\ &= 2\pi \left(-\frac{2}{3}\right)(R^2 - u)^{3/2} \Big|_0^{R^2} = \frac{4\pi}{3} R^3 \end{aligned}$$

Dabei haben wir die Substitution $u = r^2$, $du = 2r\,dr$ verwendet. □

Beispiel 12.18. Die Funktion $f(x,y) := y^2\,(x^2 + y^2)^{-3/2}$ ist über der Kreisscheibe $\overline{\mathcal{U}}_R$ zu integrieren. Es handelt sich um ein uneigentliches Integral, denn der Funktionswert wächst für $(x,y) \longrightarrow (0,0)$ unbeschränkt an (vgl. Abschnitt 6.6). Wir berechnen das uneigentliche Integral, indem wir die Umgebung $\mathcal{U}_\epsilon(0,0)$ des Ursprungs aus dem Integrationsbereich entfernen und das Bereichsintegral nur über den abgeschlossenen (!) Kreisring

$$B_\epsilon = \overline{\mathcal{U}}_R \setminus \mathcal{U}_\epsilon = \{ (x,y) \in \mathbb{R}^2 \mid 0 < \epsilon \leq \sqrt{x^2 + y^2} \leq R \}$$

erstrecken:

$$\begin{aligned} \iint_B \frac{y^2}{(x^2 + y^2)^{3/2}}\, dxdy &= \iint_{\substack{\epsilon \leq r \leq R \\ 0 \leq \varphi \leq 2\pi}} \frac{r^2 \sin^2\varphi}{r^3}\, r\, drd\varphi \\ &= \left(\int_\epsilon^R 1\, dr \right) \left(\int_0^{2\pi} \sin^2\varphi\, d\varphi \right) = (R - \epsilon)\pi \end{aligned}$$

Nun führen wir den Grenzübergang $\epsilon \to 0$ aus und erhalten:

$$\overline{\mathcal{U}}_R \iint f(x,y)\,dxdy = R\pi\,. \qquad \square$$

Beispiel 12.19. Das Integral

$$I(a) := \int_0^\infty \exp(-ax^2)\,dx\,, \quad a > 0$$

tritt in der kinetischen Gastheorie, der Quantenmechanik und der Wahrscheinlichkeitsrechnung auf. Zu seiner Berechnung gehen wir aus von

$$J(a) := \int_{-\infty}^{\infty} \exp(-ax^2)\,dx = \int_{-\infty}^{\infty} \exp(-ay^2)\,dy = 2\,I(a)\,.$$

Daraus folgern wir:

$$\begin{aligned} J^2(a) &= \int_{-\infty}^{\infty} \exp(-ax^2)\,dx \int_{-\infty}^{\infty} \exp(-ay^2)\,dy \\ &= \int_{-\infty}^{\infty} dx \int_{-\infty}^{\infty} \exp[-a(x^2+y^2)]\,dy \\ &= \iint_{\mathbb{R}^2} \exp[-a(x^2+y^2)]\,dxdy\,. \end{aligned}$$

Wir haben das Produkt $J^2(a)$ zunächst in ein iteriertes Integral und dann in ein Bereichsintegral umgewandelt. Wir verwenden nun Polarkoordinaten und erhalten mit Hilfe des Resultats in Beispiel 12.17:

$$J^2(a) = \lim_{R\to\infty} \int_0^R \exp(-ar^2)\,2\pi r\,dr = \frac{\pi}{a}\int_0^\infty \exp(-u)\,du = \frac{\pi}{a}\,.$$

Dabei haben wir $u := ar^2$, $du = 2ar\,dr$, substituiert. Wegen $I(a) = J(a)/2$ folgt schließlich:

$$\boxed{I(a) = \int_0^\infty \exp(-ax^2)\,dx = \frac{1}{2}\sqrt{\frac{\pi}{a}}}$$

Durch Parameterdifferentiation können wir aus diesem Ergebnis ein weiteres wichtiges Integral erzeugen. Gehen wir formal wie in Satz 12.6 vor, so erhalten wir:

$$\frac{dI(a)}{da} = -\frac{1}{4}\sqrt{\frac{\pi}{a^3}} = \int_0^\infty \frac{\partial}{\partial a}\exp(-ax^2)\,dx = -\int_0^\infty x^2 \exp(-ax^2)\,dx$$

oder

$$\int_0^\infty x^2 \exp(-ax^2)\,dx = \frac{1}{4}\sqrt{\frac{\pi}{a^3}}\,. \qquad (*)$$

Satz 12.6 reicht zur Begründung dieses Vorgehens nicht aus, weil das Integrationsintervall $[\,0, \infty\,[$ nicht abgeschlossen ist. Da das Integral jedoch bezüglich der oberen Grenze ***gleichmäßig konvergiert***, dürfen Integration und Differentiation nach dem Parameter wie in Satz 12.6 vertauscht werden. Wir übergehen hier die Definition des etwas schwierigen Begriffs der gleichmäßigen Konvergenz.

Zweimalige Anwendung der Parameterdifferentiation führt auf die Beziehung

$$\left(\frac{d}{da}\right)^2 I(a) = \frac{3}{8}\sqrt{\frac{\pi}{a^5}} = \int_0^\infty x^4 \exp(-ax^2)\,dx\,. \qquad \square$$

Bei dreidimensionalen Integralen, insbesondere über $\mathbb{R}^3$, führt die Transformation auf Kugelkoordinaten (r,ϑ,φ) oft auf einfach lösbare iterierte Integrale. Die Funktionaldeterminante dieser Transformation lautet (vgl. Exkurs in Abschnitt 11.3):

$$\begin{aligned}\frac{\partial(x,y,z)}{\partial(r,\vartheta,\varphi)} &= \begin{vmatrix} x_r & x_\vartheta & x_\varphi \\ y_r & y_\vartheta & y_\varphi \\ z_r & z_\vartheta & z_\varphi \end{vmatrix} \\ &= \begin{vmatrix} \sin\vartheta\cos\varphi & r\cos\vartheta\cos\varphi & -r\sin\vartheta\sin\varphi \\ \sin\vartheta\sin\varphi & r\cos\vartheta\sin\varphi & r\sin\vartheta\cos\varphi \\ \cos\vartheta & -r\sin\vartheta & 0 \end{vmatrix} \\ &= r^2\sin\vartheta.\end{aligned}$$

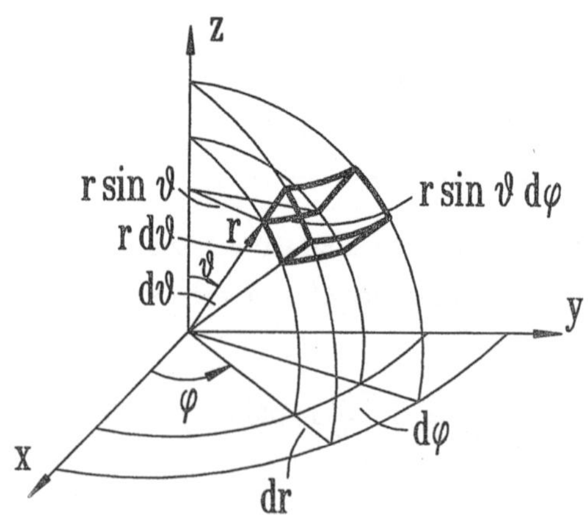

Das "infinitesimale" Volumenelement ist in Kugelkoordinaten gegeben durch

$$dr\,(r\,d\vartheta)\,(r\sin\vartheta\,d\varphi)\,.$$

Für $r \neq 0$ ist die Transformation $(x,y,z) \longrightarrow (r,\vartheta,\varphi)$ umkehrbar eindeutig. Es folgt:

$$\iiint_B f(x,y,z)\,dxdydz =$$

$$= \iiint_{\overline{B}} f(r\sin\vartheta\cos\varphi, r\sin\vartheta\sin\varphi, r\cos\vartheta)\cdot r^2\sin\vartheta\,dr\,d\vartheta\,d\varphi.$$

Beispiel 12.20. Wir berechnen das Volumen einer Kugel mit dem Radius R als Volumenintegral über dem Bereich

$$B := \{\,(x,y,z) \in \mathbb{R}^3 \mid x^2+y^2+z^2 \leq R^2\,\}$$

mit dem Integranden $f(x,y,z) = 1$ (vgl. Beispiel 12.14).

$$V = \iiint_B 1\,dxdydz = \int_0^R dr \int_0^\pi d\vartheta \int_0^{2\pi} d\varphi\, r^2\sin\vartheta$$

$$= \left(\int_0^R r^2 dr\right)\left(\int_0^\pi \sin\vartheta\,d\vartheta\right)\left(\int_0^{2\pi} d\varphi\right)$$

$$= \frac{1}{3}R^3\,(-\cos\vartheta)\Big|_0^\pi\,2\pi = \frac{4\pi}{3}R^3$$

□

Beispiel 12.21. In der kinetischen Gastheorie beschreibt man ein System von punktförmigen Teilchen der Masse m durch eine Verteilungsfunktion $f(\vec{v}) = f(v_1,v_2,v_3)$ für die Geschwindigkeit $\vec{v}$ der Teilchen, mit $\vec{v} = (v_1,v_2,v_3)^T$. Dabei bedeutet $f(\vec{v})\,dv_1dv_2dv_3$ die Wahrscheinlichkeit dafür, daß ein Molekül eine Geschwindigkeit $\vec{v}\,'$ besitzt, für deren Komponenten gilt:

$$v_i \leq v_i' \leq v_i + dv_i\,;\quad i = 1, 2, 3\,.$$

Die Funktion f ist im Gleichgewicht proportional dem Boltzmann-Faktor $\exp(-E/kT)$, wobei k die Boltzmann-Konstante, T die Temperatur und E die (kinetische) Energie eines Moleküls ist:

$$E = E(\vec{v}) := \frac{1}{2}m\,(v_1^2+v_2^2+v_3^2) = \frac{1}{2}m\,\vec{v}^2\,.$$

Die Verteilungsfunktion lautet also:

$$f(v_1,v_2,v_3) = C\exp[-a(v_1^2+v_2^2+v_3^2)] \qquad \text{mit } a := m/(2kT)\,.$$

Der Proportionalitätsfaktor C ist so zu bestimmen, daß die Wahrscheinlichkeit für das sichere Ereignis, also die "Summe" aller Wahrscheinlichkeiten, Eins ergibt:

$$\iiint_{\mathbb{R}^3} f(v_1,v_2,v_3)\, dv_1 dv_2 dv_3 = 1\ .$$

Wir benutzen Kugelkoordinaten (v,ϑ,φ) im Raum der Geschwindigkeitsvektoren (mit $v := |\vec{v}|$):

$$\begin{aligned} 1 &= \int_0^\infty dv \int_0^\pi d\vartheta \int_0^{2\pi} d\varphi\ C \exp(-av^2) v^2 \sin\vartheta \\ &= 4\pi\, C \int_0^\infty v^2 \exp(-av^2)\, dv = 4\pi\, C \frac{1}{4} \sqrt{\frac{\pi}{a^3}}\ . \end{aligned}$$

Dabei haben wir das Integral (*) in Beispiel 12.19 verwendet. Schließlich folgt:

$$C = \left(\frac{a}{\pi}\right)^{3/2} = \left(\frac{m}{2\pi k T}\right)^{3/2} .$$

Die normierte ***Boltzmannsche Geschwindigkeitsverteilung*** lautet somit

$$\boxed{g(v) := f(v_1,v_2,v_3) = \left(\frac{m}{2\pi k T}\right)^{3/2} \exp\left[-\frac{m}{2kT}(v_1{}^2 + v_2{}^2 + v_3{}^2)\right]}$$

Interessieren wir uns nur dafür, mit welcher Wahrscheinlichkeit $h(v)dv$ der Betrag v der Geschwindigkeit $\vec{v}$ im Intervall $[\, v, v + dv\,]$ liegt, so müssen wir die Wahrscheinlichkeiten über alle Richtungen (ϑ,φ) "summieren":

$$h(v)dv := \int_0^{2\pi} d\varphi \int_0^\pi \sin\vartheta\ d\vartheta\, g(v)\ v^2\, dv = g(v)\ 4\pi v^2\, dv\ .$$

$4\pi v^2\, dv$ ist näherungsweise das Volumen einer Kugelschale der Dicke dv mit dem Radius v (vgl. Beispiel 12.17).

Als Anwendung berechnen wir die mittlere kinetische Energie eines Massenpunktes in einem idealen Gas:

$$T = \left\langle \frac{1}{2} m v^2 \right\rangle = \int_0^\infty \frac{1}{2} m v^2 g(v)\ 4\pi v^2\, dv\ .$$

Mit der obigen Bezeichnungsweise erhalten wir (vgl. Beispiel 12.19):

$$\begin{aligned} T &= \left(\frac{a}{\pi}\right)^{3/2} 2\pi m \int_0^\infty v^4 \exp(-av^2)\, dv = \left(\frac{a}{\pi}\right)^{3/2} 2\pi m\, \frac{3}{8} \frac{\pi^{1/2}}{a^{5/2}} \\ &= \frac{3}{4}\frac{m}{a} = \frac{3}{2} kT. \end{aligned}$$

□

12.5 Aufgaben

12.1. Berechnen Sie das Kurvenintegral $\int_C (xy\,dx - y^2\,dy)$ für folgende Kurven:

a) $x = \sin t$, $y = \cos t$ für $0 \le t \le \pi/2$ zwischen den Punkten A(0,1) und B(1,0).

b) $x = 2t$, $y = \sqrt{1-4t^2}$ für $0 \le t \le 1/2$

c) die direkte Verbindungsstrecke zwischen den Punkten A(0,1) und B(1,0).

12.2. Ein Massenpunkt bewege sich entlang der Kurve : $x = \sin t$, $y = 1 - \cos t$, $0 \le t \le \pi/2$, in dem ebenen Kraftfeld $\vec{K}(x,y) := (2xy, x^2)^T$.

a) Skizzieren Sie den Weg.

b) Welche Arbeit ist entlang des Weges zu leisten, d.h. welchen Wert hat das Integral

$$\int_C \vec{K}\cdot d\vec{r} = \int_C (2xy\,dx + x^2\,dy)\ ?$$

c) Ist $\vec{K}$ ein Potentialfeld, d.h. gibt es eine Stammfunktion, deren partielle Ableitungen die Komponenten der Kraft sind? Begründung!

12.3. Berechnen Sie für $\vec{f}(x,y,z) := (1/y, e^y, 1/z)^T$ den Wert des Kurvenintegrals $\int_C \vec{f}\cdot d\vec{r}$ entlang des Weges

$$C := \{(x,y,z) \in \mathbb{R}^3 \mid x = t^2, y = t, z = 5 + \cos t\ ;\ 0 \le t \le \pi\}$$

Gibt es eine Stammfunktion F zu $\vec{f}$?

12.4. a) Berechnen Sie für die reelle Vektorfunktion $\vec{f}(x,y) := (e^x \sin y, e^x \cos y)^T$ das Kurvenintegral $\int_C \vec{f}(\vec{r})\cdot d\vec{r}$ entlang des Weges

$$C = \{(x,y) \in \mathbb{R}^2 \mid x = \ln t,\ y = t,\ 1 \le t \le \pi\}$$

b) Ist das Kurvenintegral $\int \vec{f}(\vec{r})\cdot d\vec{r}$ wegunabhängig? Wenn ja, geben Sie eine Stammfunktion $F(x,y)$ zu $\vec{f}$ an und berechnen Sie $\vec{\nabla} F$!

12.5. Welche der folgenden Differentiale sind vollständig?

a) $s^t\,ds + t^s\,dt$

b) $2y \sin(2x)\,dx - \cos(2x)\,dy$

12.6. Weisen Sie nach, daß das Vektorfeld $\vec{f}(u,v) := (\cos u, -v \sin u)^T$ Stammfunktionen besitzt, und berechnen Sie sie.

12.7. Gegeben sei das Vektorfeld $\vec{f}$ durch

$$\vec{f}(x_1,x_2,x_3) := (x_2 \sin x_3,\ x_1 \sin x_3,\ x_1 x_2 \cos x_3)^T$$

a) Zeigen Sie, daß die Differentialform $\vec{f} \cdot d\vec{r}$ vollständig ist.

b) Berechnen Sie eine zugehörige Stammfunktion.

12.8. Ein Teilchen soll vom Punkt P(1,0,0) zum Punkt Q(1,1,1) entlang einer Kurve C bewegt werden. Im Punkt (x,y,z) wirke dabei auf das Teilchen die Kraft $\vec{K}(x,y,z) := (x/r^3,\ y/r^3,\ z/r^3)^T$ mit $r = \sqrt{x^2+y^2+z^2}$. Die dabei verrichtete Arbeit A ist gegeben durch

$$A = \int_C K_x dx + K_y dy + K_z dz.$$

a) Berechnen Sie die Arbeit A, falls das Teilchen entlang der Verbindungsgeraden C zwischen P und Q bewegt wird.

b) Berechnen Sie das Kurvenintegral bei einer achsenparallelen Bewegung von P nach Q.

c) Berechnen Sie rot $\vec{K}$. Diskutieren Sie das Ergebnis im Hinblick auf die Resultate bei a) und b).

12.9. Gegeben ist eine Schar von Vektorfunktionen $\mathbb{R} \longrightarrow \mathbb{R}^3$ gemäß

$$\vec{f}(x,y,z;p) = \vec{f}(\vec{r};p) := e^x \begin{pmatrix} \cos y \ \sinh z \\ p \sin y \ \sinh z \\ \cos y \ \cosh z \end{pmatrix},$$

mit dem Scharparameter $p \in \mathbb{R}$.

a) Berechnen Sie $\operatorname{rot} \vec{f}$.

b) Zeigen Sie, daß $\vec{f}(\vec{r},p)$ für $p = p_0 = -1$ eine Stammfunktion besitzt.

c) Berechnen Sie diejenige Stammfunktion $F(\vec{r})$ von $\vec{f}(\vec{r},p_0)$, für die gilt: $F(\vec{0}) = 0$ und machen Sie die Probe: $\vec{\nabla} F = \vec{f}$.

12.10. Berechnen Sie das Bereichsintegral

$$\iint_B e^{-(x+y)}\, dxdy$$

für das Rechteck $B = \{(x,y) \in \mathbb{R}^2 \mid -1 \le x \le 1,\ 0 \le y \le 2\}$.

12.11. Gegeben ist das Bereichsintegral

$$\iint_B (1 + xy^2)\, dxdy$$

über dem Bereich $B \subseteq \mathbb{R}^2$, der von den drei Geraden $x = y$, $x = -y$, $x = 1$

eingeschlossen wird.

a) Skizzieren Sie den Bereich B.

b) Berechnen Sie das Bereichsintegral, in dem Sie es auf zwei verschiedene Arten auf ein iteriertes Integral reduzieren.

12.12. a) Berechnen Sie das Volumen $V = \iiint_B \mathrm{d}x\mathrm{d}y\mathrm{d}z$ der Pyramide

$$B = \{(x,y,z) \in \mathbb{R}^3 \mid x \geq 0,\ y \geq 0,\ z \geq 0,\ x + y + z \leq 1\}.$$

b) Ermitteln Sie den Schwerpunkt $S(x_S, y_S, z_S)$ der Pyramide durch Berechnung des Integrals

$$x_S = \frac{1}{V} \iiint_B x\ \mathrm{d}x\mathrm{d}y\mathrm{d}z$$

sowie der entsprechenden Integrale für y_S und z_S.

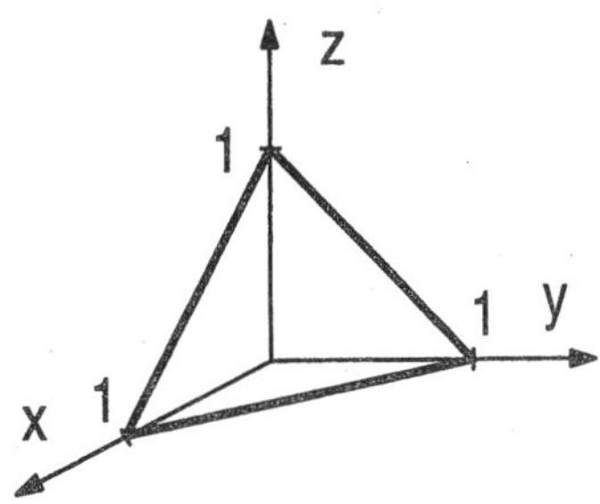

12.13. Es sei $I_k(a) := \int_0^\pi x^k \cos(ax)\ \mathrm{d}x,\ k \in \mathbb{N}_0$. Berechnen Sie $I_2(0)$ durch Parameterdifferentiation von $I_0(a)$.

12.14. Berechnen Sie das Integral

$$I_n(a) := \int_0^\infty x^n\, e^{-ax}\ \mathrm{d}x, \quad a > 0,\ n \in \mathbb{N}_0,$$

mittels Parameterdifferentiation und vollständiger Induktion.

12.15. Berechnen Sie mit Hilfe von Polarkoordinaten das Bereichsintegral

$$\iint x^2 y^2\ \mathrm{d}x\mathrm{d}y,$$

wobei B der Halbkreis mit $x^2 + y^2 \leq 1$ und $y \leq 0$ sei.

12.16. a) Berechnen Sie das Bereichsintegral

$$\iint_B \sqrt{y - x}\ \mathrm{d}x\mathrm{d}y,$$

wobei B das Dreieck sei, das durch die Geraden $y = x$, $y = -x$ und $y = 1$ begrenzt wird.

b) Führen Sie die Koordinatentransformation $s = y,\ t = y - x$ aus, transfomieren Sie den Bereich (Skizze!) und berechnen Sie das Integral erneut.

12.17. a) Integrieren Sie die Funktion $f(x,y) := 1 + xy$ über der abgeschlossenen Kreisscheibe $\mathcal{U} := \{(x,y) \in \mathbb{R}^2 \mid x^2 + y^2 \leq 1\}$.

b) Berechnen Sie das Volumenintegral $\iiint_B dxdydz$ für den Bereich

$$B := \{(x,y,z) \in \mathbb{R}^3 \mid x^2 + y^2 \leq 1,\ 0 \leq z \leq 1 + xy\}.$$

12.18. Die Aufenthaltswahrscheinlichkeit des 1s-Elektrons des Wasserstoffatoms am Orte (x,y,z) ist bestimmt durch:

$$f(x,y,z) = (\pi a_0^3)^{-1} \exp(-2r/a_0) \quad \text{mit} \quad r = \sqrt{x^2 + y^2 + z^2}.$$

Dabei wurde der Ort des Protons als Ursprung gewählt; a_0 ist der Bohrsche Radius.

a) Berechnen Sie den Erwartungswert für den Abstand des Elektrons vom Proton:

$$\langle r\rangle := \iiint_{\mathbb{R}^3} r f(x,y,z)\, dxdydz.$$

b) Berechnen Sie ferner $\langle r^2\rangle := \iiint_{\mathbb{R}^3} r^2 f(x,y,z)\, dxdydz.$

12.19. Verifizieren Sie den Gleichverteilungssatz für die kinetische Energie T eines idealen Gases: $T_i = T/3$, $i = 1, 2, 3$, indem Sie das Integral

$$T_1 = \iiint_{\mathbb{R}^3} \frac{m}{2} v_1^2 f(v_1,v_2,v_3)\, dv_1 dv_2 dv_3$$

berechnen und mit dem Ergebnis für T aus Beispiel 12.21 vergleichen. Begründen Sie aus der Struktur der Integranden ohne explizite Rechnung, daß $T_1 = T_2 = T_3$ gilt.

12.20. a) Berechnen Sie für $c \in \mathbb{R}$ das Bereichsintegral

$$I(a,b,c) := \iiint_B \frac{1}{r^c}\, dxdydz \quad \text{mit} \quad r := \sqrt{x^2 + y^2 + z^2}$$

über die Kugelschale B, die durch die Ungleichung $a \leq r \leq b$ $(a < b)$ definiert ist.

b) Für welche Werte von c existiert $\lim_{a \to 0} I(a,b,c)$?

12.21. Berechnen Sie das Integral

$$I = \int_0^\infty \frac{\sin x}{x}\, dx$$

unter Verwendung der Identität

$$\frac{1}{x} = \int_0^\infty e^{-tx}\, dt.$$

13 Gewöhnliche Differentialgleichungen

Viele Naturgesetze drücken einen Zusammenhang zwischen einer Funktion und ihren Ableitungen aus: Sie werden als Differentialgleichungen formuliert. Beispiele sind die Newtonsche Bewegungsgleichung, die Maxwellschen Gleichungen für das elektromagnetische Feld und die Schrödinger-Gleichung. Wir werden uns im folgenden auf Differentialgleichungen für reelle Funktionen beschränken. Unter Verzicht auf mathematische Strenge sollen einige Lösungsverfahren dargestellt werden, die in der Praxis häufig angewendet werden.

13.1 Grundlegende Begriffe

In Beispiel 5.22 haben wir eine wichtige Differentialgleichung und ihre Lösungen kennengelernt:

$$f'(x) = f(x) \quad \Rightarrow \quad f(x) = C\, e^x.$$

Ist aus dem Zusammenhang die Bezeichnung der unabhängigen Variablen (hier: x) ersichtlich, dann lautet die übliche prägnante, aber etwas ungenaue Formulierung dieser Differentialgleichung unter Verwendung der "unabhängigen" Variablen $y = f(x)$:

$$y' = y \quad \Rightarrow \quad y(x) = C\, e^x.$$

Differentialgleichungen für Funktionen einer unabhängigen Veränderlichen heißen ***gewöhnliche Differentialgleichungen***, etwa:

$$y'' + y = 0\,, \quad (y')^3 - xyy' = 0\,, \quad xy''' = 1\,.$$

Beschreibt die Differentialgleichung eine Funktion von mehreren Veränderlichen und treten partielle Ableitungen nach verschiedenen Variablen auf, dann spricht man von einer ***partiellen Differentialgleichung***. Als Beispiel erwähnen wir die zeitabhängige Schrödinger-Gleichung für die eindimensionale Bewegung eines Teilchens der Masse m in einem Potential V. Die Wellenfunktion Ψ hängt vom Ort x des Teilchens und von der Zeit t ab, $\Psi(x,t)$, und genügt der partiellen Differentialgleichung:

$$i\hbar \frac{\partial \Psi}{\partial t} = -\frac{\hbar^2}{2m} \frac{\partial^2 \Psi}{\partial x^2} + V(x)\,\Psi .$$

Dabei ist $\hbar$ das reduzierte Plancksche Wirkungsquantum. Partielle Differentialgleichungen sollen im folgenden nicht weiter betrachtet werden.

Die ***Ordnung*** einer gewöhnlichen Differentialgleichung wird durch die Ordnung der höchsten vorkommenden Ableitung bestimmt. Die allgemeine Differentialgleichung erster Ordnung lautet in ***expliziter*** Form:

$$y' = f(x,y) .$$

Die Gleichung

$$F(x,y,y',y'',\ldots,y^{(n)}) = 0$$

stellt eine ***implizite Differentialgleichung*** n-ter Ordnung dar. Besonders wichtig für die Anwendungen sind ***lineare Differentialgleichungen***, bei denen die Funktion F linear in y, y', ..., $y^{(n)}$ ist. Beispielsweise lautet die lineare Differentialgleichung zweiter Ordnung in allgemeiner Form:

$$p(x)\,y'' + q(x)\,y' + r(x)\,y = s(x) .$$

Beispiel 13.1. Wir erläutern die Begriffe Ordnung und Linearität an einigen Beispielen.

Differentialgleichung	Ordnung	
$y' = x^2 + \ln y$	1	
$y' = \cos x + y/x$	1	linear
$y'' + y' + y \sin x = \tan x$	2	linear
$y''y^{(4)} = y$	4	

□

Wird die Differentialgleichung $F(x,y,y',\ldots,y^{(n)}) = 0$ nach Einsetzen einer Funktion $y = g(x)$ und ihrer Ableitungen $y' = g'(x)$, ..., $y^{(n)} = g^{(n)}(x)$ zu einer Identität in einem Intervall I, d.h.

$$F(x,g(x),g'(x),\ldots,g^{(n)}(x)) = 0 \quad \text{für alle } x \in I,$$

dann heißt $y = g(x)$ ***Lösung*** (oder ***Integral***) der Differentialgleichung in I.

Beispiel 13.2. Wir betrachten eine chemische Reaktion erster Ordnung vom Typ $A \to B$, z.B. eine Isomerisierung oder den Zerfall von Distickstoffpentoxid in der Gasphase (vgl. Beispiel 3.17).

Es sei $n(t)$ die Dichte der Reaktandenmoleküle zur Zeit t, d.h. die Zahl der Moleküle A pro Volumeneinheit. Vergleichen wir $n(t)$ und $n(t + \Delta t)$ für ein kleines Zeitintervall $\Delta t \to 0$, so zeigt das Experiment, daß die Zahl der in dieser Zeitspanne pro Einheitsvolumen reagierenden Moleküle $n(t) - n(t + \Delta t)$ näherungsweise proportional der Dichte der Reaktandenmoleküle $n(t)$ und der Länge des Zeitintervalls ist. Mit dem Proportionalitätsfaktor $k > 0$ folgt:

$$n(t) - n(t + \Delta t) = k\, n(t)\, \Delta t$$

oder

$$\frac{n(t + \Delta t) - n(t)}{\Delta t} = -k\, n(t) .$$

Weil die Zahl der Reaktandenmoleküle makroskopisch ist und wir uns experimentell nicht für mikroskopische Intervalle interessieren, können wir den Differenzenquotienten durch den Differentialquotienten einer als differenzierbar gedachten Dichtefunktion $n(t)$ ersetzen:

$$\dot{n} := \frac{\mathrm{d}n}{\mathrm{d}t} = -k\, n .$$

Wir erhalten eine lineare Differentialgleichung erster Ordnung, deren Lösung wir kennen (vgl. Beispiel 5.22):

$$n(t) = C \exp(-kt) .$$

Diese ***allgemeine Lösung*** der Differentialgleichung enthält eine willkürliche Konstante C, deren Wert wir durch eine ***Anfangsbedingung*** festlegen. Wir verlangen, daß die Reaktandendichte zur Zeit $t = 0$ den experimentell gegebenen Wert n_0 haben soll. Schließlich erhalten wir die ***spezielle*** (partikuläre) ***Lösung***:

$$n(t) = n_0 \exp(-kt) .$$ □

Beispiel 13.3. Ein Massenpunkt der Masse m bewege sich vertikal unter dem Einfluß der Schwerkraft. Ist $z(t)$ der Ort des Teilchens auf der nach oben gerichteten z-Achse, $\dot{z}(t)$ seine Geschwindigkeit und $\ddot{z}(t)$ seine Beschleunigung, dann lautet die Newtonsche Bewegungsgleichung:

$$m\ddot{z} = -m\, g .$$

Wir lösen diese lineare Differentialgleichung zweiter Ordnung, in der z und $\dot{z}$ nicht auftreten, durch zweimaliges Aufsuchen einer Stammfunktion. Kennen wir zur einer Zeit t_0 den Ort z_0 und die Geschwindigkeit v_0 des Teilchens, dann ergibt sich:

$$\dot{z}(t) = v_0 + \int_{t_0}^{t} \ddot{z}(s)\,ds = v_0 + \int_{t_0}^{t} (-g)\,ds = v_0 - g(t-t_0)\,,$$

$$z(t) = z_0 + \int_{t_0}^{t} \dot{z}(s)\,ds = z_0 + v_0(t-t_0) - \frac{1}{2}g(t-t_0)^2\,.$$

Die allgemeine Lösung dieser Differentialgleichung zweiter Ordnung hängt von zwei Parametern $z_0 = z(t_0)$ und $v_0 = \dot{z}(t_0)$ ab. □

Eine Differentialgleichung n-ter Ordnung erfordert zur Lösung eine n-malige Integration, die jedesmal bis auf eine Konstante bestimmt ist. Etwas ungenau können wir daher die Lösungsverhältnisse einer Differentialgleichung beschreiben:

Satz 13.1. Das allgemeine Integral einer gewöhnlichen Differentialgleichung n-ter Ordnung enthält genau n willkürliche Konstanten C_1, $C_2, \ldots, C_n$.

13.2 Zur Lösbarkeit von Differentialgleichungen erster Ordnung

Um einen Überblick über die Lösungsmannigfaltigkeit einer Differentialgleichung erster Ordnung

$$y' = f(x,y)$$

zu erhalten, geben wir eine geometrische Deutung dieser Gleichung. Sie ordnet jedem Punkt $(x,y) \in \mathcal{D}(f) \subset \mathbb{R}^2$ die Steigung

$$p := f(x,y)$$

der Lösungskurve $y = g(x)$ durch diesen Punkt zu. Denken wir uns in jedem Punkt $(x,y) \in \mathcal{D}(f)$ ein kurzes Geradenstück mit der Steigung p gezeichnet, so entsteht ein ***Richtungsfeld***. Lösungen der Differentialgleichung sind gerade die Funktionen, deren Graph diesem Richtungsfeld "angepaßt" ist.

Das Richtungsfeld skizzieren wir durch Aufsuchen der ***Isoklinen***, d.h. derjenigen Kurven, die Punkte gleicher Steigung miteinander verbinden. Der geometrische Ort aller Punkte in $\mathcal{D}(f)$, in denen die Lösung der Differentialgleichung $y' = f(x,y)$ die Steigung p hat, ist implizit gegeben durch $p = f(x,y)$. Isoklinen sind im allgemeinen keine Lösungen der Differentialgleichung.

Beispiel 13.4. Die Isoklinen der Differentialgleichung

$$yy' = -x \quad \text{bzw.} \quad y' = -\frac{x}{y}$$

sind Geraden durch den Ursprung, die von den Tangentenelementen senkrecht geschnitten werden:

$$p = -\frac{x}{y} \quad \Rightarrow \quad y = -\frac{1}{p}x .$$

Als Lösungen der Differentialgleichung erhalten wir offensichtlich Kreise um den Ursprung:

$$y^2 + x^2 = C \quad \text{mit} \quad C > 0 .$$

Mit Hilfe der impliziten Differentiation (vgl. Abschnitt 11.4) bestätigen wir diese Vermutung: $2y'y + 2x = 0$. □

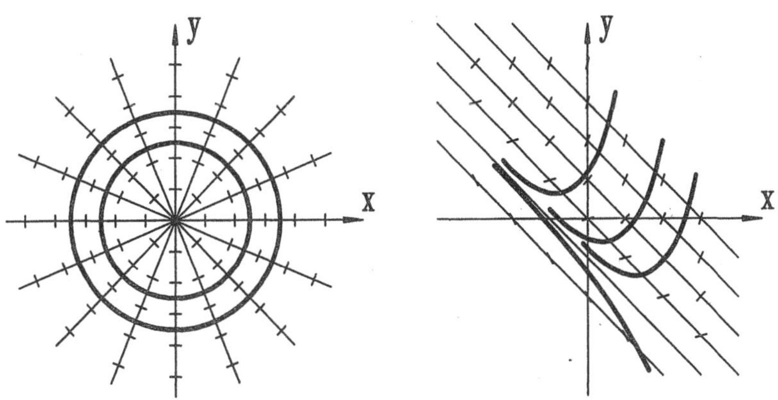

Beispiel 13.5. Die lineare Differentialgleichung $y' = x + y$ hat als Isoklinen parallele Geraden: $y = -x + p$. Die Lösungsschar lautet

$$y = -x - 1 + C \exp x .$$

Die Gerade $y = -x - 1$ ist Lösung ($C = 0$) und Isokline ($p = -1$). □

Wir vermuten aufgrund der Skizzen zu den Beispielen 13.4 und 13.5, daß durch jeden Punkt in $\mathcal{D}(f)$ eine Integralkurve geht. Der folgende ***Existenz- und Eindeutigkeitssatz*** für das ***Anfangswertproblem*** spezifiziert die Voraussetzungen für diesen Sachverhalt.

Satz 13.2. Die Funktion $f(x,y)$ sei in einem abgeschlossenen Bereich $\mathcal{D}(f) \subset \mathbb{R}^2$ stetig und habe dort die stetige partielle Ableitung f_y. Dann hat die Differentialgleichung $y' = f(x,y)$ für jeden Punkt $(x_0,y_0) \in \mathcal{D}(f)$ genau eine Lösung $y = g(x)$ mit der Eigenschaft $y_0 = g(x_0)$.

Beim Lösen von Differentialgleichungen in der Praxis hilft weder die Aussage dieses Satzes noch das konstruktive (!) Verfahren, das für den hier ausgelassenen Beweis verwendet wird. Nur bei wenigen, für Anwendungen allerdings wichtigen Differentialgleichungstypen gelingt die Lösung. In den folgenden Abschnitten sollen einige wichtige spezielle Methoden vorgestellt werden.

13.3 Lösungsmethoden für Differentialgleichungen erster Ordnung

Trennung der Variablen

Zerfällt die Funktion $f(x,y)$ in ein Produkt gemäß

$$f(x,y) = g(x)\, h(y)\,,$$

dann können wir die Differentialgleichung $y' = f(x,y)$ leicht lösen, wenn die Funktionen g und h stetig sind und wenn für $c < y < d$ gilt: $h(y) \neq 0$. Der Lösungsweg läßt sich in suggestiver Form folgendermaßen darstellen. Ausgehend von

$$\frac{dy}{dx} = g(x)\, h(y)$$

"trennen" wir die Variablen,

$$\frac{1}{h(y)}\, dy = g(x)\, dx\,,$$

und integrieren auf beiden Seiten,

$$\int^y \frac{1}{h(s)}\, ds = \int^x g(t)\, dt + C\,.$$

Damit ist die vorgelegte Differentialgleichung insofern gelöst, als ihre Lösung auf das einfachere Problem der Integration zurückgeführt ist. Gelingt letztere in geschlossener Form, so erhalten wir eine Lösungsschar in impliziter Form, die wir dann für $y \in \,]\, c, d\, [$ nach y aufzulösen haben.

Ist das Anfangswertproblem $y(x_0) = y_0$ zu lösen, dann ist es im allgemeinen bequemer, die Konstante C durch nachträgliches Einsetzen von (x_0,y_0) in die allgemeine Lösung zu bestimmen. In der obigen impliziten Form führt sie auf bestimmte Integrale:

$$\int_{y_0}^{y} \frac{1}{h(s)}\, ds = \int_{x_0}^{x} g(t)\, dt\,.$$

Beispiel 13.6. Gesucht ist die allgemeine Lösung der Differentialgleichung

$$y' = -y/x \qquad \text{für } x, y > 0\,.$$

Hier ist $g(x) = -1/x$ und $h(y) = y$. Wir erhalten:

$$\frac{dy}{dx} = -\frac{y}{x} \quad \Rightarrow \quad \frac{dy}{y} = -\frac{dx}{x}\,,$$

und folgern:

$$\int \frac{dy}{y} = -\int \frac{dx}{x} + C\,, \quad \text{oder} \quad \ln y = -\ln x + C \;\Rightarrow\; \ln (yx) = C\,.$$

Wegen $xy = \exp C =: \tilde{C}$ und $x, y > 0$ erhalten wir für $\tilde{C} > 0$ alle Lösungen gemäß:

$$y = \tilde{C}/x\,.$$

Die Kurvenschar der Lösungen besteht aus Hyperbelästen im ersten Quadranten. Wie man sieht, sind alle Hyperbeln

$$xy = C \qquad \text{für } x \neq 0\,,\; C \in \mathbb{R}$$

Lösungen der Differentialgleichung $xy' + y = 0$. Ferner ist die Gerade $y = 0$ eine Lösung dieser Differentialgleichung ($C = 0$!). □

Beispiel 13.7. Das kinetische Problem in Beispiel 13.2 führte auf die Differentialgleichung

$$\frac{dy}{dx} = -ky\,,$$

die durch Trennung der Variablen gelöst werden kann:

$$\frac{dy}{y} = -k\, dx\,.$$

Wir integrieren unter Beachtung der Anfangsbedingung $y = y_0 \neq 0$ für $x = x_0$:

$$\int_{y_0}^{y} \frac{ds}{s} = \int_{x_0}^{x} (-k)\, dt ,$$

und erhalten:

$$\ln \left|\frac{y}{y_0}\right| = -k(x - x_0) \quad \Rightarrow \quad \left|\frac{y}{y_0}\right| = \exp[-k(x - x_0)] .$$

Wegen der Anfangsbedingung $y(x_0) = y_0$ folgt:

$$y(x) = y_0 \exp[-k(x - x_0)] .$$

Für die Lösungen gilt also $y, y_0 \in \mathbb{R}^+$ bzw. $y, y_0 \in \mathbb{R}^-$. Durch Einsetzen in die Differentialgleichung stellen wir aber fest, daß auch $y(x) = 0$ (d.h. $y_0 = 0$) eine Lösung ist. Die allgemeine Lösung der Differentialgleichung $y' = -kx$ lautet also (vgl. Beispiel 5.22):

$$y(x) = y_0 \exp[-k(x - x_0)] , \quad y_0 \in \mathbb{R} .$$

Für das kinetische Problem kommen nur Lösungen für $x \geq x_0$ und $y_0 > 0$ in Betracht. □

Beispiel 13.8. Wir behandeln die Kinetik der bimolekularen Reaktion $A + B \rightarrow AB$. Die Konzentration $a(t)$ des Stoffes A betrage zur Zeit $t = 0$ $a(0) = a_0$, die des Stoffes B, $b(t)$, sei $b(0) = b_0$. Stoff B soll im Überschuß vorliegen: $a_0 < b_0$. Mit $x(t)$ werde die Konzentration des Produktes AB bezeichnet. Für jedes Molekül AB wird je ein Molekül des Stoffes A bzw. B verbraucht, also gilt:

$$a(t) = a_0 - x(t) , \quad b(t) = b_0 - x(t) .$$

Da eine bimolekulare Kinetik vorliegen soll, ist der Zuwachs der Produktkonzentration $\dot{x}\,dt$ bzw. die ***Reaktionsgeschwindigkeit*** $\dot{x}$ proportional zu den Konzentrationen $a(t)$ und $b(t)$:

$$\frac{dx}{dt} = k\, a(t)\, b(t) = k(a_0 - x)(b_0 - x) , \quad k > 0 .$$

Die Trennung der Variablen führt auf

$$\frac{dx}{(a_0 - x)(b_0 - x)} = \frac{dx}{b_0 - a_0} \left(\frac{1}{a_0 - x} - \frac{1}{b_0 - x} \right) = k\, dt$$

bzw.

$$\frac{1}{b_0 - a_0} \ln \left| \frac{b_0 - x}{a_0 - x} \right| = kt + C .$$

Wir bestimmen C mit Hilfe der Anfangsbedingung $x(0) = 0$,

$$\frac{1}{b_0 - a_0} \ln \left(\frac{b_0}{a_0}\right) = C ,$$

und erhalten für den physikalisch sinnvollen Bereich $a(t)$, $b(t) > 0$:

$$\ln \frac{b(t)}{a(t)} = \ln \frac{b_0 - x}{a_0 - x} = (b_0 - a_0)\, kt + \ln \frac{b_0}{a_0} .$$

In einer einfach-logarithmischen Darstellung des gemessenen Verhältnisses $b(t)/a(t)$ der Reaktandenkonzentrationen gegen die Zeit t, ermitteln wir die ***Geschwindigkeitskonstante*** k aus der Steigung der resultierenden Geraden (vgl. die Abschnitte 3.5 und 11.6).

Wir können die obige Beziehung nach der Produktkonzentration $x(t)$ auflösen und erhalten:

$$x(t) = a_0\, b_0 \frac{\exp[-(b_0 - a_0)\, kt] - 1}{a_0 \exp[-(b_0 - a_0)\, kt] - b_0} . \qquad \text{Probe!}$$

Wir erwarten, daß die Reaktion wegen $a_0 < b_0$ dann zum Stillstand kommt, wenn alle Moleküle des Ausgangsstoffes A verbraucht sind. Wegen $b_0 - a_0 > 0$ folgt aus dem Ergebnis bzw. aus der Differentialgleichung

$$\lim_{t \to \infty} x(t) = a_0 , \quad \lim_{t \to \infty} \dot{x}(t) = 0 .$$

Für kleine Zeiten t, d.h. für $0 \leq (b_0 - a_0)kt << 1$, steigt die Produktkonzentration linear an :

$$x(t) \simeq a_0\, b_0 \frac{1 - (b_0 - a_0)kt - 1}{a_0 - a_0(b_0 - a_0)kt - b_0} = a_0\, b_0 \frac{kt}{1 + a_0 kt} \simeq a_0 b_0\, kt .$$

Aus der Differentialgleichung folgt, daß $x(t)$ streng monoton wächst und die Reaktionsgeschwindigkeit $\dot{x}$ monoton abnimmt:

$$\dot{x}(t) = k\, a(t)\, b(t) > 0 ,$$

$$\frac{d}{dt}\, \dot{x}(t) = k(\dot{a}\, b + a\, \dot{b}) = -k\, (b + a)\, \dot{x} < 0 .$$

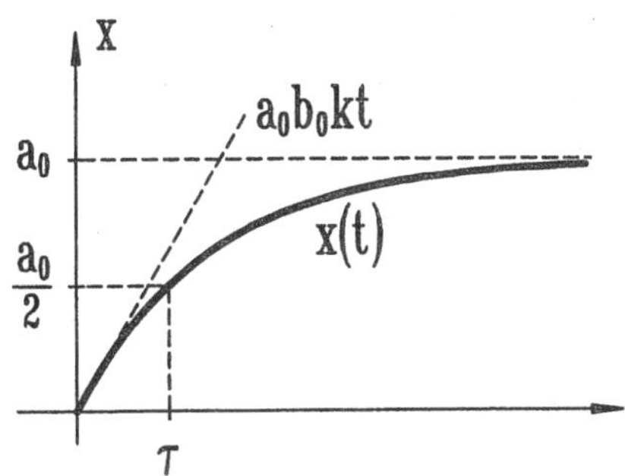

Wir berechnen noch die Halbwertszeit τ der Reaktion bei Überschuß $b_0 >> a_0$. Definitionsgemäß gilt:

$$x(\tau) = a_0/2$$

also

$$\ln \frac{b_0 - a_0/2}{a_0/2} = (b_0 - a_0)k\tau + \ln \frac{b_0}{a_0} \quad \text{bzw.} \quad \ln\left(2\,\frac{b_0}{a_0}\right) \simeq b_0 k\tau + \ln \frac{b_0}{a_0}\,.$$

Schließlich folgt: $\tau \simeq \dfrac{\ln 2}{k\ b_0}$. □

Die exakte Differentialgleichung

Die Differentialgleichung erster Ordnung

$$P(x,y) + Q(x,y)\, y' = 0$$

heißt ***exakt***, wenn die zugehörige Differentialform

$$P(x,y)\,\mathrm{d}x + Q(x,y)\,\mathrm{d}y$$

vollständig ist, d.h. wenn gilt (vgl. Abschnitt 12.2):

$$\frac{\partial P}{\partial y} = \frac{\partial Q}{\partial x}\,.$$

Gemäß Satz 12.3 existiert dann eine Stammfunktion $F(x,y)$ mit $F_x = P$ und $F_y = Q$ und wir können dann die Differentialgleichung unter Beachtung der Regel für die implizite Differentiation (vgl. Abschnitt 11.4) umformen:

$$0 = P + Qy' = F_x + F_y \frac{\mathrm{d}y}{\mathrm{d}x} = \frac{\mathrm{d}}{\mathrm{d}x} F(x,y)\,.$$

Daraus ergibt sich $F(x,y) = C$ bzw. durch Auflösen nach y das allgemeine Integral $y = y(x,C)$ der Differentialgleichung. Auch hier können wir die Lösung des Anfangswertproblems $y_0 = y$ für $x = x_0$ als Lösung der Gleichung

$$F(x,y) = F(x_0,y_0)$$

angeben. Die Stammfunktion F gewinnen wir mit den Methoden aus Abschnitt 12.2 als Kurvenintegral. Wegen der Wegunabhängigkeit wählen wir in der Regel einen achsenparallelen Weg.

Die enge Beziehung der exakten Differentialgleichung zur Theorie der linearen Differentialformen bringt man oft bereits in der Schreibweise zum Ausdruck. Statt $P + Qy' = 0$ schreibt man

$$P(x,y)\,\mathrm{d}x + Q(x,y)\,\mathrm{d}y = 0\,.$$

Beispiel 13.9. Die exakte Differentialgleichung (Probe!)

$$\left(\frac{2}{x} + y\right) + (x + y)\, y' = 0$$

ist für die Anfangsbedingung $y(1) = 0$ zu lösen. Für $x > 0$ wählen wir einen achsenparallelen Weg von $(1,0)$ nach (x,y) und erhalten:

$$\begin{aligned} F(x,y) &= \int_1^x P(t,0)\, dt + \int_0^y Q(x,t)\, dt \\ &= \int_1^x \frac{2}{t}\, dt + \int_0^y (x + t)\, dt = 2 \ln x + xy + \frac{y^2}{2} . \end{aligned}$$

Wegen $F(1,0) = 0$ lautet die Lösung in impliziter Form:

$$\ln x^4 + 2xy + y^2 = 0 .$$

Wir lösen nach y auf und erhalten

$$y(x) = -x \pm \sqrt{x^2 - \ln x^4} .$$

Wegen $y(1) = 0$ ist nur das positive Vorzeichen zu nehmen. Außerdem ist die Lösung beschränkt auf $x > 0$. □

Der integrierende Faktor

Wir möchten möglichst viele Differentialgleichungen

$$y' = \frac{dy}{dx} = f(x,y)$$

in eine exakte Differentialgleichung umformen. Aber in der Form

$$f(x,y)\, dx - dy = 0$$

ist die Differentialgleichung nur für $f_y(x,y) = 0$ bzw. $f(x,y) = g(x)$ - ein relativ uninteressanter Fall - exakt. Die obige Umformung ist aber nicht die einzig denkbare. Denn für ein geeignetes $M(x,y) \neq 0$ kann

$$M(x,y)\, f(x,y)\, dx - M(x,y)\, dy = 0$$

sehr wohl eine exakte Differentialgleichung sein. Ein einfaches Beispiel dafür ist im Fall $f(x,y) = g(x)\, h(y)$ die Wahl $M(x,y) = 1/h(y)$:

$$g(x)\, dx - \frac{1}{h(y)}\, dy = 0 .$$

Dies führt zur bekannten Trennung der Variablen.

Wir nennen eine Funktion $M(x,y) \neq 0$ einen ***integrierenden Faktor*** der nicht-exakten Differentialgleichung $P dx + Q dy = 0$, wenn gilt:

$$\frac{\partial}{\partial y}(MP) = \frac{\partial}{\partial x}(MQ) .$$

Dadurch kommen wir zur exakten Differentialgleichung:

$$(MP)\mathrm{d}x + (MQ)\mathrm{d}y = 0 .$$

Man kann zeigen, daß immer ein integrierender Faktor M existiert, wenn P und Q differenzierbare Funktionen sind. Leider gibt es keine universelle Methode zur Ermittlung von M. Oft gelangt man mit einem speziellen Ansatz zum Ziel, z.B. in der Form $M(x,y) = x^m y^n$ mit unbestimmten Exponenten m, n oder $M(x,y) = g(x)$ bzw. $M(x,y) = h(y)$.

Beispiel 13.10. Die Differentialgleichung

$$(1 - x^2y)\,\mathrm{d}x + (x^2y - x^3)\,\mathrm{d}y = 0$$

ist nicht exakt; denn:

$$\frac{\partial P}{\partial y} - \frac{\partial Q}{\partial x} = \frac{\partial}{\partial y}(1 - x^2y) - \frac{\partial}{\partial x}(x^2y - x^3) = 2x^2 - 2xy \neq 0 .$$

Der Ansatz $M(x,y) = g(x)$ führt auf die Bedingung:

$$\frac{\partial(gP)}{\partial y} - \frac{\partial(gQ)}{\partial x} = \left(\frac{\partial P}{\partial y} - \frac{\partial Q}{\partial x}\right)g - Qg' = 0$$

oder

$$(2x^2 - 2xy)g - (x^2y - x^3)g' = 0 .$$

Wir formen um und erhalten:

$$[\ln|g|]' = \frac{g'}{g} = -\frac{2}{x} \quad\Rightarrow\quad \ln|g| = -2\ln|x| + C = \ln x^{-2} + C .$$

Der integrierende Faktor $M(x,y) = x^{-2}$ liefert die exakte Differentialgleichung:

$$(x^{-2} - y)\,\mathrm{d}x + (y - x)\,\mathrm{d}y = 0 .$$

Eine zugehörige Stammfunktion lautet

$$F(x,y) = \int_1^x t^{-2}\,\mathrm{d}t + \int_0^y (t - x)\,\mathrm{d}t = -\frac{1}{x} + 1 + \frac{1}{2}y^2 - xy .$$

Die allgemeine Lösung der Differentialgleichung, $F(x,y) = C$, führt mit $\tilde{C} := 2(C - 1)$ auf die Beziehung:

$$xy^2 - 2x^2y - 2 - \tilde{C}x = 0 \quad \text{bzw.} \quad y = x \pm \sqrt{x^2 + \frac{2}{x} + \tilde{C}} . \qquad \square$$

Beispiel 13.11. Aus Beispiel 12.8 wissen wir, daß die Differentialgleichung

$$C_V\,\mathrm{d}T + \frac{RT}{V}\,\mathrm{d}V = 0$$

den integrierenden Faktor $M(T,V) = 1/T$ besitzt. Die Entropiefunktion

$$S(T,V) = C_v \ln T + R \ln V + S_0$$

ist eine Stammfunktion der Differentialgleichung. Die Lösungskurven $S(T,V) = \text{const.}$ heißen ***Adiabaten*** (Isentropen) des idealen Gases. Wegen $C_p = C_v + R$ können wir mit

$$\kappa := C_p/C_v = 1 + R/C_v$$

die Adiabatengleichung folgendermaßen umformen:

$$C_v[\ln T + (\kappa-1)\ln V] = C_v \ln(TV^{\kappa-1}) = \text{const.} \Rightarrow TV^{\kappa-1} = \text{const.}$$

Mit der Zustandsgleichung $PV = RT$ erhalten wir schließlich den isentropen Zusammenhang zwischen dem Druck P und dem Volumen V:

$$RTV^{\kappa-1} = \text{const.} \quad \Rightarrow \quad PV^{\kappa} = C\,.$$ □

13.4 Lineare Differentialgleichungen erster Ordnung

Die lineare Differentialgleichung erster Ordnung

$$y' + p(x)y = q(x)$$

hat im Intervall $I =]\,a, b\,[$ für jedes Anfangswertproblem $y(x_0) = y_0$ ($x_0 \in I$, $y_0 \in \mathbb{R}$) eine eindeutige Lösung, wenn die Funktionen p und q in I stetig sind. Denn die Voraussetzungen von Satz 13.2 sind dann für

$$f(x,y) = q(x) - p(x)y\,, \qquad f_y(x,y) = -p(x)$$

stets erfüllt.

Eine lineare Differentialgleichung heißt ***homogen***, wenn $q(x) = 0$ ist. Wir lösen zunächst diesen Spezialfall durch Trennung der Variablen:

$$\frac{dy}{dx} = -p(x)y \quad \Rightarrow \quad \ln|y| = -\int^x p(t)\,dt + \tilde{C}\,.$$

Setzen wir $\tilde{C} = \ln|C|$, $C \in \mathbb{R}\setminus\{0\}$, so folgt die allgemeine Lösung der homogenen Differentialgleichung:

$$y_h(x) = C\,g(x) \quad \text{mit} \quad g(x) := \exp[-\int^x p(t)\,dt\,]\,.$$

Für $C = 0$ enthält die Lösungsschar auch die triviale Lösung $y_h = 0$ der homogenen Differentialgleichung.

Um aus der allgemeinen Lösung der homogenen Differentialgleichung eine Lösung der inhomogenen Differentialgleichung zu gewinnen, benutzen wir das Verfahren der ***Variation der Konstanten***. Wir fassen dazu die Konstante C in der Lösung der homogenen Differentialgleichung als

Funktion $C(x)$ auf und gewinnen so den Ansatz

$$y(x) = C(x)\, g(x)$$

für die Lösung der inhomogenen Differentialgleichung. Mit $y' = C'g + Cg'$ erhalten wir durch Einsetzen in die Differentialgleichung $y' + py = q$:

$$C'g + C[g' + pg] = q\,.$$

Da g die homogene Differentialgleichung löst, ist der Term in der eckigen Klammer Null. Die resultierende Differentialgleichung $C' = q/g$ lösen wir durch eine gewöhnliche Integration:

$$C(x) = \int^{x} \mathrm{d}s\, q(s) \exp[\int^{s} p(t)\, \mathrm{d}t] + C_1\,.$$

Damit lautet die allgemeine Lösung der inhomogenen linearen Differentialgleichung $y' + py = q$:

$$y(x) = g(x) \int^{x} \frac{q(s)}{g(s)}\, \mathrm{d}s + C_1\, g(x)\,.$$

Diese Lösung der Differentialgleichung hat die Struktur:

> spezielle Lösung der inhomogenen Differentialgleichung
> \+ allgemeine Lösung der homogenen Differentialgleichung

Man vergleiche dies mit der Struktur der Lösung eines inhomogenen LGS (Abschnitt 10.5). Wir merken uns nicht die Schlußformel, sondern das Verfahren:

(1) homogene Differentialgleichung herleiten,

(2) durch Trennung der Variablen lösen,

(3) Variation der Konstanten.

Eine eventuell vorgegebene Anfangsbedingung berücksichtigen wir erst, nachdem wir die allgemeine Lösung der Differentialgleichung gefunden haben.

Beispiel 13.12. Gesucht ist diejenige Lösung $y(x)$ der linearen Differentialgleichung

$$xy' = y - 1 \qquad (x \neq 0)\,,$$

die die Anfangsbedingung $y(1) = 0$ erfüllt. Die zugehörige homogene Differentialgleichung

$$y' = \frac{y}{x}$$

hat die allgemeine Lösung $y_h(x) = C\,x$ (Trennung der Variablen). Mit dem Ansatz

$$y = C(x)\,x$$

folgern wir aus der inhomogenen Differentialgleichung:

$$x\,(C'x + C) = Cx - 1 \;\Rightarrow\; C' = -x^{-2} \;\Rightarrow\; C(x) = 1/x + C_1\,.$$

Damit lautet die allgemeine Lösung der inhomogenen Differentialgleichung:

$$y(x) = (1/x + C_1)\,x = 1 + C_1\,x\,.$$

Die Anfangsbedingung liefert: $y(1) = 0 = 1 + C_1$ oder $C_1 = -1$. Die gestellte Anfangsbedingung wird von der speziellen Lösung $y(x) = 1 - x$ erfüllt. Sie löst die Differentialgleichung auch für $x = 0$. □

Beispiel 13.13. Befindet sich in einem Stromkreis eine Spannungsquelle $U(t)$, ein Widerstand R und eine Induktivität L, dann setzt sich die Gesamtspannung aus der "aufgeprägten" Spannung U und der induzierten Spannung $-L\dot{I}$ zusammen, wobei $I(t)$ der Strom zur Zeit t ist. Es fließt also der Strom

$$I = \frac{(U - L\dot{I})}{R} \quad \text{oder} \quad L\dot{I} + RI = U\,.$$

Wir berechnen den Stromverlauf nach dem Einschalten einer konstanten Spannung $U(t) = U_0$. Die Lösung der homogenen Differentialgleichung $RI + L\dot{I} = 0$ lautet:

$$I(t) = C\exp(-Rt/L)\,.$$

Mit dem Ansatz $I(t) = C(t)\exp(-Rt/L)$ erhalten wir aus der inhomogenen Differentialgleichung:

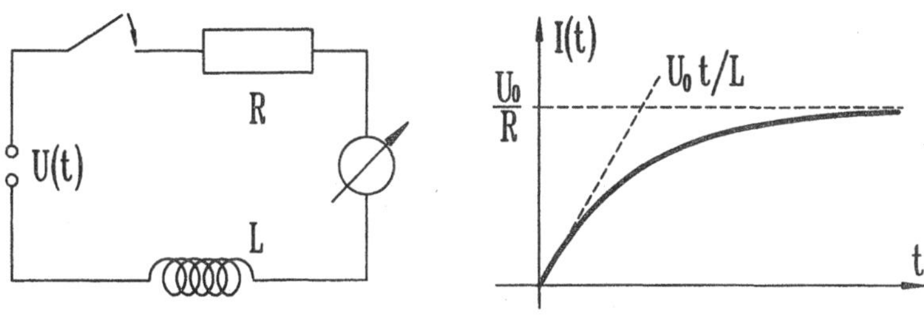

$$\dot{C} = \frac{U_0}{L} \exp(\frac{R}{L}\, t) \quad \text{oder} \qquad C(t) = \frac{U_0}{R} \exp(\frac{R}{L}\, t) + C_1 \,.$$

Damit lautet die allgemeine Lösung:

$$I(t) = \frac{U_0}{R} + C_1 \exp(-\frac{R}{L}\, t) \,.$$

Die Anfangsbedingung $I(0) = 0$ führt auf die spezielle Lösung:

$$I(t) = \frac{U_0}{R} [1 - \exp(-\frac{R}{L}\, t)] \,.$$

Der Strom steigt also nach dem Schließen des Stromkreises zunächst linear an (Steigung: U_0/L) und erreicht für Zeiten $t >> L/R$ den stationären Wert U_0/R. □

13.5 Lineare Differentialgleichungen zweiter Ordnung

Beispielhaft für die linearen Differentialgleichungen n-ter Ordnung,

$$y^{(n)} + a_{n-1}(t)\, y^{(n-1)} + \ldots + a_1(t) y' + a_0(t) y = f(t)$$

mit beschränkten, stetigen Funktionen $a_i(t)$ bzw. $f(t)$, behandeln wir den Fall $n = 2$. Wie im Fall der linearen Differentialgleichung erster Ordnung beginnen wir mit der Integration der homogenen Differentialgleichung ($f(t) = 0$).

Die homogene lineare Differentialgleichung zweiter Ordnung

Um die Aussage über die Lösungsmenge der homogenen linearen Differentialgleichung zweiter Ordnung

$$y'' + a_1(t)\, y' + a_0(t)\, y = 0 \qquad (*)$$

übersichtlicher zu gestalten, definieren wir den zugehörigen ***Differentialoperator*** L:

$$L := \frac{d^2}{dt^2} + a_1(t) \frac{d}{dt} + a_0(t) \,.$$

L ordnet jeder zweimal differenzierbaren Funktion g die Funktion $L[g]$ zu:

$$L : g \longrightarrow L[g]$$

gemäß

$$L[g](t) = g''(t) + a_1(t)\, g'(t) + a_0(t)\, g(t) \,.$$

L ist ein ***linearer*** Operator:

$$L[g + h] = (g + h)'' + a_1(g + h)' + a_0(g + h) = L[g] + L[h]$$

$$L[\lambda g] = (\lambda g)'' + a_1(\lambda g)' + a_0(\lambda g) = \lambda\, L[g] \,.$$

Beispiel 13.14. Wir betrachten den linearen Differentialoperator

$$L := \frac{d^2}{dt^2} - 1 .$$

Für die Funktionen $g_1(t) = t^2$, $g_2(t) = e^t$ und $g_3(t) = \cos t$ gilt:

$$L[g_1](t) = g_1''(t) - g_1(t) = 2 - t^2 ,$$
$$L[g_2](t) = (e^t)'' - e^t = 0 ,$$
$$L[g_3](t) = (\cos t)'' - \cos t = -2 \cos t .$$

Die Funktion g_2 wird also durch den Operator L auf die Nullfunktion abgebildet. Ferner ist g_3 eine "Eigenfunktion" von L zum Eigenwert 2, denn: $L[g_3] = -2g_3$ (vgl. Abschnitt 10.6). □

Die homogene Differentialgleichung (*) lautet nun:

$$L[y] = 0 .$$

In Analogie zu Satz 13.2 gilt

Satz 13.3 (Existenz- und Eindeutigkeitssatz). Die Funktionen $a_1(t)$ und $a_0(t)$ seien stetig im offenen Intervall I. Dann gibt es in I genau eine Lösung $y(t)$ der Differentialgleichung

$$L[y] \equiv y'' + a_1(t)y' + a_0(t)y = 0 ,$$

die für $t_0 \in I$ die Anfangsbedingung

$$y(t_0) = y_0 , \quad y'(t_0) = y_0'$$

erfüllt. Insbesondere ist eine Lösung $y(t)$ von $L[y] = 0$ identisch Null, wenn sie für $t_0 \in I$ $y(t_0) = y'(t_0) = 0$ erfüllt.

Die Lösungsmenge von $L[y] = 0$ bildet einen linearen Raum der Dimension 2 (siehe auch Satz 13.4). Denn mit zwei partikulären Lösungen $y_1(t)$ und $y_2(t)$ dieser Differentialgleichung sind auch c_1y_1 und c_2y_2 sowie jede Linearkombination $c_1y_1 + c_2y_2$ Lösungen der Differentialgleichung (vgl. Definition 8.9). Dies folgt aus der Linearität des Operators L (vgl. Satz 10.12):

$$L[c_1y_1 + c_2y_2] = \underbrace{c_1L[y_1]}_{=0} + \underbrace{c_2L[y_2]}_{=0} = 0$$

Die Linearkombination $c_1y_1 + c_2y_2$ enthält zwei Parameter c_1 und c_2, wie dies in Satz 13.1 für die allgemeine Lösung einer Differentialgleichung zweiter Ordnung gefordert wird. Es handelt sich jedoch nur dann um die allgemeine Lösung der Differentialgleichung, wenn die beiden partikulären Lösungen nicht proportional sind. Es darf also nicht gelten: $y_2 = \lambda y_1$. In diesem Fall stellen y_1 und y_2 ja "im wesentlichen" dasselbe partikuläre Integral dar und ihre Linearkombination kann nicht die allgemeine Lösung sein,

$$c_1 y_1 + c_2 y_2 = (c_1 + \lambda c_2) y_1 = c y_1 \,.$$

Diese Lösung enthält effektiv nur einen unabhängigen Parameter c. Wir müssen also zusätzlich fordern, daß die beiden partikulären Lösungen linear unabhängig sind.

Zwei auf einem Intervall $\mathcal{I}$ definierte Funktionen f_1 und f_2 sind ***linear unabhängig***, wenn gilt:

$$c_1 f_1 + c_2 f_2 = 0 \quad \Rightarrow \quad c_1 = c_2 = 0 \,,$$

d.h. wenn für alle $t \in \mathcal{I}$ gilt:

$$c_1 f_1(t) + c_2 f_2(t) = 0 \quad \Rightarrow \quad c_1 = c_2 = 0 \,.$$

Die Verallgemeinerung für n Funktionen ist offensichtlich (vgl. Definition 8.10).

Beispiel 13.15. (1) Die Funktionen $f_1(x) := (1/2) \sin^2 x$ und $f_2(x) := \cos(2x) - \cos^2 x$ sind linear abhängig, da für alle $x \in \mathbb{R}$ gilt: $2f_1(x) + f_2(x) = 0$. Wir haben also:

$$c_1 f_1 + c_2 f_2 = 0 \qquad \text{für} \qquad (c_1, c_2) = (2,1) \neq (0,0) \,.$$

(2) Die Funktionen $g_1(x) = x$ und $g_2(x) = x^2$ sind linear unabhängig in $\mathcal{I} = [\,0, 1\,]$. Zwar gilt $g_1(x) = g_2(x)$ für $x = 0$ und $x = 1$, aber es gibt keine lineare Beziehung zwischen g_1 und g_2, die identisch in $\mathcal{I}$ erfüllt ist. Aus

$$c_1 g_1(x) + c_2 g_2(x) = c_1 x + c_2 x^2 = 0$$

folgt etwa für $x = 1/2$ und $x = 1$:

$$\left.\begin{aligned} \tfrac{1}{2} c_1 + \tfrac{1}{4} c_2 &= 0 \\ c_1 + c_2 &= 0 \end{aligned}\right\} \quad \Rightarrow \quad c_1 = c_2 = 0 \,.$$

□

Eine Basis im Lösungsraum einer linearen Differentialgleichung $L[y] = 0$ nennt man auch ***Fundamentalsystem*** der Differentialgleichung.

Satz 13.4. Die Differentialgleichung

$$L[y] = y'' + a_1(t)\, y' + a_0(t)\, y = 0$$

habe in einem Intervall I die partikulären Lösungen y_1 und y_2. Die Funktionen $\{y_1, y_2\}$ bilden genau dann ein Fundamentalsystem (bzw. $y = c_1 y_1 + c_2 y_2$ ist genau dann die allgemeine Lösung) der Differentialgleichung, wenn die zugehörige ***Wronski-Determinante***

$$W[y_1, y_2] := \begin{vmatrix} y_1 & y_2 \\ y_1' & y_2' \end{vmatrix}$$

keine Nullstelle in I hat: $W[y_1, y_2](t) \neq 0$ für alle $t \in I$.

Beweis. Wir zeigen zunächst, daß die Wronski-Determinante $W[y_1, y_2](t)$ zweier Lösungen der Differentialgleichung $L[y_i] = 0$ entweder identisch Null ist oder überhaupt keine Nullstelle in I hat. Dazu leiten wir eine Differentialgleichung für W her:

$$\begin{aligned} W'(t) &= (y_1 y_2' - y_1' y_2)' = y_1 y_2'' - y_1'' y_2 \\ &= y_1 (-a_1 y_2' - a_0 y_2) - (-a_1 y_1' - a_0 y_1)\, y_2 \\ &= -a_1 (y_1 y_2' - y_1' y_2) = -a_1(t)\, W(t)\,. \end{aligned}$$

Diese homogene Differentialgleichung erster Ordnung für W hat die Lösung

$$W(t) = W(t_0) \exp\Big[-\int_{t_0}^{t} a_1(s) ds \Big]\,.$$

Da die Exponentialfunktion keine Nullstelle hat, ist entweder $W(t)$ identisch Null, falls $W(t_0) = 0$ ist, oder $W(t)$ hat keine Nullstelle in I, $W(t) \neq 0$ für alle $t \in I$.

(1) Angenommen, $W[y_1, y_2](t_0) = 0$ für ein $t_0 \in I$. Dann ist nach obiger Überlegung $W[y_1, y_2](t)$ identisch Null in I. Angenommen, eine der beiden Funktionen, etwa y_1, hat keine Nullstelle in I. Dann gilt:

$$\left(\frac{y_2}{y_1}\right)' = \frac{y_1 y_2' - y_1' y_2}{y_1^2} = \frac{W[y_1, y_2]}{y_1^2} = 0\,.$$

Daher ist y_2/y_1 konstant in I oder $y_2(t) = c\, y_1(t)$. Also sind die beiden Lösungen y_1 und y_2 linear abhängig. Wenn beide Funktionen $y_1(t)$ und $y_2(t)$ Nullstellen in I haben, argumentieren wir folgendermaßen. Es sei etwa $y_1(t^*) = 0$. Wegen $W[y_1, y_2](t^*) = 0$ gilt dann:

$$y_1'(t^*)y_2(t^*) = y_1(t^*)y_2'(t^*) = 0 .$$

Ist $y_1'(t^*) = 0$, dann verschwindet $y_1(t)$ gemäß dem Eindeutigkeitssatz 13.3 identisch wegen $y_1(t^*) = y_1'(t^*) = 0$. Auch in diesem Fall sind die Funktionen linear abhängig. Ist andererseits $y_1'(t^*) \neq 0$, also $y_2(t^*) = 0$, dann betrachten wir die Linearkombination

$$y(t) = y_2(t) - \frac{y_2'(t^*)}{y_1'(t^*)}\, y_1(t) ,$$

die ebenfalls Lösung der Differentialgleichung ist. Für sie gilt:

$$y(t^*) = y'(t^*) = 0 .$$

Daher ist $y(t)$ nach Satz 13.3 identisch Null. Die Lösungen y_1 und y_2 sind auch in diesem Fall linear abhängig.

Stets folgt also aus der Existenz einer Nullstelle $W[y_1,y_2](t_0) = 0$ ein Widerspruch zur Annahme, daß $\{y_1,y_2\}$ ein Fundamentalsystem der Differentialgleichung $L[y] = 0$ bildet. Somit ist die Annahme falsch: die Wronski-Determinante eines Fundamentalsystems hat keine Nullstelle.

(2) Zum Beweis der Umkehrung müssen wir zeigen, daß jedes Anfangswertproblem

$$y(t_0) = a\,, \quad y'(t_0) = b \qquad \text{für } t_0 \in I$$

und beliebige $a, b \in \mathbb{R}$ mit einer Linearkombination $y = c_1y_1 + c_2y_2$ lösbar ist, falls $W[y_1,y_2] \neq 0$ ist. Wir differenzieren y und setzen $t = t_0$:

$$\begin{aligned} c_1y_1(t_0) &+ c_2y_2(t_0) &= a\,, \\ c_1y_1'(t_0) &+ c_2y_2'(t_0) &= b\,. \end{aligned}$$

Dieses LGS mit den Unbekannten (c_1,c_2) ist für jede rechte Seite $(a,b) \in \mathbb{R}^2$ lösbar, da die zugehörige Determinante $W[y_1,y_2](t_0) \neq 0$ ist (vgl. Satz 10.13). ∎

Beispiel 13.16. Die Differentialgleichung $y'' + y = 0$ hat die beiden partikulären Lösungen

$$y_1(t) = \cos t\,, \quad y_2(t) = \sin t\,.$$

Für ihre Wronski-Determinante gilt:

$$W[\cos,\sin](t) = \begin{vmatrix} \cos t & \sin t \\ -\sin t & \cos t \end{vmatrix} = 1 \neq 0\,.$$

Damit lautet die allgemeine Lösung der Differentialgleichung:

$$y(t) = c_1 \cos t + c_2 \sin t\,.$$

Außerdem folgt aus Satz 13.4, daß die Funktionen cos und sin linear unabhängig sind. □

Die homogene lineare Differentialgleichung zweiter Ordnung mit konstanten Koeffizienten

Nur wenn die Koeffizienten $a_1(t)$ und $a_0(t)$ konstant sind, gibt es ein allgemeines Verfahren zur Erzeugung eines Fundamentalsystems für die homogene lineare Differentialgleichung zweiter Ordnung. In diesem Fall können wir die Differentialgleichung wie folgt schreiben:

$$y'' + 2by' + cy' = 0 \quad \text{mit } b, c \in \mathbb{R} .$$

Damit diese Gleichung identisch in t gilt, müssen y, y', und y'' Funktionen "vom gleichen Typ" sein. Dies führt uns auf den entscheidenden Ansatz:

$$y(t) = \exp(rt) .$$

Damit geht die Differentialgleichung in eine quadratische Gleichung für den Parameter r über:

$$(e^{rt})'' + 2b(e^{rt})' + ce^{rt} = (r^2 + 2br + c)e^{rt} = 0 .$$

Wegen $\exp(rt) \neq 0$ führt der Ansatz genau dann zu einer Lösung der Differentialgleichung, wenn r eine Lösung der zugehörigen ***charakteristischen Gleichung*** ist:

$$r^2 + 2br + c = 0 ,$$

d.h. wenn für r gilt:

$$r_{1,2} = -b \pm \sqrt{b^2 - c} .$$

Wir treffen eine Fallunterscheidung je nach dem Wert von $D := b^2 - c$.

(a) $D > 0$: Die Wurzeln r_1 und r_2 sind reell und verschieden. $y_1 = \exp(r_1x)$ und $y_2 = \exp(r_2x)$ bilden ein Fundamentalsystem, denn

$$W[y_1,y_2](t) = (r_2 - r_1) \exp[(r_1 + r_2)t] = -2\sqrt{D}\, e^{-2bt} \neq 0 .$$

(b) $D < 0$: Die charakteristische Gleichung hat zwei konjugiert-komplexe Wurzeln r_1 und $r_2 = \overline{r_1}$. Mit $\alpha = \sqrt{-D}$ lauten die beiden partikulären Lösungen:

$$y_1(t) = \exp[(-b + i\alpha)t] = e^{-bt} e^{i\alpha t} = e^{-bt} [\cos(\alpha t) + i \sin(\alpha t)],$$

$$y_2(t) = \exp[(-b - i\alpha)t] = \overline{y_1(t)} = e^{-bt} [\cos(\alpha t) - i \sin(\alpha t)] .$$

Wegen $W[y_1,y_2](t) = -2i\alpha \exp(-2bt) \neq 0$ lautet das allgemeine Integral in komplexer Schreibweise:

$$y = c_1 y_1 + c_2 y_2 .$$

Mit $\tilde{c}_1 := c_1 + c_2$ und $\tilde{c}_2 := i(c_1 - c_2)$ erhalten wir eine reelle Lösung:

$$y(t) = e^{-bt}\,[\tilde{c}_1 \cos(\alpha t) + \tilde{c}_2 \sin(\alpha t)] \quad \text{mit } \tilde{c}_1, \tilde{c}_2 \in \mathbb{R} .$$

Durch Berechnung der entsprechenden Wronski-Determinante zeigt man, daß die beiden Funktionen

$$\tilde{y}_1(t) = e^{-bt} \cos(\alpha t) , \quad \tilde{y}_2(t) = e^{-bt} \sin(\alpha t)$$

ebenfalls ein Fundamentalsystem bilden.

(c) $D = 0$: Wir erhalten die Doppelwurzel $r_1 = r_2 = -b$ und somit nur eine partikuläre Lösung $y_1(t) = \exp(-bt)$ der Differentialgleichung. Die zweite linear unabhängig Lösung verschaffen wir uns mit der Methode der Variation der Konstanten. Mit dem Ansatz $y(t) = v(t)\, e^{-bt}$ und

$$y'(t) = (v' - bv)\, e^{-bt} ,$$
$$y''(t) = (v'' - 2bv' + b^2 v)\, e^{-bt} ,$$

folgt aus der Differentialgleichung (man beachte $b^2 = c$!):

$$0 = y'' + 2by' + cy = e^{-bt}\,(v'' - 2bv' + b^2 v + 2bv' - 2b^2 v + cv)$$

bzw.

$$0 = v''(t) .$$

Wir erhalten $v(t) = c_1 + c_2 t$ und somit als allgemeine Lösung der ursprünglichen Differentialgleichung:

$$y(t) = (c_1 + c_2 t)\, e^{-bt} .$$

Die beiden Lösungen $y_1(t) = \exp(-bt)$ und $y_2(t) = t \exp(-bt)$ bilden ein Fundamentalsystem wegen

$$W[y_1, y_2](t) = \begin{vmatrix} e^{-bt} & t\, e^{-bt} \\ -be^{-bt} & (1 - bt)e^{-bt} \end{vmatrix} = e^{-2bt} \neq 0 .$$

Beispiel 13.17. Die Differentialgleichung $y'' + 2y' + 2y = 0$ soll für die Anfangsbedingung $y(0) = 0$ und $y'(0) = 1$ gelöst werden. Die Lösungen der charakteristischen Gleichung $r^2 + 2r + 2 = 0$ sind

$$r_{1,2} = -1 \pm i .$$

Mit dem Ansatz $y(t) = c_1 \exp(r_1 t) + c_2 \exp(r_2 t)$ folgern wir für y und y' bei $t = 0$:

$$\left.\begin{aligned} c_1 + \qquad c_2 &= 0 \\ (-1 + i)c_1 + (-1 - i)c_2 &= 1 \end{aligned}\right\} \quad \Rightarrow \quad c_1 = -c_2 = \frac{1}{2i} .$$

Damit lautet die (reelle) Lösung:

$$y(t) = \frac{1}{2i}\,[e^{(-1+i)\,t} - e^{(-1-i)\,t}] = \frac{1}{2i}\,e^{-t}[e^{it} - e^{-it}]\ ,$$

oder: $\quad y(t) = e^{-t}\sin t\ .$ □

Beispiel 13.18. Wir lösen die Bewegungsgleichung des ***gedämpften harmonischen Oszillators***:

$$m\ddot{x} = -kx - \rho\dot{x}\ .$$

Dabei ist m die Masse des Teilchens und $x(t)$ seine Auslenkung aus der Ruhelage $x = 0$. Gemäß dem Hookeschen Gesetz ist die rückstellende Kraft $-kx$ proportional der Auslenkung x. Ferner soll eine der Geschwindigkeit $\dot{x}$ proportionale Reibungskraft $-\rho\dot{x}$ wirken. Mit

$$b := \frac{\rho}{2m} \quad \text{und} \quad \omega_0 := \sqrt{\frac{k}{m}}$$

lautet die Bewegungsgleichung:

$$\ddot{x} + 2b\dot{x} + \omega_0^2 x = 0\ .$$

Die Bewegungsgleichung für den ***ungedämpften Oszillator*** ($\rho = b = 0$),

$$\ddot{x} + \omega_0^2 x = 0\ ,$$

führt über die charakteristische Gleichung $r^2 + \omega_0^2 = 0$ mit den Lösungen $r_{1,2} = \pm i\omega_0$ zu der allgemeinen Lösung

$$x(t) = c_1 \exp(i\omega_0 t) + c_2 \exp(-i\omega_0 t)\ .$$

Eine reelle Lösung $x(t)$ folgt nur für $c_2 = \overline{c_1}$. Schreiben wir c_1 mit Hilfe von Polarkoordinaten gemäß

$$c_1 := \frac{A}{2}\,e^{-i\delta} \quad \text{bzw.} \quad c_2 = \frac{A}{2}\,e^{i\delta} \qquad (A,\ \delta \in \mathbb{R})\ ,$$

dann erhalten wir die Lösung in reeller Form (vgl. Beispiel 3.7):

$$x(t) = A\cos(\omega_0 t - \delta)\ .$$

ω_0 ist die ***Kreisfrequenz*** des ungedämpften harmonischen Oszillators.

Im Fall einer Dämpfung $\rho > 0$ bzw. $b > 0$ lauten die beiden Lösungen der charakteristischen Gleichung:

$$r_{1,2} = -b \pm \sqrt{b^2 - \omega_0^2}\ .$$

Die auftretende Bewegungsform hängt von den Werten der Konstanten ω_0 und b ab.

1) Starke Dämpfung: $b > \omega_0 > 0$ oder $\rho^2 > 4mk$. Die Wurzeln der charakteristischen Gleichung sind beide negativ, die Auslenkung nimmt exponentiell ab:

$$x(t) = c_1 \exp(r_1 t) + c_2 \exp(r_2 t)\,; \qquad r_1, r_2 < 0\,.$$

2) Aperiodischer Grenzfall: $b = \omega_0$ oder $\rho^2 = 4mk$. Gemäß obigen Überlegungen ergibt sich für die Auslenkung:

$$x(t) = (c_1 + c_2 t)\, e^{-bt}\,.$$

In diesen beiden Fällen, $b \geq \omega_0$, führt der Oszillator keine eigentliche Schwingung aus, sondern geht, je nach Anfangsbedingung, höchstens einmal durch die Ruhelage, um sich ihr dann exponentiell zu nähern.

3) Schwache Dämpfung: $b < \omega_0$ oder $\rho^2 < 4mk$. Wir erhalten eine gedämpfte Schwingung mit der Frequenz $\omega := \sqrt{\omega_0^2 - b^2}$:

$$x(t) = e^{-bt}\,[\tilde{c}_1 \cos(\omega t) + \tilde{c}_2 \sin(\omega t)] = A\, e^{-bt} \cos(\omega t - \delta).$$ □

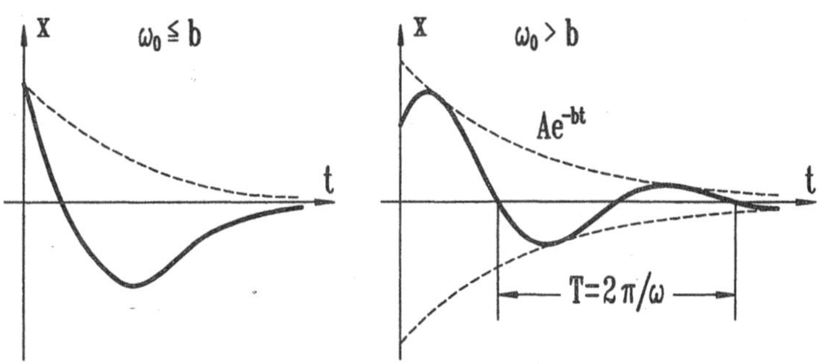

Die inhomogene lineare Differentialgleichung zweiter Ordnung

Analog zur Struktur der Lösungsmenge eines inhomogenen LGS (vgl. Abschnitt 10.5) gilt:

Satz 13.5. Es sei $L[y] = y'' + a_1(t)y' + a_0(t)y = f(t)$ eine inhomogene lineare Differentialgleichung zweiter Ordnung mit der partikulären Lösung $y_p(t)$. Ferner sei $\{y_1, y_2\}$ ein Fundamentalsystem der zugehörigen homogenen Differentialgleichung $L[y] = 0$. Dann lautet die allgemeine Lösung der inhomogenen Differentialgleichung $L[y] = f(t)$:

$$y = y_p + c_1 y_1 + c_2 y_2\,.$$

Sie ist also von der Form:

partikuläre Lösung der homogenen Differentialgleichung
+ allgemeine Lösung der inhomogenen Differentialgleichung.

Beweis. Wegen $L[y_p] = f$ ist $y = y_p + c_1 y_1 + c_2 y_2$ eine Lösung der inhomogenen Differentialgleichung $L[y] = f$:

$$L[y] = L[y_p] + c_1 L[y_1] + c_2 L[y_2] = f + c_1 \cdot 0 + c_2 \cdot 0 = f.$$

Wir müssen noch zeigen, daß der obige Ansatz für die allgemeine Lösung jedes Anfangswertproblem der Form $y(t_0) = a$, $y_0'(t_0) = b$ für beliebiges $(a,b) \in \mathbb{R}^2$ löst. Da $\{y_1, y_2\}$ ein Fundamentalsystem von $L[y] = 0$ ist, ist die Determinante des LGS

$$\begin{aligned} c_1 y_1(t_0) + c_2 y_2(t_0) &= a - y_p(t_0), \\ c_1 y_1'(t_0) + c_2 y_2'(t_0) &= b - y_p'(t_0) \end{aligned}$$

ungleich Null (vgl. Satz 13.4). Das LGS ist daher für alle rechten Seiten eindeutig lösbar. ∎

Wie bei der homogenen linearen Differentialgleichung erster Ordnung verschaffen wir uns mit der Methode der Variation der Konstanten ein partikuläres Integral $y_p(t)$:

$$y_p(t) = c_1(t) y_1(t) + c_2(t) y_2(t).$$

Da bei einem Ansatz mit ***zwei*** Funktionen $c_1(t)$ und $c_2(t)$ nur ***ein*** partikuläres Integral $y_p(t)$ bestimmt werden muß, können wir die Erfüllung einer Nebenbedingung fordern:

$$c_1' y_1 + c_2' y_2 = 0.$$

Wir setzen $y_p(t)$,

$$y_p' = c_1 y_1' + c_2 y_2' + \underbrace{c_1' y_1 + c_2' y_2}_{=0} \qquad \text{(Nebenbedingung!)}$$

und $\quad y_p'' = c_1 y_1'' + c_2 y_2'' + c_1' y_1' + c_2' y_2'$

in die inhomogene Differentialgleichung ein und erhalten:

$$\begin{aligned} f(t) = y_p'' + a_1 y_p' + a_0 y_p &= c_1 y_1'' + c_2 y_2'' + c_1' y_1' + c_2' y_2' \\ &+ c_1 a_1 y_1' + c_2 a_1 y_2' \\ &+ c_1 a_0 y_1 + c_2 a_0 y_2 \\ \hline &= 0 + 0 + c_1' y_1' + c_2' y_2'. \end{aligned}$$

Zusammen mit der Nebenbedingung erhalten wir das folgende LGS zur Bestimmung von c_1' und c_2':

$$\begin{aligned} c_1' y_1 + c_2' y_2 &= 0, \\ c_1' y_1' + c_2' y_2' &= f(t). \end{aligned}$$

Die Funktionen $\{y_1,y_2\}$ bilden ein Fundamentalsystem der zugehörigen homogenen Differentialgleichung, ihre Wronski-Determinante ist daher ungleich Null (vgl. Satz 13.4). Mit der Cramerschen Regel (vgl. Abschnitt 10.1) finden wir die eindeutige Lösung des LGS:

$$c_1' = -f(t)y_2(t)/\,W[y_1,y_2](t)\,, \qquad c_2' = f(t)y_1(t)/\,W[y_1,y_2](t)\,.$$

Wir integrieren und erhalten schließlich als partikuläre Lösung der inhomogenen linearen Differentialgleichung zweiter Ordnung:

$$y_P(t) = \int^t ds\, f(s)\, [y_1(s)y_2(t) - y_1(t)y_2(s)]\,/\,W[y_1,y_2](s)\,.$$

Beispiel 13.19. Zur Lösung der Differentialgleichung

$$y'' - y = -2t^2 + 4$$

verschaffen wir uns zunächst ein Fundamentalsystem $\{y_1,y_2\}$ der zugehörigen homogenen Differentialgleichung:

$$y'' - y = 0\,.$$

Ihre charakteristische Gleichung $r^2 - 1 = (r-1)(r+1) = 0$ führt uns auf die Funktionen:

$$y_1(t) = e^t\,, \quad y_2(t) = e^{-t}.$$

Ihre Wronski-Determinante lautet: $W[y_1,y_2](t) = -2$ (Fall: $D > 0$; siehe oben). Für $f(t) = -2t^2 + 4$ erhalten wir:

$$\begin{aligned} y_P(t) &= \int^t ds\,(-2s^2 + 4)\,(e^{s-t} - e^{t-s})/\,(-2) \\ &= e^{-t}\int^t (s^2 - 2)\,e^s\,ds - e^t\int^t (s^2 - 2)e^{-s}\,ds \\ &= e^{-t}\,e^t\,(t^2 - 2t + 2 - 2) - e^t\,e^{-t}\,(-t^2 - 2t - 2 + 2) = 2t^2. \end{aligned}$$

Die allgemeine Lösung der inhomogenen Differentialgleichung lautet:

$$y(t) = 2t^2 + c_1e^t + c_2e^{-t}.$$ □

Die inhomogene lineare Differentialgleichung zweiter Ordnung mit konstanten Koeffizienten

Im Fall einer homogenen Differentialgleichung zweiter Ordnung mit konstanten Koeffizienten kennen wir zwar ein Fundamentalsystem , doch die Methode der Variation der Konstanten führt, wie Beispiel 13.19 zeigt, auf relativ komplizierte Integrale. Für einfache, aber häufig auftretende Inhomogenitäten $f(t)$ finden wir ein partikuläres Integral der Differentialgleichung

$$y'' + 2by' + cy = f(t) \,,$$

indem wir aus der folgenden Tabelle den zu $f(t)$ gehörigen Ansatz auswählen, zweimal differenzieren, in die linke Seite obiger Differentialgleichung einsetzen und einen Koeffizientenvergleich durchführen.

	$f(t)$	Lösungsansatz für $y_p(t)$
1	$\sum_{k=0}^{n} p_k t^k$	$\sum_{k=0}^{n} q_k t^k$
2	$e^{rt} \sum_{k=0}^{n} p_k t^k$	$t^m e^{rt} \sum_{k=0}^{n} q_k t^k$, wobei $m = 0, 1$ oder 2 zu wählen ist, je nachdem, ob r keine, eine einfache oder eine zweifache Nullstelle der zugehörigen charakteristischen Gleichung ist.
3	$p_1 \cos \omega t$, $p_2 \sin \omega t$, $p_1 \cos \omega t + p_2 \sin \omega t$	$t^m (q_1 \cos \omega t + q_2 \sin \omega t)$, wobei $m = 1$ oder 0 ist, je nachdem, ob $r = \pm i\omega$ (!) eine Nullstelle der charakteristischen Gleichung ist oder nicht.

Anmerkung. Entsprechend können wir z.B. bei einem Produkt aus Termen der Typen (1) und (3) verfahren. Ist $f(t)$ eine Linearkombination aus Funktionen der Typen (1), (2) und (3), dann bilden wir eine Linearkombination der entsprechenden partikulären Lösungen.

Beispiel 13.20. Wir lösen die Differentialgleichung

$$y'' - y = f_i(t)$$

für verschiedene rechte Seiten $f_i(t)$, $i = 1, \ldots, 4$ (vgl. Beispiel 13.19). Mit $r_1 = 1$, $r_2 = -1$ lautet die allgemeine Lösung y_h der zugehörigen homogenen Differentialgleichung:

$$y_h(t) = c_1 e^t + c_2 e^{-t}.$$

(1) $f_1(t) = -t^2 + 2$; Ansatz: $y_p(t) = at^2 + bt + c$. Wegen $y_p''(t) = 2a$ erhalten wir durch Einsetzen in die Differentialgleichung die Bedingung:

$$2a - (at^2 + bt + c) = -t^2 + 2 .$$

Durch Koeffizientenvergleich folgt: $a = 1$, $b = 0$, $2a - c = 2$ und schließlich:

$$y_p(t) = t^2.$$

(2) $f_2(t) = 6 \exp(2t)$; Ansatz: $y_p(t) = a \exp(2t)$. Denn $r = 2$ ist keine Lösung von $r^2 - 1 = 0$. Mit $y_p''(t) = 4a \exp(2t)$ folgt aus der inhomogenen Differentialgleichung:

$$(4a - a) \exp(2t) = 6 \exp(2t) \quad \Rightarrow \quad a = 2 ,$$

und somit:

$$y_p(t) = 2 \exp(2t) .$$

(3) $f_3(t) = 2 \exp t$. Der Ansatz $y_p(t) = a \exp t$ würde fehlschlagen, denn $r = 1$ ist eine Lösung von $r^2 - 1 = 0$. Wir verwenden daher den Ansatz ($m = 1$, $n = 0$):

$$y_p(t) = at\, e^t .$$

Es folgt:

$$y_p'(t) = a(1 + t)e^t, \quad y_p''(t) = a(2 + t)e^t .$$

Wir setzen ein und erhalten:

$$[a(2 + t) - at]e^t = 2e^t \quad \Rightarrow \quad a = 1 .$$

Die partikuläre Lösung lautet:

$$y_p(t) = t \exp t .$$

(4) $f_4(t) = \frac{1}{2} t^2 - 1 + 6e^{2t} - 2e^t = -\frac{1}{2} f_1(t) + f_2(t) - f_3(t)$. Wir verwenden die entsprechende Linearkombination der partikulären Lösungen von (1) bis (3):

$$y_p(t) = -\frac{1}{2} t^2 + 2e^{2t} - te^t .$$ □

Beispiel 13.21. Als vereinfachtes Modell für die chemische Bindung in einem zweiatomigen Molekül stellen wir uns einen ungedämpften harmonischen Oszillator der Kreisfrequenz ω_0 vor (siehe auch Beispiel 13.30). Wir untersuchen, wie sich die Auslenkung $x(t)$ der Bindungslänge verhält, wenn der Oszillator einer periodischen Kraft ausgesetzt ist, die etwa von einem oszillierenden elektrischen Feld herrührt. Die Bewegungsgleichung lautet in diesem Fall:

$$\ddot{x} + \omega_0^2 x = \frac{F}{m}\cos(\omega t),$$

wobei ω die Kreisfrequenz und F die Amplitude des Feldes ist. Um ein partikuläres Integral dieser Differentialgleichung zu bestimmen, machen wir gemäß der Tabelle im Fall $\omega \neq \omega_0$ den Ansatz:

$$x_p(t) = q_1\cos(\omega t) + q_2\sin(\omega t).$$

Es ist jedoch bequemer, die Inhomogenität

$$f(t) = \frac{F}{m}\cos(\omega t) = \frac{F}{2m}(e^{i\omega t} + e^{-i\omega t}) =: g_1(t) + g_2(t)$$

als Linearkombination zweier komplexer Exponentialfunktionen aufzufassen. Im Fall $\omega \neq \omega_0$ ist $r = i\omega$ keine Nullstelle der charakteristischen Gleichung $r^2 + \omega_0^2 = 0$. Dann lautet der zu g_1 gehörige Ansatz:

$$x_{p1}(t) = ae^{i\omega t}.$$

Wir setzen in die Differentialgleichung ein und erhalten

$$[a(i\omega)^2 + a\omega_0^2]\, e^{i\omega t} = \frac{F}{2m}e^{i\omega t} = g_1(t) \quad \text{oder} \quad a = \frac{F/(2m)}{\omega_0^2 - \omega^2}.$$

Daraus folgt:

$$x_{p1}(t) = \frac{1}{2}\frac{F/m}{\omega_0^2 - \omega^2}e^{i\omega t}.$$

Da die konstanten Koeffizienten der Differentialgleichung reell sind, schließen wir von $g_2(t) = \overline{g_1(t)}$ auf:

$$x_{p2}(t) = \overline{x_{p1}(t)},$$

bzw.

$$x_p(t) = x_{p1}(t) + x_{p2}(t) = \frac{F/m}{\omega_0^2 - \omega^2}\cos(\omega t).$$

Die allgemeine Lösung lautet (vgl. Beispiel 13.18):

$$x(t) = A\cos(\omega_0 t - \delta) + \frac{F/m}{\omega_0^2 - \omega^2}\cos(\omega t).$$

Das ist eine Überlagerung von zwei periodischen Bewegungen.

Als nächstes betrachten wir den Fall $\omega = \omega_0$; die äußere Kraft oszilliert mit der "Eigenfrequenz" der Bindung. Wir wählen den Exponentialansatz

$$x_{p1}(t) = at\exp(i\omega_0 t) \quad \text{bzw.} \quad x_{p1}'(t) = a(1 + i\omega_0 t)\exp(i\omega_0 t).$$

Denn nun ist $r = i\omega_0$ eine einfache Nullstelle von $r^2 + \omega_0{}^2 = 0$. Wir setzen in die Differentialgleichung ein,

$$[a(2i\omega_0 - \omega_0{}^2 t) + a\omega_0{}^2 t]\exp(i\omega_0 t) = \frac{F}{2m}\exp(i\omega_0 t)$$

und erhalten

$$a = \frac{F}{4im\omega_0} \ .$$

Als partikuläre Lösung ergibt sich

$$x_p(t) = \frac{Ft}{2m\omega_0}\left[\frac{1}{2i}\exp(i\omega_0 t) - \frac{1}{2i}\exp(-i\omega_0 t)\right]$$

und als allgemeine Lösung der inhomogenen Differentialgleichung:

$$x(t) = A\cos(\omega_0 t - \delta) + \frac{F}{2m\omega_0}\, t\sin(\omega_0 t) \ .$$

Der zweite Term oszilliert mit wachsender Amplitude. Wenn die Frequenz der treibenden Kraft mit der Eigenfrequenz des ungestörten Systems übereinstimmt, kommt es zur ***Resonanzkatastrophe***. In unserem Modell für die chemische Bindung käme es zu einer Spaltung der Bindung. Hier versagt dieses klassische Modell; die quantenmechanische Behandlung des gleichen Modells führt zum Phänomen der Absorption.

Die Resonanzkatastrophe tritt bei einem gedämpften Oszillator nicht auf ($\rho > 0$; vgl. Beispiel 13.18). Allerdings können sich bei kleiner Dämpfung sehr große Amplituden ausbilden. Viele mechanische Systeme werden daher trotz Dämpfung zerstört, wenn für große Amplituden Instabilität eintritt. Denn das harmonische Modell der Rückstellkraft gilt nur für hinreichend kleine Auslenkungen. □

Anmerkung. Die vorstehend beschriebenen Methoden sind mit geringfügigen Verallgemeinerungen auch auf lineare Differentialgleichungen höherer Ordnung anwendbar, sofern nur die Koeffizienten konstant sind.

Beispiel 13.22. Gesucht ist die allgemeine Lösung der homogenen linearen Differentialgleichung mit konstanten Koeffizienten:

$$y''' + y'' - y' - y = 0 \ .$$

Mit dem Ansatz $y(t) = \exp(rt)$ erhalten wir die charakteristische Gleichung:

$$r^3 + r^2 - r - 1 = 0 \ .$$

Das Polynom $r^3 + r^2 - r - 1 = (r-1)(r+1)^2$ hat eine einfache Nullstelle bei $r = 1$ und eine doppelte bei $r = -1$. Die Linearkombination

$$y(t) = c_1 e^t + c_2 e^{-t}$$

kann nicht die allgemeine Lösung einer Differentialgleichung dritter Ordnung sein; denn sie hat nur zwei freie Parameter. Wir vermuten aufgrund der Tabelle für die Lösungsansätze von linearen Differentialgleichungen zweiter Ordnung, daß mit der zweifachen Nullstelle der charakteristischen Gleichung eine weitere linear unabhängige Lösung vom Typ $y_3(t) = c_3 t\, e^{-t}$ assoziiert ist. Wir erzeugen sie aus der Lösung $y_2(t) = c_2 e^{-t}$ durch Variation der Konstanten:

$$\begin{aligned} y &= c(t)\, e^{-t} = c\, e^{-t} \\ y' &= (c' - c) e^{-t} \\ y'' &= (c'' - 2c' + c) e^{-t} \\ y''' &= (c''' - 3c'' + 3c' - c) e^{-t} \end{aligned}$$

Wir setzen in die Differentialgleichung ein und erhalten wegen $\exp(-t) \neq 0$:

$$c''' - 2c'' = 0 \, .$$

Eine spezielle Lösung dieser Differentialgleichung ist:

$$c(t) = c_2 + c_3 t \, .$$

Damit ist unsere Vermutung bestätigt. Wir kennen nun ein Fundamentalsystem der ursprünglichen Differentialgleichung:

$$\{y_1, y_2, y_3\} = \{e^t, e^{-t}, te^{-t}\} \, .$$

Die lineare Unabhängigkeit weisen wir durch Auswerten der zugehörigen Wronski-Determinante nach:

$$W[y_1, y_2, y_3] = \begin{vmatrix} y_1 & y_2 & y_3 \\ y_1' & y_2' & y_3' \\ y_1'' & y_2'' & y_3'' \end{vmatrix} = \begin{vmatrix} e^t & e^{-t} & t\, e^{-t} \\ e^t & -e^{-t} & (1-t)e^{-t} \\ e^t & e^{-t} & (-2+t)e^{-t} \end{vmatrix}$$

$$= e^{-t} \begin{vmatrix} 1 & 1 & t \\ 1 & -1 & 1-t \\ 1 & 1 & -2+t \end{vmatrix} = 4e^{-t} \neq 0 \, .$$

Die allgemeinen Lösungen der homogenen linearen Differentialgleichung dritter Ordnung sind Elemente eines dreidimensionalen linearen Raumes:

$$y = c_1 y_1 + c_2 y_2 + c_3 y_3 = c_1 e^t + c_2 e^{-t} + c_3 t\, e^{-t}.$$ □

Der Potenzreihen-Ansatz

Eine sehr allgemeine Methode zur Lösung einer homogenen linearen Differentialgleichung zweiter Ordnung,

$$a_2(t)y'' + a_1(t)y' + a_0(t)y = 0$$

geht von einem ***Potenzreihen-Ansatz*** für die Lösung aus:

$$y(t) = \sum_{k=0}^{\infty} c_k(t - t_0)^k.$$

Wir setzen voraus, daß die Koeffizienten $a_i(t)$ eine Taylor-Entwicklung um den Punkt $t = t_0$ mit einem gemeinsamen Konvergenzintervall besitzen (vgl. Abschnitt 7.4). Die Koeffizienten c_k unseres Ansatzes bestimmen wir durch Koeffizientenvergleich. Das Verfahren ist dann relativ einfach anwendbar, wenn die Koeffizienten $a_i(t)$ Polynome in t sind.

Beispiel 13.23. Um die Methode zu erläutern, behandeln wir die Differentialgleichung

$$y'' + y = 0$$

(vgl. Beispiel 13.16) für den Fall $t_0 = 0$:

$$y = \sum_{k=0}^{\infty} c_k t^k .$$

Wir differenzieren die Potenzreihe gliedweise (Satz 7.13):

$$y' = \sum_{k=1}^{\infty} k c_k t^{k-1} ,$$

$$y'' = \sum_{k=2}^{\infty} k(k-1)c_k t^{k-2} = \sum_{j=0}^{\infty} (j+2)(j+1)c_{j+2}t^j,$$

und setzen in die Differentialgleichung ein:

$$\sum_{k=0}^{\infty} [(k+2)(k+1)c_{k+2} + c_k]t^k = 0 .$$

Die Potenzreihe kann nur dann identisch Null sein, wenn alle Koeffizienten Null sind. Es folgt die Rekursionsbedingung:

$$c_{k+2} = -\frac{c_k}{(k+1)(k+2)} .$$

Wir drücken alle Koeffizienten durch c_0 und c_1 aus ($k \in \mathbb{N}_0$):

$$c_2 = -\frac{c_0}{1\cdot 2}\,, \quad c_4 = -\frac{c_2}{3\cdot 4} = \frac{c_0}{4!}\,, \quad \ldots \quad c_{2k} = \frac{(-1)^k\, c_0}{(2k)!}$$

$$c_3 = -\frac{c_1}{2\cdot 3}\,, \quad c_5 = -\frac{c_3}{4\cdot 5} = \frac{c_1}{5!}\,, \quad \ldots \quad c_{2k+1} = \frac{(-1)^k\, c_1}{(2k+1)!}$$

Die resultierende Potenzreihe konvergiert absolut für alle $t \in \mathbb{R}$; wir können sie daher umordnen (was wir in Abschnitt 7.4 allerdings nicht bewiesen haben):

$$y(t) = c_0 \sum_{k=0}^{\infty} \frac{(-1)^k\, t^{2k}}{(2k)!} + c_1 \sum_{k=0}^{\infty} \frac{(-1)^k\, t^{2k+1}}{(2k+1)!} = c_0 \cos t + c_1 \sin t\,.$$

Die Koeffizienten c_0 und c_1 stellen hier die beiden Parameter der allgemeinen Lösung einer Differentialgleichung zweiter Ordnung dar. □

In leicht modifizierter Form verwendet man dieses Verfahren zur Lösung der Schrödinger-Gleichung für den harmonischen Oszillator und für die Radialbewegung des Elektrons im Wasserstoffatom.

13.6 Randwert- und Eigenwertprobleme

Bisher haben wir die Parameter in der allgemeinen Lösung y einer Differentialgleichung zweiter Ordnung durch Anfangsbedingungen bei $t = t_0$ festgelegt:

$$y(t_0) = y_0\,, \quad y'(t_0) = y_0'\,.$$

In manchen Anwendungen ist das Verhalten an den Enden eines Intervalls $I = [\,t_0, t_1\,]$ vorgegeben:

$$y(t_0) = y_0\,, \quad y(t_1) = y_1\,.$$

In einem solchen Falle spricht man von einem ***Randwertproblem***.

Beispiel 13.24. Die allgemeine Lösung der Differentialgleichung $y'' + y = 0$ lautet (vgl. Beispiel 13.16 und 13.23):

$$y(t) = c_1 \cos t + c_2 \sin t\,.$$

Wir suchen die Lösungen, die an den Enden des Intervalls $[\,0, \pi\,]$ die Bedingungen

$$y(0) = 0\,, \quad y(\pi) = 0$$

erfüllen. Dies ist ein Spezialfall der allgemeinen homogenen Randbedingungen:

$$a\,y(0) + b\,y'(0) = 0\,,$$
$$c\,y(\pi) + d\,y'(\pi) = 0\,.$$

Wir setzen die allgemeine Lösung ein und erhalten wegen

$$y' = -c_1 \sin t + c_2 \cos t\,.$$

das LGS:

$$a\,c_1 + b\,c_2 = 0\,,$$
$$c\,c_1 + d\,c_2 = 0\,.$$

Falls die zugehörige Determinante $(ad - bc) \neq 0$ ist, existiert nur die triviale Lösung $c_1 = c_2 = 0$ (Satz 10.13). Das Randwertproblem heißt dann ***unlösbar***. Für $(ad - bc) = 0$ hat das LGS eine nicht-triviale Lösung $(c_1, c_2) \neq (0,0)$: es existiert eine Lösung y des Randwertproblems, die nicht identisch verschwindet.

In unserem Spezialfall ist $a = c = 1$, $b = d = 0$. Wegen $(ad - cb) = 0$ existiert eine Lösung des Randwertproblems:

$$y(t) = c_2 \sin t\,.$$ □

Die zeitunabhängige Schrödinger-Gleichung für die eindimensionale Bewegung (entlang der x-Achse) eines Teilchens der Masse m in einem Potential $V(x)$ lautet:

$$-\frac{\hbar^2}{2m}\frac{\mathrm{d}^2\Psi}{\mathrm{d}x^2} + V(x)\,\Psi = E\,\Psi\,.$$

Dies ist eine homogene (!) lineare Differentialgleichung zweiter Ordnung für die Wellenfunktion $\Psi(x)$. Sie hat die Struktur einer ***Eigenwertgleichung***. Um diese formale Analogie zum Matrixeigenwertproblem deutlich zu machen, definieren wir den ***Hamilton-Operator***,

$$\hat{H} := -\frac{\hbar^2}{2m}\frac{\mathrm{d}^2}{\mathrm{d}x^2} + V(x)\,.$$

Dies ist ein linearer Differentialoperator (vgl. Abschnitt 13.5). Die Schrödinger-Gleichung ist die Eigenwertgleichung für diesen Operator:

$$\hat{H}\,\Psi = E\,\Psi\,.$$

Der Eigenwert E, die Energie des Systems, kann nur solche Werte annehmen, für die die zugehörige "Eigenfunktion Ψ" bestimmte physikalische ***Randbedingungen*** erfüllt.

Diese Randbedingungen ergeben sich aus der Wahrscheinlichkeitsinterpretation der Wellenfunktion Ψ. Die Wahrscheinlichkeit, das Teilchen bei einer Ortsmessung im Intervall $[x, x + dx]$ zu finden, ist gegeben durch $|\Psi(x)|^2 dx$. Die "Summe" aller Wahrscheinlichkeiten muß Eins sein entsprechend der Tatsache, daß wir das Teilchen mit Sicherheit irgendwo finden:

$$\int_{-\infty}^{\infty} |\Psi(x)|^2 \, dx = 1 .$$

Man sagt auch, die Wellenfunktion Ψ muß ***normiert*** sein. Damit das Normierungsintegral existiert, muß Ψ in jedem Fall die Randbedingungen

$$\lim_{x \to +\infty} \Psi(x) = 0 \qquad \textit{und} \qquad \lim_{x \to -\infty} \Psi(x) = 0$$

erfüllen. Außerdem müssen wir die triviale Lösung $\Psi(x) = 0$ der Eigenwertgleichung ausschließen.

Beispiel 13.25. Wir betrachten die Bewegung eines Teilchens in einem Kastenpotential der Länge L mit unendlich hohen Wänden. Aus diesem Grund kann das Teilchen den "Kasten" nicht verlassen. Die Wahrscheinlichkeit, es außerhalb anzutreffen, ist Null:

$$\Psi(x) = 0 \qquad \text{für } x \notin [0, L].$$

Aus physikalischen Gründen ist es plausibel zu fordern, daß die Wellenfunktion in den Randpunkten des Intervalls $[0, L]$ stetig ist. Damit lautet die Randbedingung:

$$\Psi(0) = \Psi(L) = 0 .$$

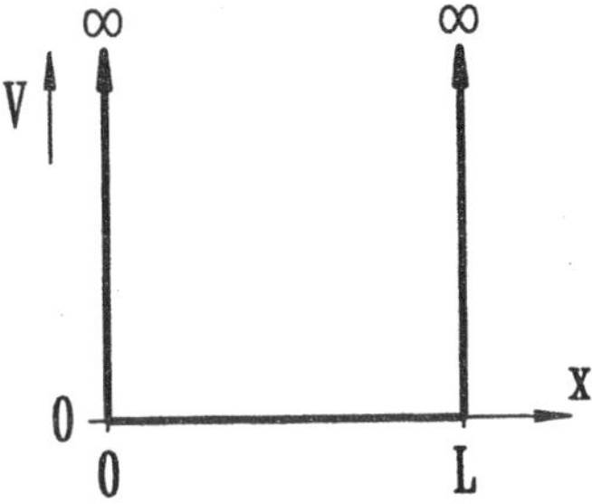

Das konstante Potential innerhalb des "Kastens" soll den Wert Null haben:

$$V(x) = 0 \quad \text{für} \quad x \in [\,0, L\,]\,.$$

Dies führt auf die Schrödinger-Gleichung:

$$-\frac{\hbar^2}{2m}\frac{d^2\Psi}{dx^2} = E\,\Psi \quad \text{oder} \quad \Psi'' + k^2\,\Psi = 0 \quad \text{mit} \quad k^2 := \frac{2mE}{\hbar^2}\,.$$

Wir kennen bereits die allgemeine Lösung dieser Differentialgleichung (vgl. Beispiel 13.18):

$$\Psi(x) = c_1\cos(kx) + c_2\sin(kx)\,.$$

Die Randbedingung führt auf folgendes LGS:

$$\begin{aligned} x = 0:&\quad c_1\cdot 1 &&+ c_2\cdot 0 &&= 0\,,\\ x = L:&\quad c_1\cos(kL) &&+ c_2\sin(kL) &&= 0\,. \end{aligned}$$

Eine nicht-triviale Lösung existiert für

$$\begin{vmatrix} 1 & 0 \\ \cos(kL) & \sin(kL) \end{vmatrix} = \sin(kL) = 0\,,$$

d.h. für $k_n L = n\pi$ oder $k_n = n\pi/L$, $n \in \mathbb{Z}$. Mit den resultierenden Koeffizienten $c_1 = 0$, $c_2 = A_n$ erhalten wir die Lösung:

$$\Psi_n(x) = A_n\sin(k_n x)\,, \quad n \in \mathbb{Z}\,.$$

Den Wert $n = 0$ schließen wir aus, weil dann $a_0 = 0$ wäre und folglich $\Psi_0(x) = 0$. Ebenso ergeben sich für $n < 0$ keine neuen, linear unabhängigen Lösungen:

$$\Psi_{-n}(x) = A_n\sin(-\frac{n\pi x}{L}) = -A_n\sin(\frac{n\pi x}{L}) = -\Psi_n(x)\,.$$

Die möglichen Energien für das Teilchen im Kastenpotential lauten somit:

$$\boxed{E_n = \frac{\hbar^2}{2m}k_n^2 = \frac{1}{2m}(\frac{n\pi\hbar}{L})^2\,, \quad n \in \mathbb{N}}$$

Die Randbedingung führt also zu einer "Quantisierung" der möglichen Energiewerte. Die Konstante A_n bestimmen wir so, daß Ψ_n normiert ist:

$$1 = \int_0^L \Psi_n^2(x)\,dx = A_n^2\int_0^L \sin^2(\frac{n\pi x}{L})\,dx$$

$$= \left(\frac{A_n^2\,L}{n\pi}\right)\int_0^{n\pi}\sin^2 u\,du = \left(\frac{A_n^2\,L}{n\pi}\right)(\frac{n\pi}{2}) = \frac{A_n^2\,L}{2}\,.$$

Dabei haben wir die Substitution $u := n\pi x/L$, $dx = L\,du/n\pi$ verwendet. Wir erhalten $A_n = \sqrt{2/L}$ und somit als normierte Eigenfunktion für ein Teilchen im Kasten:

$$\Psi_n(x) = \begin{cases} \sqrt{2/L}\,\sin(n\pi x/L)\,, & \text{für } 0 < x < L \\ 0\,, & \text{sonst} \end{cases}; \quad n \in \mathbb{N}\,. \qquad \square$$

13.7 Systeme von Differentialgleichungen

In diesem Abschnitt soll an Beispielen demonstriert werden, wie Probleme der Praxis auf gekoppelte Differentialgleichungen führen, die simultan erfüllt werden müssen. Man spricht dann auch von einem ***System von Differentialgleichungen***.

Beispiel 13.26. Wir betrachten zwei Beispiele aus der Reaktionskinetik.
(1) Ein Stoff A gehe in zwei Reaktionen erster Ordnung über eine Zwischenstufe B in das Produkt C über:

$$\mathrm{A} \xrightarrow{k_1} \mathrm{B} \xrightarrow{k_2} \mathrm{C}\,.$$

Die zugehörigen Geschwindigkeitskonstanten seien k_1 und k_2. Wir bezeichnen die Konzentration des Stoffes A zur Zeit t mit $a(t)$ usw. Diese Annahmen führen auf folgende Reaktionsgleichungen:

$$\begin{aligned} \dot{a} &= -k_1 a \\ \dot{b} &= k_1 a - k_2 b \\ \dot{c} &= k_2 b \end{aligned}$$

Mit $\mathbf{x} := (a, b, c)^T$ und der Geschwindigkeitsmatrix

$$\mathbf{K} := \begin{pmatrix} k_1 & 0 & 0 \\ -k_1 & k_2 & 0 \\ 0 & -k_2 & 0 \end{pmatrix}$$

können wir das Differentialgleichungssystem kompakt formulieren:

$$\frac{d}{dt}\mathbf{x} = \dot{\mathbf{x}}(t) = -\mathbf{K}\,\mathbf{x}(t)\,.$$

Angenommen, bei Reaktionsbeginn ($t = 0$) habe nur der Stoff A vorgelegen, und zwar in der Konzentration a_0. Dann lautet die Anfangsbedingung:

$$\mathbf{x}(0) = (a_0, 0, 0)^T = a_0\,\mathbf{e}_1\,.$$

(2) Nehmen wir nun an, der Stoff A reagiert mit dem Zwischenprodukt B in einer Reaktion zweiter Ordnung zum Produkt C, dann treten konkurrierende Reaktionen auf:

$$A \xrightarrow{k_1} B \,, \qquad A + B \xrightarrow{k_2} C \,.$$

Das Differentialgleichungssystem zur Beschreibung der Konzentrationen lautet in diesem Fall:

$$\begin{aligned} \dot{a} &= -k_1 a - k_2 ab \,, \\ \dot{b} &= k_1 a - k_2 ab \,, \\ \dot{c} &= \phantom{k_1 a -{}} k_2 ab \,. \end{aligned}$$

□

Die allgemeine Form eines Systems aus n Differentialgleichungen erster Ordnung lautet:

$$\begin{aligned} \dot{x}_1 &= f_1(t, x_1, \ldots, x_n) \,, \\ &\ldots \\ \dot{x}_n &= f_n(t, x_n, \ldots, x_n) \,. \qquad n \in \mathbb{N} \,. \end{aligned}$$

Sind die Funktionen f_i linear in den Variablen $x_1, \ldots, x_n$, dann liegt ein ***System von linearen Differentialgleichungen*** vor:

$$\dot{x}_i = \sum_{k=1}^{n} a_{ik}(t) x_k + g_i(t) \qquad (i = 1, \ldots, n)$$

oder in Matrixschreibweise:

$$\dot{\mathbf{x}}(t) = \mathbf{A}(t)\, \mathbf{x}(t) + \mathbf{g}(t) \,,$$

wobei wir die Variablen $(x_1, \ldots, x_n)^T =: \mathbf{x}$ und die Inhomogenität $(g_1, \ldots, g_n)^T =: \mathbf{g}$ zu Vektoren zusammenfassen. Das Differentialgleichungssystem in Beispiel 13.26(1) ist ein homogenes lineares Differentialgleichungssystem mit konstanten Koeffizienten (die Matrix $\mathbf{A}(t) = -\mathbf{K}$ hängt nicht von t ab!). Das Differentialgleichungssystem in Beispiel 13.26(2) ist nicht linear.

Beispiel 13.27. Wir schreiben eine allgemeine lineare Differentialgleichung zweiter Ordnung als Differentialgleichungssystem erster Ordnung:

$$y'' + a_1(t) y' + a_0(t) y = f(t) \,.$$

Dazu definieren wir die Variablen $x_1 = y$; $x_2 = y'$. Wir differenzieren:

$$x_1' = y' = x_2 ,$$
$$x_2' = y'' = f - a_1 y' - a_0 y = f - a_0 x_1 - a_1 x_2 .$$

Dieses lineare Differentialgleichungssystem lautet in Matrixform:

$$\frac{\mathrm{d}}{\mathrm{d}t}\mathbf{x} = \mathbf{A}(t)\,\mathbf{x} + \mathbf{g}(t)$$

mit $\mathbf{x} := \begin{pmatrix} x_1 \\ x_2 \end{pmatrix}$, $\mathbf{A}(t) := \begin{pmatrix} 0 & 1 \\ -a_0(t) & -a_1(t) \end{pmatrix}$ und $\mathbf{g}(t) := \begin{pmatrix} 0 \\ f(t) \end{pmatrix}$. □

Beispiel 13.27 legt es nahe, ein System aus zwei linearen Differentialgleichungen erster Ordnung zu lösen, indem man es in die korrespondierende Differentialgleichung zweiter Ordnung überführt. Wir geben ein Beispiel.

Beispiel 13.28. Gesucht ist die allgemeine Lösung des homogenen Differentialgleichungssystems mit konstanten Koeffizienten:

$$\dot{x} = 3x + 8y \qquad \text{(I)}$$
$$\dot{y} = x + y \qquad \text{(II)}$$

Wir differenzieren die erste Gleichung,

$$\ddot{x} = 3\dot{x} + 8\dot{y} ,$$

eliminieren $\dot{y}$ mit Hilfe von (II) und y mit Hilfe von (I) und erhalten:

$$\ddot{x} = 3\dot{x} + 8(x + y) = 3\dot{x} + 8x + (\dot{x} - 3x) .$$

Dies ist eine homogene lineare Differentialgleichung zweiter Ordnung mit konstanten Koeffizienten:

$$\ddot{x} - 4\dot{x} - 5x = 0 .$$

Die charakteristische Gleichung $r^2 - 4r - 5 = (r-5)(r+1) = 0$ führt auf die allgemeine Lösung:

$$x(t) = c_1 e^{5t} + c_2 e^{-t}.$$

Mit Hilfe von (I) berechnen wir $y(t)$:

$$y(t) = \frac{1}{8}(\dot{x} - 3x) = \frac{1}{4}(c_1 e^{5t} - 2c_2 e^{-t}) .$$

Die allgemeine Lösung lautet in Vektorschreibweise:

$$\begin{pmatrix} x(t) \\ y(t) \end{pmatrix} = \frac{1}{4} c_1 e^{5t} \begin{pmatrix} 4 \\ 1 \end{pmatrix} + \frac{1}{2} c_2 e^{-t} \begin{pmatrix} 2 \\ -1 \end{pmatrix} .$$

Das Anfangswertproblem $x(0) = 2$, $y(0) = 2$ führt über das LGS

$$\begin{pmatrix}2\\2\end{pmatrix} = \begin{pmatrix}1 & 1\\ 1/4 & -1/2\end{pmatrix}\begin{pmatrix}c_1\\c_2\end{pmatrix} \quad \Rightarrow \quad \begin{pmatrix}c_1\\c_2\end{pmatrix} = \begin{pmatrix}4\\-2\end{pmatrix}$$

auf die spezielle Lösung des Differentialgleichungssystems:

$$x(t) = 4e^{5t} - 2e^{-t}$$
$$y(t) = e^{5t} + e^{-t}$$

□

Beispiel 13.29. Wir lösen das lineare Differentialgleichungssystem in Beispiel 13.26(1). Die spezielle Lösung der ersten Differentialgleichung für die Anfangsbedingung $a(0) = a_0$ lautet:

$$a(t) = a_0 \exp(-k_1 t)$$

Damit geht die zweite Differentialgleichung über in:

$$\dot{b}(t) = k_1 a_0\, e^{-k_1 t} - k_2 b\,.$$

Die allgemeine Lösung der zugehörigen homogenen Differentialgleichung $\dot{b}(t) = -k\, b(t)$ lautet

$$b_h(t) = p\, e^{-k_2 t}\,.$$

Mit dem Ansatz $b_s(t) = q \exp(-k_1 t)$ für eine spezielle Lösung erhalten wir:

$$(-k_1 q - k_1 a_0 + k_2 q) \exp(-k_1 t) = 0 \quad \Rightarrow \quad q = \frac{k_1 a_0}{k_2 - k_1} \qquad (k_1 \neq k_2).$$

Berücksichtigen wir in der allgemeinen Lösung

$$b(t) = b_s(t) + b_h(t) = \frac{k_1 a_0}{k_2 - k_1}\, e^{-k_1 t} + p e^{-k_2 t}$$

die Anfangsbedingung $b(0) = 0$, dann erhalten wir:

$$b(t) = a_0 \frac{k_1}{k_2 - k_1} [\exp(-k_1 t) - \exp(-k_2 t)]$$

Daraus ergibt sich $c(t)$ durch eine einfache Integration. Wir berechnen $c(t)$ jedoch unter der Berücksichtigung der ***Massenerhaltung***. Aus den Reaktionsgleichungen folgt nämlich:

$$\dot{a} + \dot{b} + \dot{c} = (-k_1 a) + (k_1 a - k_2 b) + (k_2 b) = 0\,.$$

Die Summe der Konzentrationen ist also zeitlich konstant. Wegen der Anfangsbedingung gilt: $a(t) + b(t) + c(t) = a_0 + 0 + 0$ oder

$$c(t) = a_0 - a(t) - b(t)$$

Unsere Lösung ist für den (chemisch sicher seltenen) Fall $k_1 = k_2 = k$ zu modifizieren. Mit

$$h := \frac{k_1 - k_2}{2}\;, \quad k := \frac{k_1 + k_2}{2}\;, \quad k_1 = k - h\;, \quad k_2 = k + h$$

erhalten wir im Grenzübergang $h \to 0$:

$$a(t) = \lim_{h \to 0} a_0 e^{-kt+ht} = a_0 e^{-kt},$$

$$b(t) = \lim_{h \to 0} a_0(k-h)\, e^{-kt} \frac{\sinh(ht)}{h} = a_0 kt\, e^{-kt}. \qquad \square$$

Bei der Behandlung von Molekülschwingungen sind homogene Systeme von linearen Differentialgleichungen zweiter Ordnung mit konstanten Koeffizienten zu lösen. Wir illustrieren das allgemeine Verfahren an einem stark vereinfachten Beispiel.

Beispiel 13.30. Die Atome eines zweiatomigen Moleküls (mit Massen m_1 und m_2) sollen sich entlang der x-Achse bewegen. Ihr Gleichgewichtsabstand sei d. Werden die Atome um x_1 bzw. x_2 aus ihren Gleichgewichtslagen ausgelenkt, dann ändert sich der Bindungsabstand um

$$\Delta d := [(x_2 + d) - x_1] - d = x_2 - x_1 .$$

Nehmen wir die Bindungskräfte zwischen den Atomen als näherungsweise harmonisch an, dann lautet das Potential der Wechselwirkung:

$$V(x_1,x_2) = \frac{k(\Delta d)^2}{2} = \frac{k(x_2 - x_1)^2}{2} .$$

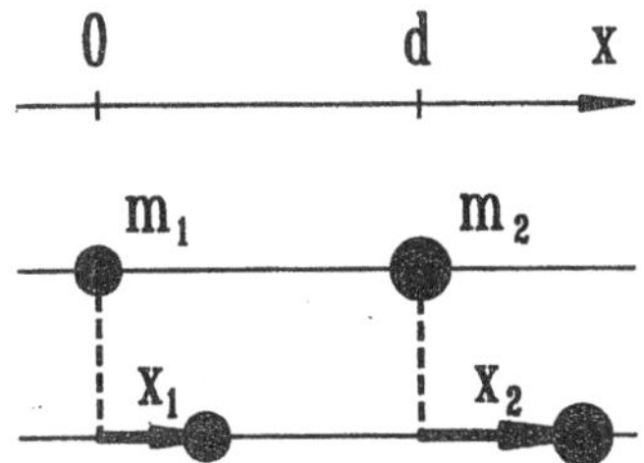

Die Kraft auf das i-te Atom lautet $K_i = -\partial V/\partial x_i$. Damit erhalten wir folgende Newtonsche Bewegungsgleichungen:

$$m_1\ddot{x}_1 = K_1 = -\frac{\partial V}{\partial x_1} = k(x_2 - x_1)$$

$$m_2\ddot{x}_2 = K_2 = -\frac{\partial V}{\partial x_2} = -k(x_2 - x_1)$$

Addieren wir die beiden Differentialgleichungen, so folgt:

$$\frac{d^2}{dt^2}(m_1x_1 + m_2x_2) = 0 .$$

Diese Differentialgleichung beschreibt die kräftefreie gleichförmige Translation des ***Molekülschwerpunkts***:

$$s = \frac{m_1 x_1 + m_2(x_2 + d)}{m_1 + m_2}$$

Die Lösung der obigen Differentialgleichung $\ddot{s} = 0$ lautet:

$$s(t) = s_0 + v_0 t .$$

Der Schwerpunkt bewegt sich also mit konstanter Geschwindigkeit v_0. Andererseits erhalten wir für die ***Relativbewegung*** $y = x_2 - x_1$:

$$\ddot{y} = \ddot{x}_2 - \ddot{x}_1 = -\left(\frac{k}{m_1} + \frac{k}{m_2}\right)(x_2 - x_1) .$$

Mit der ***reduzierten Masse***

$$\mu = \frac{m_1 m_2}{m_1 + m_2} \quad \text{bzw.} \quad \mu^{-1} = m_1^{-1} + m_2^{-1}$$

geht diese Differentialgleichung in die Gleichung eines harmonischen Oszillators mit der Kreisfrequenz $\omega_0 = \sqrt{k/\mu}$ über:

$$\ddot{y} + \omega_0^2 y = 0 .$$

Die Relativbewegung der Atome ist also eine Schwingung der Frequenz ω_0 (vgl. Beispiel 13.18):

$$y(t) = A\cos(\omega_0 t - \delta) . \qquad \square$$

13.8 Aufgaben

13.1. Gegeben ist die Differentialgleichung $y' = y$. Wie lauten die Isoklinen für die Steigungen $p = 0, \pm 1, \pm 2, \pm 3$? Skizzieren Sie einige typische Lösungskurven $y = g(x)$ für $y > 0, y < 0$ und $y = 0$.

13.2. Gegeben ist die Differentialgleichung $y' = \sqrt{y}$, $y \geq 0$.

a) Lösen Sie die Differentialgleichung mit Hilfe der Variablentrennung.

b) Skizzieren Sie die Isoklinen zum Richtungsfeld und einige typische Lösungen der Differentialgleichung.

c) Diskutieren Sie damit das Anfangswertproblem $y(x_0) = y_0$ für $y_0 > 0$ bzw. $y_0 = 0$.

13.3. Wie lautet die allgemeine Lösung der Differentialgleichung $y' = 2xy$?

13.4. Bestimmen Sie die Lösung der exakten Differentialgleichung

$$(2x + 3\cos y)dx + (2y - 3x\sin y)dy = 0 \quad \text{mit} \quad y(0) = \pi/2.$$

13.5. Bestimmen Sie die Konstante a so, daß die Differentialgleichung

$$\left(1 + \frac{ax}{y^2}\right) y' - \frac{1}{y} = 0$$

exakt wird und lösen Sie die abgeleitete Differentialgleichung für die Anfangsbedingung $y(0) = 1$.

13.6. Lösen Sie die Differentialgleichung

$$y' + 2y/x = x^3$$

für die Anfangsbedingung $y(1) = 0$. Machen Sie die Probe.

13.7. Gegeben ist die Differentialgleichung $y' \sin x - y \cos x = 1$.

a) Bestimmen Sie die allgemeine Lösung.

b) Welche spezielle Lösung geht durch den Punkt $(3\pi/2, 3\pi/2)$?

13.8. Berechnen Sie den Stromverlauf $I(t)$ für den Stromkreis aus Beispiel 13.13 bei einer angelegten Spannung $U(t) = U_0 \cos t$ für die Anfangsbedingung $I(0) = 0$. Die zugehörige Differentialgleichung lautet dann:

$$L\dot{I} + RI = U_0 \cos t \, .$$

13.9. Ein Körper der Masse m fällt aus der Ruhelage $z(0) = 0$ in einem Medium, dessen Reibungswiderstand proportional zum Quadrat der Geschwindigkeit $\dot{z}$ ist.

a) Lösen Sie die zugehörige Newtonsche Bewegungsgleichung

$$m\ddot{z} = -mg - \beta\dot{z}^2 \, .$$

Hinweis: Leiten Sie zunächst eine Differentialgleichung der Geschwindigkeit $v(t) = \dot{z}(t)$ ab.

b) Diskutieren Sie für große Zeiten t den Ort $z(t)$ und die Geschwindigkeit $v(t)$. Nach welcher Zeit τ hat der Körper die Höhe h durchfallen?

13.10. Verifizieren Sie, daß die Funktion

$$y_1(t) = e^{-bt} \cos(\alpha t) \quad \text{für} \quad \alpha = \sqrt{c - b^2}$$

eine Lösung der Differentialgleichung

$$y'' + 2by' + cy = 0$$

ist. Berechnen Sie die Wronski-Determinante für das System $\{y_1, y_2\}$, wobei $y_2(t) = e^{-bt} \sin(\alpha t)$ ist. Bestimmen Sie die Lösung der Differentialgleichung für die Anfangswerte $y(0) = 1$, $y'(0) = 1$.

13.11. Lösen Sie die Differentialgleichung

$$y'' - 2y' + 2y = 2$$

mit den Anfangsbedingungen $y(0) = 2$ und $y'(0) = 1$. Bestimmen Sie zunächst die allgemeine Lösung der Differentialgleichung.

13.12. Gegeben ist die Differentialgleichung $y'' + 4y = -2\sin(2x)$.

a) Ermitteln Sie die allgemeine Lösung.

b) Welche Lösungskurve geht durch den Punkt (0,1) und besitzt dort die Steigung 1 ?

13.13. Gegeben ist die Differentialgleichung $y'' + 2y' + y = g_i(x)$.

a) Lösen Sie die zugehörige homogene Differentialgleichung für die Anfangsbedingung $y(0) = 1$ und $y'(0) = 0$.

b) Bestimmen Sie jeweils die allgemeine Lösung für $g_1(x) = x$ und $g_2(x) = e^x$.

c) Bestimmen Sie die speziellen Lösungen für $g_3(x) = 4e^{-x}$ und $g_4(x) = \sin x$, die die Anfangsbedingung $y(0) = 0$ und $y'(0) = 1$ erfüllen.

13.14. a) Berechnen Sie unter Verwendung der Substitution $z(t) = y''(t)$ die allgemeine Lösung $y(t)$ der Differentialgleichung

$$y'''(t) + y''(t) = 1.$$

b) Geben Sie ein Fundamentalsystem der zugehörigen homogenen Differentialgleichung an und berechnen Sie dessen Wronski-Determinante.

c) Bestimmen Sie diejenige spezielle Lösung $y_s(t)$ der inhomogenen Differentialgleichung, für die gilt $y_s(0) = -1/7$, $y_s'(0) = 1$, $y_s''(0) = 0$.

13.15. a) Lösen Sie die Differentialgleichung

$$xy'' + y' + xy = 0$$

mit Hilfe des Potenzreihenansatzes $y(x) = \sum_{n=0}^{\infty} c_n x^n$.

b) Bestimmen Sie den Konvergenzradius dieser Potenzreihe.

c) Der Potenzreihenansatz liefert kein Fundamentalystem der Differentialgleichung. Was folgt daraus für eine von der Potenzreihe linear unabhängige Lösung der Differentialgleichung?

13.16. a) Berechnen Sie die Eigenwerte und die zugehörigen Eigenvektoren der Matrix $A := \begin{pmatrix} -3 & 2 \\ 2 & -3 \end{pmatrix}$.

b) Schreiben Sie das System linearer Differentialgleichungen erster Ordnung

$$\dot{x}(t) = -3x + 2y$$
$$\dot{y}(t) = 2x - 3y$$

in Matrixform $\dot{\mathbf{z}} = \mathrm{A}\,\mathbf{z}$ mit $\mathbf{z} = (x, y)^{\mathrm{T}}$.

c) Machen Sie in Analogie zur Differentialgleichung $\dot{y} = ay$ mit der Lösung $y(t) = be^{rt}$ den Ansatz $\mathbf{x}(t) = \mathbf{b}\,e^{rt}$ mit $\mathbf{b} \in \mathbb{R}^2$ und $r \in \mathbb{R}$ und bestimmen Sie $\mathbf{b}$ und r so, daß das System von Differentialgleichungen erfüllt wird.

d) Wie lautet die allgemeine Lösung des Differentialgleichungssystems?

13.17. Betrachten Sie folgendes Reaktionsschema für ein vereinfachtes Modell der Energieübertragung zwischen Molekülen:

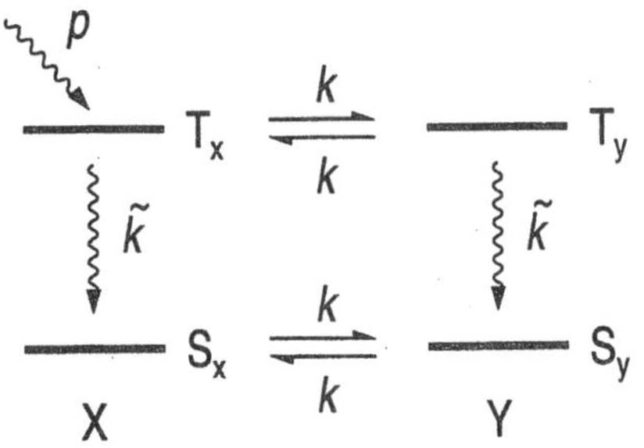

Im angeregten Zustand T können die Moleküle X und Y ihre Energie mit der Übergangsrate k austauschen. Außerdem relaxieren die Zustände T mit der Rate $\tilde{k}$ in den Grundzustand S. Die Moleküle X werden mit der konstanten Pumprate p angeregt. Bezeichnet man mit x und y die Konzentrationen der angeregten Zustände T_x und T_y, so ergibt sich folgendes System von Reaktionsgleichungen:

$$\dot{x} = -(k + \tilde{k})x + k\,y + p$$
$$\dot{y} = k\,x - (k + \tilde{k})\,y$$

a) Berechnen Sie den zeitlichen Verlauf der Konzentrationen $x(t)$ und $y(t)$ für folgende speziellen Zahlenwerte: $k = 2,\ \tilde{k} = 1,\ p = 5$ mit den Anfangsbedingungen $x(0) = 2$ und $y(0) = 0$.

b) Diskutieren Sie die erhaltenen Lösungen $x(t)$ und $y(t)$ und skizzieren Sie sie.

Sachverzeichnis